博士后文库
中国博士后科学基金资助出版

非对称相关性序列原理和应用

张振宇　著

科学出版社
北　京

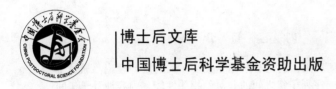

内 容 简 介

本书面向无线通信应用，讨论非对称相关性序列的设计理论。通过子集分割方法，构建不同序列子集之间的非对称相关性能，内容涉及子集间互补序列、子集内互补序列、多级子集结构序列、奇/偶移正交序列和正交多子集序列等五类序列集合的设计理论和方法，涵盖 OFDM 通信系统和多进制扩频通信系统两项具体应用。

本书既注重理论分析的深度和广度，也强调“理论联系实际、理论应用于实际”的研究理念，可作为高等院校通信工程、电子信息类专业高年级本科生和研究生的课程教材或教学参考书，也可作为从事序列设计和编码研究的科研人员和工程技术人员的参考用书。

图书在版编目(CIP)数据

非对称相关性序列原理和应用/张振宇著. —北京：科学出版社, 2018.12
(博士后文库)
ISBN 978-7-03-058385-7

Ⅰ. ①非…　Ⅱ. ①张…　Ⅲ. ①通信系统-序列-研究　Ⅳ. ①TN914

中国版本图书馆 CIP 数据核字(2018) 第 170957 号

责任编辑：周　涵　李　萍／责任校对：彭珍珍
责任印制：徐晓晨／封面设计：陈　敬

科学出版社出版
北京东黄城根北街 16 号
邮政编码：100717
http://www.sciencep.com

北京九州迅驰传媒文化有限公司 印刷
科学出版社发行　各地新华书店经销
*
2018 年 12 月第　一　版　开本：720 × 1000　1/16
2019 年 9 月第二次印刷　印张：21 3/4
字数：435 000

定价：148.00 元
(如有印装质量问题，我社负责调换)

《博士后文库》编委会名单

《博士后文库》序言

1985 年，在李政道先生的倡议和邓小平同志的亲自关怀下，我国建立了博士后制度，同时设立了博士后科学基金。30 多年来，在党和国家的高度重视下，在社会各方面的关心和支持下，博士后制度为我国培养了一大批青年高层次创新人才。在这一过程中，博士后科学基金发挥了不可替代的独特作用。

博士后科学基金是中国特色博士后制度的重要组成部分，专门用于资助博士后研究人员开展创新探索。博士后科学基金的资助，对正处于独立科研生涯起步阶段的博士后研究人员来说，适逢其时，有利于培养他们独立的科研人格、在选题方面的竞争意识以及负责的精神，是他们独立从事科研工作的"第一桶金"。尽管博士后科学基金资助金额不大，但对博士后青年创新人才的培养和激励作用不可估量。四两拨千斤，博士后科学基金有效地推动了博士后研究人员迅速成长为高水平的研究人才，"小基金发挥了大作用"。

在博士后科学基金的资助下，博士后研究人员的优秀学术成果不断涌现。2013年，为提高博士后科学基金的资助效益，中国博士后科学基金会联合科学出版社开展了博士后优秀学术专著出版资助工作，通过专家评审遴选出优秀的博士后学术著作，收入《博士后文库》，由博士后科学基金资助、科学出版社出版。我们希望，借此打造专属于博士后学术创新的旗舰图书品牌，激励博士后研究人员潜心科研，扎实治学，提升博士后优秀学术成果的社会影响力。

2015 年，国务院办公厅印发了《关于改革完善博士后制度的意见》（国办发〔2015〕87 号），将"实施自然科学、人文社会科学优秀博士后论著出版支持计划"作为"十三五"期间博士后工作的重要内容和提升博士后研究人员培养质量的重要手段，这更加凸显了出版资助工作的意义。我相信，我们提供的这个出版资助平台将对博士后研究人员激发创新智慧、凝聚创新力量发挥独特的作用，促使博士后研究人员的创新成果更好地服务于创新驱动发展战略和创新型国家的建设。

祝愿广大博士后研究人员在博士后科学基金的资助下早日成长为栋梁之才，为实现中华民族伟大复兴的中国梦做出更大的贡献。

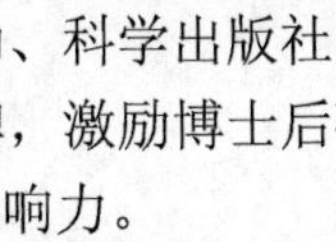

中国博士后科学基金会理事长

前　　言

序列设计是无线通信领域的一个重要研究方向，拥有优异性能的序列集合已经在军事通信、卫星通信、无线局域网和第三代/第四代移动通信之中获得广泛应用。为了进一步提升序列的应用效率，满足无线通信对传输速率和传输可靠性的日益增长的需求，关于序列设计的研究在近几年来呈现出一种新的研究方向。研究者们开始专注于序列设计的精细化处理，将单一序列集合分割成多个更加高效的序列子集，将对称的相关性能转变成更加灵活的非对称相关性能，从而形成了非对称相关性序列设计理论。

本书聚焦在非对称相关性序列集合的设计，全书共 8 章。第 1 章为绪论，介绍序列设计的基础知识，并给出非对称相关性序列的概念。第 2 章至第 6 章的内容属于非对称相关性序列集合的理论研究，涉及子集间互补序列、子集内互补序列、多级子集结构序列、奇/偶移正交序列和正交多子集序列等五类非对称相关性序列集合的设计算法，旨在解决序列数量和序列相关性能之间的矛盾，获得两者之间的优化平衡。这五章的内容既自成体系又相互关联，共同组成了非对称相关性序列的研究构架。第 7 章和第 8 章属于非对称相关性序列集合的实际应用，分别基于开发研制的 OFDM 视频传输系统和短波多进制正交扩展调制解调器，展示了非对称相关性序列集合的实际可行性和具体应用效能。这两章的应用研究内容与前面五章的理论研究内容相辅相成。一方面，前期的理论研究工作具体指导了样机研制过程中的系统方案设计，使得系统参数的制定有依据、有支撑。另一方面，系统样机的开发研制也对前期理论研究成果进行了有力的验证，并且在样机研制、系统联调和外场测试的过程中积累了第一手宝贵素材，通过发现新问题、引发新思考，反过来又针对实际需求指导理论研究不断地改进和完善，进一步拓展了非对称相关性序列理论研究的深度和广度。

本书在撰写过程中得到了重庆大学田逢春教授、重庆工商大学曾凡鑫教授和陆军工程大学通信士官学校何世彪教授、李晓毅教授、钱林杰教授的大力支持和帮助，在此表示衷心的感谢。本书内容相关研究工作获得国家自然科学基金 (编号：61471366，61002034，61271003)、中国博士后科学基金特别资助 (编号：2015T80959) 和面上项目 (编号：2014M552318)、“十三五” 装备预先研究项目 (编号：30101020104)、重庆市研究生教育优质课程建设项目 (编号：2015-63)、应急通信重庆市重点实验室能力提升项目 (编号：cstc2014pt-sy40003)、重庆市基础与前沿研究计划项目 (编号：cstc2014jcyjA40050) 和重庆市博士后科学基金特别资助 (编号：Xm2014031) 等项目的资助。借此机会向中国博士后科学基金会、国家自然科学基金委员会、重庆市科学技术委员会和重庆市教育委员会所给予的资助表示衷心的感谢！

限于作者水平，书中难免有不妥与疏漏之处，敬请读者批评指正。

作　者

2018 年 2 月于重庆歌乐山林园

目录

第 1 章 绪　论

自从 20 世纪 50 年代 Zierler 等生成 m 序列以来，序列设计理论开始受到人们广泛的关注，并在通信、雷达、导航等军事和民用领域获得了重要的应用。随着社会繁荣和科技进步，特别是无线通信技术的迅猛发展，人们对序列设计的需求日益增加，对序列分析的指标也不断提高，从最初的随机性能进一步拓展到良好的自/互相关性、任意的序列长度、高的线性复杂度、大的序列数量、低的峰值平均功率比 (Peak to Average Power Ratio, PAPR) 等诸多性能。为了满足更多的新兴的应用场景需求，有关序列设计的研究在近几年来呈现出一种新的研究方向，即研究者们力求进一步细化序列设计的颗粒度，从传统的单一序列集合转变为更加高效的多级序列子集，从整体的相关性能转变为整体/局部联合的相关性能。这种转变的显著特性使序列集合的参数设置更加灵活，例如序列的自相关性可以在位移区间分段设计、序列的互相关性可以在不同的序列子集之间生成不同的数值、序列的数量可以根据具体的应用场景成倍数增长等，从而形成了非对称相关性序列理论，使得序列能够在无线通信系统中发挥更大的效能。

本章首先介绍了序列设计的基础知识，包括序列的含义、相关运算和性能指标，然后给出了 5 种有重要理论研究意义和实际应用价值的典型序列类型，它们都具有理想或局部理想的相关性能。其中，重点讨论了非对称相关性序列的性能，并从多子序列类型和单一序列类型两个方面分析了该类序列的国内外研究现状。通过实例介绍，阐明了序列设计在传统扩频系统、码分多址 (Code Division Multiple Access, CDMA) 系统和正交频分复用 (Orthogonal Frequency Division Multiplexing, OFDM) 系统中的具体应用。最后，对本书的内容体系和组织结构进行了简单的说明。

1.1 序列的基本概念

序列设计是一种基于数学中的有限域知识和代数运算的理论，它面向实际系统的具体需求研究序列的系统性的、可操控的生成方法。针对不同的应用场景，它可以通过改变序列设计算法的参数，以数学推导的方式获得具有不同长度、数量和性能的序列集合。

相比较基于计算机穷尽搜索的另一种序列生成方法，这种基于设计算法的序列生成方法具有更强的体系性、更大的灵活性和更高的效率等优势，因此成为序列生成方法研究的主流方向。但是，无论是序列设计还是序列搜索，有关序列的基本概念、评价序列的基本指标以及所生成序列的应用场景都是相同的，因此下面将对这些序列的基本知识进行介绍和说明。

1.1.1　序列的含义

定义 1.1[1]　序列也称为码字，是某个符号集 (域或环) 上的一列有序字符串。令 $\boldsymbol{a} = (a(0), a(1), \cdots, a(L-1))$ 表示一个序列，则 $a(l)$ 为序列 $\boldsymbol{a}$ 的第 l 个元素，L 为序列 $\boldsymbol{a}$ 的长度 (也称为周期)，其中 $0 \leqslant l \leqslant L-1$。

多个具有相同长度的序列组成一个序列集合，对于序列集合 $\{\boldsymbol{a}_i, 0 \leqslant i \leqslant M-1\}$，其中 $\boldsymbol{a}_i = (a_i(0), a_i(1), \cdots, a_i(L-1))$ 为其第 i 个序列，该集合的序列数量为 M。

序列具有各种不同的分类方式，可以按照序列元素所属的符号集进行分类，若 $a(l) \in \{-1, 1\}$，则称 $\boldsymbol{a}$ 为二元序列；若 $a(l) \in \{-1, 1, 0\}$，则称 $\boldsymbol{a}$ 为三元序列；若 $a(l) \in \left\{\mathrm{e}^{\mathrm{j}2\pi n/N}, 0 \leqslant n \leqslant N-1\right\}$，则称 $\boldsymbol{a}$ 为多相序列。注意，二元序列的元素 $a(l)$ 有时也取自符号集合 $\{0, 1\}$，此时为了便于实际应用和进行相关运算，可以按照 $(-1)^{a(l)}$ 的映射关系，将符号集合从 $\{0, 1\}$ 转换成 $\{1, -1\}$。类似地，多相序列有时也可以仅用其指数变量 n 来表示，即多相序列 $\boldsymbol{a}$ 的元素可以表示为 $a(l) \in \{n, 0 \leqslant n \leqslant N-1\}$。

可以按照序列在扩频通信中的工作方式进行分类，即划分为直扩序列、跳频 (Frequency Hopping, FH) 序列和跳时 (Time Hopping, TH) 序列三类。若扩频通信直接采用经过二元信息比特 (1 或 -1) 乘积的序列对载波进行调制，则此时的序列被称为直接扩频序列 (简称直扩序列)，相应的扩频操作被称为直接序列扩频 (Direct Sequence Spread Spectrum, DSSS)[2−5]；若扩频通信利用序列的元素值来控制选取特定载波频率集合中的某个频率，则称该序列为跳频序列，相应的扩频操作被称为跳频扩频 (Frequency Hopping Spread Spectrum, FHSS)[6]；若扩频通信利用序列的元素值来控制选取特定时隙集合中的某个时隙，则称该序列为跳时序列[7−11]，相应的扩频操作被称为跳时扩频 (Time Hopping Spread Spectrum, THSS)。上述三类扩频通信方式各有利弊，可以单独使用，也可相互结合来提高抗干扰性能。

可以按照应用系统中单个用户所使用的序列数量进行分类，即划分为单一序列 (Single Sequence, SS) 类型和多子序列 (Multiple Subsequences, MS) 类型。单一序列类型的序列以单个序列的方式进行工作，每个用户被分配一个序列。例如，m 序列[12]、Gold 序列[13] 等都属于单一序列类型的序列。不同于单一序列类型的序列，多子序列类型的序列则是每个序列又包含多个子序列，这些子序列同时被分配给某个用户使用，其自相关函数等于多个子序列各自的自相关函数之和，其互相关函数也等于相对应的多个子序列之间的互相关函数之和。Golay 互补序列[14] 就是典型的多子序列类型的序列，该类序列的显著优势是可以同时获得理想的非周期自/互相关性能。

1.1.2 序列的相关运算

相关函数通常被用来表征序列的相关运算，可以分为自相关函数 (Auto Correlation Function, ACF) 和互相关函数 (Cross Correlation Function, CCF)。

定义 1.2[15] 对于序列集合中的两个序列 $\boldsymbol{a}_i$ 和 $\boldsymbol{a}_j$，它们在位移 τ 上的非周期互相关函数 $\psi_{\boldsymbol{a}_i,\boldsymbol{a}_j}(\tau)$ 和周期互相关函数 $\phi_{\boldsymbol{a}_i,\boldsymbol{a}_j}(\tau)$ 可以分别定义如下：

$$\psi_{\boldsymbol{a}_i,\boldsymbol{a}_j}(\tau)=\begin{cases}\sum\limits_{l=0}^{L-1-\tau}\boldsymbol{a}_i(l)\boldsymbol{a}_j^*(l+\tau), & 0\leqslant\tau\leqslant L-1\\ \sum\limits_{l=0}^{L-1+\tau}\boldsymbol{a}_i(l-\tau)\boldsymbol{a}_j^*(l), & 1-L\leqslant\tau<0\\ 0, & |\tau|\geqslant L\end{cases}\tag{1.1}$$

$$\phi_{\boldsymbol{a}_i,\boldsymbol{a}_j}(\tau)=\sum_{l=0}^{L-1}\boldsymbol{a}_i(l)\boldsymbol{a}_j^*(l+\tau)_L,\quad 0\leqslant\tau\leqslant L-1\tag{1.2}$$

其中，符号 $*$ 表示复共轭，式 (1.2) 中的 $(l+\tau)_L$ 表示 $l+\tau$ 按照模 L 运算。当 $i=j$ 时，上面两式分别成为非周期自相关函数和周期自相关函数，简记为 $\psi_{\boldsymbol{a}_i}(\tau)$ 和 $\phi_{\boldsymbol{a}_i}(\tau)$。

虽然非周期相关函数和周期相关函数分别有不同的应用场景，但是它们之间存在着确定的关联。周期相关函数可用不同位移的非周期相关函数来表示，即

$$\phi_{\boldsymbol{a}_i,\boldsymbol{a}_j}(\tau)=\psi_{\boldsymbol{a}_i,\boldsymbol{a}_j}(\tau)+\psi_{\boldsymbol{a}_i,\boldsymbol{a}_j}(\tau-L)\tag{1.3}$$

一般情况下，周期相关函数也可以被称为偶相关函数，那么相对应的奇相关函数 $\hat{\phi}_{\boldsymbol{a}_i,\boldsymbol{a}_j}(\tau)$ 可以定义如下

$$\hat{\phi}_{\boldsymbol{a}_i,\boldsymbol{a}_j}(\tau)=\psi_{\boldsymbol{a}_i,\boldsymbol{a}_j}(\tau)-\psi_{\boldsymbol{a}_i,\boldsymbol{a}_j}(\tau-L)\tag{1.4}$$

若 $\tau=0$，则称此时的相关函数为同相相关；若 $\tau\neq0$，则称为异相相关。例如，$\psi_{\boldsymbol{a}_i,\boldsymbol{a}_j}(0)$(或 $\phi_{\boldsymbol{a}_i,\boldsymbol{a}_j}(0)$) 被称为 $\boldsymbol{a}_i$ 和 $\boldsymbol{a}_j$ 的同相非周期 (或周期) 互相关，而 $\psi_{\boldsymbol{a}_i}(\tau)$(或 $\phi_{\boldsymbol{a}_i}(\tau)$) 在 $\tau\neq0$ 时被称为 $\boldsymbol{a}_i$ 的异相非周期 (或周期) 自相关。

对于任意的位移 τ，当 $\psi_{\boldsymbol{a}_i,\boldsymbol{a}_j}(\tau)=0$(或 $\phi_{\boldsymbol{a}_i,\boldsymbol{a}_j}(\tau)=0$) 时，则称 $\boldsymbol{a}_i$ 和 $\boldsymbol{a}_j$ 具有理想的非周期 (或周期) 互相关性能；当 $\boldsymbol{a}_i$ 的异相非周期 (或周期) 自相关等于零时，则称 $\boldsymbol{a}_i$ 具有理想的非周期 (或周期) 自相关性能。

需要指出，上述讨论的仅是针对直扩序列的相关运算，跳频和跳时序列的相关运算则是通过统计一个周期内频隙、时隙上的碰撞次数来处理，其方法有所不同，具体可以参考文献[16 − 24]。

1.1.3　序列的性能指标

在很多情况下，序列又可以被称作伪随机 (Pseudo-Random, PR) 序列或伪噪声 (Pseudo-Noise, PN) 序列，这体现出序列应该具有类似于噪声的随机特性。然而，在无线通信中，随机性已经不再是人们唯一关心的序列特性。随着 CDMA、OFDM 等技术的应用，需要序列具备更多的性质。

1.1.3.1　序列设计的基本要求和准则

一般来说，序列应该满足如下几个基本要求和准则[1]。

1. 优良的相关性能

CDMA 通信以及 DSSS 通信常常以相关检测技术来检测、判决通信信号，序列的非理想相关性能 (自相关性能和互相关性能) 是造成多址干扰 (Multiple Access Interference, MAI) 和多径干扰 (Multiple Path Interference, MPI) 的根源，优良的相关性能可以极大地降低误码率。因此，优良的自/互相关性能是序列设计的一个重要指标，通常也是人们最关心的一个序列性能。

2. 大的序列数量

在多址通信系统中，序列集合中序列的数量越大，意味着所能容纳的用户数量越多。同时，对于多进制扩频 (M-ary Spread Spectrum, MSS) 而言，更大的序列数量所能提供的数据传输速率也就越高。从另一个角度看，序列数量越大，允许改变扩频序列的范围也就越大，从而可以提高系统抗侦窃的能力。那么，拥有庞大的序列数量也是序列设计中的一个重要准则，由于序列设计理论界限的约束，人们通常会牺牲序列集合的其他方面的性能来获得更多的序列。

3. 良好的随机性

随机性是阻止非法使用者复制、预测序列的一种度量指标，它也是序列设计的一个传统标准，这解释了为什么序列也被称为伪随机序列。例如，人们希望二元序列能够像二元随机信号一样，“0” 元素和 “1” 元素的个数能够尽量接近，m 序列之所以获得广泛的应用，一个主要的原因就在于其任意一个序列的 “0” 元素和 “1” 元素的个数相差 1。

4. 高的线性复杂度

线性复杂度是指非法使用者利用线性移位寄存器来产生破译序列所需移位寄存器的个数。很明显，线性复杂度越大，破译序列的难度也就越大。这一特性在保密通信、军事通信等领域显得尤其重要。

5. 灵活的序列长度

序列的长度表征序列不重复出现的那一段字符串的长度。在各种各样的实际应用中，对序列的长度要求各异，因此希望序列设计中能够灵活地控制其长度，否则序列的应用将会受到制约。例如，有些序列集合为了获得特定的性能，只能获得某些特定的序列长度，从而限制了应用系统对序列的选取。

6. 低的 PAPR

随着第四代 (4G)、第五代 (5G) 移动通信系统的兴起，序列在无线通信中的应用已经不再局限于扩频方式，而是可以作为 OFDM 调制的训练序列或参考序列，此时要求序列的 PAPR 尽可能低，从而更大地发挥发射机功率放大器的效能。例如，经典的 Golay 互补配对就可以将 PAPR 有效地控制到 3dB 以下。

1.1.3.2 序列设计理论界限

除了上述的基本要求，在进行序列设计、序列评价的过程中还需要参考相应的设计机理方面的约束，即序列集合的理论界限。

理论界限是序列设计中不可缺少的参考标准，评定序列的优劣通常要看它们是否达到或接近相应的理论界限。寻找更紧的理论界限一直是人们追求的目标和研究的热点，Sidelnikov 在 1971 年首先导出了 q 次单位复根序列集周期相关函数的理论界限[25]，随后大量关于序列设计理论界限的研究被获得[26−30]。下面主要介绍受到广泛关注的 Welch 界[26] 和 Sarwate 界[27]。

在 1974 年，Welch 基于矢量内积分别获得了复值序列集合的周期相关和非周期相关的理论下界。

定理 1.1 (周期相关的 Welch 界)[26] 设 $\boldsymbol{A}=\{\boldsymbol{a}_0,\boldsymbol{a}_1,\cdots,\boldsymbol{a}_{M-1}\}$ 是一个复值序列集合，序列数量为 M，序列长度为 L，第 m 个序列可表示为 $\boldsymbol{a}_m=\{a_m(0),a_m(1),\cdots,a_m(L-1)\}$，且满足 $\phi_{\boldsymbol{a}_m}(0)=\sum\limits_{l=0}^{L-1}|a_m(l)|^2=1$，其中 $0\leqslant m\leqslant M-1$。令 ϕ_a 表示集合 $\boldsymbol{A}$ 中最大的周期异相自相关函数值，ϕ_c 表示集合 $\boldsymbol{A}$ 中最大的周期互相关函数值，且 $\phi_{\max}=\max\{\phi_a,\phi_c\}$，则有

$$\phi_{\max}^{2k}\geqslant\frac{1}{ML-1}\left[\frac{ML}{\begin{pmatrix}L+k-1\\k\end{pmatrix}}-1\right]\tag{1.5}$$

其中，k 是任意一个正整数。当 $k=1$ 时，进一步有

$$\phi_{\max}\geqslant\sqrt{\frac{M-1}{ML-1}}\tag{1.6}$$

另外，对于非周期相关性能，Welch 给出了如下定理。

定理 1.2 (非周期相关的 Welch 界)[26] 对于定理 1.1 中的复值序列集合 $\boldsymbol{A}=\{\boldsymbol{a}_0,\boldsymbol{a}_1,\cdots,\boldsymbol{a}_{M-1}\}$，令 ψ_a 表示集合 $\boldsymbol{A}$ 中最大的非周期异相自相关函数值，ψ_c 表示集合 $\boldsymbol{A}$ 中最大的非周期互相关函数值，且 $\psi_{\max}=\max\{\psi_a,\psi_c\}$，则有

$$\psi_{\max}^{2k} \geqslant \frac{1}{M(2L-1)-1}\left[\frac{M(2L-1)}{\begin{pmatrix}2L+k-2\\k\end{pmatrix}}-1\right] \tag{1.7}$$

当 $k=1$ 时，进一步有

$$\psi_{\max} \geqslant \sqrt{\frac{M-1}{M(2L-1)-1}} \tag{1.8}$$

Welch 界给出了周期和非周期最大相关函数值 (不包含 $\tau=0$ 时的自相关函数值) 的理论下界。通过该理论界限可以看出，任意一个直扩序列集合的异相自相关函数和互相关函数不可能同时为零，从而该理论界限使人们看清寻求同时具有理想自相关和互相关性能的单一序列是不可能的。Welch 界虽然显示了最大相关函数情况，但是并没有具体地体现最大异相自相关函数和最大互相关函数各自的情况。

在 1979 年，Sarwate 获得了进一步的结论。

定理 1.3 (周期相关的 Sarwate 界)[27] 对于定理 1.1 中的复值序列集合 $\boldsymbol{A}=\{\boldsymbol{a}_0,\boldsymbol{a}_1,\cdots,\boldsymbol{a}_{M-1}\}$，若 $\phi_{\boldsymbol{a}_m}(0)=\sum_{l=0}^{L-1}|a_m(l)|^2=L$，则其周期相关性能满足

$$\frac{\phi_c^2}{L}+\frac{L-1}{L(M-1)}\cdot\frac{\phi_a^2}{L}\geqslant 1 \tag{1.9}$$

那么，对于非周期相关性能，相应的定理可描述如下。

定理 1.4 (非周期相关的 Sarwate 界)[27] 对于定理 1.1 中的复值序列集合 $\boldsymbol{A}=\{\boldsymbol{a}_0,\boldsymbol{a}_1,\cdots,\boldsymbol{a}_{M-1}\}$，若 $\phi_{\boldsymbol{a}_m}(0)=\sum_{l=0}^{L-1}|a_m(l)|^2=L$，则其非周期相关性能满足

$$\frac{(2L-1)\psi_c^2}{L^2}+\frac{2(L-1)}{L(M-1)}\cdot\frac{\psi_a^2}{L}\geqslant 1 \tag{1.10}$$

从定理 1.3 和定理 1.4 可以看出，Sarwate 界能够分别确定最大异相自相关函数和最大互相关函数的下界，因此对那些在自相关性能或互相关性能中具有特殊性质的序列有重要意义。例如，Frank 序列[31]、Zadoff-Chu 序列[32]、Milewski

序列[33] 和 GCL 序列[34] 等 4 类完美序列以及离散傅里叶变换 (Discrete Fourier Transformation, DFT) 序列，在满足一定条件时，它们都可以达到 Sarwate 界。

上述各个定理给出了直接扩频序列的一般性的理论约束，其中对相关函数值的考虑都是放在整个序列长度范围内。然而，对于某些特定的系统，例如近似同步 CDMA 系统，它们只是关心零位移附近的一个较小的区域内的相关性能，该区域外的相关性能并不需要考虑。对于该类系统所使用的零相关区 (Zero Correlation Zone, ZCZ) 序列和低相关区 (Low Correlation Zone, LCZ) 序列，其理论界限在 2000 年由 Tang 等得出[35]，可以表示如下。

定理 1.5 (周期低相关区序列的 Tang-Fan-Matsufuji 界)[35] 设 M、L、L_{acz} 和 L_{ccz} 分别表示低相关区序列集的序列数量、序列长度、单边低自相关区宽度和单边低互相关区宽度，令 $\varepsilon = \delta^2/L$，则有

$$ML_{cz} - 1 \leqslant \frac{L-1}{1-\varepsilon} \tag{1.11}$$

其中，$L_{cz} = \min\{L_{acz}, L_{ccz}\}$，$\delta$ 表示低相关区内相关函数的最大值。

低相关区内最大的相关值通常满足 $\delta \ll L$。特别地，当 $\delta = 0$ 时，低相关区序列成为零相关区序列。那么，进一步可得到零相关区序列的理论界。

定理 1.6 (周期零相关区序列的 Tang-Fan-Matsufuji 界)[35] 设 M、L、Z_a 和 Z_c 分别表示零相关区序列集合的序列数量、序列长度、单边零自相关区宽度和单边零互相关区宽度，则有

$$M \leqslant \frac{L}{Z} \tag{1.12}$$

其中，$Z = \min\{Z_a, Z_c\}$。

对于二元 ZCZ 序列，很少有能够达到或接近 Tang-Fan-Matsufuji 界的。然而，对于多相序列，可以获得许多达到或接近 Tang-Fan-Matsufuji 界的序列构造方法，这些方法主要是基于完美序列或互补序列的。

1.2 具有理想/局部理想相关性能的序列类型

根据上述序列设计的理论界限，为了获得最优的序列性质，人们希望生成具有理想或者局部理想相关性能的序列集合。这些序列集合不仅可以单独应用，而且还可以作为设计其他类型序列的基础，因此具有重要的理论意义和应用价值。

下面分别对完美序列 (Perfect Sequence, PS)、DFT 序列、完备互补 (Complete Complementary, CC) 序列、ZCZ 序列和非对称相关性序列等重要的序列类型进行介绍。

1.2.1 完美序列

定义 1.3[15] 如果一个序列具有理想的周期自相关性能，则该序列被称为完美序列，即一个完美序列 $\boldsymbol{a} = (a(0), a(1), \cdots, a(L-1))$ 应该满足

$$\phi_{\boldsymbol{a}}(\tau) = 0, \quad 0 < \tau \leqslant L - 1 \tag{1.13}$$

完美序列主要是指多相序列，而 (1, 1, 1, −1) 是目前唯一存在的二元完美序列[15]。经典的多相完美序列主要有四种：Frank 序列、Zadoff-Chu 序列、Milewski 序列和 GCL 序列，表 1.1 比较了这四种完美序列的性能。

表 1.1 四种经典完美序列的性能比较

序列	参数		
	序列长度	周期自相关函数	周期互相关函数
Frank 序列	$L = q^2$，q 是任意整数	理想	q 是奇数，且 $\gcd(r-s,q)=1$ 时，达到 Sarwate 界
Zadoff-Chu 序列	$L > 1$	理想	$\gcd(r,q)=1$，$\gcd(s,q)=1$，$\gcd(r-s,q)=1$ 时，达到 Sarwate 界
Milewski 序列	$L = q^{2m+1}$，$q > 1$，$m \geqslant 1$	理想	q 是奇数，且 $\gcd(r-s,q)=1$ 时，达到 Sarwate 界
GCL 序列	$L=sm^2$，$s \geqslant 1$，$m \geqslant 1$	理想	L 是奇数，且 $\gcd(r-s,N)=1$ 时，达到 Sarwate 界

在表 1.1 中，符号 $\gcd(a,b)$ 表示 a 和 b 的最大公约数 (Greatest Common Divisor, GCD)，$\gcd(a,b) = 1$ 表示 a 和 b 互素，r 和 s 表示两个序列各自的根索引值。从该表中可以看出，虽然它们都具有理想的周期自相关性能，但是其序列长度和周期互相关性能都有一定的限制。尽管在满足特定的条件时这四种序列都可以达到 Sarwate 界，若综合比较多个方面，则 Zadoff-Chu 序列具有更优的性能，它是许多后续完美序列构造的基础，并已经应用到许多实际的系统中，如 3GPP 的长期演进 (Long Term Evolution, LTE) 标准的主同步序列和上行参考信号就是基于 Zadoff-Chu 序列。

设 Zadoff-Chu 序列集合为 $\boldsymbol{A} = \{\boldsymbol{a}_m, 0 \leqslant m \leqslant M-1\}$，其中第 m 个序列为 $\boldsymbol{a}_m = (a_m(0), a_m(1), \cdots, a_m(L-1))$，则 Zadoff-Chu 序列可定义如下：

$$a_m(l) = \begin{cases} \mathrm{e}^{-\mathrm{j}\frac{\pi m}{L}l(l+1)}, & L\text{为奇数} \\ \mathrm{e}^{-\mathrm{j}\frac{\pi m}{L}l^2}, & L\text{为偶数} \end{cases} \tag{1.14}$$

其中，$0 \leqslant l \leqslant L-1$，且 $\gcd(m, L) = 1$，即 m 与 L 互素。

对于 Zadoff-Chu 序列的周期互相关性能，如果L是奇数，并且$\gcd(m-n, L)=1$，

$\gcd(m, L) = 1$，$\gcd(n, L) = 1$，则有

$$\phi_{\boldsymbol{a}_m,\boldsymbol{a}_n}(\tau) = \sum_{l=0}^{L-1} a_m(l) a_n^*(l+\tau)_L = \sqrt{L}, \quad \forall \tau, m \neq n \tag{1.15}$$

可见，Zadoff-Chu 序列不仅具有理想的周期自相关性能，而且当满足一定条件时还具有最佳的周期互相关性能。

1.2.2 离散傅里叶变换序列

若将 N 点离散傅里叶变换的旋转因子矩阵看作一个序列集合，该矩阵中的每一行 (或每一列) 成为一个序列，则这些序列组成了 DFT 矩阵序列集合 $\boldsymbol{F} = \{\boldsymbol{f}_n, 0 \leqslant n \leqslant N-1\}$。该集合的序列长度和序列数量都是 N，第 n 个序列 $\boldsymbol{f}_n$ 可以表示如下：

$$\boldsymbol{f}_n = \left(W_N^{n\cdot 0}, W_N^{n\cdot 1}, \cdots, W_N^{n\cdot(N-1)}\right) \tag{1.16}$$

其中，$W_N = \mathrm{e}^{-\mathrm{j}\frac{2\pi}{N}}$ 为旋转因子。

同完美序列相比较，DFT 矩阵序列集合 $\boldsymbol{F}$ 虽然不具有理想的周期自相关性能，但是却具有理想的周期互相关性能，即对于任意两个 DFT 矩阵序列 $\boldsymbol{f}_n$ 和 $\boldsymbol{f}_m$，满足如下关系：

$$\phi_{\boldsymbol{f}_n,\boldsymbol{f}_m}(\tau) = 0, \quad \forall \tau, n \neq m \tag{1.17}$$

DFT 矩阵序列集合 $\boldsymbol{F}$ 的异相周期自相关函数值的模值恒等于 N，虽然异相周期自相关函数值的模值与零位移上的相关函数值的模值相等，在通常的意义上其周期自相关性能不好，但是不同的位移上的相位不同，因此在接收检测时依然可以区分。值得注意的是当 N 较大时，相邻位移上的相关函数值的相位差变小，检测难度增大。因此，DFT 矩阵序列仅限于理论分析以及其他类型序列的辅助构造，很少在实际系统中获得应用。

1.2.3 完备互补序列

上述完美序列和 DFT 序列通常属于单一序列类型，虽然完美序列具有理想的周期自相关性能，DFT 序列具有理想的周期互相关性能，但是该类单一序列由于受到相应理论界限的约束，不可能同时具有理想的自/互相关性能，仅能拥有局部理想的相关性能。不同于单一序列，互补序列属于多子序列类型，每个互补序列由若干个子序列组成。那么，在实际应用中，这些子序列将同时被分配给同一个用户。如果这些子序列的非周期异相自相关函数之和为零，则称该序列为互补序列。

定义 1.4[14] 令 $\boldsymbol{A} = \{\boldsymbol{a}_i, 0 \leqslant i \leqslant M-1\}$ 表示一个由 N 个序列组成的集合，每个序列由 N 个长度为 L 的子序列组成，即 $\boldsymbol{a}_i = \{\boldsymbol{a}_{i,r}, 0 \leqslant r \leqslant N-1\}$，其中第

r 个子序列表示为 $\boldsymbol{a}_{i,r} = (a_{i,r}(0), a_{i,r}(1), \cdots, a_{i,r}(L-1))$。若 $\boldsymbol{a}_i$ 满足如下等式，则称其为一个互补序列，

$$\Psi_{\boldsymbol{a}_i}(\tau) = \sum_{r=0}^{N-1} \psi_{\boldsymbol{a}_{i,r}}(\tau) = \begin{cases} \sum_{r=0}^{N-1} E_{\boldsymbol{a}_{i,r}}, & \tau = 0 \\ 0, & \tau \neq 0 \end{cases} \tag{1.18}$$

其中，$\Psi_{\boldsymbol{a}_i}(\tau)$ 表示 $\boldsymbol{a}_i$ 中 N 个子序列在位移 τ 上的非周期自相关函数之和；$E_{\boldsymbol{a}_{i,r}}$ 表示 $\boldsymbol{a}_{i,r}$ 的能量。$\boldsymbol{a}_i$ 也通常可以表示为 $\boldsymbol{a}_i = [\boldsymbol{a}_{i,0}; \boldsymbol{a}_{i,1}; \cdots; \boldsymbol{a}_{i,N-1}]$。

设 $\boldsymbol{a}_i$ 和 $\boldsymbol{a}_j$ 是集合 $\boldsymbol{A}$ 中的两个互补序列，若满足如下等式，则 $\boldsymbol{a}_i$ 和 $\boldsymbol{a}_j$ 被称为一对互补配对，

$$\Psi_{\boldsymbol{a}_i,\boldsymbol{a}_j}(\tau) = \sum_{r=0}^{N-1} \psi_{\boldsymbol{a}_{i,r},\boldsymbol{a}_{j,r}}(\tau) = 0, \quad \forall \tau,\ i \neq j \tag{1.19}$$

其中，$\Psi_{\boldsymbol{a}_i,\boldsymbol{a}_j}(\tau)$ 表示 $\boldsymbol{a}_i$ 和 $\boldsymbol{a}_j$ 中的相对应的 N 个子序列在位移 τ 上的非周期互相关函数之和。

如果集合 $\boldsymbol{A}$ 中的所有序列均为互补序列，且它们两两之间互为互补配对，则该集合 $\boldsymbol{A}$ 称为互补序列集合[36]。对于互补序列集合，其互补序列的数量不大于每个互补序列中子序列的数量，即

$$M \leqslant N \tag{1.20}$$

当 $M = N$ 时，序列数量达到最大，此时集合 $\boldsymbol{A}$ 称为完备互补序列集合。

由式 (1.18) 和式 (1.19)，完备互补序列集合同时具有理想的非周期自相关性能和理想的非周期互相关性能。根据非周期相关函数与周期相关函数的关系，进一步可知，完备互补序列集合也同时具有理想的周期自相关性能和理想的周期互相关性能。理想相关性能使得互补序列在很多方面有着重要的应用，它不仅可用于正交互补码码分多址 (Orthogonal Complementary Code CDMA, OCC-CDMA) 系统[37]，也可以用来构造其他类型的重要序列，同时互补序列对 OFDM 调制的 PAPR 也有重要的抑制影响[38]。

互补序列理想的相关性能是以牺牲序列数量为代价的。从式 (1.20) 可知，完备互补序列集合最多也只能拥有 N 个互补序列。当子序列长度较大时，其序列数量远小于处理增益 NL。那么，与具有同样处理增益的单一序列集合相比较，完备互补序列集合的序列数量要少很多，这也成为互补序列在多址应用中的一个主要缺陷。另外，互补序列中的不同的子序列需要配置在不同的时间或频率资源上，从而在接收端将各个子序列的相关接收结果求和累加，这样才能充分利用互补序列的理想相关性能。目前，绝大多数情况下都是采用多载波调制中不同的子载波承载不同的子序列[37,39−41]，那么频率选择性衰落将破坏互补序列原有的理想的相关性能，这成为互补序列应用中的另一个严重问题。

1.2.4 零相关区序列

不同于完美序列和 DFT 矩阵序列分别具有理想的周期自相关性能和理想的周期互相关性能，ZCZ 序列虽然也属于单一序列，但该类序列并不是在整个周期范围内考虑相关性能，而是保证在零相关区内周期异相自相关函数和周期互相关函数同时为零。

ZCZ 序列的原理如图 1.1 所示，其中 ZACZ 为零自相关区 (Zero Auto-Correlation Zone)，ZCCZ 为零互相关区 (Zero Cross-Correlation Zone)，Z_a 和 Z_c 分别表示单边 ZACZ 和单边 ZCCZ 的宽度。从该图中可以明显看出，ZCZ 序列并不关心零相关区以外的相关性能。

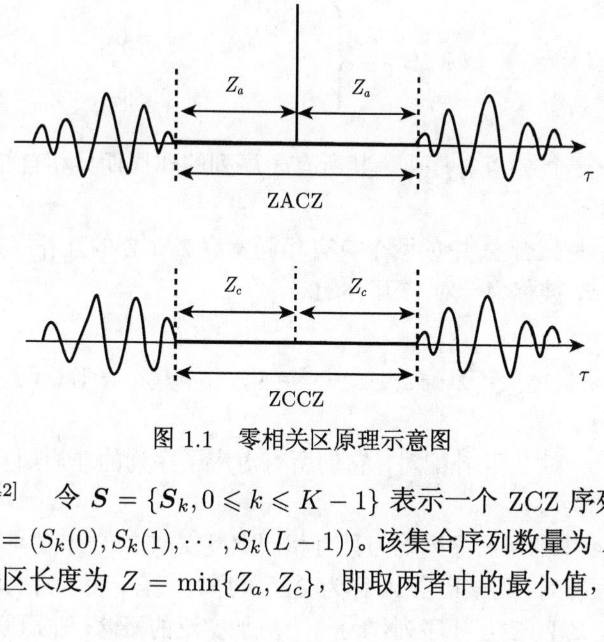

图 1.1 零相关区原理示意图

定义 1.5 [42] 令 $\boldsymbol{S} = \{\boldsymbol{S}_k, 0 \leqslant k \leqslant K-1\}$ 表示一个 ZCZ 序列集合，其中第 k 个序列为 $\boldsymbol{S}_k = (S_k(0), S_k(1), \cdots, S_k(L-1))$。该集合序列数量为 K，序列长度为 L，单边零相关区长度为 $Z = \min\{Z_a, Z_c\}$，即取两者中的最小值，其中 Z_a 和 Z_c 分别定义如下：

$$\begin{aligned} Z_a &= \max\left\{T : \phi_{\boldsymbol{S}_k}(\tau) = 0, \forall k, \forall \tau \neq 0, |\tau| < T\right\} \\ Z_c &= \max\left\{T : \phi_{\boldsymbol{S}_k, \boldsymbol{S}_g}(\tau) = 0, \forall k \neq g, \forall \tau, |\tau| < T\right\} \end{aligned} \tag{1.21}$$

则该 ZCZ 序列集合可表示为 ZCZ-(K, L, Z)。

ZCZ 序列还有一些相近的称谓，如半完美 (Semi-Perfect) 序列[43]、广义正交 (Generalized Orthogonal, GO) 序列[44]、零相关窗 (Zero Correlation Window, ZCW) 序列[45]、ZCD(Zero Correlation Duration) 序列[46] 和无干扰窗 (Interference-Free Windows, IFW) 序列[47] 等。该类序列在近似同步 CDMA 通信系统、大区域同步 CDMA 通信系统以及信道估计等方面获得了广泛的应用研究。对于跳时和跳频序列，也存在零/低相关区的概念，通常称之为零/低碰撞区，其含义是在该区间内跳时或跳频序列的碰撞次数为零或很小[7,19]。

ZCZ 序列通常属于单一序列类型，当结合 ZCZ 序列和互补序列的各自特性时，则可以生成具有 ZCZ 的互补序列，也称为 Z 互补 (Z-Complmentary) 或零相关区互补序列[48]。该类序列可以在相关性能和序列数目之间进行有效折中，拥有比互补序列更大的序列数目，同时拥有比 ZCZ 序列更好的相关性能。

下面基于 Z 互补序列的定义，介绍具有 ZCZ 的互补序列的概念。

定义 1.6[48]　令 $\boldsymbol{A}=\{\boldsymbol{a}_i, 0\leqslant i\leqslant M-1\}$ 表示一个由 M 个序列组成的集合，每个序列由 N 个长为 L 的子序列组成，即 $\boldsymbol{a}_i=\{\boldsymbol{a}_{i,r}, 0\leqslant r\leqslant N-1\}$，$\boldsymbol{a}_{i,r}=(a_{i,r}(0), a_{i,r}(1), \cdots, a_{i,r}(L-1))$。若 $\boldsymbol{a}_i$ 满足如下等式，则称其为 Z 互补序列，

$$\Psi_{\boldsymbol{a}_i}(\tau)=\sum_{r=0}^{N-1}\psi_{\boldsymbol{a}_{i,r}}(\tau)=\begin{cases}\displaystyle\sum_{r=0}^{N-1}E_{\boldsymbol{a}_{i,r}}, & \tau=0\\ 0, & 1\leqslant|\tau|\leqslant Z_a-1\end{cases} \tag{1.22}$$

可见，对于一个 Z 互补序列，其所有子序列的非周期异相自相关函数之和在 ZACZ 范围内为零。

设 $\boldsymbol{a}_i$ 和 $\boldsymbol{a}_j$ 是集合 $\boldsymbol{A}$ 中的两个具有相同宽度 ZACZ 的互补序列，若满足如下等式，则 $\boldsymbol{a}_i$ 和 $\boldsymbol{a}_j$ 被称为一对 Z 互补配对，

$$\Psi_{\boldsymbol{a}_i,\boldsymbol{a}_j}(\tau)=\sum_{r=0}^{N-1}\psi_{\boldsymbol{a}_{i,r},\boldsymbol{a}_{j,r}}(\tau)=0,\quad |\tau|\leqslant Z_c-1,\quad i\neq j \tag{1.23}$$

那么，对于一对 Z 互补配对，它们所有对应子序列的非周期互相关函数之和在 ZCCZ 范围内为零。

如果集合 $\boldsymbol{A}$ 中的所有序列均为具有相同宽度 ZACZ 的 Z 互补序列，且它们两两之间互为 Z 互补对，则该集合 $\boldsymbol{A}$ 称为 Z 互补序列集合，表示为 $(M,Z)-\mathrm{CS}_N^L$，其中 $Z=\min\{Z_a, Z_c\}$。Z 互补序列作为一个更加宽泛的概念，非周期相关下的 ZCZ 多子序列和传统的互补序列为其特例。

Z 互补序列的基本原理如图 1.2 所示，此处为了表示方便，简单地选取子序列数量为 2 且子序列长度为 3 的 Z 互补序列的非周期自相关为例，其中两个子序列分别为 $\boldsymbol{a}_{0,0}=(+++)$ 和 $\boldsymbol{a}_{0,1}=(+-+)$，符号 “+” 和 “−” 分别表示 1 和 −1。从图 1.2 中可以看出，自相关函数分布为 (2, 0, 6, 0, 2)，即通过两个子序列之间的抵消可以获得单边长度为 2 的 ZACZ。设 $\boldsymbol{a}_{1,0}=(+-+)$ 和 $\boldsymbol{a}_{1,1}=(---)$ 是 Z 互补序列集合中的另一个序列的两个子序列，图 1.3 给出了两个序列$\boldsymbol{a}_0=[\boldsymbol{a}_{0,0};\ \boldsymbol{a}_{0,1}]$ 和 $\boldsymbol{a}_1=[\boldsymbol{a}_{1,0};\ \boldsymbol{a}_{1,1}]$ 之间的非周期互相关计算，可见两个序列之间具有理想的非周期互相关性能。

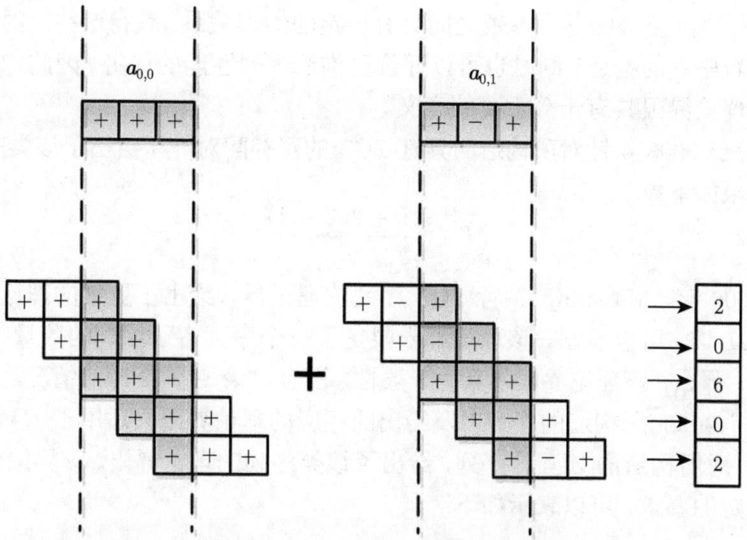

图 1.2 具有 ZCZ 的互补序列的零自相关区示意图

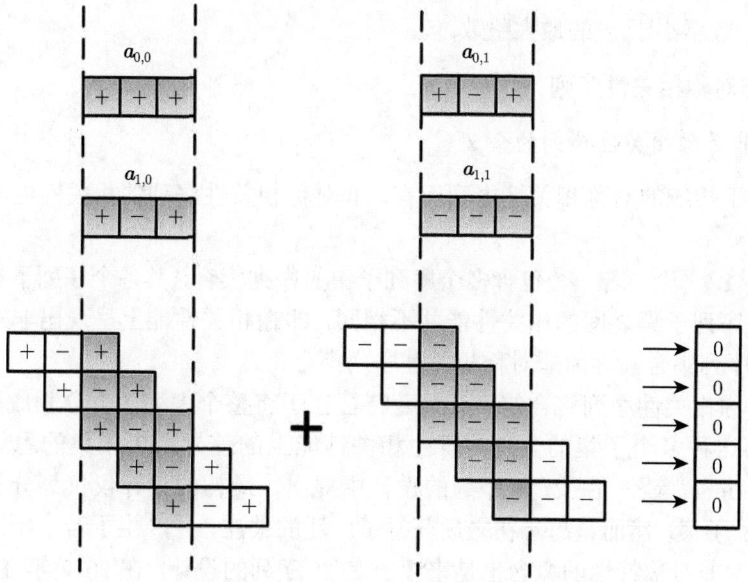

图 1.3 具有 ZCZ 的互补序列的理想互相关性能示意图

综合两图可知，该类 Z 互补序列集合除了能够产生 ZCZ 之外还能够在某些序列之间获得理想相关性能，因此性能明显优于 ZCZ 序列集合。同时，因为集合中的某些特定序列具有 ZCZ，所以该类 Z 互补序列集合的序列数量将大于传统互补序列集合的序列数量。

Z 互补序列集合的各个参数之间具有一定的约束关系，获得这些制约关系，既可以指导新序列的构造，同时也可以评价已构造序列性能的优劣。因此，Z 互补序列集合的理论界限具有十分重要的意义。

Xu 等于 2003 年针对所构造的具有 ZCZ 的互补配对[49]，给出了该类序列配对的理论界限如下：

$$M \leqslant \frac{2L+2(Z-1)}{Z} \tag{1.24}$$

在 2006 年，Matsufuji 参考 ZCZ 序列的理论界，给出了更紧的理论界限[50]，即 $M \leqslant 2L/Z$。可以看出，该理论界限限定了每个序列中子序列的数量固定为 2，即 $N=2$。那么，该理论界限不具有一般性，没有讨论 $N>2$ 时的情况。

文献 [49, 50] 所构造的序列以及给出的相应的理论界限只适用于 $N=2$。范平志等[48] 针对所构造的 Z 互补序列，给出了该类序列的理论界限。该界限对各个参数没有特定的要求，可以表示如下：

$$M \leqslant N\left\lfloor \frac{L}{Z} \right\rfloor \tag{1.25}$$

其中，$\lfloor x \rfloor$ 表示小于 x 的最大整数。

1.2.5　非对称相关性序列

1.2.5.1　非对称相关性序列的含义

相对于传统的对称相关性序列而言，非对称相关性序列的相关性能不再具有对称性。

定义 1.7[51]　若一个包含多个序列子集的序列集合，其各个序列子集的内部以及各个序列子集之间的相关性能并不相同，即在相关性能上呈现出非对称的特点，则该序列集合被称为非对称相关性序列集合。

非对称相关性序列集合的一个显著特征在于将整个序列集合分割成多个序列子集，而这种多个子集的分割将产生相关性能上的差异。多子集的思想首先由 Rathinakumar 等[52] 在 ZCZ 序列的设计中提出，最初的设计仅仅划分了两个正交的 ZCZ 子集，然而该思想在之后获得了广泛的关注，并产生了若干不同类型的序列子集。非对称特性的概念也是来源于 ZCZ 序列的设计，在 2012 年 Torri 等首次将这种多个子集之间具有不同的 ZCZ 宽度的性能称为非对称特性[51,53]，并提出了该类序列相应的设计方法。

1.2.5.2　非对称相关性序列的分类

通过序列子集分割，非对称相关性序列集合的不同序列子集之间将生成不同的互相关性能。为了展示该类序列的这种非对称相关性质，下面将提供一个简单的示意图。图 1.4 列举了五种序列子集之间的互相关性能情况，即分别为图 1.4-(a) 中理想互相关性能情况、图 1.4-(b) 中宽 ZCCZ 情况、图 1.4-(c) 中窄 ZCCZ 情况、图 1.4-(d) 中正交情况和图 1.4-(e) 中低值同相互相关情况。

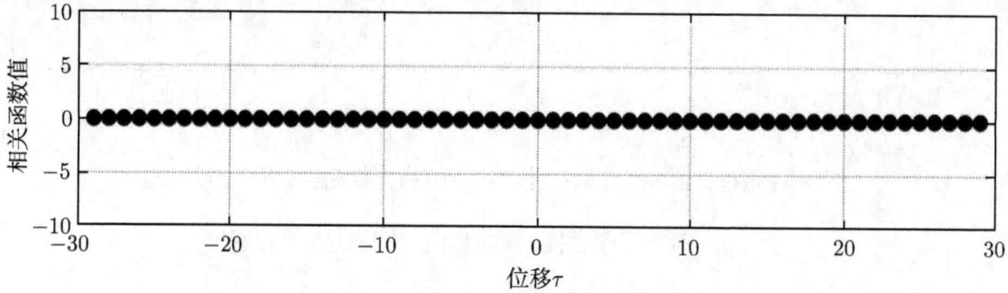

(a) 理想互相关性能情况，位移τ取任意值时互相关函数为零

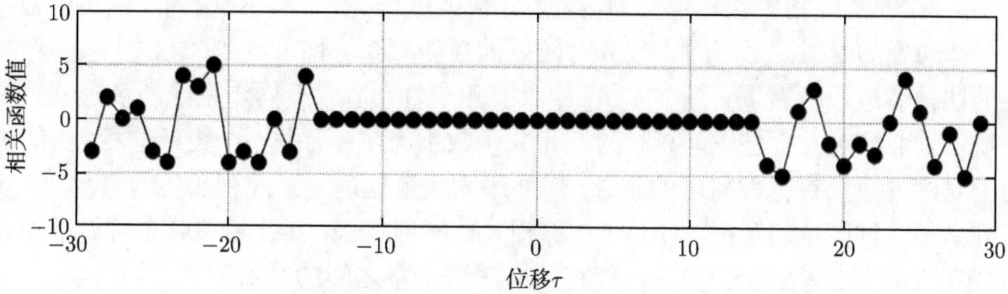

(b) 宽ZCCZ情况，位移τ在ZCCZ内的互相关函数为零

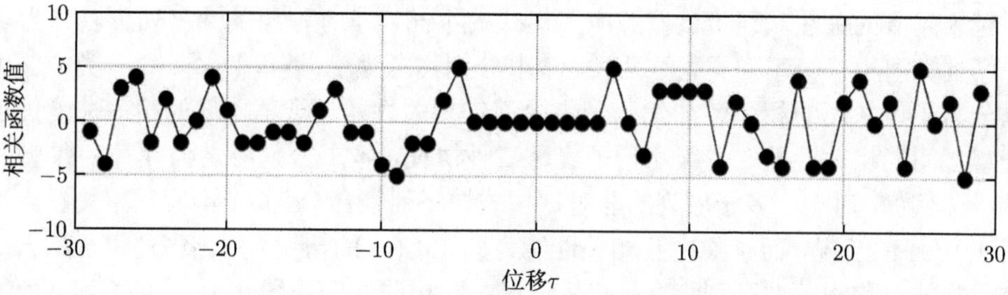

(c) 窄ZCCZ情况，位移τ在ZCCZ内的互相关函数为零

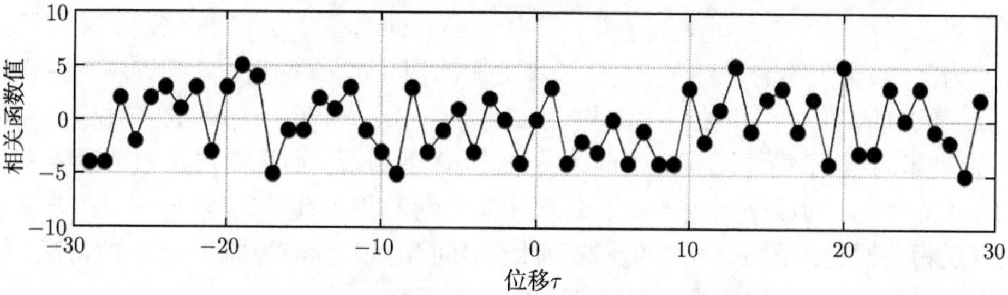

(d) 正交情况，位移$\tau = 0$时的互相关函数为零

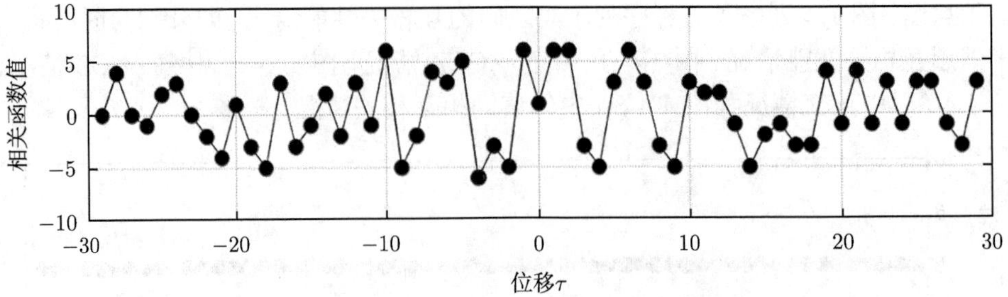

(e) 低值同相互相关情况，位移$\tau=0$时的互相关函数为一个较低的值

图 1.4　序列子集之间的非对称互相关性能示意图

从图 1.4 中可以看出，列举的这五种情况的互相关性能从 (a)~(e) 依次降低，图 1.4-(a) 中的互相关函数值都为零，因此性能最佳；图 1.4-(b) 中的互相关函数值在一个较宽的 ZCCZ 内为零，也具有较好的性能；图 1.4-(c) 中 ZCCZ 则变得更窄，性能比前者进一步减弱；图 1.4-(d) 中具有正交性，适用于同步系统和多进制扩频系统；图 1.4-(e) 中，在 $\tau=0$ 时的互相关函数不为零，而是一个较低的相关值，适用于对序列数量有更大需求的系统，例如序列数量远远大于序列长度的情况。上述仅列举了几种简单的情况，对于非对称相关性序列集合，其互相关分布可能千差万别，但是其核心特征在于相关性能在不同序列子集之间的非对称性。

非对称相关性序列是一个崭新而又非常具有应用潜力的方向，目前已经受到了越来越多的关注和研究。按照应用模式的不同，非对称相关性序列可以分为多子序列类型和单一序列类型这两类，本书分别称之为 A 类和 B 类。每一类中又可以分为子集之间的相关性能优于子集内部的相关性能、子集内部的相关性能优于子集之间的相关性能、多级序列子集这三种情况，本书分别称之为 I 型、II 型和 III 型。例如，对一个多子序列的非对称相关性序列集合，若其子集间互相关性能为图 1.4-(a) 的情况，而子集内互相关性能为图 1.4-(c) 的情况，则该序列集合属于 A 类 I 型非对称相关性序列集合；若其子集内互相关性能为图 1.4-(a) 的情况，而子集间互相关性能为图 1.4-(c) 的情况，则该序列集合属于 A 类 II 型非对称相关性序列集合；若其包含多级序列子集，某些子集之间为图 1.4-(b) 的情况，某些子集之间为图 1.4-(d) 的情况，还有某些子集之间为图 1.4-(c) 的情况，则该序列集合属于 A 类 III 型非对称相关性序列集合。类似地，对一个单一序列的非对称相关性序列集合，若其子集间互相关性能为图 1.4-(d) 的情况，而子集内互相关性能为图 1.4-(e) 的情况，则该序列集合属于 B 类 I 型非对称相关性序列集合；反之，若其子集内互相关性能为图 1.4-(d) 的情况，而子集间互相关性能为图 1.4-(e) 的情况，则该序列集合属于 B 类 II 型非对称相关性序列集合。

在本书的后续章节中，分别针对 A 类 I 型、A 类 II 型、A 类 III 型、B 类 I 型和 B 类 II 型等五种情况，给出非对称相关性序列的设计方法和性能分析。

1.2.5.3 非对称相关性序列的国内外研究现状

如上所述，非对称相关性序列集合具有两个显著的特点，即相关性能具有非对称性和集合结构分割成多个子集。这种特性意味着序列分析的颗粒度更加细致，序列应用的形式也更加灵活。虽然该类序列研究起步比较晚，但是目前已经受到了越来越多的关注。

下面按照多子序列类型和单一序列类型来分别阐述非对称相关性序列研究的现状。

1. 多子序列类型

传统的用于扩频通信的序列通常是单一序列类型的直扩序列，采用每个用户分配一个地址码序列的工作方式[2,3,54,55]，典型的序列如 m 序列、Gold 序列和 Walsh 序列等。为了抑制各个用户之间的多址干扰，则要求扩频序列具有理想的相关性能。然而，Welch 界已经指出，单一序列类型的直扩序列集合不可能同时具有理想的自相关性能和理想的互相关性能。

作为相对于单一序列类型的另一类序列形式，多子序列类型的序列采用一个用户对应多个子序列的工作方式，其典型的代表为 Golay 互补序列。每个互补序列包含多个子序列，其相关函数等于各个子序列的相关函数之和，通过各个子序列之间的相互抵消，该类扩频序列可以在整个位移周期上同时具有理想的周期和非周期自/互相关性能，这意味着系统中多址干扰和多径干扰彻底消除[3,5]。然而，互补序列也有它自身的显著缺陷，即序列数量非常有限，由式 (1.20) 可知，该类序列集合满足序列数量不大于各个互补序列中子序列的数目。那么，针对这一问题，人们开始考虑通过合并互补序列和多子集思想来解决。

非对称相关性序列集合的设计通常伴随着 ZCZ 特性，即不同子集之间的序列可以具有不同的 ZCZ 宽度。在 2006 年，Chen 等[47] 基于完备互补序列和广义偶移正交序列构造了一类广义配对互补 (Generalized Pairwise Complementary, GPC) 序列，该类序列以配对方式工作，可用于 QPSK 调制。同年，Matsufuji 基于完美互补配对和正交序列构造了一类具有 ZCZ 的互补序列配对[50]，Zhang 等[56] 通过级联传统互补序列也获得了一类具有三零相关区 (Three ZCZ, T-ZCZ) 的互补序列。作为一个更加广泛的概念，2007 年 Fan 等[48] 首次提出了 Z 互补序列的概念，该类序列没有对子序列长度和子序列数量的限制，因此在参数选择上比传统互补序列更加灵活。对于 Fan 等给出的关于 Z 互补序列性质的推测，Liu 等[57,58] 做了进一步的研究，并于 2014 年分别获得了具有大 ZCZ 的偶周期和奇周期 Z 互补序列配对。在 2008 年，Feng 等[59] 基于 Z 互补序列和广义偶移正交序列，构造了一类广义配对 Z 互补 (Generalized Pairwise Z-Complementary, GPZ) 序列，该类序列可以包括

文献 [47] 中的 GPC 序列作为其特例。为了明确 Z 互补序列的构造约束条件，Feng 等[60] 于 2013 年给出了 Z 互补序列的理论下界，从而为该类序列的设计和评估提供了理论参考。在 2015 年，Li 等[61] 进一步讨论了具有低峰平比特性的 Z 互补序列的设计。另外，仅包含两个子序列的 Z 互补序列配对也于 2016 年获得[62]。

除了非周期 Z 互补序列的研究，仅具有周期特性的 Z 互补序列也受到了一定的关注。Tu 等[63] 进一步研究了 Z 互补序列的周期相关性能，并于 2010 年利用循环移位方法产生了具有理想周期相关性能的 Z 互补序列。在 2012 年，基于移位交织方法，二元/四元的周期 Z 互补序列被获得[64]，这些序列都可以达到理论界限。在 2014 年，Li 等[65] 提出了两类新的构造方法，所获得的序列集合可以具有更加灵活的子序列数量选择。Ke 等于 2015 年进一步增加了参数的灵活性，不仅子序列数量可以灵活选择，而且 ZCZ 宽度也可以灵活选择[66]。同样是在 2015 年，一种基于交织技术的 Z 周期互补序列设计方法被提出[67]。

作为 Z 互补序列的一个重要类型，Li 等[68] 于 2008 年获得组间互补 (Inter-Group Complementary, IGC) 序列，该类组间互补序列在不同组的序列之间具有理想的互相关性能，而组内序列具有更小的 ZCZ 宽度，文献 [68] 称其为具有两种不同宽度的 ZCCZ。在 2010 年，这种两宽度 ZCCZ 的思想进一步被扩展到多个 ZCCZ 宽度[69]，其中的一个 ZCCZ 宽度也可以达到子序列的长度，即在某些序列子集之间存在理想的非周期互相关性能。基于组间互补的思想，相对应的具有组内互补特性的序列集合的构造方法也于 2011 年被提出[70]。同年，一类可以具有灵活 ZCZ 宽度的 IGC 序列被获得[71]，克服了以前 IGC 序列的不足之处。在 2013 年，基于 Z 互补序列和完美周期互相关序列，Feng 等[72] 进一步给出了新的 IGC 序列设计方法。同样是基于 Z 互补序列，Wang 等[73] 通过交织操作，在 2016 年提出了一种生成 IGC 序列的新方法。

可以看出，多子序列类型的非对称相关性序列集合可以在特定序列之间获得全局理想的周期/非周期相关性能，从而可以有效地抑制无线通信系统中的多址干扰问题。但是，使用该类序列的系统需要提供多路独立信道来分别承载各个子序列。如果采用频分方式，则频率选择性衰落将破坏序列性能的理想性，而采用时分方式时添加保护间隔将降低系统的传输效率。因此，如何通过合理的设计，在获得优异相关性能的同时增加地址码序列的数目，从而在保证传输可靠性的前提下尽可能地提升系统的传输速率，这成为该类序列应用于无线通信系统的一个现实而重要的研究问题。

2. 单一序列类型

针对 CDMA 小区之间严重的干扰问题，Tang 等[74] 于 2006 年讨论了多子集序列集合的设计问题，所获得的序列集合具有子集间 ZCCZ 宽度大于子集内 ZCCZ 宽度的特性，其性能与传统的 ZCZ 序列相比较具有质的飞跃。在 2010 年，Tang

等[75] 对该类序列进行了深入研究，并基于完备互补序列集合构造生成了二元多子集序列集合。对于子集间 ZCCZ 宽度大于子集内 ZCCZ 宽度的三元多子集序列集合，Hayashi 进行了深入分析并于 2011 年和 2012 年提出了两类构造方法[76,77]，所获得的序列集合逼近序列设计的理论界限，同时也具有较高的功率效率。相比较于不同的子集间序列具有不同宽度的 ZCZ，Omata 等[53] 于 2012 年研究了 ZCZ 序列在零位移左/右两侧的零相关区之间的关系，并提出了这种具有左右非对称 ZCZ 特性的多子集序列概念。同年，Torii 等[51] 提供了一种新的多相非对称 ZCZ 序列集合的构造方法，所获得的整个序列集合非常接近 ZCZ 序列设计的理论界限。在 2013 年，Torii 等[78] 进一步扩展了这种多相非对称 ZCZ 序列集合的设计，虽然同样是基于完美序列和 DFT 矩阵，然而在序列数量上有新的突破。在 2014 年，Wang 等[79] 同样基于完美序列，采用交织的方法获得了一类新的非对称 ZCZ 序列，并于 2016 年进一步研究了非对称 ZCZ 序列配对的设计方法[80]。

不同于子集间 ZCCZ 宽度大于子集内 ZCCZ 宽度的序列集合，相互正交的 ZCZ 序列子集的子集内 ZCCZ 宽度大于子集间 ZCCZ 宽度。该类序列首先由 Rathinakumar 等[52] 于 2004 年提出，主要用来解决 ZCZ 序列集合的序列数量受限问题。在 2006 年和 2008 年，Rathinakumar 等又进一步深入分析了该类序列设计中的正交完备互补序列集问题[81,82]，并将序列子集合的数量由两个扩展到多个。同样是对序列子集数量的扩展，基于完备序列和正交序列的新的相互正交的 ZCZ 序列子集的构造方法于 2006 年获得[83]，所获得的序列集合近似达到序列设计的理论界限。在 2009 年，基于完美多相序列的相互正交的 ZCZ 序列子集的设计方法被提出[84]，然而该序列集合也没有达到序列设计的理论界限。直到 2011 年，Li 等[85] 所获得的两类相互正交 ZCZ 序列子集的构造方法中的方法 II 才能够完全达到该类序列集合设计的理论界限，即整个序列集合以及该集合中的各个序列子集都能够达到序列数目上界。作为对相互正交 ZCZ 序列子集的扩展，Torii 等[86] 于 2013 年提出了广义正交 ZCZ 序列子集的概念并获得相应构造方法，该类序列在子集间的 ZCZ 宽度可以大于 1，且其性能逼近理论界限。在 2014 年，Matsumoto 等[87] 基于 Hadamard 矩阵和二元 ZCZ 序列讨论了三元相互正交 ZCZ 序列配对的生成情况，并进一步研究了该类序列的硬件生成方法。相比较于传统的 Walsh-Hadamard 序列等正交序列集合，相互正交的 ZCZ 序列子集能够在具有相同序列数目的前提下获得更优的相关性能，因此在无线传输系统中将会具有更出色的性能。然而，完全达到理论界限的该类序列的设计方法非常少，即使达到了理论界也仅适用于多相序列，对于具有普遍应用意义的二元序列还没有找到合适的设计，因此这也成为一个值得进一步深入探讨的研究方向。

1.3　序列在无线通信中的应用

1.3.1　传统扩频系统中的序列应用

序列首先在扩频技术中获得了重要的应用，早在 20 世纪 20 年代到第二次世界大战期间，电子对抗、制导系统、空间探测、卫星侦察等许多军用系统就已经具有了扩频的基本特征。到 20 世纪 80 年代，随着信号处理技术、大规模集成电路和计算机技术的发展，基于序列的扩频技术开始由军用向民用和商用方向转化，并逐步成为移动通信、卫星通信和电子战通信中的一种重要手段。

下面介绍 m 序列和 Gold 序列在扩频通信、定位和加扰中的应用。

1.3.1.1　m 序列在美军联合战术信息分配系统中的应用

联合战术信息分配系统 (Joint Tactical Information Distribution System, JTIDS)，具有通信、导航和识别的综合功能，可供海、陆、空三军使用，具有海洋、空中和陆地作战中的互操作性，是一种大容量、抗干扰的数字式信息分配系统。1976 年开始研制该系统，1980 年开始生产 1A 级终端，1985 年海军在其战斗机 F/A-18S 上使用海军专用 JTIDS 终端，1991 年海湾战争中，美国海军和空军首次全面使用了 JTIDS。

JTIDS(Link16) 脉冲信号是 32 个序列对载频作最小频移键控 (Minimum Shift Keying, MSK) 调制而形成的。数据段用的是由 31 位的 m 序列附加 1 位 0 构成的长度为 32 的序列，这种 32 长度序列经过循环移位之后可以得到 32 个移位等价的序列，然后采用多进制扩频方式。多进制扩频也称为软扩频，一般采用类似于信道编码的方法来完成频谱的扩展，即用几位信息码元对应序列集合中的某一个序列，多进制扩频的扩展倍数通常不大，而且也不一定是整数倍。从信道编码的角度来看，它实际上是一种 (n,k) 编码，用长为 n 的序列去代表 k 位信息，k 位信息共有 2^k 个不同状态，所以需要 2^k 个长度为 n 的序列来代表这 k 位信息的 2^k 个不同状态。JTIDS 系统的 (32, 5) 的扩频就是多进制扩频方式，即用 32 个长度为 32 的序列与 5 比特信息所代表的各个状态相对应，如表 1.2 所示。JTIDS 系统的扩

表 1.2　JTIDS 系统 32 个长度为 32 的序列与 5 比特信息的对应关系

5 比特信息码组	长度为 32 的序列
00000	$\boldsymbol{S}_0 = 01111100111010010000101011101100$
00001	$\boldsymbol{S}_1 = 11111001110100100001010111011000$
00010	$\boldsymbol{S}_2 = 11110011101001000010101110110001$
⋮	⋮
11111	$\boldsymbol{S}_{31} = 00111110011101001000010101110110$

频系数为 $32/5 = 6.4$，扩频增益为 $10\lg(32/5) = 8\text{dB}$。解扩则可理解为一种解码的过程，即 32 位序列码经过译码后恢复为 5 位的原始信息码组。

1.3.1.2 Gold 序列在全球定位系统中的应用

全球定位系统 (Global Positioning System, GPS) 是由美国国防部研制建立的一种具有全方位、全天候、全时段、高精度的卫星导航系统，能为全球用户提供低成本、高精度的三维位置、速度和精确定时等导航信息，是卫星通信技术在导航领域的应用典范。美国于 1994 年完成全球覆盖率高达 98%的 24 颗 GPS 卫星星座的布设，其综合定位精度可达厘米级，但是民用领域开放精度仅为 10m。

GPS 系统使用的序列有两种，分别是民用的 C/A 序列和军用的 P(Y) 序列。C/A 序列是向全球公开的，可用于民间导航定位，精度在 10m 左右。P(Y) 码是严格保密的，仅供军方及美国盟友使用，具有更高的精度和保密度。不同的 GPS 卫星具有不同的 C/A 序列，但是它们的序列速率均为 1.023MHz，它们的周期均为 1ms。C/A 序列采用长度为 1023 的 Gold 序列，其生成多项式分别为 $x^{10}+x^3+1$ 和 $x^{10}+x^9+x^8+x^6+x^3+x^2+1$。虽然总共可以生成 1024 个 Gold 序列，但是只选用了其中的 37 个分配给相应的卫星。

1.3.1.3 m 序列在 IEEE802.11a 无线局域网标准中的加扰应用

扰码是对信息码元进行有规律的近似白化处理，在数字通信系统中有时会出现连续传输多个 “0” 或者 “1” 的情况，这样传输信号的相关度就会较高，会影响接收端的帧同步算法，影响帧起始位置确定的准确性，所以需要通过加扰处理来降低信号的相关度，使得信号变为近似白噪声的数字序列。

IEEE 802.11a 协议中规定的 OFDM 系统的 Data 域首先要经过加扰处理，整个 Data 域使用的是一个长度为 127 的 m 序列发生器作为扰码器，其生成多项式为 x^7+x^4+1。

1.3.2 CDMA 系统中的序列应用

除了扩频技术，序列设计也广泛应用于 CDMA 领域。

1.3.2.1 正交序列、m 序列和 Gold 序列在 3G 移动通信系统中的应用

3G 移动通信系统的技术标准有四种，即 WCDMA、CDMA2000、TD-SCDMA 和 WiMAX。其中，前面三个标准都基于 CDMA 技术，分别由欧洲 3GPP 组织、美国和中国提出。CDMA 系统为每个用户分配各自特定的序列——地址码，这些地址码之间具有相互准正交性，从而在时间、空间和频率上都可以重叠。同时，CDMA 属于扩频技术，将需传送的具有一定信号带宽的信息数据，用一个带宽远大于信号带宽的伪随机码进行调制，使原有的数据信号的带宽被扩展，接收端进行相反的过程，通过解扩，增强了抗干扰的能力。

实际应用的 CDMA 通信系统采用复合扩频技术，扩频序列采用信道序列、基站序列和用户序列三层结构。信道序列用于区分来自同一信源的传输，即一个扇区内的下行链路连接，以及来自于某一终端的所有上行链路专用物理信道。基站序列和用户序列又称为扰码序列。扰码序列的配置是按照小区进行的，其目的是为了将不同的终端或基站区分开来。在扩频之后使用的扰码用于上行链路中手机之间或下行链路中基站之间的多址区分，扰码处理不改变信号的带宽，而只是将来自不同信源的信号区分开来，完成接收地址的分离。

第一层 (底层) 是信道序列，通常采用正交序列。CDMA2000 标准采用序列长度为 64 的 Walsh 正交序列，Walsh 序列可以用 Hadamard 矩阵表示，利用递推关系很容易构成 Walsh 序列集合。Hadamard 矩阵是由 1 和 -1 构成的正交方阵，即其任意两行 (或两列) 的对应位相乘之和等于零，它的每一行都代表一个 Walsh 序列。WCDMA 和 TD-SCDMA 两个标准都采用正交可变扩频因子 (Orthogonal Variable Spreading Factor, OVSF) 序列，从而区分不同的 CDMA 信道。使用 OVSF 技术可以改变扩频因子，并保证不同长度的不同扩频序列之间的正交性。该序列既可以满足通信中不同速率的多媒体业务要求，其正交性质亦可以减少信道之间的干扰。

第二层是基站序列，不同的基站使用不同的序列。CDMA2000 标准的基站序列基于序列长度为 $2^{15}-1$ 或 $2^{20}-1$ 的 m 序列。对于 SR1 速率模式，m 序列长度为 $2^{15}-1$，用于 QPSK 的 I、Q 支路的两个 m 序列的生成多项式分别为 $x^{15}+x^{13}+x^9+x^8+x^7+x^5+1$ 和 $x^{15}+x^{12}+x^{11}+x^{10}+x^6+x^5+x^4+x^3+1$，这两个 m 序列互为优选对。对于 SR3 速率模式，m 序列长度为 $2^{20}-1$，I、Q 支路都是基于同一个 m 序列，只是起始位置不同，其生成多项式为 $x^{20}+x^9+x^5+x^3+1$。WCDMA 标准的基站序列基于长度为 $2^{18}-1$ 的 Gold 序列，其生成多项式分别为 $x^{18}+x^7+1$ 和 $x^{18}+x^{10}+x^7+x^5+1$，基站序列仅取 Gold 序列中的连续 38400 个码片，其帧长度为 10ms，速率为 3.84Mc/s。

第三层是用户序列，每个用户使用一个序列，它是由长序列再加上用户自身代码复合而成的。CDMA2000 标准采用序列长度为 $2^{42}-1$ 的 m 序列，其生成多项式为 $x^{42}+x^{35}+x^{33}+x^{31}+x^{27}+x^{26}+x^{25}+x^{22}+x^{21}+x^{19}+x^{18}+x^{17}+x^{16}+x^{10}+x^7+x^6+x^5+x^3+x+1$。WCDMA 标准的用户序列基于长度为 $2^{25}-1$ 的 Gold 序列，其生成多项式分别为 $x^{25}+x^3+1$ 和 $x^{25}+x^3+x^2+x+1$，用户序列仅取 Gold 序列中的连续 38400 个码片。不同于 WCDMA 和 CDMA2000 标准，TD-SCDMA 标准采用长度为 16 的复值序列作为扰码序列。

1.3.2.2　完备互补序列在多载波 CDMA 通信系统中的应用

互补序列在多载波 CDMA 通信系统中获得广泛的关注和研究，其中的典型代表是 2001 年 Chen 等[37] 提出的基于正交互补序列和偏移堆叠技术的 OCC-CDMA 方案，其原理如图 1.5 所示。其中，互补序列配对 $\boldsymbol{a}_i = [\boldsymbol{a}_{i,0}; \boldsymbol{a}_{i,1}] = [+++-;+-++]$，$b_1 \sim b_4$ 为待传二元数据比特，利用互补序列的理想非周期相关性能，将信息数据调制在各个子序列上移位之后叠加在一起发送出去。

该方案将完备互补序列的各个子序列调制到不同的子载波上。为了提高频谱效率，互补序列采用偏移堆叠发送方式，例如图 1.5 中两个子序列都偏移了一位，因此频谱效率比传统 CDMA 系统提高了近 1/4。由于这些互补序列之间同时具有理想的非周期自/互相关性能，因此可以避免相互干扰，那么 OCC-CDMA 系统理论上是一个无干扰系统。同时，根据互补序列偏移的位数的不同，可以改变系统的传输速率，从而满足系统中不同速率的要求。

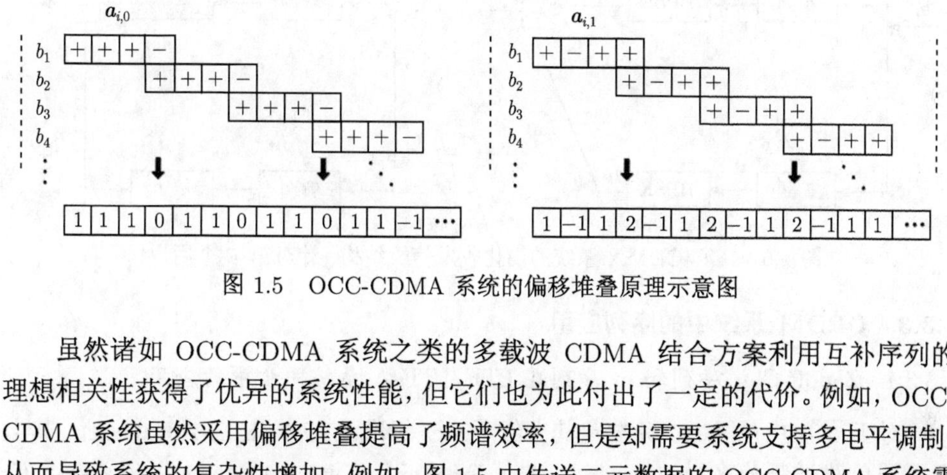

图 1.5 OCC-CDMA 系统的偏移堆叠原理示意图

虽然诸如 OCC-CDMA 系统之类的多载波 CDMA 结合方案利用互补序列的理想相关性获得了优异的系统性能，但它们也为此付出了一定的代价。例如，OCC-CDMA 系统虽然采用偏移堆叠提高了频谱效率，但是却需要系统支持多电平调制，从而导致系统的复杂性增加。例如，图 1.5 中传送二元数据的 OCC-CDMA 系统需要 $\{0, \pm1, \pm2\}$ 总共五个电平调制，相比较而言，传统的二元 CDMA 系统则只需要 $\{\pm1\}$ 两电平调制。而且，最主要的问题还是互补序列自身的缺陷，即序列数量太少，OCC-CDMA 系统所采用的完备互补序列的序列数量仅为处理增益的三次方根。因此，基于互补序列的多载波 CDMA 系统在提升系统抗干扰性能的同时牺牲了系统容量，对于有大容量要求的应用呈现出了一定的约束和不适用性。

1.3.2.3 Z 互补序列在多载波 CDMA 通信系统中的应用

相对于 OCC-CDMA 等基于互补序列的多载波 CDMA 通信系统，Li 等[68] 在 2008 年基于 IGC 序列产生的 IGC-CDMA 系统能够支持更多的用户。IGC 序列属于 Z 互补序列，它通常可以被分成多个序列组 (序列子集)，组内序列的非周期互相关函数具有 ZCZ，同时组间序列具有理想的非周期和周期互相关性能，这正如其名字所显示的。对于自相关性能，所有 IGC 序列的非周期自相关函数具有 ZCZ。

通过调整 ZCZ 的宽度，可以灵活地改变序列数量。仿真结果显示，当需要较大的序列数量时，IGC-CDMA 系统的性能明显优于使用 m 序列、Gold 序列和 Walsh 序列的 CDMA 系统。IGC-CDMA 系统的基本系统模型如图 1.6 所示，其中 $\boldsymbol{I}_{u,m}^{g}$ 表示 IGC 序列集合中第 g 个序列组中第 u 个 IGC 序列的第 m 个子序列，f_m 为第 m 个子载波频率，$\boldsymbol{b}_u$ 表示第 u 个用户的待传数据。可以看出该系统是典型的多载波系统，但是通过利用 IGC 序列的特性来设置特定的系统帧结构和时隙结构，则 IGC-CDMA 系统可以获得更优的综合性能。

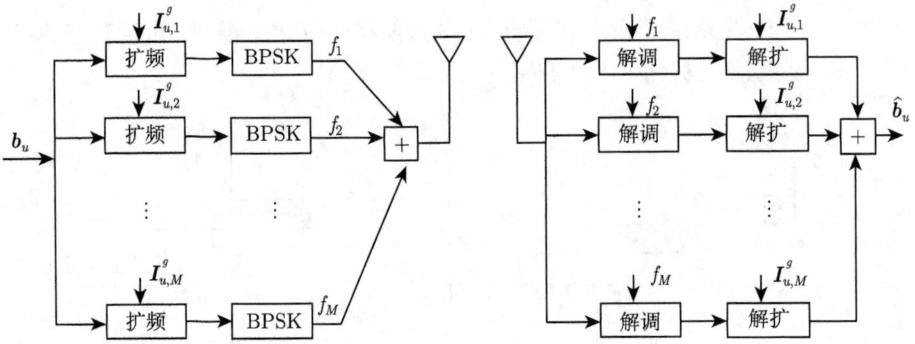

图 1.6　IGC-CDMA 系统的简化收发信机结构 (针对第 u 个用户)

1.3.3　OFDM 系统中的序列应用

1.3.3.1　Zadoff-Chu 序列和 m 序列在 LTE/LTE-A 系统同步中的应用

对于 3GPP 的 LTE 标准及其升级版 4G 标准 LTE-A(LTE-Advanced)，其上行采用单载波频分多址 (Single-Carrier Frequency Division Multiple Access, SC-FDMA) 方式，下行采用正交频分多址 (Orthogonal Frequency Division Multiple Access, OFDMA) 方式。虽然 B3G/4G 移动通信系统已经不再使用 CDMA 方式，但是序列依然在其中起着至关重要的作用，OFDM 技术与序列之间依然存在着密切的关联。

OFDM 的一个关键问题是对频偏敏感，因此时频同步对系统的性能有很大的影响。LTE 包括 504 个唯一的物理小区 ID 号，这些 ID 号共分成 168 组，每组有 3 个 ID 号。那么，确定了小区 ID 号，也就确定了它属于哪一个组中的哪一个 ID 号。LTE 的同步序列分为主同步序列和辅同步序列，辅同步序列与 168 个 ID 号组相对应，而主同步序列与每个组中的 3 个 ID 号相对应。

主同步序列由 3 个频域上的长为 63 的 Zadoff-Chu 序列组成，它们的根索引值分别为 25、29 和 34。考虑到 OFDM 中直流不传递数据，因此各个序列的第 32 个元素被打孔。那么这三个序列可以表示如下：

$$a'_m(l) = \begin{cases} e^{-j\frac{\pi m}{63}l(l+1)}, & l = 0, 1, \cdots, 30 \\ e^{-j\frac{\pi m}{63}(l+1)(l+2)}, & l = 31, 32, \cdots, 61 \end{cases} \tag{1.26}$$

其中，$m = \{25, 29, 34\}$。

在时频资源的分配上，主同步序列占用频率集合中间的 62 个子载波，而且两端各有 5 个子载波作为保护间隔。根据双工方式的不同，主同步序列占用的符号位置也有所不同。对于频分双工 (Frequency Division Dual, FDD) 的帧结构，主同步序列被分配在第 0 个和第 10 个时隙的最后一个 OFDM 符号上。对于时分双工 (Time Division Duplexing, TDD) 的帧结构，主同步序列被分配在第 1 个和第 6 个子帧的第 3 个 OFDM 符号上。

辅同步序列基于长度为 31 的 m 序列，通过对 m 序列循环移位、加扰和交织级联，可以得到两类分别用于第 0 个子帧和第 5 个子帧的辅同步序列。根据索引值的不同，所获得的辅同步序列可以与 168 个 ID 号组一一对应。辅同步序列的长度也是 62，与主同步序列相同，这些序列占用频率集合中间的 62 个子载波，而且两端各有 5 个子载波作为保护间隔。在时域符号资源的分配上，辅同步序列根据 FDD 和 TDD 帧结构的差异而有所不同。FDD 帧结构将辅同步序列分配在第 0 个和第 10 个时隙的倒数第 2 个 OFDM 符号上，而 TDD 的帧结构则将辅同步序列分配在第 1 个和第 11 个时隙的最后一个 OFDM 符号上。

1.3.3.2 Zadoff-Chu 序列和 Gold 序列在 LTE/LTE-A 系统信道估计中的应用

为了提高整个系统的性能，接收端需要大概知道信道冲激响应，以便进行信道补偿和相干解调，这就需要进行信道估计，LTE 基于 Zadoff-Chu 序列和 Gold 序列采用参考信号 (或导频信号) 进行信道估计。

LTE 的上行参考信号是从两类基序列扩展得到的，基序列的长度为 12 的倍数并受到上行载波数目的限制。根据长度的不同，基序列可以分为 Zadoff-Chu 序列和计算机生成序列。当长度为 12 和 24 时，基序列采用计算机生成序列，当长度大于 24 时，基序列采用 Zadoff-Chu 序列。通过给定基序列长度 M_{SC}^{RS}、组号 u 和组内序列号 v，可以确定这两类基序列，其中，$u \in \{0, 1, 2, \cdots, 29\}$，$v \in \{0\}$ 或 $v \in \{0, 1\}$。对于 Zadoff-Chu 序列，其序列长度为小于 M_{SC}^{RS} 的最大素数，根据 Zadoff-Chu 序列的性质，此时该序列的异相自相关函数等于零，因此具有理想的自相关性能。同时，其互相关函数达到理论界限，从而具有最佳的互相关性能。Zadoff-Chu 序列的根索引值由 u 和 v 唯一确定。确定了基序列，那么就可以通过幅度加权和相位旋转将其扩展为上行参考信号。

LTE 的下行参考信号按照用途的不同可以分为三类，即小区专用 (Cell Specific) 参考信号、多播广播单频网 (Multicast Broadcast Single Frequency Network, MBSFN) 参考信号和用户专用 (User Equipment Specific, UE Specific) 参考信号。

这三类参考信号的设计都是基于长度为 31 的 Gold 序列，利用该类序列良好的周期互相关性能，从而可以减小相同时频资源上参考信号之间的干扰。

1.3.3.3 Golay 互补配对在 OFDM 系统中的应用

高 PAPR 是 OFDM 系统的一个主要问题，而序列设计是抑制 PAPR 的一种有效方法，Golay 互补配对就是其中的一个典型代表。Golay 互补配对包含两个子序列 (也称为 Golay 互补序列)，可以由布尔函数生成，对于 $\{1,2,\cdots,m\}$ 的任意一个排列 π，可得长度为 2^m 的 $\mathbf{Z}_{2^h}$(即整数集合 $\{0,1,2,\cdots,2^h-1\}$) 上的 Golay 互补序列如下：

$$a(x_1,x_2,\cdots,x_m)=2^{h-1}\sum_{k=1}^{m-1}x_{\pi(k)}x_{\pi(k+1)}+\sum_{k=1}^{m}c_kx_k+c \tag{1.27}$$

其中，$c_k,c\in\mathbf{Z}_{2^h}$，h 为调制阶数，$M=2^h$ 对应于 M-PSK 调制。

由式 (1.27) 可知，长度为 2^m 的 $\mathbf{Z}_{2^h}$ 上的 Golay 互补序列总共有 $2^{h(m+1)}\cdot m!/2$ 个。对于这些由布尔函数表示的 Golay 互补序列，可以通过里德-缪勒 (Reed-Muller, RM) 编码的方式产生，其三个步骤如下所示。

(1) 划分输入二进制序列数。

在每一个 OFDM 符号周期内，设子载波数为 2^m。输入的二进制序列数为 $w+h(m+1)$ 位，其中 $w=\lfloor\log_2(m!/2)\rfloor$。取输入二进制序列的前 w 位形成一个 2^m 进制数 d，对于剩下的 $h(m+1)$ 位输入二进制序列，分别依次取 h 位，形成 $(m+1)$ 个 2^h 进制信息符号 $u_1,u_2,\cdots,u_m,u_{m+1}$，$u_i\in\mathbf{Z}_{2^h}$。

(2) 生成 RM 码。

定义行向量 $\boldsymbol{x}_i$ 是由 2^{m-i} 个 0 后紧跟 2^{m-i} 个 1，再将此结构在该行中重复 $(2^{i-1}-1)$ 次组成的，其中 $i=1,2,\cdots,m$。那么，$\mathbf{1},\boldsymbol{x}_1,\boldsymbol{x}_2,\cdots,\boldsymbol{x}_m$ 组成了 RM 码 $\mathrm{RM}_{2^h}(1,m)$ 的标准生成矩阵，其中 $\mathbf{1}$ 表示全 “1” 向量。将 $u_1,u_2,\cdots,u_m,u_{m+1}$ 分别与 $\mathrm{RM}_{2^h}(1,m)$ 的标准生成矩阵的每一行向量相乘后再模 2^h 相加，即

$$\boldsymbol{S}=\left(\sum_{i=1}^{m}u_i\boldsymbol{x}_i+u_{m+1}\right)_{2^h} \tag{1.28}$$

(3) 选择陪集生成 OFDM 符号。

每个 $\mathrm{RM}_{2^h}(1,m)$ 上有 $m!/2$ 个陪集，从而形成一个 $m!/2$ 行和 2^m 列的陪集矩阵。由 2^m 进制数 d 来决定选择陪集矩阵中的第 $d+1$ 行的行向量，与 S 模 2^h 相加，从而形成 Golay 互补序列，对该序列进行 M-PSK 调制之后再进行快速傅里叶反变换 (Inverse Fast Fourier Transform, IFFT)。

值得注意的是，RM 编码虽然具有一定的纠错能力，但是其本身不能解决 PAPR

问题，需要添加陪集转变成 Golay 互补序列才可以，两者性能比较如图 1.7 和图 1.8 所示。

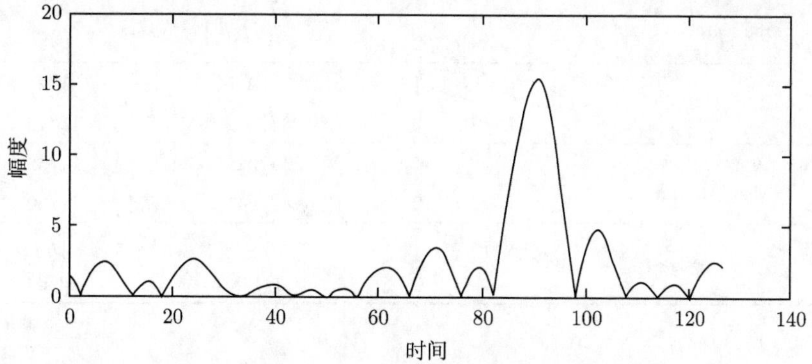

图 1.7 长度为 16 的 RM 码经过 IFFT 之后的时域信号 (取绝对值) 波形，8PSK 调制，IFFT 点数为 128，PAPR 为 11.7362dB

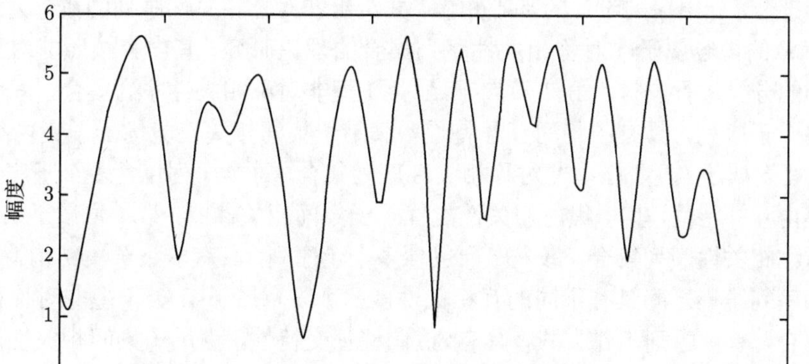

图 1.8 长度为 16 的 Golay 互补序列经过 IFFT 之后的时域信号 (取绝对值) 波形，8PSK 调制，IFFT 点数为 128，PAPR 为 2.9844dB

通过生成 Golay 互补序列，可以将 PAPR 控制在 3dB 以内。但是，系统的编码效率却有所下降，其编码效率 R 为

$$R=\frac{w+h(m+1)}{2^m h} \tag{1.29}$$

从式 (1.29) 可知，编码效率 R 与子载波数目 2^m 和调制阶数 h 都成反比，如表 1.3 所示。

表 1.3　RM 编码生成 Golay 互补序列抑制 PAPR 时的编码调制效率

m	w	2^m	h	R	编码调制效率
3	1	8	1	5/8	5/8
			2	9/16	9/8
4	3	16	1	1/2	1/2
			2	13/32	13/16
5	5	32	1	11/32	11/32
			2	17/64	17/32
6	9	64	1	1/4	1/4
			2	23/128	23/64

1.4　本书体系结构与章节安排

本书致力于非对称相关性序列的设计理论与实际应用，共 8 章。其中，第 1 章为绪论部分，介绍序列设计的基础知识，并给出非对称相关性序列的概念。第 2 章至第 6 章的内容属于非对称相关性序列集合的理论研究，其内容按照非对称相关性序列的分类进行安排。第 2 章属于 A 类 I 型非对称相关性序列集合，每个序列包含多个子序列，具有子集间互补特性，满足子集间相关性能优于子集内相关性能；第 3 章属于 A 类 II 型非对称相关性序列集合，每个序列包含多个子序列，具有子集内互补特性，其子集内相关性能优于子集间相关性能；第 4 章属于 A 类 III 型非对称相关性序列集合，每个序列包含多个子序列，具有多级子集结构特性，不同级的序列子集之间具有不同的互相关性能；第 5 章属于 B 类 I 型非对称相关性序列集合，单一序列工作方式，具有奇/偶移正交特性，满足子集间相关性能优于子集内相关性能；第 6 章属于 B 类 II 型非对称相关性序列集合，单一序列工作方式，具有正交多子集特性，满足子集内相关性能优于子集间相关性能。这五章的内容既自成体系又相互关联，共同组成了非对称相关性序列的研究构架。第 7 章和第 8 章属于非对称相关性序列集合的实际应用，本书作者分别基于开发研制的 OFDM 视频传输系统和短波多进制正交扩展调制解调器，展示了非对称相关性序列集合的实际可行性和具体应用效能。

下面介绍本书第 1 章至第 8 章的具体研究内容。

第 1 章 “绪论” 介绍了序列设计的基础知识，指出了 5 种具有重要理论研究意义和实际应用价值的典型序列类型，阐明了序列设计在传统扩频、CDMA 和 OFDM 等无线通信系统中的 9 个具体应用，并重点讨论了非对称相关性序列的性能，对该类序列的国内外研究现状和发展前景进行了综述分析。

第 2 章“子集间互补的非对称相关性序列”主要讨论了具有子集间互补特性的非对称相关性序列集合的构造，分别基于完美序列、正交矩阵扩展、交织扩展和移位操作等方法给出了四种子集间周期/非周期互补的序列集合设计方法。所构造的序列在子集内具有零相关区，在子集之间具有理想的周期/非周期互相关性能。本章给出了详细的构造算法，对其性能进行了数学推导和实例演示。最后，本章对周期和非周期的子集间互补序列性能进行了比较，阐述了各自在序列参数和相关性能方面的优势和不足。

第 3 章“子集内互补的大数量序列集合”致力于具有子集内互补特性的非对称相关性序列集合的研究，旨在通过子集扩展方法获得多个相互之间具有特定相关性的互补序列子集，从而有效增加可用序列的数量。针对 OFDM 系统中的直流空载要求，设计了两类零中心互补配对序列集合和一类零中心正交配对序列集合。其中，零中心互补配对序列集合能够保证直流空载时依然具有理想的非周期自相关性能，从而将峰值平均功率比控制到 3dB 范围之内。针对传统互补序列集合中互补序列数量受限的问题，提出了一类子集内互补序列集合的构造方法。该类集合拥有庞大的互补序列，在相同的处理增益下，其序列数量远远大于传统互补序列集合以及具有零相关区的互补序列集合的序列数量。最后，本章讨论了具有子集内互补/子集间零相关区特性的非对称相关性序列集合的设计方法，该类序列集合不仅具有优异的互相关性能，而且还拥有理想的自相关性能。

第 4 章“多级子集非对称相关性序列集合”聚焦在具有多级序列子集的非对称相关性序列集合的设计，该类序列集合可以看作传统单一序列集合和一级子集结构序列集合的一种扩展。本章首先讨论了进行这种多级子集结构扩展的实际需求，指明多级的序列子集分割将产生多值零互相关区，然后重点讨论了具有两级子集结构和多级子集结构的非对称相关性序列集合的设计。分别基于正交矩阵和 DFT 矩阵 Kronecker 积，提出了两种两级子集结构序列集合的设计方法，该类序列集合满足 1 级序列子集之间具有正交性质、同一个 1 级序列子集内部的不同 2 级序列子集之间具有理想的周期/非周期互相关性能、每个 2 级序列子集内部具有三值零相关区特性。针对所提出的多宽度零互相关区概念，给出了一种构造多级子集结构序列集合的方法。该类序列集合包含多级序列子集，能够在不同的子集之间产生多个不同的零互相关区宽度，因此在序列参数的选择上具有更大的灵活性，可以满足更加多样性的实际应用需求。

第 5 章“周期/非周期奇/偶移正交序列集合”讨论了具有非周期/周期奇/偶移正交特性的序列集合，介绍了 N 移正交序列的概念，并重点给出了两种构造交替零值周期相关特性序列的方法。一种方法是充分利用 DFT 矩阵序列的周期相关特性，所产生的序列的周期自相关函数和子集内周期互相关函数在占总数 3/4 或 1/2 的位移上均为零值，同时在序列子集之间保持了 DFT 矩阵序列的理想的周期互相关性能。另一种方法基于移位的完美序列集合，所构造的周期奇/偶移正交序列集合可以包括 1~3 级序列子集，序列的周期自相关和 1 级子集内部的 2 级子集内周期互相关都具有奇移正交特性，而 1 级子集内部的 2 级子集间周期互相关都具有偶移正交特性，同时 1 级子集之间的周期相关性能非常接近 1 级子集内部的性能，仅在个别情况中零位移上为非零值，该非零值可以通过使用较长的完美序列将其控制在一个较低的范围内。

第 6 章 "正交多子集非对称相关性序列设计" 致力于进一步提升通信系统传输速率的序列集合设计，旨在获得更加灵活的传输速率与传输可靠性之间的优化平衡。首先介绍了相互正交的零相关区序列集合，分别基于互补序列级联迭代、完美序列移位交织和正交矩阵扩展等三种方法设计了三种正交零相关区多子集，即子集内具有零相关区特性，而且子集之间相互正交。然后，为了进一步增加可用序列的数量，分别基于循环移位和抽取级联操作，生成了三类低值同相互相关正交多子集序列集合。当序列长度为 2^n 时，所获得这三类的正交多子集序列集合，其序列数量分别可以达到 $n2^n$、2^{2n-1} 和 $2^{2n}-2^n$。这些正交多子集序列集合不仅具有庞大的序列数量，而且还具有较好的同相互相关性能和峰值平均功率比性能。特别是对于抽取间隔为 2 的整数次幂的抽取级联正交多子集序列集合，其各个序列子集都是正交子集，全部 $n2^n$ 个序列的峰值平均功率比都不超过 3dB，而且不同序列子集之间的同相互相关只取三个固定的数值，即相邻序列子集之间的归一化同相互相关取 $\{0,\pm1/2\}$、不相邻序列子集之间的归一化同相互相关取 $\{0,\pm1/4\}$。

第 7 章 "序列在 OFDM 通信系统中的应用" 重点在于展示序列在 OFDM 视频传输系统中的具体应用，包括系统帧头结构中各类功能序列的设计以及与这些序列相关的系统样机实现的关键技术。本章首先介绍了设计并实现的 OFDM 视频传输系统的基本组成和性能指标，然后聚焦在帧头结构，根据峰值平均功率比、互补特性和零相关区等实际需求，分别设计了自动增益控制序列、短训练序列、长训练序列和信道估计序列等各种类型的功能序列，并将其应用于实现 OFDM 视频传输系统所需要的峰值平均功率比抑制、时域加循环后缀和加升余弦窗、数字上/下变频、级联积分梳状滤波器、整数倍/小数倍频偏估计和补偿、最小二乘信道估计等各项关键技术之中。本章最后提供了系统样机的外场测试结果，并进一步扩展了视频传输模式。基于 OFDM 视频传输系统的开发平台，分别实现了直接序列扩频视频传输系统和 4 码扩频视频传输系统，并对这三种视频传输模式的频谱效率、抗单频干扰能力和峰值平均功率比等参数进行了实验比较。

第 8 章 "序列在多进制扩频系统中的应用" 重点在于寻求适用于 OFDM 调制的非对称相关性序列结构，并进一步扩展可用序列的数量。将第 3 章的零中心互补配对序列集合、零中心正交配对序列集合以及第 6 章的正交多子集序列集合应用于实际的通信系统，面向非对称相关性序列集合设计互补多进制正交扩展 OFDM

结构，并研制开发出相应的短波互补多进制正交扩展 OFDM 调制解调器，从而验证非对称相关性序列的实际可行性和应用效能。本章详细地介绍了互补多进制正交扩展 OFDM 结构的原理及其多进制扩频/解扩的实现，提供了针对零中心互补配对序列集合/零中心正交配对序列集合的序列配对方案和针对正交多子集序列集合的单序列方案，并采用 ITU-R F. 1487 短波信道模型完成相应的系统仿真。仿真结果显示，基于非对称相关性序列集合的互补多进制正交扩展 OFDM 结构可以实现传输速率和传输可靠性之间的优化平衡。

1.5 本章小结

本章是对序列设计的概述，主要介绍了序列概念、相关运算、性能指标和理论界限等基础知识，讨论了完美序列、离散傅里叶变换序列、完备互补序列、零相关区序列和非对称相关性序列等 5 种具有理想或局部理想相关性能的典型序列类型，指明了它们的重要理论研究意义和实际应用价值。尤其是对于非对称相关性序列，重点讨论了该类序列的含义、分类、相关性能、国内外研究现状以及发展前景。最后，本章阐述了 m 序列、Gold 序列、正交序列、完备互补序列、Z 互补序列、Zadoff-Chu 序列以及 Golay 互补配对等各类序列在无线通信中的应用情况，具体涉及传统扩频系统、CDMA 系统和 OFDM 系统等三个方面。

关于序列设计理论，目前已经有许多优秀的著作，例如，有关经典序列的文献 [4,5,15]，有关零相关区序列的文献 [1, 3]，有关跳频序列的文献 [6]，以及有关跳时序列的文献 [1]，等等。本书讨论的焦点在于非对称相关性序列，作为序列设计理论中的一个分支，该类序列的研究起步相对较晚，因此在上述文献中未见阐述。另外，本书的另一个特色在于序列设计理论研究成果的实际应用，开发研制出的系统样机有力地验证了非对称相关性序列的实际可行性和应用效能。本书中的序列应用主要面向于 OFDM 系统和多进制扩频系统，而对于传统扩频和 CDMA 这两类经典的序列应用则未做详细阐述，感兴趣的读者可以参考相关文献 [2, 54, 55]。

参考文献

[1] 曾凡鑫, 葛利嘉. 无线通信中的序列设计原理. 北京: 国防工业出版社, 2007.

[2] 何世彪, 谭晓衡. 扩频技术及其实现. 北京：电子工业出版社, 2007.

[3] 唐小虎. 低/零相关区理论与扩频通信系统序列设计. 成都: 西南交通大学出版社, 2006.

[4] 泽普尼克. 伪随机信号处理: 理论与应用. 甘良才, 译. 北京: 电子工业出版社, 2007.

[5] 陈智雄. 伪随机序列的设计及其密码学应用. 厦门: 厦门大学出版社, 2011.

[6] 梅文华. 跳频序列设计. 北京: 国防工业出版社, 2015.

[7] Zhang Z Y, Zeng F X, Ge L J. Time-hopping sequences with zero correlation zone

for approximately synchronized THSS-UWB system//Proc. of the 9th IEEE Sigapore International Conference on Communications Systems, Singapore, 2004: 20-24.

[8] Khedr M E, El-Helw A, Afifi M H. Adaptive mitigation of narrowband interference in impulse radio UWB systems using time-hopping sequence design. Journal of Communications and Networks, 2015, 17(6): 622-633.

[9] Ahmed Q Z, Yang L L. Performance of hybrid direct-sequence time-hopping ultrawide bandwidth systems in nakagami-M fading channels//Proc. of the 18th International Symposium on Personal, Indoor and Mobile Radio Communications, 2007, 1-2.

[10] Zhang Z Y, Zeng F X, Ge L J. Multiple access interference in relation to time-hopping correlation properties in multiple access UWB system//Proc. of the IEEE Conference on Ultra Wideband Systems and Technpologies, Virginia, USA, 2003: 453-457.

[11] 张振宇, 曾凡鑫, 葛利嘉. 一类适用于超宽带冲激无线电通信系统的跳时序列. 系统工程与电子技术, 2003, 25(12): 1447-1450.

[12] Zierler N. Linear recurring sequences. Journal of the Society for Industrial & Applied Mathematics, 1955, 9: 31-48.

[13] Gold R. Optimal binary sequences for spread spectrum multiplexing. IEEE Transactions on Information Theory, 1967, IT-13: 619-621.

[14] Golay M J E. Complementary series. IRE Transactions on Information Theory, 1961, IT-7: 82-87.

[15] Fan P Z, Darnell M. Sequence Design for Communicationa Applications. London: Research Studies Press LTD., 1996.

[16] 张振宇, 曾凡鑫, 葛利嘉. 超宽带冲激无线电跳时序列相关性能的研究. 电子与信息学报, 2004, 26(8): 1256-1261.

[17] Zhang Z Y, Xuan G X, Zeng F X, et al. Correlation function algorithm of time-hopping sequences for TH-UWB//Proc. of the 6th International Conference on ITS Telecommunications, Chengdu, China, 2006: 266-269.

[18] Shao H, Beaulieu N C. Direct sequence and time-hopping sequence designs for narrowband interference mitigation in impulse radio UWB systems. IEEE Transactions on Communications, 2011, 59(7): 1957-1965.

[19] Zhang Z Y, Zeng F X, Ge L J, et al. NHZ-TH sequences for quasi-synchronous UWB systems//Proc. of IEEE Mobility Conference, Guangzhou, China, 2005: 15-17.

[20] Siriwongpairat W P, Olfat M, Liu K J. Performance analysis of time hopping and direct sequence UWB space-time systems//Proc. of Global Telecommunications Conference, 2004, 6: 3526-3530.

[21] Zhang Z Y, Zeng F X, Ge L J. Theoretical bounds on time-hopping sequences for ultra wideband//Proc. of the IEEE 61st Semiannual Vehicular Technology Conference, Stockholm, Sweden, 2005: 2003-2007.

[22] Shaterian Z, Ardebilipour M. Direct sequence and time hopping ultra wideband over IEEE.802.15.3a channel model//Proc. of the 16th International Conference on Software, Telecommunications and Computer Network, 2008: 90-94.

[23] Zhang Z Y, Zeng F X, Ge L J. Correlation properties of time-hopping sequences for impulse radio//Proc. of IEEE International Conference on Acoustics, Speech, and Signal Processing, Hong Kong, China, 2003, IV: 141-144.

[24] Somayazulu V S. Multiple access performance in UWB systems using time hopping vs. direct sequence spreading//Proc. of IEEE Wireless Communications and Networking Conference Record, 2002, 2: 522-525.

[25] Sidelnikov V M. On mutual correlation of sequences. Soviet Mathematics Doklady, 1971, 12: 197-201.

[26] Welch L R. Lower bounds on the maximum cross correlation of signals. IEEE Transactions on Information Theory, 1974, 20(3): 397-399.

[27] Sarwate D V. Bounds on crosscorrelation and autocorrelation of sequences. IEEE Transactions on Information Theory, 1979, IT-25: 720-724.

[28] Levenshtein V I. Bounds on the maximal cardinality of a code with bounded modulus of the inner product. Soviet Mathematics Doklady, 1982, 25: 526-531.

[29] Kumar P V, Liu C M. On lower bounds on the maximun correlation of complex roots-of-unity sequences. IEEE Transactions on Information Theory, 1990, IT-36: 633-640.

[30] Levenshtein V I. New lower bounds on aperiodic crosscorrelation of binary codes. IEEE Transactions on Information Theory, 1999, 45: 284-288.

[31] Frank R L, Zadoff S A. Phase shift pulse codes with good periodic correlation properties. IRE Transactions on Information Theory, 1962, IT-8: 381-382.

[32] Chu D C. Polyphase codes with good periodic correlation properties. IEEE Transactions on Information Theory, 1972, IT-18: 531-533.

[33] Milewski L B. Periodic sequences with optimal properties for channel estimation and fast start-up equalization. IBM Journal of Research and Development, 1983, 27(5): 426-431.

[34] Popovic B M. Generalized chirp-like polyphase sequences with optimum correlation properties. IEEE Transactions on Information Theory, 1992, 38(4): 1406-1409.

[35] Tang X H, Fan P Z, Matsufuji S. Lower bounds on correlation of spreading sequence set with low or zero correlation zone. Electronics Letters, 2000, 36(6): 551-552.

[36] Tseng C C, Liu C L. Complementary sets of sequences. IEEE Transactions on Information Theory, 1972, 18(5): 644-652.

[37] Chen H H, Yeh J F, Suehiro N. A multicarrier CDMA architecture based on orthogonal complementary codes for new generations of wideband wireless communications. IEEE Communication Magazine, 2001, 39: 126-135.

[38] Hao L, Fan P Z. On the peak factors of BPSK and QPSK modulated MC-CDMA signals employing WH sequences and WH-Based complementary sequences. IEEE Transactions on Wireless Communications, 2007, 6(8): 2782-2787.

[39] Tseng S M, Bell R. Asynchronous multicarrier DS-CDMA using mutually orthogonal complementary sets of sequences. IEEE Transactions on Communications, 2000, 48: 53-59.

[40] Lu L R, Dubey V K. Extended orthogonal polyphase codes for multicarrier CDMA system. IEEE Communications Letters, 2004, 12: 700-702.

[41] Tao X M, Zhang C, Lu J H. Doppler diversity in MC-CDMA systems with T-ZCZ sequences for doppler spread cancelation. IEICE Transactions on Fundamentals of Electronics, Communications and Computer Sciences, 2007, E90-A(11): 2361-2368.

[42] Fan P Z, Suehiro N, Kuroyanagi N, et al. Class of binary sequences with zero correlation zone. Electronics Letters, 1999, 35(10): 777-779.

[43] Popovic B M. Class of binary sequences for mobile channel estimation. Electronics Letters, 1995, 31(12): 944-945.

[44] Fan P Z, Hao L. Generalized orthogonal sequences and their applications in synchronous CDMA systems. IEICE Transactions on Fundamentals of Electronics, Communications and Computer Sciences, 2000, E83-A(11): 2054-2069.

[45] Li D B. A high spectrum efficient multiple access code// Proc. of Asia-Pacific Conference on Communications & Fourth Opoelectronics & Communications Conference, 1999, (1): 598-605.

[46] Cha J S, Kaeda S, Yokoyama M, et al. New binary sequences with low zero-correlation duration for approximately sychronised CDMA. Electronics Letters, 2000, 36: 991-992.

[47] Chen H H, Yeh Y C, Zhang X, et al. Generalized pairwise complementary codes with set-wise uniform interference-free windows. IEEE Journal on Selected Areas in Communications, 2006, 24(1): 65-74.

[48] Fan P Z, Yuan W N, Tu Y F. Z-complementary binary sequences. IEEE Signal Processing Letters, 2007, 14(8): 509-512.

[49] Xu S J, Li D B. Ternary complementary orthogonal sequences with zero correlation window// Proc. of IEEE International Symposium on Personal, Indoor and Mobile Radio Communications, 2003, 2: 1669-1672.

[50] Matsufuji S. Families of sequence pairs with zero correlation zone. IEICE Transactions on Fundamentals of Electronics, Communications and Computer Sciences, 2006, E89-A(11): 3013-3017.

[51] Torii H, Matsumoto T, Nakamura M. A new method for constructing asymmetric ZCZ sequences sets. IEICE Transactions on Fundamentals of Electronics, Communications and Computer Sciences, 2012, E95-A(9): 1577-1586.

[52] Rathinakumar A, Chaturvedi A K. Mutually orthogonal sets of ZCZ sequences. Electronics Letters, 2004, 40(18): 1133-1134.

[53] Omata K, Torii H, Matsumoto T. Zero-cross-correlation properties of asymmetric ZCZ sequence sets. IEICE Transactions on Fundamentals of Electronics, Communications and Computer Sciences, 2012, E95-A(11): 1926-1930.

[54] 郭黎利, 李北明, 窦峥. 扩频通信系统的 FPGA 设计. 北京: 国防工业出版社, 2013.

[55] 牛英滔, 朱勇刚, 胡绘斌. 扩展频谱通信系统原理. 2 版. 北京: 国防工业出版社, 2014.

[56] Zhang C, Tao X M, Yamada S, et al. Sequence with three zero correlation zones and its application in MC-CDMA system. IEICE Transactions on Fundamentals of Electronics, Communications and Computer Sciences, 2006, E89-A(9): 2275-2282.

[57] Liu Z L, Parampalli U, Guan Y L. On even-period binary Z-complementary pairs with large ZCZs. IEEE Signal Processing Letters, 2014, 21(3): 284-287.

[58] Liu Z L, Parampalli U, Guan Y L. Optimal odd-length binary Z-complementary pairs. IEEE Transactions on Information Theory, 2014, 60(9): 5768-5781.

[59] Feng L F, Fan P Z, Tang X H, et al. Generalized pairwise Z-complementary codes. IEEE Signal Processing Letters, 2008, 15: 377-380.

[60] Feng L F, Fan P Z, Zhou X W. Lower bounds on correlation of Z-complementary code sets. Wireless Personal Communications, 2013, 12(2): 1475-1488.

[61] Li Y B, Xu C Q. ZCZ aperiodic complementary sequence sets with low column sequence PMEPR. IEEE Communications Letters, 2015, 19(8): 1303-1306.

[62] Li X D, Mow W H, Niu X H. New construction of Z-complementary pairs. Electronics Letters, 2016, 52(8): 609-611.

[63] Tu Y F, Fan P Z, Hao L, et al. A simple method for genrating optimal Z-periodic complementary sequence set based on phase shift. IEEE Signal Processing Letters, 2010, 17(10): 891-893.

[64] 李玉博, 许成谦, 李刚. 二元及四元零相关区周期互补序列集构造法. 电子与信息学报, 2012, 34(1): 115-120.

[65] Li Y B, Xu C Q, Jing N, et al. Constructions of Z-periodic complementary sequence set with flexible flock size. IEEE Communications Letters, 2014, 18(2): 201-204.

[66] Ke P H, Zhou Z C. A generic construction of Z-periodic complementary sequence sets with flexible flock size and zero correlation zone length. IEEE Signal Processing Letters, 2015, 22(9): 1462-1466.

[67] Wu Y, Cao Y L. Construction of Z-periodic complementary sequence based on interleaved technique. IEICE Transactions on Fundamentals of Electronics, Communications and Computer Sciences, 2015, E98-A(10): 2165-2170.

[68] Li J, Huang A P, Guizani M, et al. Inter-group complementary codes for interference-resistant CDMA wireless communications. IEEE Transactions on Wireless Communications, 2008, 7(1): 166-174.

[69] Zhang Z Y, Zeng F X, Xuan G X. A class of complementary sequences with multi-width zero cross-correlation zone. IEICE Transactions on Fundamentals of Electronics, Communications and Computer Sciences, 2010, E93-A(8): 1508-1517.

[70] 张振宇, 曾凡鑫, 宣贵新. MC-CDMA 系统中具有组内互补特性的序列构造. 通信学报, 2011, 32(3): 27-32.

[71] Feng L F, Zhou X W, Fan P Z. A construction of inter-group complementary codes with flexible ZCZ length. Journal of Zhejiang University-Science C-Computers & Electronics, 2011, 12(10): 846-854.

[72] FengL F, Zhou X W, Li X Y. A general construction of inter-group complementary codes based on Z-complementary codes and perfect periodic cross-correlation codes. Wireless Personal Communications, 2013, 71(1): 695-706.

[73] Wang L Y, Zeng X L, Wen H. Designs of inter-group complementary sequence set from interleaving Z-periodic complementary sequences. IEICE Transactions on Fundamentals of Electronics, Communications and Computer Sciences, 2016, E99-A(5): 987-993.

[74] Tang X H, Mow W H. Design of spreading codes for quasi-synchronous CDMA with intercell interference. IEEE Journal on Selected Areas in Communications, 2006, 24(1): 84-93.

[75] Tang X H, Fan P Z, Lindner J. Multiple binary ZCZ sequence sets with good cross-correlation property based on complementary sequence sets. IEEE Transactions on Information Theory, 2010, 56(28): 4038-4045.

[76] Hayashi T, Maeda T, Matsufuji S, et al. A ternary zero-correlation zone sequence set having wide inter-subset zero-correlation zone. IEICE Transactions on Fundamentals of Electronics, Communications and Computer Sciences, 2011, E94-A(11): 2230-2235.

[77] Hayashi T, Maeda T, Matsufuji S. A generalized construction scheme of a zero-correlation zone sequence set with a wide inter-subset zero-correlation zone. IEICE Transactions on Fundamentals of Electronics, Communications and Computer Sciences, 2012, E95-A(11): 1931-1936.

[78] Torii H, Matsumoto T, Nakamura M. Extension of methods for constructing polyphase asymmetric ZCZ sequence sets. IEICE Transactions on Fundamentals of Electronics, Communications and Computer Sciences, 2013, E96-A(11): 2244-2252.

[79] Wang L Y, Zeng X L, Wen H. A novel construction of asymmetric ZCZ sequence sets from interleaving perfect sequence. IEICE Transactions on Fundamentals of Electronics, Communications and Computer Sciences, 2014, E97-A(12): 2556-2561.

[80] Wang L Y, Zeng X L, Wen H. Families of asymmetric sequence pair set with zero-correlation zone via interleaved technique. IET Communications, 2016, 10(3): 229-234.

[81] Rathinakumar A, Chaturvedi A K. A new framework for constructing mutually orthogonal complementary sets and ZCZ sequences. IEEE Transactions on Information Theory, 2006, 52(8): 3817-3826.

[82] Rathinakumar A, Chaturvedi A K. Complete mutually orthogonal golay complementary sets from reed-muller codes. IEEE Transactions on Information Theory, 2008, 54(3): 1339-1346.

[83] 曾祥勇, 程池, 胡磊, 等. 一类相互正交的零相关区序列集的构造. 电子与信息学报, 2006, 28(12): 2347-2350.

[84] Zeng F X. New perfect ployphase sequences and mutually orthogonal ZCZ polyphase sequence sets. IEICE Transactions on Fundamentals of Electronics, Communications and Computer Sciences, 2009, E92-A(7): 1731-1736.

[85] Li Y B, Xu C Q, Liu K. Construction of mutually orthogonal zero correlation zone polyphase sequence sets. IEICE Transactions on Fundamentals of Electronics, Communications and Computer Sciences, 2011, E94-A(4): 1159-1164.

[86] Torii H, Satoh M, Matsumoto T, et al. Quasi-optimal and optimal generalized mutually orthogonal ZCZ sequence sets based on an interleaving technique. International Journal of Communications, 2013, 7(1): 18-25.

[87] Matsumoto T, Torii H, Ida Y. A compact matched filter bank for a mutually orthogonal ZCZ sequence set consisting of ternary sequence pairs. IEICE Transactions on Fundamentals of Electronics, Communications and Computer Sciences, 2014, E97-A(12): 2595-2600.

第2章　子集间互补的非对称相关性序列

具有子集间互补和子集内 ZCZ 特性的序列集合是非对称相关性序列集合的一个经典类型，该类序列集合适用于多小区移动通信等场景情况。通过将不同的序列子集分配给不同的用户小区，则可以利用序列的相关性能有效抑制小区内、小区间的干扰。该类序列集合中的序列子集通常也称为序列组，因此子集间互补序列也称为组间互补 (IGC) 序列。子集间互补的序列集合属于非对称相关性序列集合中的多子序列类型，其相关性能满足子集间性能优于子集内性能，因此该类序列集合为 A 类 I 型非对称相关性序列集合。

本章首先介绍了 IGC 序列的基本性质，给出了基于完美互补序列的 IGC 序列集合设计方法。然后，分别采用正交矩阵扩展和交织迭代扩展，获得了两种生成子集间互补的非对称相关性序列集合的设计方法。除了上述讨论的非周期相关性能，本章也分析了周期相关性能下的 A 类 I 型序列集合，即子集间周期互补特性的生成。最后，对几类典型的子集间互补序列集合的性能进行了比较。

2.1　具有理想/局部理想相关性能的 IGC 序列

2.1.1　IGC 序列

定义 2.1[1]　令 $S=\left\{\boldsymbol{s}^{(g)},0\leqslant g\leqslant G-1\right\}$ 为一个序列集合，该集合被等分为 G 个子集。其中，每个子集包含 M 个序列，则第 g 个子集表示为 $\boldsymbol{s}^{(g)}=\left\{\boldsymbol{s}_m^{(g)},0\leqslant m\leqslant M-1\right\}$。每个序列又由 N 个子序列组成，即第 m 个序列为 $\boldsymbol{s}_m^{(g)}=\left\{\boldsymbol{s}_{m,n}^{(g)},0\leqslant n\leqslant N-1\right\}$。每个子序列的长度为 L，第 n 个子序列可以表示为 $\boldsymbol{s}_{m,n}^{(g)}=\left(s_{m,n}^{(g)}(0),s_{m,n}^{(g)}(1),\cdots,s_{m,n}^{(g)}(L-1)\right)$。设该序列集合的 ZCZ 宽度为 Z，则当该序列集合 S 满足下式时被称为 IGC 序列，

$$\sum_{n=0}^{N-1}\psi_{\boldsymbol{s}_{m_1,n}^{(g_1)},\boldsymbol{s}_{m_2,n}^{(g_2)}}(\tau)=\begin{cases}NL, & g_1=g_2,m_1=m_2,\tau=0\\ 0, & g_1=g_2,m_1=m_2,0<|\tau|\leqslant Z-1\\ 0, & g_1=g_2,m_1\neq m_2,|\tau|\leqslant Z-1\\ 0, & g_1\neq g_2,\forall\tau\end{cases}\tag{2.1}$$

其中，$0 \leqslant g_1, g_2 \leqslant G-1$，$0 \leqslant m_1, m_2 \leqslant M-1$。该 IGC 序列集合 $\boldsymbol{S}$ 可以被表示为 $(G, M, Z) - \mathrm{IGC}_N^L$。可以看出，IGC 序列集合在子集之间的周期互相关性能是理想的，而子集内部的序列在 ZCZ 之内也是理想的。因此，IGC 序列同时具有理想 (子集之间)/局部理想 (子集内部) 的周期相关性能。

作为 Z 互补序列集合的一个典型特例，IGC 序列集合满足 Z 互补序列集合的理论界限，即

$$GM \leqslant N\left\lfloor\frac{L}{Z}\right\rfloor \tag{2.2}$$

从式 (2.2) 可以看出，Z 互补序列集合的总序列数量 GM 受到 N、L 和 Z 等三个参数的限制。通常，人们会定义一个如下的性能参数 η，从而来表征 Z 互补序列集合的综合性能，即

$$\eta = \frac{GM}{N\left\lfloor\frac{L}{Z}\right\rfloor} \tag{2.3}$$

根据式 (2.3)，显然有 $\eta \leqslant 1$。当 $\eta = 1$ 时，称该 Z 互补序列集合是最佳的，此时集合内的序列数量在给定 N、L 和 Z 等三个参数的情况下可以达到最大。

2.1.2 基于完美互补序列的 IGC 序列设计

令 $\{\boldsymbol{C}_n, 0 \leqslant n \leqslant N-1\}$ 为一个完美互补 (Perfect Complementary, PC) 序列[2]，该完美互补序列包含 N 个序列，每个序列包含 N 个子序列，每个子序列的长度为 N。其中，第 n 个序列的第 k 个子序列表示为 $\boldsymbol{C}_{n,k} = (C_{n,k}(0), C_{n,k}(1), \cdots, C_{n,k}(N-1))$，$0 \leqslant k \leqslant N-1$。

选择一个 $P \times P$ 的正交矩阵 $\boldsymbol{A}$ 如下：

$$\boldsymbol{A} = [a_{i,j}]_{P \times P}, \quad a_{i,j} = \pm 1 \tag{2.4}$$

其中，$0 \leqslant i, j \leqslant P-1$，且 $P \geqslant 1$。

那么，IGC 序列集合 $\boldsymbol{S} = \left\{\boldsymbol{s}^{(g)}, 0 \leqslant g \leqslant G-1\right\}$ 的第 g 个序列子集 $\boldsymbol{s}^{(g)} = \left\{\boldsymbol{s}_m^{(g)}, 0 \leqslant m \leqslant M-1\right\}$ 中第 m 个序列 $\boldsymbol{s}_m^{(g)} = \left\{\boldsymbol{s}_{m,n}^{(g)}, 0 \leqslant n \leqslant N-1\right\}$ 的第 n 个子序列 $\boldsymbol{s}_{m,n}^{(g)} = \left(s_{m,n}^{(g)}(0), s_{m,n}^{(g)}(1), \cdots, s_{m,n}^{(g)}(L-1)\right)$ 可以设计如下[1]：

$$\boldsymbol{s}_{m,n}^{(g)} = (a_{m,0}\boldsymbol{C}_{g,n}, a_{m,1}\boldsymbol{C}_{g,n}, \cdots, a_{m,P-1}\boldsymbol{C}_{g,n}) \tag{2.5}$$

其中，$G = N$，$L = PN$，则该 IGC 序列集合可表示为 $(N, P, N) - \mathrm{IGC}_N^{PN}$。

该方法所生成的 IGC 序列集合的性质取决于两个参数，即完美互补序列的序列数量 (同时也是子序列数量和子序列长度) N 和正交矩阵的维数 P。该集合可以

分成 N 个序列子集，每个序列子集包含 P 个序列，每个序列包含 N 个子序列，每个子序列的长度为 PN。不同的序列子集之间的互相关性能是理想的，序列子集内部具有宽度为 N 的 ZACZ 和 ZCCZ。

下面举例说明具体的设计过程，并分析所生成 IGC 序列集合的非对称相关性能。选取如下的完美互补序列集合作为设计过程中的初始序列集合，

$$\begin{bmatrix} \boldsymbol{C}_0 \\ \boldsymbol{C}_1 \\ \boldsymbol{C}_2 \\ \boldsymbol{C}_3 \end{bmatrix} = \begin{bmatrix} +++-; & ++-+; & +++-; & --+- \\ +-++; & +---; & +-++; & -+++ \\ +++-; & ++-+; & ---+; & ++-+ \\ +-++; & +---; & -+--; & +--- \end{bmatrix} \tag{2.6}$$

可见，该完美互补序列集合的参数 $N = 4$。令正交矩阵为如下的 2×2 矩阵，

$$\boldsymbol{A} = \begin{bmatrix} + & + \\ + & - \end{bmatrix} \tag{2.7}$$

则可得 IGC 序列集合 $(4, 2, 4) - \mathrm{IGC}_4^8$ 如下：

$$\boldsymbol{S} = \begin{bmatrix} \boldsymbol{s}_0^{(0)} \\ \boldsymbol{s}_1^{(0)} \\ \boldsymbol{s}_0^{(1)} \\ \boldsymbol{s}_1^{(1)} \\ \boldsymbol{s}_0^{(2)} \\ \boldsymbol{s}_1^{(2)} \\ \boldsymbol{s}_0^{(3)} \\ \boldsymbol{s}_1^{(3)} \end{bmatrix} = \begin{bmatrix} +++-+++-; & ++-+++-+; & +++-+++-; & --+---+- \\ +++----+; & ++-+--+-; & +++----+; & --+-++-+ \\ +-+++-++; & +---+---; & +-+++-++; & -+++-+++ \\ +-++-+--; & +----+++; & +-++-+--; & -++++--- \\ +++-+++-; & ++-+++-+; & --+---+; & ++-+++-+ \\ +++----+; & ++-+--+-; & ---++++-; & ++-+--+- \\ +-+++-++; & +---+---; & -+---+--; & +---+--- \\ +-++-+--; & +----+++; & -+--+-++; & +----+++ \end{bmatrix} \tag{2.8}$$

该 IGC 序列集合包含 4 个序列子集，每个序列子集包含 2 个序列，序列的非周期相关性能如图 2.1 所示。图 2.1 中的 (a)、(b) 和 (c) 三幅子图分别显示了本例

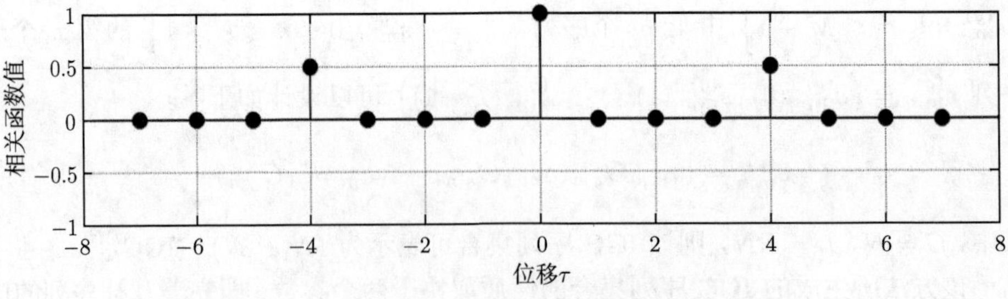

(a) IGC 序列 $\boldsymbol{s}_0^{(0)}$ 的非周期自相关分布

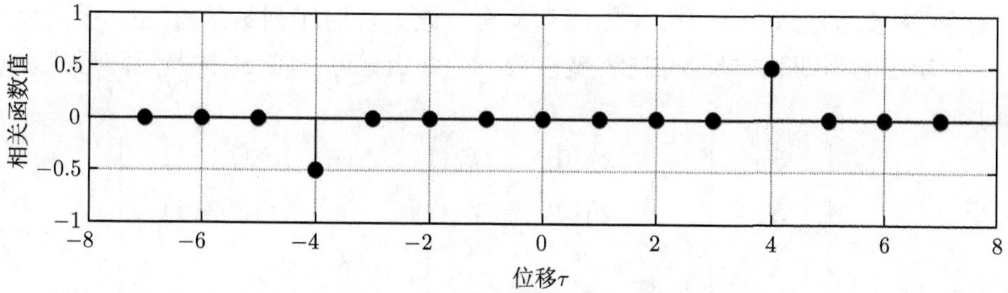

(b) IGC 序列 $s_0^{(0)}$ 和 $s_1^{(0)}$ 之间的非周期互相关分布

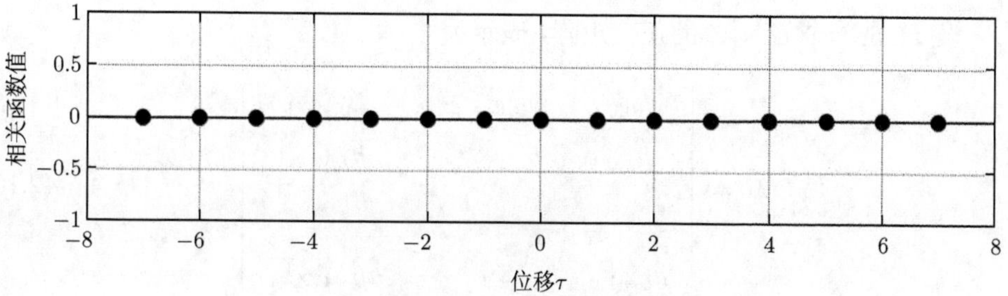

(c) 不同子集IGC 序列之间的非周期互相关分布

图 2.1 IGC 序列的非对称相关性

的非周期自相关函数、子集内互相关函数和子集间互相关函数的分布情况。从图中可以看出，自相关函数和子集内互相关函数都有单边宽度为 4 的零相关区，而子集间的互相关函数是理想的。

2.2 基于正交矩阵扩展的子集间互补序列设计

本节采用具有周期和非周期零相关区 (Periodic and Aperiodic Zero Correlation Zone, PAZCZ) 的序列集合作为初始序列集合，通过正交矩阵的扩展，构造了一类具有子集间互补特性的非对称相关性序列。

2.2.1 正交矩阵扩展方法

PAZCZ 序列是一类同时具有周期 ZCZ 和非周期 ZCZ 的单一序列，正交序列可以看成是它在 ZCZ 宽度为 1 时的一个特例。目前，除了正交序列，已经有很多 PAZCZ 序列被构造 [3−7]，这些序列基本都是三元序列，一般是通过对已知序列等间隔插入 “0” 值得到的。本节将该类 PAZCZ 序列作为核序列 (初始序列) 进行相应的扩展，从而可以获得新的性能。

下面给出基于正交矩阵扩展的具子集间互补特性的非对称相关性序列构造方法。

令 $\boldsymbol{S}$ 表示任意一个 PAZCZ 序列集合，该集合的序列数量为 K，序列长度为 L，单边的周期和非周期 ZCZ 宽度为 Z。那么，可以将 $\boldsymbol{S}$ 按照矩阵形式表示如下：

$$\boldsymbol{S}=\begin{bmatrix}\boldsymbol{S}_0\\ \boldsymbol{S}_1\\ \vdots\\ \boldsymbol{S}_{K-1}\end{bmatrix}=\begin{bmatrix}S_0(0) & S_0(1) & \cdots & S_0(L-1)\\ S_1(0) & S_1(1) & \cdots & S_1(L-1)\\ \vdots & \vdots & \ddots & \vdots\\ S_{K-1}(0) & S_{K-1}(1) & \cdots & S_{K-1}(L-1)\end{bmatrix} \tag{2.9}$$

设 $\boldsymbol{H}$ 是一个 $U\times V$ 的正交矩阵，表示为

$$\boldsymbol{H}=\begin{bmatrix}h_{0,0} & h_{0,1} & \cdots & h_{0,V-1}\\ h_{1,0} & h_{1,1} & \cdots & h_{1,V-1}\\ \vdots & \vdots & \ddots & \vdots\\ h_{U-1,0} & h_{U-1,1} & \cdots & h_{U-1,V-1}\end{bmatrix} \tag{2.10}$$

其中，$U\leqslant V$(通常取 $U=V$)，每个元素是模值等于 1 的复数，即 $|h_{u,v}|=1$，$0\leqslant u\leqslant U-1$，$0\leqslant v\leqslant V-1$。若将 $\boldsymbol{H}$ 的每一行看作一个序列，则任意两个序列 $\boldsymbol{h}_u$ 和 $\boldsymbol{h}_{u'}$ 之间是相互正交的，即 $\phi_{\boldsymbol{h}_u,\boldsymbol{h}'_u}(0)=0$，$0\leqslant u,u'\leqslant U-1$。

那么，可以获得子集间互补的非对称相关性序列集合 $\boldsymbol{C}$ 如下[8]：

$$\boldsymbol{C}=\boldsymbol{H}\otimes\boldsymbol{S}=\begin{bmatrix}h_{0,0}\boldsymbol{S}; & h_{0,1}\boldsymbol{S}; & \cdots; & h_{0,V-1}\boldsymbol{S}\\ h_{1,0}\boldsymbol{S}; & h_{1,1}\boldsymbol{S}; & \cdots; & h_{1,V-1}\boldsymbol{S}\\ \vdots & \vdots & \ddots & \vdots\\ h_{U-1,0}\boldsymbol{S}; & h_{U-1,1}\boldsymbol{S}; & \cdots; & h_{U-1,V-1}\boldsymbol{S}\end{bmatrix} \tag{2.11}$$

其中，符号 $\otimes$ 表示 Kronecker 积，并且 $\boldsymbol{C}$ 可以表示为 $(U,K,Z)-\mathrm{IGC}_V^L$。上式矩阵中的第 u 行可以进一步表示为

$$\begin{aligned}&\begin{bmatrix}h_{u,0}\boldsymbol{S}; & h_{u,1}\boldsymbol{S}; & \cdots; & h_{u,V-1}\boldsymbol{S}\end{bmatrix}\\ =&\begin{bmatrix}h_{u,0}\boldsymbol{S}_0; & h_{u,1}\boldsymbol{S}_0; & \cdots; & h_{u,V-1}\boldsymbol{S}_0\\ h_{u,0}\boldsymbol{S}_1; & h_{u,1}\boldsymbol{S}_1; & \cdots; & h_{u,V-1}\boldsymbol{S}_1\\ \vdots & \vdots & \ddots & \vdots\\ h_{u,0}\boldsymbol{S}_{K-1}; & h_{u,1}\boldsymbol{S}_{K-1}; & \cdots; & h_{u,V-1}\boldsymbol{S}_{K-1}\end{bmatrix}\end{aligned} \tag{2.12}$$

所构造的集合 $\boldsymbol{C}$ 可以被分成 U 个序列子集，式 (2.12) 中的每一行为一个序列子集。每个序列子集包含 K 个序列，每个序列又包含 V 个子序列，且子序列的长度为 L。那么，集合 $\boldsymbol{C}$ 总共包含 UK 个序列。在矩阵形式的集合 $\boldsymbol{C}$ 中，第 $(uK+k)$ 个序列实质上就是第 u 个序列子集的第 k 个序列，它可以表示为

$$\boldsymbol{C}_{u,k}=\{h_{u,0}\boldsymbol{S}_k;\cdots;h_{u,v}\boldsymbol{S}_k;\cdots;h_{u,V-1}\boldsymbol{S}_k\} \tag{2.13}$$

其中，$0\leqslant k\leqslant K-1$，并且 $\boldsymbol{C}_{u,k}$ 的第 v 个子序列可表示为

$$h_{u,v}\boldsymbol{S}_k=(h_{u,v}S_k(0),h_{u,v}S_k(1),\cdots,h_{u,v}S_k(L-1)) \tag{2.14}$$

当 $U=V=1$ 时，集合 $\boldsymbol{C}$ 退化成原来的 PAZCZ 集合 $\boldsymbol{S}$，所以 $\boldsymbol{S}$ 可以被看作一类特殊的子集间互补的非对称相关性序列集合，可以表示为 $(1,K,Z)$-IGC$_1^L$。

本节所给出的文献 [8] 的设计方法与上节给出的文献 [1] 的设计方法都使用了正交矩阵操作，它们之间的性能差异如下：

(1) 核序列集合不同。文献 [1] 中使用完美互补序列作为核序列集合，文献 [8] 则使用 PAZCZ 核序列集合，因此可以利用单一序列的特性。

(2) 序列子集的数量不同。文献 [1] 中序列子集的数量完全由核序列集合中的序列数量决定，那么只能取某些限定的数值。而文献 [8] 则由正交扩展矩阵的维数控制，因此序列子集的数量可以取任意整数。

(3) 子序列的数量不同。类似于序列子集数量的情况，文献 [1] 中由于受到核序列集合中序列数量的约束，子序列的数量只能取某些限定的数值。而文献 [8] 则因为使用正交扩展矩阵的维数控制，因此可以取任意整数。

(4) 子序列长度不同。文献 [8] 中子序列的长度与 PAZCZ 核序列集合中子序列长度相同，而文献 [1] 中则都等于正交矩阵维数与核序列集合中子序列长度的乘积。

(5) 子集内 ZCZ 的宽度不同。文献 [8] 中子集内 ZCZ 的宽度等于 PAZCZ 核序列集合中 ZCZ 的宽度，而文献 [1] 中则都等于核序列集合中子序列的长度。

通过比较可知，文献 [8] 所提出的方法与文献 [1] 中所提出的方法各有特色，根据不同的场景需求将会有不同的应用。

2.2.2 周期/非周期的非对称相关性

该类基于正交矩阵扩展的序列集合 $\boldsymbol{C}$ 的周期和非周期的相关性能可以描述如下。

定理 2.1 序列集合 $\boldsymbol{C}$ 满足子集间互补和子集内 ZCZ，具有两种不同宽度的 ZCCZ。子集间和子集内的单边 ZCCZ 宽度分别为 L 和 Z，单边 ZACZ 宽度等于 Z，具体如下:

$$\begin{cases} \Psi_{\boldsymbol{C}_{u_1,k_1}}(\tau)=0, & 0<|\tau|<Z \\ \Psi_{\boldsymbol{C}_{u_1,k_1},\boldsymbol{C}_{u_1,k_2}}(\tau)=0, & |\tau|<Z\ ,\ k_1\neq k_2 \\ \Psi_{\boldsymbol{C}_{u_1,k_1},\boldsymbol{C}_{u_2,k_2}}(\tau)=0, & \forall\tau\ ,\ u_1\neq u_2 \end{cases} \tag{2.15}$$

$$\begin{cases} \Phi_{\boldsymbol{C}_{u_1,k_1}}(\tau)=0, & 0<|\tau|<Z \\ \Phi_{\boldsymbol{C}_{u_1,k_1},\boldsymbol{C}_{u_1,k_2}}(\tau)=0, & |\tau|<Z\ ,\ k_1\neq k_2 \\ \Phi_{\boldsymbol{C}_{u_1,k_1},\boldsymbol{C}_{u_2,k_2}}(\tau)=0, & \forall\tau\ ,\ u_1\neq u_2 \end{cases} \tag{2.16}$$

其中，$\boldsymbol{C}_{u_1,k_1}=\{h_{u_1,0}\boldsymbol{S}_{k_1},h_{u_1,1}\boldsymbol{S}_{k_1},\cdots,h_{u_1,V-1}\boldsymbol{S}_{k_1}\}$，$\boldsymbol{C}_{u_2,k_2}=\{h_{u_2,0}\boldsymbol{S}_{k_2},h_{u_2,1}\boldsymbol{S}_{k_2},\cdots,h_{u_2,V-1}\boldsymbol{S}_{k_2}\}$ 是集合 $\boldsymbol{C}$ 中的两个序列，$0\leqslant u_1,u_2\leqslant U-1$，$0\leqslant k_1,k_2\leqslant K-1$。符号 $\Psi_{\boldsymbol{C}_{u_1,k_1},\boldsymbol{C}_{u_2,k_2}}(\tau)$ 表示两个序列 $\boldsymbol{C}_{u_1,k_1}$ 和 $\boldsymbol{C}_{u_2,k_2}$ 所对应的子序列在位移 τ 上的非周期相关函数之和，同时 $\Phi_{\boldsymbol{C}_{u_1,k_1},\boldsymbol{C}_{u_2,k_2}}(\tau)$ 表示两个序列 $\boldsymbol{C}_{u_1,k_1}$ 和 $\boldsymbol{C}_{u_2,k_2}$ 所对应的子序列在位移 τ 上的周期相关函数之和。

该定理可以证明如下。

证明　首先证明非周期相关函数的情况。

根据构造公式 (2.11)，集合 $\boldsymbol{C}$ 中的两个序列 $\boldsymbol{C}_{u_1,k_1}$ 和 $\boldsymbol{C}_{u_2,k_2}$ 的非周期相关函数可表示如下：

$$\Psi_{\boldsymbol{C}_{u_1,k_1},\boldsymbol{C}_{u_2,k_2}}(\tau)=\sum_{v=0}^{V-1}\psi_{h_{u_1,v}\ \boldsymbol{S}_{k_1},\ h_{u_2,v}\boldsymbol{S}_{k_2}}(\tau)=\psi_{\boldsymbol{S}_{k_1},\boldsymbol{S}_{k_2}}(\tau)\cdot\sum_{v=0}^{V-1}h_{u_1,v}h_{u_2,v}^{*} \tag{2.17}$$

从式 (2.17) 可知，当 $u_1=u_2$ 且 $k_1=k_2$ 时，$\Psi_{\boldsymbol{C}_{u_1,k_1},\boldsymbol{C}_{u_2,k_2}}(\tau)$ 成为 $\{h_{u_1,0}\boldsymbol{S}_{k_1},h_{u_1,1}\boldsymbol{S}_{k_1},\cdots,h_{u_1,V-1}\boldsymbol{S}_{k_1}\}$ 的非周期自相关函数，并且等于 $V\cdot\psi_{\boldsymbol{S}_{k_1}}(\tau)$。那么，集合 $\boldsymbol{C}$ 的 ZACZ 的宽度即为 PAZCZ 序列集合 $\boldsymbol{S}$ 的 ZACZ 宽度，即等于 Z。

当 $u_1=u_2$ 且 $k_1\neq k_2$ 时，式 (2.17) 表示子集内非周期互相关函数。那么，可以得到 $\Psi_{\boldsymbol{C}_{u_1,k_1},\boldsymbol{C}_{u_1,k_2}}(\tau)=V\cdot\psi_{\boldsymbol{S}_{k_1},\boldsymbol{S}_{k_2}}(\tau)$，所以集合 $\boldsymbol{C}$ 的子集内 ZCCZ 的宽度即为 PAZCZ 序列集合 $\boldsymbol{S}$ 的 ZCCZ 宽度，也就是说等于 Z。

当 $u_1\neq u_2$ 时，式 (2.17) 成为子集间非周期互相关函数。考虑到正交矩阵 $\boldsymbol{H}$ 的正交特性，可以得到 $\sum\limits_{v=0}^{V-1}h_{u_1,v}h_{u_2,v}^{*}=0$，则 $\Psi_{\boldsymbol{C}_{u_1,k_1},\boldsymbol{C}_{u_2,k_2}}(\tau)=0$。

根据上面的证明，集合 $\boldsymbol{C}$ 的非周期相关函数分布满足定理 2.1。关于集合 $\boldsymbol{C}$ 的周期相关函数分布的证明与非周期情况类似，此处省略。　　证毕。

根据定理 2.1，所构造的具有两宽度 ZCCZ 的 Z 互补序列具有理想的周期和非周期的子集间互相关性能，因此其相关性能明显优于单一序列，例如 m 序列和 Gold 序列等。同文献 [9] 中的相互正交的 ZCZ 序列集合相比较，所构造的序列集合也具有更优异的相关性能，因为文献 [9] 中的序列在子集间仅仅是正交的，即子集间 ZCCZ 宽度为 1。

2.2.3 最佳序列集合性能

除了具有优异的周期和非周期相关性能，所构造的序列集合 $\boldsymbol{C}$ 也拥有很大的序列数量。

定理 2.2 对于所构造的具有两宽度 ZCCZ 的子集间互补序列集合 $\boldsymbol{C}$，当其核序列集合 $\boldsymbol{S}$ 达到 ZCZ 序列的理论界限，并且正交扩展矩阵 $\boldsymbol{H}$ 满足 $U=V$ 时，则所构造的序列集合为最佳序列集合，即达到 Z 互补序列的理论界限。

证明 根据具有零相关区的 Z 互补序列的理论界限，所构造的序列集合 $(U,K,Z)-\mathrm{IGC}_V^L$ 应该满足

$$UK \leqslant \frac{VL}{Z} \tag{2.18}$$

当核序列集合 $\boldsymbol{S}$ 达到 ZCZ 序列的理论界限时，则有 $K=L/Z$。进一步地，如果正交扩展矩阵 $\boldsymbol{H}$ 满足 $U=V$，则式 (2.18) 的等号成立，此时所构造的序列集合 $\boldsymbol{C}$ 达到理论界限。 证毕。

根据定理 2.2，当两宽度 ZCCZ 互补序列集合 $\boldsymbol{C}$ 达到理论界限时，总共可以得到 UK 个序列，而对于相同的子序列数量 $V=U$，传统互补序列最多只能构造 U 个序列。那么，所构造的两宽度 ZCCZ 互补序列集合 $\boldsymbol{C}$ 的序列数量达到了传统互补序列的序列数量的 K 倍。

为了更加直观地演示本节中基于正交矩阵扩展的构造方法和所构造序列的性质，将给出一个构造的例子。此处选用文献 [3] 中所构造的三元 PAZCZ 序列 ZCZ-(4, 8, 2) 作为初始的核序列集合，该 PAZCZ 序列集合可表示如下：

$$\boldsymbol{S}=\begin{bmatrix}\boldsymbol{S}_0\\ \boldsymbol{S}_1\\ \boldsymbol{S}_2\\ \boldsymbol{S}_3\end{bmatrix}=\begin{bmatrix}0&+&0&+&0&+&0&-\\ 0&+&0&+&0&-&0&+\\ 0&+&0&-&0&+&0&+\\ 0&+&0&-&0&-&0&-\end{bmatrix} \tag{2.19}$$

同时，选用一个 2×2 的 Walsh-Hadamard 矩阵作为构造方法中的正交矩阵 $\boldsymbol{H}$，

$$\boldsymbol{H}=\begin{bmatrix}+&+\\ +&-\end{bmatrix} \tag{2.20}$$

根据构造方法，可以构造一个具有两宽度 ZCCZ 的子集间互补的非对称相关性序列集合 $(2,4,2)-\mathrm{IGC}_2^8$ 如下：

$$C=\begin{bmatrix} C_{0,0}\\ C_{0,1}\\ C_{0,2}\\ C_{0,3}\\ C_{1,0}\\ C_{1,1}\\ C_{1,2}\\ C_{1,3} \end{bmatrix}=\begin{bmatrix} 0+0+0+0-;\quad 0+0+0+0-\\ 0+0+0-0+;\quad 0+0+0-0+\\ 0+0-0+0+;\quad 0+0-0+0+\\ 0+0-0-0-;\quad 0+0-0-0-\\ 0+0+0+0-;\quad 0-0-0-0+\\ 0+0+0-0+;\quad 0-0-0+0-\\ 0+0-0+0+;\quad 0-0+0-0-\\ 0+0-0-0-;\quad 0-0+0+0+ \end{bmatrix} \tag{2.21}$$

可以看出，所构造的序列集合 C 按照矩阵排列从上到下被分成了两个序列子集，即 $\{C_{0,0},C_{0,1},C_{0,2},C_{0,3}\}$ 和 $\{C_{1,0},C_{1,1},C_{1,2},C_{1,3}\}$。每个序列子集中包含 4 个序列，每个序列又包含 2 个子序列，子序列长度为 8。

那么，所构造的具有两宽度 ZCCZ 的子集间互补序列集合 C 总共包含 8 个序列。然而，对于传统的互补序列集合，当子序列数量为 2 时，最多只能构造 2 个互补序列。因此，通过牺牲一定的相关性能，具有 ZCZ 的互补序列集合的序列数量将远大于传统的互补序列集合的序列数量。虽然两宽度 ZCCZ 互补序列集合 C 中的序列之间并不是都具有理想的相关性能，但是它们却具有两宽度的 ZCCZ 和单一宽度的 ZACZ，而且不同组的序列之间的相关性能依然是理想的。图 2.2 和图 2.3 分别给出了本例中部分序列之间的非周期和周期相关性能，从两图中可以看出，无论是非周期的相关函数还是周期的相关函数，它们都具有单边宽度为 2 的 ZACZ 和子集内 ZCCZ，同时子集间的互相关函数均为零值。

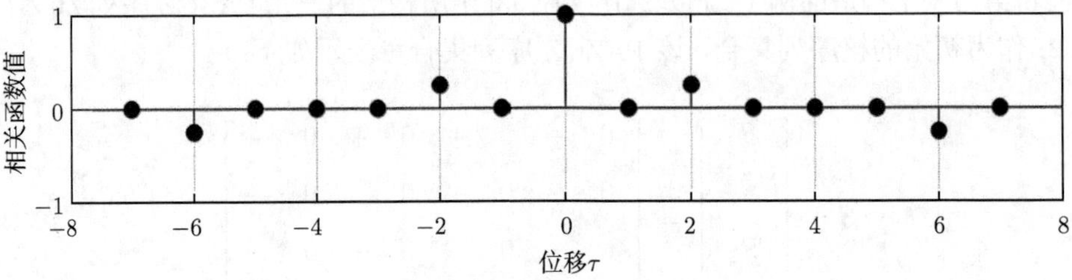

(a) $C_{0,0}$的非周期ACF 分布

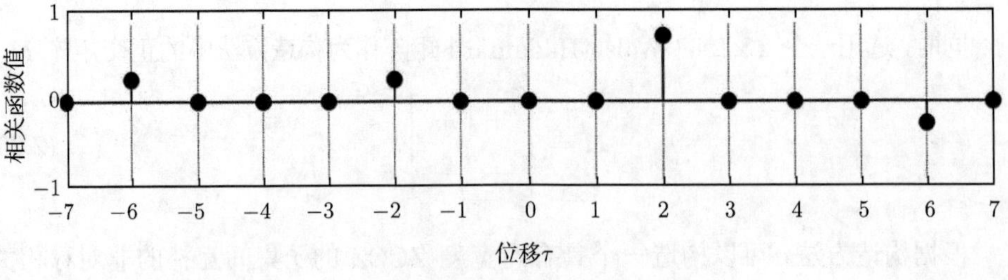

(b) $C_{0,0}$ 和$C_{0,1}$的非周期CCF分布

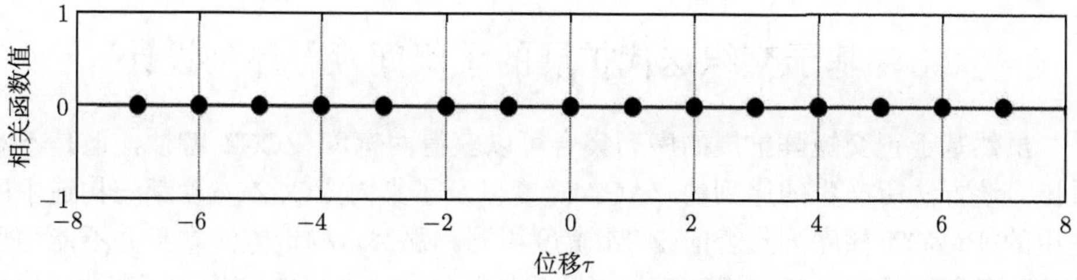

(c) $C_{0,0}$ 和 $C_{1,0}$的非周期CCF分布

图 2.2 基于正交矩阵扩展的子集间互补序列集合 $(2,4,2)-\mathrm{IGC}_2^8$ 的非周期ACF 和 CCF 分布

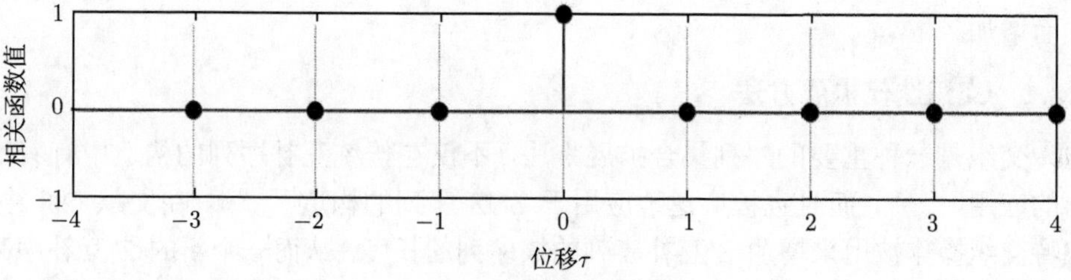

(a) $C_{0,0}$的周期ACF分布

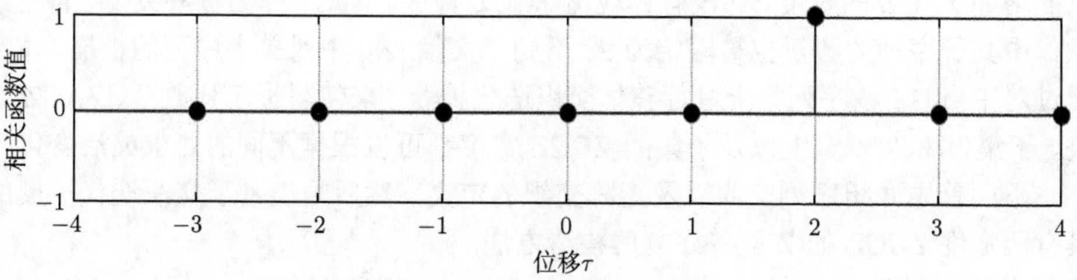

(b) $C_{0,0}$ 和 $C_{0,1}$的周期CCF分布

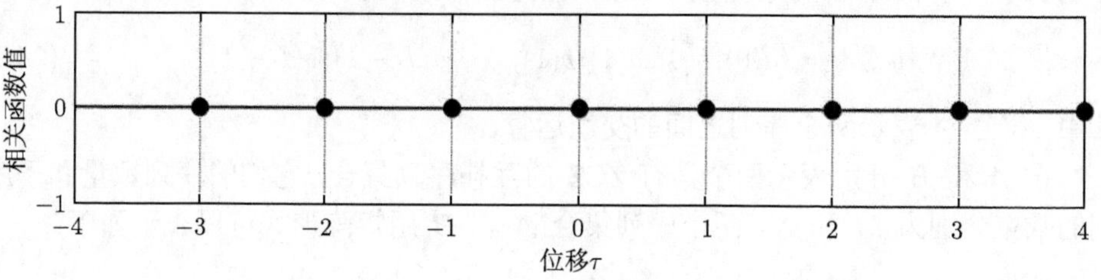

(c) $C_{0,0}$ 和 $C_{1,0}$的周期CCF分布

图 2.3 基于正交矩阵扩展的子集间互补序列集合 $(2,4,2)-\mathrm{IGC}_2^8$ 的周期ACF 和 CCF 分布

2.3　基于交织迭代扩展的子集间互补序列设计

虽然基于正交矩阵扩展的序列集合可以获得两宽度 ZCCZ 特性，但是不难看出，该方法所产生的序列的 ZACZ 宽度以及子集内 ZCCZ 宽度都与构造中所使用的 PAZCZ 核序列集合的 ZCZ 宽度相同。那么，构造方法本身并不能增加 ZACZ 宽度和子集内 ZCCZ 宽度，如果要获得更大的 ZACZ 宽度和子集内 ZCCZ 宽度，只能选用具有大 ZCZ 宽度的 PAZCZ 序列集合作为核序列集合。

为了克服上述的限制，本节给出了一种基于交织迭代扩展的构造方法。通过对 PAZCZ 核序列集合进行交织扩展，经过多次迭代，所获得的序列集合不仅具有两宽度 ZCCZ 特性，而且其 ZACZ 宽度和子集内 ZCCZ 宽度可以随着迭代次数的增加而增加。

2.3.1　交织迭代扩展方法

交织是一种重要的序列集合扩展方法，不仅在传统互补序列的构造中有着重要的应用[10−14]，而且也被广泛地应用于 ZCZ 序列的构造[15−22]。在文献 [23] 中，比特交织操作被用来增加 Z 互补序列的核序列的长度，从而一个新的 Z 互补序列可以从一个短的 Z 互补序列扩展得到。虽然比特交织操作可以扩展单个序列，但它只能增加 ZACZ 的宽度，却没有体现出 ZCCZ 性能。同时，作为核序列，比特交织操作中其子序列的数量也被限定为 2。不同于文献 [23] 中对单个序列的扩展，本节通过对 PAZCZ 核序列集合进行整体交织迭代扩展，来使得子序列数量、ZACZ 宽度、子集内 ZCCZ 宽度以及子集间 ZCCZ 宽度都可以根据不同的要求灵活变化。

下面首先介绍序列交织以及矩阵交织的定义，然后给出基于交织迭代扩展的具有两宽度 ZCCZ 的 Z 互补序列的构造方法。

定义 2.2[10]　令 $\boldsymbol{a}=(a(0),a(1),\cdots,a(L-1))$ 和 $\boldsymbol{b}=(b(0),b(1),\cdots,b(L-1))$ 分别表示两个长为 L 的序列，则 $\boldsymbol{a}$ 和 $\boldsymbol{b}$ 的交织可以表示如下：

$$\boldsymbol{a}\odot\boldsymbol{b}=(a(0),b(0),a(1),b(1),\cdots,a(L-1),b(L-1)) \tag{2.22}$$

其中，符号 $\odot$ 表示两个序列之间的交织运算。

设 $\boldsymbol{A}$ 和 $\boldsymbol{B}$ 分别表示两个具有 ZCZ 的互补序列集合，它们的序列数量和子序列的数量分别为 M 和 N，两个序列集合 $\boldsymbol{A}$ 和 $\boldsymbol{B}$ 用矩阵形式可以表示如下：

$$\boldsymbol{A}=\begin{bmatrix}\boldsymbol{A}_{0,0}; & \boldsymbol{A}_{0,1}; & \cdots; & \boldsymbol{A}_{0,N-1}\\ \boldsymbol{A}_{1,0}; & \boldsymbol{A}_{1,1}; & \cdots; & \boldsymbol{A}_{1,N-1}\\ \vdots & \vdots & \ddots & \vdots\\ \boldsymbol{A}_{M-1,0}; & \boldsymbol{A}_{M-1,1}; & \cdots; & \boldsymbol{A}_{M-1,N-1}\end{bmatrix} \tag{2.23}$$

$$\boldsymbol{B}=\begin{bmatrix}\boldsymbol{B}_{0,0}; & \boldsymbol{B}_{0,1}; & \cdots; & \boldsymbol{B}_{0,N-1}\\ \boldsymbol{B}_{1,0}; & \boldsymbol{B}_{1,1}; & \cdots; & \boldsymbol{B}_{1,N-1}\\ \vdots & \vdots & \ddots & \vdots\\ \boldsymbol{B}_{M-1,0}; & \boldsymbol{B}_{M-1,1}; & \cdots; & \boldsymbol{B}_{M-1,N-1}\end{bmatrix} \tag{2.24}$$

其中，$\boldsymbol{A}_{m,n}$ 和 $\boldsymbol{B}_{m,n}$ 分别表示集合 $\boldsymbol{A}$ 和 $\boldsymbol{B}$ 的第 m 个序列的第 n 个子序列，$0\leqslant m\leqslant M-1$，$0\leqslant n\leqslant N-1$。则两个矩阵形式的序列集合 $\boldsymbol{A}$ 和 $\boldsymbol{B}$ 的交织就是两个集合中对应的子序列之间的交织，即

$$\begin{aligned}&\boldsymbol{A}\odot\boldsymbol{B}\\ =&\begin{bmatrix}\boldsymbol{A}_{0,0}\odot\boldsymbol{B}_{0,0}; & \boldsymbol{A}_{0,1}\odot\boldsymbol{B}_{0,1}; & \cdots; & \boldsymbol{A}_{0,N-1}\odot\boldsymbol{B}_{0,N-1}\\ \boldsymbol{A}_{1,0}\odot\boldsymbol{B}_{1,0}; & \boldsymbol{A}_{1,1}\odot\boldsymbol{B}_{1,1}; & \cdots; & \boldsymbol{A}_{1,N-1}\odot\boldsymbol{B}_{1,N-1}\\ \vdots & \vdots & \ddots & \vdots\\ \boldsymbol{A}_{M-1,0}\odot\boldsymbol{B}_{M-1,0}; & \boldsymbol{A}_{M-1,1}\odot\boldsymbol{B}_{M-1,1}; & \cdots; & \boldsymbol{A}_{M-1,N-1}\odot\boldsymbol{B}_{M-1,N-1}\end{bmatrix}\end{aligned} \tag{2.25}$$

基于上面的交织运算，下面将给出具有两宽度 ZCCZ 的子集间互补序列的具体构造方法。首先选定一个核序列集合 $\boldsymbol{S}$，此处依然选择式 (2.9) 中的 PAZCZ 序列集合 ZCZ - (K,L,Z)。令迭代的初始序列集合 $\boldsymbol{\Delta}^{(0)}=\boldsymbol{S}$，那么第 n (这里 $n\geqslant 1$) 次迭代后的序列集合 $\boldsymbol{\Delta}^{(n)}$ 可表示如下[8]：

$$\boldsymbol{\Delta}^{(n)}=\begin{bmatrix}\boldsymbol{\Delta}^{(n-1)}\odot\boldsymbol{\Delta}^{(n-1)}; & \left(-\boldsymbol{\Delta}^{(n-1)}\right)\odot\boldsymbol{\Delta}^{(n-1)}\\ \left(-\boldsymbol{\Delta}^{(n-1)}\right)\odot\boldsymbol{\Delta}^{(n-1)}; & \boldsymbol{\Delta}^{(n-1)}\odot\boldsymbol{\Delta}^{(n-1)}\end{bmatrix} \tag{2.26}$$

其中，$-\boldsymbol{\Delta}$ 表示对 $\boldsymbol{\Delta}$ 中的所有元素取负值。

式 (2.26) 中所获得的 $\boldsymbol{\Delta}^{(n)}$ 即为具有两宽度 ZCCZ 的子集间互补序列集合 $(2^n,K,2^nZ)-\mathrm{IGC}_{2^n}^{2^nL}$。该矩阵形式的集合中每一行为一个序列，经过 n 次迭代后总共有 2^nK 个序列。这些序列被分成 2^n 个序列子集，每个序列子集中包含 K 个序列。在 $\boldsymbol{\Delta}^{(n)}$ 中，从第 $(rK+1)$ 行到第 $(r+1)K$ 行组成第 r 个序列子集，其中 $0\leqslant r\leqslant 2^n-1$。将 $\boldsymbol{\Delta}^{(n)}$ 中第 r 个序列子集中第 k 个序列表示为 $\boldsymbol{\Delta}_{r,k}^{(n)}$，其中 $0\leqslant r\leqslant 2^n-1$，$0\leqslant k\leqslant K-1$。

2.3.2 迭代递增相关性能

所构造的具有两宽度 ZCCZ 的子集间互补序列集合 $\boldsymbol{\Delta}^{(n)}$ 同时具有优异的非周期和周期相关性能，具体地可以描述如下。

定理 2.3　对于周期和非周期相关函数，$\boldsymbol{\Delta}^{(n)}$ 的单边 ZACZ 宽度以及子集内的单边 ZCCZ 宽度都为 2^nZ，子集间的单边 ZCCZ 宽度为 2^nL，即不同组的序列之间具有理想的互相关性能。具体可表示如下：

$$\begin{cases}\Psi_{\boldsymbol{\Delta}_{r,k}^{(n)}}(\tau^{(n)})=0, & 0<\left|\tau^{(n)}\right|<2^nZ\\ \Psi_{\boldsymbol{\Delta}_{r,k}^{(n)},\boldsymbol{\Delta}_{r,k'}^{(n)}}(\tau^{(n)})=0, & \left|\tau^{(n)}\right|<2^nZ\ ,\ k\neq k'\\ \Psi_{\boldsymbol{\Delta}_{r,k}^{(n)},\boldsymbol{\Delta}_{r',k'}^{(n)}}(\tau^{(n)})=0, & \forall\tau^{(n)}\ ,\ r\neq r'\end{cases}\tag{2.27}$$

$$\begin{cases}\Phi_{\boldsymbol{\Delta}_{r,k}^{(n)}}(\tau^{(n)})=0, & 0<\left|\tau^{(n)}\right|<2^nZ\\ \Phi_{\boldsymbol{\Delta}_{r,k}^{(n)},\boldsymbol{\Delta}_{r,k'}^{(n)}}(\tau^{(n)})=0, & \left|\tau^{(n)}\right|<2^nZ\ ,\ k\neq k'\\ \Phi_{\boldsymbol{\Delta}_{r,k}^{(n)},\boldsymbol{\Delta}_{r',k'}^{(n)}}(\tau^{(n)})=0, & \forall\tau^{(n)}\ ,\ r\neq r'\end{cases}\tag{2.28}$$

其中，$\boldsymbol{\Delta}_{r,k}^{(n)}$ 和 $\boldsymbol{\Delta}_{r',k'}^{(n)}$ 分别表示序列集合 $\boldsymbol{\Delta}^{(n)}$ 中第 r 个序列子集中的第 k 个序列以及第 r' 个序列子集中的第 k' 个序列，$0\leqslant r,r'\leqslant 2^n-1$，$0\leqslant k,k'\leqslant K-1$，$\tau^{(n)}$ 表示经过第 n 次迭代后的序列集合 $\boldsymbol{\Delta}^{(n)}$ 对应的非周期和周期相关函数的位移。

该定理可以证明如下。

证明　首先证明经过第一次迭代后序列集合的非周期相关性能，后续的迭代结果可以以此类推。

经过第一次迭代后，序列集合 $\boldsymbol{\Delta}^{(1)}$ 中的任意两个序列 $\boldsymbol{\Delta}_{r_1,k_1}^{(1)}$ 和 $\boldsymbol{\Delta}_{r_2,k_2}^{(1)}$ 的非周期相关函数可分以下两种情况讨论，其中 $0\leqslant r_1,r_2\leqslant 1$，$0\leqslant k_1,k_2\leqslant K-1$。

(1) $r_1=r_2$ 的情况。此时，其相关函数为非周期自相关函数 $(k_1=k_2)$ 或者子集内序列之间的非周期互相关函数 $(k_1\neq k_2)$。根据构造公式 (2.26)，两类相关函数可以统一表示如下：

$$\Psi_{\boldsymbol{\Delta}_{r_1,k_1}^{(1)},\boldsymbol{\Delta}_{r_1,k_2}^{(1)}}(\tau^{(1)})=\psi_{\boldsymbol{S}_{k_1}\odot\boldsymbol{S}_{k_1},\boldsymbol{S}_{k_2}\odot\boldsymbol{S}_{k_2}}(\tau^{(1)})+\psi_{(-\boldsymbol{S}_{k_1})\odot\boldsymbol{S}_{k_1},(-\boldsymbol{S}_{k_2})\odot\boldsymbol{S}_{k_2}}(\tau^{(1)})\tag{2.29}$$

将 $\boldsymbol{\Delta}^{(1)}$ 对应的非周期相关函数的位移变量 $\tau^{(1)}$ 分成奇数和偶数两种情况。当 $\tau^{(1)}$ 为偶数时，根据交织操作的性质，可表示为 $\tau^{(1)}=2\tau^{(0)}$，其中 $0\leqslant\tau^{(0)}\leqslant L-1$。那么，对于式 (2.29)，则有

$$\begin{aligned}\Psi_{\boldsymbol{\Delta}_{r_1,k_1}^{(1)},\boldsymbol{\Delta}_{r_1,k_2}^{(1)}}(2\tau^{(0)})&=\left[2\psi_{\boldsymbol{S}_{k_1},\boldsymbol{S}_{k_2}}(\tau^{(0)})\right]+\left[\psi_{-\boldsymbol{S}_{k_1},-\boldsymbol{S}_{k_2}}(\tau^{(0)})+\psi_{\boldsymbol{S}_{k_1},\boldsymbol{S}_{k_2}}(\tau^{(0)})\right]\\&=4\psi_{\boldsymbol{S}_{k_1},\boldsymbol{S}_{k_2}}(\tau^{(0)})\end{aligned}\tag{2.30}$$

当 $\tau^{(1)}$ 为奇数时，可表示为 $\tau^{(1)}=2\tau^{(0)}+1$，则

$$\begin{aligned}
&\Psi_{\boldsymbol{\Delta}^{(1)}_{r_1,k_1},\boldsymbol{\Delta}^{(1)}_{r_1,k_2}}(2\tau^{(0)}+1)\\
&=\left[\psi_{\boldsymbol{S}_{k_1},\boldsymbol{S}_{k_2}}(\tau^{(0)})+\psi_{\boldsymbol{S}_{k_1},\boldsymbol{S}_{k_2}}(\tau^{(0)}+1)\right]+\left[\psi_{-\boldsymbol{S}_{k_1},\boldsymbol{S}_{k_2}}(\tau^{(0)})+\psi_{\boldsymbol{S}_{k_1},-\boldsymbol{S}_{k_2}}(\tau^{(0)}+1)\right]\\
&=\left[\psi_{\boldsymbol{S}_{k_1},\boldsymbol{S}_{k_2}}(\tau^{(0)})+\psi_{\boldsymbol{S}_{k_1},\boldsymbol{S}_{k_2}}(\tau^{(0)}+1)\right]+\left[-\psi_{\boldsymbol{S}_{k_1},\boldsymbol{S}_{k_2}}(\tau^{(0)})-\psi_{\boldsymbol{S}_{k_1},\boldsymbol{S}_{k_2}}(\tau^{(0)}+1)\right]\\
&=0
\end{aligned} \tag{2.31}$$

从式 (2.30) 和式 (2.31) 可以看出，当 $r_1=r_2$ 时，$\boldsymbol{\Delta}^{(1)}$ 的偶移非周期相关函数为其前一级 $\boldsymbol{\Delta}^{(0)}$ 的非周期相关函数的 4 倍，同时 $\boldsymbol{\Delta}^{(1)}$ 的奇移非周期相关函数为零，与其前一级 $\boldsymbol{\Delta}^{(0)}$ 无关。那么，经 n 过次迭代，可以得到 $\boldsymbol{\Delta}^{(n)}$ 在 $r=r'$ 时的周期相关函数如下：

$$\Psi_{\boldsymbol{\Delta}^{(n)}_{r,k},\boldsymbol{\Delta}^{(n)}_{r',k'}}(\tau^{(n)})=\begin{cases}4^n\psi_{\boldsymbol{S}_k,\boldsymbol{S}_{k'}}(\tau^{(0)}), & \tau^{(n)}=2^n\tau^{(0)}\text{且}r=r'\\ 0, & \tau^{(n)}\neq 2^n\tau^{(0)}\text{且}r=r'\end{cases} \tag{2.32}$$

其中，$0\leqslant r,r'\leqslant 2^n-1$，$0\leqslant k,k'\leqslant K-1$。

因为作为迭代初始序列集合的 $\boldsymbol{S}$ 是一个 PAZCZ 序列集合，在零相关区内满足非周期异相自相关和周期互相关为零，即

$$\begin{cases}\psi_{\boldsymbol{S}_k}(\tau^{(0)})=0, & 0<\left|\tau^{(0)}\right|<Z\\ \psi_{\boldsymbol{S}_k,\boldsymbol{S}_{k'}}(\tau^{(0)})=0, & \left|\tau^{(0)}\right|<Z,k\neq k'\end{cases} \tag{2.33}$$

则根据式 (2.32) 和式 (2.33)，可以得到

$$\begin{cases}\Psi_{\boldsymbol{\Delta}^{(n)}_{r,k}}(\tau^{(n)})=0, & 0<\left|\tau^{(n)}\right|<2^nZ\\ \Psi_{\boldsymbol{\Delta}^{(n)}_{r,k},\boldsymbol{\Delta}^{(n)}_{r,k'}}(\tau^{(n)})=0, & \left|\tau^{(n)}\right|<2^nZ\ ,\ k\neq k'\end{cases} \tag{2.34}$$

(2) $r_1\neq r_2$ 的情况。此时，其相关函数为不同组的序列之间的非周期互相关函数，可以表示如下：

$$\Psi_{\boldsymbol{\Delta}^{(1)}_{r_1,k_1},\boldsymbol{\Delta}^{(1)}_{r_2,k_2}}(\tau^{(1)})=\psi_{\boldsymbol{S}_{k_1}\odot\boldsymbol{S}_{k_1},(-\boldsymbol{S}_{k_2})\odot\boldsymbol{S}_{k_2}}(\tau^{(1)})+\psi_{(-\boldsymbol{S}_{k_1})\odot\boldsymbol{S}_{k_1},\boldsymbol{S}_{k_2}\odot\boldsymbol{S}_{k_2}}(\tau^{(1)}) \tag{2.35}$$

类似于 $r_1=r_2$ 情况时的讨论，将位移变量 $\tau^{(1)}$ 分成奇数和偶数两种情况，即 $\tau^{(1)}=2\tau^{(0)}$ 和 $\tau^{(1)}=2\tau^{(0)}+1$。当 $\tau^{(1)}=2\tau^{(0)}$ 时，则有

$$\Psi_{\boldsymbol{\Delta}^{(1)}_{r_1,k_1},\boldsymbol{\Delta}^{(1)}_{r_2,k_2}}(2\tau^{(0)})$$

$$
\begin{aligned}
&= \left[\psi_{\boldsymbol{S}_{k_1},-\boldsymbol{S}_{k_2}}(\tau^{(0)}) + \psi_{\boldsymbol{S}_{k_1},\boldsymbol{S}_{k_2}}(\tau^{(0)})\right] + \left[\psi_{-\boldsymbol{S}_{k_1},\boldsymbol{S}_{k_2}}(\tau^{(0)}) + \psi_{\boldsymbol{S}_{k_1},\boldsymbol{S}_{k_2}}(\tau^{(0)})\right] \\
&= \left[-\psi_{\boldsymbol{S}_{k_1},\boldsymbol{S}_{k_2}}(\tau^{(0)}) + \psi_{\boldsymbol{S}_{k_1},\boldsymbol{S}_{k_2}}(\tau^{(0)})\right] + \left[-\psi_{\boldsymbol{S}_{k_1},\boldsymbol{S}_{k_2}}(\tau^{(0)}) + \psi_{\boldsymbol{S}_{k_1},\boldsymbol{S}_{k_2}}(\tau^{(0)})\right] \\
&= 0
\end{aligned}
\tag{2.36}
$$

当 $\tau^{(1)} = 2\tau^{(0)} + 1$ 时，则有

$$
\begin{aligned}
&\Psi_{\boldsymbol{\Delta}^{(1)}_{r_1,k_1},\boldsymbol{\Delta}^{(1)}_{r_2,k_2}}(2\tau^{(0)} + 1) \\
&= \left[\psi_{\boldsymbol{S}_{k_1},-\boldsymbol{S}_{k_2}}(\tau^{(0)}) + \psi_{\boldsymbol{S}_{k_1},\boldsymbol{S}_{k_2}}(\tau^{(0)} + 1)\right] + \left[\psi_{\boldsymbol{S}_{k_1},\boldsymbol{S}_{k_2}}(\tau^{(0)}) + \psi_{-\boldsymbol{S}_{k_1},\boldsymbol{S}_{k_2}}(\tau^{(0)} + 1)\right] \\
&= \left[-\psi_{\boldsymbol{S}_{k_1},\boldsymbol{S}_{k_2}}(\tau^{(0)}) + \psi_{\boldsymbol{S}_{k_1},\boldsymbol{S}_{k_2}}(\tau^{(0)} + 1)\right] + \left[\psi_{\boldsymbol{S}_{k_1},\boldsymbol{S}_{k_2}}(\tau^{(0)}) - \psi_{\boldsymbol{S}_{k_1},\boldsymbol{S}_{k_2}}(\tau^{(0)} + 1)\right] \\
&= 0
\end{aligned}
\tag{2.37}
$$

从式 (2.36) 和式 (2.37) 可以看出，$\boldsymbol{\Delta}^{(1)}$ 的不同组的序列之间的非周期相关函数为零，与其前一级 $\boldsymbol{\Delta}^{(0)}$ 无关。那么，经 n 过次迭代，$\boldsymbol{\Delta}^{(n)}$ 在 $r \neq r'$ 时的不同组的序列之间的非周期相关函数依然为零，即

$$
\Psi_{\boldsymbol{\Delta}^{(n)}_{r,k},\boldsymbol{\Delta}^{(n)}_{r',k'}}(\tau^{(n)}) = 0, \quad \forall \tau, r \neq r' \tag{2.38}
$$

由式 (2.34) 和式 (2.38)，基于交织迭代扩展所构造的具有两宽度 ZCCZ 的子集间互补序列集合 $\boldsymbol{\Delta}^{(n)}$ 的非周期相关性能得证。相似地，也可以证明 $\boldsymbol{\Delta}^{(n)}$ 的周期相关性能，此处省略。 证毕。

类似于基于正交矩阵扩展所构造的序列集合，基于交织迭代扩展所构造的序列集合 $\boldsymbol{\Delta}^{(n)}$ 也拥有大量的序列数量。在具有相同子序列数量的条件下，其最大序列数量也可以达到传统互补序列的序列数量的 K 倍。

定理 2.4 对于基于交织迭代扩展所构造的具有两宽度 ZCCZ 的子集间互补序列集合 $\boldsymbol{\Delta}^{(n)}$，只要其核序列集合 $\boldsymbol{S}$ 达到 ZCZ 序列的理论界限，则所构造的序列可以达到 Z 互补序列的理论界限。

证明 按照 Z 互补序列的理论界限，基于交织迭代扩展所构造的序列集合 $(2^n, K, 2^n Z) - \mathrm{IGC}_{2^n}^{2^n L}$ 满足

$$
2^n K \leqslant \frac{2^n \cdot 2^n L}{2^n Z} \tag{2.39}
$$

那么，若核序列集合 $\boldsymbol{S}$ 达到 ZCZ 序列的理论界限，则 $K = L/Z$。因此，式 (2.39) 的等号成立，即具有两宽度 ZCCZ 的互补序列集合 $\boldsymbol{\Delta}^{(n)}$ 达到理论界限。 证毕。

下面给出一个例子来说明基于交织迭代扩展的序列构造方法和相关性能。此处依然选用文献[3]中所构造的三元PAZCZ序列 $\mathrm{ZCZ}-(4,8,2)$，即用式(2.19) 来作为初始的核序列集合。则经过一次迭代后，可以获得具有两宽度 ZCCZ 的子集间互补序列集合 $\boldsymbol{\Delta}^{(1)}$ 如下：

$$\boldsymbol{\Delta}^{(1)}=\begin{bmatrix}\boldsymbol{\Delta}_{0,0}^{(1)}\\ \boldsymbol{\Delta}_{0,1}^{(1)}\\ \boldsymbol{\Delta}_{0,2}^{(1)}\\ \boldsymbol{\Delta}_{0,3}^{(1)}\\ \boldsymbol{\Delta}_{1,0}^{(1)}\\ \boldsymbol{\Delta}_{1,1}^{(1)}\\ \boldsymbol{\Delta}_{1,2}^{(1)}\\ \boldsymbol{\Delta}_{1,3}^{(1)}\end{bmatrix}=\begin{bmatrix}00++00++00++00--; & 00-+00-+00-+00+-\\ 00++00++00--00++; & 00-+00-+00+-00-+\\ 00++00--00++00++; & 00-+00+-00-+00-+\\ 00++00--00--00--; & 00-+00+-00+-00+-\\ 00-+00-+00-+00+-; & 00++00++00++00--\\ 00-+00-+00+-00-+; & 00++00++00--00++\\ 00-+00+-00-+00-+; & 00++00--00++00++\\ 00-+00+-00+-00+-; & 00++00--00--00--\end{bmatrix} \tag{2.40}$$

这是一个 $(2,4,4)-\mathrm{IGC}_2^{16}$ 序列集合，总共分两个序列子集 $\{\boldsymbol{\Delta}_{0,0}^{(1)},\boldsymbol{\Delta}_{0,1}^{(1)},\boldsymbol{\Delta}_{0,2}^{(1)},\boldsymbol{\Delta}_{0,3}^{(1)}\}$ 和 $\left\{\boldsymbol{\Delta}_{1,0}^{(1)},\boldsymbol{\Delta}_{1,1}^{(1)},\boldsymbol{\Delta}_{1,2}^{(1)},\boldsymbol{\Delta}_{1,3}^{(1)}\right\}$，每个序列子集包含 4 个序列，因此该集合总共有 8 个序列。每个序列由两个子序列子集组成，子序列的长度为 16。该序列集合 $\boldsymbol{\Delta}^{(1)}$ 的两个序列子集之间的任意序列具有理想的非周期和周期互相关性能，同时单边 ZACZ 宽度以及单边子集内 ZCCZ 宽度均为 4。那么，经过一次迭代以后，原来核序列集合的 ZCZ 宽度增加了一倍。

按照定理 2.3，随着迭代次数的增加，所构造序列的单边 ZACZ 宽度以及单边子集内 ZCCZ 宽度将以 2 的整数次幂递增，该性能是正交矩阵扩展方法所不能达到的。为了更加直观地显示序列集合 $\boldsymbol{\Delta}^{(1)}$ 的相关性能，图 2.4 给出了 $\boldsymbol{\Delta}^{(1)}$ 中部分序列的非周期自相关函数以及互相关函数的分布情况。

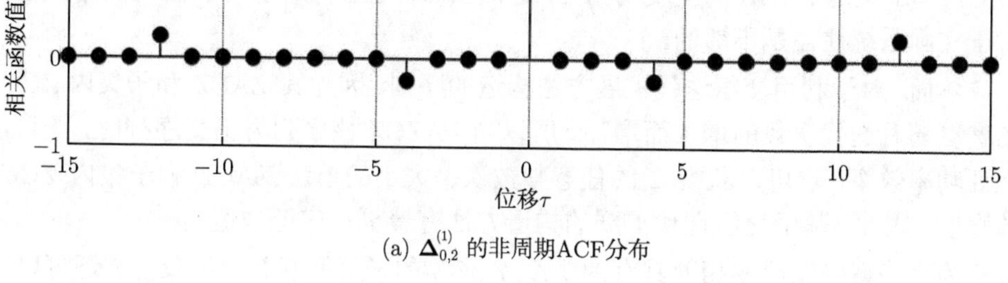

(a) $\boldsymbol{\Delta}_{0,2}^{(1)}$ 的非周期ACF分布

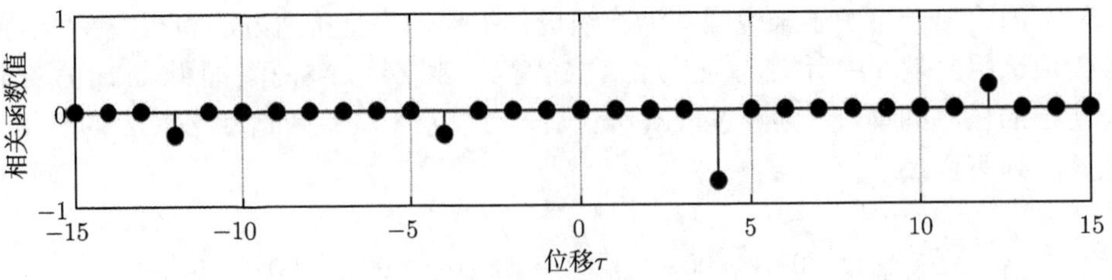

(b) $\boldsymbol{\Delta}_{0,2}^{(1)}$ 和$\boldsymbol{\Delta}_{0,3}^{(1)}$的非周期CCF分布

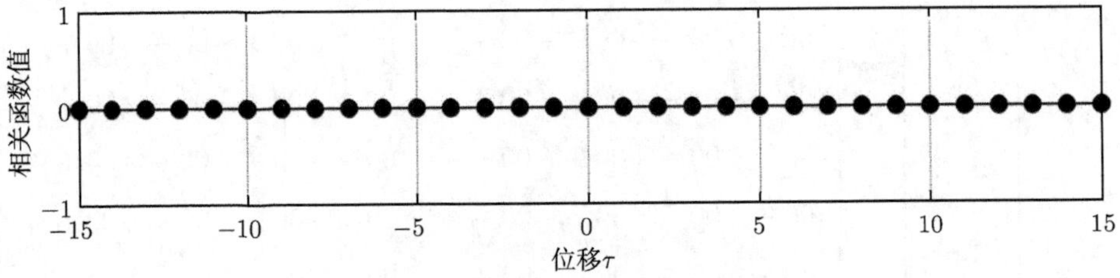

(c) $\boldsymbol{\Delta}_{0,2}^{(1)}$ 和$\boldsymbol{\Delta}_{1,1}^{(1)}$的非周期CCF分布

图 2.4　基于交织迭代扩展的子集间互补序列集合 $(2,4,4)-\mathrm{IGC}_2^{16}$ 的非周期ACF 和 CCF 分布

2.3.3　功率效率约束

对于基于正交矩阵扩展和交织迭代扩展的两种构造方法，它们都要求核序列集合为 PAZCZ 序列集合。然而，除了正交序列集合以外，现有的 PAZCZ 序列集合都是三元序列集合，因此所构造的这两类具有两宽度 ZCCZ 的子集间互补序列集合也都是三元序列集合。那么，由于每个序列中都存在多个零值，因此其功率效率有所降低。

如果 PAZCZ 序列集合为二元或多相序列，则可以克服上述问题。对于利用正交矩阵扩展方法构造的序列，因为其 ZACZ 和子集内 ZCCZ 的宽度等于 PAZCZ 核序列的 ZCZ 宽度，那么当 PAZCZ 核序列为正交序列时，所构造的序列的单边 ZACZ 和子集内 ZCCZ 的宽度均为 1。这样虽然保证了功率效率，但是其相关性能对于实际系统往往是不够的。

然而，对于利用交织迭代扩展方法构造的序列，因为其 ZACZ 和子集内 ZCCZ 的宽度随着迭代次数的增加而增加，所以当 PAZCZ 核序列为正交序列时，既可以保证功率效率，也可以获得 2 的任意整数次幂大小的单边 ZACZ 和子集内 ZCCZ 的宽度。因此，基于交织迭代扩展的构造方法有着更加广泛的适用性。

为了获得二元或多相的具有两宽度 ZCCZ 的子集间互补序列集合，还可以考虑其他的方式进行处理。实际上，并不是所有的系统都要求序列同时具有优异的非周期和周期的相关性能。对于那些仅要求周期相关性能的系统，在序列集合的构造中则可以拥有更多且更加灵活的参数选择。

定理 2.5 对于分别基于正交矩阵扩展和交织迭代扩展的构造方法，如果选择 ZCZ 序列集合作为核序列集合，则可以得到具有两宽度周期 ZCCZ 的互补序列集合。该集合拥有定理 2.1 和定理 2.3 中序列集合的全部周期相关性能，即满足式 (2.16) 和式 (2.28)。

需要指出的是，此处特别强调了周期 ZCCZ，那么所构造的两宽度 ZCCZ 互补序列集合则只具有周期相关特性。如果本章中没有特别指出是哪一类相关性能，则其同时具有非周期和周期性能。例如，分别基于正交矩阵扩展和交织迭代扩展构造的两宽度 ZCCZ 的子集间互补序列集合，它们就同时具有非周期和周期的两宽度 ZCCZ。

该定理的证明类似于定理 2.1 和定理 2.3 的证明过程，此处省略。

通过使用 ZCZ 核序列集合，所构造的具有两宽度周期 ZCCZ 的互补序列集合适用于仅要求序列具有优异的周期相关性能的系统。目前，ZCZ 序列比 PAZCZ 序列获得了更加广泛的关注和研究，很多二元、三元和多相的 ZCZ 序列已经被构造。因此，当使用 ZCZ 序列集合作为核序列集合时，构造中可以拥有更广阔的选择空间，同时也可以获得更多的性能。

此处，将给出一个构造具有两宽度周期 ZCCZ 的互补序列集合的例子。该例使用基于交织迭代扩展的构造方法，并且选择文献 [23] 中的 ZCZ 序列集合 ZCZ − (4, 8, 2) 作为核序列集合。该集合 ZCZ − (4, 8, 2) 可以表示如下：

$$\boldsymbol{\Delta}^{(0)} = \boldsymbol{S} = \begin{bmatrix} \boldsymbol{S}_0 \\ \boldsymbol{S}_1 \\ \boldsymbol{S}_2 \\ \boldsymbol{S}_3 \end{bmatrix} = \begin{bmatrix} --++\!+\!--+ \\ ----+-+- \\ +--+--++ \\ +-+----- \end{bmatrix} \tag{2.41}$$

根据式 (2.26)，经过一次交织迭代，可以得到具有两宽度周期 ZCCZ 的互补序列集合 $(2,4,4)-\mathrm{PIGC}_2^{16}$ 如下，此处使用周期 IGC(Periodic IGC, PIGC) 表示周期的子集间互补序列集合。该序列集合分为两个序列子集，每个序列子集中包含 4 个序列，每个序列又包含两个子序列。虽然该类序列集合仅具有周期相关性能，但是两宽度周期 ZCCZ 的互补序列集合 $\boldsymbol{\Delta}^{(1)}$ 对于传统的周期互补序列 (Periodic Complmentary Sequence, PCS) 的优势也是十分明显的，即其拥有更大的序列数量，此处其序列数量是传统周期互补序列集合中序列数量的 4 倍。

$$
\boldsymbol{\Delta}^{(1)}=\begin{bmatrix}\boldsymbol{\Delta}_{0,0}^{(1)}\\ \boldsymbol{\Delta}_{0,1}^{(1)}\\ \boldsymbol{\Delta}_{0,2}^{(1)}\\ \boldsymbol{\Delta}_{0,3}^{(1)}\\ \boldsymbol{\Delta}_{1,0}^{(1)}\\ \boldsymbol{\Delta}_{1,1}^{(1)}\\ \boldsymbol{\Delta}_{1,2}^{(1)}\\ \boldsymbol{\Delta}_{1,3}^{(1)}\end{bmatrix}=\begin{bmatrix}
----++++++----++; & +-+--+-+-++-+--+\\
--------++--++--; & +-+-+-+--++--++-\\
++----++----++++; & -++-+--++-+--+-+\\
++--++----------; & -++--++-+-+-+-+-\\
+-+--+-+-++-+--+; & ----++++++----++\\
+-+-+-+--++--++-; & --------++--++--\\
-++-+--++-+--+-+; & ++----++----++++\\
-++--++-+-+-+-+-; & ++--++----------
\end{bmatrix}
\tag{2.42}
$$

除了比传统周期互补序列集合更大的序列数量，所构造的序列集合也拥有比传统的 ZCZ 序列集合更好的周期相关性能。为了体现两者之间的性能差异，将选择与式 (2.42) 中的序列集合 $\boldsymbol{\Delta}^{(1)}$ 的子序列长度相同的 ZCZ 序列集合进行比较。此处，使用文献 [24] 中构造方法 3 所产生的 ZCZ 序列集合 $\mathrm{ZCZ}-(4,16,3)$ 进行了比较，该集合 $\mathrm{ZCZ}-(4,16,3)$ 可表示如下：

$$
\boldsymbol{F}=\begin{bmatrix}\boldsymbol{F}_0\\ \boldsymbol{F}_1\\ \boldsymbol{F}_2\\ \boldsymbol{F}_3\end{bmatrix}=\begin{bmatrix}
++-+++-+---+---+\\
--+-++-++++----+\\
+---+----+---+--\\
-++++---+-++-+--
\end{bmatrix}
\tag{2.43}
$$

图 2.5 和图 2.6 分别给出了 ZCZ 序列集合 $\boldsymbol{F}$ 和具有两宽度周期 ZCCZ 的互补序列集合 $\boldsymbol{\Delta}^{(1)}$ 的周期相关性能。

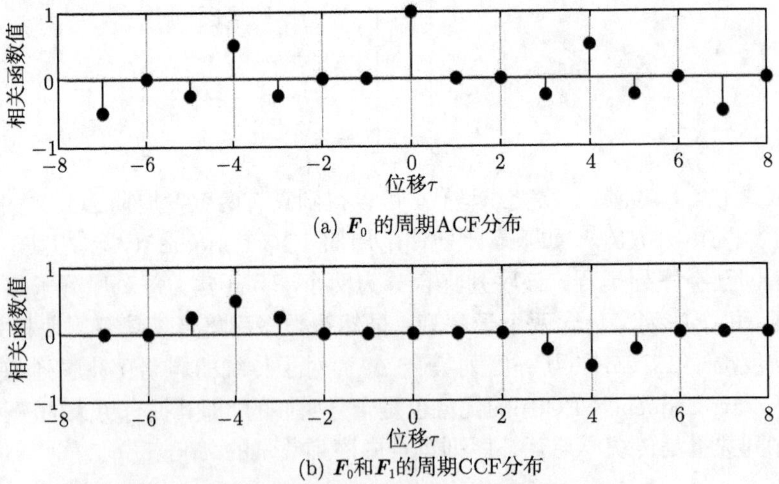

(a) $\boldsymbol{F}_0$ 的周期ACF分布

(b) $\boldsymbol{F}_0$和$\boldsymbol{F}_1$的周期CCF分布

图 2.5　ZCZ 序列集合 $\mathrm{ZCZ}-(4,16,3)$ 的周期 ACF 和 CCF 分布

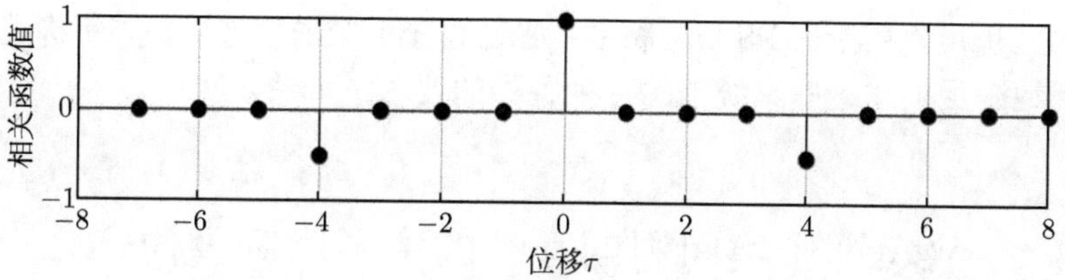

(a) $\boldsymbol{\Delta}_{0,0}^{(1)}$ 的周期ACF分布

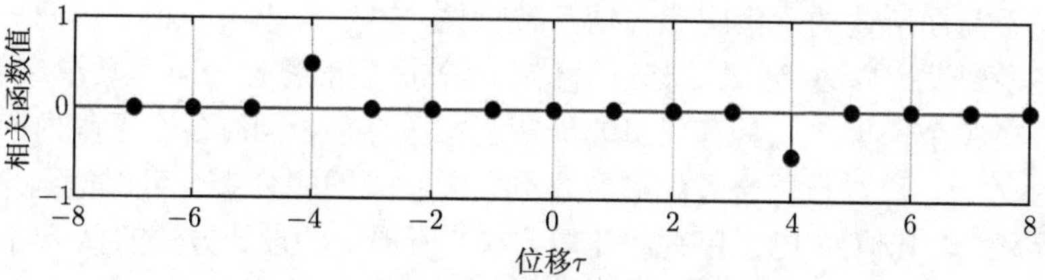

(b) $\boldsymbol{\Delta}_{0,0}^{(1)}$和$\boldsymbol{\Delta}_{0,1}^{(1)}$ 的周期CCF分布

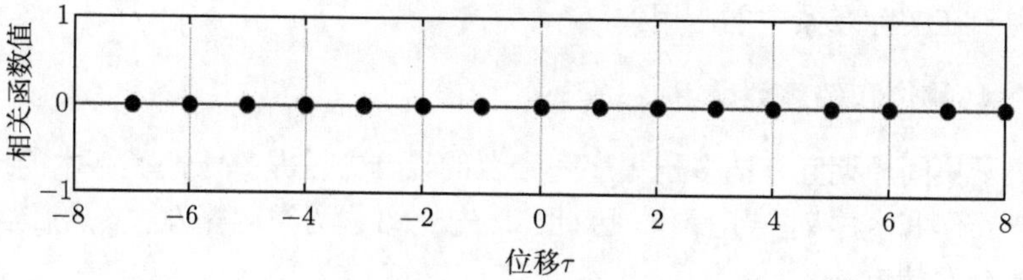

(c) $\boldsymbol{\Delta}_{0,0}^{(1)}$和$\boldsymbol{\Delta}_{1,0}^{(1)}$ 的周期CCF分布

图 2.6 具有两宽度周期 ZCCZ 的互补序列集合 $(2,4,4)-\mathrm{PIGC}_2^{16}$ 的周期ACF 和 CCF 分布

从两图的比较中可以看出，$\boldsymbol{\Delta}^{(1)}$ 的周期自相关函数和子集内序列之间的周期互相关函数都具有零相关区，此处经过一次交织迭代之后，零相关区比 $\boldsymbol{\Delta}^{(0)}$ 增加了一倍。同时，图 2.6-(c) 显示不同序列子集中的序列之间具有理想的周期互相关性能，即周期互相关函数处处为零值，这一性质是 ZCZ 序列集合所无法达到的。

但是，此处也必须指出，虽然具有两宽度周期 ZCCZ 的互补序列集合 $\boldsymbol{\Delta}^{(1)}$ 具有更好的周期相关性能，但是该类序列属于互补形式的序列，即每个序列又包含多个子序列，因此在实际的使用中要比 ZCZ 序列这种单一序列要复杂，这也是获得优异相关性能所付出的代价。

同 PAZCZ 序列集合相比较，分别基于正交矩阵扩展和交织迭代扩展产生的两类序列集合具有两宽度 ZCCZ 特性。不仅子集内序列具有零相关区，而且子集间序列具有理想的非周期和周期相关性能，这使得它们可以具有相对广泛的应用空间。所构造的这两类具有两种不同宽度 ZCCZ 的子集间互补序列可以用于 IGC-CDMA 系统[1]，因为 IGC 序列也同样具有两种不同宽度的 ZCCZ。另外，当所构造的这两类序列的子序列数量特定为 2 时，那么此时类似于 GPC 序列[25] 和 GPZ 序列[26]，因此也可以用于 QPSK 调制中。通过改变不同的构造参数，所构造的序列可以灵活地满足上述这些系统中的各种各样的要求。

2.4　子集间周期互补的多子序列设计

不同于前面所述的子集间非周期互补特性，本节提出了一种子集间周期互补的多子集序列设计方法，该方法基于对传统互补序列的移位和交织操作，所生成的序列集合在各个子集之间具有理想的周期互相关性能，同时各个子集内部具有一定宽度的 ZCZ。通过设计合适的移位序列，所生成的序列集合可以达到序列设计的理论界限。与其他的 IGC 序列相比较，本节所提出的设计方法的显著特点在于，不仅可以提供灵活的 ZCZ 宽度，而且还能够具有灵活的子序列长度，这种特性将更加有利于在实际场景中的应用。

2.4.1　循环移位和多序列交织

该类子集间周期互补的多子集序列集合的设计方法是基于两类基本的运算，即循环移位操作和多序列交织操作。因此，首先介绍这两类运算方法，然后给出详细的序列集合设计方法。

定义 2.3[27]　令 $\boldsymbol{s}_i=(s_i(0),s_i(1),\cdots,s_i(L-1))$ 表示一个长度为 L 的单一序列，则该序列 $\boldsymbol{s}_i$ 的循环左移 k 位操作可以定义如下[24]：

$$\mathbb{T}^k(\boldsymbol{s}_i)=(s_i(k),s_i(k+1)_L,\cdots,s_i(k+l)_L,\cdots,s_i(k-1)_L) \tag{2.44}$$

其中，$0\leqslant k,l\leqslant L-1$，该序列 $\mathbb{T}^k(\boldsymbol{s}_i)$ 被称为 $\boldsymbol{s}_i$ 的循环左移 k 位序列。

下面介绍多个序列之间的交织操作，类似于定义 2.2 中的两序列交织，多序列的交织也是各个序列的元素交替排列。

定义 2.4[28]　设 $\{\boldsymbol{s}_i=(s_i(0),s_i(1),\cdots,s_i(L-1)),0\leqslant i\leqslant M-1\}$ 是一个包含 M 个长度为 L 的序列的集合，则这 M 个序列之间的交织操作可以定义如下：

$$\begin{aligned}&\boldsymbol{s}_0\odot\boldsymbol{s}_1\odot\cdots\odot\boldsymbol{s}_{M-1}\\&=(s_0(0),s_1(0),\cdots,s_{M-1}(0),s_0(1),s_1(1),\cdots,\\&\quad s_{M-1}(1),\cdots,s_0(L-1),s_1(L-1),\cdots,s_{M-1}(L-1))\end{aligned} \tag{2.45}$$

从式 (2.44) 和式 (2.45) 可以看出，循环移位操作不改变序列的长度，而交织操作所得到的新序列的长度则是各个序列之和。

2.4.2 基于移位序列的多子集周期互补集合设计

子集间周期互补的非对称相关性序列集合的具体设计步骤如下[29]。

步骤 1 选择一个初始的核心序列集合。

令 $\boldsymbol{C}=\{\boldsymbol{c}_m, 0\leqslant m\leqslant M-1\}$ 为一个周期互补序列集合，其中 $\boldsymbol{c}_m=\{\boldsymbol{c}_{m,n}, 0\leqslant n\leqslant N-1\}$，并且 $\boldsymbol{c}_{m,n}=(c_{m,n}(0), c_{m,n}(1),\cdots, c_{m,n}(L-1))$。那么，该集合的序列数量为 M、子序列数量为 N、子序列长度为 L，可以表示为 $(M)-\mathrm{PCS}_N^L$。

步骤 2 构建一个移位序列。

为了完成周期互补序列集合 $\boldsymbol{C}$ 的循环移位操作，设计一个长度为 P 的移位序列如下所示：

$$\boldsymbol{e}=\left\{e_p=\left(p\left\lfloor\frac{L+1}{P}\right\rfloor\right)_L, 0\leqslant p\leqslant P-1\right\} \tag{2.46}$$

其中，$2\leqslant P\leqslant L+1$。

可以看出，移位序列 $\boldsymbol{e}$ 的长度可以有一个很宽的变化范围。如果令 $L+1=kP+r$，其中，$k=\lfloor (L+1)/P\rfloor$，$0\leqslant r\leqslant P-1$，则该移位序列 $\boldsymbol{e}$ 可以进一步表示为

$$\boldsymbol{e}=\{e_p=(kp)_L, 0\leqslant p\leqslant P-1\} \tag{2.47}$$

步骤 3 选择一个正交矩阵。

设 $\boldsymbol{H}$ 是一个 $P\times P$ 的正交矩阵，表示如下：

$$\boldsymbol{H}=\begin{bmatrix}\boldsymbol{h}_0\\ \boldsymbol{h}_1\\ \vdots\\ \boldsymbol{h}_{P-1}\end{bmatrix}=\begin{bmatrix}h_{0,0} & h_{0,1} & \cdots & h_{0,P-1}\\ h_{1,0} & h_{1,1} & \cdots & h_{1,P-1}\\ \vdots & \vdots & \ddots & \vdots\\ h_{P-1,0} & h_{P-1,1} & \cdots & h_{P-1,P-1}\end{bmatrix} \tag{2.48}$$

如果该矩阵中的每一行 $\boldsymbol{h}_p=(h_{p,0}, h_{p,1},\cdots, h_{p,P-1})$ 可以看作一个单一序列，则 $\boldsymbol{H}$ 满足 $\phi_{\boldsymbol{h}_p,\boldsymbol{h}_{p'}}(0)=0$，其中 $p\neq p'$，并且 $0\leqslant p,p'\leqslant P-1$。

步骤 4 生成子集间互补的多子集序列集合。

基于周期互补序列集合 $\boldsymbol{C}$、移位序列 $\boldsymbol{e}$ 和正交矩阵 $\boldsymbol{H}$，则可以通过交织操作产生一类子集间互补的多子集序列集合 $\boldsymbol{S}=\left\{\boldsymbol{s}^{(g)}, 0\leqslant g\leqslant M-1\right\}$。其中，$\boldsymbol{s}^{(g)}=\left\{\boldsymbol{s}_p^{(g)}, 0\leqslant p\leqslant P-1\right\}$，$\boldsymbol{s}_p^{(g)}=\left\{\boldsymbol{s}_{p,n}^{(g)}, 0\leqslant n\leqslant N-1\right\}$，并且子序列 $\boldsymbol{s}_{p,n}^{(g)}$ 为

$$\boldsymbol{s}_{p,n}^{(g)}=(h_{p,0}\mathbb{T}^{e_0}(\boldsymbol{c}_{g,n}))\odot(h_{p,1}\mathbb{T}^{e_1}(\boldsymbol{c}_{g,n}))\odot\cdots\odot(h_{p,P-1}\mathbb{T}^{e_{P-1}}(\boldsymbol{c}_{g,n})) \tag{2.49}$$

从式 (2.49) 可以看出，所获得的子集间互补的多子集序列集合 $\boldsymbol{S}$ 的子序列 $\boldsymbol{s}_{p,n}^{(g)}$ 的长度为 PL。通过交织操作，周期互补序列集合 $\boldsymbol{C}$ 中的每一个序列 $\boldsymbol{c}_g$ 可以扩展成一个序列子集 $\boldsymbol{s}^{(g)}$，进一步利用正交矩阵扩展使得每个序列子集包含 P 个序列，同时序列中的子序列数量保持不变。

2.4.3　多子集周期互补相关性能

本节首先分析所生成的子集间互补的多子集序列集合的周期相关性能，然后进一步讨论该集合能够达到理想性能的条件，同时也提供了子序列长度不大于 6 的相应序列集合的参数列表。

根据 2.4.2 小节提出的基于移位序列的设计方法，所生成的子集间周期互补的多子集序列集合能够具有灵活的参数选择，如下面定理所示。

定理 2.6　所生成的序列集合 $\boldsymbol{S}$ 是一个周期 IGC 序列集合，其各个参数满足 $\left(M, P, \left\lceil\dfrac{L+1}{P}\right\rceil P-1\right)-\mathrm{PIGC}_N^{PL}$。

证明　按照式 (2.49)，集合 $\boldsymbol{S}$ 中两个序列 $\boldsymbol{s}_{p_1}^{(g_1)}$ 和 $\boldsymbol{s}_{p_2}^{(g_2)}$ 之间的周期互相关函数可以计算如下：

$$\begin{aligned}
&\sum_{n=0}^{N-1}\phi_{\boldsymbol{s}_{p_1,n}^{(g_1)},\boldsymbol{s}_{p_2,n}^{(g_2)}}(\tau)\\
=&\sum_{n=0}^{N-1}\left(\sum_{p=0}^{P-\tau_2-1}h_{p_1,p}h_{p_2,p+\tau_2}^{*}\phi_{\boldsymbol{c}_{g_1,n},\boldsymbol{c}_{g_2,n}}(e_{p+\tau_2}-e_p+\tau_1)\right.\\
&\left.+\sum_{p=P-\tau_2}^{P-1}h_{p_1,p}h_{p_2,p+\tau_2-P}^{*}\phi_{\boldsymbol{c}_{g_1,n},\boldsymbol{c}_{g_2,n}}(e_{p+\tau_2-P}-e_p+\tau_1+1)\right)
\end{aligned}\tag{2.50}$$

其中，$\tau=\tau_1P+\tau_2$，$0\leqslant\tau_1\leqslant L-1$，$0\leqslant\tau_2\leqslant P-1$。

对于式 (2.50)，将按照子集间周期互相关、子集内周期互相关和周期自相关等三种情况进行讨论。

(1) 子集之间周期互相关，即 $g_1\neq g_2$。

当 $g_1\neq g_2$ 时，因为 $\boldsymbol{C}$ 是一个周期互补序列集合，所以有

$$\begin{cases}
\displaystyle\sum_{n=0}^{N-1}\phi_{\boldsymbol{c}_{g_1,n},\boldsymbol{c}_{g_2,n}}(e_{p+\tau_2}-e_p+\tau_1)=0\\
\displaystyle\sum_{n=0}^{N-1}\phi_{\boldsymbol{c}_{g_1,n},\boldsymbol{c}_{g_2,n}}(e_{p+\tau_2-P}-e_p+\tau_1+1)=0
\end{cases}\tag{2.51}$$

那么，根据式 (2.51)，对于任意的位移 τ，显然地总有式 (2.50) 等于 0，即不同序列子集中的任意两个序列之间具有理想的周期互相关性能。

(2) 子集内部周期互相关，即 $g_1 = g_2$ 并且 $p_1 \neq p_2$。

设 Z 表示所设计的周期 IGC 序列集合的 ZCZ 宽度。那么，对于任意一个序列子集 $\boldsymbol{s}^{(g)}$，在 $|\tau| \leqslant Z-1$ 时将满足 $\sum\limits_{n=0}^{N-1} \phi_{\boldsymbol{s}_{p_1,n}^{(g)},\boldsymbol{s}_{p_2,n}^{(g)}}(\tau) = 0$。下面按照 $\tau = 0$ 和 $0 < |\tau| \leqslant Z-1$ 两种情况分别进行讨论。

(i) $\tau = 0$。

当 $\tau = 0$ 时，有 $\tau_1 = 0$，并且 $\tau_2 = 0$。那么，对于 $g_1 = g_2$，式 (2.50) 可以进一步化简为

$$\sum_{n=0}^{N-1} \phi_{\boldsymbol{s}_{p_1,n}^{(g_1)},\boldsymbol{s}_{p_2,n}^{(g_1)}}(0) = \sum_{p=0}^{P-1} h_{p_1,p} h_{p_2,p}^{*} \left(\sum_{n=0}^{N-1} \phi_{\boldsymbol{c}_{g_1,n}}(0) \right) \tag{2.52}$$

因为 $\boldsymbol{H}$ 是正交矩阵，也就是说当 $p_1 \neq p_2$ 时有 $\sum\limits_{p=0}^{P-1} h_{p_1,p} h_{p_2,p}^{*} = 0$，那么可以得到 $\sum\limits_{n=0}^{N-1} \phi_{\boldsymbol{s}_{p_1,n}^{(g_1)},\boldsymbol{s}_{p_2,n}^{(g_1)}}(0) = 0$。

(ii) $0 < |\tau| \leqslant Z-1$。

此时，为了获得 $\sum\limits_{n=0}^{N-1} \phi_{\boldsymbol{s}_{p_1,n}^{(g_1)},\boldsymbol{s}_{p_2,n}^{(g_1)}}(0) = 0$，式 (2.50) 需要满足下面的条件：

$$\begin{cases} e_{p+\tau_2} - e_p + \tau_1 \neq 0, & 0 \leqslant p \leqslant P - \tau_2 - 1 \\ e_{p+\tau_2-P} - e_p + \tau_1 + 1 \neq 0, & P - \tau_2 \leqslant p \leqslant P-1 \end{cases} \tag{2.53}$$

由于 $L+1 = kP + r$，并且 $Z = \left\lfloor \dfrac{L+1}{P} \right\rfloor P - 1$，那么 ZCZ 宽度应该满足 $Z = L - r$。根据式 (2.47)，式 (2.53) 可以被进一步地计算如下：

$$\begin{cases} k\tau_2 + \tau_1 \neq 0, & 0 \leqslant p \leqslant P - \tau_2 - 1 \\ k(\tau_2 - P) + \tau_1 + 1 \neq 0, & P - \tau_2 \leqslant p \leqslant P-1 \end{cases} \tag{2.54}$$

下面分别证明 $0 < k\tau_2 + \tau_1 < L$ 和 $-L < k(\tau_2 - P) + \tau_1 + 1 < 0$。

因为 $0 < |\tau| \leqslant Z-1$，$\tau = \tau_1 P + \tau_2$，$0 \leqslant \tau_1 \leqslant L-1$，$0 \leqslant \tau_2 \leqslant P-1$，那么显然有 $k\tau_2 + \tau_1 > 0$。同时，也可获得

$$\begin{aligned}k\tau_2+\tau_1&=\frac{(L-r)\,\tau_2+P\tau_1+\tau_2}{P}\\&\leqslant\frac{(L-r)\,\tau_2+Z-1}{P}\\&\leqslant\frac{(L-r)\,(P-1)+Z-1}{P}\\&=\frac{(L-r)\,P-1}{P}\\&<L\end{aligned}\tag{2.55}$$

那么，可以获得 $0<k\tau_2+\tau_1<L$。其中，式 (2.55) 的推导过程中用到了 $k=\dfrac{L+1-r}{P}$，$|\tau|\leqslant Z-1$，$\tau=\tau_1P+\tau_2$，$0\leqslant\tau_2\leqslant P-1$ 和 $0\leqslant r\leqslant P-1$ 等几个条件。

对于 $k\,(\tau_2-P)+\tau_1+1$，则有

$$k\,(\tau_2-P)+\tau_1+1=\frac{Z(\tau_2-P)+P\tau_1+\tau_2}{P}\tag{2.56}$$

因为 $0\leqslant\tau_2\leqslant P-1$，$0<|\tau|\leqslant Z-1$，并且 $\tau=\tau_1P+\tau_2$，可以进一步获得

$$-L<k\,(\tau_2-P)+\tau_1+1<\frac{-1}{P}\tag{2.57}$$

那么，通过合并式 (2.55) 和 (2.57)，则可以满足式 (2.54) 的条件。因此，当 $0<|\tau|\leqslant Z-1$ 时，可以获得 $\sum\limits_{n=0}^{N-1}\phi_{\boldsymbol{s}_{p_1,n}^{(g_1)},\boldsymbol{s}_{p_2,n}^{(g_1)}}(0)=0$。

(3) 周期自相关，即 $g_1=g_2$ 并且 $p_1=p_2$。

当 $\tau=0$ 时，则有 $\tau_1=0$ 和 $\tau_2=0$，那么，

$$\sum_{n=0}^{N-1}\phi_{\boldsymbol{s}_{p_1,n}^{(g_1)},\boldsymbol{s}_{p_2,n}^{(g_1)}}(0)=\sum_{p=0}^{P-1}\left|h_{p_1,p}\right|^2\left(\sum_{n=0}^{N-1}\phi_{\boldsymbol{c}_{g_1,n}}(0)\right)\tag{2.58}$$

当 $0<|\tau|\leqslant Z-1$ 时，因为其性能是完全由周期互补序列集合 C 确定的，应该满足式 (2.54)，那么这与 p_1 和 p_2 的值并不相关，所以周期自相关性能的证明过程与子集内周期互相关性能的证明过程相同，此处省略。 证毕。

下面讨论所设计的子集间互补的多子集序列集合达到理想性能的条件。

推论 2.1 当满足 $r<\dfrac{L}{P+1}$，并且周期互补序列集合 C 是理想集合时，则

所设计的 IGC 序列集合 $\left(M,P,\left\lfloor\frac{L+1}{P}\right\rfloor P-1\right)-\mathrm{PIGC}_N^{PL}$ 能够获得理想的相关性能。

证明 当周期互补序列集合 $\boldsymbol{C}$ 是理想集合时，则有 $M=N$。根据 Z 互补序列的理论界限，当 $MP=\left\lfloor\frac{PL}{Z}\right\rfloor N$ 时，所设计的周期 IGC 序列集合 $\left(M,P,\left\lfloor\frac{L+1}{P}\right\rfloor P-1\right)-\mathrm{PIGC}_N^{PL}$ 能够获得理想性能，那么

$$\left\lfloor\frac{PL}{Z}\right\rfloor=\left\lfloor\frac{PL}{L-r}\right\rfloor=\left\lfloor P+\frac{rP}{L-r}\right\rfloor \tag{2.59}$$

当 $\frac{rP}{L-r}<1$，即 $r<\frac{L}{P+1}$ 时，有 $\left\lfloor\frac{PL}{Z}\right\rfloor=P$。通过合并 $\left\lfloor\frac{PL}{Z}\right\rfloor=P$ 和 $M=N$，则推论 2.1 得证。 证毕。

根据推论 2.1, 虽然 r 的取值范围为 $[0,P-1]$, 但是为了达到 Z 互补序列的理想性能, 则要求所设计的 IGC 序列集合 $\left(M,P,\left\lfloor\frac{L+1}{P}\right\rfloor P-1\right)-\mathrm{IGC}_N^{PL}$ 满足 $r<\frac{L}{P+1}$。

为了方便读者查阅 $\left(M,P,\left\lfloor\frac{L+1}{P}\right\rfloor P-1\right)-\mathrm{PIGC}_N^{PL}$ 达到理想性能时的参数选择，表 2.1 给出了 $L\leqslant 6$ 时的情况。从该表中可以看出，所列情况均满足 $r<\frac{L}{P+1}$，因此都可以达到理想性能。当 L 增加时，按照所提出的设计方法，可以获得更多周期 IGC 序列集合。

表 2.1 理想周期 IGC 序列集合的参数，$L\leqslant 6$

L	P	Z	r	$\frac{L}{P+1}$	$\{e_p,0\leqslant p\leqslant P-1\}$
2	3	2	0	1/2	{0, 1, 0}
3	2	3	0	1	{0, 2}
	4	3	0	3/5	{0, 1, 2, 0}
4	2	3	1	4/3	{0, 2}
	5	4	0	2/3	{0, 1, 2, 3, 0}
5	2	5	0	5/3	{0, 3}
	3	5	0	5/4	{0,2,4}
	6	5	0	5/7	{0, 1, 2, 3, 4, 0}
6	2	5	1	2	{0, 3}
	3	5	1	3/2	{0, 2, 4}
	7	6	0	3/4	{0, 1, 2, 3, 4, 5, 0}

为了帮助理解所设计的周期 IGC 序列集合的设计方法并验证其性能，将给出一个设计例子。本例中，核心序列集合采用如下矩阵形式的周期互补序列集合：

$$\boldsymbol{C}=\begin{bmatrix}\boldsymbol{c}_0\\ \boldsymbol{c}_1\end{bmatrix}=\begin{bmatrix}\boldsymbol{c}_{0,0};&\boldsymbol{c}_{0,1}\\ \boldsymbol{c}_{1,0};&\boldsymbol{c}_{1,1}\end{bmatrix}=\begin{bmatrix}1,&\mathrm{j},&1;&1,&1,&-1\\ -1,&1,&1;&-1,&\mathrm{j},&-1\end{bmatrix}\tag{2.60}$$

其中，$\mathrm{j}^2=-1$，每个互补序列的子序列之间使用“；”隔开，每个子序列的元素之间使用“，”隔开。

设正交矩阵为 $\boldsymbol{H}=\begin{bmatrix}1&1&1&1\\1&-1&1&-1\\1&1&-1&-1\\1&-1&-1&1\end{bmatrix}$，那么根据 $\boldsymbol{C}$ 和 $\boldsymbol{H}$ 可知，本例中 $L=3$，$P=4$。从表 2.1 知，可以使用移位序列 $\boldsymbol{e}=\{0,1,2,0\}$。按照式 (2.49)，则可以产生周期 IGC 序列集合 $(2,4,3)-\mathrm{PIGC}_2^{12}$ 如下：

$$\boldsymbol{S}=\begin{bmatrix}\boldsymbol{s}^{(0)}\\ \boldsymbol{s}^{(1)}\end{bmatrix}=\begin{bmatrix}\boldsymbol{s}_0^{(0)}\\ \boldsymbol{s}_1^{(0)}\\ \boldsymbol{s}_2^{(0)}\\ \boldsymbol{s}_3^{(0)}\\ \boldsymbol{s}_0^{(1)}\\ \boldsymbol{s}_1^{(1)}\\ \boldsymbol{s}_2^{(1)}\\ \boldsymbol{s}_3^{(1)}\end{bmatrix}=\begin{bmatrix}\boldsymbol{s}_{0,0}^{(0)};&\boldsymbol{s}_{0,1}^{(0)}\\ \boldsymbol{s}_{1,0}^{(0)};&\boldsymbol{s}_{1,1}^{(0)}\\ \boldsymbol{s}_{2,0}^{(0)};&\boldsymbol{s}_{2,1}^{(0)}\\ \boldsymbol{s}_{3,0}^{(0)};&\boldsymbol{s}_{3,1}^{(0)}\\ \boldsymbol{s}_{0,0}^{(1)};&\boldsymbol{s}_{0,1}^{(1)}\\ \boldsymbol{s}_{1,0}^{(1)};&\boldsymbol{s}_{1,1}^{(1)}\\ \boldsymbol{s}_{2,0}^{(1)};&\boldsymbol{s}_{2,1}^{(1)}\\ \boldsymbol{s}_{3,0}^{(1)};&\boldsymbol{s}_{3,1}^{(1)}\end{bmatrix}\tag{2.61}$$

其中，各个序列分别为

$$\boldsymbol{s}_{0,0}^{(0)}=(1,\mathrm{j},1,1,\mathrm{j},1,1,\mathrm{j},1,1,\mathrm{j},1)$$
$$\boldsymbol{s}_{0,1}^{(0)}=(1,1,-1,1,1,-1,1,1,-1,1,1,-1)$$
$$\boldsymbol{s}_{1,0}^{(0)}=(1,-\mathrm{j},1,-1,\mathrm{j},-1,1,-\mathrm{j},1,-1,\mathrm{j},-1)$$
$$\boldsymbol{s}_{1,1}^{(0)}=(1,-1,-1,-1,1,1,1,-1,-1,-1,1,1)$$
$$\boldsymbol{s}_{2,0}^{(0)}=(1,\mathrm{j},-1,-1,\mathrm{j},1,-1,-\mathrm{j},1,1,-\mathrm{j},-1)$$

$$
\begin{aligned}
s_{2,1}^{(0)} &= (1,1,1,-1,1,-1,-1,-1,-1,1,-1,1)\\
s_{3,0}^{(0)} &= (1,-\mathrm{j},-1,1,\mathrm{j},-1,-1,\mathrm{j},1,-1,-\mathrm{j},1)\\
s_{3,1}^{(0)} &= (1,-1,1,1,1,1,1,-1,1,-1,-1,-1,-1)\\
s_{0,0}^{(1)} &= (-1,1,1,-1,1,1,-1,1,1,-1,1,1)\\
s_{0,1}^{(1)} &= (-1,\mathrm{j},-1,-1,\mathrm{j},-1,-1,\mathrm{j},-1,-1,\mathrm{j},-1)\\
s_{1,0}^{(1)} &= (-1,-1,1,1,1,-1,-1,-1,1,1,1,-1)\\
s_{1,1}^{(1)} &= (-1,-\mathrm{j},-1,1,\mathrm{j},1,-1,-\mathrm{j},-1,1,\mathrm{j},1)\\
s_{2,0}^{(1)} &= (-1,1,-1,1,1,1,1,-1,1,-1,-1,-1)\\
s_{2,1}^{(1)} &= (-1,\mathrm{j},1,1,\mathrm{j},-1,1,-\mathrm{j},-1,-1,-\mathrm{j},1)\\
s_{3,0}^{(1)} &= (-1,-1,-1,-1,1,-1,1,1,1,1,-1,1)\\
s_{3,1}^{(1)} &= (-1,-\mathrm{j},1,-1,\mathrm{j},1,1,\mathrm{j},-1,1,-\mathrm{j},-1)
\end{aligned}
\tag{2.62}
$$

从式 (2.61) 可以看出，本例中所设计的 IGC 序列集合被分成了两个序列子集 $s^{(0)}$ 和 $s^{(1)}$，每个序列子集包含 4 个 IGC 序列，因此该集合 S 的序列数量为 8。每个 IGC 序列包含两个子序列，子序列的长度为 12，因此该 IGC 序列集合的处理增益为 24。

根据定理 2.6 和推论 2.1，本例中所设计的 IGC 序列集合 S 具有理想的子集间互相关性能，而且子集内的 ZCZ 宽度为 3。为了验证其性能，下面分别针对周期 ACF、子集内周期 CCF 和子集间周期 CCF 进行了计算，

$$
\begin{aligned}
&\sum_{n=0}^{1}\phi_{s_{1,n}^{(0)},s_{1,n}^{(0)}}(\tau) = (24,0,0,-24,0,0,24,0,0,-24,0,0)\\
&\sum_{n=0}^{1}\phi_{s_{2,n}^{(0)},s_{3,n}^{(0)}}(\tau) = (0,0,0,-24,0,0,0,0,0,24,0,0)\\
&\sum_{n=0}^{1}\phi_{s_{0,n}^{(0)},s_{1,n}^{(1)}}(\tau) = (0,0,0,0,0,0,0,0,0,0,0,0)
\end{aligned}
\tag{2.63}
$$

其中，$\tau = 0,1,\cdots,11$。

为了显示本例所设计的周期 IGC 序列集合 $(2,4,3)-\mathrm{PIGC}_2^{12}$ 的整体周期相关函数值分布情况，此处提供了图 2.7 和图 2.8。图 2.7 显示了 $(2,4,3)-\mathrm{PIGC}_2^{12}$ 中全部 8 个 IGC 序列的周期 ACF 分布，其中“序列索引”满足：周期 IGC 序列 $s_p^{(g)}$ 的序列索引等于 $4g+p+1$。

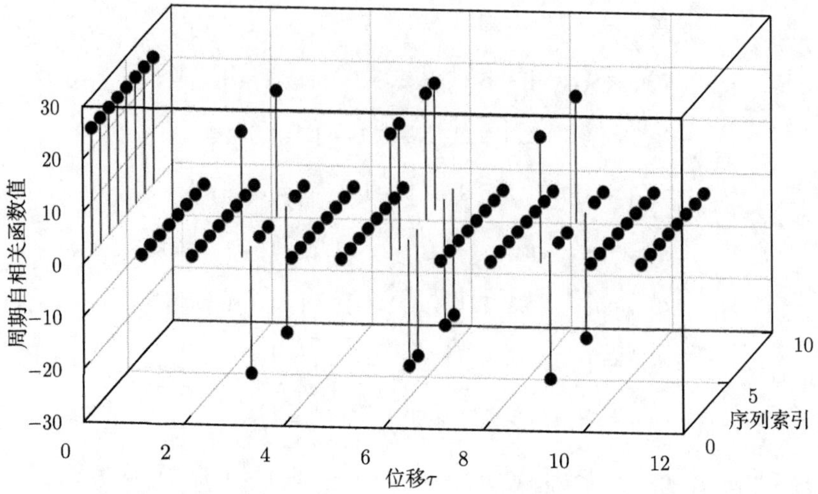

图 2.7　周期 IGC 序列集合 $(2,4,3)-\mathrm{PIGC}_2^{12}$ 中全部 8 个序列的周期 ACF 分布

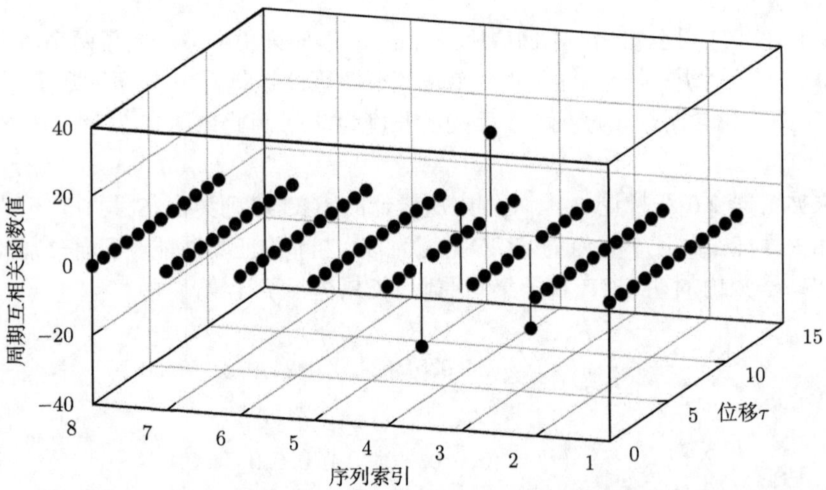

图 2.8　周期 IGC 序列 $\boldsymbol{s}_2^{(0)}$ 与 $(2,4,3)-\mathrm{PIGC}_2^{12}$ 中其他序列之间的周期 CCF 分布

例如，$\boldsymbol{s}_0^{(0)}=\left[\boldsymbol{s}_{0,0}^{(0)};\ \boldsymbol{s}_{0,1}^{(0)}\right]$ 的序列索引为 $4\times0+0+1=1$，$\boldsymbol{s}_2^{(1)}=\left[\boldsymbol{s}_{2,0}^{(1)};\ \boldsymbol{s}_{2,1}^{(1)}\right]$ 的序列索引为 $4\times1+2+1=7$。从图 2.7 中可以看出，本例中所设计的 8 个 IGC 序列的周期 ACF 在 $\tau=1,2,10,11$ 时等于零，因此周期 IGC 序列集合 $(2,4,3)-\mathrm{PIGC}_2^{12}$ 具有宽度为 3 的 ZACZ。

对于周期 CCF 分布，图 2.8 给出了 IGC 序列 $\boldsymbol{s}_2^{(0)}=\left[\boldsymbol{s}_{2,0}^{(0)};\ \boldsymbol{s}_{2,1}^{(0)}\right]$ 与其他所有

序列之间的周期 CCF 分布。从图 2.8 中可以看出，$\boldsymbol{s}_2^{(0)}$ 与另外一个序列子集中的全部 4 个 IGC 序列 ($\boldsymbol{s}_0^{(1)}$、$\boldsymbol{s}_1^{(1)}$、$\boldsymbol{s}_2^{(1)}$ 和 $\boldsymbol{s}_3^{(1)}$，它们的序列索引分别为 5、6、7 和 8) 之间的周期 CCF 在任意位移上都等于 0，因此验证了其理想的子集间周期互相关性能。另外，对于子集内周期 CCF，$\boldsymbol{s}_2^{(0)}$ 与 $\boldsymbol{s}_3^{(0)}$ 之间具有宽度为 3 的 ZCCZ，而 $\boldsymbol{s}_2^{(0)}$ 与序列子集内的另外两个 IGC 序列 ($\boldsymbol{s}_0^{(0)}$ 和 $\boldsymbol{s}_1^{(0)}$) 之间具有更好的性能，即可以达到理想。那么，可以验证 $(2,4,3)-\mathrm{PIGC}_2^{12}$ 在子集内的 ZCZ 等于 3。

2.4.4 子集间周期互补序列集合的初始集合设计

对于子集间周期互补的序列集合设计，其初始的核心序列集合为周期互补序列集合。传统的二元互补序列集合的子序列长度受到限制，因此对子集间周期互补序列集合的设计产生制约。本小节提出了一类周期互补多相序列的构造方法，该方法基于完美序列集合，通过对集合中任意两个等长完美序列的交织操作，可以获得一类新的具有周期互补特性的多相序列[30]。所获得的多相序列具有理想的周期相关性能，即该类多相序列的异相周期自相关函数和任意位移上的周期互相关函数都等于零。不同于传统的子序列长度受限的周期互补二元序列，此处所构造的周期互补多相序列能够产生大于 4 的所有偶数子序列长度，从而可以提供更加灵活的序列参数选择。

根据 Welch 界，单一序列不可能同时具有理想的周期自相关和互相关性能，因此只能在零位移附近的某个区间内具有局部理想周期相关性能。不同于单一序列，周期互补二元序列可以在任意位移上具有理想的周期自相关和互相关性能，只是子序列的长度受到一定的限制，仅能取到很少的偶数值。对于奇数值的子序列长度，基于两个不同的周期互补序列集合，一类完美周期互补二元序列可以被产生[31]。然而，该类周期序列的子序列长度受限于两个构造源序列集合，因此也只能获得少量的子序列长度。为了进一步突破子序列长度的限制，文献 [32] 通过计算机搜索获得了 Z-周期互补二元序列。该类周期序列可以产生更多的子序列长度，但是却以牺牲周期相关性能为代价，并且缺少核心序列的系统构造方法。

本小节基于完美序列之间的交织操作，构造了一类周期互补多相序列。该类序列不仅具有系统的构造方法，而且在任意位移上都具有理想的周期自相关和互相关性能。相比较于子序列长度受限的周期互补二元序列，本小节所提出的周期互补多相序列的子序列长度可以取大于 4 的任意偶数。对于周期互补二元序列，其序列元素的取值仅为 ±1，这直接导致了子序列的长度受到限制。通过计算机搜索显示，小于 50 的周期互补二元序列的子序列长度仅存在很少的几个值[33]。本小节将序列元素的取值从二元扩展到多相，从而可以有效解决子序列长度受限的问题。下面给出周期互补多相序列的核心序列集合的具体构造方法。

令 $\boldsymbol{s}_1$ 和 $\boldsymbol{s}_2$ 为两个长度是 N 的完美序列，分别表示为 $\boldsymbol{s}_1=(s_1(0),s_1(1),\cdots,$

$s_1(N-1))$ 和 $\boldsymbol{s}_2=(s_2(0),s_2(1),\cdots,s_2(N-1))$，则经过如下操作，可以获得周期互补多相序列的核心序列集合 $\boldsymbol{C}$ 为

$$\boldsymbol{C}=\begin{bmatrix}\boldsymbol{a}\\ \boldsymbol{b}\end{bmatrix}=\begin{bmatrix}\boldsymbol{a}_1; & \boldsymbol{a}_2\\ \boldsymbol{b}_1; & \boldsymbol{b}_2\end{bmatrix}=\begin{bmatrix}\boldsymbol{s}_1\odot\boldsymbol{s}_2 & ;\boldsymbol{s}_1\odot(-\boldsymbol{s}_2)\\ \overline{\overline{\boldsymbol{s}_1\odot(-\boldsymbol{s}_2)}} & ;-\left(\overline{\overline{\boldsymbol{s}_1\odot\boldsymbol{s}_2}}\right)\end{bmatrix}\tag{2.64}$$

其中，$-\boldsymbol{x}$ 表示对序列 $\boldsymbol{x}$ 中的所有元素取负值操作，$\overline{\overline{\boldsymbol{x}}}$ 表示对序列 $\boldsymbol{x}$ 进行共轭翻折操作。例如，令 L 长的序列 $\boldsymbol{x}=(x(0),x(1),\cdots,x(L-1))$，则有对其进行取负值操作和翻折操作分别可得 $-\boldsymbol{x}=(-x(0),-x(1),\cdots,-x(L-1))$，$\overline{\overline{\boldsymbol{x}}}=(x^*(L-1),\cdots,x^*(1),x^*(0))$。

从该构造方法中可以看出，对两个等长的完美序列进行相应的交织、取负和共轭翻折等操作，可以获得核心序列集合 $\boldsymbol{C}$，其子序列长度为 $2N$。众所周知，二元完美序列仅存在 $(1,1,-1,1)$，其他的均为多相完美序列，因此本小节所构造的序列为周期互补多相序列。对于已有的周期互补二元序列，翻折操作是获得周期互补二元序列配对的经典方法，因为本小节所构造的序列为多相序列，那么相应地定义了共轭翻折操作，即在翻折的同时取共轭。

本小节所构造的周期互补多相序列的核心序列集合 $\boldsymbol{C}$ 同时具有理想的周期自相关性能和周期互相关性能，即满足 $\Phi_{\boldsymbol{a},\boldsymbol{a}}(\tau)=\Phi_{\boldsymbol{b},\boldsymbol{b}}(\tau)=0,\tau\neq 0$，且 $\Phi_{\boldsymbol{a},\boldsymbol{b}}(\tau)=0,\ \forall\tau$，该性能可以证明如下。

证明　下面分别讨论核心序列集合 $\boldsymbol{C}$ 的周期自相关和互相关性能。

(1) 周期自相关性能。

首先考虑序列 $\boldsymbol{a}$ 的情况，其周期自相关函数可以表示为

$$\Phi_{\boldsymbol{a},\boldsymbol{a}}(\tau)=\phi_{\boldsymbol{a}_1,\boldsymbol{a}_1}(\tau)+\phi_{\boldsymbol{a}_2,\boldsymbol{a}_2}(\tau)\tag{2.65}$$

对于式 (2.65)，可以按照位移 τ 的奇、偶取值的不同分成两种情况讨论，即 $\tau=2\tau'+1$ 和 $\tau=2\tau'$，其中 $0\leqslant\tau'\leqslant N-1$。

当 $\tau=2\tau'+1$，即 τ 为奇数时，那么式 (2.65) 可以计算如下：

$$\begin{aligned}\Phi_{\boldsymbol{a},\boldsymbol{a}}(\tau)&=\phi_{\boldsymbol{a}_1,\boldsymbol{a}_1}(2\tau'+1)+\phi_{\boldsymbol{a}_2,\boldsymbol{a}_2}(2\tau'+1)\\&=[\phi_{\boldsymbol{s}_1,\boldsymbol{s}_2}(\tau')+\phi_{\boldsymbol{s}_1,\boldsymbol{s}_2}(\tau'-1)]+[\phi_{\boldsymbol{s}_1,-\boldsymbol{s}_2}(\tau')+\phi_{\boldsymbol{s}_1,-\boldsymbol{s}_2}(\tau'-1)]\\&=[\phi_{\boldsymbol{s}_1,\boldsymbol{s}_2}(\tau')+\phi_{\boldsymbol{s}_1,\boldsymbol{s}_2}(\tau'-1)]+[-\phi_{\boldsymbol{s}_1,\boldsymbol{s}_2}(\tau')-\phi_{\boldsymbol{s}_1,\boldsymbol{s}_2}(\tau'-1)]\\&=0\end{aligned}\tag{2.66}$$

当 $\tau=2\tau'$，即 τ 为偶数时，那么式 (2.65) 可以计算如下：

$$\Phi_{\boldsymbol{a},\boldsymbol{a}}(\tau)=\phi_{\boldsymbol{a}_1,\boldsymbol{a}_1}(2\tau')+\phi_{\boldsymbol{a}_2,\boldsymbol{a}_2}(2\tau')$$

$$
\begin{aligned}
&= [\phi_{\boldsymbol{s}_1,\boldsymbol{s}_1}(\tau') + \phi_{\boldsymbol{s}_2,\boldsymbol{s}_2}(\tau')] + [\phi_{\boldsymbol{s}_1,\boldsymbol{s}_1}(\tau') + \phi_{\boldsymbol{s}_2,\boldsymbol{s}_2}(\tau')] \\
&= 2\,[\phi_{\boldsymbol{s}_1,\boldsymbol{s}_1}(\tau') + \phi_{\boldsymbol{s}_2,\boldsymbol{s}_2}(\tau')] \qquad (2.67)
\end{aligned}
$$

从式 (2.67) 可以看出，若 τ 为偶数，则序列 $\boldsymbol{a}$ 的周期自相关函数等于 $\boldsymbol{s}_1$ 和 $\boldsymbol{s}_2$ 的周期自相关函数的两倍。既然 $\boldsymbol{s}_1$ 和 $\boldsymbol{s}_2$ 为两个完美序列，那么它们的异相周期自相关函数都为零，因此式 (2.67) 在 $\tau \neq 0$ 时也为零。

结合式 (2.66) 和式 (2.67) 可知，无论位移 τ 取奇数还是偶数，序列 $\boldsymbol{a}$ 的异相周期自相关函数都等于零，因此具有理想的周期自相关性能。类似于序列 $\boldsymbol{a}$ 的情况，也可以证明序列 $\boldsymbol{b}$ 具有理想的周期自相关性能，此处省略。

(2) 周期互相关性能。

序列 $\boldsymbol{a}$ 和 $\boldsymbol{b}$ 的周期互相关函数可以计算如下：

$$
\Phi_{\boldsymbol{a},\boldsymbol{b}}(\tau) = \phi_{\boldsymbol{a}_1,\boldsymbol{b}_1}(\tau) + \phi_{\boldsymbol{a}_2,\boldsymbol{b}_2}(\tau) \qquad (2.68)
$$

相似于周期自相关性能的证明方法，将式 (2.68) 按照位移 τ 的奇、偶取值的不同分成两种情况讨论。当 $\tau = 2\tau' + 1$ 时，可得

$$
\begin{aligned}
\Phi_{\boldsymbol{a},\boldsymbol{b}}(\tau) &= \phi_{\boldsymbol{a}_1,\boldsymbol{b}_1}(2\tau'+1) + \phi_{\boldsymbol{a}_2,\boldsymbol{b}_2}(2\tau'+1) \\
&= [\phi_{\boldsymbol{s}_1,\boldsymbol{s}_1}(-\tau'-1) + \phi_{\boldsymbol{s}_2,-\boldsymbol{s}_2}(-\tau'-2)] \\
&\quad + [\phi_{\boldsymbol{s}_1,-\boldsymbol{s}_1}(-\tau'-1) + \phi_{-\boldsymbol{s}_2,-\boldsymbol{s}_2}(-\tau'-2)] \\
&= [\phi_{\boldsymbol{s}_1,\boldsymbol{s}_1}(-\tau'-1) - \phi_{\boldsymbol{s}_2,\boldsymbol{s}_2}(-\tau'-2)] \\
&\quad + [-\phi_{\boldsymbol{s}_1,\boldsymbol{s}_1}(-\tau'-1) + \phi_{\boldsymbol{s}_2,\boldsymbol{s}_2}(-\tau'-2)] \\
&= 0 \qquad (2.69)
\end{aligned}
$$

当 $\tau = 2\tau'$ 时，可得

$$
\begin{aligned}
\Phi_{\boldsymbol{a},\boldsymbol{b}}(\tau) &= \phi_{\boldsymbol{a}_1,\boldsymbol{b}_1}(2\tau') + \phi_{\boldsymbol{a}_2,\boldsymbol{b}_2}(2\tau') \\
&= [\phi_{\boldsymbol{s}_1,-\boldsymbol{s}_2}(-\tau'-1) + \phi_{\boldsymbol{s}_1,\boldsymbol{s}_2}(-\tau'-1)] \\
&\quad + [\phi_{\boldsymbol{s}_1,-\boldsymbol{s}_2}(-\tau'-1) + \phi_{-\boldsymbol{s}_1,-\boldsymbol{s}_2}(-\tau'-1)] \\
&= [-\phi_{\boldsymbol{s}_1,\boldsymbol{s}_2}(-\tau'-1) + \phi_{\boldsymbol{s}_1,\boldsymbol{s}_2}(-\tau'-1)] \\
&\quad + [-\phi_{\boldsymbol{s}_1,\boldsymbol{s}_2}(-\tau'-1) + \phi_{\boldsymbol{s}_1,\boldsymbol{s}_2}(-\tau'-1)] \\
&= 0 \qquad (2.70)
\end{aligned}
$$

结合式 (2.69) 和 (2.70) 可知，序列 $\boldsymbol{a}$ 和 $\boldsymbol{b}$ 的周期互相关函数等于零，因此本小节所构造的周期互补多相序列的核心序列集合 $\boldsymbol{C}$ 具有理想的周期互相关性能。

证毕。

除了相关性能，子序列长度也是周期互补序列的一个重要指标。为了获得比周期互补二元序列更多的子序列长度，文献 [32] 中的 Z-周期互补二元序列牺牲了理想的周期相关性能。然而，本小节所提出的构造方法通过将二元序列扩展到多相序列，则可以在拥有理想周期相关性能的同时获得更多的子序列长度。

根据式 (2.64) 可知，核心序列集合 $\boldsymbol{C}$ 的子序列长度为 $2N$，即完美序列长度的两倍。对于目前已知的完美序列集合，在保证至少包含两个等长的完美序列的前提下，其序列长可以取大于 2 的任意整数，从而使得本小节所构造的周期互补多相序列的核心序列集合 $\boldsymbol{C}$ 的子序列长度可以取大于 4 的任意偶数，这已经远远超过了周期互补二元序列的子序列长度的取值范围。对于周期互补二元序列，小于 50 的子序列长度只有 11 个，即$\{2, 4, 8, 10, 16, 20, 26, 32, 34, 36, 40\}$。然而，在同样相关性能条件下，本小节所构造的周期互补多相序列则可以取到 22 个子序列长度，即$\{6, 8, 10, 12, 14, 16, 18, 20, 22, 24, 26, 28, 30, 32, 34, 36, 38, 40, 42, 44, 46, 48\}$。那么，当在具体应用中时，该类周期互补多相序列可以提供更加灵活的参数选择。

另外，按照本小节所提出的构造方法，构造中只需要两个等长的完美序列。而对于给定序列长为 N 的完美序列集合，其中包含的等长完美序列通常较多。例如，当 N 为素数时，Zadoff-Chu 完美序列集合中的等长完美序列的个数为 $N-1$。可见若 N 较大，则完美序列的个数较多，那么将可以构造出更多不同的周期互补多相序列以便于选择使用。

本小节所构造的周期互补多相序列在理想周期相关性能的同时还具有更多的子序列长度，从而可以更加灵活地设置系统参数。但是，这里需要指出，所构造的序列属于多相序列，系统在信道估计时采用的相关运算为复数乘法。通常情况下，一次复数乘法所需的乘法器是一次实数乘法所需乘法器的 4 倍，即使采用相应的算法，在同样序列长的情况下也至少需要 3 倍的乘法器。因此，本小节所构造的周期互补多相序列将比传统的周期互补二元序列耗费更多的系统资源，这也是该类序列获得更多子序列长度所付出的代价。

下面给出一个简单的例子来演示具体的构造过程和序列的周期相关性能，这里选用序列长 $N=5$ 的 Zadoff-Chu 完美序列集合来进行构造。因为 $N=5$ 为素数，所以该集合总共包含 $N-1=4$ 个完美序列，此处选择根索引值分别为 1 和 2 的两个完美序列，表示为

$$\boldsymbol{s}_1=\left(1, \mathrm{e}^{\mathrm{j}\frac{2}{5}\pi}, \mathrm{e}^{\mathrm{j}\frac{6}{5}\pi}, \mathrm{e}^{\mathrm{j}\frac{2}{5}\pi}, 1\right) \tag{2.71}$$

$$\boldsymbol{s}_2=\left(1, \mathrm{e}^{\mathrm{j}\frac{4}{5}\pi}, \mathrm{e}^{\mathrm{j}\frac{2}{5}\pi}, \mathrm{e}^{\mathrm{j}\frac{4}{5}\pi}, 1\right) \tag{2.72}$$

那么，按照式 (2.64)，可得周期互补多相序列的核心序列集合 C 中的各个子序列如下：

$$\boldsymbol{a}_1=\left(1,1,\mathrm{e}^{\mathrm{j}\frac{2}{5}\pi},\mathrm{e}^{\mathrm{j}\frac{4}{5}\pi},\mathrm{e}^{\mathrm{j}\frac{6}{5}\pi},\mathrm{e}^{\mathrm{j}\frac{2}{5}\pi},\mathrm{e}^{\mathrm{j}\frac{2}{5}\pi},\mathrm{e}^{\mathrm{j}\frac{4}{5}\pi},1,1\right) \tag{2.73}$$

$$\boldsymbol{a}_2=\left(1,-1,\mathrm{e}^{\mathrm{j}\frac{2}{5}\pi},-\mathrm{e}^{\mathrm{j}\frac{4}{5}\pi},\mathrm{e}^{\mathrm{j}\frac{6}{5}\pi},-\mathrm{e}^{\mathrm{j}\frac{2}{5}\pi},\mathrm{e}^{\mathrm{j}\frac{2}{5}\pi},-\mathrm{e}^{\mathrm{j}\frac{4}{5}\pi},1,-1\right) \tag{2.74}$$

$$\boldsymbol{b}_1=\left(-1,1,-\mathrm{e}^{-\mathrm{j}\frac{4}{5}\pi},\mathrm{e}^{-\mathrm{j}\frac{2}{5}\pi},-\mathrm{e}^{-\mathrm{j}\frac{2}{5}\pi},\mathrm{e}^{-\mathrm{j}\frac{6}{5}\pi},-\mathrm{e}^{-\mathrm{j}\frac{4}{5}\pi},\mathrm{e}^{-\mathrm{j}\frac{2}{5}\pi},-1,1\right) \tag{2.75}$$

$$\boldsymbol{b}_2=\left(-1,-1,-\mathrm{e}^{-\mathrm{j}\frac{4}{5}\pi},-\mathrm{e}^{-\mathrm{j}\frac{2}{5}\pi},-\mathrm{e}^{-\mathrm{j}\frac{2}{5}\pi},-\mathrm{e}^{-\mathrm{j}\frac{6}{5}\pi},-\mathrm{e}^{-\mathrm{j}\frac{4}{5}\pi},-\mathrm{e}^{-\mathrm{j}\frac{2}{5}\pi},-1,-1\right) \tag{2.76}$$

该核心序列集合 C 的周期自相关函数和互相关函数的分布如图 2.9 和图 2.10 所示。

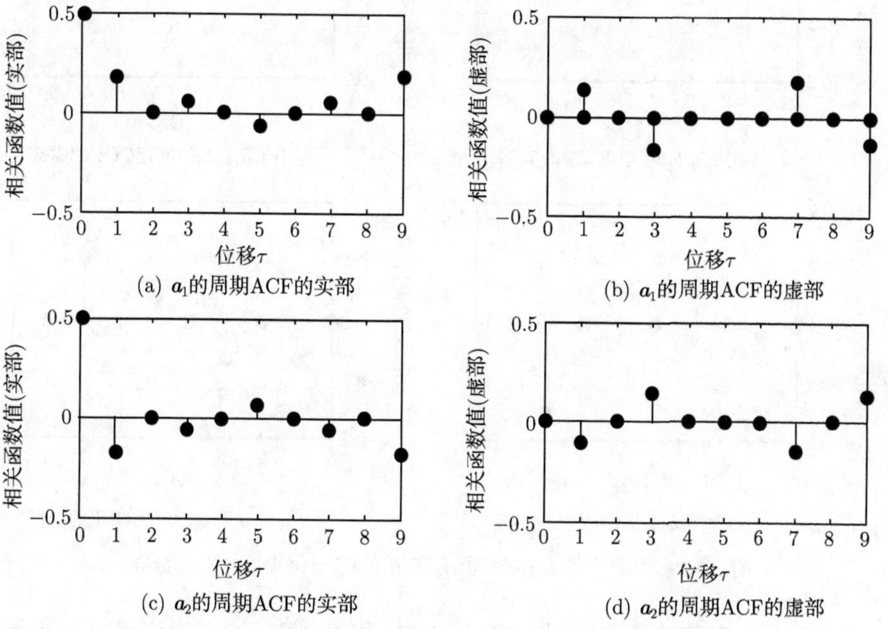

(a) $\boldsymbol{a}_1$的周期ACF的实部　(b) $\boldsymbol{a}_1$的周期ACF的虚部

(c) $\boldsymbol{a}_2$的周期ACF的实部　(d) $\boldsymbol{a}_2$的周期ACF的虚部

图 2.9　周期互补多相序列 $\boldsymbol{a}$ 的归一化周期 ACF 分布

考虑到周期互补序列的相关函数为各个子序列的相关函数之和，图中分别给出了各个子序列的 ACF 和 CCF 分布情况。同时，由于本小节所构造的周期互补多相序列为复值序列，那么其相关函数也为复值，所以对于每个子序列的相关函数又分成实部和虚部两个部分来表示，以便于观察。

从图 2.9 中可以看出，对于周期互补多相序列 $\boldsymbol{a}$ 中的两个子序列 $\boldsymbol{a}_1$ 和 $\boldsymbol{a}_2$，在位移 $\tau\neq 0$ 时，$\boldsymbol{a}_1$ 的周期 ACF 的实部刚好与 $\boldsymbol{a}_2$ 的周期 ACF 的实部相互抵消为

零，同样地，$\boldsymbol{a}_1$ 的周期 ACF 的虚部也刚好与 $\boldsymbol{a}_2$ 的周期 ACF 的虚部相互抵消为零，而且在 $\tau=0$ 上的叠加结果刚好为归一化值 1，因此周期互补多相序列 $\boldsymbol{a}$ 具有理想的周期自相关性能。

相似地，图 2.10 显示子序列 $\boldsymbol{a}_1$ 和 $\boldsymbol{b}_1$ 的周期 CCF 的实部刚好与子序列 $\boldsymbol{a}_2$ 和 $\boldsymbol{b}_2$ 的周期 CCF 的实部相互抵消为零，而子序列 $\boldsymbol{a}_1$ 和 $\boldsymbol{b}_1$ 的周期 CCF 的虚部也刚好与子序列 $\boldsymbol{a}_2$ 和 $\boldsymbol{b}_2$ 的周期 CCF 的虚部相互抵消为零，因此周期互补多相序列 $\boldsymbol{a}$ 和 $\boldsymbol{b}$ 之间具有理想的周期互相关性能。

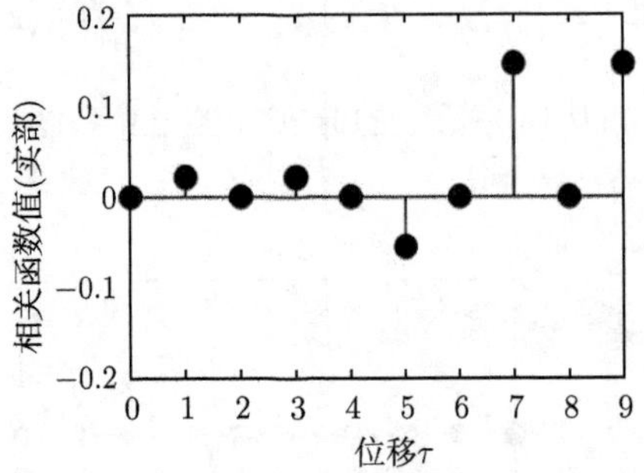

(a) $\boldsymbol{a}_1$和$\boldsymbol{b}_1$的周期CCF的实部

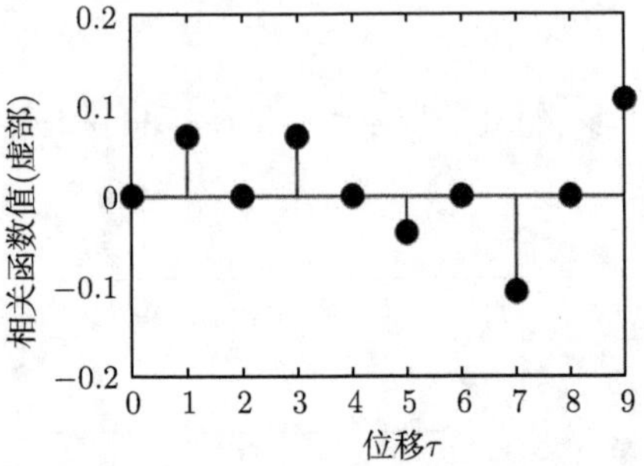

(b) $\boldsymbol{a}_1$和$\boldsymbol{b}_1$的周期CCF的虚部

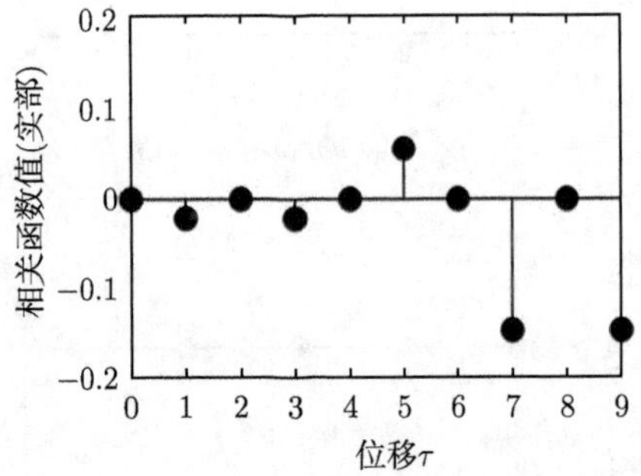

(c) $\boldsymbol{a}_2$和$\boldsymbol{b}_2$的周期CCF的实部

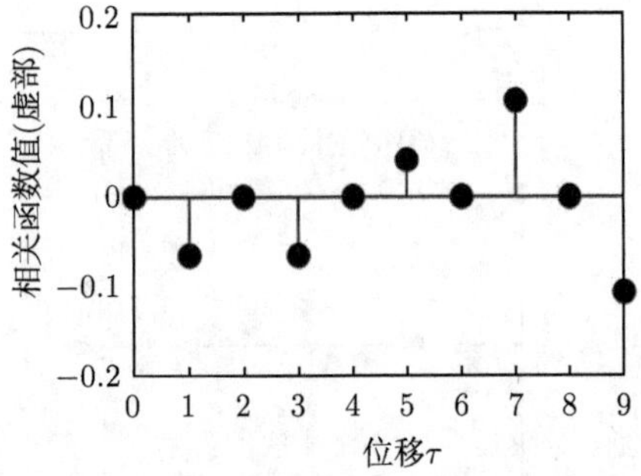

(d) $\boldsymbol{a}_2$和$\boldsymbol{b}_2$的周期CCF的虚部

图 2.10　周期互补多相序列 $\boldsymbol{a}$ 和 $\boldsymbol{b}$ 的归一化周期 CCF 分布

另外，从本小节的证明过程中的式 (2.67) 和 (2.70) 可知，当位移 τ 为偶数时，各个子序列自身的周期 ACF 和 CCF 就等于零，并不依赖于两个子序列之间的叠加抵消，这一现象也充分体现在图 2.9 和图 2.10 中。从两图中可以看到，无论是 ACF 还是 CCF，也无论是实部还是虚部，在偶数位移上都取零值。

通过对任意两个等长完美序列之间的交织、取负和共轭翻折等操作，本小节提出了一类周期互补多相序列的构造方法。该构造方法将序列元素的取值由二元扩展到多相，因此可以在拥有理想周期自相关性能和互相关性能的同时获得更多的子序列长度。相比较于子序列长度受限的传统周期互补二元序列，本小节所提出的周期互补多相序列的子序列长度可以取大于 4 的任意偶数。那么，该类周期互补多相序列可以在获得精确估计的同时提供更加灵活的参数选择。

对于本小节所给出的周期多相互补序列，除了用于构造子集间周期互补的非对称相关性序列集合之外，还可以用于其他方面，典型的应用如信道估计等。信道估计是现代无线通信中的一项关键技术，尤其是对于具有复杂信道环境的多天线系统，信道估计的准确性将直接决定系统性能的优劣[34]。互补序列因其具有理想的周期和非周期相关性能，从而在多天线系统的信道估计中受到了广泛的关注和研究[35−38]。相比较于传统的非周期互补二元序列，周期互补二元序列虽然只具有理想的周期相关性能，但是它们在子序列数量的选择上却具有更大的灵活性[33]。实际上，对于多天线系统的信道估计而言，理想或局部理想的周期相关性能已经可以达到最佳估计[39,40]，因此构造该类周期序列成为信道估计研究的热点之一。那么，将本小节给出的周期互补多相序列用于多天线系统的信道估计，则在获得精确估计的同时还可以灵活设置子序列长度等系统参数。关于信道估计性能的分析，文献 [32] 已经证明周期相关值为零的序列字可以达到最小均方误差。本小节所构造的周期互补多相序列满足零值周期相关这一特性，从而可以获得最佳的信道估计。因此，这里并未分析所构造序列的估计性能，而是重点关注如何在获得最佳估计的同时产生更多的子序列长度，即最佳估计下的序列构造问题。

2.5 周期/非周期 IGC 序列集合性能比较

2.5.1 序列集合参数的灵活性设置

理论界限是序列设计性能优劣的主要评价指标，人们希望所设计的序列集合能够达到或接近理论界限。然而，同样是达到了理论界限，序列集合的性能之间也可能存在差异。除了达到序列设计的理论界限，序列集合的参数的灵活可选性也是一个重要的指标。因为参数的选择越灵活，采用该类序列集合的通信系统的设计使用也就越灵活。

对于序列集合中的序列数量、序列长度、零相关区宽度、序列元素等参数，在达到理论界限的前提下，应该尽可能地取到任意需要的数值，从而方便具体应用系统的实现。例如，对于二元互补序列，其子序列的长度只能取某些特定的值，为了应用该类序列的 3dB 峰值平均功率比特性，在 OFDM 系统中字序列的数量就不得不受到有限的序列长度的限制，从而在一定程度上限制了该类序列的实际应用。

2.5.2 不同 IGC 序列集合之间的比较

为了观察不同 IGC 序列集合的性能差异，表 2.2 给出了几类不同的 IGC 序列集合的参数设置情况。从该表可以看出，文献 [1, 8, 24, 26] 所设计的周期/非周期 IGC 序列集合在一定条件下可以满足性能参数 $\eta = 1$，即可以获得理想性能，而文献 [41] 所设计的 IGC 序列集合则不能达到理想。文献 [24, 26, 27] 所设计的周期/非周期 IGC 序列集合能够提供灵活的 ZCZ 宽度的选择，而文献 [1, 8] 所设计的 IGC 序列集合的 ZCZ 宽度则是固定的。另外，文献 [27] 所设计的 IGC 序列集合的子序列长度是固定的，而文献 [1, 8, 27, 41] 所设计的 IGC 序列集合的子序列长度可以随着其他参数的变化而灵活改变。

表 2.2 不同 IGC 序列集合的参数比较

IGC 序列集合	子集数量	ZCZ 宽度	子序列长度	性能参数 η
文献 [1]	M	$Z = L$	PL	$\eta = 1$
文献 [8]	2^n	$Z = 2^n Z_0$	$2^n L_0$	$\eta = 1$，当初始集合 $ZCZ(M_0, L_0, Z_0)$ 为理想时
文献 [27]	M	$0 < Z \leqslant L$	$2L$	$\eta = 1$，当 Z 为偶数时满足 $1 < r < \frac{Z}{2}$，且当 Z 为奇数时满足 $0 < r < \frac{Z}{2}$
文献 [41]	G	$0 < Z \leqslant L_1$	$(L_1 + Z_1 - 1) L_1'$	$\eta = \frac{G\left\lfloor \frac{L_1}{Z_1} \right\rfloor}{\left\lfloor \frac{(L_1 + Z_1 - 1) L_1'}{Z_1} \right\rfloor} < 1$
文献 [29]	M	$0 < Z \leqslant L$	PL	$\eta = 1$，当 $r < \frac{L}{P+1}$ 且 $M = N$ 时

综上所述，不同的周期/非周期 IGC 序列集合有不同的性能参数。文献 [29] 所设计的周期 IGC 序列集合不仅能够达到理想的性能，而且还可以获得灵活的子序列长度和 ZCZ 宽度，因而可以为使用该类序列集合的通信系统提供更大的便利条件。例如，当 $L = 4$ 时可以获得两个具有不同子序列长度和 ZCZ 宽度的理想周期 IGC 序列集合 $(M, 2, 3) - \mathrm{PIGC}_N^8$ 和 $(M, 5, 4) - \mathrm{PIGC}_N^{20}$。类似地，当 $L = 6$ 时可以获得 3 个具有不同子序列长度和 ZCZ 宽度的理想周期 IGC 序列集合，即 $(M, 2, 5) - \mathrm{PIGC}_N^{12}$、$(M, 3, 5) - \mathrm{PIGC}_N^{18}$ 和 $(M, 7, 6) - \mathrm{PIGC}_N^{42}$。那么，当 L 进一步增加时，该类周期 IGC 序列集合可以获得更多的子序列长度和 ZCZ 宽度。

但是，也应该注意到，文献 [27, 29] 所设计的 IGC 序列集合仅适用于周期相关性能，即周期 IGC 序列集合。而文献 [1, 8, 41] 所设计的 IGC 序列集合不仅适用于周期相关性能，而且还适用于非周期相关性能。

2.6 本章小结

本章主要讨论了具有子集间互补特性的非对称相关性序列集合的设计，首先介绍了经典的 IGC 序列集合的概念和基于完美序列生成的 $(N,P,N)-\mathrm{IGC}_N^{PN}$。IGC 序列属于多子序列类型中的 Z 互补序列，该类序列集合包含多个序列子集，每个序列子集内部具有 ZACZ 和 ZCCZ，而各个序列子集之间具有理想的非周期相关性能。基于正交矩阵扩展和交织扩展，本章提出了两种构造 IGC 序列集合的方法，它们都以单一序列集合作为核序列集合进行构造，分别可以获得 IGC 序列集合 $(U,K,Z)-\mathrm{IGC}_V^L$ 和 $(2^n,K,2^nZ)-\mathrm{IGC}_{2^n}^{2^nL}$。只要核序列集合达到序列设计的理论界限，那么按照这两种方法所构造的 IGC 序列集合都可以达到理论界限。同正交矩阵扩展方法相比较，交织扩展方法通过迭代次数的增加，其 ZACZ 宽度以及两个不同的 ZCCZ 的宽度都可以不断增加。

然后，本章进一步讨论了具有周期相关性能的 IGC 序列集合。基于周期互补序列的多个移位序列之间的交织操作，提出了一种子集间周期互补的多子集序列集合的设计方法。相似于目前已有的 IGC 序列集合，所设计的 $\left(M,P,\left\lfloor\dfrac{L+1}{P}\right\rfloor P-1\right)-\mathrm{PIGC}_N^{PL}$ 在序列子集内具有 ZCZ 特性，而在序列子集之间具有理想的周期互相关性能。但是，不同于现有的 IGC 序列集合，所设计的周期 IGC 序列集合可以具有更加灵活的参数选择，即满足 ZCZ 宽度为 $\left\lfloor\dfrac{L+1}{P}\right\rfloor P-1$ 和子序列长度为 PL，从而可以保证在应用场景中进行系统设计和具体实现时更加方便灵活。同时，当满足一定条件，即 $r<\dfrac{L}{P+1}$ 和 $M=N$ 时，则所设计的周期 IGC 序列集合可以达到序列设计的理论界限。

最后，本章对周期和非周期的 IGC 序列集合的性能进行了比较。两类序列集合各有优势，周期 IGC 序列集合通常可以具有更加灵活的 ZCZ 宽度和子序列长度等序列参数，然而该类序列集合只适用于周期相关性能。那么，如果从相关性能方面考虑，则非周期 IG 序列集合将具有更大的优势。

参考文献

[1] Li J, Huang A P, Guizani M, et al. Inter-group complementary codes for interference-resistant CDMA wireless communications. IEEE Transactions on Wireless Communications, 2008, 7(1): 166-174.

[2] Chen H H, Chiu H W, Guizani M. Orthogonal complementary codes for interference-free CDMA technologies. IEEE Wireless Communications, 2006, 13(1): 68-79.

[3] Donelan H, O'Farrell T. Families of ternary sequences with aperiodic zero correlation zones for MC-DS-CDMA. Electronics Letters, 2002, 38(25): 1660-1661.

[4] Li D B. A high spectrum efficient multiple access code//Proc. of Asia-Pacific Conference

on Communications & Fourth Optoelectronics & Communications Conference, 1999, (1): 598-605.

[5] Hayashi T. A class of ternary sequence sets with a zero-correlation zone for periodic, aperiodic, and odd correlation functions. IEICE Transactions on Fundamentals of Electronics, Communications and Computer Sciences, 2003, E86-A(7): 1850-1857.

[6] Hayashi T, Okawa S. A class of ternary sequence sets with a zero-correlation zone. IEICE Transactions on Fundamentals of Electronics, Communications and Computer Sciences, 2004, E87-A(6): 1591-1598.

[7] Hayashi T. Ternary sequence set having periodic and aperiodic zero-correlation zone. IEICE Transactions on Fundamentals of Electronics, Communications and Computer Sciences, 2006, E89-A(6): 1825-1831.

[8] Zhang Z Y, Chen W, Zeng F X, et al. Z-complementary sets based on sequences with periodic and aperiodic zero correlation zone. Springer EURASIP Journal on Wireless Communications and Networking, 2009, 2009: 1-9.

[9] Rathinakumar A, Chaturvedi A K. Mutually orthogonal sets of ZCZ sequences. Electronics Letters, 2004, 40(18): 1133-1134.

[10] Tseng C C, Liu C L. Complementary sets of sequences. IEEE Transactions on Information Theory, 1972, 18(5): 644-652.

[11] Fan P Z, Darnell M. Sequence Design for Communicationa Applications. London: Research Studies Press LTD., 1996.

[12] 张振宇, 陈卫, 曾凡鑫, 等. 多载波码分多址通信系统中抑制干扰的序列设计. 电子与信息学报, 2009, 31(10): 2354-2358.

[13] 李明阳, 柏鹏, 彭卫东, 等. 基于交织的零相关区序列偶集构造方法研究. 电子与信息学报, 2013, 35(5): 1049-1054.

[14] Tang X H, Mow W H. A new systematic construction of zero correlation zone sequences based on interleaved perfect sequences. IEEE Transactions on Information Theory, 2008, 54(12): 5729-5734.

[15] Matsufuji S, Kuroyanagi N, Suehiro N, et al. Two types of polyphase sequence sets for approximately synchronized CDMA systems. IEICE Transactions on Fundamentals of Electronics, Communications and Computer Sciences, 2003, E86-A(1): 229-234.

[16] Torii H, Nakamura M. Enhancement of ZCZ sequence set construction procedure. IEICE Transactions on Fundamentals of Electronics, Communications and Computer Sciences, 2007, E90-A(2): 535-538.

[17] Hayashi T. A novel class of zero-correlation zone sequence sets constructed from a perfect sequence. IEICE Transactions on Fundamentals of Electronics, Communications and Computer Sciences, 2008, E91-A(4): 1233-1237.

[18] Hayashi T. Zero-correlation zone sequence set constructed from a perfect sequence and a complementary sequence pair. IEICE Transactions on Fundamentals of Electronics,

Communications and Computer Sciences, 2008, E91-A(7): 1676-1681.

[19] Hayashi T. A class of zero-correlation zone sequence set using a perfect sequence. IEEE Signal Processing Letters, 2009, 16(4): 331-334.

[20] Tang X H, Mow W H. A new systematic construction of zero correlation zone sequences based on interleaved perfect sequences. IEEE Transactions on Information Theory, 2008, 54(12): 5729-5734.

[21] Zhou Z C, Tang X H, Gong G. A new class of sequences with zero or low correlation zone based on interleaving technique. IEEE Transactions on Information Theory, 2008, 54(9): 4267-4273.

[22] Zhou Z C, Pan Z, Tang X H. New families of optimal zero correlation zone sequences based on interleaved technique and perfect sequences. IEICE Transactions on Fundamentals of Electronics, Communications and Computer Sciences, 2008, E91-A(12): 3691-3697.

[23] Fan P Z, Yuan W N, Tu Y F. Z-complementary binary sequences. IEEE Signal Processing Letters, 2007, 14(8): 509-512.

[24] Fan P Z, Suehiro N, kuroyanagi N, et al. Class of binary sequences with zero correlation zone. Electronics Letters, 1999, 35(10): 777-779.

[25] Chen H H, Yeh Y C, Zhang X, et al. Generalized pairwise complementary codes with set-wise uniform interference-free windows. IEEE Journal on Selected Areas in Communications, 2006, 24(1): 65-74.

[26] Feng L F, Fan P Z, Tang X H, et al. Generalized pairwise Z-complementary codes. IEEE Signal Processing Letters, 2008, 15: 377-380.

[27] Feng L F, Zhou X W, Fan P Z. A construction of inter-group complementary codes with flexible ZCZ length. Journal of Zhejiang University-Science C-Computers & Electronics, 2011, 12(10): 846-854.

[28] Zhang Z Y, Zeng F X, Xuan G X. A class of complementary sequences with multi-width zero cross-correlation zone. IEICE Transactions on Fundamentals of Electronics, Communications and Computer Sciences, 2010, E93-A(8): 1508-1517.

[29] Zhang Z Y, Tian F C, Zeng F X, et al. Inter-group complementary sequence set based on interleaved periodic complementary sequences. Wireless Personal Communications, 2016, 91(3): 1051-1064.

[30] 张振宇, 曾凡鑫, 宣贵新. 适用于多天线系统信道估计的周期互补多相码. 解放军理工大学学报 (自然科学版), 2012, 13(1): 17-21.

[31] Jin H L, Xu C Q, Zhang J B, et al. A new method for constructing families of perfect periodic complementary binary sequences pairs//Proc. of the First International Conference on Networks Security, Wireless Communications and Trusted Computing, Wuhan, China, 2009: 140-143.

[32] Yuan W N, Tu Y F, Fan P Z. Optimal training sequences for cyclic-prefix-based single-carrier multi-antenna systems with space-time block-coding. IEEE Transactions on Wireless Communication, 2008, 7(11): 4047-4050.

[33] Chen H H. The Next Generation CDMA Technologies. New York: John Wiley & Sons. Ltd., 2007.

[34] Shin W, Lee S J, Kwon D S, et al. LMMSE channel estimation with soft statistics for turbo-MIMO receivers. IEEE Communication Letters, 2009, 13(8): 585-587.

[35] Wang H M, Gao X Q, Jiang B, et al. Efficient MIMO channel estimation using complementary sequences. IET Communications, 2007, 1(5): 962-969.

[36] Qureshi T R, Zoltowski M D, Calderbank R. A MIMO-OFDM channel estimation scheme utilizing complementary sequences//Proc. of IEEE International Conference on Acoustics, Speech and Signal Processing, Taipei, 2009: 2677-2680.

[37] Zoltowski M D, Qureshi T R, Calderbank R. Complementary codes based channel estimation for MIMO-OFDM systems//Proc. of the IEEE Forty-Sixth Annual Allerton Conference on Communication, Control and Computing, Illinois, USA, 2008: 133-138.

[38] Wang S Q, Abdi A. Low-complexity optimal estimation of MIMO ISI channels with binary training sequences. IEEE Signal Processing Letters, 2006, 13(11): 657-660.

[39] Yuan W N, Fan P Z. Implicit MIMO channel estimation without DC-offset based on ZCZ training sequences. IEEE Signal Processing Letters, 2006, 13(9): 521-524.

[40] Chen H H, Hank D, Maganaz M E. Design of next-generation CDMA using orthogonal complementary codes and offset stacked spreading. IEEE Wireless Communications, 2007, 14(3): 61-69.

[41] Feng L F, Zhou X W, Li X Y. A general construction of inter-group complementary codes based on Z-complementary codes and perfect periodic cross-correlation codes. Wireless Personal Communications, 2013, 71(1): 695-706.

第3章　子集内互补的大数量序列集合

序列数量是序列设计的一个重要指标，对于 CDMA 系统和多进制扩频系统，更大的序列数量分别意味着可以容纳更多的用户和获得更高的传输速率。根据序列设计的理论界限，序列数量要受到序列长度和相关性能等因素的制约。对于给定的序列长度，为了获得大的序列数量，通常需要牺牲一定的相关性能。因此，在增加序列数量的同时尽可能地保证相关性能，这对序列设计具有重要的意义。

本章讨论了具有子集内互补特性的非对称相关性序列集合，每个序列子集内的序列都是互补配对或互补序列，即具有理想的非周期自/互相关性能，同时各个序列子集之间具有正交性或低值同相互相关特性。互补序列配对因其具有理想的非周期自相关性能，所以对 OFDM 系统的 PAPR 具有良好的抑制作用。那么，本章首先分析了 OFDM 系统的高 PAPR 问题，指出了通过序列设计降低 PAPR 到 3dB 的实现方法，然后给出了相应的序列集合的设计方法。该类具有子集内互补特性的序列集合的子集内相关性能优于子集间相关性能，而且每个序列都由若干个子序列组成，因此属于 A 类Ⅱ型非对称相关性序列。

3.1　OFDM 系统 3dB 的 PAPR 实现

3.1.1　OFDM 系统的高 PAPR 问题

不同于单载波系统，OFDM 系统在调制中同时使用多个子载波进行并行传输，因此属于多载波 (Multi-Carrier, MC) 系统[1]。该类系统虽然可以获得更高的传输速率和更好的抗多径干扰的能力，但是它也带来了新的问题，即更高的 PAPR。高的 PAPR 将严重降低发射机功放的功率效率，从而抑制通信系统的整体性能。

为了显示多载波系统的高 PAPR 问题，下面给出一个简单的 4 个子载波的 OFDM 系统例子。假设该例中的子载波间隔满足 $\Delta f=100\text{Hz}$，那么 OFDM 符号的持续时间为 0.01s。令 IFFT 的点数为 64，此处为了凸显 OFDM 系统的高 PAPR 现象，选择其中最差的情况，即 4 个子载波上传送相同的数据 “+1”，对于正弦波子载波而言，这 4 个子载波的时域波形如图 3.1 所示。其中，4 个子载波依次为 $\Delta f, 2\Delta f, 3\Delta f, 4\Delta f$。可以看出，此时 4 个子载波的幅度相同，各自并不存在高 PAPR 问题。

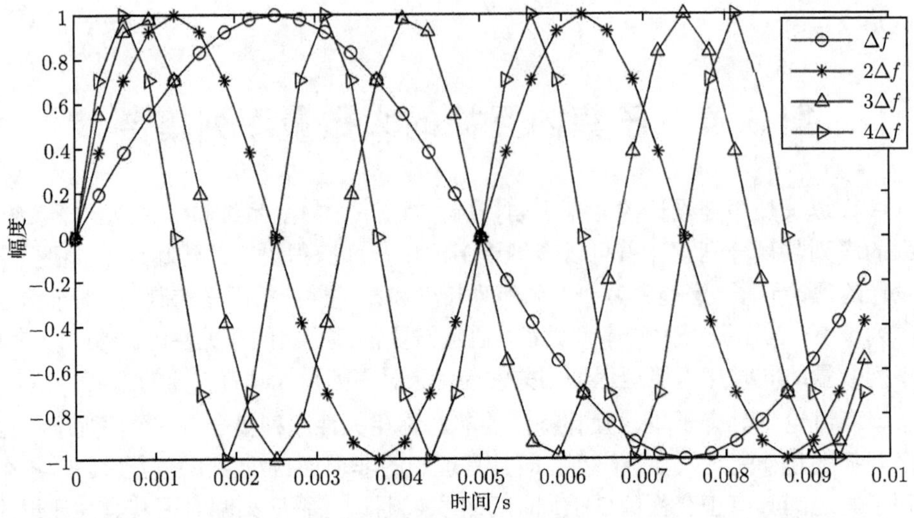

图 3.1　OFDM 系统 4 个子载波各自的时域波形，其中 $\Delta f=100\text{Hz}$

然而，经过 IFFT 之后的调制了数据的 4 个子载波将进行时域叠加，其波形不再平滑，而是出现时域峰值，此时的 PAPR 问题开始显现，并且随着子载波数量的增加，PAPR 问题将更加严重，如图 3.2 所示。

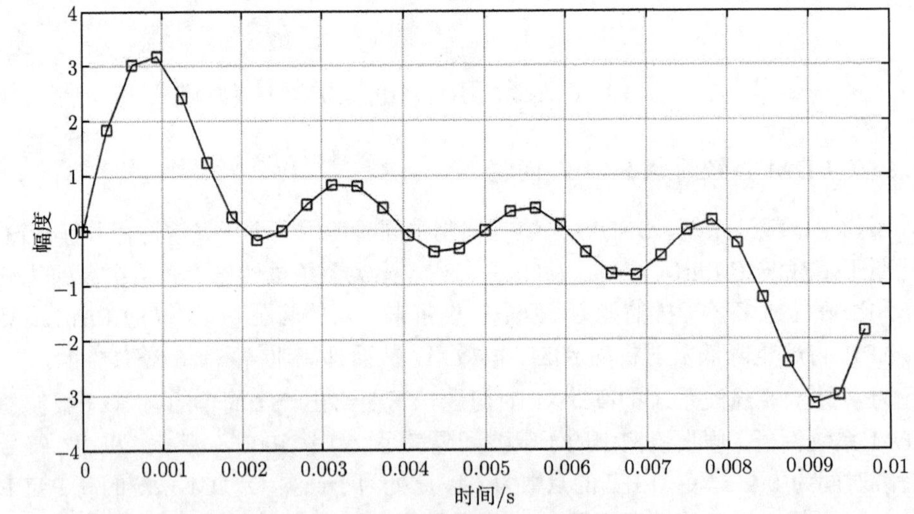

图 3.2　OFDM 系统 4 个子载波叠加后的时域波形，其中 $\Delta f=100\text{Hz}$

3.1.2　实现 OFDM 系统 3dB PAPR 的条件

针对 OFDM 系统的高 PAPR 问题，目前已经有很多的处理方法，典型的方法可分为三类：限幅类、编码类和概率类[1,2]。这三类方法各有利弊，限幅类不需要额外的开销，但是会降低系统误码率 (Bit Error Rate, BER) 性能和增加带外辐射；编码类可将 PAPR 抑制到 3dB，但是需要对数据进行编码，降低系统速率，并且该类方法的载波数不能太大 (一般不超过 32)；概率类是多选一的思想，通过扰码的方式产生许多待传数据，比较 IFFT 之后哪个 PAPR 小则发送哪一个，但是该方法需要传送信息告知对方每个符号所用的扰码码字，从而增加了系统开销。

当 OFDM 调制与多进制扩频相结合时[3]，OFDM 系统本身将发送扩频序列 (频域扩频)，因此如果能够设计合适的序列类型，则可以将 OFDM 调制的高 PAPR 降低到 3dB 范围内。其中，具有理想非周期自相关性能的互补序列配对就是一类典型的 3dB PAPR 序列。

定理 3.1[4] Golay 互补序列配对中的任意一个子序列的 PAPR 不大于 2，即满足 $R_{\text{PAPR}} \leqslant 10\lg(2) = 3\text{dB}$。

从该定理可知，如果使用 Golay 互补序列的子序列作为扩频序列应用于 OFDM 系统，则该系统的 PAPR 将被控制在 3dB 范围之内。

3.1.3 直流空载要求对序列性能的影响

对于很多实际的 OFDM 系统，例如无线局域网标准 IEEE802.11a 和短波 OFDM 通信等专用系统，通常要求直流子载波空载，从而防止实现电路中的直流泄露现象发生。那么，当序列应用于该类 OFDM 系统中时，则要求序列中心位置的元素保持空缺。通常的做法有两种：一是对原序列进行打孔，即将原序列的中心位置元素直接删除后替换成 0 值；二是保持原序列的元素不变，在原序列的中心位置插入 0 值。例如，对于一个长度为 8 的二元序列 $(++-+--+-)$，其打孔之后变为 $(++-0--+-)$，其插零之后变为 $(++-+0--+-)$。其中，“0” 元素对应 OFDM 调制的直流位置，在该位置不传送任何数据。“0” 左右两侧的元素依次调制到直流子载波两端，如插零方式中直流子载波的左端 4 个子载波依次调制 $(++-+)$，右端 4 个子载波依次调制 $(--+-)$。

打孔和插零的方式虽然可以满足 OFDM 系统的直流空载要求，但是可以看出，原有序列的结构发生了变化，这不仅会导致序列的相关性能的改变，也将削弱序列的 PAPR 抑制能力。下面将分别以子序列长度为 10 和 26 的两个 Golay 互补配对为例，说明插零操作对原序列理想非周期自相关性能的破坏，以及导致的 PAPR 的升高。两个子序列长度为 10 和 26 的互补序列配对 $\boldsymbol{c}_0 = [\boldsymbol{c}_{0,0};\ \boldsymbol{c}_{0,1}]$ 和 $\boldsymbol{c}_1 = [\boldsymbol{c}_{1,0};\ \boldsymbol{c}_{1,1}]$ 如下所示：

$$\begin{bmatrix} \boldsymbol{c}_{0,0} \\ \boldsymbol{c}_{0,1} \end{bmatrix} = \begin{bmatrix} +--+-+---+ \\ +-------++- \end{bmatrix} \tag{3.1}$$

$$\begin{bmatrix} \boldsymbol{c}_{1,0} \\ \boldsymbol{c}_{1,1} \end{bmatrix} = \begin{bmatrix} +++--+++-+-----+-++--+---- \\ ---++---+-++-+-+-++--+---- \end{bmatrix} \tag{3.2}$$

虽然上述两个互补序列配对都具有理想的非周期自相关性能，但是当在每个子序列的中间位置插零之后，其理想性能被破坏，如图 3.3 和图 3.4 所示。

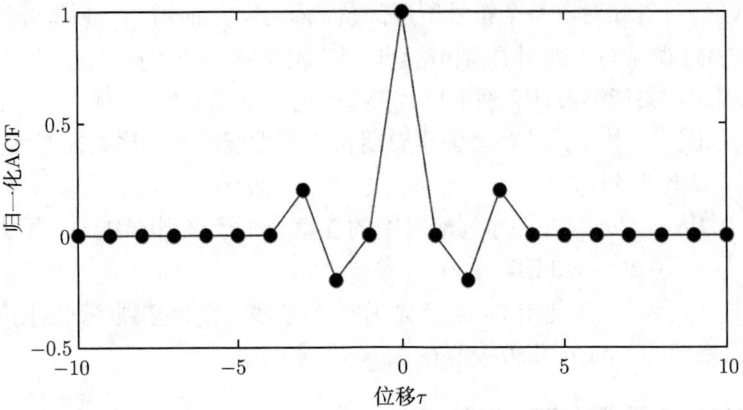

图 3.3 互补序列配对 $\boldsymbol{c}_0$ 经过插零之后的归一化非周期自相关函数分布，最大旁瓣为 0.2

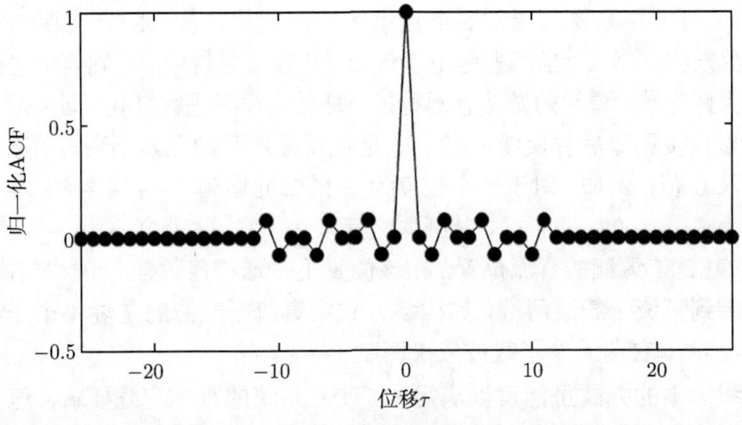

图 3.4 互补序列配对 $\boldsymbol{c}_1$ 经过插零之后的归一化非周期自相关函数分布，最大旁瓣为 0.0769

从两图中可以看出，$\boldsymbol{c}_0 = [\boldsymbol{c}_{0,0};\ \boldsymbol{c}_{0,1}]$ 和 $\boldsymbol{c}_1 = [\boldsymbol{c}_{1,0};\ \boldsymbol{c}_{1,1}]$ 在插零之后的非周期自相关性能都不再理想，而是分别出现了 0.2 和 0.0769 的旁瓣。理想非周期自相关性能的破坏将直接导致 3dB PAPR 性能的破坏。

对长度为 10 的子序列 $\boldsymbol{c}_{0,0}$ 中间位置插零，然后进行 IFFT，则其时域信号的实部和虚部的绝对值波形如图 3.5 所示。在该例中，IFFT 的点数为 64，子载波间隔为 100Hz，循环前缀 (Cyclic Prefix, CP) 的长度为 IFFT 点数的 1/4，即 16 个样点，因此整个 OFDM 符号的点数为 $64+16=80$。

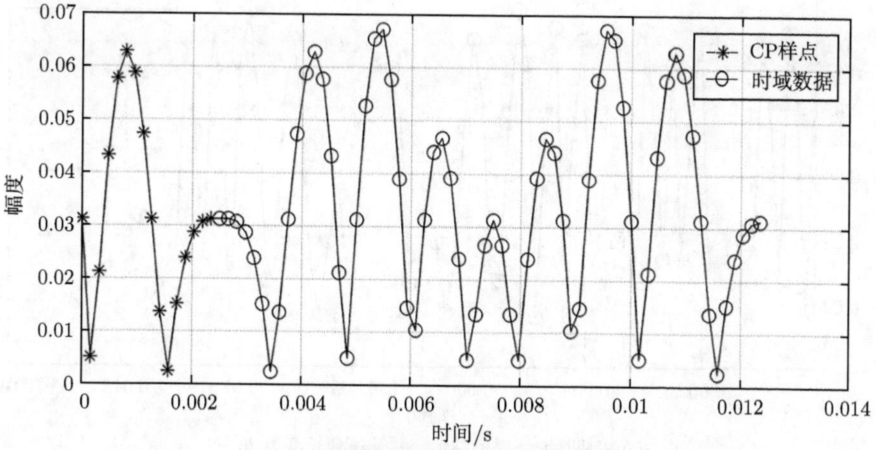

(a) 实部时域绝对值波形，原子序列长度为 10

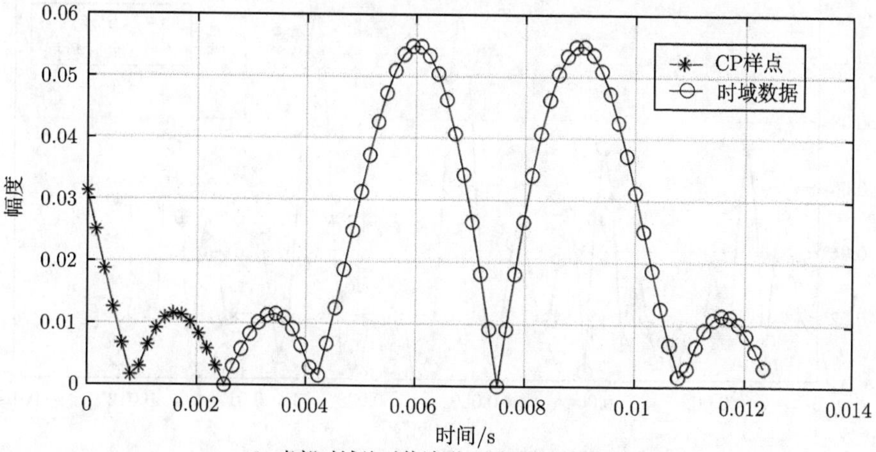

(b) 虚部时域绝对值波形，原子序列长度为 10

图 3.5 长度为 10 的子序列 $\boldsymbol{c}_{0,0}$ 经插零之后，其实部和虚部在时域上的绝对值波形

从图 3.5 中可以看出，经过插零之后的子序列的实部和虚部的包络都不平滑，尤其是虚部的时域绝对值波形，出现明显的峰值，因此其 PAPR 超过了原来的 3dB，已经达到了 4.7683dB。类似的情况也出现在长度为 26 的互补序列配对，如图 3.6 所示。此处依然选用同样的 OFDM 调制参数，只是实用子载波的数量由 10 增加到 26。由于原有非周期自相关性能的破坏，长度为 26 的子序列 $\boldsymbol{c}_{1,1}$ 经过插零之后，其虚部的包络不再平滑，导致 PAPR 也有所增加，达到了 3.9dB。

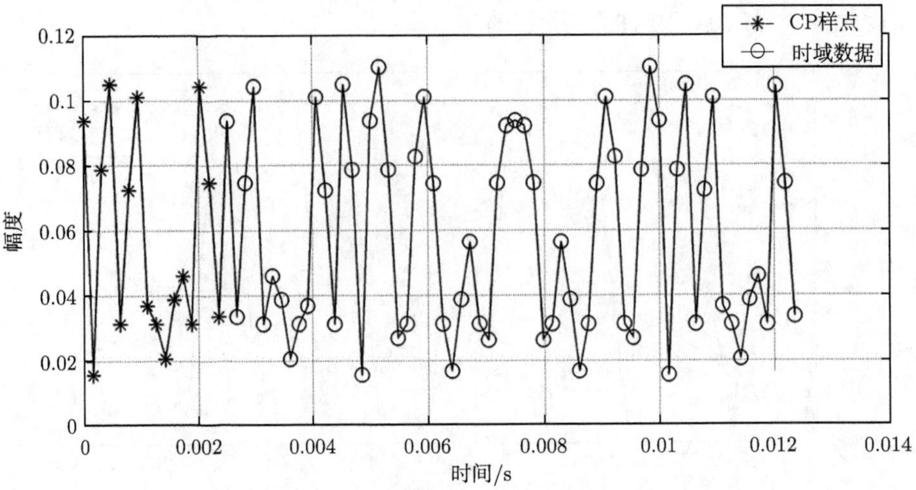

(a) 实部时域绝对值波形，原子序列长度为 26

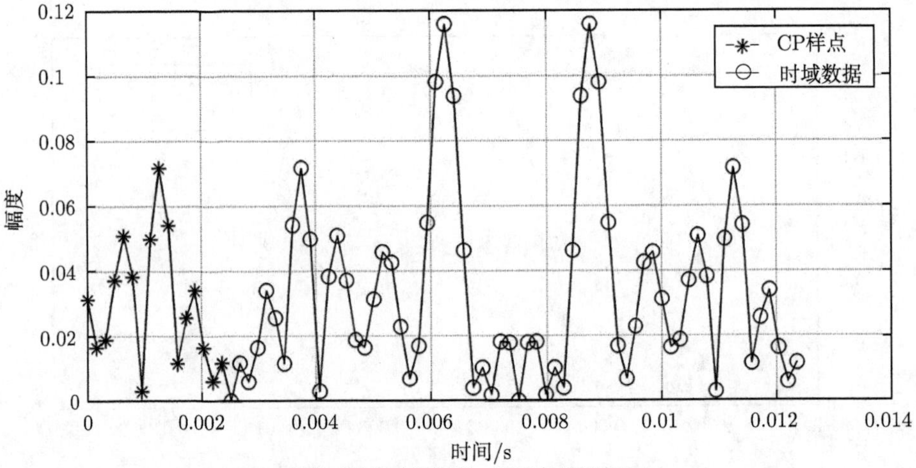

(b) 虚部时域绝对值波形，原子序列长度为 26

图 3.6 长度为 26 的子序列 $\boldsymbol{c}_{1,1}$ 经插零之后，其实部和虚部在时域上的绝对值波形

3.2 零中心互补配对 (ZCCPs) 序列集合设计

为了能够在满足 OFDM 系统直流空载要求的同时，依然保持序列的原有性能，则需要设计专门的序列集合，零中心互补配对 (Zero-Center Complementary Pairs, ZCCPs) 序列集合就具有该类特性。对于 ZCCPs 序列集合，通常应该具备如下几点性能：

(1) ZCCPs 序列集合中的每一个 ZCCP 序列配对都应该具有理想的非周期自

相关性能，从而确保控制 PAPR 到 3dB 范围之内；

(2) 任意一个 ZCCP 序列配对中的两个子序列应该具有零中心特性，即每个子序列的中心元素应该为 0 值，从而满足 OFDM 调制中直流空载的要求；

(3) ZCCPs 序列集合中的所有 ZCCP 序列配对之间应该是两两正交，从而确保在接收端进行解映射时获得最佳的判决。

下面分别基于级联、交织和循环移位等操作，给出三种 ZCCPs 序列集合 (或零中心正交序列集合) 的设计方法。

3.2.1 基于级联操作的 ZCCPs 序列集合设计方法

级联操作是互补序列设计中一类重要的迭代方法，通过级联可以增加子序列的长度。对于任意两个序列 $\boldsymbol{S}_i=(S_i(l))_{l=0}^{L-1}$ 和 $\boldsymbol{S}_j=(S_j(l))_{l=0}^{L-1}$，它们之间的级联操作可以定义如下[5]：

$$\boldsymbol{S}_i\Theta\boldsymbol{S}_j=(S_i(0),S_i(1),\cdots,S_i(L-1),S_j(0),S_j(1),\cdots,S_j(L-1)) \tag{3.3}$$

从式 (3.3) 可以看出，级联操作要求两个序列的长度相同，并且级联之后所得序列的长度增加一倍。下面给出基于级联操作的 ZCCP 序列集合的设计方法以及所生成序列的相关性能[3,6]。

令 $\boldsymbol{C}^{(0)}=\left[\boldsymbol{C}_{s,t}^{(0)}\right]_{2\times 2}=\begin{bmatrix}\boldsymbol{C}_{0,0}^{(0)}; & \boldsymbol{C}_{0,1}^{(0)}\\ \boldsymbol{C}_{1,0}^{(0)}; & \boldsymbol{C}_{1,1}^{(0)}\end{bmatrix}$是本节所提出的级联迭代设计方法中的 0 级初始序列集合，其中 $0\leqslant s,t\leqslant 1$，两个互补配对$\left[\boldsymbol{C}_{0,0}^{(0)};\ \ \boldsymbol{C}_{0,1}^{(0)}\right]$ 和 $\left[\boldsymbol{C}_{1,0}^{(0)};\ \ \boldsymbol{C}_{1,1}^{(0)}\right]$之间具有理想非周期互相关性能，子序列的长度为 L。

令 $\boldsymbol{C}_L^{(0)}$ 和 $\boldsymbol{C}_R^{(0)}$ 分别表示 0 级初始序列集合 $\boldsymbol{C}^{(0)}$ 的所有左面的子序列组成的序列集合和所有右面的子序列组成的序列集合，即

$$\boldsymbol{C}_L^{(0)}=\begin{bmatrix}\boldsymbol{C}_{0,0}^{(0)}\\ \boldsymbol{C}_{1,0}^{(0)}\end{bmatrix},且\boldsymbol{C}_R^{(0)}=\begin{bmatrix}\boldsymbol{C}_{0,1}^{(0)}\\ \boldsymbol{C}_{1,1}^{(0)}\end{bmatrix} \tag{3.4}$$

其中，称 $\boldsymbol{C}_L^{(0)}$ 为 $\boldsymbol{C}^{(0)}$ 的左半序列集合 (Left-Half Sequence Set, LSS)，称 $\boldsymbol{C}_R^{(0)}$ 为 $\boldsymbol{C}^{(0)}$ 的右半序列集合 (Right-Half Sequence Set, RSS)。

那么，经过如下的 n 次迭代之后可以获得[3]

$$\boldsymbol{C}^{(n)}=\begin{bmatrix}(e_{0,0}\boldsymbol{C}_L^{(n-1)})\Theta(e_{0,1}\boldsymbol{C}_R^{(n-1)}); & (e_{0,2}\boldsymbol{C}_L^{(n-1)})\Theta(e_{0,3}\boldsymbol{C}_R^{(n-1)})\\ (e_{1,0}\boldsymbol{C}_L^{(n-1)})\Theta(e_{1,1}\boldsymbol{C}_R^{(n-1)}); & (e_{1,2}\boldsymbol{C}_L^{(n-1)})\Theta(e_{1,3}\boldsymbol{C}_R^{(n-1)})\end{bmatrix} \tag{3.5}$$

其中，对于系数矩阵 $\boldsymbol{E}=\begin{bmatrix} e_{0,0} & e_{0,1} & e_{0,2} & e_{0,3} \\ e_{1,0} & e_{1,1} & e_{1,2} & e_{1,3} \end{bmatrix}$，$|e_{s,t}|=1, 0\leqslant s\leqslant 1, 0\leqslant t\leqslant 3$，而且应满足如下条件：

$$\begin{cases} \sum_{t=0}^{3} e_{0,t}e_{1,t}^{*}=0 \\ e_{0,0}e_{0,1}^{*}+e_{0,2}e_{0,3}^{*}=0 \\ e_{1,0}e_{1,1}^{*}+e_{1,2}e_{1,3}^{*}=0 \end{cases} \tag{3.6}$$

通过对 $\boldsymbol{C}^{(n)}$ 进行中间位置插 0 值操作，可以获得一个新的序列配对集合 $\boldsymbol{S}^{(n)}=\left[\boldsymbol{S}_{m,t}^{(n)}\right]_{2^{n+1}\times 2}$ 如下，其中子序列长度为 2^nL+1，序列配对的数量为 2^{n+1}，$0\leqslant m\leqslant 2^{n+1}-1$，

$$\boldsymbol{S}^{(n)}=\left[\boldsymbol{I}^{(-0-)}\left\{\boldsymbol{C}_L^{(n)}\right\};\quad \boldsymbol{I}^{(-0-)}\left\{\boldsymbol{C}_R^{(n)}\right\}\right] \tag{3.7}$$

其中，符号 $I^{(-0-)}\{\cdot\}$ 表示对一个偶数长序列进行中间位置插 0 值的操作。

3.2.2 基于交织操作的 ZCCPs 序列集合设计方法

相比较于 ZCCP 序列集合的级联操作设计方法，基于交织操作的方法只是将原方法中的级联运算替换成了交织运算[3]，即

$$\boldsymbol{C}^{(n)}=\begin{bmatrix} \left(e_{0,0}\boldsymbol{C}_L^{(n-1)}\right)\odot\left(e_{0,1}\boldsymbol{C}_R^{(n-1)}\right); & \left(e_{0,2}\boldsymbol{C}_L^{(n-1)}\right)\odot\left(e_{0,3}\boldsymbol{C}_R^{(n-1)}\right) \\ \left(e_{1,0}\boldsymbol{C}_L^{(n-1)}\right)\odot\left(e_{1,1}\boldsymbol{C}_R^{(n-1)}\right); & \left(e_{1,2}\boldsymbol{C}_L^{(n-1)}\right)\odot\left(e_{1,3}\boldsymbol{C}_R^{(n-1)}\right) \end{bmatrix} \tag{3.8}$$

通过式 (3.8)，可以获得另外一个 ZCCP 序列集合 $\boldsymbol{S}^{(n)}$，该集合的各个序列参数与级联操作方法产生的序列集合相同，但是序列元素的排列位置不同，因此级联和交织这两种操作所产生的序列集合是不同的。可以看出，这两种级联和交织操作都采用迭代的方式，这也是基于初始序列集合获得更多序列数量、更长序列长度和更优相关性能的经典方式，很多序列集合的设计都通过迭代方式来实现[7−14]。

3.2.3 ZCCPs 序列集合的非对称相关性

对于级联操作所生成的序列配对集合 $\boldsymbol{S}^{(n)}$，任意两个相邻的序列配对 $\left[\boldsymbol{S}_{m,0}^{(n)};\ \boldsymbol{S}_{m,1}^{(n)}\right]$ 和 $\left[\boldsymbol{S}_{m+1,0}^{(n)};\ \boldsymbol{S}_{m+1,1}^{(n)}\right]$ 组成一个序列子集，其中 m 为偶数。因为序列配对集合 $\boldsymbol{S}^{(n)}$ 总共包含 2^{n+1} 个序列，所以 $\boldsymbol{S}^{(n)}$ 被分成 2^n 个序列子集，其非周期相关性能满足如下定理。

定理 3.2[3] 序列配对集合 $\boldsymbol{S}^{(n)}$ 是一个子序列长度为 2^nL+1 的 ZCCPs 序列集合，所有序列配对之间相互正交，每个序列子集内的两个 ZCCP 序列之间具有理想非周期互相关性能。

证明 经过从 0 级初始序列集合$\boldsymbol{C}^{(0)}$ 的第一次迭代之后，可以获得 $\boldsymbol{C}^{(1)}$ 和 $\boldsymbol{S}^{(1)}$。对于 $\boldsymbol{S}^{(1)}$ 中的任意两个相邻序列配对$\left[\boldsymbol{S}_{m,0}^{(1)};\ \boldsymbol{S}_{m,1}^{(1)}\right]$ 和 $\left[\boldsymbol{S}_{m+1,0}^{(1)};\ \boldsymbol{S}_{m+1,1}^{(1)}\right]$，其非周期 ACF 和 CCF 可以分别被计算如下：

$$\begin{aligned}\sum_{t=0}^{1}\psi_{\boldsymbol{S}_{u,t}^{(1)}}(\tau)=2\sum_{t=0}^{1}\psi_{\boldsymbol{C}_{s,t}^{(0)}}(\tau)&+\left(e_{s',0}e_{s',1}^{*}+e_{s',2}e_{s',3}^{*}\right)\\&\times\psi_{\boldsymbol{C}_{s',1}^{(0)},\boldsymbol{C}_{s',0}^{(0)}}(L-|\tau|+1)\end{aligned}\tag{3.9}$$

$$\begin{aligned}\sum_{t=0}^{1}\psi_{\boldsymbol{S}_{m,t}^{(1)},\boldsymbol{S}_{m+1,t}^{(1)}}(\tau)=\left(e_{s,1}e_{s,0}^{*}+e_{s,3}e_{s,2}^{*}\right)&\Big(\psi_{\boldsymbol{C}_{1,1}^{(0)},\boldsymbol{C}_{0,0}^{(0)}}(L-\tau+1)\\&+\psi_{\boldsymbol{C}_{0,1}^{(0)},\boldsymbol{C}_{1,0}^{(0)}}(L+\tau+1)\Big)\\&+2\sum_{t=0}^{1}\psi_{\boldsymbol{C}_{0,t}^{(0)},\boldsymbol{C}_{1,t}^{(0)}}(\tau)\end{aligned}\tag{3.10}$$

其中，$0\leqslant u\leqslant 3$，$0\leqslant s,s'\leqslant 1$，$m\in\{0,2\}$。

对于式 (3.9) 和 (3.10)，利用系数矩阵 $\boldsymbol{E}$ 在式 (3.6) 中的性质以及 0 级初始序列集合$\boldsymbol{C}^{(0)}$ 的理想的非周期自/互相关性能，可以获得 $\boldsymbol{S}^{(1)}$ 中的每一个序列配对$\left[\boldsymbol{S}_{u,0}^{(1)};\quad \boldsymbol{S}_{u,1}^{(1)}\right]$都具有理想非周期自相关性能，并且对于任意的偶数 m，可得相邻的两个序列配对之间具有理想的非周期互相关性能。

对于 $\boldsymbol{S}^{(1)}$ 的正交性，可以很容易地利用 $\boldsymbol{C}^{(0)}$ 的理想相关性能和 $\boldsymbol{E}$ 的正交性获得。那么，经过 n 次迭代之后，所获得的 $\boldsymbol{S}^{(n)}$ 的证明过程与 $\boldsymbol{S}^{(1)}$ 相似，此处省略。 证毕。

相似于基于级联操作的 ZCCP 序列集合非周期相关性能的证明，也可以证明基于交织操作的 ZCCP 序列集合具有完全相同的性能，此处省略。为了演示级联和交织这两种设计方法及性能，下面将举一个具体的设计例子。

令 0 级初始序列集合为 $\boldsymbol{C}^{(0)}=\begin{bmatrix}+; & +\\ +; & -\end{bmatrix}$，其子序列长度为 1，系数矩阵 $\boldsymbol{E}=\begin{bmatrix}++-+\\+++-\end{bmatrix}$。

按照式 (3.5) 所给出的级联设计方法，经过 $n=5$ 级迭代之后，可得一个子序列长度为 $2^nL+1=33$ 的 ZCCP 序列集合 $\boldsymbol{S}^{(5)}$。根据定理 3.1，$\boldsymbol{S}^{(5)}$ 包含 $2^{n+1}=64$

个序列配对，式 (3.11) 列写了其中的 3 个序列配对。可以看出，这些序列配对的中心位置都有一个 0 值，从而可以满足 OFDM 调制中的直流空载要求，

$$
\begin{aligned}
\boldsymbol{S}_{0,0}^{(5)} &= [++-+---+--+----+0--+-+++---+----+]\\
\boldsymbol{S}_{0,1}^{(5)} &= [--+-+++-++-++++-0--+-+++---+----+]\\
\boldsymbol{S}_{1,0}^{(5)} &= [+----+---+++-+--0-++++-++-+++-+--]\\
\boldsymbol{S}_{1,1}^{(5)} &= [-++++-+++---+-++0-++++-++-+++-+--]\\
\boldsymbol{S}_{4,0}^{(5)} &= [++-++++---+-+++-0--+----+--+-+++-]\\
\boldsymbol{S}_{4,1}^{(5)} &= [--+----+++-+---+0--+----+--+-+++-]
\end{aligned}
\tag{3.11}
$$

相似地，按照式 (3.8) 所给出的交织设计方法，经过 $n = 5$ 级迭代之后，同样可得另一个子序列长度为 $2^nL + 1 = 33$ 的 ZCCP 序列集合 $\bar{\boldsymbol{S}}^{(5)}$，该集合也包含 $2^{n+1} = 64$ 个序列配对，下面列写了其中的 2 个序列配对，

$$
\begin{aligned}
\bar{\boldsymbol{S}}_{0,0}^{(5)} &= [+----+---+++-+--0+----+--+---+-++]\\
\bar{\boldsymbol{S}}_{0,1}^{(5)} &= [--+-+++-++-++++-0--+-+++---+----+]\\
\bar{\boldsymbol{S}}_{4,0}^{(5)} &= [+---+-++-++++-++0+---+-+++----+--]\\
\bar{\boldsymbol{S}}_{4,1}^{(5)} &= [--+----+++-+---+0--+----+--+-+++-]
\end{aligned}
\tag{3.12}
$$

比较式 (3.11) 和 (3.12) 可以看出，虽然两种方法所设计的 ZCCP 序列集合的序列配对数量和子序列长度等参数都是相同的，但是所产生的序列配对并不相同。

例如，对于 $\boldsymbol{S}_0^{(5)} = \left[\boldsymbol{S}_{0,0}^{(5)};\ \ \boldsymbol{S}_{0,1}^{(5)}\right]$ 和 $\bar{\boldsymbol{S}}_0^{(5)} = \left[\bar{\boldsymbol{S}}_{0,0}^{(5)};\ \ \bar{\boldsymbol{S}}_{0,1}^{(5)}\right]$，虽然 $\boldsymbol{S}_{0,1}^{(5)}$ 和 $\bar{\boldsymbol{S}}_{0,1}^{(5)}$ 完全相同，但是因为 $\boldsymbol{S}_{0,0}^{(5)}$ 和 $\bar{\boldsymbol{S}}_{0,0}^{(5)}$ 不同，所以这两个序列配对是不同的。类似地，虽然 $\boldsymbol{S}_{4,1}^{(5)}$ 和 $\bar{\boldsymbol{S}}_{4,1}^{(5)}$ 完全相同，但是两个序列配对 $\boldsymbol{S}_4^{(5)}$ 和 $\bar{\boldsymbol{S}}_4^{(5)}$ 却并不同。

同时，也可以看出对于一个给定的子序列，可以找到多个子序列与其组合形成不同的序列配对，而这些不同的序列配对都可以具有理想的非周期互相关性能。那么，这暗示着对于给定的子序列长度，可以产生多个不同的子序列，这些子序列都属于某个 Golay 互补配对，因此它们也都可以将 OFDM 调制的 PAPR 控制到 3dB 范围之内，这可以为寻找更多的等长度子序列提供参考。

为了对 ZCCP 序列集合的相关性能有一个直观的印象，图 3.7 和图 3.8 分别给出了 $\boldsymbol{S}^{(5)}$ 和 $\bar{\boldsymbol{S}}^{(5)}$ 的非周期相关性能。图 3.7 给出了基于级联操作生成的 ZCCP 序列集合 $\boldsymbol{S}^{(5)}$ 的非周期相关性能。其中，子图 (a) 是序列配对 $\boldsymbol{S}_0^{(5)}$ 的非周期 ACF 的分布情况，可以看出，$\boldsymbol{S}_0^{(5)}$ 具有理想的非周期自相关性能。子图 (b) 给出了两个相邻的序列配对 $\boldsymbol{S}_0^{(5)}$ 和 $\boldsymbol{S}_1^{(5)}$ 之间的非周期 CCF 的分布情况，很显然，相邻的序列配对之间具有理想的非周期互相关性能。子图 (c) 给出了不相邻的两个序列配对 $\boldsymbol{S}_0^{(5)}$ 和 $\boldsymbol{S}_4^{(5)}$ 之间的非周期 CCF 分布，可以看出它们之间具有正交性，另外在

$\tau = \pm 1$ 和 $\tau = \pm 3$ 的位移上具有 ± 0.5 的归一化旁瓣。

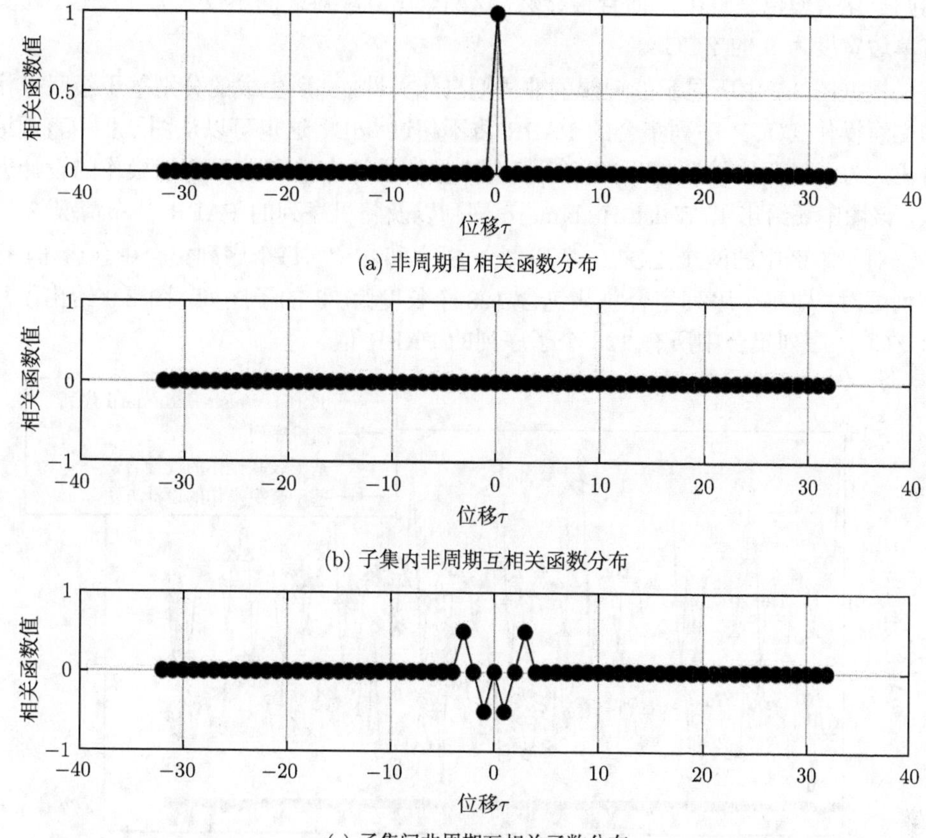

(a) 非周期自相关函数分布

(b) 子集内非周期互相关函数分布

(c) 子集间非周期互相关函数分布

图 3.7 基于级联操作生成的 ZCCP 序列集合 $S^{(5)}$ 的非周期 ACF 和 CCF 分布

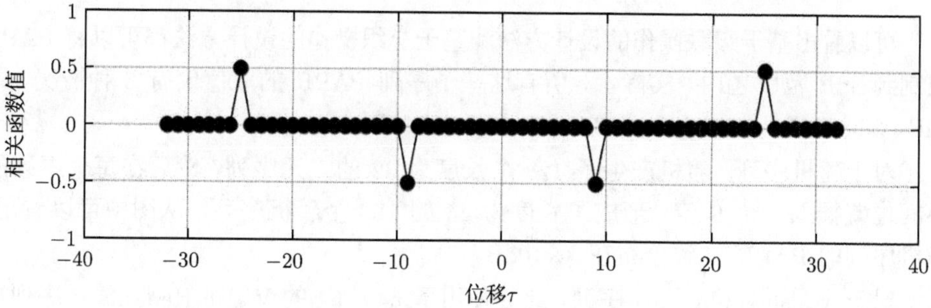

图 3.8 基于交织操作生成的 ZCCP 序列配对 $\bar{S}_0^{(5)}$ 和 $\bar{S}_4^{(5)}$ 之间的非周期 CCF 分布

图 3.8 给出了基于交织操作生成的 ZCCP 序列配对 $\bar{S}_0^{(5)}$ 和 $\bar{S}_4^{(5)}$ 之间的非周期

CCF 分布情况，从图中可以看出，这两个不相邻的序列配对之间具有正交性。CCF 的归一化旁瓣也是 ±0.5，而且很显然，这两个序列配对之间不仅具有正交性，还具有单边宽度为 9 的 ZCCZ。

根据图 3.7 中所显示的理想的非周期自相关性能，所生成的分别基于级联操作和交织操作 ZCCP 序列集合的 PAPR 将不超过 3dB，这也可以从图 3.9 中直观地看出。为了便于比较所提出的基于级联操作的设计方法和基于交织操作的设计方法，该图中还给出了 Walsh-Hadamard 序列以及随机序列的 PAPR 分布情况。

对于本例中的两个 ZCCP 序列集合 $\boldsymbol{S}^{(5)}$ 和 $\bar{\boldsymbol{S}}^{(5)}$，每个序列集合中包含 64 个序列配对，即每个序列集合总共包含 128 个长度为 33 的子序列，图 3.9 给出了每个 ZCCP 序列集合中所有 128 个子序列的 PAPR 值。

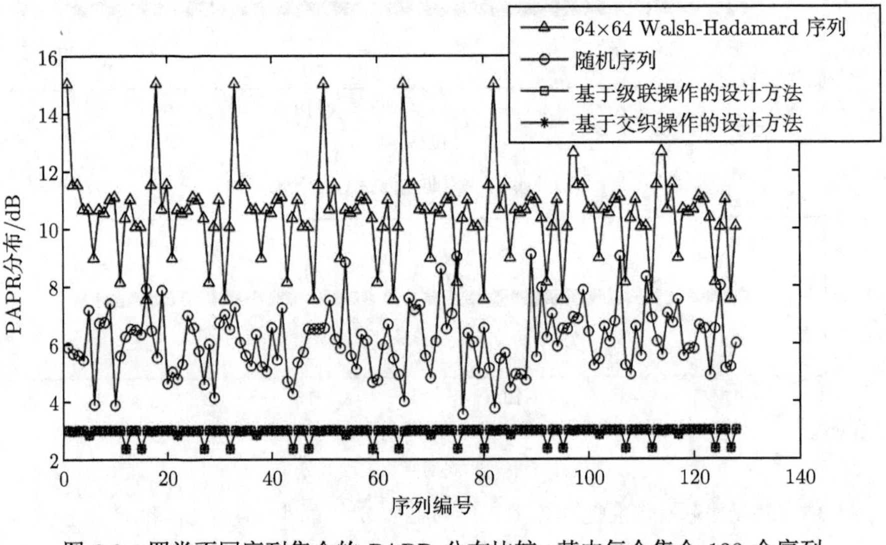

图 3.9 四类不同序列集合的 PAPR 分布比较，其中每个集合 128 个序列

可以看出基于级联操作的设计方法和基于交织操作的设计方法都可以将 PAPR 控制到 3dB 范围之内。实际上，所有这些子序列 PAPR 的取值仅有 5 种情况，即 3dB、2.9827dB、2.8473dB、2.3762dB 和 2.3654dB。

对于随机序列，随机产生了 128 个长度为 32 的二元序列，然后在每个序列的中间位置插入一个 0 值，形成了长度为 33 的 128 个随机序列。从图中可以看出，随机序列的 PAPR 大致分布在 3~10dB。

对于 Walsh-Hadamard 序列，此处使用了 64×64 的 Walsh-Hadamard 序列矩阵。矩阵中每个 Walsh-Hadamard 序列的前面 32 个元素被看作第一个子序列，后面 32 个元素被看作第 2 个子序列，因此总共可以形成 128 个子序列。然后，在每个子序列的中间位置插入一个 0 值，使其长度变为 33。虽然 Walsh-Hadamard 序列已经被用于 CDMA2000 移动通信标准，但是其 PAPR 性能很差，达到了序列长度为 32(不考虑中间位置插入的 0 值) 时的 PAPR 最高值，即 15dB。

3.3 零中心正交配对 (ZCOPs) 序列集合设计

基于级联操作和交织操作的两种设计方法，可以保证序列集合中所有的序列配对都是 ZCCP，而且具有子集内互补特性和正交特性。本节将给出一种基于移位级联操作的零中心正交配对 (Zero-Center Orthogonal Pairs, ZCOPs) 序列集合的设计方法[3,15]，该方法所生成的集合虽然满足所有的序列配对都具有零中心特性并且两两之间相互正交，但是仅有一部分序列配对是 ZCCP，也就是说并不是所有的序列配对都具有理想的非周期自相关性能，那么其 PAPR 性能有所下降。

3.3.1 基于移位级联的 ZCOPs 序列集合设计方法

设 $\boldsymbol{C}=[\boldsymbol{C}_{s,t}]_{2\times 2}=\begin{bmatrix}\boldsymbol{C}_{0,0}; & \boldsymbol{C}_{0,1}\\ \boldsymbol{C}_{1,0}; & \boldsymbol{C}_{1,1}\end{bmatrix}$ 是任意一个已知的互补序列配对集合，其中序列配对的数量为 2，子序列的长度为 L。那么，可以通过正交矩阵扩展的方法获得如下的序列集合，

$$\boldsymbol{S}'=\left[\boldsymbol{S}'_{u,v}\right]_{4\times 4}=\begin{bmatrix} e_{0,0}\boldsymbol{C}_{0,0}; & e_{0,1}\boldsymbol{C}_{1,0}; & e_{0,0}\boldsymbol{C}_{0,1}; & e_{0,1}\boldsymbol{C}_{1,1}\\ e_{1,0}\boldsymbol{C}_{0,0}; & e_{1,1}\boldsymbol{C}_{1,0}; & e_{1,0}\boldsymbol{C}_{0,1}; & e_{1,1}\boldsymbol{C}_{1,1}\\ e_{0,0}\boldsymbol{C}_{1,0}; & e_{0,1}\boldsymbol{C}_{0,0}; & e_{0,0}\boldsymbol{C}_{1,1}; & e_{0,1}\boldsymbol{C}_{0,1}\\ e_{1,0}\boldsymbol{C}_{1,0}; & e_{1,1}\boldsymbol{C}_{0,0}; & e_{1,0}\boldsymbol{C}_{1,1}; & e_{1,1}\boldsymbol{C}_{0,1} \end{bmatrix} \tag{3.13}$$

其中，$0\leqslant u,v\leqslant 3$，$\boldsymbol{E}=\begin{bmatrix}e_{0,0} & e_{0,1}\\ e_{1,0} & e_{1,1}\end{bmatrix}$ 为一个系数矩阵，满足 $\sum\limits_{t=0}^{1}e_{0,t}e_{1,t}^{*}=0$，$|e_{s,t}|=1$。

基于 $\boldsymbol{S}'$，一个新的序列配对集合 $\boldsymbol{S}=[\boldsymbol{S}_{uL+l,t}]_{4L\times 2}$ 可以获得如下[3]：

$$\begin{cases}\boldsymbol{S}_{uL+l,0}=I^{(-0-)}\left\{\left(\mathbb{T}^{l}\left(\boldsymbol{S}'_{u,0}\right)\right)\Theta\left(\mathbb{T}^{l}\left(\boldsymbol{S}'_{u,1}\right)\right)\right\}\\ \boldsymbol{S}_{uL+l,1}=I^{(-0-)}\left\{\left(\mathbb{T}^{l}\left(\boldsymbol{S}'_{u,2}\right)\right)\Theta\left(\mathbb{T}^{l}\left(\boldsymbol{S}'_{u,3}\right)\right)\right\}\end{cases} \tag{3.14}$$

其中，$0\leqslant l\leqslant L-1$，集合 $\boldsymbol{S}$ 总共包含 $4L$ 个序列配对，每个序列配对中子序列的长度为 $2L+1$。

3.3.2 ZCOPs 序列集合的正交和互补性能

基于移位级联操作所生成的 ZCOPs 序列集合 $\boldsymbol{S}$ 的性质满足如下定理。

定理 3.3[3] 集合 $\boldsymbol{S}$ 中包含有 4 个 ZCCP 序列配对，即 $\{[\boldsymbol{S}_{uL,0};\ \boldsymbol{S}_{uL,1}]\}_{u=0}^{3}$。同时，$\boldsymbol{S}$ 中所有 $4L$ 个序列配对都是两两正交的。

证明 对于 $\{[\boldsymbol{S}_{uL,0};\boldsymbol{S}_{uL,1}]\}_{u=0}^{3}$，可得

$$\begin{aligned}\sum_{t=0}^{1}\psi_{\boldsymbol{S}_{uL,t}}(\tau)=&\left|e_{(u)_2,t'}\right|^2\sum_{t=0}^{1}\psi_{\boldsymbol{C}_{0,t}}(\tau)+\left|e_{(u)_2,t''}\right|^2\sum_{t=0}^{1}\psi_{\boldsymbol{C}_{1,t}}(\tau)\\&+e_{(u)_2,t'}e^{*}_{(u)_2,t''}\sum_{t=0}^{1}\psi_{\boldsymbol{C}_{1,t},\boldsymbol{C}_{0,t}}(L-|\tau|+1)\end{aligned}\tag{3.15}$$

其中，$0\leqslant t',t''\leqslant 1$。因为互补序列集合 $\boldsymbol{C}$ 具有理想的非周期 ACF 和 CCF，那么从式 (3.15) 可以看出，上面 4 个序列配对都是 Golay 互补配对。

对于基于移位级联操作的设计方法所生成序列集合的正交性，可以先讨论式 (3.13) 中的任意两个序列配对 $[\boldsymbol{S}'_{u',0};\boldsymbol{S}'_{u',1};\boldsymbol{S}'_{u',2};\boldsymbol{S}'_{u',3}]$ 和 $[\boldsymbol{S}'_{u'',0};\boldsymbol{S}'_{u'',1};\boldsymbol{S}'_{u'',2};\boldsymbol{S}'_{u'',3}]$ 之间的 CCF，其中，$0\leqslant u',u''\leqslant 3$，且 $u'\neq u''$。

不失一般性地，令 $u''>u'$，则有

$$\begin{aligned}&\sum_{v=0}^{3}\psi_{\boldsymbol{S}'_{u',v},\boldsymbol{S}'_{u'',v}}(\tau)\\=&\begin{cases}e_{0,0}e^{*}_{1,0}\sum\limits_{t=0}^{1}\psi_{\boldsymbol{C}_{s,t}}(\tau)+e_{0,1}e^{*}_{1,1}\sum\limits_{t=0}^{1}\psi_{\boldsymbol{C}_{s',t}}(\tau), & u''=u'+1\text{且}u'\text{为偶数}\\ e_{s,t'}e^{*}_{s',t'}\sum\limits_{t=0}^{1}\psi_{\boldsymbol{C}_{0,t},\boldsymbol{C}_{1,t}}(\tau)+e_{s,t''}e^{*}_{s',t''}\sum\limits_{t=0}^{1}\psi_{\boldsymbol{C}_{1,t},\boldsymbol{C}_{0,t}}(\tau), & \text{其他}\end{cases}\end{aligned}\tag{3.16}$$

其中，$0\leqslant s,s',t',t''\leqslant 1$。

因为系数矩阵 $\boldsymbol{E}$ 具有正交性，并且互补序列集合 $\boldsymbol{C}$ 具有理想的非周期 ACF 和 CCF，所以对于任意的位移 τ 都可以获得 $\sum\limits_{v=0}^{3}\psi_{\boldsymbol{S}'_{u',v},\boldsymbol{S}'_{u'',v}}(\tau)=0$，即 $\boldsymbol{S}'$ 占有理想的非周期 CCF 性能。

众所周知，具有理想的非周期相关性能则必定具有理想的周期相关性能。那么，集合 $\boldsymbol{S}'$ 的循环移位版本之间都是相互正交的。因此，序列配对集合 $\boldsymbol{S}$ 中的所有序列配对之间满足两两正交。 证毕。

为了对基于移位级联操作的设计原理及其所生成序列集合的相关性能有一个更加直观的认识，本节将提供一个简单的例子。

选择一个子序列长度为 16 的互补序列集合，

$$\boldsymbol{C}=\begin{bmatrix}\boldsymbol{C}_{0,0}; & \boldsymbol{C}_{0,1}\\ \boldsymbol{C}_{1,0}; & \boldsymbol{C}_{1,1}\end{bmatrix}$$

$$=\begin{bmatrix} --+-+++-++-++++-; & ++-+---+++-++++- \\ -++++-+++---+-++; & +----+--+---+-++ \end{bmatrix} \tag{3.17}$$

设正交系数矩阵为 $\boldsymbol{E}=\begin{bmatrix} + & + \\ + & - \end{bmatrix}$，则按照式 (3.13)，可以生成一个具有理想周期/非周期互相关性能的序列集合 $\boldsymbol{S}'$ 如下：

$$\begin{aligned}
\boldsymbol{S}'_{0,0}&=(--+-+++-++-++++-)\\
\boldsymbol{S}'_{0,1}&=(-++++-+++---+-++)\\
\boldsymbol{S}'_{0,2}&=(++-+---+++-++++-)\\
\boldsymbol{S}'_{0,3}&=(+----+--+---+-++)\\
\boldsymbol{S}'_{1,0}&=(--+-+++-++-++++-)\\
\boldsymbol{S}'_{1,1}&=(+----+---+++-+--)\\
\boldsymbol{S}'_{1,2}&=(++-+---+++-++++-)\\
\boldsymbol{S}'_{1,3}&=(-++++-++-+++-+--)\\
\boldsymbol{S}'_{2,0}&=(-++++-+++---+-++)\\
\boldsymbol{S}'_{2,1}&=(--+-+++-++-++++-)\\
\boldsymbol{S}'_{2,2}&=(+----+--+---+-++)\\
\boldsymbol{S}'_{2,3}&=(++-+---+++-++++-)\\
\boldsymbol{S}'_{3,0}&=(-++++-+++---+-++)\\
\boldsymbol{S}'_{3,1}&=(+----+--+---+-++)\\
\boldsymbol{S}'_{3,2}&=(++-+---+--+----+)\\
\boldsymbol{S}'_{3,3}&=(--+-+++---+----+)
\end{aligned} \tag{3.18}$$

可以看出，序列集合 $\boldsymbol{S}'$ 包含有 4 个序列 $\boldsymbol{S}'_0\sim\boldsymbol{S}'_3$，每个序列 $\boldsymbol{S}'_u$ 由 4 个长度为 16 的子序列组成，即 $\boldsymbol{S}'_u=\left[\boldsymbol{S}'_{u,0};\boldsymbol{S}'_{u,1};\boldsymbol{S}'_{u,2};\boldsymbol{S}'_{u,3}\right]$，$0\leqslant u\leqslant 3$。序列集合 $\boldsymbol{S}'$ 具有理想的周期/非周期互相关性能，图 3.10 给出了 $\boldsymbol{S}'_0$ 和 $\boldsymbol{S}'_1$ 之间 4 个对应的子序列之间的周期 CCF 的分布情况。

从图 3.10 中可以看出，虽然单个子序列之间的周期 CCF 并不等于 0 值，但是相对应的 4 个子序列的周期 CCF 之和等于 0 值，这也显示了多个子序列之间组合的优势。

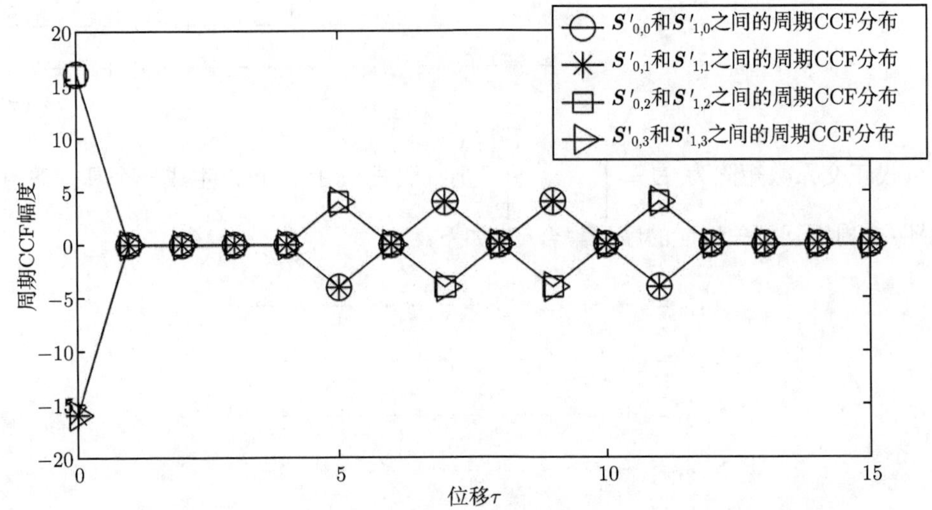

图 3.10　序列 $\boldsymbol{S}'_0$ 和 $\boldsymbol{S}'_1$ 中对应子序列之间的周期 CCF 分布

基于集合 $\boldsymbol{S}'$，按照式 (3.14)，则可以获得 ZCOPs 序列集合 $\boldsymbol{S}$。根据设计方法可知，集合 $\boldsymbol{S}$ 总共包含 $4L = 4 \times 16 = 64$ 个序列配对，其中包含 4 个 ZCCP 序列配对，如式 (3.19) 所示。

$$
\begin{aligned}
\boldsymbol{S}_{0,0} &= (- - + - + + + - + + - + + + + - 0 - + + + + - + + + - - - + - + +)\\
\boldsymbol{S}_{0,1} &= (+ + - + - - - + + + - + + + + - 0 + - - - - + - - + - - - + - + +)\\
\boldsymbol{S}_{16,0} &= (- - + - + + + - + + - + + + + - 0 + - - - - + - - - + + + - + - -)\\
\boldsymbol{S}_{16,1} &= (+ + - + - - - + + + - + + + + - 0 - + + + + - + + - + + + - + - -)\\
\boldsymbol{S}_{32,0} &= (- + + + + - + + + - - - + - + + 0 - - + - + + + - + + - + + + + -)\\
\boldsymbol{S}_{32,1} &= (+ - - - - + - - + - - - + - + + 0 + + - + - - - + + + - + + + + -)\\
\boldsymbol{S}_{48,0} &= (- + + + + - + + + - - - + - + + 0 + + - + - - - + - - + - - - - +)\\
\boldsymbol{S}_{48,1} &= (+ - - - - + - - + - - - + - + + 0 - - + - + + + - - - + - - - - +)
\end{aligned}
\tag{3.19}
$$

这 4 个 ZCCP 序列配对 $\boldsymbol{S}_0$、$\boldsymbol{S}_{16}$、$\boldsymbol{S}_{32}$ 和 $\boldsymbol{S}_{48}$ 具有理想的非周期自相关性能，因此可以将 PAPR 控制到 3dB 范围之内。图 3.11 给出了 ZCCP 序列配对 $\boldsymbol{S}_0$ 的两个子序列 $\boldsymbol{S}_{0,0}$ 和 $\boldsymbol{S}_{0,1}$ 的非周期 ACF 分布情况。从图中可以看出，两个子序列 $\boldsymbol{S}_{0,0}$ 和 $\boldsymbol{S}_{0,1}$ 的非周期异相 ACF 值刚好互为相反数，因此它们的异相 ACF 之和刚好正负抵消，从而保证了 ZCCP 序列配对 $\boldsymbol{S}_0$ 的异相 ACF 值都等于 0。

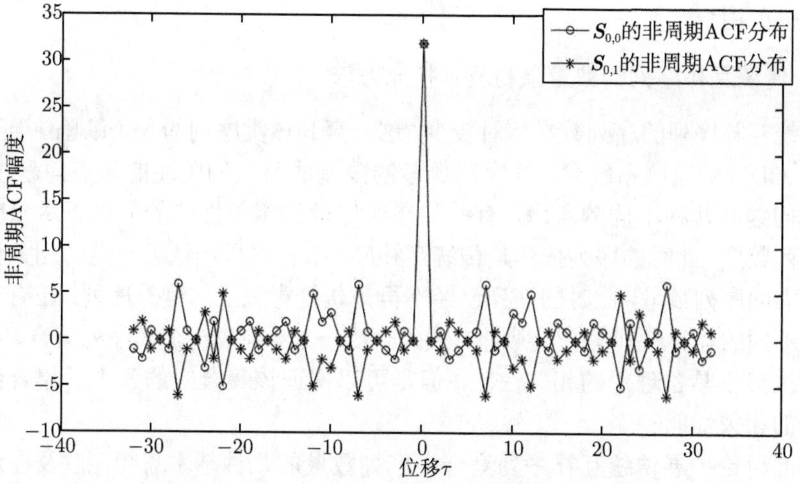

图 3.11 基于移位级联方法的 ZCCP 序列 $\boldsymbol{S}_0$ 的两个子序列 $\boldsymbol{S}_{0,0}$ 和 $\boldsymbol{S}_{0,1}$ 的非周期ACF 分布情况

3.4 具有大数量特性的子集内互补序列集合设计

对于 ZCCP 或 ZCOP 序列集合，每个序列的子序列数量固定为 2，因此适用于 OFDM 系统来抑制 PAPR 到 3dB 范围之内。然而，这些序列集合内的各个序列配对之间相互正交，因此其序列数量虽然远远大于传统互补序列配对的数量，但是却受到序列长度的制约，即正交序列的数量最大只能等于序列长度[16,17]。

本节利用循环移位的完美序列集合对传统的互补序列集合进行扩展，构造了一类子集内互补序列集合[18]，其子序列的数量没有限制。该类序列集合不仅具有优异的相关性能，同时还拥有庞大的序列数量，从而可以有效解决多载波 CDMA 系统中的用户数量和干扰问题。

多载波 CDMA 技术结合了正交频分复用和码分多址的优点，因此在新一代宽带无线通信中备受关注。作为 MC-CDMA 系统中的一项关键技术，序列设计在该系统中起着重要的作用，序列的相关性能和序列的数目直接决定着系统的抗干扰能力和系统的容量。由于互补序列具有理想的周期和非周期相关性能，那么该类序列在 MC-CDMA 系统中已经获得了广泛的应用和研究[19−22]。然而，传统互补序列的序列数目受到理论界的限制，不可能大于互补序列集合中子序列的数目[7]，从而导致使用传统互补序列的 MC-CDMA 系统只能容纳较少的用户。那么，本节所构造的子集内互补序列集合既可以保持互补序列的理想非周期自相关性能和子集内序列之间的理想非周期互相关性能，同时通过在一定程度上牺牲子集之间的互相关性能，也可以大大增加集合中的序列数量，从而可以使得多载波 CDMA 系统容纳更多的用户。

3.4.1　传统互补序列的数量限制及其扩充方法

传统互补序列的序列数量相对较少，这一直是该类序列的一个缺陷。当互补序列用于 CDMA 通信系统时，其序列数量的限制成为人们关注的焦点问题。目前，解决该问题有几种不同的考虑，有些是在保持理想相关性能的前提下尽量获得最大的序列数量，此时的序列依然是传统互补序列；有些是牺牲了一定的相关性能来换取更大的序列数量，此时的序列已经不再是传统意义上的互补序列；还有一些是将多个不同的互补序列集合以某种方式组合到一起，构成一个大序列集合，此时整个集合虽然不具备理想的相关性能，但是可以保证该集合中的各个子集合内部具有理想的相关性能[23]。

下面讨论扩展传统互补序列集合中序列数量的几种基本思想，以及在这几种思想指导下的构造情况。

1. 完备互补序列集合的思想

当集合中互补序列的数量等于每个互补序列中的子序列的数量时，该集合为完备互补序列集合，此时序列数量达到了理论界限。完备互补序列是目前互补序列研究的主要方向，而且在实际应用中人们使用的也都是该类序列。完备互补序列集合通常由一个核序列集合通过级联、交织和正交矩阵等方式扩展得到，而直接构造的方法并不多。文献 [7] 是扩展核序列集合获得完备互补序列集合的经典文章，目前许多应用到具体系统的互补序列都是基于该文献提供的扩展方法。直接构造完备互补序列集合的方法可以通过三个正交矩阵的相互处理获得，即文献 [24] 的构造思想，该文献也首次提出了完备互补序列集合的概念。另外，完备互补序列集合也可以通过某种构造框架得到[25]，通过选择合适的参数获得不同的序列集合。

完备互补序列集合可以在保持理想相关性能的前提下获得最大的序列数量。因此，若对序列的相关性能有很高的要求，则构造完备互补序列集合是应该遵循的最基本的原则。

2. 增加子序列数量的思想

既然理论界限已经限定了互补序列集合中的序列数量不大于子序列的数量，那么，在给定处理增益的前提下，若要保证理想的相关性能，只能通过增加子序列的数量并且相应地缩短子序列的长度来获得更多的互补序列。此处，互补序列的处理增益是指子序列的数量与子序列长度的乘积，类似于直扩序列的序列长度的含义。

若子序列的长度选为 2，则完备互补序列集合中的互补序列数量可以达到处理增益的一半，这是在保证理想相关性能前提下所能获得的最大的序列数量。文献 [26] 就是采用了这种构造思想，对于相同的处理增益，该文献所获得扩展正交 (Extended Orthogonal, EO) 序列集合中的序列数量远大于文献 [24] 所提供的 CC

序列集合的序列数量。表 3.1 给出了这两类序列集合中序列数量的比较，其中 G 表示处理增益。从该表中可以看出，CC 序列集合的序列数量仅仅是处理增益 G 的 3 次方根，而 EO 序列集合中的序列数量最大可以达到 $G/2$。因此，增加子序列的数量可以有效地增加集合中互补序列的数量。

表 3.1 CC 序列集合与 EO 序列集合中序列数量的比较

序列 \ 处理增益	8	64	512	4096	32768	262144	G
CC 序列[24]	2	4	8	16	32	64	$\sqrt[3]{G}$
EO 序列[26]	4	32	256	2048	16384	131072	$G/2$

当互补序列的各个子序列由不同的载波来传送时，如果有充足的载波数量，那么增加子序列的数量不失为增加完备互补序列集合序列数量的一个好方法。

3. 结合 ZCZ 获得子集间理想互相关性能的思想

前面两种增加序列数量的构造思想都保持了序列集合的理想相关性能。实际上，也可以通过牺牲一定的相关性能来获得更大的序列数量，文献 [27-33] 以及第 2 章中的子集间互补的非对称序列集合就是这种思想。基于该思想所构造的序列在各个序列子集内不再具有理想的相关性能，而是具有了 ZCZ，同时子集间依然保持理想的非周期互相关性能。

4. 结合 ZCZ 获得子集内理想相关性能的思想

同子集间具有理想相关性能的思想相对比，另外一种将互补序列与 ZCZ 相结合的思想是构造子集内具有理想相关性能的序列。该类序列集合中的每个序列子集都可以看作一个完备互补序列集合，而这些完备互补序列集合之间的互相关性能具有零相关区。

然而，无论是上面的哪一种增加序列数量的思想，其所能构造的序列数量都受到相应理论界限的制约，最大的序列数量绝不会超过序列的处理增益。因此，如果要获得更大的序列数量，则需要新的构造方法。

本节所构造的子集内互补序列集合可以分成多个序列子集，每个序列子集内具有理想的相关性能，同时各个不同的序列子集之间具有近似理想的相关性能。不同于其他的构造方法，该方法所产生的子集内互补序列集合的序列数量远远大于序列的处理增益。仿真结果显示，当多个序列子集同时使用时，系统的误码率性能虽然与完备互补序列集合相比较略有下降，但是却明显优于相同处理增益下的 m 序列，而且此时其序列数量更是要比完备互补序列集合和 m 序列集合大得多。

3.4.2 基于 Kronecker 积的子集内互补序列集合设计方法

该类子集内互补序列以传统的互补序列集合作为核序列集合，通过多个循环移位的完美序列集合可以将核序列集合扩展成若干个序列子集，从而有效地解决了相关性能和序列数量之间的矛盾。

设 $\boldsymbol{A}$ 是一个完备互补序列集合，互补序列的数量和互补序列中子序列的数量均为 M，每个子序列的长度为 L，则 $\boldsymbol{A}$ 以矩阵形式可表示如下：

$$\boldsymbol{A}=\begin{bmatrix}\boldsymbol{A}_0\\ \boldsymbol{A}_1\\ \vdots\\ \boldsymbol{A}_{M-1}\end{bmatrix}=\begin{bmatrix}\boldsymbol{A}_{0,0}; & \boldsymbol{A}_{0,1}; & \cdots; & \boldsymbol{A}_{0,M-1}\\ \boldsymbol{A}_{1,0}; & \boldsymbol{A}_{1,1}; & \cdots; & \boldsymbol{A}_{1,M-1}\\ \vdots & \vdots & \ddots & \vdots\\ \boldsymbol{A}_{M-1,0}; & \boldsymbol{A}_{M-1,1}; & \cdots; & \boldsymbol{A}_{M-1,M-1}\end{bmatrix} \tag{3.20}$$

其中，$\boldsymbol{A}_{r,m}$ 表示第 r 个互补序列 $\boldsymbol{A}_r$ 的第 m 个子序列，可以表示为

$$\boldsymbol{A}_{r,m}=(A_{r,m}(0),A_{r,m}(1),\cdots,A_{r,m}(L-1)) \tag{3.21}$$

此处，$0\leqslant r,m\leqslant M-1$，并且子序列中的每个元素都是模值为 1 的复数，即 $|A_{r,m}(l)|=1$，$0\leqslant l\leqslant L-1$。

令 $\boldsymbol{S}=\{\boldsymbol{S}_i,0\leqslant i\leqslant P-1\}$ 为一个完美序列集合，该序列集合总共含有 P 个完美序列，每个完美序列长度为 N，表示为

$$\boldsymbol{S}_i=(S_i(0),S_i(1),\cdots,S_i(N-1)) \tag{3.22}$$

其中，$|S_i(n)|=1$，$0\leqslant n\leqslant N-1$。

若将每个完美序列与其所有的移位完美序列组成一个集合，则总共可以得到 P 个移位的完美序列集合 $\boldsymbol{B}=\{\boldsymbol{B}_i,0\leqslant i\leqslant P-1\}$，其中由第 i 个完美序列产生的移位的完美序列集合可表示如下：

$$\boldsymbol{B}_i=\begin{bmatrix}S_i(0) & S_i(1) & \cdots & S_i(N-1)\\ S_i(N-1) & S_i(0) & \cdots & S_i(N-2)\\ \vdots & \vdots & \ddots & \vdots\\ S_i(1) & S_i(2) & \cdots & S_i(0)\end{bmatrix} \tag{3.23}$$

根据完美序列具有理想周期自相关性能的特性，任意一个移位完美序列集合 $\boldsymbol{B}_i$ 都成为一个正交序列集合。

那么，子集内互补序列集合 $\boldsymbol{C}=\{\boldsymbol{C}_i,0\leqslant i\leqslant P-1\}$ 中第 i 个序列子集 $\boldsymbol{C}_i$ 可构造如下[23]：

$$\boldsymbol{C}_i=\boldsymbol{B}_i\otimes\boldsymbol{A}$$

$$
\begin{aligned}
&= \begin{bmatrix} S_i(0)\cdot\boldsymbol{A}; & S_i(1)\cdot\boldsymbol{A}; & \cdots; & S_i(N-1)\cdot\boldsymbol{A} \\ S_i(N-1)\cdot\boldsymbol{A}; & S_i(0)\cdot\boldsymbol{A}; & \cdots; & S_i(N-2)\cdot\boldsymbol{A} \\ \vdots & \vdots & \ddots & \vdots \\ S_i(1)\cdot\boldsymbol{A}; & S_i(2)\cdot\boldsymbol{A}; & \cdots; & S_i(0)\cdot\boldsymbol{A} \end{bmatrix} \\
&= \begin{bmatrix} \boldsymbol{C}_{i,0,0}; & \boldsymbol{C}_{i,0,1}; & \cdots; & \boldsymbol{C}_{i,0,MN-1} \\ \boldsymbol{C}_{i,1,0}; & \boldsymbol{C}_{i,1,1}; & \cdots; & \boldsymbol{C}_{i,1,MN-1} \\ \vdots & \vdots & \ddots & \vdots \\ \boldsymbol{C}_{i,MN-1,0}; & \boldsymbol{C}_{i,MN-1,1}; & \cdots; & \boldsymbol{C}_{i,MN-1,MN-1} \end{bmatrix} \\
&= \begin{bmatrix} \boldsymbol{C}_{i,0} \\ \boldsymbol{C}_{i,1} \\ \vdots \\ \boldsymbol{C}_{i,MN-1} \end{bmatrix}
\end{aligned} \tag{3.24}
$$

其中，$\boldsymbol{C}_{i,u,k}$ 表示第 i 个序列子集 $\boldsymbol{C}_i$ 中第 u 个互补序列 $\boldsymbol{C}_{i,u}$ 的第 k 个子序列，子序列的长度为 $\boldsymbol{L}$，可以表示为

$$
\boldsymbol{C}_{i,u,k} = (C_{i,u,k}(0), C_{i,u,k}(1), \cdots, C_{i,u,k}(L-1)) \tag{3.25}
$$

其中，$0 \leqslant u, k \leqslant MN-1$。

从式 (3.24) 可以看出，所构造的子集内互补序列集合 $\boldsymbol{C}$ 总共包含 P 个序列子集，每个序列子集都包含 MN 个互补序列，因此该序列集合总共包含 PMN 个互补序列。同时，每个互补序列又包含 MN 个子序列，子序列的长度均为 L。

为了描述方便，令 (x_1, x_2)–$\mathrm{IaSC}_{x_3}^{x_4}$ 表示子集数量为 x_1、每个子集内序列数量为 x_2、每个序列中子序列数量为 x_3、子序列长度为 x_4 的子集内互补 (Intra-Subset Complementary, IaSC) 序列集合，则前面讨论的 ZCCP 序列集合可以表示为 $(2^n, 2)$–$\mathrm{IaSC}_2^{2^n L}$，而此处式 (3.24) 中所生成的子集内互补序列集合 $\boldsymbol{C}$ 可以表示为 (P, MN)–IaSC_{MN}^{L}。

可以看出，每个序列子集中序列的数量都等于子序列的数量 MN，那么每个序列子集的内部都达到了最大的序列数量。

3.4.3 子集内理想/子集间近似理想的相关性能

本节将分别讨论基于 Kronecker 积的子集内互补序列集合的非周期相关性能、周期相关性能和集合中的序列数量。作为一种特殊情况，基于具有最佳互相关性能的完美序列集合所构造的 IaSC 序列集合也被特别地加以讨论，从而可以获得 IaSC 序列的最优的相关性能。为了更加直观地体现 IaSC 序列的构造方法和各个方面的性能，本节也给出了详细的构造例子，并进行了简单的分析。

3.4.3.1 IaSC 序列集合的近似理想的相关性能

IaSC 序列集合 $\boldsymbol{C}$ 具有优异的非周期和周期相关性能，其相关性能具体可以描述如下。

定理 3.4[23] 无论是非周期还是周期相关性能，IaSC 序列集合 (P, MN)–IaSC_{MN}^{L} 都具有理想的自相关性能，各个序列子集内的互补序列之间具有理想的互相关性能，而不同序列子集中的序列之间具有近似理想的互相关性能，具体地可以表示如下：

$$\Psi_{\boldsymbol{C}_{i,u}}(\tau)=\sum_{k=0}^{MN-1}\psi_{\boldsymbol{C}_{i,u,k}}(\tau)=0,\quad \tau\neq 0 \tag{3.26}$$

$$\Psi_{\boldsymbol{C}_{i,u},\boldsymbol{C}_{i,v}}(\tau)=\sum_{k=0}^{MN-1}\psi_{\boldsymbol{C}_{i,u,k},\boldsymbol{C}_{i,v,k}}(\tau)=0,\quad u\neq v \tag{3.27}$$

$$\begin{cases}\dfrac{1}{MNL}\Psi_{\boldsymbol{C}_{i,u},\boldsymbol{C}_{j,v}}(0)=\dfrac{1}{N}\phi_{\boldsymbol{S}_i,\boldsymbol{S}_j}\left(\lfloor u/M\rfloor-\lfloor v/M\rfloor\right)_N, & (u)_M=(v)_M\\ \Psi_{\boldsymbol{C}_{i,u},\boldsymbol{C}_{j,v}}(\tau)=0, & \text{其他}\\ i\neq j\end{cases} \tag{3.28}$$

其中，$\lfloor x\rfloor$ 表示 x 的整数部分，$(x)_M$ 表示 x 的模 M 运算。

上面三式给出的是 IaSC 序列集合的非周期相关性能，对于周期相关性能，只要将其中的非周期相关函数换为周期相关函数即可，此处省略。

式 (3.26)~(3.28) 分别表示 $(P, MN)-\text{IaSC}_{MN}^{L}$ 的自相关性能、序列子集内的互相关性能和序列子集之间的归一化互相关性能。此处，归一化相关函数是指相关函数除以序列的处理增益之后的比值，取值为 0~1，它表征的是相关函数值的相对大小。从式 (3.28) 可以看出，虽然它不像 (3.26) 和 (3.27) 两式一样具有理想的相关性能，但是非常接近理想，仅仅序列子集间的某些互补序列 (满足 $(u)_M=(v)_M$) 在位移 $\tau=0$ 时出现非零的相关值，该归一化非零相关值由完美序列集合 $\boldsymbol{S}$ 的归一化周期互相关性能确定。

该定理可证明如下。

证明 首先证明 IaSC 序列的非周期相关性能。根据构造公式，利用 Kronecker 积的性质，互补序列 $\boldsymbol{C}_{i,u}$ 和 $\boldsymbol{C}_{j,v}$ 的归一化非周期相关函数可以表示如下，其中 $0\leqslant i,j\leqslant P-1$，$0\leqslant u,v\leqslant MN-1$，

$$\begin{aligned}&\frac{1}{MNL}\Psi_{\boldsymbol{C}_{i,u},\boldsymbol{C}_{j,v}}(\tau)\\&=\left[\frac{1}{N}\sum_{n=0}^{N-1}\boldsymbol{S}_i\left(n-\lfloor u/M\rfloor\right)_N\boldsymbol{S}_j\left(n-\lfloor v/M\rfloor\right)_N\right]\cdot\left[\frac{1}{ML}\sum_{m=0}^{M-1}\psi_{\boldsymbol{A}_{(u)_M,m},\boldsymbol{A}_{(v)_M,m}}(\tau)\right]\\&=\left[\frac{1}{N}\phi_{\boldsymbol{S}_i,\boldsymbol{S}_j}\left(\lfloor u/M\rfloor-\lfloor v/M\rfloor\right)_N\right]\cdot\left[\frac{1}{ML}\Psi_{\boldsymbol{A}_{(u)_M},\boldsymbol{A}_{(v)_M}}(\tau)\right]\end{aligned} \tag{3.29}$$

从式 (3.29) 中可以看出，$\boldsymbol{C}_{i,u}$ 和 $\boldsymbol{C}_{j,v}$ 在位移 τ 上的归一化非周期相关函数 $\frac{1}{MNL}\Psi_{\boldsymbol{C}_{i,u},\boldsymbol{C}_{j,v}}(\tau)$ 由两项内容决定，即 $\boldsymbol{S}_i$ 和 $\boldsymbol{S}_j$ 在位移 $(\lfloor u/M\rfloor-\lfloor v/M\rfloor)_N$ 上的归一化周期相关函数 $\frac{1}{N}\phi_{\boldsymbol{S}_i,\boldsymbol{S}_j}(\lfloor u/M\rfloor-\lfloor v/M\rfloor)_N$ 以及 $\boldsymbol{A}_{(u)_M}$ 和 $\boldsymbol{A}_{(v)_M}$ 在位移 τ 上的归一化非周期相关函数 $\frac{1}{ML}\Psi_{\boldsymbol{A}_{(u)_M},\boldsymbol{A}_{(v)_M}}(\tau)$。

下面按照 i、j、u 和 v 取值的不同分三种情况加以讨论。

(1) $i=j$、$u=v$ 时的情况。

此时，式 (3.29) 为子集内互补序列集合 $\boldsymbol{C}$ 的非周期自相关函数。因为 $\boldsymbol{A}$ 是一个完备互补序列集合，所以式 (3.29) 中的第二项 $\frac{1}{ML}\Psi_{\boldsymbol{A}_{(u)_M},\boldsymbol{A}_{(v)_M}}(\tau)=0$，$\tau\neq0$。那么，可得 $\frac{1}{MNL}\Psi_{\boldsymbol{C}_{i,u},\boldsymbol{C}_{i,u}}(\tau)=0,\tau\neq0$，则式 (3.26) 得证。

(2) $i=j$、$u\neq v$ 时的情况。

此时，式 (3.29) 成为子集内互补序列集合 $\boldsymbol{C}$ 的每个序列子集内部的各个互补序列之间的非周期互相关函数。对于 $u\neq v$，进一步地又可以分为 $(u)_M\neq(v)_M$ 和 $(u)_M=(v)_M$ 两种情况来进行讨论。

(a) 当$(u)_M\neq(v)_M$ 时的情况。

此时，因为 $\boldsymbol{A}$ 是一个完备互补序列集合，所以必然有 $\frac{1}{ML}\Psi_{\boldsymbol{A}_{(u)_M},\boldsymbol{A}_{(v)_M}}(\tau)=0$，那么式 (3.29) 取零值。

(b) 当 $(u)_M=(v)_M$ 时的情况。

若 $(u)_M=(v)_M$，则 $\frac{1}{ML}\Psi_{\boldsymbol{A}_{(u)_M},\boldsymbol{A}_{(v)_M}}(\tau)$ 仅在位移 $\tau=0$ 时有非零值 1。此时，因为 $u\neq v$ 并且 $(u)_M=(v)_M$，所以一定有 $\lfloor u/M\rfloor-\lfloor v/M\rfloor\neq0$。那么，因为 $\boldsymbol{S}$ 为一个完美序列集合，该集合具有理想的周期自相关性能，所以可得式 (3.29) 中的第一项 $\frac{1}{N}\phi_{\boldsymbol{S}_i,\boldsymbol{S}_j}(\lfloor u/M\rfloor-\lfloor v/M\rfloor)_N=0$，其中 $i=j$ 且 $\lfloor u/M\rfloor-\lfloor v/M\rfloor\neq0$。

综合上述 (a) 和 (b) 这两种情况，当 $i=j$、$u\neq v$ 时，式 (3.29) 均取零值，那么式 (3.27) 得证。

(3) $i\neq j$ 时的情况。

此时，式 (3.29) 为子集内互补序列集合$\boldsymbol{C}$ 中不同序列子集的互补序列之间的非周期互相关函数。因为式 (3.29) 中的第二项 $\frac{1}{ML}\Psi_{\boldsymbol{A}_{(u)_M},\boldsymbol{A}_{(v)_M}}(\tau)$ 仅在 $(u)_M=(v)_M$ 且 $\tau=0$ 时取非零值 1，其他情况均为 0。那么，当 $(u)_M=(v)_M$ 且 $\tau=0$ 时，式 (3.29) 由完美序列集合 $\boldsymbol{S}$ 的归一化周期互相关函数 $\frac{1}{N}\phi_{\boldsymbol{S}_i,\boldsymbol{S}_j}(\lfloor u/M\rfloor-\lfloor v/M\rfloor)_N$ 完全确定，而其他情况下式 (3.29) 取 0 值，则式 (3.28) 得证。

综上所述，定理 3.3 中的非周期相关性能得到证明。对于周期相关性能，其证明过程与非周期相关性能的情况类似，此处省略。 证毕。

从定理 3.3 及其证明过程可以看出，IaSC 序列的构造充分利用了完美序列的周期自相关性能和周期互相关性能。完美序列的周期自相关性能保证了移位以后的各个完美序列集合 $\boldsymbol{B}=\{\boldsymbol{B}_i, 0\leqslant i\leqslant P-1\}$ 具有正交特性，从而进一步确保了 IaSC 序列集合中的每个序列子集内部都具有理想的相关性能。

同时也可以看出，完美序列的周期互相关性能完全确定了 IaSC 序列集合中的不同序列子集中各个互补序列之间的互相关性能，即 IaSC 序列的归一化子集间非零互相关函数值等于相应的完美序列的归一化周期互相关函数值。那么，为了尽量减小 IaSC 序列的非零的互相关函数值，在具体的构造中需要进一步考虑所选用的完美序列的周期互相关性能。

3.4.3.2 基于完美序列集合的 IaSC 序列

既然完美序列的周期互相关性能对 IaSC 序列的归一化子集间非零互相关函数值有决定性影响，那么本小节将讨论如何选取合适的完美序列，从而减小不同序列子集的一部分序列之间的干扰。

对于完美序列，虽然其周期自相关性能是理想的，但是其周期互相关性能却情况各异。按照 Sarwate 界的推广，当序列长度近似等于序列数量时，最大周期相关函数值 $\phi_{\max}$ 满足

$$\phi_{\max}\geqslant\begin{cases}\sqrt{2N}, & \text{二元序列}\\ \sqrt{N}, & \text{多相序列}\end{cases}\tag{3.30}$$

其中，N 为序列长度。

那么，因为完美序列的异相周期自相关函数值等于零，所以当完美序列的周期互相关性能达到该理论界限时，则称其为最佳的完美序列。二元的完美序列只有一个，可以不用考虑，而多相的最佳完美序列应该满足最大周期互相关函数值等于序列长度的 2 次方根。

对于给定的序列长度，一般来说并不是所产生的全部完美序列之间都可以达到最佳的互相关性能，而是需要满足一些特定的条件。否则，有些序列之间将会出现较大的周期互相关函数值。例如，对于 Zadoff-Chu 序列[34]，当序列长度等于 15 时，总共可以产生 8 个不同的完美序列，它们的根索引值分别为 $\{1,2,4,7,8,11,13,14\}$。在这 8 个完美序列之间，存在三种不同的周期互相关函数分布情况，如图 3.12 所示。

从图 3.12 中可以看出，第一种归一化周期互相关函数值都相等，此处为 $\sqrt{N}/N=0.2582$，因此达到了理论界。然而，第二、三种分布中都有一部分的周期相关函数值大于该理论界限值，第二种分布中的最大周期相关函数值为 0.4472，第三种分布中的最大周期相关函数值为 0.5774。当采用这些序列用于构造 IaSC 序列时，较大的周期互相关函数值将导致某些 IaSC 序列之间严重的干扰，因此必须避免这种情况发生。

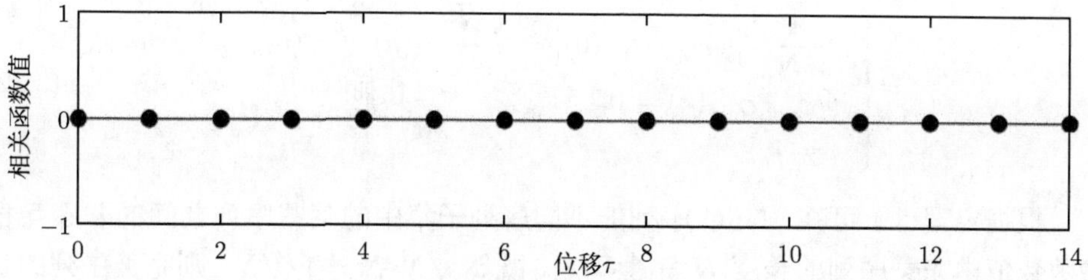

(a) 根索引值为1和2

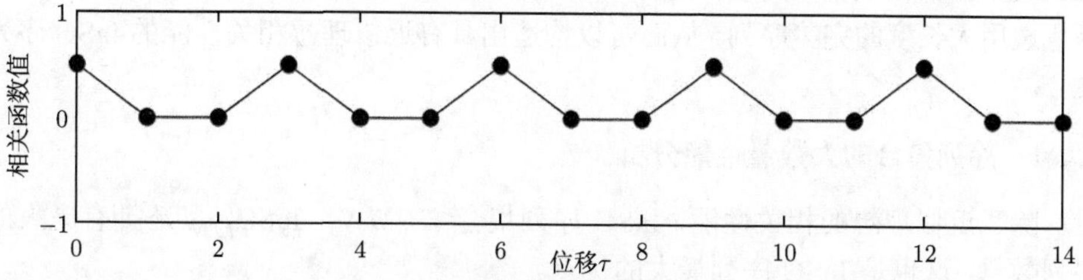

(b) 根索引值为2和8

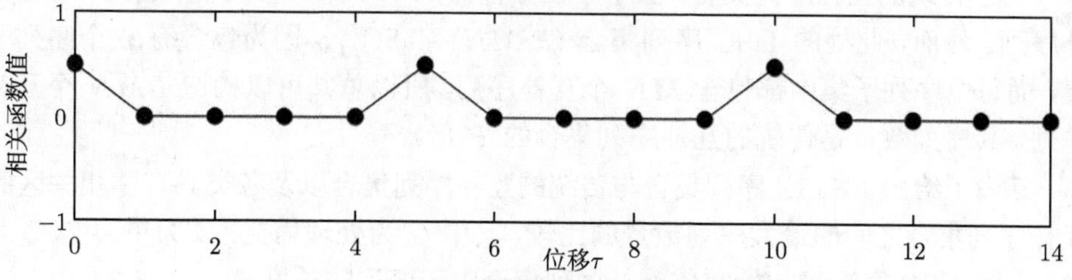

(c) 根索引值为4和13

图 3.12 长度为 15 的 Zadoff-Chu 序列的三种周期 CCF 分布

对于 Frank 序列[24] 和 Zadoff-Chu 序列 [23] 等完美序列，当达到最佳时，其任意位移上的归一化周期互相关函数值都等于 $\sqrt{N}/N$。那么，当选择这些完美序列来构造 IaSC 序列时，IaSC 序列的子集间互相关性能将有更加确切的结果。

定理 3.5[23] 为了减小 IaSC 序列的子集间互相关函数值，在 IaSC 序列集合 $(P, MN)-\mathrm{IaSC}_{MN}^{L}$ 的构造中可以选择最佳完美序列，此时 IaSC 序列的子集间非周期和周期互相关性能可以分别表示如下：

$$
\begin{cases}
\dfrac{1}{MNL}\left|\Psi_{\boldsymbol{C}_{i,u},\boldsymbol{C}_{j,v}}(0)\right| = \dfrac{\sqrt{N}}{N}, & (u)_M = (v)_M \\
\Psi_{\boldsymbol{C}_{i,u},\boldsymbol{C}_{j,v}}(\tau) = 0, & \text{其他} \\
i \neq j
\end{cases}
\tag{3.31}
$$

$$\begin{cases} \dfrac{1}{MNL}\left|\Phi_{\boldsymbol{C}_{i,u},\boldsymbol{C}_{j,v}}(0)\right| = \dfrac{\sqrt{N}}{N}, & (u)_M = (v)_M \\ \Phi_{\boldsymbol{C}_{i,u},\boldsymbol{C}_{j,v}}(\tau) = 0, & \text{其他} \\ i \neq j \end{cases} \tag{3.32}$$

根据定理 3.4 可知，IaSC 序列的不同序列子集中的某些序列之间的非零互相关函数值由完美序列的长度 N 完全确定，既然 $\sqrt{N}/N = 1/\sqrt{N}$，则完美序列的长度 N 越大，IaSC 序列的子集间互相关性能越好。因此，在条件允许的情况下，应该尽量选用大长度的完美序列，从而可以构造出具有近似理想相关性能的 IaSC 序列集合。

3.4.4　序列集合的大数量性能分析

除了近似理想的相关性能，IaSC 序列集合 (P, MN)–IaSC$^L_{MN}$ 还拥有庞大的序列数量，这也是 IaSC 序列最大的优点。

对于传统的互补序列集合，当子序列数量为 MN 时，最多可以构造 MN 个互补序列。然而，此处的 IaSC 序列集合 (P, MN)–IaSC$^L_{MN}$ 因为包含有 p 个序列子集，而每个序列子集中都包含 MN 个互补序列，所以总共可以构造 PMN 个互补序列，其序列数量是传统的互补序列集合的 P 倍。

表 3.1 给出了 IaSC 序列集合与传统的互补序列集合以及各类具有零相关区的互补序列集合之间的最大序列数量的比较，其中 G 为处理增益，Z 为单边 ZCZ 长度，L 为 IaSC 序列的初始完备互补序列集合中子序列的长度。

从表 3.2 中可以看出，IaSC 序列集合的序列数量不仅大于传统互补序列集合，同时也大于各类具有零相关区的互补序列集合。因为根据 Z 互补序列设计的理论界限[36]，具有零相关区的互补序列集合的序列数量会受到最小单边零相关区宽度的限制，所以其序列数量不可能超过处理增益 G。但是，IaSC 序列集合中的 P 和 L 没有约束关系，可以选取 $P \gg L$，从而保证序列数量可以远远大于处理增益 G。

表 3.2　几类序列集合之间最大序列数量的比较

序列集合	传统互补序列	GPC 序列[28]	GPZ 序列[29]	IGC 序列[27]	IaSC 序列[23]
序列数量	G/L	G/Z	G/Z	G/Z	PG/L

为了更加直观地体现 IaSC 序列集合中的序列数量与处理增益之间的关系，表 3.3 给出了基于 Zadoff-Chu 序列进行扩展的各个参数随处理增益变化的情况。该表中所使用的 Zadoff-Chu 序列的长度 N 均为素数，初始的完备互补序列集合的序列数量 M 和子序列长度 L 均等于 2。从该表中可以看出，随着处理增益的增加，IaSC 序列集合中的序列数量显著增长，当处理增益为 508 时，总共可以构造出 32004 个 IaSC 序列。

此处需要指出，IaSC 序列集合中的序列数量与完美序列的序列数量有密切的关系，而完美序列的序列数量通常受到完美序列的长度的制约。虽然完美序列的长度可以有较大的选择空间，但是对于不同的序列长度，能够达到最佳周期互相关性能的完美序列的数量却有很大的差异。一般来说，具有最佳周期互相关性能的完美序列集合都要求不同序列的根索引值的差值与序列长度满足互素的关系。

表 3.3 IaSC 序列集合的各个参数，$M = L = 2$

处理增益	N	P	子序列数量	互补序列数量
12	3	2	6	12
164	41	40	82	3280
332	83	82	166	13612
508	127	126	254	32004

例如，对于 Zadoff-Chu 序列集合，每个根索引值都必须与序列长度互素，同时为了达到最佳周期互相关性能，这些根索引值的差值也必须与序列长度互素。表 3.4 列出了序列长度为 $3 \sim 11$ 时，可选的根索引值以及能够达到最佳周期互相关性能时可用的根索引值。从该表中可以看出，当序列长度为偶数时，虽然可以构造出若干个完美序列，但是这些完美序列之间不能达到最佳周期互相关性能。当序列长度为奇数时，可以选出若干个完美序列满足最佳周期互相关性能，特别是在序列长度为素数时，此时序列数量达到最大，即序列数量等于序列长度减 1。

表 3.4 Zadoff-Chu 序列集合的序列长度与根索引值之间的关系

序列长度 N	可选根索引值	性能最佳时的根索引值
3	1, 2	1, 2
4	1, 3	1 或 3
5	1, 2, 3, 4	1, 2, 3, 4
6	1, 5	1 或 5
7	1, 2, 3, 4, 5, 6	1, 2, 3, 4, 5, 6
8	1, 3, 5, 7	1 或 3 或 5 或 7
9	1, 2, 4, 5, 7, 8	$\{1,2\}$或$\{1,5\}$或$\{1,8\}$或$\{2,4\}$或$\{4,5\}$或$\{5,7\}$或$\{7,8\}$
10	1, 3, 7, 9	1 或 3 或 7 或 9
11	1, 2, 3, 4, 5, 6, 7, 8, 9, 10	1, 2, 3, 4, 5, 6, 7, 8, 9, 10

那么，为了尽量减小 IaSC 序列集合中的子集间非零互相关值，在构造中选择完美序列时应该保证完美序列的长度为素数。

下面给出一个简单的例子来演示 IaSC 序列集合的具体构造过程以及该类序

列的性能，该例中选用文献 [5] 中序列数量 $M=2$ 并且子序列长度 $L=4$ 的二元完备互补序列集合作为初始集合 $\boldsymbol{A}$，可以表示如下：

$$\boldsymbol{A}=\begin{bmatrix}\boldsymbol{A}_0\\ \boldsymbol{A}_1\end{bmatrix}=\begin{bmatrix}\boldsymbol{A}_{0,0};&\boldsymbol{A}_{0,1}\\ \boldsymbol{A}_{1,0};&\boldsymbol{A}_{1,1}\end{bmatrix}=\begin{bmatrix}+++-;--+-\\ -+--;+---\end{bmatrix}\tag{3.33}$$

完美序列集合 $\boldsymbol{S}$ 选用序列数量 $P=2$ 并且序列长度 $N=3$ 的 Zadoff-Chu 序列，可以表示为

$$\boldsymbol{S}=\begin{bmatrix}\boldsymbol{S}_0\\ \boldsymbol{S}_1\end{bmatrix}=\begin{bmatrix}1&\mathrm{e}^{\mathrm{j}2\pi/3}&1\\ 1&\mathrm{e}^{\mathrm{j}4\pi/3}&1\end{bmatrix}\tag{3.34}$$

其中，j 为虚数单位，满足 $\mathrm{j}=\sqrt{-1}$。

当 Zadoff-Chu 完美序列集合中的序列长度 N 为素数时，序列数量可达到 $N-1$，而且各个完美序列之间具有最佳的周期互相关性能，满足任意位移上的归一化周期互相关函数模值都等于 $\sqrt{N}/N$。本例中 $N=3$ 为素数，所以周期互相关函数模值为 $\sqrt{3}/3$。

考虑到 Zadoff-Chu 序列以及后面将要构造的 IaSC 序列都属于多相序列，为了书写方便，此处将采用文献 [5] 中多相序列的表示方式，即用不同的相位来表示序列中不同的元素。那么，因为此处的 Zadoff-Chu 序列为三相序列，则有

$$\boldsymbol{S}=\begin{bmatrix}\boldsymbol{S}_0\\ \boldsymbol{S}_1\end{bmatrix}=\begin{bmatrix}\mathrm{e}^{\mathrm{j}\frac{2\pi}{3}\hat{\boldsymbol{S}}_0}\\ \mathrm{e}^{\mathrm{j}\frac{2\pi}{3}\hat{\boldsymbol{S}}_1}\end{bmatrix}\tag{3.35}$$

其中，$\hat{\boldsymbol{S}}_0=(0,1,0)$，$\hat{\boldsymbol{S}}_1=(0,2,0)$。

根据式 (3.23)，对上述两个完美序列进行循环移位，则进一步可得两个使用相位表示的移位的完美序列矩阵如下：

$$\hat{\boldsymbol{B}}_0=\begin{bmatrix}0&1&0\\0&0&1\\1&0&0\end{bmatrix},\quad \hat{\boldsymbol{B}}_1=\begin{bmatrix}0&2&0\\0&0&2\\2&0&0\end{bmatrix}\tag{3.36}$$

那么，利用构造公式 (3.24)，通过 Kronecker 积可以得到具有两个序列子集的 IaSC 序列集合 $\boldsymbol{C}$。因为该集合 $\boldsymbol{C}$ 中的互补序列为六相序列 (这可以从构造后的元素值看出)，所以两个序列子集可以分别表示如下：

$$\boldsymbol{C}_0=\boldsymbol{B}_0\otimes\boldsymbol{A}=\mathrm{e}^{\mathrm{j}\frac{2\pi}{6}\hat{\boldsymbol{C}}_0}\tag{3.37}$$

$$\boldsymbol{C}_1=\boldsymbol{B}_1\otimes\boldsymbol{A}=\mathrm{e}^{\mathrm{j}\frac{2\pi}{6}\hat{\boldsymbol{C}}_1}\tag{3.38}$$

其中，两个相位形式的序列子集$\hat{C}_0=\left\{\hat{C}_{0,m},m=0,1,\cdots,5\right\}$ 和 $\hat{C}_1=\left\{\hat{C}_{1,m},\right.$ $\left.m=0,1,\cdots,5\right\}$ 如式 (3.39) 和 (3.40) 所示。此处，子序列之间依然使用分号 "; " 间隔开，而子序列中的相位元素之间使用逗号 "，" 间隔开，

$$\begin{bmatrix}\hat{C}_{0,0}\\ \hat{C}_{0,1}\\ \hat{C}_{0,2}\\ \hat{C}_{0,3}\\ \hat{C}_{0,4}\\ \hat{C}_{0,5}\end{bmatrix}=\begin{bmatrix}0,0,0,3;3,3,0,3;2,2,2,5;5,5,2,5;0,0,0,3;3,3,0,3\\ 3,0,3,3;0,3,3,3;5,2,5,5;2,5,5,5;3,0,3,3;0,3,3,3\\ 0,0,0,3;3,3,0,3;0,0,0,3;3,3,0,3;2,2,2,5;5,5,2,5\\ 3,0,3,3;0,3,3,3;3,0,3,3;0,3,3,3;5,2,5,5;2,5,5,5\\ 2,2,2,5;5,5,2,5;0,0,0,3;3,3,0,3;0,0,0,3;3,3,0,3\\ 5,2,5,5;2,5,5,5;3,0,3,3;0,3,3,3;3,0,3,3;0,3,3,3\end{bmatrix} \tag{3.39}$$

$$\begin{bmatrix}\hat{C}_{1,0}\\ \hat{C}_{1,1}\\ \hat{C}_{1,2}\\ \hat{C}_{1,3}\\ \hat{C}_{1,4}\\ \hat{C}_{1,5}\end{bmatrix}=\begin{bmatrix}0,0,0,3;3,3,0,3;4,4,4,1;1,1,4,1;0,0,0,3;3,3,0,3\\ 3,0,3,3;0,3,3,3;1,4,1,1;4,1,1,1;3,0,3,3;0,3,3,3\\ 0,0,0,3;3,3,0,3;0,0,0,3;3,3,0,3;4,4,4,1;1,1,4,1\\ 3,0,3,3;0,3,3,3;3,0,3,3;0,3,3,3;1,4,1,1;4,1,1,1\\ 4,4,4,1;1,1,4,1;0,0,0,3;3,3,0,3;0,0,0,3;3,3,0,3\\ 1,4,1,1;4,1,1,1;3,0,3,3;0,3,3,3;3,0,3,3;0,3,3,3\end{bmatrix} \tag{3.40}$$

这是一个 IaSC 序列集合 (2,6)$-\mathrm{IaSC}_6^4$，该 IaSC 序列集合具有优异的相关性能，图 3.13 显示了它的非周期相关函数值分布情况。其中，图 3.13-(a) 和图 3.13-(b) 分别显示了它的非周期自相关函数和序列子集内的非周期互相关函数分布情况，图 3.13-(c) 和图 3.13-(d) 显示了它的不同序列子集之间的两种非周期互相关函数分布情况。从图 3.13 中可以看出，IaSC 序列集合 (2,6)$-\mathrm{IaSC}_6^4$ 具有理想的自相关性能，序列子集内具有理想的互相关性能，序列子集间一部分互补序列间具有理想的互相关性能，同时另一部分互补序列之间仅在位移 $\tau=0$ 时为非零值，此时的归一化非零值为 $\sqrt{3}/3\approx0.577$。

此处需要指出，本例中为了书写方便，完美序列集合中的序列数量和序列长度都取得较小，这样使得序列子集的数量仅为 2，同时在 $\tau=0$ 时的归一化非零互相关函数值也较大。实际应用中，当使用 Zadoff-Chu 码作为构造中的完美序列集合时，可根据具体需要增大 N 的取值。例如，根据表 3.3，取 $N=127$，则序列子集的数量可达到 126，而总的序列数量可达到 32004，此时序列子集间一部分互补序列之间在 $\tau=0$ 时的归一化非零值仅为 $\sqrt{N}/N\approx0.088$。

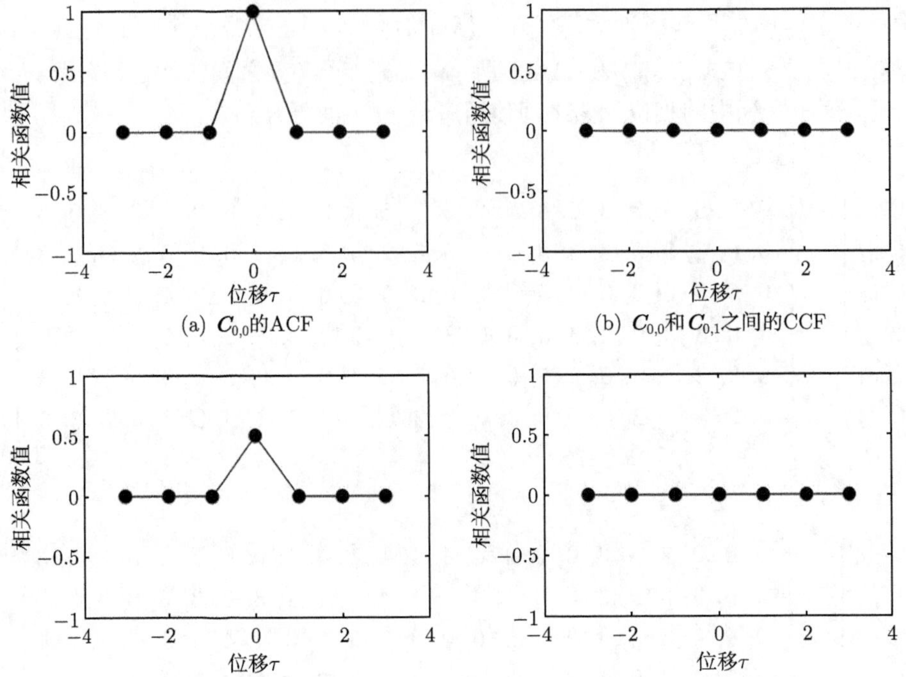

(a) $\boldsymbol{C}_{0,0}$的ACF　(b) $\boldsymbol{C}_{0,0}$和$\boldsymbol{C}_{0,1}$之间的CCF

(c) $\boldsymbol{C}_{0,0}$和$\boldsymbol{C}_{1,0}$之间的CCF　(d) $\boldsymbol{C}_{0,0}$和$\boldsymbol{C}_{1,1}$之间的CCF

图 3.13　IaSC 序列集合 $(2,6)-\text{IaSC}_6^4$ 的非周期相关函数数值分布

3.4.5　多载波 CDMA 系统中的大数量子集内互补序列应用仿真

IaSC 序列集合 $(P,MN)-\text{IaSC}_{MN}^L$ 实质上是对传统的完备互补序列集合的扩展，其中的每个序列子集都可以看作一个完备互补序列集合，所以序列子集都可以代替传统的完备互补序列集合单独使用。当各个序列子集联合使用时，互补序列的数量大幅度增加，那么可以在牺牲一定误码率性能的条件下迅速增大系统的容量。

当 IaSC 序列用于多载波 CDMA 系统时，该系统在多径干扰以及加性高斯白噪声 (Additive White Gaussian Noise, AWGN) 的信道下的误码率性能如图 3.14 所示。其中，构造 IaSC 序列集合的初始集合 $\boldsymbol{A}=\begin{bmatrix} ++; & +- \\ -+; & -- \end{bmatrix}$，并且完美序列选用长度为 $N=127$ 的 Zadoff-Chu 序列，则可以产生 IaSC 序列集合 $(126,254)-\text{IaSC}_{254}^2$。

为了便于比较，图 3.14 中还给出长为 511 的 m 序列以及长为 512 的 CC 序列[24] 应用于相同系统的仿真结果，这两类序列的处理增益与 IaSC 序列的处理增益 508 非常接近，因此具有可比性。处理增益为 512 的 CC 序列最多只能构造出 $\sqrt[3]{512}=8$ 个互补序列，同时本例中的 IaSC 序列的每个序列子集内具有与 CC 序列相同的理想相关性能，序列数量却可以达到 254，远远超出 CC 序列。图 3.14 中显示，当所用的 8 个 IaSC 序列来源于同一个序列子集时，其性能与 CC 序列相同，因为此时它们都是完备互补序列集合，所以可以有效抑制多址干扰和多径干扰。如果 IaSC 序列来源于不同的序列子集，即 16 个序列分别来自于两个序列子集，每子集选出 8 个序列。那么，其 BER 性能有所下降，但是依然明显优于 m 序列。而且，此时其使用的序列数量已经增加了一倍。

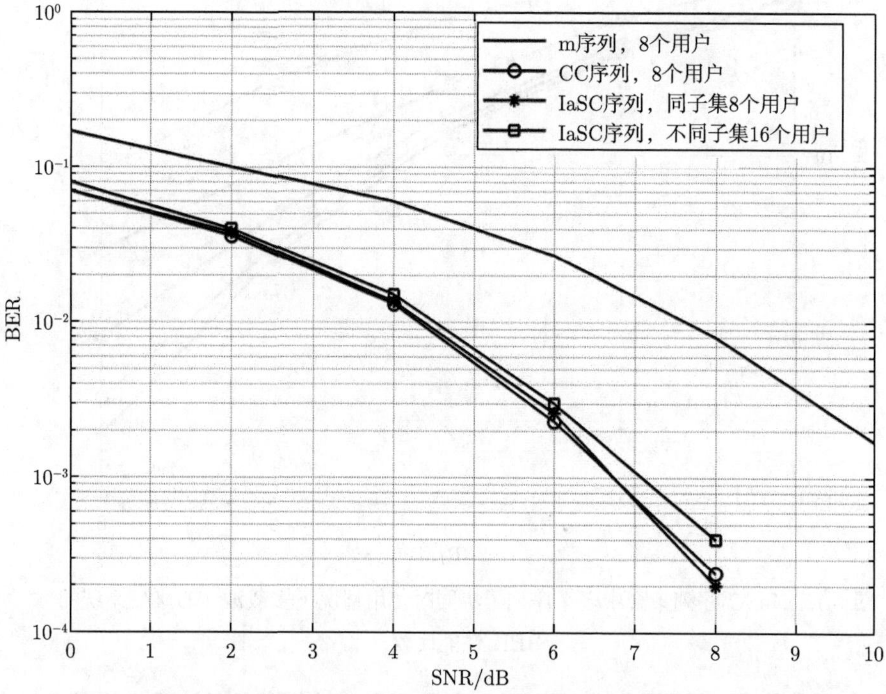

图 3.14 分别使用 m 序列、CC 序列和 IaSC 序列时的多载波 CDMA 系统的 BER 性能

当系统需要更多的序列时，可以考虑使用 IaSC 序列集合中的多个序列子集，图 3.15 给出了 IaSC 序列集合中多个序列子集同时使用情况下多载波 CDMA 系统的 BER 性能比较。在该例中，虽然 IaSC 序列集合中每个序列子集内包含有 254 个互补序列，但是为了体现子集间干扰对系统 BER 性能的影响，那么在每个序列子集中只选取 8 个互补序列用于仿真多载波 CDMA 系统性能。

从图 3.15 中可以看出，随着序列子集数量的增加，序列数量迅速增加，导致了系统性能在一定程度上的下降。因此，虽然本例中的 IaSC 序列集合总共包含 126 个序列子集，但是为了保证系统的性能，这些序列子集通常不要全部使用。例如，如果只选用其中的 8 个序列子集，已经可以提供 $8 \times 254 = 2032$ 个序列，而此时的 BER 性能也是基本可以接受的。

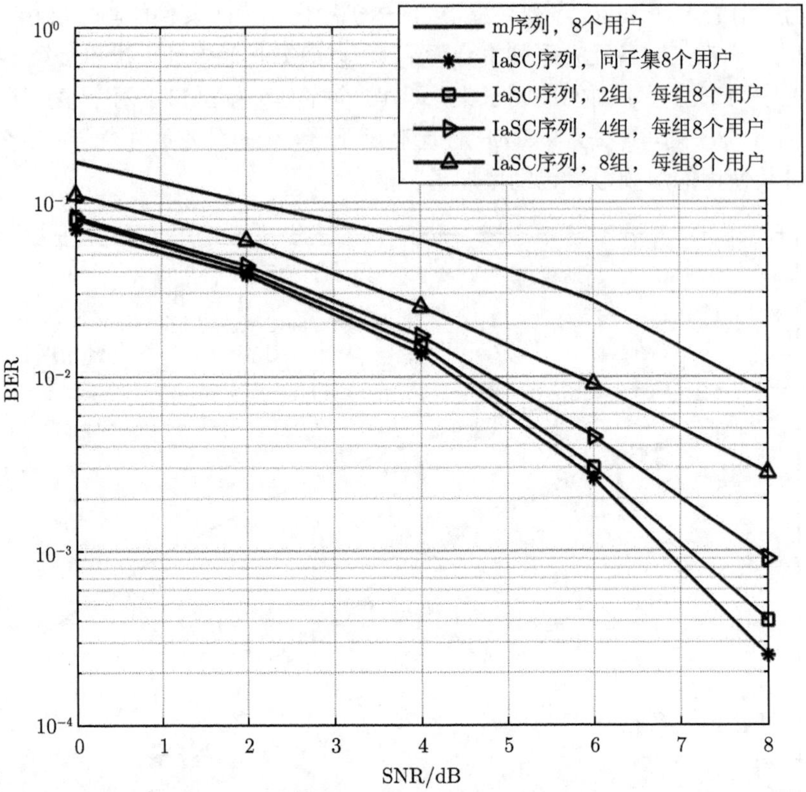

图 3.15　IaSC 序列集合中多个序列子集同时使用情况下多载波 CDMA 系统的 BER 性能比较

此处需要指出，由于 IaSC 序列子集内具有理想的相关性能，因此使用子集内一部分序列与使用子集内全部序列这两种情况下系统的 BER 性能差异不大。但是，当使用多个序列子集时，每个子集中使用的序列数量越多则序列子集中序列之间的干扰也就越大，所以此时每个序列子集中所选用的序列数量将对系统性能产生较大影响。

另外，需要说明此处仿真过程都没有考虑信道的频率选择性衰落。由于每个互补序列的子序列都是承载在各个不同的子载波上，那么频率选择性衰落将破坏 IaSC 序列的理想相关性能。因此，当实际中存在频率选择性衰落时，仿真结果中系统的 BER 性能在某种程度上将会有所降低。

综上所述，该类 IaSC 序列集合拥有庞大的互补序列，在相同的处理增益下，其序列数量远远大于传统互补序列集合以及具有 ZCZ 的互补序列集合的序列数量。同时，它也具有优异的相关性能，每个序列子集内都具有理想的周期和非周期相关性能。而且，不同的序列子集之间具有近似理想的相关性能，仅仅不同的序列子集中的某些序列之间在位移 $\tau = 0$ 时存在非零相关值，而该非零值可以通过选取适当的完美序列集合将其控制在一个较低的范围内。当 IaSC 序列集合用于多载波 CDMA 系统时，可以有效解决用户数量以及用户之间的干扰问题。仿真结果表明，适当地增加序列子集的数量，既可以满足大用户数量的要求，又可以保证系统获得良好的 BER 性能。

3.5 子集内互补/子集间 ZCZ 的序列集合设计

对于 ZCCPs 和 IaSC 等具有子集内互补特性的序列集合，其序列子集间的相关性能各不相同，ZCCPs 和 ZCOPs 满足序列子集之间具有正交性质，而 IaSC 则在序列子集之间具有近似理想的相关性能。本节将介绍另一类具有子集内互补特性的序列集合，该类序列集合可以分成多个序列子集，每个序列子集内部的序列具有理想的相关性能，同时序列子集之间具有不同宽度的 ZCZ，即子集内互补 (Intra-Subset Complementary, IaSC)/子集间零相关区 (Inter-Subset ZCZ, ISZ)。作为传统互补序列集合的扩展，所构造的 IaSC-ISZ 序列集合中的每一个序列子集都是一个完备互补序列集合，从而既可以满足容纳大数量用户的需求，又可以保证系统的抗干扰性能。

相比较于具有子集间互补/子集内 ZCZ 特性的 IGC 序列，IaSC-ISZ 序列具有子集间 ZCZ /子集内互补特性，虽然它们的互相关性能都分为理想性能和零相关区这两种情况，但是 IaSC-ISZ 序列的自相关性能优于 IGC 序列，因为 IGC 序列的自相关函数具有 ZACZ，而 IaSC-ISZ 序列的自相关性能则是理想的，这也是两者之间的本质区别。

下面对 IaSC-ISZ 序列集合的设计方法进行分析和讨论。

3.5.1 两倍零相关区宽度的产生

为了构造 IaSC-ISZ 序列集合，首先给出一个定理，该定理中的扩展方法可以使具有零相关区的互补序列集合的零相关区宽度翻倍。

令 $\boldsymbol{S}$ 为一个具有零相关区的互补序列集合，其序列数目为 K，每个序列的子序列数目为 P，每个子序列的长度为 L，并且单边零自相关区和单边零互相关区的宽度分别为 Z_a 和 Z_c。集合 $\boldsymbol{S}$ 以矩阵形式可以表示如下：

$$\boldsymbol{S} = \begin{bmatrix} \boldsymbol{S}_0 \\ \boldsymbol{S}_1 \\ \vdots \\ \boldsymbol{S}_{K-1} \end{bmatrix} = \begin{bmatrix} \boldsymbol{S}_{0,0}; & \boldsymbol{S}_{0,1}; & \cdots; & \boldsymbol{S}_{0,P-1} \\ \boldsymbol{S}_{1,0}; & \boldsymbol{S}_{1,1}; & \cdots; & \boldsymbol{S}_{1,P-1} \\ \vdots & \vdots & \ddots & \vdots \\ \boldsymbol{S}_{K-1,0}; & \boldsymbol{S}_{K-1,1}; & \cdots; & \boldsymbol{S}_{K-1,P-1} \end{bmatrix} \tag{3.41}$$

其中，第 k 个序列 $\boldsymbol{S}_k$ 的第 p 个子序列可表示为 $\boldsymbol{S}_{k,p}=(\boldsymbol{S}_{k,p}(0),\boldsymbol{S}_{k,p}(1),\cdots,\boldsymbol{S}_{k,p}(L-1))$，$0\leqslant k\leqslant K-1$，$0\leqslant p\leqslant P-1$。

定理 3.6[8] 按照式 (3.42) 的操作可以获得一个新的具有零相关区的互补序列集合 $\boldsymbol{S}'$，其序列数目、子序列数目、子序列长度、单边零自相关区宽度和单边零互相关区宽度分别为 K、$2P$、$2L$、$2Z_a$ 和 $2Z_c$，

$$\boldsymbol{S}'=\left[c_0\bar{\boldsymbol{S}}\odot c_1\bar{\boldsymbol{S}};\quad c_2\bar{\boldsymbol{S}}\odot c_3\bar{\boldsymbol{S}}\right]=\begin{bmatrix}\boldsymbol{S}'_0\\ \boldsymbol{S}'_1\\ \vdots\\ \boldsymbol{S}'_{K-1}\end{bmatrix}$$

$$=\begin{bmatrix}\boldsymbol{S}'_{0,0}; & \boldsymbol{S}'_{0,1}; & \cdots; & \boldsymbol{S}'_{0,2P-1}\\ \boldsymbol{S}'_{1,0}; & \boldsymbol{S}'_{1,1}; & \cdots; & \boldsymbol{S}'_{1,2P-1}\\ \vdots & \vdots & \ddots & \vdots\\ \boldsymbol{S}'_{K-1,0}; & \boldsymbol{S}'_{K-1,1}; & \cdots; & \boldsymbol{S}'_{K-1,2P-1}\end{bmatrix}\tag{3.42}$$

对于式 (3.42)，$\bar{\boldsymbol{S}}$ 表示对 $\boldsymbol{S}$ 中的每一个子序列的元素交替取负操作，如果设 $\boldsymbol{a}=(a(0),a(1),\cdots,a(L-1))$ 表示一个长为 L 的序列，则 $\boldsymbol{a}$ 中元素的交替取负操作 $\bar{\boldsymbol{a}}$ 可以表示如下：

$$\bar{\boldsymbol{a}}=(a(0),-a(1),a(2),-a(3),a(4),-a(5),\cdots)\tag{3.43}$$

在式 (3.42) 中，集合 $\boldsymbol{S}'$ 的第 k 个序列 $\boldsymbol{S}'_k$ 的第 p 个子序列可表示为 $\boldsymbol{S}'_{k,p}=\left(\boldsymbol{S}'_{k,p}(0),\boldsymbol{S}'_{k,p}(1),\cdots,\boldsymbol{S}'_{k,p}(2L-1)\right)$，$0\leqslant k\leqslant K-1$，$0\leqslant p\leqslant 2P-1$。系数 $c_m\in\{1,-1\}$，$0\leqslant m\leqslant 3$，且满足

$$c_0c_1+c_2c_3=0\tag{3.44}$$

根据定理 3.6，所产生的集合 $\boldsymbol{S}'$ 的零相关区宽度是原集合 $\boldsymbol{S}$ 的零相关区宽度的两倍。传统互补序列集合作为一种特殊的具有零相关区的互补序列集合，其零相关区的宽度等于子序列的长度。那么，按照式 (3.42) 经过一次交织以后，零相关区的宽度翻了一倍，同时子序列的长度也增加了一倍，因此它们还是相等的，也就是说传统互补序列集合经过式 (3.42) 中的交织操作之后依然是一个传统互补序列集合，只不过子序列的数目和长度都增加了一倍。

证明 根据式 (3.42)，显然集合 $\boldsymbol{S}'$ 具有与集合 $\boldsymbol{S}$ 相同的序列数目，而子序列数目和子序列长度翻倍。因此，下面主要证明集合 $\boldsymbol{S}'$ 的单边零自相关区和零互相关

区宽度增加一倍。设 $\boldsymbol{S}'_{k_1}$ 和 $\boldsymbol{S}'_{k_2}$ 分别是集合 $\boldsymbol{S}'$ 中的两个序列，$0 \leqslant k_1, k_2 \leqslant K-1$，则它们的非周期相关函数可计算如下：

$$\Psi_{\boldsymbol{S}'_{k_1},\boldsymbol{S}'_{k_2}}(\tau') = \Psi_{c_0\bar{\boldsymbol{S}}_{k_1}\odot c_1\bar{\boldsymbol{S}}_{k_1},c_0\bar{\boldsymbol{S}}_{k_2}\odot c_1\bar{\boldsymbol{S}}_{k_2}}(\tau') + \Psi_{c_2\bar{\boldsymbol{S}}_{k_1}\odot c_3\bar{\boldsymbol{S}}_{k_1},c_2\bar{\boldsymbol{S}}_{k_2}\odot c_3\bar{\boldsymbol{S}}_{k_2}}(\tau') \quad (3.45)$$

其中，τ' 表示集合 $\boldsymbol{S}'$ 的相关函数所对应的位移。式 (3.45) 可以按照 τ' 取值的奇偶数不同分两种情况讨论。

当 τ' 为奇数时的情况，即 $\tau' = 2\tau+1$。此时，结合式 (3.44) 可得

$$\begin{aligned}
\Psi_{\boldsymbol{S}'_{k_1},\boldsymbol{S}'_{k_2}}(\tau') &= \left[c_0c_1\Psi_{\bar{\boldsymbol{S}}_{k_1},\bar{\boldsymbol{S}}_{k_2}}(\tau) + c_0c_1\Psi_{\bar{\boldsymbol{S}}_{k_1},\bar{\boldsymbol{S}}_{k_2}}(\tau+1)\right] \\
&\quad + \left[c_2c_3\Psi_{\bar{\boldsymbol{S}}_{k_1},\bar{\boldsymbol{S}}_{k_2}}(\tau) + c_2c_3\Psi_{\bar{\boldsymbol{S}}_{k_1},\bar{\boldsymbol{S}}_{k_2}}(\tau+1)\right] \\
&= (c_0c_1+c_2c_3)\left(\Psi_{\bar{\boldsymbol{S}}_{k_1},\bar{\boldsymbol{S}}_{k_2}}(\tau) + \Psi_{\bar{\boldsymbol{S}}_{k_1},\bar{\boldsymbol{S}}_{k_2}}(\tau+1)\right) \\
&= 0
\end{aligned} \quad (3.46)$$

当 τ' 为偶数时的情况，即 $\tau' = 2\tau$。此时可得

$$\begin{aligned}
\Psi_{\boldsymbol{S}'_{k_1},\boldsymbol{S}'_{k_2}}(\tau') &= \left[c_0c_0\Psi_{\bar{\boldsymbol{S}}_{k_1},\bar{\boldsymbol{S}}_{k_2}}(\tau) + c_1c_1\Psi_{\bar{\boldsymbol{S}}_{k_1},\bar{\boldsymbol{S}}_{k_2}}(\tau)\right] \\
&\quad + \left[c_2c_2\Psi_{\bar{\boldsymbol{S}}_{k_1},\bar{\boldsymbol{S}}_{k_2}}(\tau) + c_3c_3\Psi_{\bar{\boldsymbol{S}}_{k_1},\bar{\boldsymbol{S}}_{k_2}}(\tau)\right] \\
&= (c_0c_0+c_1c_1+c_2c_2+c_3c_3)\Psi_{\bar{\boldsymbol{S}}_{k_1},\bar{\boldsymbol{S}}_{k_2}}(\tau) \\
&= 4\Psi_{\bar{\boldsymbol{S}}_{k_1},\bar{\boldsymbol{S}}_{k_2}}(\tau) \\
&= \begin{cases} 4\Psi_{\boldsymbol{S}_{k_1},\boldsymbol{S}_{k_2}}(\tau), & \tau\text{为偶数} \\ -4\Psi_{\boldsymbol{S}_{k_1},\boldsymbol{S}_{k_2}}(\tau), & \tau\text{为奇数} \end{cases}
\end{aligned} \quad (3.47)$$

由 (3.46) 和 (3.47) 两式可知，当位移 τ' 为奇数时，$\boldsymbol{S}'_{k_1}$ 和 $\boldsymbol{S}'_{k_2}$ 的非周期相关函数为零。而当位移 τ' 为偶数时，其相关值是集合 $\boldsymbol{S}$ 中 $\boldsymbol{S}_{k_1}$ 和 $\boldsymbol{S}_{k_2}$ 的非周期相关值的 4 倍，且正负号由集合 $\boldsymbol{S}$ 的位移 τ 的奇偶来确定。那么，进一步结合位移 τ' 和 τ 的关系，可知集合 $\boldsymbol{S}'$ 的单边零自相关区和零互相关区宽度增加了一倍，即分别为 $2Z_a$ 和 $2Z_c$，则定理 3.5 得证。 证毕。

3.5.2 IaSC-ISZ 序列集合设计方法

基于定理 3.6，IaSC-ISZ 序列可以通过迭代方法构造如下。

设迭代初始序列集合 $\boldsymbol{C}^{(0)}$ 是任意一个传统的完备互补序列集合，$\boldsymbol{C}^{(0)}$ 的序列数目和子序列数目都为 M，子序列长度为 L。则经过 n 次迭代可得 IaSC-ISZ 序列集合 $\boldsymbol{C}^{(n)}$ 如下：

$$\boldsymbol{C}^{(n)}=\begin{bmatrix}\boldsymbol{C}_0^{(n)}\\ \boldsymbol{C}_1^{(n)}\\ \vdots\\ \boldsymbol{C}_{2^n-1}^{(n)}\end{bmatrix}=\begin{bmatrix}\boldsymbol{S}_0^{(n)}\cup\hat{\boldsymbol{S}}_0^{(n)}\\ \boldsymbol{S}_1^{(n)}\cup\hat{\boldsymbol{S}}_1^{(n)}\\ \vdots\\ \boldsymbol{S}_{2^n-1}^{(n)}\cup\hat{\boldsymbol{S}}_{2^n-1}^{(n)}\end{bmatrix}\tag{3.48}$$

其中，$n\geqslant 1$，$\boldsymbol{C}_i^{(n)}$ 表示集合 $\boldsymbol{C}^{(n)}$ 中的第 i 个序列子集，$0\leqslant i\leqslant 2^n-1$。$\boldsymbol{S}_i^{(n)}\cup\hat{\boldsymbol{S}}_i^{(n)}$ 表示 $\boldsymbol{S}_i^{(n)}$ 和 $\hat{\boldsymbol{S}}_i^{(n)}$ 的并集，即

$$\boldsymbol{S}_i^{(n)}\cup\hat{\boldsymbol{S}}_i^{(n)}=\begin{bmatrix}\boldsymbol{S}_{i,0}^{(n)}\\ \boldsymbol{S}_{i,1}^{(n)}\\ \vdots\\ \boldsymbol{S}_{i,2^{n-1}M-1}^{(n)}\\ \hat{\boldsymbol{S}}_{i,0}^{(n)}\\ \hat{\boldsymbol{S}}_{i,1}^{(n)}\\ \vdots\\ \hat{\boldsymbol{S}}_{i,2^{n-1}M-1}^{(n)}\end{bmatrix}$$
$$=\begin{bmatrix}\boldsymbol{S}_{i,0,0}^{(n)}; & \boldsymbol{S}_{i,0,1}^{(n)}; & \cdots; & \boldsymbol{S}_{i,0,2^nM-1}^{(n)}\\ \boldsymbol{S}_{i,1,0}^{(n)}; & \boldsymbol{S}_{i,1,1}^{(n)}; & \cdots; & \boldsymbol{S}_{i,1,2^nM-1}^{(n)}\\ \vdots & \vdots & \ddots & \vdots\\ \boldsymbol{S}_{i,2^{n-1}M-1,0}^{(n)}; & \boldsymbol{S}_{i,2^{n-1}M-1,1}^{(n)}; & \cdots; & \boldsymbol{S}_{i,2^{n-1}M-1,2^nM-1}^{(n)}\\ \hat{\boldsymbol{S}}_{i,0,0}^{(n)}; & \hat{\boldsymbol{S}}_{i,0,1}^{(n)}; & \cdots; & \hat{\boldsymbol{S}}_{i,0,2^nM-1}^{(n)}\\ \hat{\boldsymbol{S}}_{i,1,0}^{(n)}; & \hat{\boldsymbol{S}}_{i,1,1}^{(n)}; & \cdots; & \hat{\boldsymbol{S}}_{i,1,2^nM-1}^{(n)}\\ \vdots & \vdots & \ddots & \vdots\\ \hat{\boldsymbol{S}}_{i,2^{n-1}M-1,0}^{(n)}; & \hat{\boldsymbol{S}}_{i,2^{n-1}M-1,1}^{(n)}; & \cdots; & \hat{\boldsymbol{S}}_{i,2^{n-1}M-1,2^nM-1}^{(n)}\end{bmatrix}\tag{3.49}$$

此处，$\boldsymbol{S}_{i,r,k}^{(n)}$ 表示集合 $\boldsymbol{S}^{(n)}$ 中的第 i 个序列子集 $\boldsymbol{S}_i^{(n)}$ 中的第 r 个序列 $\boldsymbol{S}_{i,r}^{(n)}$ 的第 k 个子序列，同时 $\hat{\boldsymbol{S}}_{i,r,k}^{(n)}$ 表示集合 $\hat{\boldsymbol{S}}^{(n)}$ 中的第 i 个序列子集 $\hat{\boldsymbol{S}}_i^{(n)}$ 中的第 r 个序列 $\hat{\boldsymbol{S}}_{i,r}^{(n)}$ 的第 k 个子序列，每个子序列的长度为 2^nL，$0\leqslant r\leqslant 2^{n-1}M-1$，$0\leqslant$

$k \leqslant 2^n M-1$。其中，集合 $\boldsymbol{S}^{(n)}$ 和 $\hat{\boldsymbol{S}}^{(n)}$ 可以获得如下：

$$\boldsymbol{S}^{(n)}=\begin{bmatrix}\overline{\boldsymbol{C}^{(n-1)}}\odot\overline{\boldsymbol{C}^{(n-1)}}; & \overline{\boldsymbol{C}^{(n-1)}}\odot\left(-\overline{\boldsymbol{C}^{(n-1)}}\right)\\ \overline{\boldsymbol{C}^{(n-1)}}\odot\overline{\boldsymbol{C}^{(n-1)}}; & \left(-\overline{\boldsymbol{C}^{(n-1)}}\right)\odot\overline{\boldsymbol{C}^{(n-1)}}\end{bmatrix}=\begin{bmatrix}\boldsymbol{S}_0^{(n)}\\ \boldsymbol{S}_1^{(n)}\\ \vdots\\ \boldsymbol{S}_{2^n-1}^{(n)}\end{bmatrix} \tag{3.50}$$

$$\hat{\boldsymbol{S}}^{(n)}=\begin{bmatrix}\overline{\boldsymbol{C}^{(n-1)}}\odot\left(-\overline{\boldsymbol{C}^{(n-1)}}\right); & \overline{\boldsymbol{C}^{(n-1)}}\odot\overline{\boldsymbol{C}^{(n-1)}}\\ \overline{\boldsymbol{C}^{(n-1)}}\odot\left(-\overline{\boldsymbol{C}^{(n-1)}}\right); & \left(-\overline{\boldsymbol{C}^{(n-1)}}\right)\odot\left(-\overline{\boldsymbol{C}^{(n-1)}}\right)\end{bmatrix}=\begin{bmatrix}\hat{\boldsymbol{S}}_0^{(n)}\\ \hat{\boldsymbol{S}}_1^{(n)}\\ \vdots\\ \hat{\boldsymbol{S}}_{2^n-1}^{(n)}\end{bmatrix} \tag{3.51}$$

根据上述的迭代构造方法可知，所构造的 IaSC-ISZ 序列集合 $\boldsymbol{C}^{(n)}$ 总共可以分为 2^n 个序列子集，每个序列子集中包含 $2^n M$ 个序列，因此集合 $\boldsymbol{C}^{(n)}$ 总共有 $4^n M$ 个序列。每个序列又包含 $2^n M$ 个子序列，子序列的长度为 $2^n L$。通过 (3.50) 和 (3.51) 两式的交织迭代，IaSC-ISZ 序列集合 $\boldsymbol{C}^{(n)}$ 中的序列数目迅速增加。对于给定的子序列数目 $2^n M$，传统的完备互补序列集合只能构造出 $2^n M$ 个互补序列，而此处所构造的 IaSC-ISZ 序列集合却可以包含 $4^n M$ 个序列，这是前者的 2^n 倍。那么，随着迭代次数 n 的增加，IaSC-ISZ 序列集合的序列数目将远远大于传统完备互补序列集合的序列数目。

除了序列数量的突出优势，所构造的 IaSC-ISZ 序列集合也具有优异的相关性能。该类序列集合 $\boldsymbol{C}^{(n)}$ 属于具有零相关区的互补序列集合，其相关性能可以描述如下。

定理 3.7[8] 集合 $\boldsymbol{C}^{(n)}$ 的 2^n 个序列子集中的每一个序列子集都是一个完备互补序列集合，即子集内具有理想的相关性能而且序列数目达到最大。不同的序列子集之间具有零互相关区，零互相关区的分布为

$$\begin{cases} Z_{\boldsymbol{C}_0^{(n)}\cup\boldsymbol{C}_1^{(n)}\cup\cdots\cup\boldsymbol{C}_{2^{n-1}-1}^{(n)},\boldsymbol{C}_{2^{n-1}}^{(n)}\cup\boldsymbol{C}_{2^{n-1}+1}^{(n)}\cup\cdots\cup\boldsymbol{C}_{2^n-1}^{(n)}}=1\\ Z_{\boldsymbol{C}_0^{(n)}\cup\cdots\cup\boldsymbol{C}_{2^{n-2}-1}^{(n)},\boldsymbol{C}_{2^{n-2}}^{(n)}\cup\cdots\cup\boldsymbol{C}_{2^{n-1}-1}^{(n)}}\\ =Z_{\boldsymbol{C}_{2^{n-1}}^{(n)}\cup\cdots\cup\boldsymbol{C}_{2^{n-1}+2^{n-2}-1}^{(n)},\boldsymbol{C}_{2^{n-1}+2^{n-2}}^{(n)}\cup\cdots\cup\boldsymbol{C}_{2^n-1}^{(n)}}=2\\ Z_{\boldsymbol{C}_0^{(n)}\cup\cdots\cup\boldsymbol{C}_{2^{n-3}-1}^{(n)},\boldsymbol{C}_{2^{n-3}}^{(n)}\cup\cdots\cup\boldsymbol{C}_{2^{n-2}-1}^{(n)}}\\ =Z_{\boldsymbol{C}_{2^{n-2}}^{(n)}\cup\cdots\cup\boldsymbol{C}_{2^{n-2}+2^{n-3}-1}^{(n)},\boldsymbol{C}_{2^{n-2}+2^{n-3}}^{(n)}\cup\cdots\cup\boldsymbol{C}_{2^{n-1}-1}^{(n)}}=\cdots=4\\ \cdots\cdots\\ Z_{\boldsymbol{C}_0^{(n)},\boldsymbol{C}_1^{(n)}}=Z_{\boldsymbol{C}_2^{(n)},\boldsymbol{C}_3^{(n)}}=\cdots=Z_{\boldsymbol{C}_{2^n-2}^{(n)},\boldsymbol{C}_{2^n-1}^{(n)}}=2^{n-1} \end{cases} \tag{3.52}$$

其中，$Z_{\boldsymbol{A},\boldsymbol{B}}$ 表示两个序列集合 $\boldsymbol{A}$ 和 $\boldsymbol{B}$ 之间任意序列的单边零互相关区宽度的最小值。

根据定理 3.7 可知，此处构造的 IaSC-ISZ 序列集合 $\boldsymbol{C}^{(n)}$ 中的任意一个序列都具有理想的自相关性能，集合中的子集内序列之间具有理想的互相关性能，同时子集间序列的互相关函数具有 2 的整数幂次宽度的零相关区，即$\{1,2,4,8,\cdots,2^{n-1}\}$。式 (3.52) 显示，不同宽度的零互相关区在集合 $\boldsymbol{C}^{(n)}$ 中成对称分布。集合 $\boldsymbol{C}^{(n)}$ 中前一半的序列子集 (即 $\boldsymbol{C}_0^{(n)}\sim\boldsymbol{C}_{2^{n-1}-1}^{(n)}$) 与后一半的序列子集 (即$\boldsymbol{C}_{2^{n-1}}^{(n)}\sim\boldsymbol{C}_{2^{n}-1}^{(n)}$) 之间的单边零互相关区宽度为 1，而这两部分序列子集的每一个部分又可以进一步地各自等分成两个更小的部分，此时被分开的更小的两个部分之间 (即 $\boldsymbol{C}_0^{(n)}\sim\boldsymbol{C}_{2^{n-2}-1}^{(n)}$ 和 $\boldsymbol{C}_{2^{n-2}}^{(n)}\sim\boldsymbol{C}_{2^{n-1}-1}^{(n)}$ 之间，以及$\boldsymbol{C}_{2^{n-1}}^{(n)}\sim\boldsymbol{C}_{2^{n-1}+2^{n-2}-1}^{(n)}$ 和 $\boldsymbol{C}_{2^{n-1}+2^{n-2}}^{(n)}\sim\boldsymbol{C}_{2^{n}-1}^{(n)}$之间) 的单边零互相关区宽度为 2。那么，依次类推，继续将每个更小的部分等分下去，最后可以获得单边宽度为 2^{n-1} 的零互相关区。

该定理可以证明如下。

证明　根据构造方法可知，IaSC-ISZ 序列集合$\boldsymbol{C}^{(n)}$ 实际上是 $\boldsymbol{S}^{(n)}$ 和 $\hat{\boldsymbol{S}}^{(n)}$ 这两个集合中各个序列子集的并集，而集合$\boldsymbol{S}^{(n)}$ 和 $\hat{\boldsymbol{S}}^{(n)}$ 是由 $\boldsymbol{C}^{(n)}$ 的前一级 $\boldsymbol{C}^{(n-1)}$ 的交替取负之后的交织产生，所不同的是$\boldsymbol{S}^{(n)}$ 和 $\hat{\boldsymbol{S}}^{(n)}$ 各自的交织系数不同。$\boldsymbol{S}^{(n)}$ 的两组交织系数分别为 $(+++-)$ 和 $(++-+)$，而 $\hat{\boldsymbol{S}}^{(n)}$ 的两组交织系数为 $(+-++)$ 和 $(+---)$。

显然地，$\boldsymbol{S}^{(n)}$ 和 $\hat{\boldsymbol{S}}^{(n)}$ 的总共 4 组交织系数都满足式 (3.44)，那么按照定理 3.5，这 4 组不同交织系数产生的交织结果都可以使 $\boldsymbol{C}^{(n-1)}$ 中的零相关区宽度翻倍。因为这 4 组不同的交织系数之间是正交的，因此它们产生的 4 组不同的交织结果之间也必然是正交的，即单边零互相关区宽度等于 1。

另外，类似于定理 3.5 的证明过程，容易导出 $\boldsymbol{S}^{(n)}$ 的$\left[\overline{\boldsymbol{C}^{(n-1)}}\odot\overline{\boldsymbol{C}^{(n-1)}};\overline{\boldsymbol{C}^{(n-1)}}\odot\left(-\overline{\boldsymbol{C}^{(n-1)}}\right)\right]$ 与 $\boldsymbol{S}'^{(n)}$ 的$\left[\overline{\boldsymbol{C}^{(n-1)}}\odot\left(-\overline{\boldsymbol{C}^{(n-1)}}\right);\overline{\boldsymbol{C}^{(n-1)}}\odot\overline{\boldsymbol{C}^{(n-1)}}\right]$之间、$\boldsymbol{S}^{(n)}$ 的$\left[\overline{\boldsymbol{C}^{(n-1)}}\odot\overline{\boldsymbol{C}^{(n-1)}};\left(-\overline{\boldsymbol{C}^{(n-1)}}\right)\odot\overline{\boldsymbol{C}^{(n-1)}}\right]$ 与 $\hat{\boldsymbol{S}}^{(n)}$ 的 $\left[\overline{\boldsymbol{C}^{(n-1)}}\odot\left(-\overline{\boldsymbol{C}^{(n-1)}}\right);\left(-\overline{\boldsymbol{C}^{(n-1)}}\right)\odot\left(-\overline{\boldsymbol{C}^{(n-1)}}\right)\right]$之间，都具有理想的互相关性能，即 $\boldsymbol{S}^{(n)}$ 与 $\hat{\boldsymbol{S}}^{(n)}$ 相对应的交织结果之间是互补的。

综合上述分析，从初始的传统互补序列集合$\boldsymbol{C}^{(0)}$ 开始交织迭代，则第一次迭代之后产生的$\boldsymbol{C}_0^{(1)}=\boldsymbol{S}_0^{(1)}\cup\hat{\boldsymbol{S}}_0^{(1)}$ 和 $\boldsymbol{C}_0^{(1)}=\boldsymbol{S}_0^{(1)}\cup\hat{\boldsymbol{S}}_0^{(1)}$ 都是完备互补序列集合，而且它们之间是正交的，即单边零互相关区宽度等于 1。经过第二次交织迭代，则集

合 $\boldsymbol{C}^{(1)}$ 被扩展成 4 个完备互补序列集合 $\boldsymbol{C}_0^{(2)} \sim \boldsymbol{C}_3^{(2)}$，其中$\boldsymbol{C}_0^{(2)}$ 与 $\boldsymbol{C}_1^{(2)}$ 之间以及 $\boldsymbol{C}_2^{(2)}$ 与 $\boldsymbol{C}_3^{(2)}$ 之间都具有单边宽度为 2 的零互相关区，而$\boldsymbol{C}_0^{(2)} \cup \boldsymbol{C}_1^{(2)}$ 与 $\boldsymbol{C}_2^{(2)} \cup \boldsymbol{C}_3^{(2)}$ 之间是正交的。

依次类推，迭代 n 次以后可得式 (3.52)，则定理 3.7 得证。 证毕。

同样作为传统完备互补序列的扩展，此处所构造的 IaSC-ISZ 序列与上一节中具有子集内互补/子集间近似理想的 IaSC 序列都可以包含多个完备互补序列集合，不同之处在于 IaSC 序列以零位移上的低相关函数值为代价换取了庞大的序列数目，而本节的 IaSC-ISZ 序列在不同的序列子集之间却具有零相关区，因此其相关性能明显优于 IaSC 序列。

为了演示本节所给出的 IaSC-ISZ 序列的构造方法及其优异性能，下面举一个简单的例子。令迭代初始集合$\boldsymbol{C}^{(0)} = \begin{bmatrix} +; & + \\ +; & - \end{bmatrix}$，这是一个最小的完备互补序列集合，子序列长度为 1。按照 IaSC-ISZ 序列的构造方法，经过一次迭代之后可得 $\boldsymbol{C}^{(1)}$ 如下：

$$\boldsymbol{C}^{(1)} = \begin{bmatrix} \boldsymbol{C}_{0,0}^{(1)} \\ \boldsymbol{C}_{0,1}^{(1)} \\ \boldsymbol{C}_{0,2}^{(1)} \\ \boldsymbol{C}_{0,3}^{(1)} \\ \boldsymbol{C}_{1,0}^{(1)} \\ \boldsymbol{C}_{1,1}^{(1)} \\ \boldsymbol{C}_{1,2}^{(1)} \\ \boldsymbol{C}_{1,3}^{(1)} \end{bmatrix} = \begin{bmatrix} ++; & ++; & +-; & +- \\ ++; & --; & +-; & -+ \\ +-; & +-; & ++; & ++ \\ +-; & -+; & ++; & -- \\ ++; & ++; & -+; & -+ \\ ++; & --; & -+; & +- \\ +-; & +-; & --; & -- \\ +-; & -+; & --; & ++ \end{bmatrix} \tag{3.53}$$

很容易地可以验证集合 $\boldsymbol{C}^{(1)}$ 满足定理 3.7，即两个序列子集$\boldsymbol{C}_1^{(1)}$ 和 $\boldsymbol{C}_2^{(1)}$ 都是完备互补序列集合，同时这两个序列子集之间是正交的。进一步地，将$\boldsymbol{C}^{(1)}$ 再进行一次交织迭代可得 $\boldsymbol{C}^{(2)}$。集合$\boldsymbol{C}^{(2)}$ 共分为 4 个序列子集，每个序列子集包含 8 个序列，每个序列又包含 8 个子序列，子序列长度为 4。考虑到篇幅的限制，$\boldsymbol{C}^{(2)}$ 中的总共 32 个序列不再一一列举，此处仅给出其中的一部分序列如下：

$$\boldsymbol{C}_{0,0}^{(2)} = \big[++--;++--;++++;++++;+--+;+--+;+-+-;+-+-\big] \tag{3.54}$$

$$\boldsymbol{C}_{0,1}^{(2)} = \big[++--;--++;++++;----;+--+;-++-;+-+-;-+-+\big] \tag{3.55}$$

$$C_{1,0}^{(2)} = \left[++--;++--;----;----;+--+;+--+;-+-+;-+-+\right] \tag{3.56}$$

$$C_{2,0}^{(2)} = \left[++--;++--;++++;++++;-++-;-++-;-+-+;-+-+\right] \tag{3.57}$$

上述 $C^{(2)}$ 中的这几个序列的非周期自相关函数和互相关函数的分布如图 3.16 所示。从图 3.16-(a) 和图 3.16-(b) 可以看出，所构造的 IaSC-ISZ 序列集合 $C^{(2)}$ 的子集内序列具有理想的自相关性能和互相关性能，同时图 3.16-(c) 和图 3.16-(d) 也显示不同的序列子集之间具有不同宽度的零互相关区，此处的两个单边零互相关区宽度分别为 2 和 1。

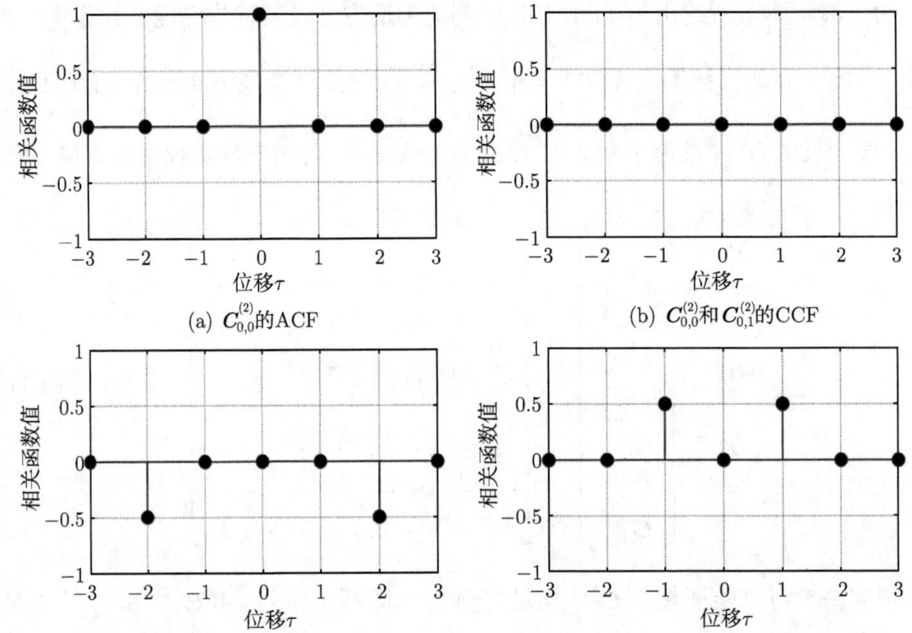

(a) $C_{0,0}^{(2)}$的ACF　(b) $C_{0,0}^{(2)}$和$C_{0,1}^{(2)}$的CCF

(c) $C_{0,0}^{(2)}$和$C_{1,0}^{(2)}$的CCF　(d) $C_{0,0}^{(2)}$和$C_{2,0}^{(2)}$的CCF

图 3.16　集合 $C^{(2)}$ 的非周期相关函数分布

除了具有优异的相关性能，$C^{(2)}$ 也拥有庞大的序列数目。因为 $C^{(2)}$ 包含 4 个序列子集，而且每一个序列子集都是一个完备互补序列集合，因此其序列数目是传统互补序列集合的 4 倍。那么，在实际应用中可根据 MC-CDMA 系统的具体要求，灵活地选择所使用的序列子集的数目。当信道质量好时，增加使用的序列子集数，从而能够在保证通信质量的前提下提高用户的数量；当信道质量变差时，根据不同序列子集之间零相关区宽度的差异，仅使用达到信道要求的少量序列子集，从而通过限制序列子集的数目来达到降低多址干扰和保证通信质量的目的。因此，此处所构造的 IaSC-ISZ 序列为达到系统在用户数量和通信质量 (即抑制多址干扰能力) 之间的潜在自适应实时最优化性能奠定了一定的理论基础，这也是 IaSC-ISZ 序列不同于以往同类序列的特性。

根据 IaSC-ISZ 序列的性质，该类序列集合对传统互补序列集合进行了扩展，因此可用于任何使用传统互补序列的 MC-CDMA 系统，如文献 [18, 26, 37] 中所提到的系统等。在这些 MC-CDMA 系统中，通过序列子集数目的适当选取，可以不同程度地增加系统的容量。另外，该类序列也属于具有零相关区的互补序列，从而也可以用于文献 [27–31] 中所采用的 MC-CDMA 系统。考虑到 IaSC-ISZ 序列具有理想的自相关性能，那么使用该类序列的系统将比采用其他类型序列的系统具有更强的抑制多径干扰的能力。

3.5.3 子集间正交的 IaSC 序列集合

作为前面讨论的 IaSC-ISZ 序列集合的一个典型特例，子集间正交 (Inter-Subset Orthogonal, ISO) 的 IaSC 序列集合依然在子集内具有理想的相关性能，但是在各个子集之间却具有正交性质，即 ZCZ 为 1 的 IaSC-ISZ 序列集合。该类集合简记为 IaSC-ISO 序列集合，整个序列集合及其所包含的各个序列子集都能达到序列设计的理论界限，因此能够获得序列数目和相关性能之间的优化折中，从而有效解决基于传统互补序列集合的通信系统的容量限制问题。IaSC-ISO 序列集合可用于实现码分多址通信系统的无干扰传输、移动通信系统的主同步和辅同步、多输入多输出 (Multiple Input Multiple Output, MIMO) 系统的信道估计以及相互正交的零相关区序列集的构造等方面。

IaSC-ISO 序列集合的基本设计思想为，通过对传统互补序列进行循环移位得到移位互补序列，然后利用正交矩阵通过交织所述移位互补序列得到具有子集间正交特性的 IaSC 序列集合，其具体设计步骤如下[10]：

(A) 根据通信系统的要求，确定生成 IaSC-ISO 序列集合所需要的初始互补序列集合 $\boldsymbol{S} = \{\boldsymbol{S}_m, 0 \leqslant m \leqslant M-1\}$ 的序列数目 M、子序列数目 N 和子序列长度 L，同时确定一个 $M \times M$ 的正交矩阵 $\boldsymbol{E} = [e_{m_1,m_2}]_{M\times M}$。其中，初始互补序列集合的互补序列及其子序列分别表示为 $\boldsymbol{S}_m = \{\boldsymbol{S}_{m,n}, 0 \leqslant n \leqslant N-1\}$ 和 $\boldsymbol{S}_{m,n} = (S_{m,n}(0), S_{m,n}(1), \cdots, S_{m,n}(L-1))$，$0 \leqslant m_1, m_2 \leqslant M-1$，正交矩阵中的各个行序列之间正交。

(B) 将初始序列集中的 M 个序列按照编号依次从 $(r)_M$ 到 $(r+M-1)_M$ 排序，对排序后的序列集 $\{\boldsymbol{S}_m, m = (r)_M, (r+1)_M, \cdots, (r+M-1)_M\}$ 中的各个序列的各个子序列循环左移 t 位，接着将移位后的序列集 $\{\mathbb{T}^t(\boldsymbol{S}_m), m = (r)_M, (r+1)_M, \cdots, (r+M-1)_M\}$ 中的各个序列乘上对应的正交矩阵系数 e_{m_1,m_2}，然后对相应的子序列进行交织操作，其中，$0 \leqslant r \leqslant M-1$，$0 \leqslant t \leqslant L-1$。

(C) 重复步骤 (B) 中的操作，直到 r 遍历 0 到 $M-1$，并且 t 遍历 0 到 $L-1$，从而获得 IaSC-ISO 序列集合 $\boldsymbol{C}=\{\boldsymbol{C}^{(r,t)},0\leqslant r\leqslant M-1,0\leqslant t\leqslant L-1\}$。该集合包含 ML 个序列子集，每个序列子集中包含 M 个序列，每个序列由 N 个子序列组成，子序列的长度为 ML。其中，$\boldsymbol{C}^{(r,t)}=\{\boldsymbol{C}_m^{(r,t)},0\leqslant m\leqslant M-1\}$ 表示 $\boldsymbol{C}$ 中的第 $rL+t$ 个序列子集，$\boldsymbol{C}_m^{(r,t)}=\{\boldsymbol{C}_{m,n}^{(r,t)},0\leqslant n\leqslant N-1\}$ 表示 $\boldsymbol{C}^{(r,t)}$ 中的第 m 个序列，$\boldsymbol{C}_{m,n}^{(r,t)}=(C_{m,n}^{(r,t)}(0),C_{m,n}^{(r,t)}(1),\cdots,C_{m,n}^{(r,t)}(ML-1))$ 表示 $\boldsymbol{C}_m^{(r,t)}$ 中的第 n 个子序列。

对于步骤 (B)，又可以分为如下几个方面。

(B-1) 将初始序列集中的 M 个序列按照编号依次从 $(r)_M$ 到 $(r+M-1)_M$ 进行排序，当 r 遍历 0 到 $M-1$ 时，可以获得 M 个具有不同排序的序列集。每个序列集中包含 M 个序列，每个序列由 N 个长度为 L 的子序列组成。不同序列集中所包含的序列是完全相同的，只是排序不同。

(B-2) 将步骤 (B-1) 中排序后的序列集中各个序列的各个子序列循环左移 t 位，当 t 遍历 0 到 $L-1$ 时，可以获得 L 个移位的序列集，这 L 个序列集之间是移位等价的。每个序列集中包含 M 个序列，每个序列由 N 个长度为 L 的子序列组成。

(B-3) 将 $M\times M$ 的正交矩阵$\boldsymbol{E}=[e_{m_1,m_2}]_{M\times M}$ 中第 m_1 行序列的元素从 $e_{m_1,0}$ 到 $e_{m_1,M-1}$ 依次乘上步骤(B-2) 中所获得的序列集$\{\mathbb{T}^t(\boldsymbol{S}_m),m=(r)_M,(r+1)_M,\cdots,(r+M-1)_M\}$ 中的序列从$\mathbb{T}^t\left(\boldsymbol{S}_{(r)_M}\right)$ 到 $\mathbb{T}^t\left(\boldsymbol{S}_{(r+M-1)_M}\right)$，从而获得乘上系数之后的序列集合$\{e_{m_1,m_2}\cdot\mathbb{T}^t(\boldsymbol{S}_m),m_2=0,1,\cdots,M-1,m=(r+m_2)_M\}$。当 m_1 遍历 0 到 $M-1$ 时，可以获得 M 个乘上不同正交矩阵系数的序列集。每个序列集中包含 M 个序列，每个序列由 N 个长度为 L 的子序列组成。

(B-4) 将步骤 (B-3) 中所获得的序列集$\{e_{m_1,m_2}\cdot\mathbb{T}^t(\boldsymbol{S}_m),m_2=0,1,\cdots,M-1,m=(r+m_2)_M\}$ 中的各个序列依次交织，从而获得子集间正交互补序列集 $\boldsymbol{C}$ 中的第 $rL+t$ 个序列子集中的第 m_1 个序列$\boldsymbol{C}_{m_1}^{(r,t)}=\{\boldsymbol{C}_{m_1,n}^{(r,t)},0\leqslant n\leqslant N-1\}$，其中，

$$\begin{aligned}\boldsymbol{C}_{m_1,n}^{(r,t)}=&\left(e_{m_1,0}\cdot\mathbb{T}^t\left(\boldsymbol{S}_{(r)_m,n}\right)\right)\odot\left(e_{m_1,1}\cdot\mathbb{T}^t\left(\boldsymbol{S}_{(r+1)_m,n}\right)\right)\\&\odot\cdots\odot\left(e_{m_1,M-1}\cdot\mathbb{T}^t\left(\boldsymbol{S}_{(r+M-1)_m,n}\right)\right)\end{aligned}\tag{3.58}$$

当 m_1 遍历 0 到 $M-1$ 时，可以获得$\boldsymbol{C}$ 中第 $rL+t$ 个序列子集 $\boldsymbol{C}^{(r,t)}=\{\boldsymbol{C}_{m_1}^{(r,t)},0\leqslant m_1\leqslant M-1\}$中的全部 M 个序列。

对于 IaSC-ISO 序列集合的上述 (A)、(B) 和 (C) 三个生成步骤，总结归纳可获得其设计流程图如图 3.17 所示。

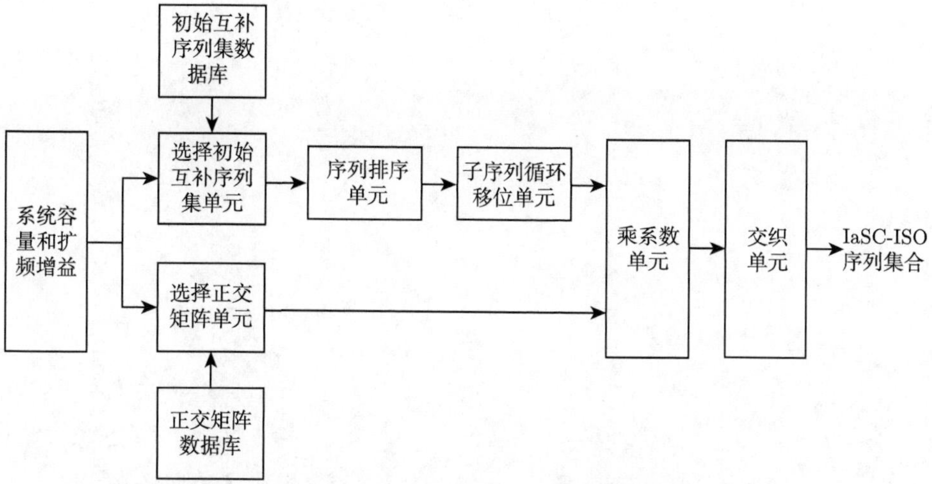

图 3.17 IaSC-ISO 序列集合的设计流程图

从该图中可以看出，设计该类序列集合的初始点在于系统的需求，即系统容量和扩频增益，然后根据这两个系统性能指标分别选择初始互补序列集合和正交矩阵，对初始序列集合中的序列进行排序，再对其子序列进行循环移位，最后将循环移位的序列与正交矩阵系数相乘之后交织，从而获得 IaSC-ISO 序列集合。

对于 IaSC-ISO 序列集合的设计过程，其核心环节在于后面 4 个单元模块，即序列排序单元、子序列循环移位单元、乘系数单元和交织单元，这四个单元的具体操作过程如图 3.18 所示。结合设计步骤 (A)、(B) 和 (C) 以及图 3.18，则可以根据不同的系统要求获得所需要的 IaSC-ISO 序列集合。

根据上述生成步骤和设计流程图，所获得的 IaSC-ISO 序列集合 C 具有如下特征：

(1) 总共包含 ML 个序列子集，每个序列子集中包含 M 个序列，因此序列集 C 中的序列数目等于 M^2L；

(2) 每个序列由 N 个子序列组成，子序列的长度为 ML，因此序列集 C 的序列长度为 NML，即处理增益等于 NML；

(3) 全部 M^2L 个序列都具有理想的自相关性能，即自相关函数为一个冲激函数；

(4) 每个序列子集内的 M 个序列之间具有理想的互相关性能，即任意位移上的互相关函数值都等于零；

(5) 不同序列子集的序列之间相互正交，即零位移上的互相关函数值等于零；

(6) 当初始互补序列集为完备互补序列集，即 $M = N$ 时，子集间正交互补序列集 C 及其全部的 ML 个序列子集都达到序列设计的理论界。

$$\begin{cases} \boldsymbol{S}_{0,n} = (S_{0,n}(0), S_{0,n}(1), \cdots, S_{0,n}(L-1)) \\ \boldsymbol{S}_{1,n} = (S_{1,n}(0), S_{1,n}(1), \cdots, S_{1,n}(L-1)) \\ \vdots \\ \boldsymbol{S}_{M-1,n} = (S_{M-1,n}(0), S_{M-1,n}(1), \cdots, S_{M-1,n}(L-1)) \end{cases}$$

序列排序

$$\begin{cases} \boldsymbol{S}_{r,n} = (S_{r,n}(0), S_{r,n}(1), \cdots, S_{r,n}(L-1)) \\ \boldsymbol{S}_{(r+1)_M,n} = (S_{(r+1)_M,n}(0), S_{(r+1)_M,n}(1), \cdots, S_{(r+1)_M,n}(L-1)) \\ \vdots \\ \boldsymbol{S}_{(r-1)_M,n} = (S_{(r-1)_M,n}(0), S_{(r-1)_M,n}(1), \cdots, S_{(r-1)_M,n}(L-1)) \end{cases}$$

子序列循环移位

$$\begin{cases} \mathbb{T}^t(\boldsymbol{S}_{r,n}) = (S_{r,n}(t), S_{r,n}(t+1)_L, \cdots, S_{r,n}(t-1)_L) \\ \mathbb{T}^t(\boldsymbol{S}_{(r+1)_M,n}) = (S_{(r+1)_M,n}(t), S_{(r+1)_M,n}(t+1)_L, \cdots, S_{(r+1)_M,n}(t-1)_L) \\ \vdots \\ \mathbb{T}^t(\boldsymbol{S}_{(r-1)_M,n}) = (S_{(r-1)_M,n}(t), S_{(r-1)_M,n}(t+1)_L, \cdots, S_{(r-1)_M,n}(t-1)_L) \end{cases}$$

乘系数

$$\begin{cases} e_{m,0} \cdot \mathbb{T}^t(\boldsymbol{S}_{r,n}) = (e_{m,0} \cdot S_{r,n}(t), \quad e_{m,0} \cdot S_{r,n}(t+1)_L, \cdots) \\ e_{m,1} \cdot \mathbb{T}^t(\boldsymbol{S}_{(r+1)_M,n}) = (\quad e_{m,1} \cdot S_{(r+1)_M,n}(t), \quad e_{m,1} \cdot S_{(r+1)_M,n}(t+1)_L, \cdots) \\ \vdots \\ e_{m,M-1} \cdot \mathbb{T}^t(\boldsymbol{S}_{(r-1)_M,n}) = (\quad e_{m,M-1} \cdot S_{(r-1)_M,n}(t), \quad e_{m,M-1} \cdot S_{(r-1)_M,n}(t+1)_L, \cdots) \end{cases}$$

交织

$$\boldsymbol{C}_{m,n}^{(r,t)} = (e_{m,0} \cdot S_{r,n}(t), e_{m,1} \cdot S_{(r+1)_M,n}(t), \cdots, e_{m,M-1} \cdot S_{(r-1)_M,n}(t), e_{m,0} \cdot S_{r,n}(t+1)_L, e_{m,1} \cdot S_{(r+1)_M,n}(t+1)_L, \cdots, e_{m,M-1} \cdot S_{(r-1)_M,n}(t+1)_L, \cdots)$$

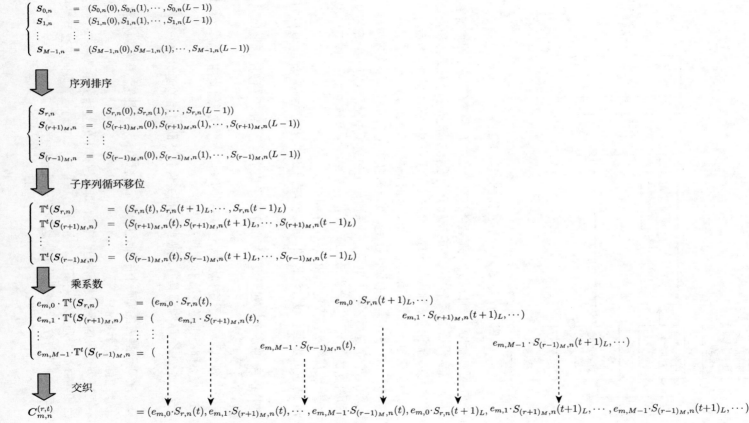

图 3.18　IaSC-ISO序列集合中子序列的设计方法示意图

根据上述特征，所获得的 IaSC-ISO 序列集合，在保证各个序列子集内部理想相关性能的同时大幅度地增加了序列数目，从而有效解决了传统互补序列集的序列数目受限问题。各个序列子集由于具有理性的相关性能，因此可以看作传统的互补序列集单独使用。当一个序列子集的序列数目不能满足要求时，可以根据系统需要灵活选择多个正交的序列子集同时使用。

下面给出一个简单的例子来展示 IaSC-ISO 序列集合的设计方法、相关性能以及该类序列集合的具体应用。

本例为一个两载波 8 用户码分多址系统，系统的处理增益要求等于 8。那么根据系统要求，可确定初始互补序列集的子序列数目为 $N=2$，序列数目为 $M=2$，子序列长度为 $L=4$，矩阵选择 2×2 的正交矩阵。

按照图 3.17 中的实现结构图，首先从互补序列集合数据库中选择初始互补序列集$\boldsymbol{S}=\begin{bmatrix}\boldsymbol{S}_0\\ \boldsymbol{S}_1\end{bmatrix}=\begin{bmatrix}\boldsymbol{S}_{0,0}; & \boldsymbol{S}_{0,1}\\ \boldsymbol{S}_{1,0}; & \boldsymbol{S}_{1,1}\end{bmatrix}=\begin{bmatrix}++; & +-\\ -+; & --\end{bmatrix}$，然后图 3.17 所示正交矩阵数据库中选择 2×2 的正交矩阵$\boldsymbol{E}=\begin{bmatrix}++\\ +-\end{bmatrix}$，从而完成初始数据的选择。

接下来，按照图 3.18 首先对初始互补序列集 $\boldsymbol{S}$ 进行排序。令 $r=1$，则可获得排序后的序列集$\begin{bmatrix}\boldsymbol{S}_1\\ \boldsymbol{S}_0\end{bmatrix}=\begin{bmatrix}\boldsymbol{S}_{1,0}; & \boldsymbol{S}_{1,1}\\ \boldsymbol{S}_{0,0}; & \boldsymbol{S}_{0,1}\end{bmatrix}=\begin{bmatrix}-+; & --\\ ++; & +-\end{bmatrix}$。然后，对排序后的序列集循环左移 t 位，其中$t=0,1$。令 $t=1$，则序列左移 1 位，移位后的序列集为 $\begin{bmatrix}+-; & --\\ ++; & -+\end{bmatrix}$。接着，将移位后的序列集乘上对应的正交矩阵系数。根据步骤 (B-3)，则序列集合 $\begin{bmatrix}+-; & --\\ ++; & -+\end{bmatrix}$ 乘上正交矩阵 $\boldsymbol{E}=\begin{bmatrix}++\\ +-\end{bmatrix}$ 中的第一行系数 [++] 后仍为 $\begin{bmatrix}+-; & --\\ ++; & -+\end{bmatrix}$，序列集合 $\begin{bmatrix}+-; & --\\ ++; & -+\end{bmatrix}$ 乘上正交矩阵 $\boldsymbol{E}=\begin{bmatrix}++\\ +-\end{bmatrix}$ 中的第二行系数 [+−] 后成为 $\begin{bmatrix}+-; & --\\ --; & +-\end{bmatrix}$。最后，根据步骤 (B-4)，对乘系数之后的两个序列集分别进行交织操作。首先，对乘系数之后的序列集合 $\begin{bmatrix}+-; & --\\ ++; & -+\end{bmatrix}$ 进行交织操作可获得 $\boldsymbol{C}_0^{(1,1)}=\begin{bmatrix}\boldsymbol{C}_{0,0}^{(1,1)}; & \boldsymbol{C}_{0,1}^{(1,1)}\end{bmatrix}=\begin{bmatrix}++-+; & ---+\end{bmatrix}$，然后再对乘系数后的序列集 $\begin{bmatrix}+-; & --\\ --; & +-\end{bmatrix}$ 进行交织操作可获得$\boldsymbol{C}_1^{(1,1)}=\begin{bmatrix}\boldsymbol{C}_{1,0}^{(1,1)}; & \boldsymbol{C}_{1,1}^{(1,1)}\end{bmatrix}$ $=\begin{bmatrix}+---; & -+--\end{bmatrix}$，从而可得 IaSC-ISO 序列集合 $\boldsymbol{C}$ 的第 $rL+t=3$ 个序

列组$\boldsymbol{C}^{(1,1)}=\begin{bmatrix}\boldsymbol{C}_0^{(1,1)}\\ \boldsymbol{C}_1^{(1,1)}\end{bmatrix}=\begin{bmatrix}\boldsymbol{C}_{0,0}^{(1,1)};&\boldsymbol{C}_{0,1}^{(1,1)}\\ \boldsymbol{C}_{1,0}^{(1,1)};&\boldsymbol{C}_{1,1}^{(1,1)}\end{bmatrix}=\begin{bmatrix}++-+;&---+\\ +---;&-+--\end{bmatrix}$。

上述为 $r=1$ 且 $t=1$ 时的生成过程，采用相同的方式，当 r 遍历 0 到 1 并且 t 遍历 0 到 1 时，根据步骤 (C) 可以获得 IaSC-ISO 序列集合 $\boldsymbol{C}$ 的全部 4 个序列组如下：

$$\begin{aligned}
\boldsymbol{C}^{(0,0)}&=\begin{bmatrix}\boldsymbol{C}_0^{(0,0)}\\ \boldsymbol{C}_1^{(0,0)}\end{bmatrix}=\begin{bmatrix}\boldsymbol{C}_{0,0}^{(0,0)};&\boldsymbol{C}_{0,1}^{(0,0)}\\ \boldsymbol{C}_{1,0}^{(0,0)};&\boldsymbol{C}_{1,1}^{(0,0)}\end{bmatrix}=\begin{bmatrix}+-++;&+---\\ +++-;&++-+\end{bmatrix}\\
\boldsymbol{C}^{(0,1)}&=\begin{bmatrix}\boldsymbol{C}_0^{(0,1)}\\ \boldsymbol{C}_1^{(0,1)}\end{bmatrix}=\begin{bmatrix}\boldsymbol{C}_{0,0}^{(0,1)};&\boldsymbol{C}_{0,1}^{(0,1)}\\ \boldsymbol{C}_{1,0}^{(0,1)};&\boldsymbol{C}_{1,1}^{(0,1)}\end{bmatrix}=\begin{bmatrix}+++-;&--+-\\ +-++;&-+++\end{bmatrix}\\
\boldsymbol{C}^{(1,0)}&=\begin{bmatrix}\boldsymbol{C}_0^{(1,0)}\\ \boldsymbol{C}_1^{(1,0)}\end{bmatrix}=\begin{bmatrix}\boldsymbol{C}_{0,0}^{(1,0)};&\boldsymbol{C}_{0,1}^{(1,0)}\\ \boldsymbol{C}_{1,0}^{(1,0)};&\boldsymbol{C}_{1,1}^{(1,0)}\end{bmatrix}=\begin{bmatrix}-+++;&-+--\\ --+-;&---+\end{bmatrix}\\
\boldsymbol{C}^{(1,1)}&=\begin{bmatrix}\boldsymbol{C}_0^{(1,1)}\\ \boldsymbol{C}_1^{(1,1)}\end{bmatrix}=\begin{bmatrix}\boldsymbol{C}_{0,0}^{(1,1)};&\boldsymbol{C}_{0,1}^{(1,1)}\\ \boldsymbol{C}_{1,0}^{(1,1)};&\boldsymbol{C}_{1,1}^{(1,1)}\end{bmatrix}=\begin{bmatrix}++-+;&---+\\ +---;&-+--\end{bmatrix}
\end{aligned}\tag{3.59}$$

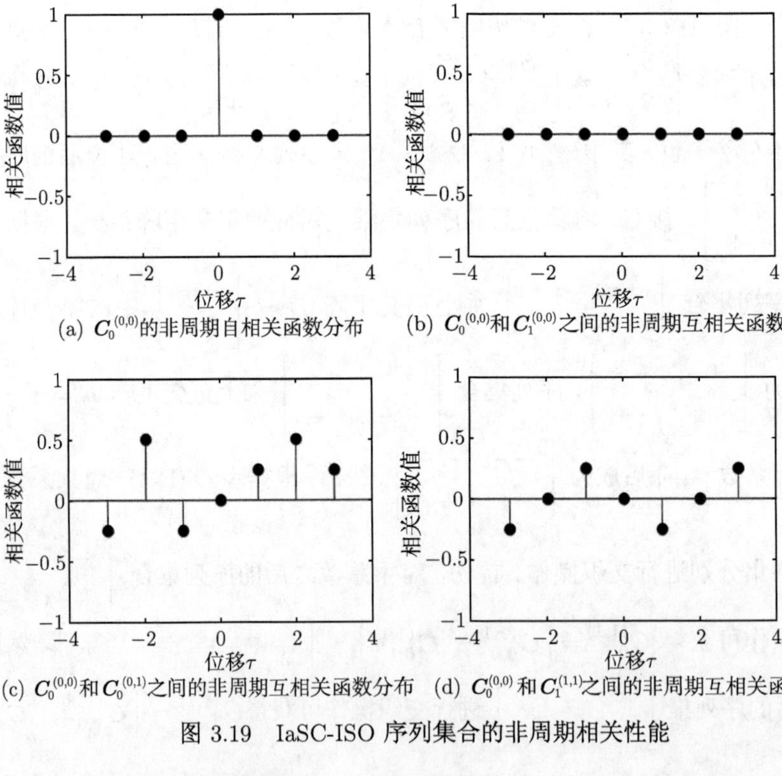

(a) $\boldsymbol{C}_0^{(0,0)}$的非周期自相关函数分布　(b) $\boldsymbol{C}_0^{(0,0)}$和$\boldsymbol{C}_1^{(0,0)}$之间的非周期互相关函数分布

(c) $\boldsymbol{C}_0^{(0,0)}$和$\boldsymbol{C}_0^{(0,1)}$之间的非周期互相关函数分布　(d) $\boldsymbol{C}_0^{(0,0)}$和$\boldsymbol{C}_1^{(1,1)}$之间的非周期互相关函数分布

图 3.19　IaSC-ISO 序列集合的非周期相关性能

图 3.19 的 (a)-(d) 分别给出了上述所生成的 IaSC-ISO 序列集合 $\boldsymbol{C}=\{\boldsymbol{C}^{(r,t)},$

$0 \leqslant r \leqslant 1, 0 \leqslant t \leqslant 1\}$ 的非周期自相关、子集内非周期互相关以及两种子集间非周期互相关的分布情况。这四幅子图验证了本小节所生成的 IaSC-ISO 序列集合在每个序列子集内具有理想的相关性能，同时不同序列子集之间的序列相互正交。本例中子序列的数目为 $N=2$，那么对于传统互补序列来说，最多只能产生两个互补序列。然而，本例中所生成的 IaSC-ISO 序列集合的序列数目等于 8，这是传统互补序列集合序列数目的 4 倍。本例中的初始互补序列集为完备互补序列集，达到了理论界，因此所生成的 IaSC-ISO 序列集合 $\boldsymbol{C}=\{\boldsymbol{C}^{(r,t)}, 0 \leqslant r \leqslant 1, 0 \leqslant t \leqslant 1\}$ 及其所有的 4 个序列子集都达到了理论界。其中，每一个序列组都可以被看作一个传统互补序列集而单独使用。

3.6 本章小结

本章致力于具有子集内互补特性的非对称相关性序列集合的研究，旨在通过子集扩展方法获得多个相互之间具有特定相关性的互补序列子集，从而有效增加可用序列的数量。Golay 互补配对具有优异的抑制 PAPR 的性能，因此本章首先分析了 OFDM 系统的高 PAPR 问题，阐述了互补配对在 OFDM 调制中的适用性。针对 OFDM 系统中的直流空载要求，设计了两类 ZCCPs 序列集合和一类 ZCOPs 序列集合。其中，ZCCPs 序列集合能够保证直流空载时依然具有理想的非周期自相关性能，从而将 PAPR 控制到 3dB 范围之内。ZCOPs 序列集合的 PAPR 性能略有下降，其 PAPR 值仅次于 ZCCPs 序列集合。ZCCPs 和 ZCOPs 序列集合的这种低 PAPR 特性，不仅可以确保发射机功放更高的效率，而且可以避免限幅操作所造成的 BER 性能损失和 PSD 带外展宽，因此成为其应用于 OFDM 系统的一个显著优势。所构造的 ZCCPs 序列集合中每个子集内的两个互补配对之间具有理想的非周期互相关性能，即为子集内互补序列集合 $(2^n, 2)-\mathrm{IaSC}_2^{2^n L}$。

针对传统互补序列集合中互补序列数量受限的问题，本章提出了一类 IaSC 序列集合 $(P, MN)-\mathrm{IaSC}_{MN}^{L}$ 的构造方法。该类集合拥有庞大的互补序列，在相同的处理增益下，其序列数量远远大于传统互补序列集合以及具有 ZCZ 的互补序列集合的序列数量。该类 IaSC 序列集合也具有优异的相关性能，每个序列子集内都具有理想的周期和非周期相关性能。同时，不同的序列子集之间具有近似理想的相关性能，仅仅不同的序列子集中的某些序列之间在位移 $\tau=0$ 时存在非零相关值，而该非零值可以通过选取适当的完美序列集合将其控制在一个较低的范围内。当 IaSC 序列集合用于多载波 CDMA 系统时，可以有效解决用户数量以及用户间的干扰问题。仿真结果表明，适当地增加序列子集的数目，既可以满足大用户数量的要求，也可以保证系统获得良好的 BER 性能。

最后，本章讨论了具有子集内互补/子集间 ZCZ(IaSC-ISZ) 特性的非对称相关性序列集合的设计方法。同 IGC 序列集合相比较，所构造的 IaSC-ISZ 序列集合不仅具有优异的互相关性能，而且还拥有理想的自相关性能。该类 IaSC-ISZ 序列集合被分成多个序列子集，每个序列子集都是一个完备互补序列集合，因此这种 IaSC-ISZ 序列集合又可以看作传统互补序列集合的扩展。作为 IaSC-ISZ 序列集合的一个特例，本章也讨论了子集内互补/子集间正交 (IaSC-ISO) 序列集合，该类序列集合可以看作 ZCZ 等于 1 情况下的 IaSC-ISZ 序列集合，从而可以进一步解决传统完备互补集合中序列数量受限的问题。

参考文献

[1] 佟学俭, 罗涛. OFDM 移动通信技术原理与应用. 北京: 人民邮电出版社, 2003.

[2] 汪裕民. OFDM 关键技术与应用. 北京: 机械工业出版社, 2006.

[3] Zhang Z Y, Tian F C, Zeng F X, et al. Complementary M-ary orthogonal spreading OFDM architecture for HF communication link. IET Communications, 2017, 11(2): 292-301.

[4] Davis J A, Jedwab L. Peak-to-mean power control in OFDM, Golay complementary sequences, and Reed-Muller codes. IEEE Transactions Information Theory, 1999, 45(7): 2397-2417.

[5] Fan P Z, Darnell M. Sequence Design for Communicationa Applications. London: Research Studies Press LTD., 1996.

[6] Zhang Z Y, Tian F C, Zeng F X, et al. Mutually orthogonal complementary pairs for OFDM-CDMA systems // Proc. of the 12th IEEE International Conference on Signal Processing, Hangzhou, China, 2014: 1761-1765.

[7] Tseng C C, Liu C. Complementary sets of sequences. IEEE Transactions on Information Theory, 1972, 18(5): 644-652.

[8] 张振宇, 曾凡鑫, 宣贵新, 等. MC-CDMA 系统中具有组内互补特性的序列构造. 通信学报, 2011, 32(3): 27-32.

[9] 李玉博, 许成谦. 迭代法构造零相关区互补序列集. 通信学报, 2011, 32(8): 38-44.

[10] 张振宇, 曾凡鑫, 田逢春, 等. 组间正交互补序列集的生成方法. 中国国家发明专利, 专利号: ZL201110129685. 6. 2015. 07. 08.

[11] Rathinakumar A, Chaturvedi A K. Mutually orthogonal sets of ZCZ sequences. Electronics Letters, 2004, 40(18): 1133-1134.

[12] Zhang C, Tao X M, Yamada S, et al. Sequence with three zero correlation zones and its application in MC-CDMA system. IEICE Transactions on Fundamentals of Electronics, Communications and Computer Sciences, 2006, E89-A(9): 2275-2282.

[13] Zhang Z Y, Zeng F X, Xuan G X. A class of complementary sequences with multi-width zero cross-correlation zone. IEICE Transactions on Fundamentals of Electronics,

Communications and Computer Sciences, 2010, E93-A(8): 1508-1517.

[14] Rathinakumar A, Chaturvedi A K. Complete mutually orthogonal golay complementary sets from reed-muller codes. IEEE Transactions on Information Theory, 2008, 54(3): 1339-1346.

[15] Zhang Z Y, Tian F C, Ge L J, et al. M-ary spread spectrum OFDM structure based on cascaded cyclic shift complementary pairs // Proc. of the 12th IEEE International Conference on Signal Processing, Hangzhou, China, 2014: 1584-1589.

[16] 肖国镇, 梁传甲, 王育民. 伪随机序列及其应用. 北京: 国防工业出版社, 1985.

[17] 杨义先. 最佳信号理论与设计. 北京: 人民邮电出版社, 1996.

[18] Zhang Z Y, Zeng F X, Chen W, et al. Grouped complementary codes for multicarrier CDMA systems // Proc. of IEEE International Symposium on Information Theory, Seoul, Korea, 2009: 443-447.

[19] Chen H H. The Next Generation CDMA Technologies. Hoboken: John Wiley & Sons. Ltd., 2007.

[20] 李玉博, 许成谦, 刘凯. 一类四元零相关区非周期互补序列集构造法. 电子学报, 2015, 43(9): 1800-1804.

[21] Zhang Z Y, Zeng F X, Xuan G X. Mutually orthogonal sets of complementary sequences for multi-carrier CDMA systems// Proc. of the 6th IEEE International Conference on Wireless Communications, Networks and Mobile Computing, Chengdu, China, 2010, 45(2): 1-4.

[22] Zhang Z Y, Zeng F X, Xuan G X. Design of complementary sequence sets based on orthogonal matrixes// Proc. of the 8th International Conference on Communications, Circuits and Systems, Chengdu, China, 2010, 1: 383-387.

[23] 张振宇, 陈卫, 曾凡鑫, 等. 一类适用于多小区 CDMA 系统的互补码集. 系统工程与电子技术, 2010, 32(3): 458-462.

[24] Suehiro N, Hatori M. N-shift cross-orthogonal sequences. IEEE Transactions on Information Theory, 1988, IT-34(1): 143-146.

[25] Appuswamy R, Chaturvedi A K. A new framework for constructing mutually orthogonal complementary sets and ZCZ sequences. IEEE Transactions on Information Theory, 2006, 52(8): 3817-3826.

[26] Lu L R, Dubey V K. Extended orthogonal polyphase codes for multicarrier CDMA system. IEEE Communications Letters, 2004, 12: 700-702.

[27] Li J, Huang A P, Guizani M, et al. Inter-group complementary codes for interference-resistant CDMA wireless communications. IEEE Transactions on Wireless Communications, 2008, 7(1): 166-174.

[28] Chen H H, Yeh Y C, Zhang X, et al. Generalized pairwise complementary codes with set-wise uniform interference-free windows. IEEE Journal on Selected Areas in Communications, 2006, 24(1): 65-74.

[29] Feng L F, Fan P Z, Tang X H, et al. Generalized pairwise Z-complementary codes. IEEE Signal Processing Letters, 2008, 15: 377-380.

[30] Zhang Z Y, Chen W, Zeng F X, et al. Z-complementary sets based on sequences with periodic and aperiodic zero correlation zone. EURASIP Journal on Wireless Communications and Networking, 2009, 2009: 1-9.

[31] Xu S J, Li D B. Ternary complementary orthogonal sequences with zero correlation window // Proc. of IEEE International Symposium on Personal, Indoor and Mobile Radio Communications, 2003, 2: 1669-1672.

[32] Xu S J, Gao Y, Li D B. A Coding Method to Create General Spread Spectrum Sequence with Zero Correlation Window. International Publication，No.: Wo/2003/081797, Oct. 2, 2003.

[33] Xu S J, Gao Y, Li D B. A Coding Method to Create Complementary Codes with Zero Correlation Window. International Publication, No.: Wo/2004/057786, July 8, 2004.

[34] Chu D C. Polyphase codes with good periodic correlation properties. IEEE Transactions on Information Theory, 1972, IT-18: 531-533.

[35] Frank R L, Zadoff S A. Phase shift pulse codes with good periodic correlation properties. IRE Transactions on Information Theory, 1962, IT-8: 381-382.

[36] Fan P Z, Yuan W N, Tu Y F. Z-complementary binary sequences. IEEE Signal Processing Letters, 2007, 14(8): 509-512.

[37] Magana M E, Rajatasereekul T, Hank D, et al. Design of an MC-CDMA system that uses complete complementary orthogonal spreading codes. IEEE Transactions on Vehicular Technology, 2007, 56(5): 2976-2989.

第 4 章　多级子集非对称相关性序列集合

对于子集间互补和子集内互补这两类非对称相关性序列集合，子集分割方法使得一个大的序列集合被划分成若干个小的序列集合 (即序列子集)，这些序列子集的内部以及各个序列子集之间呈现出不同的相关特性。如果用零相关区特性来表征，则它们同时具有子集内和子集间两种不同宽度的 ZCCZ，这种两宽度 ZCCZ 特性与传统的单一宽度 ZCCZ(即没有进行子集分割) 相比较，通常可以获得更加灵活的序列参数选择，如更大的序列数量和更优的相关性能等，同时这些两宽度 ZCCZ 序列集合也更容易达到序列设计的理论界限。那么，更进一步地，如果将这些集合中的序列子集 (一级序列子集) 继续划分成更小的序列子集 (二级序列子集)，再将各个二级序列子集划分成若干个三级序列子集，以此类推，则可以将一个序列集合逐步分割成多级序列子集，这些不同级的序列子集内部和序列子集之间具有不同的相关性能，单一宽度的 ZCCZ 扩展到多宽度的 ZCCZ，从而将使得整个序列集合获得更加灵活的性能。

基于这种思想，本章给出了多级序列子集和多宽度 ZCCZ 的概念，这种多级子集/多宽度 ZCCZ 的非对称相关性序列集合可以看作一个更广泛的定义，它可以用传统单一宽度 ZCCZ 序列集合和两宽度 ZCCZ 序列集合作为特例，充分体现了相关函数的非对称性质。针对多级子集/多宽度 ZCCZ 的基本概念，本章分别给出了两级子集结构和多级子集结构的设计方法，并讨论各个不同宽度的 ZCCZ 所对应的子集合以及这些子集合达到理论界限的条件。本章所讨论的序列集合都是多子序列类型，并且具有两级及其以上的子集结构，因此属于 A 类 III 型非对称相关性序列集合。

4.1　一级子集结构和单一宽度 ZCCZ 的性能约束

传统单一宽度 ZCCZ 的序列集合没有划分序列子集，所有的序列具有相同 ZCCZ 标准下的相关性能。那么，当应用系统具有更加复杂的实际状况，或者需要对不同的用户类型给予不同的传输特性时，该类单一宽度 ZCCZ 的序列集合则不能更好地满足其要求。

将一个序列集合分割/扩展成为多个序列子集是解决该类问题的一个实质性突破，它使得序列分析颗粒度进一步细化，能够获得相关性能和序列数量之间的优化平衡，从而可以在保证一定的全局/局部理想相关性能的前提下有效增加可用序列的数量。例如，对于互补序列集合，如果每个互补序列由 N 个子序列组成，则该互补序列集合中最多能构造出 N 个序列。若采用子集分割方法，扩展产生不同类型的序列子集，每个序列子集都具有互补特性，则可以大大增加序列数量，其示意图如图 4.1 所示。

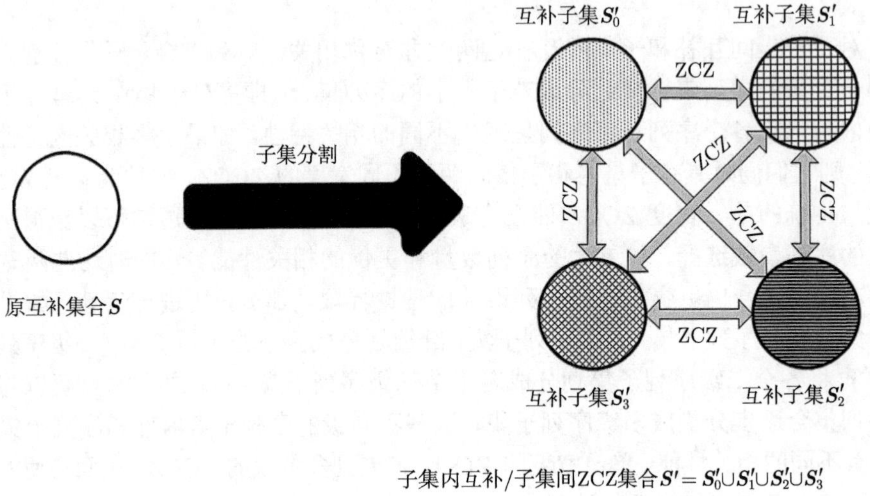

图 4.1　原互补序列集合扩展成为子集内互补/子集间 ZCZ 序列集合的示意图，子集数量为 4

从图中可以看出，通过子集分割方式，原互补序列集合 S 可以被扩展成为一个新的序列集合 S'，该集合由 4 个序列子集 S'_0、S'_1、S'_2 和 S'_3 组成，即 $S' = S'_0 \cup S'_1 \cup S'_2 \cup S'_3$。每个序列子集都是一个传统的互补序列集合，其序列长度和序列数量与 S 相同，这 4 个序列子集之间具有 ZCZ。那么，该扩展方式可以增加序列数量到原来的 4 倍，4 个序列子集内部的相关性能与原互补序列完全相同，而它们之间还可以具有确切的能够满足理论界限的 ZCZ 特性，因此该类子集内互补/子集间 ZCZ 序列集合显然具有更大的灵活性和适用性。

除了子集内互补特性，也可以将原互补序列集合 S 扩展成子集间互补/子集内 ZCZ 的序列集合，如图 4.2 所示。该图中也使用了子集分割方法，所不同的是 4 个序列子集 $\{S'_0, S'_1, S'_2, S'_3\}$ 内部的各个序列之间具有 ZCZ 特性，而任意两个序列子集之间具有互补特性。该类扩展方式同样可以增加集合中可用的序列数量，只是应用场景有所变化而已。如果同单一的 ZCZ 序列集合相比较，则在相同的序列长度和序列数量的情况下，显然扩展之后的子集间互补/子集内 ZCZ 序列集合 S' 具有更优的相关性能，因为即使两者都达到了序列设计的理论界限，然而扩展之后的序列集合能够在序列子集之间具有互补特性，这是单一 ZCZ 序列集合所不具备的。

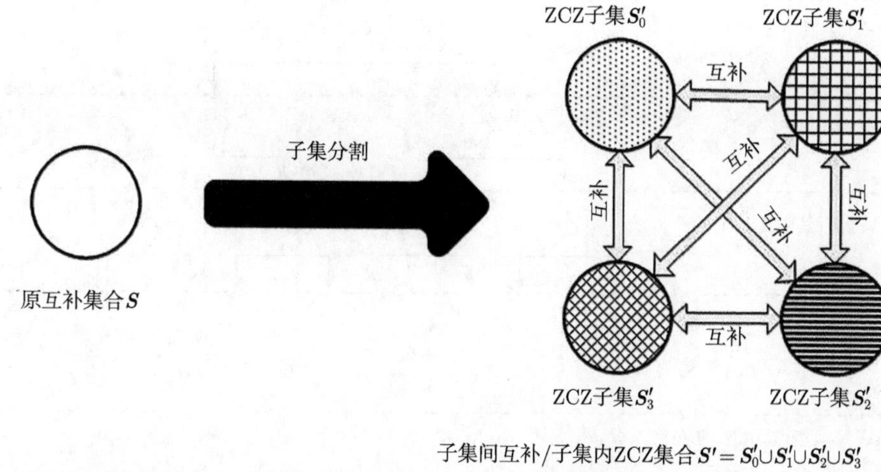

图 4.2 原互补序列集合扩展成为子集间互补/子集内 ZCZ 序列集合的示意图，子集数量为 4

那么，通过子集分割，一级子集结构具有了两个不同宽度的 ZCCZ，即子集内部的 ZCCZ 和子集之间的 ZCCZ，它的性能将优于仅具有单一宽度 ZCCZ 的序列集合。但是，从另一个方面来说，两宽度 ZCCZ 的序列集合也只是讨论了子集内和子集间这两种情况，其灵活性也受到了一定的制约。如果能够将整个序列集合进一步地分割成多级子集，则不同级的子集之间将具备更多宽度的 ZCCZ，其性能也将更加灵活。

4.2 多级序列子集与多值零互相关区

虽然多级序列子集之间不一定具有 ZCZ 特性，但是多级子集的分割通常可以产生多个不同宽度的 ZCCZ，本节将给出多级子集分割及其产生的多宽度 ZCCZ 的定义，同时也将介绍 T-ZCZ 的概念。

4.2.1 多级子集分割和多宽度 ZCCZ 分布

按照 ZCZ 宽度的不同，可以将整个非对称相关性序列集合依次分割成多级序列子集[1]。例如，以二叉树的方式进行分割，总共分为 $N+1$ 级的序列子集，第 n 级包含 2^n 个序列子集，其对应的 ZCZ 宽度为 $Z=2^n$，其中 $n=0,1,2,\cdots,N$。对于第 n 级序列子集中的第 m 个子集，可以表示为 $\boldsymbol{C}_m^{(n)}$，其中，$m=0,1,\cdots,2^n-1$，子序列的长度 $L=2^N$。当 $n=0$ 时，只有一个顶级的序列子集 $\boldsymbol{C}_0^{(0)}$，该序列子集也就是具有多级子集特性的非对称相关性序列集合 $\boldsymbol{C}$。那么，从 $\boldsymbol{C}$ 开始每过一级就将一个序列子集再分成两个子集，以此类推，最终以二叉树迭代的方法获得集合 $\boldsymbol{C}$ 中的所有序列子集，如图 4.3 所示。

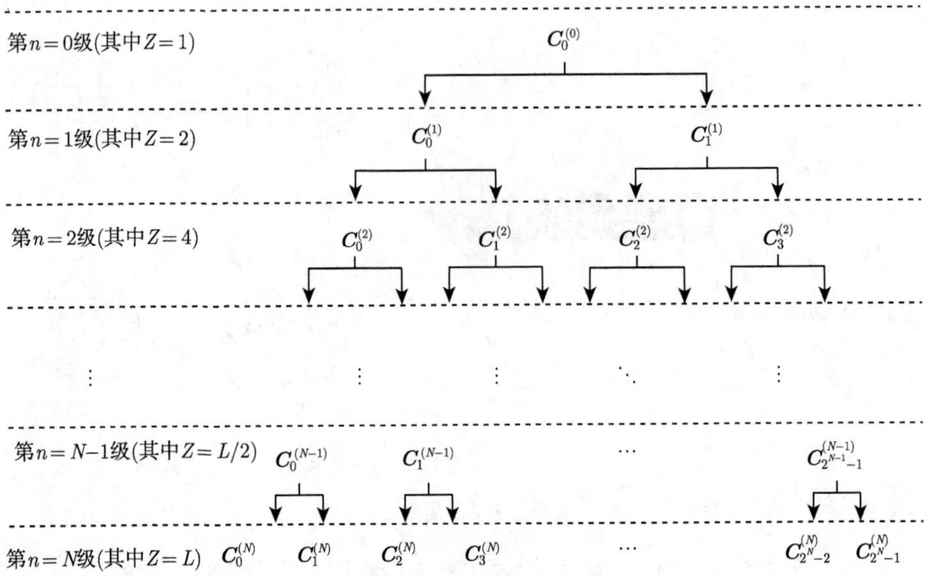

图 4.3　多级子集分割示意图

对于最后一级序列子集，即 $n=N$，总共包含 2^N 个子集。每个序列子集的 ZCZ 宽度 $Z=2^N=L$，即 ZCZ 宽度等于子序列的长度。当应用系统中激活的用户数量增加时，可以选用较小级数的序列子集。例如，激活的用户共总有 2^N 个，则可以使用第 $n=2$ 级的 4 个序列子集中的任意一个。

不失一般性地，假设选择序列子集 $\boldsymbol{C}_0^{(2)}$，那么该子集包含 $\boldsymbol{C}_0^{(N)},\boldsymbol{C}_1^{(N)},\cdots,\boldsymbol{C}_{2^{N-2}-1}^{(N)}$ 总共 2^{N-2} 个第 N 级序列子集，这些序列子集可以生成 2^N 个用户序列，从而可以供 2^N 个用户同时使用。

对于多宽度 ZCCZ(Multiple-Width ZCCZ, MW-ZCCZ)，因为将一个序列集合分成多个一级序列子集是构造两宽度 ZCCZ 互补序列的基本出发点，那么多级子集分割将获得多宽度的 ZCCZ。基于子集分割的概念，多宽度 ZCCZ 序列的互相关性能可以被讨论如下。

令 $\boldsymbol{C}$ 为一个多宽度 ZCCZ 序列集合，$\boldsymbol{C}_{i,r}$ 表示该集合的第 i 个序列子集 $\boldsymbol{C}_i$ 中的第 r 个序列，则该集合的非周期和周期互相关性能可以分别表示如下：

$$\begin{cases}\Psi_{\boldsymbol{C}_{i_0,r_0},\boldsymbol{C}_{i_0,s_0}}(\tau)=0, & |\tau|<Z_c\text{且}r_0\neq s_0\\ \Psi_{\boldsymbol{C}_{i_1,r_1},\boldsymbol{C}_{j_1,s_1}}(\tau)=0, & |\tau|<Z_1\text{且}i_1\neq j_1\\ \Psi_{\boldsymbol{C}_{i_2,r_2},\boldsymbol{C}_{j_2,s_2}}(\tau)=0, & |\tau|<Z_2\text{且}i_2\neq j_2\\ \qquad\cdots\cdots & \\ \Psi_{\boldsymbol{C}_{i_w,r_w},\boldsymbol{C}_{j_w,s_w}}(\tau)=0, & |\tau|<Z_w\text{且}i_w\neq j_w\end{cases}\tag{4.1}$$

$$\begin{cases} \Phi_{C_{i_0,r_0},C_{i_0,s_0}}(\tau)=0, & |\tau|<Z_c\text{且}r_0\neq s_0 \\ \Phi_{C_{i_1,r_1},C_{j_1,s_1}}(\tau)=0, & |\tau|<Z_1\text{且}i_1\neq j_1 \\ \Phi_{C_{i_2,r_2},C_{j_2,s_2}}(\tau)=0, & |\tau|<Z_2\text{且}i_2\neq j_2 \\ \cdots\cdots \\ \Phi_{C_{i_w,r_w},C_{j_w,s_w}}(\tau)=0, & |\tau|<Z_w\text{且}i_w\neq j_w \end{cases} \tag{4.2}$$

其中，$Z_c, Z_1, Z_2, \cdots, Z_w$ 表示 MW-ZCCZ 序列集合 $\boldsymbol{C}$ 的多个不同的单边 ZCCZ 宽度，特别地，Z_c 为子集内 ZCCZ 宽度，而 $Z_1, Z_2, \cdots, Z_w$ 为 w 个子集间 ZCCZ。可见，对于不同的序列子集之间的序列，可以存在不同的 ZCCZ 宽度。

若一个 MW-ZCCZ 序列集合 $\boldsymbol{C}$ 被分成 G 个序列子集，每个序列子集包含 M 个序列，每个序列包含 N 个子序列，每个子序列的长度为 L，则该集合 $\boldsymbol{C}$ 可以表示为 $(G, M, \mathbb{Z})$ – MW-ZCCZ$_N^L$，其中，$\mathbb{Z}=\{Z_a; Z_c, Z_1, Z_2, \cdots, Z_w\}$，而且 $1\leqslant Z_1<Z_2<\cdots<Z_w\leqslant L$，$Z_a$ 为单边 ZACZ 的宽度。

那么，当 $\mathbb{Z}=\{Z_a; Z_c\}$ 并且 $G=1$ 时，$(1, M, \mathbb{Z})$ –MW-ZCCZ$_N^L$ 成为单一宽度 ZCCZ 序列集合，当 $\mathbb{Z}=\{Z_a; Z_c, Z_1\}$ 时，$(G, M, \mathbb{Z})$ –MW-ZCCZ$_N^L$ 成为两宽度 ZCCZ 序列集合。从而可以看出，单一宽度 ZCCZ 序列集合和两宽度 ZCCZ 序列集合都是多宽度 ZCZZ 序列集合 $(G, M, \mathbb{Z})$ – MW-ZCCZ$_N^L$ 的特例。

为了直观地体现所定义的 MW-ZCCZ 序列集合的特性，此处将给出一个简单的例子。设 $\boldsymbol{C}$ 是一个包含 4 个序列子集的 MW-ZCCZ 序列集合，即 $\boldsymbol{C}=\{\boldsymbol{C}_0, \boldsymbol{C}_1, \boldsymbol{C}_2, \boldsymbol{C}_3\}$。它们的子集内 ZCCZ 为 Z_c，$\boldsymbol{C}_0$ 与 $\boldsymbol{C}_1$ 的序列之间以及 $\boldsymbol{C}_2$ 与 $\boldsymbol{C}_3$ 的序列之间的单边子集间 ZCCZ 宽度均为 Z_1，$\boldsymbol{C}_0\cup\boldsymbol{C}_1$ 与 $\boldsymbol{C}_2\cup\boldsymbol{C}_3$ 之间序列的单边子集间 ZCCZ 宽度为 Z_2。则该集合 $\boldsymbol{C}$ 是一个三宽度 ZCCZ 序列集合，其 ZCCZ 特性如图 4.4 所示。

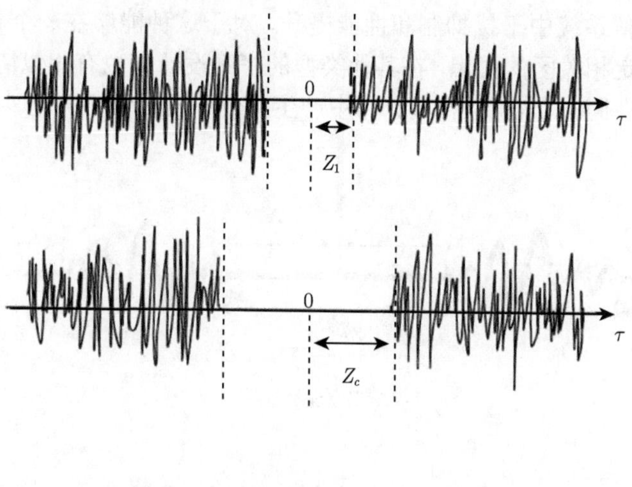

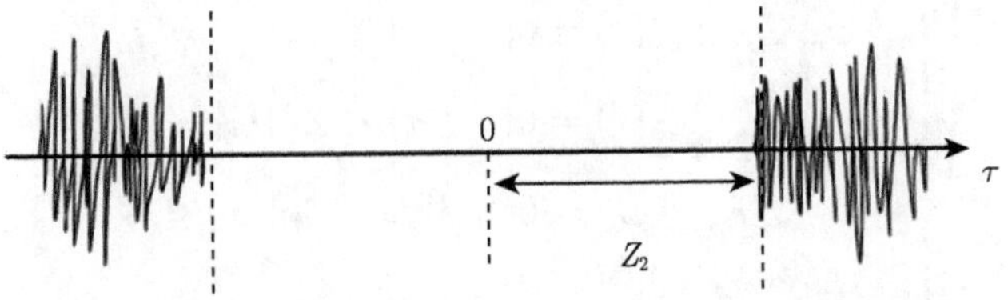

图 4.4　三宽度 ZCCZ 序列集合的三个不同的 ZCCZ 分布示意图

4.2.2　三零相关区 (T-ZCZ) 分布

对于一个序列集合 $\boldsymbol{B} = \{\boldsymbol{B}_m, 0 \leqslant m \leqslant M-1\}$，其中 $\boldsymbol{B}_m = \{\boldsymbol{B}_{m,n}, 0 \leqslant n \leqslant N-1\}$，并且 $\boldsymbol{B}_{m,n} = (B_{m,n}(0), B_{m,n}(1), \cdots, B_{m,n}(L-1))$，则当其满足下列数学关系时，称其为 T-ZCZ 序列集合[2]，

$$
\begin{aligned}
Z_a =& \max\left\{T : \sum_{n=0}^{N-1} \psi_{\boldsymbol{B}_{m,n},\boldsymbol{B}_{m,n}}(\tau) = 0,\right. \\
&\left.\forall \tau \neq 0, |\tau| \leqslant T-1 \cup L-T \leqslant |\tau| \leqslant L-1\right\} \\
Z_c =& \max\left\{T : \sum_{n=0}^{N-1} \psi_{\boldsymbol{B}_{m,n},\boldsymbol{B}_{m',n}}(\tau) = 0,\right. \\
&\left.\forall m \neq m', \forall \tau, |\tau| \leqslant T-1 \cup L-T \leqslant |\tau| \leqslant L-1\right\} \\
Z =& \min(Z_a, Z_c)
\end{aligned} \tag{4.3}
$$

其中，T-ZCZ 序列集合 $\boldsymbol{B}$ 可以表示为 $(M, Z) - \text{T-ZCZ}_N^L$。

从式 (4.3) 可以看出，T-ZCZ 序列在非周期相关函数分布的中心和两端都存在 ZCZ。为了帮助理解其含义，图 4.5-(a) 和 (b) 分别显示了 T-ZACZ 和 T-ZCCZ 原理示意图。显然地，与传统的 ZCZ 序列集合或 Z 互补序列集合相比较，T-ZCZ 序列集合具有更多的 ZACZ 和 ZCCZ，因此具有更好的非周期自/互相关性能，更加有利于无线通信系统中干扰抑制和性能提升。对于这种能够在一个相关函数分布中生成多个特定相关区的思想，在其他类型的序列设计中也有相似情况，例如，跳时序列就可以在同一个自/互相关分布中产生两个不同的低相关区[3]。

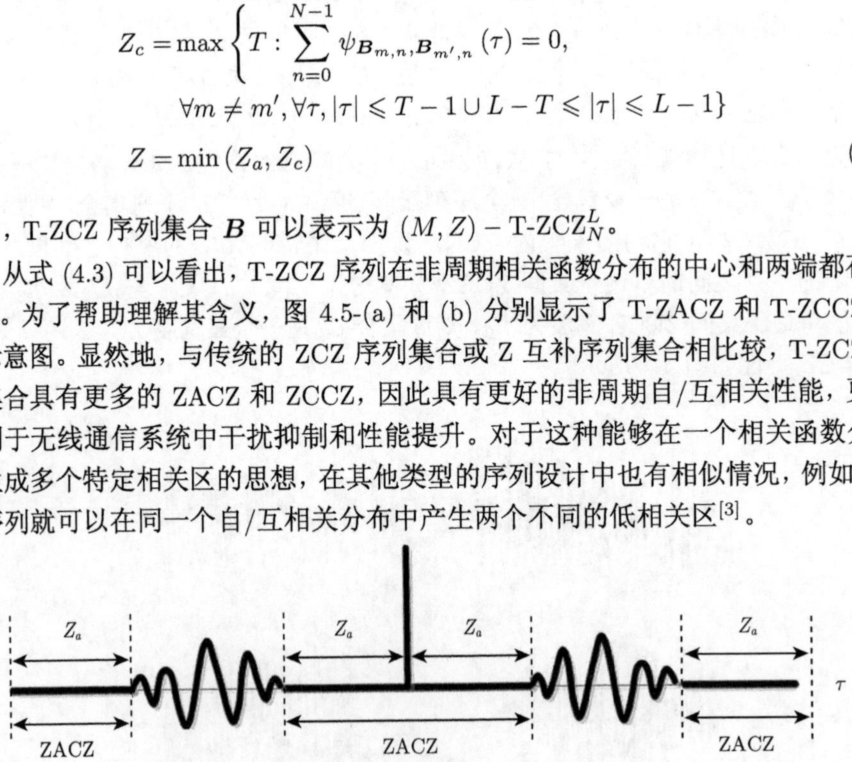

(a) T-ZACZ原理示意图

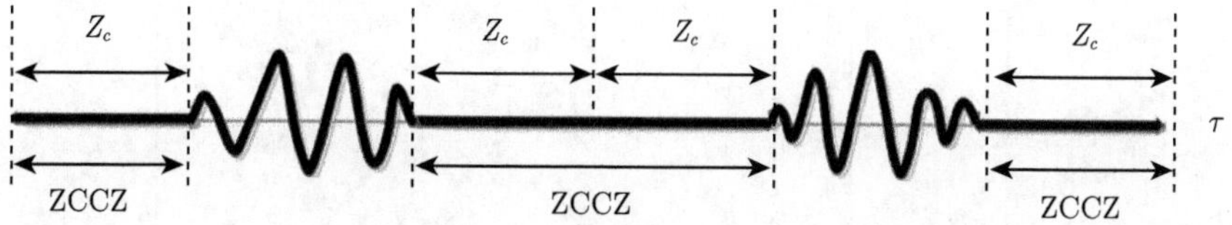

(b) T-ZCCZ原理示意图

图 4.5 T-ZCZ 序列非周期相关函数的三个 ZCZ 示意图

4.3 两级子集结构非对称相关性序列集合设计

本节致力于具有两级子集特性的序列集合的设计，即序列集合首先划分成多个序列子集，称之为 1 级序列子集，然后每个 1 级序列子集又进一步划分成多个 2 级序列子集。分别基于对三个正交矩阵和 DFT 序列矩阵的运算处理，给出了两种具有两级子集结构的序列集合的设计方法。与已有的 ZCZ 序列和 Z 互补序列相比较，所设计生成的两级子集结构序列集合具有如下 5 个性质：

(1) 整个序列集合包含多个 1 级序列子集，同时每个 1 级序列子集又包含多个 2 级序列子集；

(2) 不同的 1 级序列子集之间相互正交，即具有 1 级序列子集之间正交 (Inter-1st Order Subset Orthogonal, I^1SO) 的特性；

(3) 同一个 1 级序列子集内部的不同 2 级序列子集之间具有理想的周期/非周期互相关性能，即具有 2 级序列子集之间互补 (Inter-2nd Order Subset Complementary, I^2SC) 的特性；

(4) 基于三个正交矩阵所生成的两级子集结构序列集合中每个 2 级序列子集具有 T-ZCZ 特性；

(5) 所设计的具有 1 级序列子集之间正交和 2 级序列子集之间互补特性的序列集合 (简称为 I^1SO- I^2SC 序列集合) 以及其各个 1 级序列子集都可以达到序列设计的理论界限，即它们都是理想集合。

下面给出该类 I^1SO-I^2SC 序列集合的具体设计方法，并且分析其两级序列子集的相关性能。

4.3.1 基于正交矩阵的两级子集结构设计方法

该类基于三个正交矩阵的 I^1SO-I^2SC 序列集合的显著特点在于同时具有 1 级序列子集之间正交和 2 级序列子集之间互补的特性，其详细的设计步骤和方法如下[4]。

步骤 1 设置三个具有约束关系的正交矩阵。

令 $\boldsymbol{S} = [S_{k,p}]_{K\times P}$ 表示第一个 $K \times P$ 的正交矩阵，$S_{k,p}$ 是 $\boldsymbol{S}$ 的第 k 行、第 p 列的元素，该矩阵可以具体表示如下：

$$\boldsymbol{S}=\begin{bmatrix}\boldsymbol{S}_0\\ \boldsymbol{S}_1\\ \vdots\\ \boldsymbol{S}_{K-1}\end{bmatrix}=\begin{bmatrix}S_{0,0} & S_{0,1} & \cdots & S_{0,P-1}\\ S_{1,0} & S_{1,1} & \cdots & S_{1,P-1}\\ \vdots & \vdots & \ddots & \vdots\\ S_{K-1,0} & S_{K-1,1} & \cdots & S_{K-1,P-1}\end{bmatrix} \tag{4.4}$$

其中，$0\leqslant k\leqslant K-1$，$0\leqslant p\leqslant P-1$，矩阵的第 k 行 $\boldsymbol{S}_k=(S_{k,0},S_{k,1},\cdots,S_{k,P-1})$ 可以看作一个长度为 P 的单一序列，矩阵的元素满足其绝对值等于 1，即 $|S_{k,p}|=1$。因为 $\boldsymbol{S}$ 是一个正交矩阵，所以满足 $\phi_{\boldsymbol{S}_k,\boldsymbol{S}_{k'}}(0)=0$，$k\neq k'$。

令 $\boldsymbol{U}=[U_{n_1,n_2}]_{N\times N}$ 和 $\boldsymbol{V}=[V_{g,n_3}]_{G\times N}$ 分别表示第二个和第三个正交矩阵，其中 $0\leqslant n_1,n_2,n_3\leqslant N-1$，$0\leqslant g\leqslant G-1$，$|U_{n_1,n_2}|=1$ 并且 $|V_{g,n_3}|=1$。除了正交性质，矩阵 $\boldsymbol{U}$ 还是一个对称阵，并且矩阵中不同行的序列之间具有理想的周期互相关性能，用数学公式可以表示如下：

$$\begin{cases}U_{n_1,n_2}=U_{n_2,n_1},\\ \phi_{\boldsymbol{U}_{n_1},\boldsymbol{U}_{n_1'}}(\tau)=0,\quad \forall\tau \text{且} n_1\neq n_1'\end{cases} \tag{4.5}$$

步骤 2　合并 $\boldsymbol{U}$ 和 $\boldsymbol{V}$ 生成系数矩阵。

通过将两个正交矩阵 $\boldsymbol{U}$ 和 $\boldsymbol{V}$ 进行合并，则可以生成一个 $GN\times N^2$ 的系数矩阵 $\boldsymbol{E}=\left[\boldsymbol{E}^{(0)}\ \vdots\ \boldsymbol{E}^{(1)}\ \vdots\ \cdots\ \vdots\ \boldsymbol{E}^{(N-1)}\right]$。该系数矩阵 $\boldsymbol{E}$ 包含 N 个 $GN\times N$ 的子矩阵 $\boldsymbol{E}^{(n)}$，$0\leqslant n\leqslant N-1$，其中的第 n 个子矩阵 $\boldsymbol{E}^{(n)}$ 可以表示如下：

$$\begin{aligned}\boldsymbol{E}^{(n)}&=\left[E^{(n)}_{g,r,s}\right]_{GN\times N}\\ &=\begin{bmatrix}E^{(n)}_{0,0,0} & E^{(n)}_{0,0,1} & \cdots & E^{(n)}_{0,0,N-1}\\ E^{(n)}_{0,1,0} & E^{(n)}_{0,1,1} & \cdots & E^{(n)}_{0,1,N-1}\\ \vdots & \vdots & \ddots & \vdots\\ E^{(n)}_{0,N-1,0} & E^{(n)}_{0,N-1,1} & \cdots & E^{(n)}_{0,N-1,N-1}\\ E^{(n)}_{1,0,0} & E^{(n)}_{1,0,1} & \cdots & E^{(n)}_{1,0,N-1}\\ E^{(n)}_{1,1,0} & E^{(n)}_{1,1,1} & \cdots & E^{(n)}_{1,1,N-1}\\ \vdots & \vdots & \ddots & \vdots\\ E^{(n)}_{1,N-1,0} & E^{(n)}_{1,N-1,1} & \cdots & E^{(n)}_{1,N-1,N-1}\\ \vdots & \vdots & \ddots & \vdots\\ E^{(n)}_{G-1,0,0} & E^{(n)}_{G-1,0,1} & \cdots & E^{(n)}_{G-1,0,N-1}\\ E^{(n)}_{G-1,1,0} & E^{(n)}_{G-1,1,1} & \cdots & E^{(n)}_{G-1,1,N-1}\\ \vdots & \vdots & \ddots & \vdots\\ E^{(n)}_{G-1,N-1,0} & E^{(n)}_{G-1,N-1,1} & \cdots & E^{(n)}_{G-1,N-1,N-1}\end{bmatrix}\end{aligned} \tag{4.6}$$

在式 (4.6) 中，$\boldsymbol{E}^{(n)}$ 的第 $gN+r$ 行、第 s 列的元素 $E_{g,r,s}^{(n)}$ 满足

$$E_{g,r,s}^{(n)} = V_{g,n} U_{(r+n)N,s} \tag{4.7}$$

其中，$0 \leqslant r, s, n \leqslant N-1$。

步骤 3 生成具有两级子集结构的序列集合。

基于正交矩阵 $\boldsymbol{S}$ 和系数矩阵 $\boldsymbol{E}$，则可以产生一类 I^{1}SO-I^{2}SC 序列集合 $\boldsymbol{\Gamma} = \{\boldsymbol{\Gamma}_g, 0 \leqslant g \leqslant G-1\}$，该集合总共包含 G 个 1 级序列子集，其中第 g 个 1 级序列子集 $\boldsymbol{\Gamma}_g = \{\boldsymbol{\Gamma}_{g,r}, 0 \leqslant r \leqslant N-1\}$ 包含 N 个 2 级序列子集。按照矩阵形式，$\boldsymbol{\Gamma}_g$ 中的第 r 个 2 级序列子集 $\boldsymbol{\Gamma}_{g,r}$ 可以表示如下：

$$\boldsymbol{\Gamma}_{g,r} = \begin{bmatrix} \boldsymbol{\Gamma}_{g,r,0} \\ \boldsymbol{\Gamma}_{g,r,1} \\ \vdots \\ \boldsymbol{\Gamma}_{g,r,K-1} \end{bmatrix} = \begin{bmatrix} \boldsymbol{\Gamma}_{g,r,0,0}; & \boldsymbol{\Gamma}_{g,r,0,1}; & \cdots & \boldsymbol{\Gamma}_{g,r,0,N-1} \\ \boldsymbol{\Gamma}_{g,r,1,0}; & \boldsymbol{\Gamma}_{g,r,1,1}; & \cdots & \boldsymbol{\Gamma}_{g,r,1,N-1} \\ \vdots & \vdots & \ddots & \vdots \\ \boldsymbol{\Gamma}_{g,r,K-1,0}; & \boldsymbol{\Gamma}_{g,r,K-1,1}; & \cdots & \boldsymbol{\Gamma}_{g,r,K-1,N-1} \end{bmatrix} \tag{4.8}$$

在式 (4.8) 中，$\boldsymbol{\Gamma}_{g,r}$中的第$k$个序列$\boldsymbol{\Gamma}_{g,r,k}$的第 n 个子序列 $\boldsymbol{\Gamma}_{g,r,k,n}$ 满足下式：

$$\boldsymbol{\Gamma}_{g,r,k,n} = \left(E_{g,r,0}^{(n)} \boldsymbol{S}_k\right) \odot \left(E_{g,r,1}^{(n)} \boldsymbol{S}_k\right) \odot \cdots \odot \left(E_{g,r,N-1}^{(n)} \boldsymbol{S}_k\right) \tag{4.9}$$

从式 (4.9) 可以看出，所生成的 I^{1}SO-I^{2}SC 序列集合 $\boldsymbol{\Gamma}$ 的子序列是通过对正交序列及其相对应的系数之间的乘积进行交织操作而获得的，因此每个子序列的长度为 NP。

令 $(c_3, \{c_4; c_5\}, c_6) - \mathrm{I^1SO\text{-}I^2SC}_{c_2}^{c_1}$ 表示一个 I^{1}SO-I^{2}SC 序列集合，其中 $c_1 \sim c_6$ 依次表示子序列长度、子序列数量、序列数量、1 级序列子集的数量、每个 1 级序列子集中 2 级序列子集的数量、2 级序列子集的 ZCZ 宽度，则本节所设计的 I^{1}SO-I^{2}SC 序列集合 $\boldsymbol{\Gamma}$ 成为 $(GNK, \{G; N\}, N) - \mathrm{I^1SO\text{-}I^2SC}_N^{NP}$。若按照 MW-ZCCZ 的形式表示，则该 I^{1}SO-I^{2}SC 序列集合成为 $(GN, K, \mathbb{Z}) - \mathrm{MW\text{-}ZCCZ}_N^{NP}$，其中 $\mathbb{Z} = \{N; N, 1, NP\}$。

下面分析 $(GNK, \{G; N\}, N) - \mathrm{I^1SO\text{-}I^2SC}_N^{NP}$ 的相关性能，讨论 I^{1}SO-I^{2}SC 序列集合 $\boldsymbol{\Gamma}$ 的各级序列子集内部、各级序列子集之间的周期/非周期相关性能，并且给出集合 $\boldsymbol{\Gamma}$ 及其两级序列子集达到理想性能的条件。

I^{1}SO-I^{2}SC 序列集合 $\boldsymbol{\Gamma}$ 的周期/非周期相关性能可以用如下定理进行描述。

定理 4.1[4] 令 $\boldsymbol{\Gamma}_{g_1,r_1,k_1}$ 和 $\boldsymbol{\Gamma}_{g_2,r_2,k_2}$ 为集合 $\boldsymbol{\Gamma}$ 中的任意两个 I^{1}SO-I^{2}SC 序列，则可得

$$\sum_{n=0}^{N-1}\psi_{\mathbf{\Gamma}_{g_1,r_1,k_1,n},\mathbf{\Gamma}_{g_1,r_1,k_1,n}}(\tau)=\sum_{n=0}^{N-1}\phi_{\mathbf{\Gamma}_{g_1,r_1,k_1,n},\mathbf{\Gamma}_{g_1,r_1,k_1,n}}(\tau)=0,\quad 若(\tau)_N\neq 0;\tag{4.10}$$

$$\sum_{n=0}^{N-1}\psi_{\mathbf{\Gamma}_{g_1,r_1,k_1,n},\mathbf{\Gamma}_{g_1,r_1,k_2,n}}(\tau)=\sum_{n=0}^{N-1}\phi_{\mathbf{\Gamma}_{g_1,r_1,k_1,n},\mathbf{\Gamma}_{g_1,r_1,k_2,n}}(\tau)=0,\quad 若k_1\neq k_2且(\tau)_N\neq 0\,(除了\tau=0);\tag{4.11}$$

$$\sum_{n=0}^{N-1}\psi_{\mathbf{\Gamma}_{g_1,r_1,k_1,n},\mathbf{\Gamma}_{g_1,r_2,k_2,n}}(\tau)=\sum_{n=0}^{N-1}\phi_{\mathbf{\Gamma}_{g_1,r_1,k_1,n},\mathbf{\Gamma}_{g_1,r_2,k_2,n}}(\tau)=0,\quad 若r_1\neq r_2,\forall\tau;\tag{4.12}$$

$$\sum_{n=0}^{N-1}\psi_{\mathbf{\Gamma}_{g_1,r_1,k_1,n},\mathbf{\Gamma}_{g_2,r_2,k_2,n}}(\tau)=\sum_{n=0}^{N-1}\phi_{\Gamma_{g_1,r_1,k_1,n},\Gamma_{g_2,r_2,k_2,n}}(\tau)=0,\quad 若g_1\neq g_2,(\tau)_N=0,\tag{4.13}$$

其中，$0\leqslant g_1,g_2\leqslant G-1$，$0\leqslant r_1,r_2\leqslant N-1$，且 $0\leqslant k_1,k_2\leqslant K-1$。

在定理 4.1 中，式 (4.10)~(4.13) 分别描述了 I^{1}SO-I^{2}SC 序列集合 $\mathbf{\Gamma}$ 的周期/非周期 ACF、2 级序列子集内部的 CCF、2 级序列子集之间的 CCF、1 级序列子集之间的 CCF。该定理可以证明如下。

证明 下面，首先讨论非周期相关性能的情况。按照所提出的设计方法，两个 I^{1}SO-I^{2}SC 序列 $\mathbf{\Gamma}_{g_1,r_1,k_1}$ 和 $\mathbf{\Gamma}_{g_2,r_2,k_2}$ 之间的非周期相关函数可以计算如下：

$$\begin{aligned}
&\sum_{n=0}^{N-1}\psi_{\mathbf{\Gamma}_{g_1,r_1,k_1,n},\mathbf{\Gamma}_{g_2,r_2,k_2,n}}(\tau)\\
&=\begin{cases}
\left(\displaystyle\sum_{n=0}^{N-1}\sum_{s=0}^{N-(\tau)_N-1}E_{g_1,r_1,s}^{(n)}\left(E_{g_2,r_2,s+(\tau)_N}^{(n)}\right)^*\right)\psi_{\boldsymbol{S}_{k_1},\boldsymbol{S}_{k_2}}(\lfloor\tau/N\rfloor)\\
+\left(\displaystyle\sum_{n=0}^{N-1}\sum_{s=0}^{(\tau)_N-1}E_{g_1,r_1,N-(r)_N+s}^{(n)}\left(E_{g_2,r_2,s}^{(n)}\right)^*\right)\psi_{\boldsymbol{S}_{k_1},\boldsymbol{S}_{k_2}}(\lfloor\tau/N\rfloor+1), & 若(\tau)_N\neq 0\\
\left(\displaystyle\sum_{n=0}^{N-1}\sum_{s=0}^{N-1}E_{g_1,r_1,s}^{(n)}\left(E_{g_2,r_2,s}^{(n)}\right)^*\right)\psi_{\boldsymbol{S}_{k_1},\boldsymbol{S}_{k_2}}(\tau/N), & 若(\tau)_N=0
\end{cases}\\
&=\begin{cases}
\left(\displaystyle\sum_{n=0}^{N-1}\sum_{s=0}^{N-(\tau)_N-1}V_{g_1,n}U_{s,(r_1+n)_N}V_{g_2,n}^*U_{s+(r)_N,(r_2+n)_N}^*\right)\psi_{\boldsymbol{S}_{k_1},\boldsymbol{S}_{k_2}}(\lfloor\tau/N\rfloor)\\
+\left(\displaystyle\sum_{n=0}^{N-1}\sum_{s=0}^{(\tau)_N-1}V_{g_1,n}U_{N-(\tau)_N+s,(r_1+n)_N}V_{g_2,n}^*U_{s,(r_2+n)_N}^*\right)\\
\cdot\psi_{\boldsymbol{S}_{k_1},\boldsymbol{S}_{k_2}}(\lfloor\tau/N\rfloor+1), & 若(\tau)_N\neq 0\\
\left(\displaystyle\sum_{n=0}^{N-1}\sum_{s=0}^{N-1}V_{g_1,n}U_{s,(r_1+n)_N}V_{g_2,n}^*U_{s,(r_2+n)_N}^*\right)\psi_{\boldsymbol{S}_{k_1},\boldsymbol{S}_{k_2}}(\tau/N), & 若(\tau)_N=0
\end{cases}
\end{aligned}$$

$$=\begin{cases}\mathbb{C}_1\psi_{\boldsymbol{S}_{k_1},\boldsymbol{S}_{k_2}}(\lfloor\tau/N\rfloor)+\mathbb{C}_2\psi_{\boldsymbol{S}_{k_1},\boldsymbol{S}_{k_2}}(\lfloor\tau/N\rfloor+1), & 若\,(\tau)_N\neq 0\\ \mathbb{C}_3\psi_{\boldsymbol{S}_{k_1},\boldsymbol{S}_{k_2}}(\tau/N), & 若\,(\tau)_N=0\end{cases} \tag{4.14}$$

其中，三个系数 $\mathbb{C}_1$、$\mathbb{C}_2$ 和 $\mathbb{C}_3$ 分别如下所示：

$$\mathbb{C}_1=\left(\sum_{n=0}^{N-1}\sum_{s=0}^{N-(\tau)_N-1}V_{g_1,n}U_{s,(r_1+n)_N}V_{g_2,n}^{*}U_{s+(r)_N,(r_2+n)_N}^{*}\right) \tag{4.15}$$

$$\mathbb{C}_2=\left(\sum_{n=0}^{N-1}\sum_{s=0}^{(\tau)_N-1}V_{g_1,n}U_{N-(\tau)_N+s,(r_1+n)_N}V_{g_2,n}^{*}U_{s,(r_2+n)_N}^{*}\right) \tag{4.16}$$

$$\mathbb{C}_3=\left(\sum_{n=0}^{N-1}\sum_{s=0}^{N-1}V_{g_1,n}U_{s,(r_1+n)_N}V_{g_2,n}^{*}U_{s,(r_2+n)_N}^{*}\right) \tag{4.17}$$

对于式 (4.14) 的第 1 个等式，在计算的过程中利用了交织操作的性质。当 $(\tau)_N\neq 0$ 时，该等式中非周期相关函数的计算被分成两个部分。根据式 (4.9)，应该考虑相邻位移的两种情况。因为子矩阵 $\boldsymbol{E}^{(n)}$ 的列数等于 N，那么通过合并式 (4.9) 和交织操作性质，则可得 $(\tau)_N\neq 0$ 情况下的式 (4.14) 的第 1 个等式的值。对于 $(\tau)_N=0$ 的情况，只存在一个位移 τ/N，那么计算结果可以很容易获得。

从式 (4.14) 可以看出，$\boldsymbol{\Gamma}_{g_1,r_1,k_1}$ 和 $\boldsymbol{\Gamma}_{g_2,r_2,k_2}$ 之间非周期相关函数的计算由 $\boldsymbol{S}$、$\boldsymbol{U}$ 和 $\boldsymbol{V}$ 这 3 个正交矩阵完全确定。下面讨论四种情况。

(1) ACF 的情况，此时 $g_1=g_2$，$r_1=r_2$，且 $k_1=k_2$。

利用矩阵 $\boldsymbol{U}$ 的正交性质，在 $(\tau)_N\neq 0$ 情况下可得 $\mathbb{C}_1=\mathbb{C}_2=0$，那么，当 $(\tau)_N\neq 0$ 时，式 (4.14) 等于零。

(2) 2 级序列子集内部的 CCF 情况，此时 $g_1=g_2$，$r_1=r_2$，且 $k_1\neq k_2$。

当 $(\tau)_N\neq 0$ 时，此时的情况与 ACF 相同，即有 $\mathbb{C}_1=\mathbb{C}_2=0$。另外，既然 $\boldsymbol{S}$ 是一个正交矩阵，那么当 $\tau=0$ 时可得式 (4.14) 等于零。

(3) 2 级序列子集之间的 CCF 情况，此时 $g_1=g_2$，且 $r_1\neq r_2$。

因为 $\boldsymbol{U}$ 是一个对称的正交矩阵，那么当 $(\tau)_N=0$ 时，可得 $\mathbb{C}_3=0$。

当 $(\tau)_N\neq 0$ 时，根据式 (4.5) 中正交矩阵 $\boldsymbol{U}$ 的性质，可得 $\mathbb{C}_1=\mathbb{C}_2=0$。

(4) 1 级序列子集之间的 CCF 情况，此时 $g_1\neq g_2$。

此处仅讨论 $(\tau)_N=0$ 的情况。当 $r_1=r_2$ 时，因为矩阵 $\boldsymbol{V}$ 的正交性质可得 $\mathbb{C}_3=0$。当 $r_1\neq r_2$ 时，利用矩阵 $\boldsymbol{U}$ 的正交性质和对称性质，也可以得到 $\mathbb{C}_3=0$。

综上所述，根据这 4 种情况的讨论，则定理 4.1 中的非周期相关性能可以获得证明。周期相关性能的证明过程与非周期情况相似，此处省略。 证毕。

根据定理 4.1 的结果，可以进一步获得各级序列子集达到理想性能的条件，相应的两个推论如下。

推论 4.1[4]　$\mathrm{I}^1\mathrm{SO}$-$\mathrm{I}^2\mathrm{SC}$ 序列集合 $\boldsymbol{\Gamma}$ 可被看作一个 Z 互补序列集合 $(GNK,1)-CS_N^{NP}$，当 $G=N$ 且 $K=P$ 时，集合 $\boldsymbol{\Gamma}$ 是理想的，即可以实现 Z 互补序列集合的理论界限。

根据定理 4.1 和 Z 互补序列理论界限，可以很容易地得到推论 4.1，其证明过程省略。

推论 4.2[4]　$\mathrm{I}^1\mathrm{SO}$-$\mathrm{I}^2\mathrm{SC}$ 序列集合 $\boldsymbol{\Gamma}$ 中的任意一个 1 级序列子集 $\boldsymbol{\Gamma}_g$ 可被看作如下的三类序列集合。当满足 $G=N$ 且 $K=P$ 条件时，$\boldsymbol{\Gamma}_g$ 是理想的。

(1) Z 互补序列集合 $(NK,N)-\mathrm{CS}_N^{NP}$；

(2) 广义 IGC 序列集合 $(N,K,N)-\mathrm{IGC}_N^{NP}$；

(3) T-ZCZ 序列集合 $(NK,N)-\mathrm{T\text{-}ZCZ}_N^{NP}$。

根据式 (4.10)~(4.13) 和 Z 互补序列集合的理论界限，推论 4.2 可以被得到，其证明过程省略。

为了方便读者理解具有两级子集特性的多子集序列集合的设计方法与相关性能，此处将给出一个具体的设计实例。设三个正交矩阵 $\boldsymbol{S}$、$\boldsymbol{U}$ 和 $\boldsymbol{V}$ 都是四相序列矩阵，分别表示为

$$\boldsymbol{S}=\begin{bmatrix}00\\02\end{bmatrix},\quad \boldsymbol{U}=\begin{bmatrix}0000\\0321\\0202\\0123\end{bmatrix},\quad \boldsymbol{V}=\begin{bmatrix}0000\\0202\\0022\\0220\end{bmatrix} \tag{4.18}$$

其中，四个相位元素 0、1、2 和 3 分别对应 $+1$、$+\mathrm{j}$、-1 和 $-\mathrm{j}$，即四相序列的元素 $\left\{\mathrm{e}^{\mathrm{j}2\pi k/4}\,|k=0,1,2,3\right\}=\{+1,+\mathrm{j},-1,-\mathrm{j}\}$ 用其指数变量来表示，此处 $\mathrm{j}^2=-1$，所选的矩阵 $\boldsymbol{U}$ 满足式 (4.5) 中的设计条件。按照式 (4.6)，可以获得系数矩阵 $\boldsymbol{E}$ 如下所示：

$$\boldsymbol{E}=\left[\boldsymbol{E}^{(0)}\,\vdots\,\boldsymbol{E}^{(1)}\,\vdots\,\boldsymbol{E}^{(2)}\,\vdots\,\boldsymbol{E}^{(3)}\right]=\left[\begin{array}{c:c:c:c}0000&0321&0202&0123\\0321&0202&0123&0000\\0202&0123&0000&0321\\0123&0000&0321&0202\\0000&2103&0202&2301\\0321&2020&0123&2222\\0202&2301&0000&2103\\0123&2222&0321&2020\\0000&0321&2020&2301\\0321&0202&2301&2222\\0202&0123&2222&2103\\0123&0000&2103&2020\\0000&2103&2020&0123\\0321&2020&2301&0000\\0202&2301&2222&0321\\0123&2222&2103&0202\end{array}\right] \tag{4.19}$$

根据设计方法，可以生成 $\mathrm{I^1SO\text{-}I^2SC}$ 序列集合 $\boldsymbol{\Gamma}$ 如式 (4.20) 所示。从该式可以看出，这是一个 $(32,\{4;4\},4)-\mathrm{I^1SO\text{-}I^2SC}_4^8$ 序列集合。

$$\boldsymbol{\Gamma}=\begin{bmatrix}\boldsymbol{\Gamma}_{0,0,0}\\ \boldsymbol{\Gamma}_{0,0,1}\\ \boldsymbol{\Gamma}_{0,1,0}\\ \boldsymbol{\Gamma}_{0,1,1}\\ \boldsymbol{\Gamma}_{0,2,0}\\ \boldsymbol{\Gamma}_{0,2,1}\\ \boldsymbol{\Gamma}_{0,3,0}\\ \boldsymbol{\Gamma}_{0,3,1}\\ \boldsymbol{\Gamma}_{1,0,0}\\ \boldsymbol{\Gamma}_{1,0,1}\\ \boldsymbol{\Gamma}_{1,1,0}\\ \boldsymbol{\Gamma}_{1,1,1}\\ \boldsymbol{\Gamma}_{1,2,0}\\ \boldsymbol{\Gamma}_{1,2,1}\\ \boldsymbol{\Gamma}_{1,3,0}\\ \boldsymbol{\Gamma}_{1,3,1}\\ \boldsymbol{\Gamma}_{2,0,0}\\ \boldsymbol{\Gamma}_{2,0,1}\\ \boldsymbol{\Gamma}_{2,1,0}\\ \boldsymbol{\Gamma}_{2,1,1}\\ \boldsymbol{\Gamma}_{2,2,0}\\ \boldsymbol{\Gamma}_{2,2,1}\\ \boldsymbol{\Gamma}_{2,3,0}\\ \boldsymbol{\Gamma}_{2,3,1}\\ \boldsymbol{\Gamma}_{3,0,0}\\ \boldsymbol{\Gamma}_{3,0,1}\\ \boldsymbol{\Gamma}_{3,1,0}\\ \boldsymbol{\Gamma}_{3,1,1}\\ \boldsymbol{\Gamma}_{3,2,0}\\ \boldsymbol{\Gamma}_{3,2,1}\\ \boldsymbol{\Gamma}_{3,3,0}\\ \boldsymbol{\Gamma}_{3,3,1}\end{bmatrix}=\begin{bmatrix}00000000;\ 03210321;\ 02020202;\ 01230123\\ 00002222;\ 03212103;\ 02022020;\ 01232301\\ 03210321;\ 02020202;\ 01230123;\ 00000000\\ 03212103;\ 02022020;\ 01232301;\ 00002222\\ 02020202;\ 01230123;\ 00000000;\ 03210321\\ 02022020;\ 01232301;\ 00002222;\ 03212103\\ 01230123;\ 00000000;\ 03210321;\ 02020202\\ 01232301;\ 00002222;\ 03212103;\ 02022020\\ 00000000;\ 21032103;\ 02020202;\ 23012301\\ 00002222;\ 21030321;\ 02022020;\ 23010123\\ 03210321;\ 20202020;\ 01230123;\ 22222222\\ 03212103;\ 20200202;\ 01232301;\ 22220000\\ 02020202;\ 23012301;\ 00000000;\ 21032103\\ 02022020;\ 23010123;\ 00002222;\ 21030321\\ 01230123;\ 22222222;\ 03210321;\ 20202020\\ 01232301;\ 22220000;\ 03212103;\ 20200202\\ 00000000;\ 03210321;\ 20202020;\ 23012301\\ 00002222;\ 03212103;\ 20200202;\ 23010123\\ 03210321;\ 02020202;\ 23012301;\ 22222222\\ 03212103;\ 02022020;\ 23010123;\ 22220000\\ 02020202;\ 01230123;\ 22222222;\ 21032103\\ 02022020;\ 01232301;\ 22220000;\ 21030321\\ 01230123;\ 00000000;\ 21032103;\ 20202020\\ 01232301;\ 00002222;\ 21030321;\ 20200202\\ 00000000;\ 21032103;\ 20202020;\ 01230123\\ 00002222;\ 21030321;\ 20200202;\ 01232301\\ 03210321;\ 20202020;\ 23012301;\ 00000000\\ 03212103;\ 20200202;\ 23010123;\ 00002222\\ 02020202;\ 23012301;\ 22222222;\ 03210321\\ 02022020;\ 23010123;\ 22220000;\ 03212103\\ 01230123;\ 22222222;\ 21032103;\ 02020202\\ 01232301;\ 22220000;\ 21030321;\ 02022020\end{bmatrix}\tag{4.20}$$

该集合包含 4 个 1 级序列子集 $\{\mathbf{\Gamma}_g, g=0,1,2,3\}$，每个 1 级序列子集 $\mathbf{\Gamma}_g$ 又包括 4 个 2 级序列子集 $\{\mathbf{\Gamma}_{g,r}, r=0,1,2,3\}$，每个 2 级序列子集包含 2 个 T-ZCZ 序列 $\{\mathbf{\Gamma}_{g,r,k}, k=0,1\}$，因此每个 1 级序列子集包含 8 个 T-ZCZ 序列，而该集合总共包含 32 个 T-ZCZ 序列。每个 T-ZCZ 序列由 4 个子序列 $\{\mathbf{\Gamma}_{g,r,k,n}, n=0,1,2,3\}$ 组成，每个子序列的长度等于 8，2 级序列子集内的各个序列之间的 ZCCZ 宽度等于 4。

为了观察本例中 $(32,\{4;4\},4)-\mathrm{I^1SO\text{-}I^2SC}_4^8$ 序列集合的相关性能，给出了图 4.6。该图显示了非周期 ACF 和 CCF 的绝对值的分布情况，包含 (a)~(d) 总共 4 个子图，依次表示 ACF、2 级序列子集内部的 CCF、2 级序列子集之间的 CCF 以及 1 级序列子集之间的 CCF。

定理 4.1 中所给出的式 (4.10)~(4.13) 的含义可以在本图中得到具体、清晰的展示，即图 4.6-(a) 和 (b) 中 T-ZCZ 特性、图 4.6-(c) 中的 2 级序列子集之间的互补特性以及图 4.6-(d) 中的 1 级序列子集之间的正交特性。

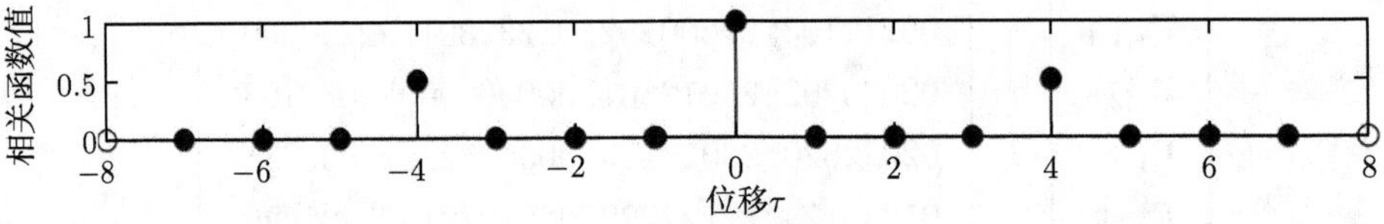

(a) $\mathbf{\Gamma}_{0,0,0}$的ACF

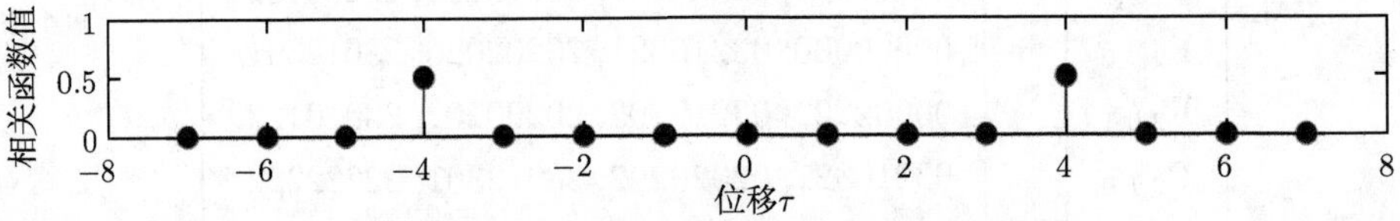

(b) $\mathbf{\Gamma}_{0,0,0}$和$\mathbf{\Gamma}_{0,0,1}$之间的CCF, 即2级序列子集内部CCF

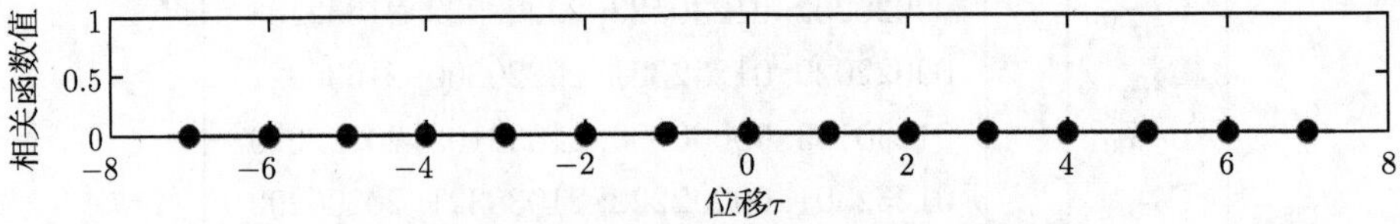

(c) $\mathbf{\Gamma}_{0,0,0}$和$\mathbf{\Gamma}_{0,1,0}$之间的CCF, 即2级序列子集之间CCF

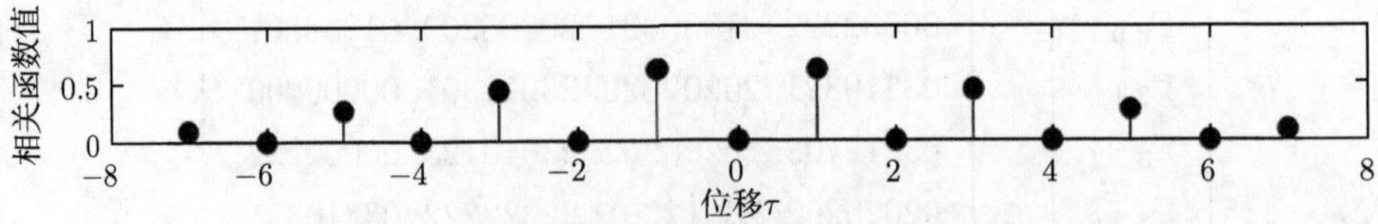

(d) $\mathbf{\Gamma}_{0,0,0}$和$\mathbf{\Gamma}_{2,0,0}$之间的CCF, 即1级序列子集之间CCF

图 4.6　$\mathrm{I^1SO\text{-}I^2SC}$ 序列集合 $\mathbf{\Gamma}$ 的非周期 ACF 和 CCF 的绝对值分布

4.3.2 基于 DFT 矩阵 Kronecker 积的两级子集结构设计方法

本小节基于 DFT 序列矩阵的移位 Kronecker 积和分组交织运算，提出了一种两级子集结构序列的生成方法及装置，可以获得具有三个不同宽度 ZCCZ 的特性。所生成的两级子集结构序列集合被分成多个 1 级序列子集，每个 1 级序列子集又被分成多个 2 级序列子集，2 级序列子集内部、2 级序列子集之间以及 1 级序列子集之间的序列具有不同宽度零互相关区。该两级子集结构序列集合与其各个 1 级序列子集都达到序列设计的理论界限，能够为码分多址通信系统提供抑制码间干扰的地址码序列，也可以为 OFDM 通信系统的时/频同步和信道估计等提供所需的训练序列和参考信号。

类似于上一小节中基于三个正交矩阵所生成的序列集合，本小节所生成的序列集合依然满足 1 级序列子集之间正交、2 级序列子集之间互补的特性，因此属于 $\mathrm{I^1SO\text{-}I^2SC}$ 序列集合。那么，由于该类 $\mathrm{I^1SO\text{-}I^2SC}$ 序列集合具有三个不同宽度的零互相关区，因此与现有的单一宽度零相关区序列集合以及两宽度零互相关区序列集合相比较，该类序列集合可以提供更加灵活的序列参数选择，从而可以为 CDMA 系统提供更多的选择性。

该类 $\mathrm{I^1SO\text{-}I^2SC}$ 序列集合的具体方法如下[5]。

基于系统容量和处理增益的实际要求选定 DFT 序列矩阵的阶数，然后将该 DFT 序列矩阵与其自身进行移位 Kronecker 积，接着以所获得的新序列矩阵为系数与原 DFT 序列矩阵进行直接 Kronecker 积和分组交织运算，最后将所获得序列矩阵进行分组编号，从而在各个 1 级序列子集之间以及 1 级序列子集中的各个 2 级序列子集之间获得三个不同宽度的零相关区。该类两级子集结构序列的生成方法及装置，包括以下步骤：

(A) 根据无线通信系统的系统容量、处理增益和零相关区宽度等实际要求，确定 DFT 序列矩阵 $\boldsymbol{F}=[F_{n,k}]_{n,k=0}^{N-1}$ 的阶数 N，其中 $F_{n,k}=\mathrm{e}^{-\mathrm{j}\frac{2\pi}{N}nk}$。该矩阵中的每一行可以看作一个单一序列，第 n 行序列可以表示为 $\boldsymbol{F}_n=(F_{n,k})_{k=0}^{N-1}$。

(B) 将 DFT 序列矩阵 $\boldsymbol{F}$ 与其自身进行移位的 Kronecker 积，得到一个 $N^2\times N^2$ 的系数矩阵$\boldsymbol{E}=\left[\boldsymbol{E}^{(0)}\ \vdots\ \boldsymbol{E}^{(1)}\ \vdots\ \cdots\ \vdots\ \boldsymbol{E}^{(N-1)}\right]$，第 m 个子矩阵 $\boldsymbol{E}^{(m)}=\left[E_{gN+r,s}^{(m)}\right]_{g,r,s=0}^{N-1}$ 的行列数为 $N^2\times N$，其中 4 个上/下标变量满足 $m,g,r,s=0,1,\cdots,N-1$。该子矩阵的第 $gN+r$ 行、第 s 列的元素 $E_{gN+r,s}^{(m)}=F_{g,m}\cdot F_{(r+m)_N,s}$。

(C) 对系数矩阵$\boldsymbol{E}=\left[\boldsymbol{E}^{(0)}\ \vdots\ \boldsymbol{E}^{(1)}\ \vdots\ \cdots\ \vdots\ E^{(N-1)}\right]$与 DFT 序列矩阵$\boldsymbol{F}=[F_{n,k}]_{n,k=0}^{N-1}$直接进行 Kronecker 积，获得一个 $N^3\times N^3$ 的序列矩阵 $\boldsymbol{D}=\boldsymbol{E}\otimes\boldsymbol{F}$。

(D) 依次将 $N^3\times N^3$ 的序列矩阵 $\boldsymbol{D}$ 每一行中连续的 N 个元素看作一个单一序列，则每一行中总共包含 N^2 个单一序列。

(E) 把序列矩阵 $\boldsymbol{D}$ 中每一行的 N^2 个单一序列按照连续 N 个组成一组序列，

则每一行包含 N 组序列，每组又包含 N 个长度为 N 的单一序列。

(F) 对序列矩阵 $\boldsymbol{D}$ 中每一行里同一组内的序列进行交织运算，则运算后每一行包含 N 个单一序列，每个单一序列的长度为 N^2，所获得的序列矩阵即为两级子集结构序列矩阵 (序列集合)$\boldsymbol{C}$。

上述 6 个生成步骤 (A)~(F)，可以总结为如图 4.7 所示的运算流程。从该图中可以看出，根据实际系统的要求，首先选择 DFT 序列矩阵，然后对其依次进行移位 Kronecker 积操作、直接 Kronecker 积操作、矩阵分组和交织，从而生成具有两级子集结构/三个 ZCCZ 宽度的 I¹SO-I²SC 序列集合。

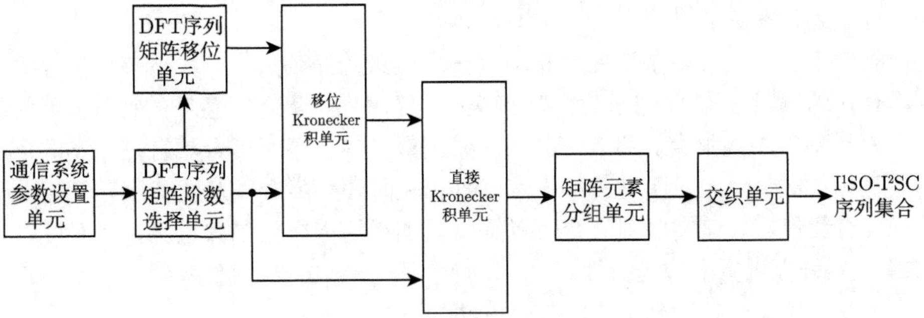

图 4.7　基于 DFT 矩阵 Kronecker 积的两级子集结构设计方框图

对于图 4.7 所示的设计方框图，令其中的 N 阶 DFT 序列矩阵 $\boldsymbol{F}$ 表示如下：

$$\boldsymbol{F}=\begin{bmatrix}\boldsymbol{F}_0\\ \boldsymbol{F}_1\\ \vdots\\ \boldsymbol{F}_{N-1}\end{bmatrix}_{N\times N}=\begin{bmatrix}F_{0,0} & F_{0,1} & \cdots & F_{0,N-1}\\ F_{1,0} & F_{1,1} & \cdots & F_{1,N-1}\\ \vdots & \vdots & \ddots & \vdots\\ F_{N-1,0} & F_{N-1,1} & \cdots & F_{N-1,N-1}\end{bmatrix}_{N\times N} \tag{4.21}$$

按照步骤 (B)，则可得移位 Kronecker 积的示意图如图 4.8 所示。可以看出，通过 DFT 序列矩阵 $\boldsymbol{F}$ 与其自身的移位 Kronecker 积，可以将 $N\times N$ 的 DFT 序列矩阵 $\boldsymbol{F}$ 扩展成为 $N^2\times N^2$ 的系数矩阵 $\boldsymbol{E}$。

然后，将所获得的系数矩阵 $\boldsymbol{E}$ 再与 DFT 序列矩阵 $\boldsymbol{F}$ 进行直接 Kronecker 积，得到序列矩阵 $\boldsymbol{D}$，该矩阵 $\boldsymbol{D}$ 中每一行里同一组内的序列进行交织运算，从而获得两级子集结构序列矩阵 (序列集合)$\boldsymbol{C}$，分别如图 4.9 和图 4.10 所示。在该方法中，Kronecker 积和交织是两个关键操作。从图 4.9 可知，Kronecker 积操作可以有效地结合两个不同长度的序列或矩阵，不仅能够增加序列长度，还能够生成更加灵活的相关性能，这类似于多级跳变序列的情况[6,7]，即通过两个不同性质的序列的组合来提升新序列的性能。交织操作，通过两个等长序列的对应元素之间交替相连，可以使得序列长度和序列相关性能提高 1 倍，因此很多序列集合的设计都采用交织方法[8-19]。

$$
\begin{aligned}
\boldsymbol{E} &= \left[\boldsymbol{E}^{(0)} \,\vdots\, \boldsymbol{E}^{(1)} \,\vdots\, \cdots \,\vdots\, \boldsymbol{E}^{(N-1)}\right]_{N^2\times N^2}\\
&= \left[\left[E^{(0)}_{gN+r,s}\right]_{g,r,s=0}^{N-1} \,\vdots\, \left[E^{(1)}_{gN+r,s}\right]_{g,r,s=0}^{N-1} \,\vdots\, \cdots \,\vdots\, \left[E^{(N-1)}_{gN+r,s}\right]_{g,r,s=0}^{N-1}\right]_{N^2\times N^2}
\end{aligned}
$$

$$
= \left[\begin{array}{c:c:c:c}
F_{0,0}\cdot\begin{bmatrix} F_{0,0} & F_{0,1} & \cdots & F_{0,N-1}\\ F_{1,0} & F_{1,1} & \cdots & F_{1,N-1}\\ \vdots & \vdots & \ddots & \vdots\\ F_{N-1,0} & F_{N-1,1} & \cdots & F_{N-1,N-1}\end{bmatrix} &
F_{0,1}\cdot\begin{bmatrix} F_{1,0} & F_{1,1} & \cdots & F_{1,N-1}\\ \vdots & \vdots & \ddots & \vdots\\ F_{N-1,0} & F_{N-1,1} & \cdots & F_{N-1,N-1}\\ F_{0,0} & F_{0,1} & \cdots & F_{0,N-1}\end{bmatrix} &
\cdots &
F_{0,N-1}\cdot\begin{bmatrix} F_{N-1,0} & F_{N-1,1} & \cdots & F_{N-1,N-1}\\ F_{0,0} & F_{0,1} & \cdots & F_{0,N-1}\\ \vdots & \vdots & \ddots & \vdots\\ F_{N-2,0} & F_{N-2,1} & \cdots & F_{N-2,N-1}\end{bmatrix}\\
F_{1,0}\cdot\begin{bmatrix} F_{0,0} & F_{0,1} & \cdots & F_{0,N-1}\\ F_{1,0} & F_{1,1} & \cdots & F_{1,N-1}\\ \vdots & \vdots & \ddots & \vdots\\ F_{N-1,0} & F_{N-1,1} & \cdots & F_{N-1,N-1}\end{bmatrix} &
F_{1,1}\cdot\begin{bmatrix} F_{1,0} & F_{1,1} & \cdots & F_{1,N-1}\\ \vdots & \vdots & \ddots & \vdots\\ F_{N-1,0} & F_{N-1,1} & \cdots & F_{N-1,N-1}\\ F_{0,0} & F_{0,1} & \cdots & F_{0,N-1}\end{bmatrix} &
\cdots &
F_{0,N-1}\cdot\begin{bmatrix} F_{N-1,0} & F_{N-1,1} & \cdots & F_{N-1,N-1}\\ F_{0,0} & F_{0,1} & \cdots & F_{0,N-1}\\ \vdots & \vdots & \ddots & \vdots\\ F_{N-2,0} & F_{N-2,1} & \cdots & F_{N-2,N-1}\end{bmatrix}\\
\vdots & \vdots & \ddots & \vdots\\
F_{N-1,0}\cdot\begin{bmatrix} F_{0,0} & F_{0,1} & \cdots & F_{0,N-1}\\ F_{1,0} & F_{1,1} & \cdots & F_{1,N-1}\\ \vdots & \vdots & \ddots & \vdots\\ F_{N-1,0} & F_{N-1,1} & \cdots & F_{N-1,N-1}\end{bmatrix} &
F_{N-1,1}\cdot\begin{bmatrix} F_{1,0} & F_{1,1} & \cdots & F_{1,N-1}\\ \vdots & \vdots & \ddots & \vdots\\ F_{N-1,0} & F_{N-1,1} & \cdots & F_{N-1,N-1}\\ F_{0,0} & F_{0,1} & \cdots & F_{0,N-1}\end{bmatrix} &
\cdots &
F_{N-1,N-1}\cdot\begin{bmatrix} F_{N-1,0} & F_{N-1,1} & \cdots & F_{N-1,N-1}\\ F_{0,0} & F_{0,1} & \cdots & F_{0,N-1}\\ \vdots & \vdots & \ddots & \vdots\\ F_{N-2,0} & F_{N-2,1} & \cdots & F_{N-2,N-1}\end{bmatrix}
\end{array}\right]_{N^2\times N^2}
$$

(Column blocks labelled $\boldsymbol{E}^{(0)}$, $\boldsymbol{E}^{(1)}$, …, $\boldsymbol{E}^{(N-1)}$.)

图 4.8 DFT 序列矩阵 $\boldsymbol{F}$ 与其自身的移位 Kronecker 积示意图

$$
\boldsymbol{D}=\boldsymbol{E}\otimes\boldsymbol{F}
$$
$$
=\left[\begin{array}{cccc:cccc:c:cccc}
E_{0,0}^{(0)}\cdot\boldsymbol{F} & E_{0,1}^{(0)}\cdot\boldsymbol{F} & \cdots & E_{0,N-1}^{(0)}\cdot\boldsymbol{F} & E_{0,0}^{(1)}\cdot\boldsymbol{F} & E_{0,1}^{(1)}\cdot\boldsymbol{F} & \cdots & E_{0,N-1}^{(1)}\cdot\boldsymbol{F} & \cdots & E_{0,0}^{(N-1)}\cdot\boldsymbol{F} & E_{0,1}^{(N-1)}\cdot\boldsymbol{F} & \cdots & E_{0,N-1}^{(N-1)}\cdot\boldsymbol{F}\\
E_{1,0}^{(0)}\cdot\boldsymbol{F} & E_{1,1}^{(0)}\cdot\boldsymbol{F} & \cdots & E_{1,N-1}^{(0)}\cdot\boldsymbol{F} & E_{1,0}^{(1)}\cdot\boldsymbol{F} & E_{1,1}^{(1)}\cdot\boldsymbol{F} & \cdots & E_{1,N-1}^{(1)}\cdot\boldsymbol{F} & \cdots & E_{1,0}^{(N-1)}\cdot\boldsymbol{F} & E_{1,1}^{N-1}\cdot\boldsymbol{F} & \cdots & E_{1,N-1}^{(N-1)}\cdot\boldsymbol{F}\\
\vdots & \vdots & \ddots & \vdots & \vdots & \vdots & \ddots & \vdots & \ddots & \vdots & \vdots & \ddots & \vdots\\
E_{N^2-1,0}^{(0)}\cdot\boldsymbol{F} & E_{N^2-1,1}^{(0)}\cdot\boldsymbol{F} & \cdots & E_{N^2-1,N-1}^{(0)}\cdot\boldsymbol{F} & E_{N^2-1,0}^{(1)}\cdot\boldsymbol{F} & E_{N^2-1,1}^{(1)}\cdot\boldsymbol{F} & \cdots & E_{N^2-1,N-1}^{(1)}\cdot\boldsymbol{F} & \cdots & E_{N^2-1,0}^{(N-1)}\cdot\boldsymbol{F} & E_{N^2-1,1}^{(N-1)}\cdot\boldsymbol{F} & \cdots & E_{N^2-1,N-1}^{(N-1)}\cdot\boldsymbol{F}
\end{array}\right]_{N^3\times N^3}
$$

图 4.9　系数矩阵 $\boldsymbol{E}$ 与 DFT 序列矩阵 $\boldsymbol{F}$ 之间的直接 Kronecker 积示意图

$$
\boldsymbol{C}=\left[\begin{array}{c:c:c:c}
(E_{0,0}^{(0)}\cdot\boldsymbol{F}_0)\odot(E_{0,1}^{(0)}\cdot\boldsymbol{F}_0)\odot\cdots\odot(E_{0,N-1}^{(0)}\cdot\boldsymbol{F}_0) & (E_{0,0}^{(1)}\cdot\boldsymbol{F}_0)\odot(E_{0,1}^{(1)}\cdot\boldsymbol{F}_0)\odot\cdots\odot(E_{0,N-1}^{(1)}\cdot\boldsymbol{F}_0) & \cdots & (E_{0,0}^{(N-1)}\cdot\boldsymbol{F}_0)\odot(E_{0,1}^{(N-1)}\cdot\boldsymbol{F}_0)\odot\cdots\odot(E_{0,N-1}^{(N-1)}\cdot\boldsymbol{F}_0)\\
(E_{0,0}^{(0)}\cdot\boldsymbol{F}_1)\odot(E_{0,1}^{(0)}\cdot\boldsymbol{F}_1)\odot\cdots\odot(E_{0,N-1}^{(0)}\cdot\boldsymbol{F}_1) & (E_{0,0}^{(1)}\cdot\boldsymbol{F}_1)\odot(E_{0,1}^{(1)}\cdot\boldsymbol{F}_1)\odot\cdots\odot(E_{0,N-1}^{(1)}\cdot\boldsymbol{F}_1) & \cdots & (E_{0,0}^{(N-1)}\cdot\boldsymbol{F}_1)\odot(E_{0,1}^{(N-1)}\cdot\boldsymbol{F}_1)\odot\cdots\odot(E_{0,N-1}^{(N-1)}\cdot\boldsymbol{F}_1)\\
\vdots & \vdots & \ddots & \vdots\\
(E_{0,0}^{(0)}\cdot\boldsymbol{F}_{N-1})\odot(E_{0,1}^{(0)}\cdot\boldsymbol{F}_{N-1})\odot\cdots\odot(E_{0,N-1}^{(0)}\cdot\boldsymbol{F}_{N-1}) & (E_{0,0}^{(1)}\cdot\boldsymbol{F}_{N-1})\odot(E_{0,1}^{(1)}\cdot\boldsymbol{F}_{N-1})\odot\cdots\odot(E_{0,N-1}^{(1)}\cdot\boldsymbol{F}_{N-1}) & \cdots & (E_{0,0}^{(N-1)}\cdot\boldsymbol{F}_{N-1})\odot(E_{0,1}^{(N-1)}\cdot\boldsymbol{F}_{N-1})\odot\cdots\odot(E_{0,N-1}^{(N-1)}\cdot\boldsymbol{F}_{N-1})\\
(E_{1,0}^{(0)}\cdot\boldsymbol{F}_0)\odot(E_{1,1}^{(0)}\cdot\boldsymbol{F}_0)\odot\cdots\odot(E_{1,N-1}^{(0)}\cdot\boldsymbol{F}_0) & (E_{1,0}^{(1)}\cdot\boldsymbol{F}_0)\odot(E_{1,1}^{(1)}\cdot\boldsymbol{F}_0)\odot\cdots\odot(E_{1,N-1}^{(1)}\cdot\boldsymbol{F}_0) & \cdots & (E_{1,0}^{(N-1)}\cdot\boldsymbol{F}_0)\odot(E_{1,1}^{(N-1)}\cdot\boldsymbol{F}_0)\odot\cdots\odot(E_{1,N-1}^{(N-1)}\cdot\boldsymbol{F}_0)\\
(E_{1,0}^{(0)}\cdot\boldsymbol{F}_1)\odot(E_{1,1}^{(0)}\cdot\boldsymbol{F}_1)\odot\cdots\odot(E_{1,N-1}^{(0)}\cdot\boldsymbol{F}_1) & (E_{1,0}^{(1)}\cdot\boldsymbol{F}_1)\odot(E_{1,1}^{(1)}\cdot\boldsymbol{F}_1)\odot\cdots\odot(E_{1,N-1}^{(1)}\cdot\boldsymbol{F}_1) & \cdots & (E_{1,0}^{(N-1)}\cdot\boldsymbol{F}_1)\odot(E_{1,1}^{(N-1)}\cdot\boldsymbol{F}_1)\odot\cdots\odot(E_{1,N-1}^{(N-1)}\cdot\boldsymbol{F}_1)\\
\vdots & \vdots & \ddots & \vdots\\
(E_{1,0}^{(0)}\cdot\boldsymbol{F}_{N-1})\odot(E_{1,1}^{(0)}\cdot\boldsymbol{F}_{N-1})\odot\cdots\odot(E_{1,N-1}^{(0)}\cdot\boldsymbol{F}_{N-1}) & (E_{1,0}^{(1)}\cdot\boldsymbol{F}_{N-1})\odot(E_{1,1}^{(1)}\cdot\boldsymbol{F}_{N-1})\odot\cdots\odot(E_{1,N-1}^{(1)}\cdot\boldsymbol{F}_{N-1}) & \cdots & (E_{1,0}^{(N-1)}\cdot\boldsymbol{F}_{N-1})\odot(E_{1,1}^{(N-1)}\cdot\boldsymbol{F}_{N-1})\odot\cdots\odot(E_{1,N-1}^{(N-1)}\cdot\boldsymbol{F}_{N-1})\\
\vdots & \vdots & \ddots & \vdots\\
(E_{N^2-1,0}^{(0)}\cdot\boldsymbol{F}_0)\odot(E_{N^2-1,1}^{(0)}\cdot\boldsymbol{F}_0)\odot\cdots\odot(E_{N^2-1,N-1}^{(0)}\cdot\boldsymbol{F}_0) & (E_{N^2-1,0}^{(1)}\cdot\boldsymbol{F}_0)\odot(E_{N^2-1,1}^{(1)}\cdot\boldsymbol{F}_0)\odot\cdots\odot(E_{N^2-1,N-1}^{(1)}\cdot\boldsymbol{F}_0) & \cdots & (E_{N^2-1,0}^{(N-1)}\cdot\boldsymbol{F}_0)\odot(E_{N^2-1,1}^{(N-1)}\cdot\boldsymbol{F}_0)\odot\cdots\odot(E_{N^2-1,N-1}^{(N-1)}\cdot\boldsymbol{F}_0)\\
(E_{N^2-1,0}^{(0)}\cdot\boldsymbol{F}_1)\odot(E_{N^2-1,1}^{(0)}\cdot\boldsymbol{F}_1)\odot\cdots\odot(E_{N^2-1,N-1}^{(0)}\cdot\boldsymbol{F}_1) & (E_{N^2-1,0}^{(1)}\cdot\boldsymbol{F}_1)\odot(E_{N^2-1,1}^{(1)}\cdot\boldsymbol{F}_1)\odot\cdots\odot(E_{N^2-1,N-1}^{(1)}\cdot\boldsymbol{F}_1) & \cdots & (E_{N^2-1,0}^{(N-1)}\cdot\boldsymbol{F}_1)\odot(E_{N^2-1,1}^{(N-1)}\cdot\boldsymbol{F}_1)\odot\cdots\odot(E_{N^2-1,N-1}^{(N-1)}\cdot\boldsymbol{F}_1)\\
\vdots & \vdots & \ddots & \vdots\\
(E_{N^2-1,0}^{(0)}\cdot\boldsymbol{F}_{N-1})\odot(E_{N^2-1,1}^{(0)}\cdot\boldsymbol{F}_{N-1})\odot\cdots\odot(E_{N^2-1,N-1}^{(0)}\cdot\boldsymbol{F}_{N-1}) & (E_{N^2-1,0}^{(1)}\cdot\boldsymbol{F}_{N-1})\odot(E_{N^2-1,1}^{(1)}\cdot\boldsymbol{F}_{N-1})\odot\cdots\odot(E_{N^2-1,N-1}^{(1)}\cdot\boldsymbol{F}_{N-1}) & \cdots & (E_{N^2-1,0}^{(N-1)}\cdot\boldsymbol{F}_{N-1})\odot(E_{N^2-1,1}^{(N-1)}\cdot\boldsymbol{F}_{N-1})\odot\cdots\odot(E_{N^2-1,N-1}^{(N-1)}\cdot\boldsymbol{F}_{N-1})
\end{array}\right]_{N^3\times N^3}
$$

图 4.10　序列矩阵 $\boldsymbol{D}$ 中每一行里同一组内的序列进行交织运算的示意图

根据上述生成步骤，所获得的两级子集结构序列集合 $\boldsymbol{C}$ 具有如下特征：

(1) 序列集合 $\boldsymbol{C}$ 总共包含 N^3 个 Z 互补序列，每个 Z 互补序列包含 N 个子序列，每个子序列的长度为 N^2，因此该序列集的处理增益为 N^3。

(2) 序列集合 $\boldsymbol{C}$ 所包含的 N^3 个 Z 互补序列被均匀地分成 N 个 1 级序列子集，每个 1 级序列子集被均匀地分成 N 个 2 级序列子集，每个 2 级序列子集内包含 N 个 Z 互补序列。

(3) 令 $\boldsymbol{C}_{g,r,n}$ 表示两级子集结构序列集合 $\boldsymbol{C}$ 中第 g 个 1 级序列子集中第 r 个 2 级序列子集里第 n 个 Z 互补序列，则 $\boldsymbol{C}_{g,r,n}$ 对应于步骤 (F) 中所获得的序列矩阵 $\boldsymbol{C}$ 中的第 $gN+rN+n$ 行序列，其中 $g,r,n=0,1,\cdots,N-1$。

(4) 所有 N^3 个 Z 互补序列都具有宽度为 N 的单边零自相关区。

(5) 不同 1 级序列子集中序列之间的单边零互相关区宽度为 1，即相互正交。

(6) 同一个 1 级序列子集内不同 2 级序列子集中序列之间的单边零互相关区宽度等于子序列的长度 N^2，即具有理想的互相关性能。

(7) 同一个 2 级序列子集内的序列之间的单边零互相关区宽度为 N，该值与单边零自相关区宽度相等。

(8) 两级子集结构序列集合 $\boldsymbol{C}$ 及其全部的 N 个 1 级序列子集都达到序列设计的理论界，即它们都是理想的。

上述步骤 (A)~(F) 所产生的具有上述特征 (1)~(8) 的两级子集结构序列集合 $\boldsymbol{C}$ 具有 $\{1,N,N^2\}$ 三个不同宽度的零互相关区，作为一类具有两级子集结构的 I¹SO-I²SC 序列集合，可以表示为 $\left(N^3,\{N;N\},N\right)-\mathrm{I^1SO\text{-}I^2SC}_N^{N^2}$。

下面结合一个简单的例子对生成步骤做进一步说明。本例根据系统要求，设计一个用户数目和处理增益都等于 8 的两级子集结构序列集合 $\boldsymbol{C}$。则可确定 DFT 序列矩阵 $\boldsymbol{F}$ 的阶数为 $N=2$，集合 $\boldsymbol{C}$ 的序列数目为 8，子序列数目为 2，子序列长度为 4。

按照两级子集结构的 I¹SO-I²SC 序列集合生成流程图，首先选定 2 阶 DFT 序列矩阵：

$$\boldsymbol{F}=\begin{bmatrix}\boldsymbol{F}_0\\\boldsymbol{F}_1\end{bmatrix}=\begin{bmatrix}F_{0,0} & F_{0,1}\\F_{1,0} & F_{1,1}\end{bmatrix}=\begin{bmatrix}1 & 1\\1 & -1\end{bmatrix}\tag{4.22}$$

然后，对 $\boldsymbol{F}$ 按照各行进行向上循环移位，得到移位序列矩阵：

$$\boldsymbol{F}'=\begin{bmatrix}\boldsymbol{F}_1\\\boldsymbol{F}_0\end{bmatrix}=\begin{bmatrix}F_{1,0} & F_{1,1}\\F_{0,0} & F_{0,1}\end{bmatrix}=\begin{bmatrix}1 & -1\\1 & 1\end{bmatrix}\tag{4.23}$$

其中，因为 $\boldsymbol{F}$ 只有两行，所以只向上移位一次即可。

然后，将 DFT 序列矩阵 $\boldsymbol{F}$ 与其移位序列矩阵 $\boldsymbol{F}'$ 进行移位 Kronecker 积，获

得 4×4 的系数矩阵 $\boldsymbol{E}=\left[\boldsymbol{E}^{(0)}\ \vdots\ \boldsymbol{E}^{(1)}\right]$，其中

$$\boldsymbol{E}^{(0)}=\begin{bmatrix} E_{0,0}^{(0)} & E_{0,1}^{(0)} \\ E_{1,0}^{(0)} & E_{1,1}^{(0)} \\ E_{2,0}^{(0)} & E_{2,1}^{(0)} \\ E_{3,0}^{(0)} & E_{3,1}^{(0)} \end{bmatrix}=\begin{bmatrix} 1 & 1 \\ 1 & -1 \\ 1 & 1 \\ 1 & -1 \end{bmatrix},\quad \boldsymbol{E}^{(1)}=\begin{bmatrix} E_{0,0}^{(1)} & E_{0,1}^{(1)} \\ E_{1,0}^{(1)} & E_{1,1}^{(1)} \\ E_{2,0}^{(1)} & E_{2,1}^{(1)} \\ E_{3,0}^{(1)} & E_{3,1}^{(1)} \end{bmatrix}=\begin{bmatrix} 1 & -1 \\ 1 & 1 \\ -1 & 1 \\ -1 & -1 \end{bmatrix} \tag{4.24}$$

接着，对系数矩阵 $\boldsymbol{E}$ 和 DFT 序列矩阵 $\boldsymbol{F}$ 进行直接 Kronecker 积，得到 8×8 的序列矩阵如下：

$$\boldsymbol{D}=\boldsymbol{E}\otimes\boldsymbol{F}=\begin{bmatrix} 1 & 1 & 1 & 1 & 1 & 1 & -1 & -1 \\ 1 & -1 & 1 & -1 & 1 & -1 & -1 & 1 \\ 1 & 1 & -1 & -1 & 1 & 1 & 1 & 1 \\ 1 & -1 & -1 & 1 & 1 & -1 & 1 & -1 \\ 1 & 1 & 1 & 1 & -1 & -1 & 1 & 1 \\ 1 & -1 & 1 & -1 & -1 & 1 & 1 & -1 \\ 1 & 1 & -1 & -1 & -1 & -1 & -1 & -1 \\ 1 & -1 & -1 & 1 & -1 & 1 & -1 & 1 \end{bmatrix} \tag{4.25}$$

最后，对序列矩阵 $\boldsymbol{D}$ 进行分组交织运算，得到两级子集结构序列矩阵如下：

$$\boldsymbol{C}=\begin{bmatrix} \boldsymbol{C}_{0,0,0} \\ \boldsymbol{C}_{0,0,1} \\ \boldsymbol{C}_{0,1,0} \\ \boldsymbol{C}_{0,1,1} \\ \boldsymbol{C}_{1,0,0} \\ \boldsymbol{C}_{1,0,1} \\ \boldsymbol{C}_{1,1,0} \\ \boldsymbol{C}_{1,1,1} \end{bmatrix}=\begin{bmatrix} 1 & 1 & 1 & 1; & 1 & -1 & 1 & -1 \\ 1 & 1 & -1 & -1; & 1 & -1 & -1 & 1 \\ 1 & -1 & 1 & -1; & 1 & 1 & 1 & 1 \\ 1 & -1 & -1 & 1; & 1 & 1 & -1 & -1 \\ 1 & 1 & 1 & 1; & -1 & 1 & -1 & 1 \\ 1 & 1 & -1 & -1; & -1 & 1 & 1 & -1 \\ 1 & -1 & 1 & -1; & -1 & -1 & -1 & -1 \\ 1 & -1 & -1 & 1; & -1 & -1 & 1 & 1 \end{bmatrix} \tag{4.26}$$

可见，所获得的两级子集结构序列集合 $\boldsymbol{C}$ 总共包含 2 个 1 级序列子集，每个 1 级序列子集包含 2 个 2 级序列子集，每个 2 级序列子集内包含 2 个 Z 互补序列，每个 Z 互补序列由 2 个子序列组成。因此，集合 $\boldsymbol{C}$ 总共包含 8 个 Z 互补序列，处理增益等于 8。

图 4.11 中的 4 个子图 (a)∼(d) 依次给出了本例所生成的两级子集结构序列集合 $\boldsymbol{C}$ 的非周期自相关、2 级序列子集内非周期互相关、同一个 1 级序列子集内不同 2 级序列子集之间的非周期互相关以及不同 1 级序列子集之间的非周期互相关的分布情况。其中，图 4.11-(a) 为本例中所生成的两级子集结构的 $\mathrm{I}^1\mathrm{SO}$-$\mathrm{I}^2\mathrm{SC}$ 序

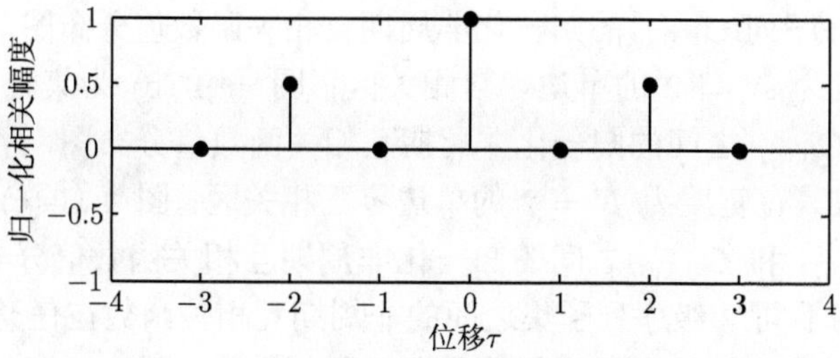

(a) $C_{0,0,0}$的归一化非周期自相关函数值分布图

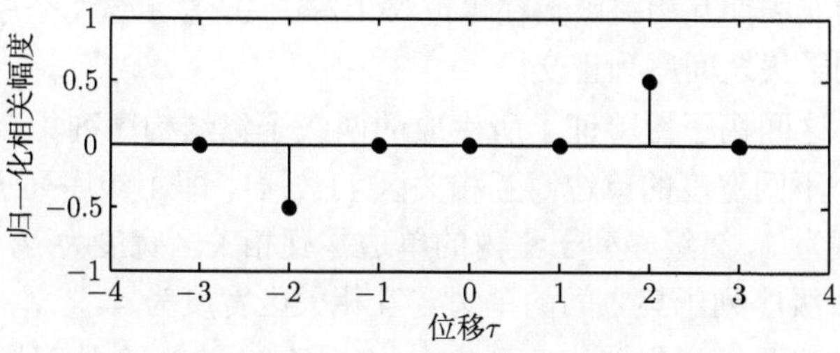

(b) $C_{0,0,0}$和$C_{0,0,1}$之间的归一化非周期互相关函数值分布图

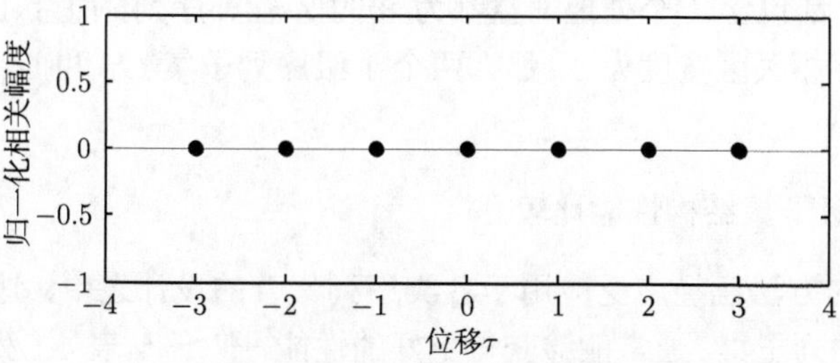

(c) $C_{0,0,0}$和$C_{0,1,0}$之间的归一化非周期互相关函数值分布图

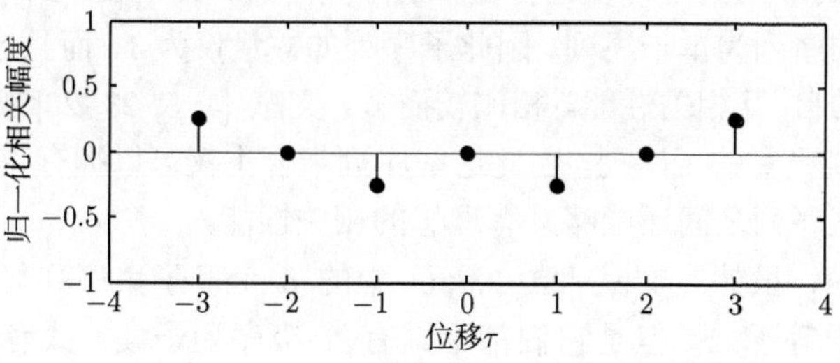

(d) $C_{0,0,0}$和$C_{1,1,1}$之间的归一化非周期互相关函数值分布图

图 4.11 基于 DFT 矩阵 Kronecker 积的两级子集结构序列集合的相关性能

列集合中 Z 互补序列 $\boldsymbol{C}_{0,0,0}$ 的归一化非周期自相关函数值分布图，其非周期自相关函数具有宽度为 $N=2$ 的单边零自相关区；图 4.11-(b) 为集合中两个 Z 互补序列 $\boldsymbol{C}_{0,0,0}$ 和 $\boldsymbol{C}_{0,0,1}$ 之间的归一化非周期互相关函数值分布图，序列子组内的非周期互相关函数具有宽度为 $N=2$ 的单边零互相关区；图 4.11-(c) 为集合中两个 Z 互补序列 $\boldsymbol{C}_{0,0,0}$ 和 $\boldsymbol{C}_{0,1,0}$ 之间的归一化非周期互相关函数值分布图，同一个 1 级序列子集内的不同 2 级序列子集之间的非周期互相关函数在任意位移上都等于 0，显示这两个序列之间具有理想的非周期互相关性能；图 4.11-(d) 为集合中两个 Z 互补序列 $\boldsymbol{C}_{0,0,0}$ 和 $\boldsymbol{C}_{1,1,1}$ 之间的归一化非周期互相关函数值分布图，不同 1 级序列子集之间的非周期互相关函数在零位移上等于 0，显示这两个序列之间相互正交，即 1 级序列子集之间序列正交。

综上所述，这四幅子图验证了所生成的两级子集结构序列集合在不同的序列之间包含有 3 个不同宽度的单边零互相关区 $\{1,2,4\}$，即 1 级序列子集之间的单边零互相关区宽度为 1，2 级序列子集内的单边零互相关区宽度为 2，同一个 1 级序列子集内不同 2 级序列子集之间的单边零互相关区宽度为 4。

本例所生成的两级子集结构序列集合 $\boldsymbol{C}$ 所包含的 8 个处理增益都为 8 的 Z 互补序列之间相互正交，因此集合 $\boldsymbol{C}$ 达到了理论界。集合 $\boldsymbol{C}$ 中的两个 1 级序列子集 $\boldsymbol{C}_0$ 和 $\boldsymbol{C}_1$ 都包含 4 个处理增益都为 8 的 Z 互补序列，而且 1 级序列子集内部的最小单边零相关区宽度为 2，那么两个 1 级序列子集 $\boldsymbol{C}_0$ 和 $\boldsymbol{C}_1$ 也都达到了理论界。

4.3.3　一/二级子集结构性能比较

子集分割的方法已经广泛应用于各类序列集合的设计之中，这样的序列集合可以包含多个序列子集，通常能够获得更好的性能[1,20−22]。表 4.1 列举了几类不同多子集序列集合，从该表中可以看出，文献 [23] 中的 GPC 序列集合的子集数量固定为 2，而其他的序列集合可以包含更多的序列子集。文献 [20, 24, 25] 设计的多子集序列集合中的序列为单一序列，因此子序列的数量仅为 1，而且这些序列不可能同时具有理想的自/互相关性能。相比较而言，文献 [4, 5, 23, 26] 所设计的序列集合则包含 2 个或更多的子序列，因此这些序列集合不仅可以拥有 ZCZ 特性，而且对于特定的某些序列之间还能够具有理想的相关性能。

在表 4.1 中，虽然在文献 [20, 23-26] 中的 5 个多子集序列集合的 1 级序列子集的数量大于等于 2，但是它们都不具有 2 级序列子集，或者说 2 级序列子集就是其自身，所以数量等于 1。然而，文献 [4, 5] 所设计的 $\mathrm{I^1SO\text{-}I^2SC}$ 序列集合则将每个 1 级序列子集进一步划分成多个 2 级序列子集，因此该类序列集合 $(GNK,\{G;N\},N)-\mathrm{I^1SO\text{-}I^2SC}_N^{NP}$ 和 $(N^3,\{N;N\},N)-\mathrm{I^1SO\text{-}I^2SC}_N^{N^2}$ 拥有三个不同宽度的 ZCCZ，即分别为 1 级序列子集之间的 ZCCZ 宽度、2 级序列子集之间的

ZCCZ 宽度和 2 级序列子集内部的 ZCCZ 宽度，这成为 $\mathrm{I^1SO\text{-}I^2SC}$ 序列集合与其他多子集序列集合的显著区别。

表 4.1 一/二级子集结构序列集合之间的参数比较

多子集序列集合	1 级序列子集数量	2 级序列子集数量	不同 ZCCZ 宽度数量	子序列的数量	性能参数
$\mathrm{ZCZ}-(N_t,L_t,Z_t)$, 文献 [20]	N_0	1	2	1	$\eta=\dfrac{Z_0+1-\Lambda}{Z_0+1}$
$\mathrm{ZCZ}-(N,NT,T-1)$, 文献 [24]	T	1	2	1	$\eta=1$
$\mathrm{ZCZ}-\left(\left\lfloor\dfrac{N}{T}\right\rfloor,NT,T-1\right)$, 文献 [25]	T	1	2	1	$\eta=\dfrac{1}{N}\left\lfloor\dfrac{N}{T}\right\rfloor$
$(2K,2,4N)-\mathrm{GPC}_2^{4\mathrm{NK}}$, 文献 [23]	2	1	2	2	$\eta=1$
$(MP,M,L_0)-\mathrm{IGC}_M^{PL_0}$, 文献 [26]	M	1	2	M	$\eta=1$
$(GNK,\{G;N\},N)-\mathrm{I^1SO\text{-}I^2SC}_N^{NP}$, 文献 [4]	G	N	3	N	$\eta=1$
$(N^3,\{N;N\},N)-\mathrm{I^1SO\text{-}I^2SC}_N^{N^2}$, 文献 [5]	N	N	3	N	$\eta=1$

4.4 多级子集结构非对称相关性序列集合设计

本节给出了一种构造具有多宽度 ZCCZ 的非对称相关性序列集合的方法。这类 MW-ZCCZ 序列集合可以包括单一宽度 ZCCZ 序列集合和两宽度 ZCCZ 序列集合作为其特定序列子集的合并集合，因此在 ZCCZ 宽度以及序列数目的选择上具有更大的灵活性，可以满足更加多样性的应用需求。当采用序列长度等于序列数目的正交序列集合作为核序列集合时，MW-ZCCZ 序列集合以及它的特定子集组成的合并集合都可以达到序列设计的理论界限，从而在给定相关性能和序列长度的条件下，可以获得最大的序列数目。

作为 MW-ZCCZ 序列集合的一种特殊情况，具有子集内理想相关性能的 MW-ZCCZ 序列集合中的每个序列子集都是一个完备互补序列集合，这一性质将使其在某些特殊的系统中有重要的应用价值。如果选择子序列长度为 1 的完备互补序列集合作为核序列集合，则所构造的具有子集内理想相关性能的 MW-ZCCZ 序列集合以及它的特定子集组成的合并集合也都可以达到理论界限。

4.4.1 多宽度零互相关区的设计方法

本节将提出一类 MW-ZCCZ 序列的构造方法，该方法依然利用了交织操作。然而，不同于之前的方法，此处核序列集合可以使用单一序列也可以使用传统互补序列，并且通过设置不同的系数矩阵，可以获得具有相同性能的多个不同的多宽度 ZCCZ 互补序列集合。同其他现有的各种 Z 互补序列相比较，最大的差异在于该方法可以产生多个不同宽度的 ZCCZ，而且对于任意一个 ZCCZ 宽度都可以找到多个达到理论界限的序列合并集合与其相对应。

下面给出具体的构造方法[1]。

令 $\boldsymbol{S}$ 表示一个核序列集合，该集合的序列数目为 K，每个序列的子序列数目为 P，每个子序列的长度为 L，并且单边 ZACZ 和单边 ZCCZ 的宽度分别为 Z'_a 和 Z'_c。核序列集合 $\boldsymbol{S}$ 以矩阵形式可以表示如下：

$$\boldsymbol{S}=\begin{bmatrix}\boldsymbol{S}_1\\ \boldsymbol{S}_2\\ \vdots\\ \boldsymbol{S}_K\end{bmatrix}=\begin{bmatrix}\boldsymbol{S}_{1,1}; & \boldsymbol{S}_{1,2}; & \cdots; & \boldsymbol{S}_{1,P}\\ \boldsymbol{S}_{2,1}; & \boldsymbol{S}_{2,2}; & \cdots; & \boldsymbol{S}_{2,P}\\ \vdots & \vdots & \ddots & \vdots\\ \boldsymbol{S}_{K,1}; & \boldsymbol{S}_{K,2}; & \cdots; & \boldsymbol{S}_{K,P}\end{bmatrix} \tag{4.27}$$

其中，第 k 个序列的第 p 个子序列可表示为

$$\boldsymbol{S}_{k,p}=(S_{k,p}(0),S_{k,p}(1),\cdots,S_{k,p}(L-1)) \tag{4.28}$$

其中，$1\leqslant k\leqslant K$ 并且 $1\leqslant p\leqslant P$。

实际上，该核序列集合 $\boldsymbol{S}$ 可以有多种选择。当 $Z'_a=Z'_c=L$ 时，$\boldsymbol{S}$ 成为传统的互补序列集合；当 $P=1$ 时，$\boldsymbol{S}$ 成为具有周期和非周期零相关区序列集合；当 $P=Z'_a=Z'_c=1$ 时，$\boldsymbol{S}$ 成为正交序列集合。

以该核序列集合 $\boldsymbol{S}$ 作为交织迭代的初始，即 $\boldsymbol{\Delta}^{(0)}=\boldsymbol{S}$。则经过 n 次迭代后，$n\geqslant 1$，可以获得序列集合 $\boldsymbol{\Delta}^{(n)}$ 如下：

$$\boldsymbol{\Delta}^{(n)}=\begin{bmatrix}\left(e_{1,1}\boldsymbol{\Delta}^{(n-1)}\right)\odot\left(e_{1,2}\boldsymbol{\Delta}^{(n-1)}\right); & \left(e_{1,3}\boldsymbol{\Delta}^{(n-1)}\right)\odot\left(e_{1,4}\boldsymbol{\Delta}^{(n-1)}\right)\\ \left(e_{2,1}\boldsymbol{\Delta}^{(n-1)}\right)\odot\left(e_{2,2}\boldsymbol{\Delta}^{(n-1)}\right); & \left(e_{2,3}\boldsymbol{\Delta}^{(n-1)}\right)\odot\left(e_{2,4}\boldsymbol{\Delta}^{(n-1)}\right)\\ \left(e_{3,1}\boldsymbol{\Delta}^{(n-1)}\right)\odot\left(e_{3,2}\boldsymbol{\Delta}^{(n-1)}\right); & \left(e_{3,3}\boldsymbol{\Delta}^{(n-1)}\right)\odot\left(e_{3,4}\boldsymbol{\Delta}^{(n-1)}\right)\\ \left(e_{4,1}\boldsymbol{\Delta}^{(n-1)}\right)\odot\left(e_{4,2}\boldsymbol{\Delta}^{(n-1)}\right); & \left(e_{4,3}\boldsymbol{\Delta}^{(n-1)}\right)\odot\left(e_{4,4}\boldsymbol{\Delta}^{(n-1)}\right)\end{bmatrix} \tag{4.29}$$

其中，$e_{u,r}\boldsymbol{\Delta}^{(n-1)}$ 表示系数 $e_{u,r}$ 与第 $n-1$ 次迭代结果 $\boldsymbol{\Delta}^{(n-1)}$ 中的每一个元素相乘积，$1\leqslant u,r\leqslant 4$。例如，对于初始迭代 $\boldsymbol{\Delta}^{(0)}=\boldsymbol{S}$，则有

$$e_{u,r}\boldsymbol{S}=\begin{bmatrix}e_{u,r}\boldsymbol{S}_1\\ e_{u,r}\boldsymbol{S}_2\\ \vdots\\ e_{u,r}\boldsymbol{S}_K\end{bmatrix}=\begin{bmatrix}e_{u,r}\boldsymbol{S}_{1,1}; & e_{u,r}\boldsymbol{S}_{1,2}; & \cdots; & e_{u,r}\boldsymbol{S}_{1,P}\\ e_{u,r}\boldsymbol{S}_{2,1}; & e_{u,r}\boldsymbol{S}_{2,2}; & \cdots; & e_{u,r}\boldsymbol{S}_{2,P}\\ \vdots & \vdots & \ddots & \vdots\\ e_{u,r}\boldsymbol{S}_{K,1}; & e_{u,r}\boldsymbol{S}_{K,2}; & \cdots; & e_{u,r}\boldsymbol{S}_{K,P}\end{bmatrix}$$

$$=\left[\begin{matrix}e_{u,r}S_{1,1}(0),e_{u,r}S_{1,1}(1),\cdots,e_{u,r}S_{1,1}(L-1); & \cdots;\\ e_{u,r}S_{2,1}(0),e_{u,r}S_{2,1}(1),\cdots,e_{u,r}S_{2,1}(L-1); & \cdots;\\ \vdots & \ddots\\ e_{u,r}S_{K,1}(0),e_{u,r}S_{K,1}(1),\cdots,e_{u,r}S_{K,1}(L-1); & \cdots;\end{matrix}\right.$$

$$\begin{array}{c} e_{u,r}S_{1,P}(0), e_{u,r}S_{1,P}(1), \cdots, e_{u,r}S_{1,P}(L-1) \\ e_{u,r}S_{2,P}(0), e_{u,r}S_{2,P}(1), \cdots, e_{u,r}S_{2,P}(L-1) \\ \vdots \\ e_{u,r}S_{K,P}(0), e_{u,r}S_{K,P}(1), \cdots, e_{u,r}S_{K,P}(L-1) \end{array} \Bigg] \tag{4.30}$$

对于式 (4.30)，其系数矩阵

$$\boldsymbol{E} = \begin{bmatrix} e_{1,1} & e_{1,2} & e_{1,3} & e_{1,4} \\ e_{2,1} & e_{2,2} & e_{2,3} & e_{2,4} \\ e_{3,1} & e_{3,2} & e_{3,3} & e_{3,4} \\ e_{4,1} & e_{4,2} & e_{4,3} & e_{4,4} \end{bmatrix} \tag{4.31}$$

是一个二元正交矩阵，该矩阵中的任意两行所表示的序列是相互正交的。该系数矩阵 $\boldsymbol{E}$ 同时满足下面两个等式:

$$\begin{cases} e_{u,2} \cdot e_{v,1} + e_{u,4} \cdot e_{v,3} = 0 \\ e_{u,1} \cdot e_{v,2} + e_{u,3} \cdot e_{v,4} = 0 \end{cases} \tag{4.32}$$

其中，$u, v \in \{1, 2\}$ 或者 $u, v \in \{3, 4\}$。

那么，所获得的序列集合$\boldsymbol{\Delta}^{(n)}$就是一个多宽度 ZCCZ 互补序列集合 $(4^n, K, \mathbb{Z})$ – MW-ZCCZ$_{2^nP}^{2^nL}$，其中 $\mathbb{Z} = \{2^nZ'_a; 2^nZ'_c, 1, 2, 4, \cdots, 2^{n-2}, 2^{n-1}, 2^nL\}$。该集合的单边 ZACZ 宽度为 $2^nZ'_a$，子集内单边 ZCCZ 宽度为 $2^nZ'_c$，总共有 $n+1$ 个不同的子集间单边 ZCCZ 宽度，即 $(1, 2, 4, \cdots, 2^{n-2}, 2^{n-1}, 2^nL)$。可以看出，在这 $n+1$ 个不同的子集间单边 ZCCZ 宽度中，前面 n 个取值 $(1, 2, 4, \cdots, 2^{n-2}, 2^{n-1})$ 依次是 2 的 0 次幂到 $n-1$ 次幂，而最后一个取值 2^nL 等于 $\boldsymbol{\Delta}^{(n)}$ 中子序列的长度，即此时不同子集的序列之间具有理想的相关性能。

在式 (4.29) 中，矩阵形式的序列集合 $\boldsymbol{\Delta}^{(n)}$ 总共包含 4^nK 个序列，矩阵中的每一行成为一个序列。这些序列被分成 4^n 个序列子集，每个序列子集包含 K 个序列，每个序列又包含 2^nP 个子序列，并且子序列的长度为 2^nL。从序列矩阵 $\boldsymbol{\Delta}^{(n)}$ 中的第 $((r^{(n)}-1)K+1)$ 行到第 $r^{(n)}K$ 行的序列，组成了 $\boldsymbol{\Delta}^{(n)}$ 的第 $r^{(n)}$ 个序列组，其中 $1 \leqslant r^{(n)} \leqslant 4^n$。

为了后面讨论方便，可以令 $\boldsymbol{\Delta}_{r^{(n)}}^{(n)}$ 表示 $\boldsymbol{\Delta}^{(n)}$ 的第 $r^{(n)}$ 个序列组，$\boldsymbol{\Delta}_{r^{(n)},k}^{(n)}$ 表示 $\boldsymbol{\Delta}_{r^{(n)}}^{(n)}$ 中的第 k 个序列，$\boldsymbol{\Delta}_{r^{(n)},k,s^{(n)}}^{(n)}$ 表示 $\boldsymbol{\Delta}_{r^{(n)},k}^{(n)}$ 中的第 $s^{(n)}$ 个子序列，其中 $1 \leqslant s^{(n)} \leqslant 2^nP$ 并且 $1 \leqslant k \leqslant K$。

4.4.2 多级子集结构中系数矩阵的选择

从上述的构造方法中可以看出，当确定交织迭代的初始集合 $\boldsymbol{S}$ 以及迭代次数 n 之后，依然需要明确系数矩阵 $\boldsymbol{E}$，然后才能构造得到多宽度 ZCCZ 互补序列集

合 $\boldsymbol{\Delta}^{(n)}$。对于系数矩阵 $\boldsymbol{E}$，这是一个二元正交矩阵，且满足式 (4.32)。那么，可以根据这些条件求得 $\boldsymbol{E}$。

确定系数矩阵 $\boldsymbol{E}$ 可以通过下面三个步骤完成。

步骤 1　根据式 (4.32)，当 $u=v$ 时，可以进一步得出

$$e_{u,1}\cdot e_{u,2}+e_{u,3}\cdot e_{u,4}=0 \tag{4.33}$$

其中，$1\leqslant u\leqslant 4$。

那么，按照式 (4.33)，总共可以找到 8 个满足条件的二元序列，分别为 $(+++-)$，$(++-+)$，$(+-++)$，$(+---)$，$(-+++)$，$(-+--)$，$(--+-)$ 和 $(---+)$。

步骤 2　对于步骤 1 中得到的 8 个序列，按照式 (4.32) 进行两两配对，则可以得到 12 个序列对。因为系数矩阵$\boldsymbol{E}$ 是正交矩阵，那么进一步地可以从这 12 个序列对中选出 8 个正交的序列对，分别为 $\begin{bmatrix} +++- \\ +-++ \end{bmatrix}$，$\begin{bmatrix} +++- \\ -+-- \end{bmatrix}$，$\begin{bmatrix} ++-+ \\ +--- \end{bmatrix}$，$\begin{bmatrix} ++-+ \\ -+++ \end{bmatrix}$，$\begin{bmatrix} ---+ \\ +-++ \end{bmatrix}$，$\begin{bmatrix} +--- \\ --+- \end{bmatrix}$，$\begin{bmatrix} -+++ \\ --+- \end{bmatrix}$ 和 $\begin{bmatrix} -+-- \\ ---+ \end{bmatrix}$。

步骤 3　将步骤 2 中获得的 8 个序列对两两组合，根据正交性进行排除，最后总共可以得到 16 个 4×4 的系数矩阵，它们依次为

$$\begin{bmatrix} +++- \\ +-++ \\ ++-+ \\ +--- \end{bmatrix},\begin{bmatrix} +-++ \\ ---+ \\ +--- \\ --+- \end{bmatrix},\begin{bmatrix} ++-+ \\ -+++ \\ +-++ \\ ---+ \end{bmatrix},\begin{bmatrix} +++- \\ -+-- \\ ++-+ \\ -+++ \end{bmatrix},$$

$$\begin{bmatrix} ++-+ \\ -+++ \\ -+-- \\ ---+ \end{bmatrix},\begin{bmatrix} +++- \\ +-++ \\ ++-+ \\ -+++ \end{bmatrix},\begin{bmatrix} +++- \\ -+-- \\ ++-+ \\ +--- \end{bmatrix},\begin{bmatrix} ++-+ \\ +--- \\ -+-- \\ ---+ \end{bmatrix},$$

$$\begin{bmatrix} +++- \\ +-++ \\ -+++ \\ --+- \end{bmatrix},\begin{bmatrix} -+++ \\ --+- \\ -+-- \\ ---+ \end{bmatrix},\begin{bmatrix} +++- \\ +-++ \\ +--- \\ --+- \end{bmatrix},\begin{bmatrix} +-++ \\ ---+ \\ -+++ \\ --+- \end{bmatrix},$$

$$\begin{bmatrix} +++- \\ -+-- \\ -+++ \\ --+- \end{bmatrix},\begin{bmatrix} ++-+ \\ +--- \\ +-++ \\ ---+ \end{bmatrix},\begin{bmatrix} +--- \\ --+- \\ -+-- \\ ---+ \end{bmatrix},\begin{bmatrix} +++- \\ -+-- \\ +--- \\ --+- \end{bmatrix}.$$

通过上述三个步骤，总共有 16 个二元系数矩阵可供构造使用。不同的系数矩阵可以产生不同的序列集合 $\boldsymbol{\Delta}^{(n)}$，这些集合都具有多宽度 ZCCZ 特性。

4.4.3 各级序列子集的相关性能

对于所构造的 MW-ZCCZ 序列集合 $\boldsymbol{\Delta}^{(n)}$，它的多宽度 ZCCZ 特性可以按照划分序列子集的方式进行描述，其中各个序列子集可以包含若干个序列组。在序列集合 $\boldsymbol{\Delta}^{(n)}$ 中总共可以划分 $2n+1$ 级子集，第 i 级子集又可以进一步分为 2^{i-1} 个子集，其中 $1 \leqslant i \leqslant 2n+1$。这些子集的树型分布可以显示在图 4.12 中，图中 $\boldsymbol{g}_{i,j}^{(n)}$ 表示 $\boldsymbol{\Delta}^{(n)}$ 中第 i 级子集中的第 j 个子集，$1 \leqslant j \leqslant 2^{i-1}$。

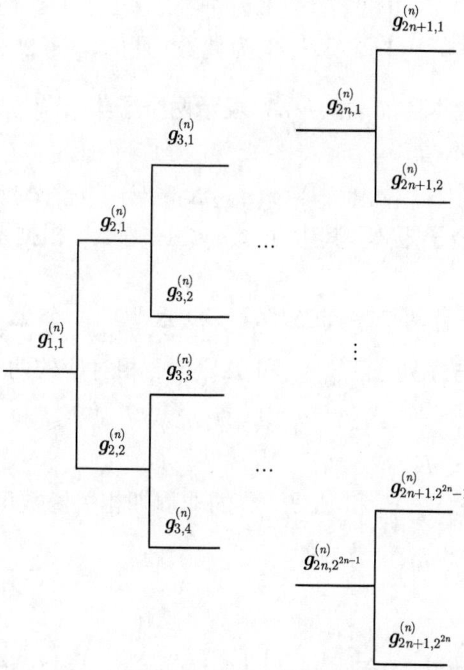

图 4.12 MW-ZCCZ 序列集合中子集的树型结构

从图 4.12 可以看出，每一个子集都是其下一级子集中的两个子集的并集，即

$$\boldsymbol{g}_{i,j}^{(n)} = \boldsymbol{g}_{i+1,2j-1}^{(n)} \cup \boldsymbol{g}_{i+1,2j}^{(n)} \tag{4.34}$$

根据式 (4.34)，以此类推到最后一级，则可知 $\boldsymbol{g}_{i,j}^{(n)}$ 包含 $\boldsymbol{\Delta}^{(n)}$ 中的第 $((j-1)\cdot 2^{2n-i+1}+1)$ 个序列组到第 $(j2^{2n-i+1})$ 个序列组。特别地，第 1 级子集中唯一的一个子集 $\boldsymbol{g}_{1,1}^{(n)}$ 就是 $\boldsymbol{\Delta}^{(n)}$，而最后一级中的各个子集 $\boldsymbol{g}_{2n+1,1}^{(n)}, \boldsymbol{g}_{2n+1,2}^{(n)}, \cdots, \boldsymbol{g}_{2n+1,4^n}^{(n)}$ 依次成为 $\boldsymbol{\Delta}_1^{(n)}, \boldsymbol{\Delta}_2^{(n)}, \cdots, \boldsymbol{\Delta}_{4^n}^{(n)}$。

基于上述各级子集的概念，多宽度 ZCCZ 互补序列集合 $\boldsymbol{\Delta}^{(n)}$ 的非周期和周期相关性能可描述如下。

定理 4.2 所构造的 $\boldsymbol{\Delta}^{(n)}$ 是一个 MW-ZCCZ 序列集合

$$(4^n, K, \mathbb{Z}) - \text{MW-ZCCZ}_{2^nP}^{2^nL},$$

其中 $\mathbb{Z}=\left\{2^nZ'_a;2^nZ'_c,1,2,4,\cdots,2^{n-2},2^{n-1},2^nL\right\}$。无论是对于非周期相关函数还是周期相关函数，该序列集合的单边 ZACZ 宽度为 $2^nZ'_a$，单边子集内 ZCCZ 宽度为 $2^nZ'_c$，同时 $\boldsymbol{\Delta}^{(n)}$ 的总共 $n+1$ 个子集间单边 ZCCZ 宽度 $(1,2,4,\cdots,2^{n-2},2^{n-1},2^nL)$ 的分布满足如下关系：

$$Z_{\boldsymbol{g}_{i,2j-1}^{(n)},\boldsymbol{g}_{i,2j}^{(n)}}=\begin{cases}2^nL, & i\text{为奇数},i\neq 1,\text{且}1\leqslant j\leqslant 2^{i-2}\\ 2^{i/2-1}, & i\text{为偶数, 且}1\leqslant j\leqslant 2^{i-2}\end{cases}\tag{4.35}$$

其中，$1\leqslant i\leqslant 2n+1$，并且 $Z_{\boldsymbol{g}_{i,2j-1}^{(n)},\boldsymbol{g}_{i,2j}^{(n)}}$ 表示两个子集 $\boldsymbol{g}_{i,2j-1}^{(n)}$ 和 $\boldsymbol{g}_{i,2j}^{(n)}$ 中任意两个序列之间 ZCCZ 的最小值。

证明 设 $\boldsymbol{\Delta}_{(u)}^{(n)}=\left[\left(e_{u,1}\boldsymbol{\Delta}^{(n-1)}\right)\odot\left(e_{u,2}\boldsymbol{\Delta}^{(n-1)}\right);\ \left(e_{u,3}\boldsymbol{\Delta}^{(n-1)}\right)\odot\left(e_{u,4}\boldsymbol{\Delta}^{(n-1)}\right)\right]$ 表示 $\boldsymbol{\Delta}^{(n)}$ 中的第 u 个子矩阵，其中 $1\leqslant u\leqslant 4$。那么，根据图 4.12，则有 $\boldsymbol{\Delta}_{(u)}^{(n)}=\boldsymbol{g}_{3,u}^{(n)}$。

对于 $\boldsymbol{\Delta}^{(n)}$ 中的任意两个序列 $\boldsymbol{\Delta}_{r_1^{(n)},k_1}^{(n)}$ 和 $\boldsymbol{\Delta}_{r_2^{(n)},k_2}^{(n)}$，令 $\boldsymbol{\Delta}_{r_1^{(n-1)},k_1}^{(n-1)}$ 和 $\boldsymbol{\Delta}_{r_2^{(n-1)},k_2}^{(n-1)}$ 表示 $\boldsymbol{\Delta}^{(n-1)}$ 中分别与序列 $\boldsymbol{\Delta}_{r_1^{(n)},k_1}^{(n)}$ 和 $\boldsymbol{\Delta}_{r_2^{(n)},k_2}^{(n)}$ 相对应的两个序列，也就是说当 $r_1^{(n)}=r_2^{(n)}$ 时，则有 $r_1^{(n-1)}=r_2^{(n-1)}$，其中 $1\leqslant r_1^{(n)},r_2^{(n)}\leqslant 4^n$，$1\leqslant r_1^{(n-1)},r_2^{(n-1)}\leqslant 4^{n-1}$，并且 $1\leqslant k_1,k_2\leqslant K$。

那么，两个序列 $\boldsymbol{\Delta}_{r_1^{(n)},k_1}^{(n)}$ 和 $\boldsymbol{\Delta}_{r_2^{(n)},k_2}^{(n)}$ 的非周期相关函数可以计算如下：

$$\begin{aligned}&\Psi_{\boldsymbol{\Delta}_{r_1^{(n)},k_1}^{(n)},\boldsymbol{\Delta}_{r_2^{(n)},k_2}^{(n)}}\left(\tau^{(n)}\right)\\&=\Psi_{\left(e_{u,1}\boldsymbol{\Delta}_{r_1^{(n-1)},k_1}^{(n-1)}\right)\odot\left(e_{u,2}\boldsymbol{\Delta}_{r_1^{(n-1)},k_1}^{(n-1)}\right),\left(e_{v,1}\boldsymbol{\Delta}_{r_2^{(n-1)},k_2}^{(n-1)}\right)\odot\left(e_{v,2}\boldsymbol{\Delta}_{r_2^{(n-1)},k_2}^{(n-1)}\right)}\left(\tau^{(n)}\right)\\&\quad+\Psi_{\left(e_{u,3}\boldsymbol{\Delta}_{r_1^{(n-1)},k_1}^{(n-1)}\right)\odot\left(e_{u,4}\boldsymbol{\Delta}_{r_1^{(n-1)},k_1}^{(n-1)}\right),\left(e_{v,3}\boldsymbol{\Delta}_{r_2^{(n-1)},k_2}^{(n-1)}\right)\odot\left(e_{v,4}\boldsymbol{\Delta}_{r_2^{(n-1)},k_2}^{(n-1)}\right)}\left(\tau^{(n)}\right)\end{aligned}\tag{4.36}$$

其中，$\tau^{(n)}$ 表示第 n 次迭代结果 $\boldsymbol{\Delta}^{(n)}$ 的相关函数所对应的位移，$1\leqslant u,v\leqslant 4$。

式 (4.36) 的计算将按照 $\tau^{(n)}$ 的奇偶取值被分成两种情况来考虑，即 $\tau^{(n)}=2\tau^{(n-1)}$ 和 $\tau^{(n)}=2\tau^{(n-1)}+1$。

当 $\tau^{(n)}$ 是偶数时，$\tau^{(n)}=2\tau^{(n-1)}$，则根据系数矩阵 $\boldsymbol{E}$ 的性质，可得

$$\Psi_{\boldsymbol{\Delta}_{r_1^{(n)},k_1}^{(n)},\boldsymbol{\Delta}_{r_2^{(n)},k_2}^{(n)}}\left(\tau^{(n)}\right)$$

$$
\begin{aligned}
&= \left[e_{u,1}e_{v,1}\Psi_{\boldsymbol{\Delta}^{(n-1)}_{r_1^{(n-1)},k_1},\boldsymbol{\Delta}^{(n-1)}_{r_2^{(n-1)},k_2}}(\tau^{(n-1)}) + e_{u,2}e_{v,2}\Psi_{\boldsymbol{\Delta}^{(n-1)}_{r_1^{(n-1)},k_1},\boldsymbol{\Delta}^{(n-1)}_{r_2^{(n-1)},k_2}}(\tau^{(n-1)}) \right] \\
&\quad + \left[e_{u,3}e_{v,3}\Psi_{\boldsymbol{\Delta}^{(n-1)}_{r_1^{(n-1)},k_1},\boldsymbol{\Delta}^{(n-1)}_{r_2^{(n-1)},k_2}}(\tau^{(n-1)}) + e_{u,4}e_{v,4}\Psi_{\boldsymbol{\Delta}^{(n-1)}_{r_1^{(n-1)},k_1},\boldsymbol{\Delta}^{(n-1)}_{r_2^{(n-1)},k_2}}(\tau^{(n-1)}) \right] \\
&= (e_{u,1}e_{v,1} + e_{u,2}e_{v,2} + e_{u,3}e_{v,3} + e_{u,4}e_{v,4})\Psi_{\boldsymbol{\Delta}^{(n-1)}_{r_1^{(n-1)},k_1},\boldsymbol{\Delta}^{(n-1)}_{r_2^{(n-1)},k_2}}(\tau^{(n-1)}) \\
&= \begin{cases} 4\Psi_{\boldsymbol{\Delta}^{(n-1)}_{r_1^{(n-1)},k_1},\boldsymbol{\Delta}^{(n-1)}_{r_2^{(n-1)},k_2}}(\tau^{(n-1)}), & u = v \\ 0, & u \neq v \end{cases}
\end{aligned} \tag{4.37}
$$

式 (4.37) 中的最后一个等式利用了系数矩阵 $\boldsymbol{E}$ 的正交特性。从该式可以看出，对于偶数位移，分别来自 $\boldsymbol{\Delta}^{(n)}$ 中不同的两个子矩阵中的任意两个序列之间的非周期互相关函数等于零，而且 $\boldsymbol{\Delta}^{(n)}$ 中的非周期自相关函数以及同一个子矩阵内的任意两个序列之间的非周期互相关函数等于 $\boldsymbol{\Delta}^{(n-1)}$ 中相对应的取值的 4 倍。

当 $\tau^{(n)}$ 是奇数时，$\tau^{(n)} = 2\tau^{(n-1)} + 1$，则同样根据系数矩阵 $\boldsymbol{E}$ 的性质，可得

$$
\begin{aligned}
&\Psi_{\boldsymbol{\Delta}^{(n)}_{r_1^{(n)},k_1},\boldsymbol{\Delta}^{(n)}_{r_2^{(n)},k_2}}(\tau^{(n)}) \\
&= \left[e_{u,2}e_{v,1}\Psi_{\boldsymbol{\Delta}^{(n-1)}_{r_1^{(n-1)},k_1},\boldsymbol{\Delta}^{(n-1)}_{r_2^{(n-1)},k_2}}(\tau^{(n-1)}) + e_{u,1}e_{v,2}\Psi_{\boldsymbol{\Delta}^{(n-1)}_{r_1^{(n-1)},k_1},\boldsymbol{\Delta}^{(n-1)}_{r_2^{(n-1)},k_2}}(\tau^{(n-1)}+1) \right] \\
&\quad + \left[e_{u,4}e_{v,3}\Psi_{\boldsymbol{\Delta}^{(n-1)}_{r_1^{(n-1)},k_1},\boldsymbol{\Delta}^{(n-1)}_{r_2^{(n-1)},k_2}}(\tau^{(n-1)}) + e_{u,3}e_{v,4}\Psi_{\boldsymbol{\Delta}^{(n-1)}_{r_1^{(n-1)},k_1},\boldsymbol{\Delta}^{(n-1)}_{r_2^{(n-1)},k_2}}(\tau^{(n-1)}+1) \right] \\
&= (e_{u,2}e_{v,1} + e_{u,4}e_{v,3})\Psi_{\boldsymbol{\Delta}^{(n-1)}_{r_1^{(n-1)},k_1},\boldsymbol{\Delta}^{(n-1)}_{r_2^{(n-1)},k_2}}(\tau^{(n-1)}) \\
&\quad + (e_{u,1}e_{v,2} + e_{u,3}e_{v,4})\Psi_{\boldsymbol{\Delta}^{(n-1)}_{r_1^{(n-1)},k_1},\boldsymbol{\Delta}^{(n-1)}_{r_2^{(n-1)},k_2}}(\tau^{(n-1)}+1) \\
&= 0
\end{aligned} \tag{4.38}
$$

其中，$u, v \in \{1, 2\}$ 或者 $u, v \in \{3, 4\}$，而且最后一个等式利用了系数矩阵 $\boldsymbol{E}$ 在式 (4.32) 中的性质。

根据式 (4.38)，对于奇数位移，分别来自 $\boldsymbol{\Delta}^{(n)}$ 中不同的两个子矩阵 $\boldsymbol{\Delta}^{(n)}_{(1)}$ 和 $\boldsymbol{\Delta}^{(n)}_{(2)}$(或者 $\boldsymbol{\Delta}^{(n)}_{(3)}$ 和 $\boldsymbol{\Delta}^{(n)}_{(4)}$) 中的任意两个序列之间的非周期互相关函数等于零，而且 $\boldsymbol{\Delta}^{(n)}$ 中的非周期自相关函数以及同一个子矩阵内的任意两个序列之间的非周期互相关函数也等于零。

那么，合并式 (4.37) 和 (4.38)，可以得到如下几点结论：

(1) 分别来自 $\boldsymbol{\Delta}^{(n)}$ 中不同的两个子矩阵 $\boldsymbol{\Delta}^{(n)}_{(1)}$ 和 $\boldsymbol{\Delta}^{(n)}_{(2)}$(或者 $\boldsymbol{\Delta}^{(n)}_{(3)}$ 和 $\boldsymbol{\Delta}^{(n)}_{(4)}$) 中的任意两个序列具有理想的非周期互相关性能，即这些序列的单边 ZCCZ 宽度等于子序列的长度 2^nL；

(2) 分别来自 $\boldsymbol{\Delta}^{(n)}$ 中两个不同的子矩阵并集 $\boldsymbol{\Delta}_{(1)}^{(n)}\cup\boldsymbol{\Delta}_{(2)}^{(n)}$ 和 $\boldsymbol{\Delta}_{(3)}^{(n)}\cup\boldsymbol{\Delta}_{(4)}^{(n)}$ 中的任意两个序列相互正交，即这些序列的单边 ZCCZ 宽度等于 1；

(3) 既然 $\tau^{(n)}$ 分成了 $\tau^{(n)}=2\tau^{(n-1)}$ 和 $\tau^{(n)}=2\tau^{(n-1)}+1$ 两种情况，那么 $\boldsymbol{\Delta}^{(n)}$ 的单边 ZACZ 宽度以及 $\boldsymbol{\Delta}^{(n)}$ 中同一子矩阵内的单边 ZCCZ 宽度是其前一级序列集合 $\boldsymbol{\Delta}^{(n-1)}$ 的相应取值的 2 倍，即经过一次交织迭代以后单边 ZACZ 宽度以及同一子矩阵内的单边 ZCCZ 宽度翻倍。

那么，从迭代初始 $\boldsymbol{\Delta}^{(0)}=\boldsymbol{S}$ 经过 n 次迭代到达 $\boldsymbol{\Delta}^{(n)}$，则上述这三点结论可以很容易地推广到定理 4.2 的非周期相关性能。

对于周期相关性能，其证明过程与非周期相关性能相类似，此处省略。证毕。

为了详细地演示该类 MW-ZCCZ 序列集合的构造方法并且直观地体现定理 4.2 所给出的相关性能，此处将举一个简单的例子。

首先，使用一个 2×2 的正交矩阵 $\boldsymbol{S}=\begin{bmatrix}++\\+-\end{bmatrix}$ 作为核序列集合。然后，从 4.4.2 节获得的 16 个可选矩阵中选择一个作为系数矩阵，如下所示：

$$\boldsymbol{E}=\begin{bmatrix}+---\\++-+\\+-++\\---+\end{bmatrix}\tag{4.39}$$

那么，按照构造公式 (4.29)，经过一次迭代后可得 $\boldsymbol{\Delta}^{(1)}$ 如下：

$$\boldsymbol{\Delta}^{(1)}=\begin{bmatrix}\boldsymbol{\Delta}_{1,1}^{(1)}\\\boldsymbol{\Delta}_{1,2}^{(1)}\\\boldsymbol{\Delta}_{2,1}^{(1)}\\\boldsymbol{\Delta}_{2,2}^{(1)}\\\boldsymbol{\Delta}_{3,1}^{(1)}\\\boldsymbol{\Delta}_{3,2}^{(1)}\\\boldsymbol{\Delta}_{4,1}^{(1)}\\\boldsymbol{\Delta}_{4,2}^{(1)}\end{bmatrix}=\begin{bmatrix}+-+-; & ----\\+--+; & --++\\++++; & -+-+\\++--; & -++-\\+-+-; & ++++\\+--+; & ++--\\----; & -+-+\\--++; & -++-\end{bmatrix}\tag{4.40}$$

所构造的 $\boldsymbol{\Delta}^{(1)}$ 是一个具有三宽度 ZCCZ 的互补序列集合，该集合可以表示为 $(4,2,\mathbb{Z})-\text{MW-ZCCZ}_2^4$，其中 $\mathbb{Z}=\{2;2,1,4\}$。对于序列集合 $\boldsymbol{\Delta}^{(1)}$，总共有 8 个序列，分成 4 个序列子集，每个序列子集有两个序列，每个序列又由两个子序列组成。

该集合中任意一个序列的单边 ZACZ 宽度等于 2。同时，$\boldsymbol{\Delta}^{(1)}$ 还具有三个不同的单边 ZCCZ 宽度，分别为子集内单边 ZCCZ 宽度等于 2；第 1 个序列子集 $\boldsymbol{\Delta}_1^{(1)}$ 和第 2 个序列子集 $\boldsymbol{\Delta}_2^{(1)}$ 之间，以及第 3 个序列子集 $\boldsymbol{\Delta}_3^{(1)}$ 和第 4 个序列子集 $\boldsymbol{\Delta}_4^{(1)}$ 之间的单边 ZCCZ 宽度都等于子序列的长度 4，也就是说 $\boldsymbol{\Delta}_1^{(1)}$ 和 $\boldsymbol{\Delta}_2^{(1)}$ 之间、$\boldsymbol{\Delta}_3^{(1)}$ 和 $\boldsymbol{\Delta}_4^{(1)}$ 之间都具有理想的互相关性能；两个子集合的并集 $\boldsymbol{\Delta}_1^{(1)}\cup\boldsymbol{\Delta}_2^{(1)}$

与 $\boldsymbol{\Delta}_3^{(1)}\cup\boldsymbol{\Delta}_4^{(1)}$ 之间是正交的，因为 $\boldsymbol{\Delta}^{(1)}=\boldsymbol{\Delta}_1^{(1)}\cup\boldsymbol{\Delta}_2^{(1)}\cup\boldsymbol{\Delta}_3^{(1)}\cup\boldsymbol{\Delta}_4^{(1)}$，那么也就是说整个序列集合 $\boldsymbol{\Delta}^{(1)}$ 中的任意序列之间都是正交的。

该序列集合 $\boldsymbol{\Delta}^{(1)}$ 的上述的相关性能分布满足定理 4.2。按照图 4.12 中所示的子集合分布的树型结构，$\boldsymbol{\Delta}^{(1)}$ 共包含 3 级子集合，分别为 $\left\{\boldsymbol{g}_{1,1}^{(1)}\right\}$、$\left\{\boldsymbol{g}_{2,1}^{(1)},\boldsymbol{g}_{2,2}^{(1)}\right\}$ 和 $\left\{\boldsymbol{g}_{3,1}^{(1)},\boldsymbol{g}_{3,2}^{(1)},\boldsymbol{g}_{3,3}^{(1)},\boldsymbol{g}_{3,4}^{(1)}\right\}$，其中 $\boldsymbol{g}_{1,1}^{(1)}=\boldsymbol{\Delta}^{(1)}$、$\boldsymbol{g}_{3,1}^{(1)}=\boldsymbol{\Delta}_1^{(1)}$、$\boldsymbol{g}_{3,2}^{(1)}=\boldsymbol{\Delta}_2^{(1)}$、$\boldsymbol{g}_{3,3}^{(1)}=\boldsymbol{\Delta}_3^{(1)}$ 和 $\boldsymbol{g}_{3,4}^{(1)}=\boldsymbol{\Delta}_4^{(1)}$。根据式 (4.34) 中所示的子集合之间的关系，则有 $\boldsymbol{g}_{1,1}^{(1)}=\boldsymbol{g}_{2,1}^{(1)}\cup\boldsymbol{g}_{2,2}^{(1)}$、$\boldsymbol{g}_{2,1}^{(1)}=\boldsymbol{g}_{3,1}^{(1)}\cup\boldsymbol{g}_{3,2}^{(1)}$ 和 $\boldsymbol{g}_{2,2}^{(1)}=\boldsymbol{g}_{3,3}^{(1)}\cup\boldsymbol{g}_{3,4}^{(1)}$，那么，$\boldsymbol{\Delta}^{(1)}$ 中各个 ZCCZ 的分布与式 (4.35) 相符合。

如果将 $\boldsymbol{\Delta}^{(1)}$ 再迭代一次，则可以得到 $\boldsymbol{\Delta}^{(2)}$ 如式 (4.41) 所示。序列集合 $\boldsymbol{\Delta}^{(2)}$ 是一个具有四宽度 ZCCZ 的 Z 互补序列集合，其中包括一个子集内 ZCCZ 宽度和三个各不相同的子集间 ZCCZ 宽度。

$$
\boldsymbol{\Delta}^{(2)}=\begin{bmatrix}
\boldsymbol{\Delta}_{1,1}^{(2)}\\ \boldsymbol{\Delta}_{1,2}^{(2)}\\ \boldsymbol{\Delta}_{2,1}^{(2)}\\ \boldsymbol{\Delta}_{2,2}^{(2)}\\ \boldsymbol{\Delta}_{3,1}^{(2)}\\ \boldsymbol{\Delta}_{3,2}^{(2)}\\ \boldsymbol{\Delta}_{4,1}^{(2)}\\ \boldsymbol{\Delta}_{4,2}^{(2)}\\ \boldsymbol{\Delta}_{5,1}^{(2)}\\ \boldsymbol{\Delta}_{5,2}^{(2)}\\ \boldsymbol{\Delta}_{6,1}^{(2)}\\ \boldsymbol{\Delta}_{6,2}^{(2)}\\ \boldsymbol{\Delta}_{7,1}^{(2)}\\ \boldsymbol{\Delta}_{7,2}^{(2)}\\ \boldsymbol{\Delta}_{8,1}^{(2)}\\ \boldsymbol{\Delta}_{8,2}^{(2)}\\ \boldsymbol{\Delta}_{9,1}^{(2)}\\ \boldsymbol{\Delta}_{9,2}^{(2)}\\ \boldsymbol{\Delta}_{10,1}^{(2)}\\ \boldsymbol{\Delta}_{10,2}^{(2)}\\ \boldsymbol{\Delta}_{11,1}^{(2)}\\ \boldsymbol{\Delta}_{11,2}^{(2)}\\ \boldsymbol{\Delta}_{12,1}^{(2)}\\ \boldsymbol{\Delta}_{12,2}^{(2)}\\ \boldsymbol{\Delta}_{13,1}^{(2)}\\ \boldsymbol{\Delta}_{13,2}^{(2)}\\ \boldsymbol{\Delta}_{14,1}^{(2)}\\ \boldsymbol{\Delta}_{14,2}^{(2)}\\ \boldsymbol{\Delta}_{15,1}^{(2)}\\ \boldsymbol{\Delta}_{15,2}^{(2)}\\ \boldsymbol{\Delta}_{16,1}^{(2)}\\ \boldsymbol{\Delta}_{16,2}^{(2)}
\end{bmatrix}=\begin{bmatrix}
+--++--+; & -+-+-+-+; & --++--++; & ++++++++\\
+--+-++-; & -+-++-+-; & --++++--; & ++++----\\
+-+-+-+-; & -++--++-; & --------; & ++--++--\\
+-+--+-+; & -++-+--+; & ----++++; & ++----++\\
+--++--+; & +-+-+-+-; & --++--++; & --------\\
+--+-++-; & +-+--+-+; & --++++--; & ----++++\\
-+-+-+-+; & -++--++-; & ++++++++; & ++--++--\\
-+-++-+-; & -++-+--+; & ++++----; & ++----++\\
++--++--; & --------; & -++--++-; & +-+-+-+-\\
++----++; & ----++++; & -++-+--+; & +-+--+-+\\
++++++++; & --++--++; & -+-+-+-+; & +--++--+\\
++++----; & --++++--; & -+-++-+-; & +--+-++-\\
++--++--; & ++++++++; & -++--++-; & -+-+-+-+\\
++----++; & ++++----; & -++-+--+; & -+-++-+-\\
--------; & --++--++; & +-+-+-+-; & +--++--+\\
----++++; & --++++--; & +-+--+-+; & +--+-++-\\
+--++--+; & -+-+-+-+; & ++--++--; & --------\\
+--+-++-; & -+-++-+-; & ++----++; & ----++++\\
+-+-+-+-; & -++--++-; & ++++++++; & --++--++\\
+-+--+-+; & -++-+--+; & ++++----; & --++++--\\
+--++--+; & +-+-+-+-; & ++--++--; & ++++++++\\
+--+-++-; & +-+--+-+; & ++----++; & ++++----\\
-+-+-+-+; & -++--++-; & --------; & --++--++\\
-+-++-+-; & -++-+--+; & ----++++; & --++++--\\
--++--++; & ++++++++; & -++--++-; & +-+-+-+-\\
--++++--; & ++++----; & -++-+--+; & +-+--+-+\\
--------; & ++--++--; & -+-+-+-+; & +--++--+\\
----++++; & ++----++; & -+-++-+-; & +--+-++-\\
--++--++; & --------; & -++--++-; & -+-+-+-+\\
--++++--; & ----++++; & -++-+--+; & -+-++-+-\\
++++++++; & ++--++--; & +-+-+-+-; & +--++--+\\
++++----; & ++----++; & +-+--+-+; & +--+-++-
\end{bmatrix}
\tag{4.41}
$$

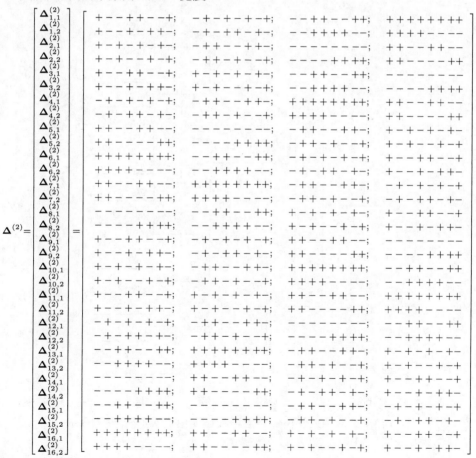

该集合可以表示为 $(16,2,\mathbb{Z})$ – MW-ZCCZ$_4^8$，其中 $\mathbb{Z}=\{4;4,1,2,8\}$。对于序列集合 $\boldsymbol{\Delta}^{(2)}$，总共有 32 个序列，分成 16 个序列子集，每个序列子集有 2 个序列，每个序列又由 4 个子序列组成。对于序列集合 $\boldsymbol{\Delta}^{(2)}$ 的相关性能，其任意一个序列的单边 ZACZ 宽度等于 4，同时子集内单边 ZCCZ 宽度也等于 4。另外，$\boldsymbol{\Delta}^{(2)}$ 的三个不同的单边子集间 ZCCZ 宽度 $\{1,2,8\}$ 的分布满足式 (4.35)。

为了更加清楚地显示这些不同的子集间 ZCCZ 宽度的分布情况，此处给出了 $\boldsymbol{\Delta}^{(2)}$ 的各级子集的树型结构如图 4.13 所示，通过子集合的描述方式进行说明。根据之前关于子集合的描述，$\boldsymbol{\Delta}^{(n)}$ 应该总共有 $2n+1$ 级子集，第 i 级子集又可以进一步分为 2^{i-1} 个子集，其中 $1\leqslant i\leqslant 2n+1$。那么，此处迭代了两次，则 $n=2$，所以总共可以分为 5 级子集。

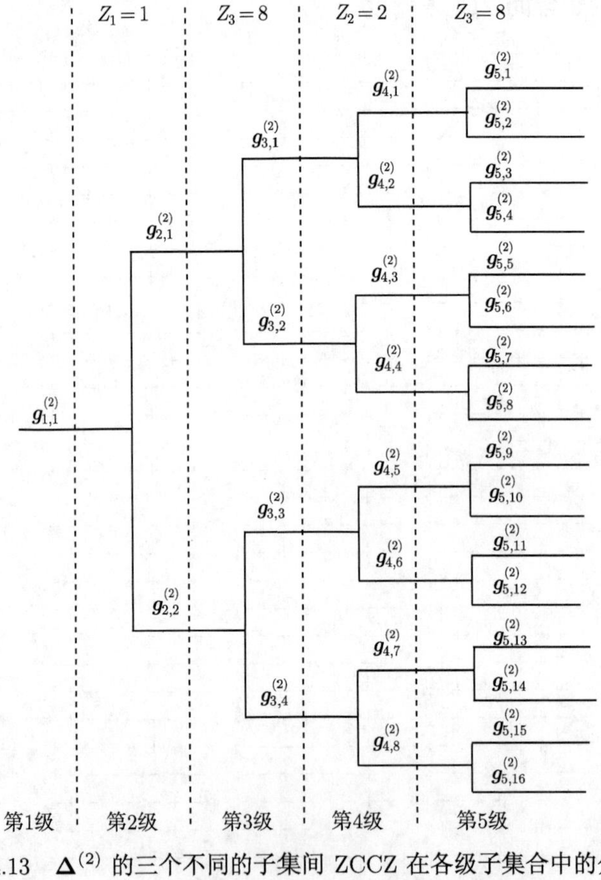

图 4.13　$\boldsymbol{\Delta}^{(2)}$ 的三个不同的子集间 ZCCZ 在各级子集合中的分布

在图 4.13 中，每一级中由同一个节点出发的两个相邻子集之间的单边 ZCCZ 宽度被显示在该图的顶端。例如，在第 4 级中的 $\boldsymbol{g}_{4,1}^{(2)}$ 和 $\boldsymbol{g}_{4,2}^{(2)}$ 之间、$\boldsymbol{g}_{4,3}^{(2)}$ 和 $\boldsymbol{g}_{4,4}^{(2)}$ 之

间、$\boldsymbol{g}_{4,5}^{(2)}$ 和 $\boldsymbol{g}_{4,6}^{(2)}$ 之间以及 $\boldsymbol{g}_{4,7}^{(2)}$ 和 $\boldsymbol{g}_{4,8}^{(2)}$ 之间的单边 ZCCZ 宽度均为 $Z_2=2$。按照式 (4.11)，对于奇数级子集，由同一个节点出发的两个相邻子集之间具有理想的相关性能，所以图 4.13 中的第 3 级和第 5 级对应的单边 ZCCZ 宽度等于子序列的长度，即 $Z_3=8$。

对于 $\boldsymbol{\Delta}^{(2)}$ 中各个序列之间具体的相关函数值分布，此处将非周期的 ZACZ、子集内 ZCCZ 以及三个不同的子集间 ZCCZ 这 5 种情况逐一举例如下：

$$\Psi_{\boldsymbol{\Delta}_{1,1}^{(2)},\boldsymbol{\Delta}_{1,1}^{(2)}}=\{0,0,0,16,0,0,0,32,0,0,0,16,0,0,0\} \tag{4.42}$$

$$\Psi_{\boldsymbol{\Delta}_{1,1}^{(2)},\boldsymbol{\Delta}_{1,2}^{(2)}}=\{0,0,0,-16,0,0,0,0,0,0,0,16,0,0,0\} \tag{4.43}$$

$$\Psi_{\boldsymbol{\Delta}_{1,1}^{(2)},\boldsymbol{\Delta}_{9,1}^{(2)}}=\{0,0,-8,0,-8,0,-16,0,-16,0,-8,0,-8,0,0\} \tag{4.44}$$

$$\Psi_{\boldsymbol{\Delta}_{1,1}^{(2)},\boldsymbol{\Delta}_{3,1}^{(2)}}=\{0,-8,0,0,0,-24,0,0,0,-24,0,0,0,-8,0\} \tag{4.45}$$

$$\Psi_{\boldsymbol{\Delta}_{1,1}^{(2)},\boldsymbol{\Delta}_{2,1}^{(2)}}=\{0,0,0,0,0,0,0,0,0,0,0,0,0,0,0\} \tag{4.46}$$

其中，位移变量满足 $-7\leqslant\tau\leqslant 7$。

另外，从序列集合 $\boldsymbol{\Delta}^{(1)}$ 和 $\boldsymbol{\Delta}^{(2)}$ 中也可以看出，无论迭代多少次，每个序列子集中的序列数目都是确定的，即都等于迭代初始集合 $\boldsymbol{S}$ 的序列数目，此处等于 2。那么，如果需要每个序列子集中包含更多的序列时，需要选用具有更多序列数目的迭代初始集合 $\boldsymbol{S}$。

4.4.4 多宽度零互相关区序列集合中特定子集的合并

MW-ZCCZ 序列集合可以拥有多个不同的子集间 ZCCZ 宽度，并且这些子集间 ZCCZ 宽度的分布已经在定理 4.2 中明确给出，即不同级的序列子集可以拥有不同的子集间 ZCCZ 宽度，并且对于同一级中的各个节点来说，具有相同出发节点的任意两个相邻子集之间的 ZCCZ 宽度都是相同的。则对于任意的宽度等于 2 的整数次幂的 ZCCZ，可以找到许多相应的序列子集。

然而，这些具有相同子集间 ZCCZ 宽度的序列子集之间的关系还需要进一步确定。本小节将进一步讨论这些序列子集是否可以合并，合并后的子集间 ZCCZ 宽度又有哪些变化，以及为了保持合并集合的子集间 ZCCZ 宽度不变应该采用怎样的选取方法。

所构造的 MW-ZCCZ 序列集合 $\boldsymbol{\Delta}^{(n)}$ 总共拥有 $n+1$ 个互不相同的单边子集间 ZCCZ 宽度，即 $\left(1,2,4,\cdots,2^{n-2},2^{n-1},2^nL\right)$。第一个单边子集间 ZCCZ 宽度等于 1，即仅仅要求子集间序列相互正交。那么，只要选择整个集合 $\boldsymbol{\Delta}^{(n)}$ 就可以满足要求，因为 $\boldsymbol{\Delta}^{(n)}$ 中的任意两个序列之间都是正交的。

对于 $\left(1,2,4,\cdots,2^{n-2},2^{n-1},2^nL\right)$ 中的最后一个单边子集间 ZCCZ 宽度 2^nL，该宽度等于子序列的长度，因此要求子集间具有理想的相关性能，满足该要求的序列子集的选取方法可描述如下。

推论 4.3[1] 从 MW-ZCCZ 序列集合 $\boldsymbol{\Delta}^{(n)}$ 中的第一级序列子集到最后一级序列子集，删除每个偶数级中由同一节点出发的两个相邻子集 $\boldsymbol{g}_{i,2j-1}^{(n)}$ 和 $\boldsymbol{g}_{i,2j}^{(n)}$ 中的任意一个子集，保留另一个子集，则最后被保留下来的总共 2^n 个序列子集满足子集间相关性能是理想的，其中 i 是偶数且满足 $1 \leqslant j \leqslant 2^{i-1}$。

该推论可以很容易地从定理 4.2 推导得出，因此证明过程省略。

此处将使用式 (4.41) 中构造的例子 $\boldsymbol{\Delta}^{(2)}$，进行演示怎样按照推论 4.3 来选择满足理想子集间相关性能的多个序列子集。对于 MW-ZCCZ 序列集合 $\boldsymbol{\Delta}^{(2)}$，偶数级子集为第 2 级和第 4 级。在第 2 级中删除序列子集 $\boldsymbol{g}_{2,2}^{(2)}$，那么在第 4 级只剩下了 $\boldsymbol{g}_{4,1}^{(2)} \sim \boldsymbol{g}_{4,4}^{(2)}$ 这 4 个子集，删除其中的 $\boldsymbol{g}_{4,1}^{(2)}$ 和 $\boldsymbol{g}_{4,4}^{(2)}$，则最后保留下来的 $\boldsymbol{g}_{4,2}^{(2)}$ 和 $\boldsymbol{g}_{4,3}^{(2)}$ 总共包含 4 个序列子集 $\boldsymbol{\Delta}_3^{(2)}$、$\boldsymbol{\Delta}_4^{(2)}$、$\boldsymbol{\Delta}_5^{(2)}$ 和 $\boldsymbol{\Delta}_6^{(2)}$，这 4 个序列子集之间具有理想的子集间相关性能，该过程可以参考图 4.14。

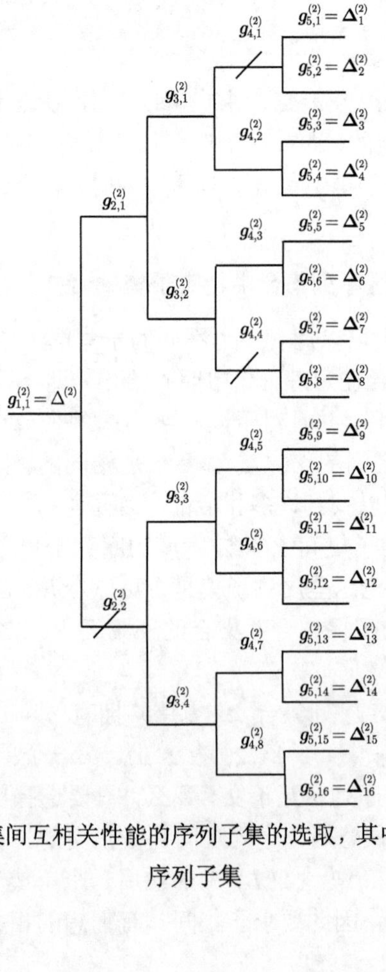

图 4.14 具有理想的子集间互相关性能的序列子集的选取，其中 “/” 表示删除相对应的序列子集

相似于上述的操作过程，通过删除其他的序列子集，还可以获得更多的具有理想子集间相关性能的序列子集的子集合，例如 $\left\{\boldsymbol{\Delta}_1^{(2)},\boldsymbol{\Delta}_2^{(2)},\boldsymbol{\Delta}_5^{(2)},\boldsymbol{\Delta}_6^{(2)}\right\}$，$\left\{\boldsymbol{\Delta}_9^{(2)},\boldsymbol{\Delta}_{10}^{(2)},\boldsymbol{\Delta}_{13}^{(2)},\boldsymbol{\Delta}_{14}^{(2)}\right\}$ 和 $\left\{\boldsymbol{\Delta}_9^{(2)},\boldsymbol{\Delta}_{10}^{(2)},\boldsymbol{\Delta}_{15}^{(2)},\boldsymbol{\Delta}_{16}^{(2)}\right\}$ 等。

实际上，推论 4.3 给出了从 MW-ZCCZ 序列集合 $\boldsymbol{\Delta}^{(n)}$ 中选取两宽度 ZCCZ 互补序列的具体方法，这两个不同的 ZCCZ 宽度分别是子集内 ZCCZ 和子集间理想相关性能下的 ZCCZ。因此，两宽度 ZCCZ 互补序列只是 MW-ZCCZ 序列的一个特例，或者说两宽度 ZCCZ 互补序列集合只是 MW-ZCCZ 序列集合 $\boldsymbol{\Delta}^{(n)}$ 中若干个特定序列子集组成的合并集合。

如果令 MW-ZCCZ 序列集合 $\boldsymbol{\Delta}^{(n)}$ 的构造公式 (4.29) 中的系数矩阵满足

$$\begin{bmatrix} e_{1,1} & e_{1,2} & e_{1,3} & e_{1,4} \\ e_{2,1} & e_{2,2} & e_{2,3} & e_{2,4} \end{bmatrix} = \begin{bmatrix} ++-+ \\ -+++ \end{bmatrix} \tag{4.47}$$

并且按照推论 4.3，每次总是删除同一节点出发的两个序列子集中的 $\boldsymbol{g}_{i,2j}^{(n)}$，则最后保留下的各个序列子集所构成的合并集合就成为 2.3 节所构造的具有两宽度 ZCCZ 的子集间互补序列集合。

进一步地，对于按照推论 4.3 所选出的多个序列子集，如果从每个序列子集中再任意选出一个序列，则这些被选出的序列子集所成的合并集合就成为具有单一宽度 ZCCZ 的互补序列集合，此时该合并集合中的任意两个序列之间都具有理想的互相关性能。因此，MW-ZCCZ 序列集合 $\boldsymbol{\Delta}^{(n)}$ 包含单一宽度 ZCCZ 序列集合作为其特定序列子集成的合并集合。

综上所述，单一宽度 ZCCZ 和两宽度 ZCCZ 序列集合都是 MW-ZCCZ 序列集合的特定的合并集合，按照推论 4.3 所给出的方法，可以很容易地获得单一宽度的 ZCCZ 和两宽度的 ZCCZ。

对于 MW-ZCCZ 序列集合 $\boldsymbol{\Delta}^{(n)}$ 中的 $n+1$ 个互不相同的单边子集间 ZCCZ 宽度 $\left(1,2,4,\cdots,2^{n-2},2^{n-1},2^nL\right)$，除了前面已经给出的第一个和最后一个单边子集间 ZCCZ 宽度的选取之外，剩下的 $n-1$ 个宽度值 $\left(2,4,8,\cdots,2^{n-2},2^{n-1}\right)$ 所对应的合并集合可以按照如下的方法获得。

推论 4.4[1] 令 $Z_m=2^m$ 表示 MW-ZCCZ 序列集合 $\boldsymbol{\Delta}^{(n)}$ 的一个单边子集间 ZCCZ 宽度，其中 $1\leqslant m\leqslant n-1$。那么，从 $\boldsymbol{\Delta}^{(n)}$ 中的第 2 级序列子集到第 $2m$ 级序列子集，删除每个偶数级中由同一节点出发的两个相邻子集 $\boldsymbol{g}_{i,2j-1}^{(n)}$ 和 $\boldsymbol{g}_{i,2j}^{(n)}$ 中的任意一个子集，保留另一个子集，其中 i 是偶数且 $2\leqslant i\leqslant 2m$，$1\leqslant j\leqslant 2^{2m-2}$。则最后可以保留下来第 $2m$ 级序列子集中的总共 2^{m-1} 个序列子集，这些序列子集所组成的合并集合满足该合并集合中的单边 ZACZ 宽度以及任意的单边 ZCCZ 的宽度不小于 Z_m。

该推论也可以从定理 4.2 推导得出，因此其证明过程省略。

为了说明怎样按照推论 4.4 选取特定的合并集合，本节将给出一个例子，此处依然使用核序列集合 $\boldsymbol{S}=\begin{bmatrix}++\\+-\end{bmatrix}$ 以及系数矩阵 $\boldsymbol{E}=\begin{bmatrix}+---\\++-+\\+-++\\---+\end{bmatrix}$。

那么，经过三次交织迭代以后，可以得到一个五宽度 ZCCZ 序列集合 $(64,2,\mathbb{Z})-$MW-ZCCZ$_8^{16}$，其中 $\mathbb{Z}=\{8;8,1,2,4,16\}$。假设要求获得一个由多个序列子集组成的合并集合，该合并集合满足其单边 ZACZ 宽度以及任意的单边 ZCCZ 的宽度不小于 4。那么，根据推论 4.4，$m=2$，从第 2 级子集开始直到第 4 级子集，依次删除序列子集 $\boldsymbol{g}_{2,1}^{(3)}$、$\boldsymbol{g}_{4,5}^{(3)}$ 和 $\boldsymbol{g}_{4,7}^{(3)}$，则最后保留下来的两个序列子集 $\boldsymbol{g}_{4,6}^{(3)}$ 和 $\boldsymbol{g}_{4,8}^{(3)}$ 即为所求。

对于由这两个序列子集所组成的合并集合 $\boldsymbol{g}_{4,6}^{(3)}\cup\boldsymbol{g}_{4,8}^{(3)}$，其单边 ZACZ 宽度和单边子集内 ZCCZ 宽度均为 8，它的两个不同的单边子集间 ZCCZ 宽度分别为 4 和 16，因此合并集合 $\boldsymbol{g}_{4,6}^{(3)}\cup\boldsymbol{g}_{4,8}^{(3)}$ 所有的零相关区宽度都大于或等于 4。图 4.15 给出了合并集合 $\boldsymbol{g}_{4,6}^{(3)}\cup\boldsymbol{g}_{4,8}^{(3)}$ 中四种不同的零相关区宽度的分布举例，其中 $\boldsymbol{\Delta}_{41,1}^{(3)}$、$\boldsymbol{\Delta}_{41,2}^{(3)}$、$\boldsymbol{\Delta}_{42,1}^{(3)}$ 和 $\boldsymbol{\Delta}_{43,1}^{(3)}$ 分别如下：

$$
\begin{aligned}
\boldsymbol{\Delta}_{41,1}^{(3)}=[&+--+-++-+--+-++-;-++--++--++--++-;\\
&+-+--+-++-+--+-+;-+-+-+-+-+-+-+-+;\\
&++----++++----++;--++--++--++--++;\\
&++++----++++----;----------------]
\end{aligned}
\tag{4.48}
$$

$$
\begin{aligned}
\boldsymbol{\Delta}_{41,2}^{(3)}=[&+--+-++--++-+--+;-++--++-+--++--+;\\
&+-+--+-+-+-++-+-;-+-+-+-++-+-+-+-;\\
&++----++--++++--;--++--++++--++--;\\
&++++--------++++;--------++++++++]
\end{aligned}
\tag{4.49}
$$

$$
\begin{aligned}
\boldsymbol{\Delta}_{42,1}^{(3)}=[&+--++--++--++--+;-++-+--+-++-+--+;\\
&+-+-+-+-+-+-+-+-;-+-++-+--+-++-+-;\\
&++--++--++--++--;--++++----++++--;\\
&++++++++++++++++;----++++----++++]
\end{aligned}
\tag{4.50}
$$

$$\boldsymbol{\Delta}_{43,1}^{(3)}=[+--+-++-+--+-++-;+--++--++--++--+;\\ +-+--+-++-+--+-+;+-+-+-+-+-+-+-+-;\\ ++----++++----++;++--++--++--++--;\\ ++++----++++----;++++++++++++++++] \tag{4.51}$$

除了 $\boldsymbol{g}_{4,6}^{(3)}\cup\boldsymbol{g}_{4,8}^{(3)}$ 以外，根据推论 4.4，当在选取中删除不同的序列子集时，还可以获得其他更多的合并集合，例如 $\boldsymbol{g}_{4,1}^{(3)}\cup\boldsymbol{g}_{4,3}^{(3)}$、$\boldsymbol{g}_{4,1}^{(3)}\cup\boldsymbol{g}_{4,4}^{(3)}$ 和 $\boldsymbol{g}_{4,6}^{(3)}\cup\boldsymbol{g}_{4,7}^{(3)}$ 等。

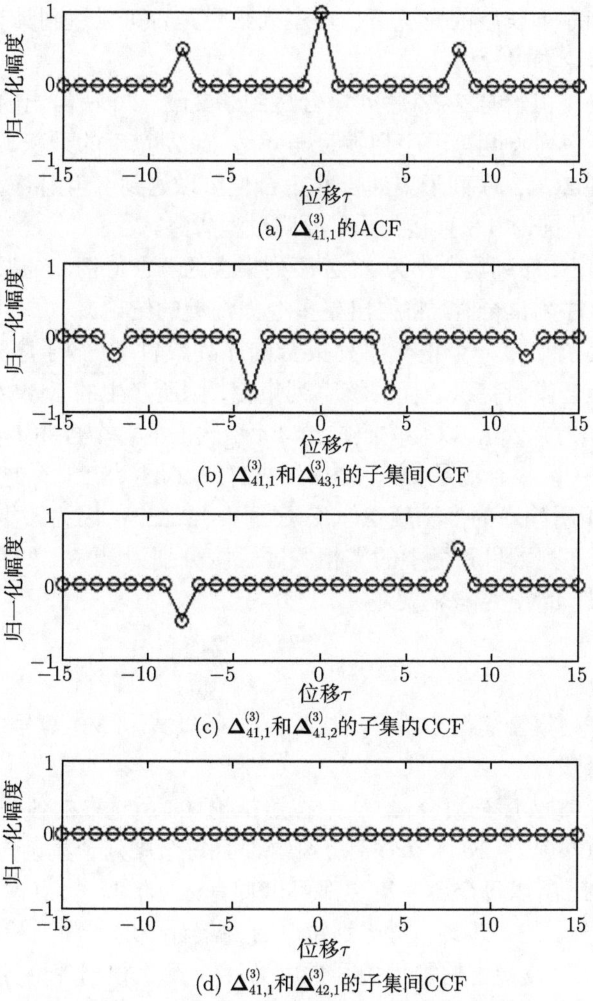

(a) $\boldsymbol{\Delta}_{41,1}^{(3)}$的ACF

(b) $\boldsymbol{\Delta}_{41,1}^{(3)}$和$\boldsymbol{\Delta}_{43,1}^{(3)}$的子集间CCF

(c) $\boldsymbol{\Delta}_{41,1}^{(3)}$和$\boldsymbol{\Delta}_{41,2}^{(3)}$的子集内CCF

(d) $\boldsymbol{\Delta}_{41,1}^{(3)}$和$\boldsymbol{\Delta}_{42,1}^{(3)}$的子集间CCF

图 4.15 合并集合 $\boldsymbol{g}_{4,6}^{(3)}\cup\boldsymbol{g}_{4,8}^{(3)}$ 的非周期相关性能

对于固定的子序列数目和子序列长度，单一宽度或两宽度 ZCCZ 序列集合只能拥有一个或者两个不同的 ZCCZ。然而，对于此处所构造的 MW-ZCCZ 序列，一方面通过改变系数矩阵 $\boldsymbol{E}$ 可以获得不同的集合，另一方面这些集合不仅包含有多个不同的 ZCCZ 宽度，而且每一个 ZCCZ 宽度又可以对应很多不同的合并集合。那么，在具体的应用中，MW-ZCCZ 序列集合在 ZCCZ 的宽度和序列集合的选取中可以更加灵活和方便，因此将有更加广泛的应用前景。

序列设计的理论界限是衡量一类序列性能优劣的重要标准。那么，此处针对所构造的 MW-ZCCZ 序列集合及其特定序列子集的合并集合，将进一步讨论它们在给定相关性能和序列长度的情况下，其序列数目是否可以达到具有零相关区的互补序列集合的理论界限。

假设作为迭代初始的 ZCZ 序列集合达到了文献 [27] 所给出的 ZCZ 序列的理论界限，即满足序列长度等于序列数目与单边 ZCZ 宽度的乘积，则按照推论 4.3 所选出的两宽度 ZCCZ 序列子集的合并集合也可以达到 Z 互补序列集合的理论界限。该结论可以从推论 4.3 直接得出，证明过程省略。

除此之外，正交序列集合作为 ZCZ 序列集合的一个特例，当被用作 MW-ZCCZ 序列构造中的核序列集合时，将得出更多令人渴望的结论。

定理 4.3[1]　如果一个正交序列集合的序列数目 K 等于序列长度 L，那么以该正交序列集合作为交织迭代的核序列集合，则所产生的 MW-ZCCZ 序列集合 $(4^n, K, \mathbb{Z}) - \text{MW-ZCCZ}_{2^nP}^{2^nL}$ 以及按照推论 4.4 所选取的各个合并集合都能达到理论界限，其中零相关区集合满足 $\mathbb{Z} = \left\{2^n Z'_a; 2^n Z'_c, 1, 2, 4, \cdots, 2^{n-2}, 2^{n-1}, 2^n L\right\}$。

证明　对于所构造的多宽度 ZCCZ 序列集合 $\boldsymbol{\Delta}^{(n)}$，因为该集合的序列数目、子序列长度、子序列数目和最小的零相关区长度分别为 4^nK、2^nL、2^nP 和 1，那么根据理论界限，$\boldsymbol{\Delta}^{(n)}$ 应该满足

$$4^n K \leqslant \frac{2^n L \times 2^n P}{1} \tag{4.52}$$

因为正交序列集合满足 $K = L$ 且 $P = 1$，所以式 (4.52) 等号成立，那么 $\boldsymbol{\Delta}^{(n)}$ 可以达到理论界限。

对于 MW-ZCCZ 序列集合 $\boldsymbol{\Delta}^{(n)}$ 中按照推论 4.4 所选取的各个合并集合，因为每个合并集合总共包含 2^{m-1} 个序列子集，而且每个序列子集包含 $4^nK/2^{2m-1}$ 个 MW-ZCCZ 序列，所以每个合并集合都可以拥有 $4^nK/2^m$ 个 MW-ZCCZ 序列，其中 $1 \leqslant m \leqslant n-1$。进一步地，考虑到每个合并集合中的子序列长度为 2^nL、子序列的数目为 2^nP 以及最小的零相关区长度为 2^m，那么根据理论界限，各个合并集合应该满足

$$\frac{4^n K}{2^m} \leqslant \frac{2^n L \times 2^n P}{2^m} \tag{4.53}$$

显然地，当 $K=L$ 且 $P=1$ 时，式 (4.53) 等号成立，因此各个合并集合都可以达到理论界限。 证毕。

对于 $n+1$ 个单边子集间 ZCCZ 宽度 $\left(1,2,4,\cdots,2^{n-2},2^{n-1},2^nL\right)$，它们中的任意一个都可以找到相对应的 MW-ZCCZ 序列集合 $\boldsymbol{\Delta}^{(n)}$ 或者是 $\boldsymbol{\Delta}^{(n)}$ 的特定子集组成的合并集合。而且，根据定理 4.3 可知，无论是 MW-ZCCZ 序列集合 $\boldsymbol{\Delta}^{(n)}$ 还是它的特定子集组成的合并集合都可以达到理论界限，从而在给定相关性能和序列长度的条件下，可以获得最大的序列数目。

4.4.5 子集内理想相关性能的合并集获取方法

根据构造方法，对于所产生的 MW-ZCCZ 序列集合 $(4^n,K,\mathbb{Z})-\text{MW-ZCCZ}_{2^nP}^{2^nL}$，其中 $\mathbb{Z}=\left\{2^nZ'_a;2^nZ'_c,1,2,4,\cdots,2^{n-2},2^{n-1},2^nL\right\}$，该集合的单边 ZACZ 宽度以及子集内 ZCCZ 宽度分别由核序列集合的单边 ZACZ 宽度 Z'_a 以及子集内 ZCCZ 宽度 Z'_c 决定。那么，如果要获得子集内的理想的相关性能，则需要选择具有理想相关性能的核序列集合，即选择完备互补序列集合 (对于完备互补序列集合，满足 $K=P$)。此时，所产生的 MW-ZCCZ 序列集合可以看作是多个更大的完备互补序列集合的组合。

如果 MW-ZCCZ 序列集合的自相关性能和子集内互相关性能都是理想的，则各个零相关区宽度的集合变为 $\mathbb{Z}=\left\{2^nL;2^nL,1,2,4,\cdots,2^{n-2},2^{n-1},2^nL\right\}$，即单边 ZACZ 的宽度、单边子集内 ZCCZ 的宽度以及最大的子集间 ZCCZ 宽度都等于 2^nL。那么，当两个序列子集的子集内 ZCCZ 宽度等于子集间 ZCCZ 宽度时，这两个序列子集可以合并在一起。因此，作为 MW-ZCCZ 序列集合中的一种特殊情况，经过 n 次迭代以后，以完备互补序列集合作为核序列集合构造的 MW-ZCCZ 序列集合 $\boldsymbol{\Delta}^{(n)}$ 总共可以包含 2^n 个合并序列子集，而每个合并序列子集中都有 2^nK 个序列。可以看出，序列集合 $\boldsymbol{\Delta}^{(n)}$ 中总的序列数目保持不变，依然为 4^nK。

对于具有子集内理想相关性能的 MW-ZCCZ 序列集合，其各个不同的单边子集间 ZCCZ 宽度 $\left(1,2,4,\cdots,2^{n-2},2^{n-1}\right)$ 所对应的序列合并集合也可以按照推论 4.4 提供的方法进行选取。

为了更加直观地体现这一类子集内具有理想相关性能的 MW-ZCCZ 序列集合的特性，下面将举一个简单的例子。

首先选择一个完备互补序列集合 $\boldsymbol{S}=\begin{bmatrix} ++; & +- \\ -+; & -- \end{bmatrix}$ 作为核序列集合，然后选择一个系数矩阵 $\boldsymbol{E}=\begin{bmatrix} +++- \\ +-++ \\ ++-+ \\ +--- \end{bmatrix}$，那么根据构造公式 (4.29)，经过一次交织迭

代以后，可得 $\boldsymbol{\Delta}^{(1)}$ 如下式 (4.54) 所示：

$$\boldsymbol{\Delta}^{(1)}=\begin{bmatrix}\boldsymbol{\Delta}_{1,1}^{(1)}\\\boldsymbol{\Delta}_{1,2}^{(1)}\\\boldsymbol{\Delta}_{1,3}^{(1)}\\\boldsymbol{\Delta}_{1,4}^{(1)}\\\boldsymbol{\Delta}_{2,1}^{(1)}\\\boldsymbol{\Delta}_{2,2}^{(1)}\\\boldsymbol{\Delta}_{2,3}^{(1)}\\\boldsymbol{\Delta}_{2,4}^{(1)}\end{bmatrix}=\begin{bmatrix}++++;&++--;&+-+-;&+--+\\--++;&----;&-++-;&-+-+\\+-+-;&+--+;&++++;&++--\\-++-;&-+-+;&--++;&----\\++++;&++--;&-+-+;&-++-\\--++;&----;&+--+;&+-+-\\+-+-;&+--+;&----;&--++\\-++-;&-+-+;&++--;&++++\end{bmatrix}\tag{4.54}$$

按照构造方法，通常每迭代一次，序列子集的数目增加 4 倍，而每个序列子集内序列的数目与核序列集合相同，此处应该构造得到 4 个序列子集，每子集两个序列。然而，根据前面的分析，第 1 个序列子集和第 2 个序列子集之间的 ZCCZ 宽度等于子集内 ZCCZ 宽度，因此可以合并在一起。同样地，第 3 个序列子集和第 4 个序列子集也可以合并在一起。那么，$\boldsymbol{\Delta}^{(1)}$ 可以分成两个序列子集，每个序列子集包含 4 个序列，即第一个序列子集 $\boldsymbol{\Delta}_1^{(1)}=\left\{\boldsymbol{\Delta}_{1,1}^{(1)},\boldsymbol{\Delta}_{1,2}^{(1)},\boldsymbol{\Delta}_{1,3}^{(1)},\boldsymbol{\Delta}_{1,4}^{(1)}\right\}$ 和第二个序列子集 $\boldsymbol{\Delta}_2^{(1)}=\left\{\boldsymbol{\Delta}_{2,1}^{(1)},\boldsymbol{\Delta}_{2,2}^{(1)},\boldsymbol{\Delta}_{2,3}^{(1)},\boldsymbol{\Delta}_{2,4}^{(1)}\right\}$。

可以很容易地验证，该 MW-ZCCZ 序列集合 $\boldsymbol{\Delta}^{(1)}$ 中的两个序列子集 $\boldsymbol{\Delta}_1^{(1)}$ 和 $\boldsymbol{\Delta}_2^{(1)}$ 都是完备互补序列集合，而且它们之间是正交的，即单边子集间 ZCCZ 宽度为 1。那么，经过更多次迭代以后，可以获得更多的完备互补序列集合，同时它们之间将拥有更多个不同的子集间 ZCCZ 宽度。

此处需要指出，虽然 $\boldsymbol{\Delta}^{(1)}$ 中的两个序列子集都是完备互补序列集合，每个序列子集内的序列数目达到了理论界限。但是，对于整个集合 $\boldsymbol{\Delta}^{(1)}$ 来说，其最小的零相关区宽度、序列数目和互补序列长度 (或者说是互补序列的处理增益) 分别为 1、8 和 16，那么该例中的 MW-ZCCZ 序列集合 $\boldsymbol{\Delta}^{(1)}$ 并没有达到理论界限。因为在最小的零相关区宽度为 1 且互补序列长度为 16 的情况下，根据 Z 互补序列设计的理论界限，最多可以构造出 16 个不同的互补序列，而该例中仅为 8 个序列，只达到理论值的一半。那么，怎样才能获得达到理论界限的具有子集内理想相关性能的 MW-ZCCZ 序列集合需要进一步讨论。

下面给出具有子集内理想相关性能的 MW-ZCCZ 序列集合达到 Z 互补序列设计的理论界限时应该满足的条件。

定理 4.4[1]　如果使用子序列长度 L 为 1 的完备互补序列集合作为式 (4.29) 中交织迭代构造的核序列集合，则所产生的 MW-ZCCZ 序列集合 $\boldsymbol{\Delta}^{(n)}$ 以及按照推论 4.4 所选取的各个特定子集组成的合并集合都能达到 Z 互补序列设计的理论界限，$\boldsymbol{\Delta}^{(n)}$ 的单边零相关区宽度为 $\mathbb{Z}=\left\{2^n;2^n,1,2,4,\cdots,2^{n-2},2^{n-1},2^n\right\}$。

该定理的证明思想与定理 4.3 类似，此处省略。

根据定理 4.4，为了保证具有子集内理想相关性能的 MW-ZCCZ 序列集合能够达到理论界限，那么作为核序列集合的完备互补序列集合的序列长度应该等于 1。

例如，令完备互补序列集合 $\boldsymbol{S}=\begin{bmatrix}+; & +\\ +; & -\end{bmatrix}$，并且依然使用上一个例子中的系数矩阵 $\boldsymbol{E}=\begin{bmatrix}++\,+-\\ +-\,++\\ ++\,-+\\ +-\,--\end{bmatrix}$，则经过一次迭代之后可得

$$\boldsymbol{\Delta}^{(1)}=\begin{bmatrix}\boldsymbol{\Delta}_{1,1}^{(1)}\\ \boldsymbol{\Delta}_{1,2}^{(1)}\\ \boldsymbol{\Delta}_{1,3}^{(1)}\\ \boldsymbol{\Delta}_{1,4}^{(1)}\\ \boldsymbol{\Delta}_{2,1}^{(1)}\\ \boldsymbol{\Delta}_{2,2}^{(1)}\\ \boldsymbol{\Delta}_{2,3}^{(1)}\\ \boldsymbol{\Delta}_{2,4}^{(1)}\end{bmatrix}=\begin{bmatrix}++; & ++; & +-; & +-\\ ++; & --; & +-; & -+\\ +-; & +-; & ++; & ++\\ +-; & -+; & ++; & --\\ ++; & ++; & -+; & -+\\ ++; & --; & -+; & +-\\ +-; & +-; & --; & --\\ +-; & -+; & --; & ++\end{bmatrix} \tag{4.55}$$

对于式 (4.55)，可以很容易地看出，该例中具有子集内理想相关性能的 MW-ZCCZ 序列集合 $\boldsymbol{\Delta}^{(1)}$ 包括两个序列子集，每个序列子集都是完备互补序列集合，而且两个序列子集之间的序列是相互正交的，即单边子集间 ZCCZ 宽度为 1，这些都与上一个例子中式 (4.54) 所给出的序列集合的性质相同。

然而，不同于上一个例子，此处的互补序列中子序列的长度仅为上个例子中子序列长度的一半，即子序列长度为 2。那么，因为子序列的数目为 4，所以互补序列长度为 16，则对于最小的零相关区宽度为 1，该例中的 MW-ZCCZ 序列集合 $\boldsymbol{\Delta}^{(1)}$ 达到了 Z 互补序列设计的理论界限。

实际上，这类具有子集内理想相关性能的 MW-ZCCZ 序列集合可以看成传统的完备互补序列集合的扩展，它将若干个完备互补序列集合组合到一起，而这些完备互补序列集合之间具有零相关区。

4.4.6 适用于多级子集结构的系统模型和帧结构

本小节设计了一种基于 MW-ZCCZ 序列的 CDMA 应用系统，通过使用该类序列集合，可以使应用系统在系统容量上有更加灵活的选择。当系统同步时，它可以达到与传统正交通信系统相同的性能。当系统异步时，根据用户到达时间的不同，所容纳的用户数目将大于文献 [26] 中的 IGC-CDMA 系统。

下面给出具体的设计方法。具有多宽度零互相关区的互补序列能够在不同的序列子集之间获得多个不同的 ZCCZ 宽度，因此该类 MW-ZCCZ 序列可以有更广泛的应用前景。所设计的基于 MW-ZCCZ 序列的 CDMA 系统，与使用单一宽度 ZCCZ 的传统 CDMA 系统相比较，在用户数目增加和接入位置改变时能够提供更加灵活的参数的选择。

对于所设计的具有多级子集结构的 MW-ZCCZ 序列集合

$$(4^n, K, \mathbb{Z}) - \text{MW-ZCCZ}_{2^nP}^{2^nL},$$

其中 $\mathbb{Z} = \{2^nZ'_a; 2^nZ'_c, 1, 2, 4, \cdots, 2^{n-2}, 2^{n-1}, 2^nL\}$，则相应的 MW-ZCCZ-CDMA 系统子载波个数应为 2^nP，每个子载波对应一个子序列。在时域，MW-ZCCZ-CDMA 系统包含多个时隙，每个时隙又分为 2^nL 个子时隙。

设 f_k 表示第 k 个子载波，$T_{i,l}$ 表示第 i 个时隙的第 l 个时间点，其中 $k = 1, 2, \cdots, 2^nP$，$i = 0, 1, 2, \cdots$，且 $l = 0, 1, 2, \cdots, 2^nL - 1$。那么，MW-ZCCZ-CDMA 系统的子载波和时隙分布如图 4.16 所示。在图 4.16 中，持续时间 $[T_{i,0}, T_{i+1,0})$ 表示第 i 个时隙，$[T_{i,l}, T_{i+\lfloor (l+1)/2^nL \rfloor, (l+1)_{2^nL}})$ 表示第 i 个时隙的第 l 个子时隙。按照不同用户的相对时延，MW-ZCCZ -CDMA 系统中 MW-ZCCZ 序列的分配策略可以分为以下两种情况。

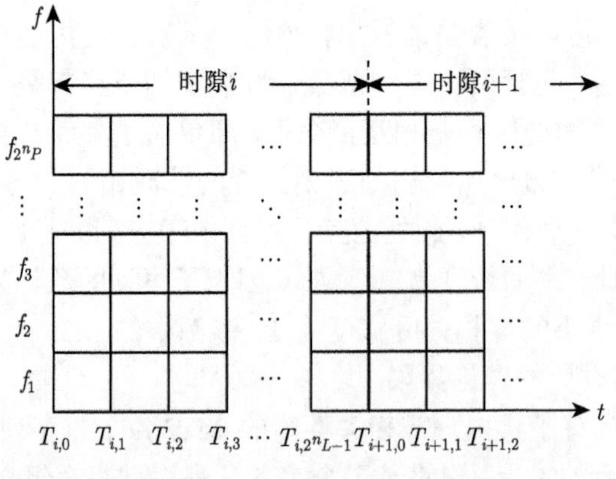

图 4.16　MW-ZCCZ-CDMA 系统的子载波和时隙分布

(1) 情况 1。

如果所有用户的到达时间点都在集合 $\{T_{i,x_i}, i = 0, 1, 2, \cdots\}$ 之内，那么总共 4^nK 个 MWZC 序列可用，其中 $x_i \in [T_{i,0}, T_{i+1,0})$。这就意味着当不同的用户在不同 (或相同) 的时间点同时到达时，一个 MW-ZCCZ 序列集合中的所有序列都可以被使用。

(2) 情况 2。

如果所有用户的到达时间点位于 $\{[T_{i,0}, T_{i,Z_{\min}-1}), i = 0, 1, 2, \cdots\}$ 之内，那么总共有 $4^n K/Z_{\min}$ 个 MWZC 序列可以被使用，其中 $Z_{\min} \in \mathbb{Z}$ 并且 $Z_{\min} \neq 1$。这意味着在一个 MW-ZCCZ 序列集合中用户序列的个数由不同用户的到达时间决定，当用户的到达时间范围增大时，可用的 MWZC 序列的数量将减少。

对于情况 1，因为一个 MW-ZCCZ 序列集合中的所有序列都可以被使用，所以 MW-ZCCZ-CDMA 系统可以容纳最大的用户数量，这相当于传统的正交通信系统。此时，系统容纳的最大的用户数量等于 MW-ZCCZ 序列的长度。对于情况 2，MW-ZCCZ-CDMA 系统的容量是可调的。当 $Z_{\min} = 2$ 时，可用的序列数量减小到 MW-ZCCZ 序列集合总序列数量的一半。当 $Z_{\min} = 2^n L$ 时，可用的序列数量最小，并且此时退化为 IGC-CDMA 系统。因此，IGC-CDMA 系统是本小节所提出的 MW-ZCCZ-CDMA 系统的一个特例。

为了演示所建议的 MW-ZCCZ-CDMA 系统的工作特性，下面将以式 (4.41) 中的 MW-ZCCZ-ZCCZ 序列 $\boldsymbol{\Delta}^{(2)} = \left\{\boldsymbol{\Delta}_{r,k}^{(2)}, 1 \leqslant r \leqslant 16, 1 \leqslant k \leqslant 2\right\}$ 为例进行说明，该 MW-ZCCZ 序列集合满足 $(16, 2, \mathbb{Z}) - \text{MW-ZCCZ}_4^8$，其中 $\mathbb{Z} = \{4; 4, 1, 2, 8\}$。假设当前有 16 个激活的用户，前 10 个用户的到达时间点落在 $[T_{i,0}, T_{i,1})$，并且后 6 个用户的到达时间点落在 $[T_{i+1,0}, T_{i+1,1})$，如图 4.17 所示。那么，可以分配前面的 16 个 MW-ZCCZ 序列 $\left\{\boldsymbol{\Delta}_{r,k}^{(2)}, 1 \leqslant r \leqslant 8, 1 \leqslant k \leqslant 2\right\}$ 给这 16 个用户，或者也可以分配后面的 16 个 MW-ZCCZ 序列 $\left\{\boldsymbol{\Delta}_{r,k}^{(2)}, 9 \leqslant r \leqslant 16, 1 \leqslant k \leqslant 2\right\}$。本例中，16 个用户的到达时间点都在 $\{[T_{i,0}, T_{i,1}), i = 0, 1, 2, \cdots\}$ 之内。那么，对于相同的子序列数量和子序列长度等参数，IGC-CDMA 系统仅能容纳 8 个用户，这只是 MW-ZCCZ-CDMA 系统容量的一半。

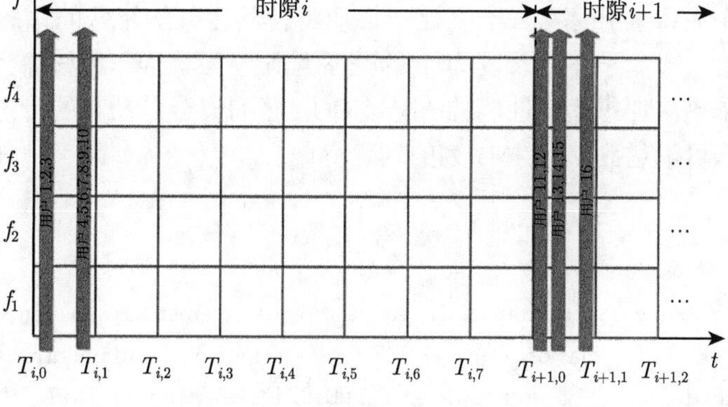

图 4.17 MW-ZCCZ-CDMA 系统中 16 个用户到达时间点的分布假设

4.5 本章小结

本章聚焦在具有多级序列子集的非对称相关性序列集合的设计，该类序列集合可以看作传统单一序列集合和一级子集结构序列集合的一种扩展。本章首先讨论了进行这种多级子集结构扩展的实际需求，指明多级的序列子集分割将产生多值零互相关区，给出了 T-ZCZ 特性的分布情况。然后，本章重点讨论了具有两级子集结构和多级子集结构的非对称相关性序列集合的设计方法；分别基于正交矩阵和 DFT 矩阵 Kronecker 积，提出了两种 $\text{I}^1\text{SO-I}^2\text{SC}$ 序列集合设计方法不仅包含多个 1 级序列子集，而且每个 1 级序列子集又可以包含多个 2 级序列子集。该类序列集合具有特殊的两级子集结构，满足 1 级序列子集之间具有正交性质、同一个 1 级序列子集内部的不同 2 级序列子集之间具有理想的周期/非周期互相关性能、每个 2 级序列子集内部具有 T-ZCZ 特性。另外，作为一类 Z 互补序列集合，所设计的 $\text{I}^1\text{SO-I}^2\text{SC}$ 序列集合及其所有的 1 级序列子集都可以很容易地达到序列设计的理论界限。

针对所提出的 MW-ZCCZ 的概念，本章给出了一种构造 MW-ZCCZ 序列集合的方法。单一宽度 ZCCZ 互补序列集合和两宽度 ZCCZ 互补序列集合都是这类 MW-ZCCZ 序列集合的特定序列子集的合并集合，因此在 ZCCZ 宽度以及序列数目的选择上具有更大的灵活性，可以满足更加多样性的应用需求。当采用序列长度等于序列数量的正交序列集合作为核序列集合时，MW-ZCCZ 序列集合以及它的特定子集组成的合并集合都可以达到 Z 互补序列设计的理论界限，从而在给定相关性能和序列长度的条件下，可以获得最大的序列数量。作为 MW-ZCCZ 序列集合的一种特殊情况，具有组内理想相关性能的 MW-ZCCZ 序列集合中的每个序列子集都是一个完备互补序列集合，这一性质将使其在某些特殊的系统中有重要的应用价值。如果选择子序列长度为 1 的完备互补序列集合作为核序列集合，则所构造的具有子集内理想相关性能的 MW-ZCCZ 序列集合以及它的特定子集组成的合并集合也都可以达到 Z 互补序列的理论界限。

参 考 文 献

[1] Zhang Z Y, Zeng F X, Xuan G X. A class of complementary sequences with multi-width zero cross-correlation zone. IEICE Transactions on Fundamentals of Electronics, Communications and Computer Sciences, 2010, E93-A(8): 1508-1517.

[2] Zhang C, Tao X M, Yamada S, et al. Sequence with three zero correlation zones and its application in MC-CDMA system. IEICE Transactions on Fundamentals of Electronics, Communications and Computer Sciences, 2006, E89-A(9): 2275-2282.

[3] 张振宇, 曾凡鑫, 葛利嘉. QS-THSS-UWB 中具有二级低碰撞区特性的跳时序列构造. 通信学报, 2005, 26(10): 53-59.

[4] Zhang Z Y, Ge L J, Zeng F X, et al. Zero correlation zone sequence set with inter-group orthogonal and inter-subgroup complementary properties. Advances in Mathematics of Communications, 2015, 9(1): 9-21.

[5] 葛利嘉, 张振宇, 钱林杰, 等. 三值零互相关区序列的生成方法及装置: ZL201210473835. X. 2016-07-06.

[6] Zhang Z Y, Zeng F X, Ge L J. Two-stage time-hopping sequences with zero correlation zone for quasi-synchronous THSS-UWB systems// Proc. of IEEE International Conference on Acoustics, Speech, and Signal Processing, PA, USA, 2005, Ⅲ: 609-612.

[7] Zhang Z Y, Zeng F X, Ge L J. Construction of multiple-stage time-hopping sequences in time-hopping spread spectrum ultra wideband// Proc. of the IEEE 60st Semiannual Vehicular Technology Conference, Los Angeles, USA, 2004, Ⅱ: 832-836.

[8] 严李强, 曾晓莉, 王龙业, 等. 基于交织技术的非对称零相关区序列偶集构造. 电子与信息学报, 2015, 37(10): 2483-2489.

[9] 李玉博, 许成谦. 交织法构造移位不等价的 ZCZ/LCZ 序列集. 电子学报, 2011, 39(4): 796-802.

[10] 李明阳, 柏鹏, 彭卫东, 等. 基于交织的零相关区序列偶集构造方法研究. 电子与信息学报, 2013, 35(5): 1049-1054.

[11] 李玉博, 许成谦, 李刚, 等. 交织法构造四元低相关区序列集. 电子学报, 2014, 42(4): 690-695.

[12] 刘凯, 姜昆. 交织法构造高斯整数零相关区序列集. 电子与信息学报, 2017, 39(2): 328-334.

[13] Gong G. Theory and applications of q-ary interleaved sequences. IEEE Transactions on Information Theory, 1995, 41(2): 400-411.

[14] Tang X H, Mow W H. A new systematic construction of zero correlation zone sequences based on interleaved perfect sequences. IEEE Transactions on Information Theory, 2008, 54(12): 5729-5734.

[15] Zhou Z C, Tang X H, Gong G. A new class of sequences with zero or low correlation zone based on interleaving technique. IEEE Transactions on Information Theory, 2008, 54(9): 4267-4273.

[16] Liu K, Zhang Y Y, Li Y B. New quaternary low correlation zone sequence sets based on interleaving technique// Proc. of the 10th International Conference on Information, Communications and Signal Processing, 2015.

[17] Wang L Y, Wen H, Zeng X L, et al. New families of asymmetric zero-correlation zone sequence sets based on interleaved perfect sequence// Proc. of 2014 IEEE/CIC International Conference on Communications in China, 2014: 31-36.

[18] Hu H G, Gong G. New sets of zero or low correlation zone sequences via interleaving techniques. IEEE Transactions on Information Theory, 2010, 56(4): 1702-1713.

[19] Wang L Y, Zeng X L, Wen H. Families of asymmetric sequence pair set with zero-correlation zone via interleaved technique. IET Communications, 2016, 10(3): 229-234.

[20] Hayashi T, Maeda T, Matsufuji S. A generalized construction scheme of a zero-correlation zone sequence set with a wide inter-subset zero-correlation zone. IEICE Transactions on Fundamentals of Electronics, Communications and Computer Sciences, 2012, E95-A(11): 1931-1936.

[21] 李玉博, 许成谦, 李刚, 等. 一类三元多子集零相关区序列集构造法. 电子与信息学报, 2012, 34(12): 2876-2880.

[22] Zhang Z Y, Zeng F X, Pu H M, et al. Construction of sequences with three-valued zero correlation zone for multi-carrier CDMA systems// Proc. of International Conference on Graphic and Image Processing, Cairo, Egypt, 2011.

[23] Chen H H, Yeh Y C, Zhang X, et al. Generalized pairwise complementary codes with set-wise uniform interference-free windows. IEEE Journal on Selected Areas in Communications, 2006, 24(1): 65-74.

[24] Li Y B, Xu C Q, Liu K. Construction of mutually orthogonal zero correlation zone polyphase sequence sets. IEICE Transactions on Fundamentals of Electronics, Communications and Computer Sciences, 2011, E94-A(4): 1159-1164.

[25] Zeng F X. New perfect ployphase sequences and mutually orthogonal ZCZ polyphase sequence sets. IEICE Transactions on Fundamentals of Electronics, Communications and Computer Sciences, 2009, E92-A(7): 1731-1736.

[26] Li J, Huang A P, Guizani M, et al. Inter-group complementary codes for interference-resistant CDMA wireless communications. IEEE Transactions on Wireless Communcations, 2008, 7(1): 166-174.

[27] Tang X H, Fan P Z, Matsufuji S. Lower bounds on correlation of spreading sequence set with low or zero correlation zone. Electronics Letters, 2000, 36(6): 551-552.

第 5 章　周期/非周期奇/偶移正交序列集合

Welch 界已经指出，单一序列不可能同时拥有理想的自相关和互相关性能[1]，那么也就不能保证异相自相关函数和互相关函数在任意位移上都取零值。虽然不能全部的相关函数值都取零值，但是却可以做到一半的相关函数值为零，同时另一半的相关函数值为较低的值，这就是具有交替零值相关特性的序列的构造思想。该类序列的相关函数通常在奇数位移、偶数位移或者某一固定间隔位移上取零值，这种独特的性质可以使其在很多方面都具有广泛的应用。

本章首先讨论了非周期 N 移正交序列集合的基本概念和设计方法，然后分别基于 DFT 矩阵序列和完美序列构造了两类具有交替零值周期相关特性的序列。这两类序列的周期自相关函数在任意奇数位移上都取零值，即满足奇移正交。对于周期互相关函数，由于对序列集合进行了子集分割，因此可以分为子集内互相关和子集间互相关两种情况。这两类交替零值周期相关特性序列的子集内互相关函数分别满足奇/偶移正交和奇移正交，同时它们的子集间互相关函数分别满足理想相关和偶移正交。比较基于 DFT 矩阵序列的构造方法，基于完美序列的构造方法可以一定程度上牺牲在零位移上的周期互相关性能从而获得大得多的序列数目。本章所讨论的周期奇/偶移正交序列集合中的序列都为单一序列，其子集内相关性能优于子集间相关性能，因此属于 B 类 I 型非对称相关性序列集合。

5.1　具有交替零值相关特性的序列

早在 20 世纪 60 年代，Turyn[2] 和 Taki 等[3] 已经开始研究具有交替零值非周期自相关特性的序列。此时最受关注的是偶移正交序列，即序列的非周期异相自相关函数在任意偶数位移上取零值。该类序列因其优异的性能而在很多方面获得应用，如雷达、同步、通信、纠错编码以及构造零相关区互补序列等[4−9]。作为一个更加一般性的概念，Suehiro 等[10] 在 1988 年提出了 N 移正交序列，该类序列在任意 N 的倍数的位移上的非周期异相自相关函数值为零。特别地，当 $N=2$ 时，其退化成为偶移正交序列，因此偶移正交序列可以看成 N 移正交序列的一个特例。

类似于偶移正交序列，奇移正交序列[11] 也满足其一半的非周期自相关函数值为零值，只不过在奇数位移上而不是偶数位移上。虽然奇移正交和偶移正交序列都具有交替零值非周期自相关特性，但是奇移正交序列在整体上具有比偶移正交序列更好的相关性能，因为通常情况下它的另一半非零相关值比偶移正交序列要更低一些[4,11,12]。

既然具有交替零值非周期自相关特性的序列有一半的相关函数值取零值，那么对其性能的评估主要体现在另一半非零相关值上。序列的另一半非零相关值越低，则该序列的整体相关性能越好。为了量化具有交替零值非周期自相关特性的序列的相关性能，可以采用价值因子来衡量。对于序列 $\boldsymbol{a}=(a(0),a(1),\cdots,a(L-1))$，其价值因子 η 可以表示如下[4]：

$$\eta=\frac{\psi_a(0)^2}{2\sum\limits_{\tau=1}^{L-1}\left|\psi_a(\tau)\right|^2} \tag{5.1}$$

可见，价值因子 η 就是零位移上的相关能量与其他所有非零位移上的相关能量之和的比值。

上述讨论的交替零值相关特性都是针对非周期相关函数，而且基本上都是只考虑自相关函数。实际上，周期相关性能与非周期相关性能具有同样重要的作用，特别是周期的互相关性能，其性能的优劣直接决定了 CDMA 系统的多径干扰和多址干扰的强度[4,13]。因此，构造具有交替零值周期相关特性的序列是必要的。本章首先讨论了具有非周期相关性能的 N 移正交序列集合，然后重点设计了两类具有交替零值周期相关特性的序列，分析了这两类序列的交替零值的周期互相关特性。

下面给出详细的构造方法及其性能。

5.2　非周期 N 移正交序列集合设计

N 移正交的概念是按照非周期相关性能来定义的，本节将首先给出其基本概念，然后重点讨论基于两个 $N\times N$ 的正交矩阵的设计方法。

5.2.1　非周期 N 移正交的基本概念

定义 5.1[10]　令 $\boldsymbol{S}=(S(0),S(1),\cdots,S(L-1))$ 为一个长为 L 的复值序列，其复元素满足 $|S(l)|=1$，其中 $l=0,1,\cdots,L-1$。若其非周期自相关函数满足下式，则称其为 N 移自正交序列，

$$\psi_{\boldsymbol{S}}(\tau)=0,\quad \tau=\pm N,\pm 2N,\cdots \tag{5.2}$$

对于两个复值序列 $\boldsymbol{S}_i=(S_i(0),S_i(1),\cdots,S_i(L-1))$ 和 $\boldsymbol{S}_j=\big(S_j(0),S_j(1),\cdots,S_j(L-1)\big)$，若它们的非周期互相函数满足下式，则称它们为 N 移互正交序列配对，

$$\psi_{\boldsymbol{S}_i,\boldsymbol{S}_j}(\tau)=0,\quad \tau=0,\pm N,\pm 2N,\cdots \tag{5.3}$$

对于一个包含 M 个序列的集合 $\{\boldsymbol{S}_i=(S_i(0),S_i(1),\cdots,S_i(L-1)),1\leqslant i\leqslant M\}$，若其中任意两个序列之间互为 N 移互正交序列配对，即满足

$$\psi_{\boldsymbol{S}_i,\boldsymbol{S}_j}(\tau)=0,\quad 1\leqslant i,j\leqslant M \text{且} i\neq j\quad \tau=0,\pm N,\pm 2N,\cdots \tag{5.4}$$

则称该集合为 N 移互正交序列集合。

根据该定义可知，N 移正交序列只关心在 N 的整数倍上的位移的非周期相关函数值，只要在这些位移上的自/互相关值等于零值即可，而并不关心其他位移上的情况。

5.2.2 基于 N 维正交矩阵的 N 移互正交序列集合设计方法

设 $\boldsymbol{A}$ 是一个如下所示的 $N\times N$ 的正交矩阵，其复值元素满足 $|a_{i,j}|=1$，

$$\boldsymbol{A}=\begin{bmatrix} a_{1,1} & a_{1,2} & \cdots & a_{1,N}\\ a_{2,1} & a_{2,2} & \cdots & a_{2,N}\\ \vdots & \vdots & \ddots & \vdots\\ a_{N,1} & a_{N,2} & \cdots & a_{N,N}\end{bmatrix} \tag{5.5}$$

其中，$\sum\limits_{n=1}^{N}a_{i,n}a_{j,n}^*=0$，$1\leqslant i,j\leqslant N$，且 $i\neq j$。

将矩阵 $\boldsymbol{A}$ 中的各行序列依次首尾相连，形成如下所示的长为 N^2 的序列[10]，

$$\begin{aligned}\tilde{\boldsymbol{A}}=(&a_{1,1},a_{1,2},\cdots,a_{1,N},\\ &a_{2,1},a_{2,2},\cdots,a_{2,N},\\ &\vdots\\ &a_{N,1},a_{N,2},\cdots,a_{N,N})\end{aligned} \tag{5.6}$$

那么，由矩阵的正交特性可以很容易地验证序列 $\tilde{\boldsymbol{A}}$ 在除了 $\tau=0$ 之外的其他所有 N 的整数倍的位移上的非周期相关函数值都等于 0，因此该序列是一个 N 移自正交序列。

令 $\boldsymbol{A}_i=(a_{i,1},a_{i,2},\cdots,a_{i,N})$，其中 $1\leqslant i\leqslant N$，则 N 移自正交序列 $\tilde{\boldsymbol{A}}$ 可以进一步表示为

$$\tilde{\boldsymbol{A}}=(\boldsymbol{A}_1,\boldsymbol{A}_2,\cdots,\boldsymbol{A}_N) \tag{5.7}$$

设 $\boldsymbol{B}=[b_{i,j}]$ 是另一个 $N\times N$ 的正交矩阵，其复值元素也满足 $|b_{i,j}|=1$，则可得 N 个长度为 N^2 的序列如下所示：

$$
\begin{aligned}
\boldsymbol{C}_1 &= (b_{1,1}\boldsymbol{A}_1, b_{1,2}\boldsymbol{A}_2, \cdots, b_{1,N}\boldsymbol{A}_N) \\
\boldsymbol{C}_2 &= (b_{2,1}\boldsymbol{A}_1, b_{2,2}\boldsymbol{A}_2, \cdots, b_{2,N}\boldsymbol{A}_N) \\
&\vdots \\
\boldsymbol{C}_N &= (b_{N,1}\boldsymbol{A}_1, b_{N,2}\boldsymbol{A}_2, \cdots, b_{N,N}\boldsymbol{A}_N)
\end{aligned}
\tag{5.8}
$$

显然地，上式中的 N 个序列 $\boldsymbol{C}_i = (b_{i,1}\boldsymbol{A}_1, b_{i,2}\boldsymbol{A}_2, \cdots, b_{i,N}\boldsymbol{A}_N)$ 都是 N 移自正交序列，其中 $1 \leqslant i \leqslant N$。结合矩阵 $\boldsymbol{A}$ 和 $\boldsymbol{B}$ 的正交性，可以进一步地获知这 N 个 N 移自正交序列两两之间具有 N 移互正交特性，那么，集合 $\{\boldsymbol{C}_i = (b_{i,1}\boldsymbol{A}_1, b_{i,2}\boldsymbol{A}_2, \cdots, b_{i,N}\boldsymbol{A}_N), 1 \leqslant i \leqslant N\}$ 为 N 移互正交序列集合。该类 N 移互正交序列集合可以作为进一步构造其他类型序列的基础，文献 [10] 中利用其 N 移自/互正交特性，设计生成完备互补序列集合。

下面给出一个简单的例子来演示该类 N 移互正交序列集合的设计步骤。本例中采用一个 4×4 的二元正交矩阵，且 $\boldsymbol{A}$ 和 $\boldsymbol{B}$ 两矩阵相同，则有

$$
\boldsymbol{A} = \boldsymbol{B} = \begin{bmatrix} ++++ \\ +-+- \\ ++-- \\ +--+ \end{bmatrix}
\tag{5.9}
$$

那么，根据式 (5.8) 可得一个长度为 16 的 4 移互正交序列集合 $\{\boldsymbol{C}_i, 1 \leqslant i \leqslant 4\}$ 如下：

$$
\begin{aligned}
\boldsymbol{C}_1 &= (+++++-+-++--+--+) \\
\boldsymbol{C}_2 &= (++++-+-+++---++-) \\
\boldsymbol{C}_3 &= (+++++-+---++-++-) \\
\boldsymbol{C}_4 &= (++++-+-+--+++--+)
\end{aligned}
\tag{5.10}
$$

图 5.1 显示了式 (5.10) 中的归一化非周期相关函数分布情况。其中，图 5.1-(a) 和 (b) 分别给出了 $\boldsymbol{C}_1$ 的非周期自相关函数分布以及 $\boldsymbol{C}_1$ 和 $\boldsymbol{C}_2$ 之间的非周期互相关函数分布。从两图中可以看出，在 4 的倍数 (ACF 不包括 $\tau = 0$ 的情况) 的位移上，ACF 和 CCF 都取零值，从而验证了该类序列的 N 移自/互正交特性。另外，也可以看出，在某些非 4 的倍数的位移上 ACF 和 CCF 也可能等于零，只是没有特定的规律。

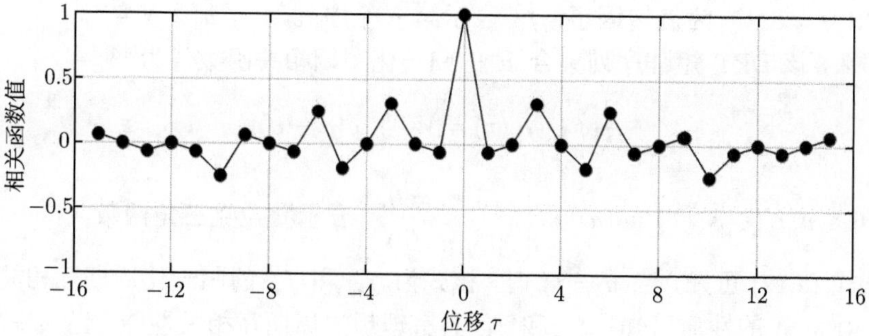

(a) C_1 的 ACF

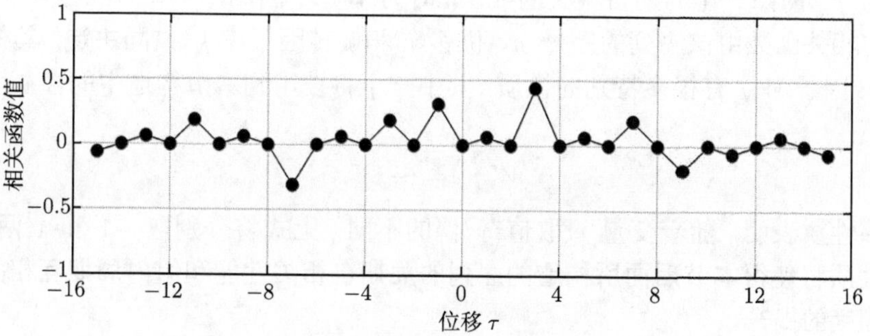

(b) C_1 和 C_2 之间的 CCF

图 5.1 N 移正交序列集合的非周期相关函数分布

5.3 基于 DFT 矩阵序列的周期奇移正交序列设计

本节将利用 DFT 矩阵序列构造一类具有周期奇移正交特性的序列。通过交织两个特定的 DFT 序列，并将这些序列进行相应的组合，则所产生的序列将具有更好的周期自相关性能，而且不同组的序列之间也保持了 DFT 矩阵序列的理想周期互相关性能。

5.3.1 DFT 矩阵序列的周期自相关特性

对于 DFT 矩阵序列，人们通常只注意到它的理想的周期互相关性能。其实，DFT 矩阵序列的周期自相关性能也有其独特的性质。令 $\boldsymbol{F}=\{\boldsymbol{f}_0,\boldsymbol{f}_1,\cdots,\boldsymbol{f}_{N-1}\}$ 表示一个 DFT 矩阵序列集合，以矩阵形式可以排列如下：

$$\boldsymbol{F}=\begin{bmatrix}\boldsymbol{f}_0\\ \boldsymbol{f}_1\\ \vdots\\ \boldsymbol{f}_{N-1}\end{bmatrix}=\begin{bmatrix}W_N^0 & W_N^0 & \cdots & W_N^0\\ W_N^0 & W_N^1 & \cdots & W_N^{N-1}\\ \vdots & \vdots & \ddots & \vdots\\ W_N^0 & W_N^{N-1} & \cdots & W_N^{(N-1)(N-1)}\end{bmatrix} \tag{5.11}$$

其中，$W_N = \mathrm{e}^{-\mathrm{j}\frac{2\pi}{N}}$ 为旋转因子，$\boldsymbol{f}_n$ 表示第 n 个序列，$0 \leqslant n \leqslant N-1$。

那么，该 DFT 矩阵序列集合 $\boldsymbol{F}$ 的归一化周期相关函数值为[14]

$$\frac{1}{N}\phi_{\boldsymbol{f}_n,\boldsymbol{f}'_n}(\tau) = W_N^{n\tau} \cdot \delta(n-n') \tag{5.12}$$

其中，$0 \leqslant n,n' \leqslant N-1$，$\delta(n) = \begin{cases} 1, & n=0, \\ 0, & n \neq 0 \end{cases}$ 表示狄拉克三角函数。

从式 (5.12) 可知，当 $n \neq n'$ 时，该式为 $\boldsymbol{f}_n$ 和 $\boldsymbol{f}'_n$ 的归一化周期互相关函数。那么，由 $\delta(n)$ 的性质可知，$\boldsymbol{f}_n$ 和 $\boldsymbol{f}'_n$ 具有理想的周期互相关性能。当 $n = n'$ 时，该式为 $\boldsymbol{f}_n$ 的归一化周期自相关函数，此时为 $W_N^{n\tau}$。因此，一个 DFT 矩阵序列的周期自相关函数由该序列的序号 n、位移 τ 和旋转因子 W_N 共同决定，其模值为 1。旋转因子 W_N 有很多特别的性质，其中一个将被用到本节构造中的性质可以表示如下：

$$W_N^{\frac{N}{2}r} = (-1)^r \tag{5.13}$$

该性质表明，随着变量 r 取值奇/偶的不同，上式将分别取 -1 和 1 两个值。这一性质将使得本节后面所构造的序列的周期自相关性能和组内周期互相关性能有大幅度的提升。

5.3.2　周期奇移正交序列集合设计方法

交织操作是构造具有交替零值非周期自相关特性的序列的经典方法。例如，通过交织传统互补序列对中的两个子序列，结合互补序列的理想非周期自相关性能，则很容易可以构造出具有偶移正交非周期自相关特性的单一序列。进一步地，如果找到与该传统互补序列具有理想非周期互相关性能的另一个传统互补序列对，将这个互补序列对的两个子序列也进行交织操作，则此时所得到的另一个具有偶移正交非周期自相关特性的单一序列与前一个单一序列之间具有偶移正交非周期互相关特性。

可以看出，通过交织操作，所获得的序列的性质由交织以前序列的自相关和互相关性能决定。那么，本小节将利用 DFT 矩阵序列的理想的周期互相关性能以及独特的周期自相关性能，交织产生具有周期奇移正交特性的序列集合。

对于长度为 N 的 DFT 矩阵序列集合 $\boldsymbol{F} = \{\boldsymbol{f}_0, \boldsymbol{f}_1, \cdots, \boldsymbol{f}_{N-1}\}$，其矩阵形式如式 (5.11) 所示。通过如下的交织操作，则可以获得一类具有周期奇移正交特性的序列集合 $\boldsymbol{S} = \{\boldsymbol{S}_i, 0 \leqslant i \leqslant N/2-1\}$，其中第 i 个序列子集 $\boldsymbol{S}_i$ 可表示为

$$\boldsymbol{S}_i = \begin{bmatrix} \boldsymbol{S}_{i,0} \\ \boldsymbol{S}_{i,1} \\ \boldsymbol{S}_{i,2} \\ \boldsymbol{S}_{i,3} \end{bmatrix} = \begin{bmatrix} \boldsymbol{f}_i \odot \boldsymbol{f}_{N/2+i} \\ \boldsymbol{f}_i \odot (-\boldsymbol{f}_{N/2+i}) \\ \boldsymbol{f}_{N/2+i} \odot \boldsymbol{f}_i \\ (-\boldsymbol{f}_{N/2+i}) \odot \boldsymbol{f}_i \end{bmatrix} \tag{5.14}$$

其中，$\boldsymbol{S}_{i,m}$ 表示序列集合 $\boldsymbol{S}$ 中第 i 个序列子集 $\boldsymbol{S}_i$ 中的第 m 个序列，其序列长度为 $2N$，可以表示如下：

$$\boldsymbol{S}_{i,m}=(S_{i,m}(0),S_{i,m}(1),\cdots,S_{i,m}(2N-1)) \tag{5.15}$$

其中，$0\leqslant m\leqslant 3$。

所构造的序列集合 $\boldsymbol{S}=\{\boldsymbol{S}_i,0\leqslant i\leqslant N/2-1\}$ 分为 $N/2$ 个序列子集，每个序列子集内包含 4 个序列，每个序列的长度为 $2N$。那么，该序列集合 $\boldsymbol{S}$ 总共包含 $2N$ 个序列，即序列的数目等于序列的长度。

5.3.3 周期奇移正交相关性能

对于所构造的序列集合 $\boldsymbol{S}=\{\boldsymbol{S}_i,0\leqslant i\leqslant N/2-1\}$，其周期自相关性能和周期互相关性能可以分别描述如下。

定理 5.1[15] 令 $\boldsymbol{S}_{i,m}$ 和 $\boldsymbol{S}_{i',m'}$ 分别表示集合 $\boldsymbol{S}$ 中的两个序列，其中 $0\leqslant i,i'\leqslant N/2-1$，$0\leqslant m,m'\leqslant 3$，则集合 $\boldsymbol{S}$ 的周期相关性能为

$$\phi_{\boldsymbol{S}_{i,m},\boldsymbol{S}_{i,m}}(\tau)=\begin{cases}0, & \tau=2\tau'+1\text{ 或 }\tau=4\tau''+2\\ 2N\cdot W_N^{i\tau/2}, & \tau=4\tau''\end{cases} \tag{5.16}$$

$$\phi_{\boldsymbol{S}_{i,m},\boldsymbol{S}_{i,m'}}(\tau)=\begin{cases}0, & \tau=2\tau'+1,\tau=4\tau'',\\ & \text{其中 } m,m'\in\{0,1\}\text{ 或 }m,m'\in\{2,3\},\\ & m\neq m'\\ 0, & \tau=2\tau',\text{ 其中 } m,m'\in\{0,2\}\text{ 或 }m,m'\in\{0,3\}\\ & \text{或 }m,m'\in\{1,2\}\text{ 或 }m,m'\in\{1,3\},\\ & m\neq m'\end{cases} \tag{5.17}$$

$$\phi_{\boldsymbol{S}_{i,m},\boldsymbol{S}_{i',m'}}(\tau)=0,\quad \forall\tau,i\neq i' \tag{5.18}$$

其中，$\tau',\tau''=0,1,2,\cdots$。

式 (5.16)~(5.18) 依次分别表示周期奇移正交序列集合 $\boldsymbol{S}$ 的周期自相关性能、子集内周期互相关性能和子集间周期互相关性能。从式 (5.16) 可以看出，$\boldsymbol{S}$ 的周期自相关函数仅在 4 的倍数位移上具有非零相关值 $2N\cdot W_N^{i\tau/2}$，其他的占总位移数目 3/4 的位移上都取零值。对于子集内的 4 个序列，式 (5.17) 表明前两个序列之间或者后两个序列之间在奇数位移和 4 的倍数位移上的周期互相关函数值均为零，那么也满足占总位移数目 3/4 的位移上都取零值，同时前两个序列与后两个序列之间在偶数位移上的周期互相关函数值为零。另外，式 (5.18) 表明子集间周期互相关性能是理想的，任意位移上的周期互相关函数均取零值。

定理 5.1 可以证明如下。

证明 令 (x_m, y_m) 表示构造公式 (5.14) 中的一对系数，其中 $0 \leqslant m \leqslant 3$，那么，可得 $(x_0, y_0) = (x_2, y_2) = (+,+)$，$(x_1, y_1) = (+,-)$，并且 $(x_3, y_3) = (-,+)$。下面分别证明 (5.16)~(5.18)。

(1) 周期自相关性能 $\phi_{\boldsymbol{S}_{i,m},\boldsymbol{S}_{i,m}}(\tau)$。不失一般性地，首先假设 $m \in \{0,1\}$，则根据构造公式 (5.14) 可得

$$\phi_{\boldsymbol{S}_{i,m},\boldsymbol{S}_{i,m}}(\tau) = \phi_{(x_m \boldsymbol{f}_i)\odot(y_m \boldsymbol{f}_{N/2+i}),(x_m \boldsymbol{f}_i)\odot(y_m \boldsymbol{f}_{N/2+i})}(\tau) \tag{5.19}$$

对于式 (5.19)，将按照位移 τ 取奇数和偶数两种情况进行讨论，即 $\tau = 2\tau' + 1$ 和 $\tau = 2\tau'$，其中 $\tau' = 0, 1, 2, \cdots$。

(a) τ 为奇数，即 $\tau = 2\tau' + 1$，那么，根据式 (5.12) 中给出的 DFT 矩阵序列的周期相关性能，则可以得到

$$\begin{aligned}
\phi_{\boldsymbol{S}_{i,m},\boldsymbol{S}_{i,m}}(\tau) &= \phi_{\boldsymbol{S}_{i,m},\boldsymbol{S}_{i,m}}(2\tau' + 1) \\
&= \phi_{x_m \boldsymbol{f}_i, y_m \boldsymbol{f}_{N/2+i}}(\tau' + 1) + \phi_{y_m \boldsymbol{f}_{N/2+i}, x_m \boldsymbol{f}_i}(\tau') \\
&= x_m \cdot y_m \cdot N \cdot W_N^{i(\tau'+1)} \delta\left(-\frac{N}{2}\right) + x_m \cdot y_m \cdot N \cdot W_N^{(N/2+i)\tau'} \delta\left(\frac{N}{2}\right) \\
&= 0
\end{aligned} \tag{5.20}$$

(b) τ 为偶数，$\tau = 2\tau'$，此时可得

$$\begin{aligned}
\phi_{\boldsymbol{S}_{i,m},\boldsymbol{S}_{i,m}}(\tau) &= \phi_{\boldsymbol{S}_{i,m},\boldsymbol{S}_{i,m}}(2\tau') \\
&= \phi_{x_m \boldsymbol{f}_i, x_m \boldsymbol{f}_i}(\tau') + \phi_{y_m \boldsymbol{f}_{N/2+i}, y_m \boldsymbol{f}_{N/2+i}}(\tau') \\
&= x_m \cdot x_m \cdot N \cdot W_N^{i\tau'} \delta(0) + y_m \cdot y_m \cdot N \cdot W_N^{(N/2+i)\tau'} \delta(0) \\
&= N \cdot W_N^{i\tau'} + N \cdot W_N^{\tau' N/2} W_N^{i\tau'} \\
&= \begin{cases} 0, & \tau' = 2\tau'' + 1 \\ 2N \cdot W_N^{i\tau'}, & \tau' = 2\tau'' \end{cases}
\end{aligned} \tag{5.21}$$

其中，$\tau'' = 0, 1, 2, \cdots$。

相似于 $m \in \{0,1\}$ 的情况，当 $m \in \{2,3\}$ 时也具有相同的的结果，其证明过程省略。那么，式 (5.16) 得证。

(2) 子集内周期互相关性能 $\phi_{\boldsymbol{S}_{i,m},\boldsymbol{S}_{i,m'}}(\tau)$。不失一般性地，首先假设 $m, m' \in \{0,1\}$ 并且 $m \neq m'$。那么，此时可得

$$\phi_{\boldsymbol{S}_{i,m},\boldsymbol{S}_{i,m'}}(\tau) = \phi_{(x_m \boldsymbol{f}_i)\odot(y_m \boldsymbol{f}_{N/2+i}),(x_{m'} \boldsymbol{f}_i)\odot(y_{m'} \boldsymbol{f}_{N/2+i})}(\tau) \tag{5.22}$$

类似于周期自相关性能证明时的情况，此处也将按照位移 τ 取奇数和偶数两种情况进行讨论。

(a) τ 为奇数，$\tau=2\tau'+1$，此时的子集内周期互相关函数为

$$\begin{aligned}\phi_{\boldsymbol{S}_{i,m},\boldsymbol{S}_{i,m'}}(\tau)&=\phi_{x_m\boldsymbol{f}_i,y_{m'}\boldsymbol{f}_{N/2+i}}(\tau'+1)+\phi_{y_m\boldsymbol{f}_{N/2+i},x_{m'}\boldsymbol{f}_i}(\tau')\\&=x_m\cdot y_{m'}\cdot N\cdot W_N^{i(\tau'+1)}\delta\left(-\frac{N}{2}\right)+x_{m'}\cdot y_m\cdot N\cdot W_N^{(N/2+i)\tau'}\delta\left(\frac{N}{2}\right)\\&=0\end{aligned}\tag{5.23}$$

(b) τ 为偶数，$\tau=2\tau'$，此时可得

$$\begin{aligned}\phi_{\boldsymbol{S}_{i,m},\boldsymbol{S}_{i,m'}}(\tau)&=\phi_{x_m\boldsymbol{f}_i,x_{m'}\boldsymbol{f}_i}(\tau')+\phi_{y_m\boldsymbol{f}_{N/2+i},y_{m'}\boldsymbol{f}_{N/2+i}}(\tau')\\&=x_m\cdot x_{m'}\cdot N\cdot W_N^{i\tau'}\delta(0)+y_m\cdot y_{m'}\cdot N\cdot W_N^{(N/2+i)\tau'}\delta(0)\\&=N\cdot W_N^{i\tau'}-N\cdot W_N^{\tau'N/2}W_N^{i\tau'}\\&=\begin{cases}0, & \tau'=2\tau''\\2N\cdot W_N^{i\tau'}, & \tau'=2\tau''+1\end{cases}\end{aligned}\tag{5.24}$$

其中，$\tau''=0,1,2,\cdots$。

相似于 $m,m'\in\{0,1\}$ 的情况，当 $m,m'\in\{2,3\}$、$m,m'\in\{0,2\}$、$m,m'\in\{0,3\}$、$m,m'\in\{1,2\}$ 和 $m,m'\in\{1,3\}$ 时也具有类似的结果，其证明过程省略。那么，式 (5.17) 得证。

(3) 子集间周期互相关性能 $\phi_{\boldsymbol{S}_{i,m},\boldsymbol{S}_{i',m'}}(\tau)$。根据式 (5.16) 和式 (5.17) 的证明过程可以看出，所构造序列的子集间周期互相关性能完全由 DFT 矩阵序列集合的周期互相关性能确定。因为 DFT 矩阵序列集合具有理想的周期互相关性能，所以很容易得出式 (5.18)。

综上所述，定理 5.1 得证。 证毕。

根据定理 5.1 给出的交替零值的周期相关特性，进一步地，还可以得出所构造序列的 ZCZ 性质。

推论 5.1 所构造的序列集合 $\boldsymbol{S}=\{\boldsymbol{S}_i,0\leqslant i\leqslant N/2-1\}$ 及其特定的序列子集具有如下的 ZCZ 特性：

(1) 序列集合 $\boldsymbol{S}=\{\boldsymbol{S}_i,0\leqslant i\leqslant N/2-1\}$ 可以被看作一个 ZCZ 序列集合 ZCZ–$(2N,2N,1)$；

(2) 所有的序列子集 $\{\boldsymbol{S}_{0,m_0},\boldsymbol{S}_{1,m_1},\cdots,\boldsymbol{S}_{N/2-1,m_{N/2-1}}\}$ 可以被看作一个 ZCZ 序列集合 ZCZ–$(N/2,2N,4)$，其中 $0\leqslant m_0,m_1,\cdots,m_{N/2-1}\leqslant 3$；

(3) 所有的序列子集 $\{\boldsymbol{S}_{0,m},\boldsymbol{S}_{0,m'},\boldsymbol{S}_{1,m},\boldsymbol{S}_{1,m'},\cdots,\boldsymbol{S}_{N/2-1,m},\boldsymbol{S}_{N/2-1,m'}\}$ 可以看作一个 ZCZ 序列集合 ZCZ–$(N,2N,2)$，其中 $m,m'\in\{0,1\}$ 或者 $m,m'\in\{2,3\}$。

该推论可以由定理 5.1 直接得出，因此证明过程省略。从该推论可以看出，所构造的序列集合 $\boldsymbol{S}=\{\boldsymbol{S}_i,0\leqslant i\leqslant N/2-1\}$ 及其特定的序列子集实际上也是单边

零相关区宽度分别等于 1、2 和 4 时的 ZCZ 序列集合，并且这些 ZCZ 序列集合都达到了文献 [16] 的理论界限。

然而，不同于普通的 ZCZ 序列集合，所构造的序列具有理想的子集间周期互相关性能，同时在零相关窗以外的位移上还具有交替零值周期相关特性。因此，对于给定的单边零相关区宽度 1、2 和 4，所构造的序列集合 $\boldsymbol{S}$ 将比普通的 ZCZ 序列集合具有更好的周期相关性能。

为了更加直观地体现本节提出的构造方法及其相关性能，下面将举一个简单的例子进行说明。该例中使用一个 4 点 DFT 矩阵序列，如下所示：

$$\boldsymbol{F}=\begin{bmatrix}\boldsymbol{f}_0\\ \boldsymbol{f}_1\\ \boldsymbol{f}_2\\ \boldsymbol{f}_3\end{bmatrix}=\begin{bmatrix}1 & 1 & 1 & 1\\ 1 & -\mathrm{j} & -1 & \mathrm{j}\\ 1 & -1 & 1 & -1\\ 1 & \mathrm{j} & -1 & -\mathrm{j}\end{bmatrix} \tag{5.25}$$

那么，根据构造公式 (5.14)，可得序列集合 $\boldsymbol{S}=\{\boldsymbol{S}_0,\boldsymbol{S}_1\}$ 如下，其中每个序列子集包含 4 个序列，每个序列长度为 8，

$$\boldsymbol{S}_0=\begin{bmatrix}1 & 1 & 1 & -1 & 1 & 1 & 1 & -1\\ 1 & -1 & 1 & 1 & 1 & -1 & 1 & 1\\ 1 & 1 & -1 & 1 & 1 & 1 & -1 & 1\\ -1 & 1 & 1 & 1 & -1 & 1 & 1 & 1\end{bmatrix}=\begin{bmatrix}\boldsymbol{S}_{0,0}\\ \boldsymbol{S}_{0,1}\\ \boldsymbol{S}_{0,2}\\ \boldsymbol{S}_{0,3}\end{bmatrix} \tag{5.26}$$

$$\boldsymbol{S}_1=\begin{bmatrix}1 & 1 & -\mathrm{j} & \mathrm{j} & -1 & -1 & \mathrm{j} & -\mathrm{j}\\ 1 & -1 & -\mathrm{j} & -\mathrm{j} & -1 & 1 & \mathrm{j} & \mathrm{j}\\ 1 & 1 & \mathrm{j} & -\mathrm{j} & -1 & -1 & -\mathrm{j} & \mathrm{j}\\ -1 & 1 & -\mathrm{j} & -\mathrm{j} & 1 & -1 & \mathrm{j} & \mathrm{j}\end{bmatrix}=\begin{bmatrix}\boldsymbol{S}_{1,0}\\ \boldsymbol{S}_{1,1}\\ \boldsymbol{S}_{1,2}\\ \boldsymbol{S}_{1,3}\end{bmatrix} \tag{5.27}$$

令 $\phi_{\boldsymbol{S}_{i,m},\boldsymbol{S}_{i',m'}}=\Big(\phi_{\boldsymbol{S}_{i,m},\boldsymbol{S}_{i',m'}}(0),\phi_{\boldsymbol{S}_{i,m},\boldsymbol{S}_{i',m'}}(1),\cdots,\phi_{\boldsymbol{S}_{i,m},\boldsymbol{S}_{i',m'}}(2N-1)\Big)$，那么所构造的序列集合 $\boldsymbol{S}=\{\boldsymbol{S}_0,\boldsymbol{S}_1\}$ 中部分序列之间的归一化周期相关函数分布可以列举如下：

$$\frac{1}{8}\phi_{\boldsymbol{S}_{0,0},\boldsymbol{S}_{0,0}}=(1,0,0,0,1,0,0,0) \tag{5.28}$$

$$\frac{1}{8}\phi_{\boldsymbol{S}_{0,0},\boldsymbol{S}_{1,1}}=(0,0,0,0,0,0,0,0) \tag{5.29}$$

$$\frac{1}{8}\phi_{\boldsymbol{S}_{1,0},\boldsymbol{S}_{1,1}}=(0,0,-\mathrm{j},0,0,0,\mathrm{j},0) \tag{5.30}$$

$$\frac{1}{8}\phi_{\boldsymbol{S}_{1,0},\boldsymbol{S}_{1,2}}=\left(0,\frac{1}{2}-\frac{\mathrm{j}}{2},0,-\frac{1}{2}+\frac{\mathrm{j}}{2},0,-\frac{1}{2}+\frac{\mathrm{j}}{2},0,\frac{1}{2}-\frac{\mathrm{j}}{2}\right) \tag{5.31}$$

其中，式 (5.28)~(5.31) 分别列举了周期自相关函数分布、子集间周期互相关函数分布以及两种子集内周期互相关函数分布的情况。

从这几个例子也可以看出，所构造序列的周期自相关函数仅在 4 的倍数的位移上为非零值，那么单边 ZACZ 的宽度为 4。子集间周期互相关是理想的，任意位移上的相关值均为零。对于两种子集内周期互相关情况，一种是仅在 4 的倍数加 2 的位移上为非零值，其他的占总数 3/4 的位移上均为零值，那么单边 ZCCZ 宽度为 2，如式 (5.30) 所示。另一种是偶移正交情况，此时单边 ZCCZ 宽度为 1，即式 (5.31) 的情况。

5.3.4 零相关区序列的扩展

根据交替零值周期相关特性序列的构造思想，也可以对一个 ZCZ 序列集合进行扩展，从而得到另一个具有更长的序列长度和更宽的零相关区的新 ZCZ 序列集合。

定理 5.2[15] 令 $\boldsymbol{A}=\{\boldsymbol{a}_m, 0\leqslant m\leqslant M-1\}$ 为一个 ZCZ 序列集合 ZCZ–(M,L,Z)，其中序列数目 M 为一个偶数。那么，通过适当的交织组合，可以获得另一个 ZCZ 序列集合 ZCZ–$(M,2L,2Z-1)$ 如下所示：

$$\boldsymbol{B}=\begin{bmatrix}\boldsymbol{a}_0\odot\boldsymbol{a}_{M/2}\\ \boldsymbol{a}_1\odot\boldsymbol{a}_{M/2+1}\\ \vdots\\ \boldsymbol{a}_{M/2-1}\odot\boldsymbol{a}_{M-1}\\ \boldsymbol{a}_0\odot(-\boldsymbol{a}_{M/2})\\ \boldsymbol{a}_1\odot(-\boldsymbol{a}_{M/2+1})\\ \vdots\\ \boldsymbol{a}_{M/2-1}\odot(-\boldsymbol{a}_{M-1})\end{bmatrix}=\begin{bmatrix}\boldsymbol{b}_0\\ \boldsymbol{b}_1\\ \vdots\\ \boldsymbol{b}_{M-1}\end{bmatrix} \tag{5.32}$$

该定理的证明与定理 5.1 的证明类似，此处省略。从该定理可以看出，只要初始 ZCZ 集合 $\boldsymbol{A}$ 是最佳的，即达到了理论界限，则所得到的新的 ZCZ 序列集合 $\boldsymbol{B}$ 就是近似最佳的序列集合。

下面举一个简单的例子加以说明。使用文献 [17] 中的 ZCZ 序列集合 ZCZ–(4, 8, 2) 作为初始集合 $\boldsymbol{A}$，该 ZCZ 序列集合可表示如下：

$$
\boldsymbol{A}=\begin{bmatrix}\boldsymbol{a}_0\\ \boldsymbol{a}_1\\ \boldsymbol{a}_2\\ \boldsymbol{a}_3\end{bmatrix}=\begin{bmatrix}--+++--+\\ ----+-+-\\ +--+--++\\ +-+-----\end{bmatrix} \tag{5.33}
$$

那么，按照式 (5.32) 可以将该 ZCZ 序列集合 $\boldsymbol{A}$ 扩展成为一个新的具有两倍序列长度的 ZCZ 序列集合如下：

$$
\boldsymbol{B}=\begin{bmatrix}\boldsymbol{b}_0\\ \boldsymbol{b}_1\\ \boldsymbol{b}_2\\ \boldsymbol{b}_3\end{bmatrix}=\begin{bmatrix}-+--+-+++----+++\\ -+---+--+---+---\\ ---++++-++-+--+-\\ ---+---+++-+++-+\end{bmatrix} \tag{5.34}
$$

该 ZCZ 序列集合的周期相关函数分布可以列举如下：

$$
\frac{1}{16}\phi_{\boldsymbol{b}_0,\boldsymbol{b}_0}=\left(1,0,0,-\frac{1}{4},-\frac{1}{2},-\frac{1}{4},0,\frac{1}{2},0,\frac{1}{2},0,-\frac{1}{4},-\frac{1}{2},-\frac{1}{4},0,0\right) \tag{5.35}
$$

$$
\frac{1}{16}\phi_{\boldsymbol{b}_0,\boldsymbol{b}_1}=\left(0,0,0,\frac{1}{4},-\frac{1}{2},\frac{1}{4},0,0,0,0,0,-\frac{1}{4},\frac{1}{2},-\frac{1}{4},0,0\right) \tag{5.36}
$$

$$
\frac{1}{16}\phi_{\boldsymbol{b}_1,\boldsymbol{b}_3}=\left(0,0,0,-\frac{1}{4},0,\frac{1}{4},0,-\frac{1}{2},0,\frac{1}{2},0,-\frac{1}{4},0,\frac{1}{4},0,0\right) \tag{5.37}
$$

可以看出，该序列集合 $\boldsymbol{B}$ 的单边 ZACZ 宽度和单边 ZCCZ 宽度均为 3，这是一个 ZCZ 序列集合 ZCZ−(4, 16, 3)。

5.4　基于完美序列的周期奇/偶移正交 (POESO) 序列设计

对于前面基于 DFT 矩阵序列构造的交替零值周期相关特性序列，虽然该类序列具有理想的子集间周期互相关性能，并且其周期自相关函数和子集内周期互相关函数在占总数 1/2 或 3/4 的位移上均取零值，但是不难看出，这些序列的非零相关值都比较大，其模值通常都等于或接近序列的长度，因此该类序列的整体相关性能并不是非常好。另外，该类序列的数目等于序列的长度，对于需要更多序列的系统则不能满足其要求。

针对上述问题，本节基于完美序列构造了一类具有周期奇/偶移正交 (Periodic Odd/Even Shift Orthogonal, POESO) 特性的序列。该类 POESO 序列的周期自相关函数和子集内周期互相关函数都满足奇移正交，同时子集间周期互相关函数满足偶移正交。不同于基于 DFT 矩阵序列构造的交替零值周期相关特性序列，POESO

序列的非零相关值都相对较低，而且利用完美序列可以很容易扩展出多个序列子集，从而迅速增加序列的数目。

本节将首先给出基于正交序列集合的构造方法，然后通过移位的完美序列集合扩展获得更多的序列。

5.4.1 POESO 序列设计方法

对于本节给出的 POESO 序列集合的构造方法，将要使用到交织操作和级联操作，具体可以分为三个步骤[18]。

步骤 1 首先选择一个传统的正交序列集合 $\boldsymbol{H}$，该集合的序列数目为 K，每个序列的长度为 L，则 $\boldsymbol{H}$ 按照矩阵形式可以排列如下：

$$\boldsymbol{H}=\begin{bmatrix}\boldsymbol{h}_1\\ \boldsymbol{h}_2\\ \vdots\\ \boldsymbol{h}_K\end{bmatrix}=\begin{bmatrix}h_1(0) & h_1(1) & \cdots & h_1(L-1)\\ h_2(0) & h_2(1) & \cdots & h_2(L-1)\\ \vdots & \vdots & \ddots & \vdots\\ h_K(0) & h_K(1) & \cdots & h_K(L-1)\end{bmatrix} \tag{5.38}$$

步骤 2 得到一个 4×4 的二元正交系数矩阵 $\boldsymbol{C}$，可以表示为

$$\boldsymbol{C}=\begin{bmatrix}c_{1,1} & c_{1,2} & c_{1,3} & c_{1,4}\\ c_{2,1} & c_{2,2} & c_{2,3} & c_{2,4}\\ c_{3,1} & c_{3,2} & c_{3,3} & c_{3,4}\\ c_{4,1} & c_{4,2} & c_{4,3} & c_{4,4}\end{bmatrix} \tag{5.39}$$

该系数矩阵 $\boldsymbol{C}$ 应该满足下面两个关系式 (5.39) 和 (5.40)，

$$\begin{cases}c_{u,1}c_{v,4}+c_{u,3}c_{v,2}=0\\ c_{u,4}c_{v,1}+c_{u,2}c_{v,3}=0\\ c_{u,2}c_{v,1}+c_{u,4}c_{v,3}=0\\ c_{u,1}c_{v,2}+c_{u,3}c_{v,4}=0\end{cases} \tag{5.40}$$

$$c_{s,1}c_{t,3}+c_{s,2}c_{t,4}+c_{s,3}c_{t,1}+c_{s,4}c_{t,2}=0 \tag{5.41}$$

其中，$u,v\in\{1,2\}$ 或者 $u,v\in\{3,4\}$。下标 s 和 t 满足两种情况：一种是 $s\in\{1,2\}$ 并且同时 $t\in\{3,4\}$，另一种是 $t\in\{1,2\}$ 并且同时 $s\in\{3,4\}$。关于系数矩阵 $\boldsymbol{C}$ 的产生方法，在本小节的后面将详细阐述。

步骤 3 交织并且级联乘上系数之后的正交矩阵 $\boldsymbol{H}$，则可得 POESO 序列集合 $\boldsymbol{S}$ 如下所示：

$$\boldsymbol{S}=\begin{bmatrix}((c_{1,1}\boldsymbol{H})\odot(c_{1,2}\boldsymbol{H}))\,\Theta\,((c_{1,3}\boldsymbol{H})\odot(c_{1,4}\boldsymbol{H}))\\((c_{2,1}\boldsymbol{H})\odot(c_{2,2}\boldsymbol{H}))\,\Theta\,((c_{2,3}\boldsymbol{H})\odot(c_{2,4}\boldsymbol{H}))\\((c_{3,1}\boldsymbol{H})\odot(c_{3,2}\boldsymbol{H}))\,\Theta\,((c_{3,3}\boldsymbol{H})\odot(c_{3,4}\boldsymbol{H}))\\((c_{4,1}\boldsymbol{H})\odot(c_{4,2}\boldsymbol{H}))\,\Theta\,((c_{4,3}\boldsymbol{H})\odot(c_{4,4}\boldsymbol{H}))\end{bmatrix}\tag{5.42}$$

所构造的序列集合 $\boldsymbol{S}$ 总共包含 $4K$ 个序列，每个序列的长度为 $4L$。这些序列能够被分成两个序列子集，每子集 $2K$ 个序列。式 (5.42) 中的上半部分矩阵构成了第 1 个序列子集，而后半部分矩阵构成了第 2 个序列子集。

令 $\boldsymbol{S}_m$ 表示序列集合 $\boldsymbol{S}$ 中的第 m 个序列子集，$\boldsymbol{S}_{m,n}$ 表示第 m 个序列子集 $\boldsymbol{S}_m$ 中的第 n 个序列，其中 $1\leqslant m\leqslant 2$，$1\leqslant n\leqslant 2K$，则可得

$$\boldsymbol{S}_1=\begin{bmatrix}\boldsymbol{S}_{1,1}\\\boldsymbol{S}_{1,2}\\\vdots\\\boldsymbol{S}_{1,2K}\end{bmatrix}=\begin{bmatrix}((c_{1,1}\boldsymbol{h}_1)\odot(c_{1,2}\boldsymbol{h}_1))\,\Theta\,((c_{1,3}\boldsymbol{h}_1)\odot(c_{1,4}\boldsymbol{h}_1))\\\vdots\\((c_{1,1}\boldsymbol{h}_K)\odot(c_{1,2}\boldsymbol{h}_K))\,\Theta\,((c_{1,3}\boldsymbol{h}_K)\odot(c_{1,4}\boldsymbol{h}_K))\\((c_{2,1}\boldsymbol{h}_1)\odot(c_{2,2}\boldsymbol{h}_1))\,\Theta\,((c_{2,3}\boldsymbol{h}_1)\odot(c_{2,4}\boldsymbol{h}_1))\\\vdots\\((c_{2,1}\boldsymbol{h}_K)\odot(c_{2,2}\boldsymbol{h}_K))\,\Theta\,((c_{2,3}\boldsymbol{h}_K)\odot(c_{2,4}\boldsymbol{h}_K))\end{bmatrix}\tag{5.43}$$

$$\boldsymbol{S}_2=\begin{bmatrix}\boldsymbol{S}_{2,1}\\\boldsymbol{S}_{2,2}\\\vdots\\\boldsymbol{S}_{2,2K}\end{bmatrix}=\begin{bmatrix}((c_{3,1}\boldsymbol{h}_1)\odot(c_{3,2}\boldsymbol{h}_1))\,\Theta\,((c_{3,3}\boldsymbol{h}_1)\odot(c_{3,4}\boldsymbol{h}_1))\\\vdots\\((c_{3,1}\boldsymbol{h}_K)\odot(c_{3,2}\boldsymbol{h}_K))\,\Theta\,((c_{3,3}\boldsymbol{h}_K)\odot(c_{3,4}\boldsymbol{h}_K))\\((c_{4,1}\boldsymbol{h}_1)\odot(c_{4,2}\boldsymbol{h}_1))\,\Theta\,((c_{4,3}\boldsymbol{h}_1)\odot(c_{4,4}\boldsymbol{h}_1))\\\vdots\\((c_{4,1}\boldsymbol{h}_K)\odot(c_{4,2}\boldsymbol{h}_K))\,\Theta\,((c_{4,3}\boldsymbol{h}_K)\odot(c_{4,4}\boldsymbol{h}_K))\end{bmatrix}\tag{5.44}$$

从上述构造方法中可以看出，二元正交系数矩阵 $\boldsymbol{C}$ 在序列的构造中起着重要的作用。因为 $\boldsymbol{C}$ 必须满足式 (5.40) 和 (5.41)，那么根据这两个关系式可以确定系数矩阵 $\boldsymbol{C}$ 的取值。

对于式 (5.40) 和 (5.41)，当 $u=v$ 时，可得

$$\begin{cases}c_{u,1}c_{u,2}+c_{u,3}c_{u,4}=0\\c_{u,1}c_{u,4}+c_{u,3}c_{u,2}=0\end{cases}\tag{5.45}$$

根据式 (5.45)，可以很容易地选出满足该方程组的总共 8 个二元序列。进一步地，按照式 (5.40)，可以总共选出 4 个序列对，分别为 $\begin{bmatrix}+++-\\+-++\end{bmatrix}$，$\begin{bmatrix}++-+\\-+++\end{bmatrix}$，$\begin{bmatrix}+---\\--+-\end{bmatrix}$ 和 $\begin{bmatrix}-+--\\---+\end{bmatrix}$。

然后，将这 4 个序列对两两组合，其中满足式 (5.41) 的总共有 4 个系数矩阵，分别为 $\begin{bmatrix} ++-+ \\ -+++ \\ +++- \\ +-++ \end{bmatrix}$，$\begin{bmatrix} +++- \\ +-++ \\ +--- \\ --+- \end{bmatrix}$，$\begin{bmatrix} ++-+ \\ -+++ \\ -+-- \\ ---+ \end{bmatrix}$ 和 $\begin{bmatrix} +--- \\ --+- \\ -+-- \\ ---+ \end{bmatrix}$。

那么，构造方法中的二元正交系数矩阵 $\boldsymbol{C}$ 可以选择上面 4 个矩阵中的任意一个，所构造的序列都可以满足交替零值周期相关特性。

5.4.2 POESO 序列的奇/偶移正交特性

所构造的 POESO 序列集合 $\boldsymbol{S}$ 具有交替零值的周期相关特性，具体地可以描述如下。

定理 5.3[18] 集合 $\boldsymbol{S}$ 中所有的 POESO 序列都是正交的，它们的周期自相关函数和子集内周期互相关函数具有奇移正交特性，同时子集间周期互相关函数具有偶移正交特性，用数学公式可以分别表示为

$$\phi_{\boldsymbol{S}_{m,n},\boldsymbol{S}_{m,n}}(\tau)=0,\quad \tau \text{ 为奇数} \tag{5.46}$$

$$\phi_{\boldsymbol{S}_{m,n},\boldsymbol{S}_{m,n'}}(\tau)=0,\quad \tau \text{ 为奇数或者 } \tau=0, n\neq n' \tag{5.47}$$

$$\phi_{\boldsymbol{S}_{m,n},\boldsymbol{S}_{m',n'}}(\tau)=0,\quad \tau \text{ 为偶数}, m\neq m' \tag{5.48}$$

其中，$1\leqslant m,m'\leqslant 2$，$1\leqslant n,n'\leqslant 2K$。

证明 设 $\boldsymbol{S}_{m,n}$ 和 $\boldsymbol{S}_{m',n'}$ 表示 POESO 序列集合 $\boldsymbol{S}$ 中的两个序列，则它们的周期互相关函数可以表示如下：

$$\begin{aligned}&\phi_{\boldsymbol{S}_{m,n},\boldsymbol{S}_{m',n'}}(\tau)\\&=\phi_{((c_{u,1}\boldsymbol{h}_k)\odot(c_{u,2}\boldsymbol{h}_k))\Theta((c_{u,3}\boldsymbol{h}_k)\odot(c_{u,4}\boldsymbol{h}_k)),((c_{v,1}\boldsymbol{h}_{k'})\odot(c_{v,2}\boldsymbol{h}_{k'}))\Theta((c_{v,3}\boldsymbol{h}_{k'})\odot(c_{v,4}\boldsymbol{h}_{k'}))}(\tau)\end{aligned} \tag{5.49}$$

其中，$1\leqslant u,v\leqslant 4$，$1\leqslant k,k'\leqslant K$。

下面按照位移 τ 取值的奇/偶分为两种情况讨论式 (5.49)，即 $\tau=2\tau'$ 和 $\tau=2\tau'+1$。

(1) $\tau=2\tau'+1$ 的情况。基于交织和级联的性质，则式 (5.49) 可以进一步化简如下：

$$\begin{aligned}&\phi_{\boldsymbol{S}_{m,n},\boldsymbol{S}_{m',n'}}(\tau)\\&=(c_{u,2}c_{v,1}+c_{u,4}c_{v,3})\,\psi_{\boldsymbol{h}_k,\boldsymbol{h}_{k'}}(-\tau')+(c_{u,1}c_{v,2}+c_{u,3}c_{v,4})\,\psi_{\boldsymbol{h}_k,\boldsymbol{h}_{k'}}(-\tau'-1)\\&\quad+(c_{u,4}c_{v,1}+c_{u,2}c_{v,3})\,\psi_{\boldsymbol{h}_k,\boldsymbol{h}_{k'}}(\tau')+(c_{u,1}c_{v,4}+c_{u,3}c_{v,2})\,\psi_{\boldsymbol{h}_k,\boldsymbol{h}_{k'}}(\tau'+1)\end{aligned} \tag{5.50}$$

根据式 (5.40)，当 $u, v \in \{1,2\}$ 或者 $u, v \in \{3,4\}$ 时，很容易得到 $\phi_{\boldsymbol{S}_{m,n},\boldsymbol{S}_{m',n'}}(\tau) = 0$。那么，所构造的序列集合 $\boldsymbol{S}$ 的周期自相关函数和子集内周期互相关函数在任意奇数位移上都取零值。

另外，也可以看出，对于偶数位移上的非零相关函数值，正交矩阵 $\boldsymbol{H}$ 的非周期相关性能起着决定性的作用。如果要保证获得较低的非零相关函数值，则应该选取具有良好非周期相关性能的正交矩阵。

(2) $\tau = 2\tau'$ 的情况。相似于 $\tau = 2\tau' + 1$ 时的情况，式 (5.49) 中的周期互相关函数可以计算如下：

$$\begin{aligned}\phi_{\boldsymbol{S}_{m,n},\boldsymbol{S}_{m',n'}}(\tau) = &(c_{u,1}c_{v,1} + c_{u,2}c_{v,2} + c_{u,3}c_{v,3} + c_{u,4}c_{v,4})\,\psi_{\boldsymbol{h}_k,\boldsymbol{h}'_k}(\tau') \\ &+ (c_{u,1}c_{v,3} + c_{u,2}c_{v,4} + c_{u,3}c_{v,1} + c_{u,4}c_{v,2})\,\psi_{\boldsymbol{h}_k,\boldsymbol{h}'_k}(-\tau') \end{aligned} \tag{5.51}$$

既然系数矩阵 $\boldsymbol{C}$ 是一个正交矩阵，那么可以得到

$$c_{u,1}c_{v,1} + c_{u,2}c_{v,2} + c_{u,3}c_{v,3} + c_{u,4}c_{v,4} = 0 \tag{5.52}$$

同时，当 $s \in \{1,2\}$ 并且同时 $t \in \{3,4\}$，或者 $t \in \{1,2\}$ 并且同时 $s \in \{3,4\}$ 时，很容易得到 $\phi_{\boldsymbol{S}_{m,n},\boldsymbol{S}_{m',n'}}(\tau) = 0$。因此，所构造序列的子集间周期互相关函数在任意偶数位移上取零值。

除此之外，既然 $\boldsymbol{H}$ 是一个正交矩阵，那么很明显子集内周期互相关函数在零位移上为零值。　　证毕。

5.4.3　POESO 序列的零相关区特性

根据定理 5.3 所给出的 POESO 序列集合 $\boldsymbol{S}$ 的交替零值周期相关特性，进一步地可以获得该类序列的 ZCZ 特性。

推论 5.2[18]　所构造的 POESO 序列集合 $\boldsymbol{S}$ 是一个单边 ZCZ 宽度为 1 的 ZCZ 序列集合，并且它的每一个序列子集都是一个单边 ZCZ 宽度为 2 的 ZCZ 序列集合。只要正交矩阵 $\boldsymbol{H}$ 的序列长度等于序列的数目，即 $K = L$，则 POESO 序列集合 $\boldsymbol{S}$ 以及它的每个序列子集都可以达到 ZCZ 序列集合的理论界限。

该推论能够由定理 5.3 很容易地推导出来，其证明过程省略。从推论 5.2 可知，当系统仅需要一个较小的零相关区宽度时，可以考虑使用 POESO 序列集合。

下面给出一个简单的例子来演示 POESO 序列集合 $\boldsymbol{S}$ 具体的构造过程以及该类序列的性质。

令正交矩阵 $\boldsymbol{H} = \begin{bmatrix} ++++ \\ +-+- \\ ++-- \\ +--+ \end{bmatrix}$，并且系数矩阵 $\boldsymbol{C} = \begin{bmatrix} ++-+ \\ -+++ \\ -+-- \\ --++ \end{bmatrix}$。那么，按

照构造公式 (5.42)，可得 POESO 序列集合 $\boldsymbol{S}$ 如下：

$$
\boldsymbol{S}=\begin{bmatrix}\boldsymbol{S}_{1,1}\\\boldsymbol{S}_{1,2}\\\boldsymbol{S}_{1,3}\\\boldsymbol{S}_{1,4}\\\boldsymbol{S}_{1,5}\\\boldsymbol{S}_{1,6}\\\boldsymbol{S}_{1,7}\\\boldsymbol{S}_{1,8}\\\boldsymbol{S}_{2,1}\\\boldsymbol{S}_{2,2}\\\boldsymbol{S}_{2,3}\\\boldsymbol{S}_{2,4}\\\boldsymbol{S}_{2,5}\\\boldsymbol{S}_{2,6}\\\boldsymbol{S}_{2,7}\\\boldsymbol{S}_{2,8}\end{bmatrix}=\begin{bmatrix}
++++++++-+-+-+-+\\
++--++---++--++-\\
++++-----+-++-+-\\
++----++-++-+--+\\
-+-+-+-+++++++++\\
-++--++-++--++--\\
-+-++-+-++++----\\
-++-+--+++----++\\
-+-+-+-+--------\\
-++--++---++--++\\
-+-++-+-----++++\\
-++-+--+--++++--\\
---------+-+-+-+\\
--++--++-++--++-\\
----++++-+-++-+-\\
--++++---++-+--+
\end{bmatrix} \tag{5.53}
$$

该序列集合 $\boldsymbol{S}$ 的周期自相关函数分布、子集内周期互相关函数分布和子集间周期互相关函数分布这三种情况被显示在图 5.2 中。从该图中可以看出，所构造的 POESO 序列集合 $\boldsymbol{S}$ 具有交替零值周期相关特性，其周期自相关函数和子集内周期互相关函数满足奇移正交，同时子集间周期互相关函数满足偶移正交，而且集合 $\boldsymbol{S}$ 的序列子集内部和序列子集之间的序列都是正交的。

另外，图 5.2 也清楚地显示出，序列子集内的单边 ZACZ 宽度和单边 ZCCZ 宽度都等于 2，而序列子集之间的单边 ZCCZ 宽度等于 1，因此该图也验证了 POESO 序列集合的 ZCZ 特性。若从 ZCZ 特性来看，则 POESO 序列集合的子集内相关性能略优于子集间相关性能。若从零相关值的分布来看，子集内互相关满足奇移正交，而子集间互相关满足偶移正交，因此两者性能相近。

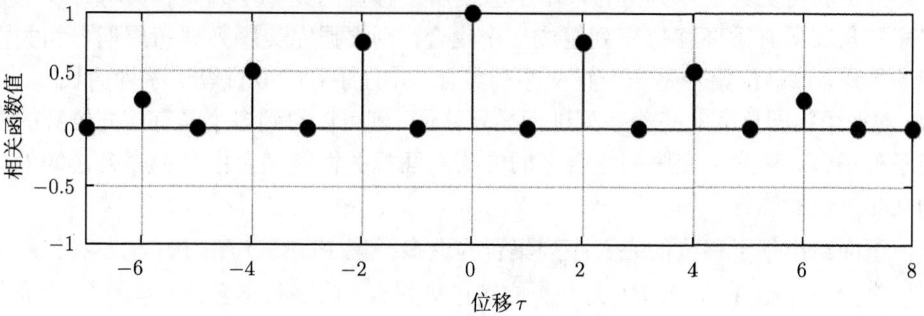

(a) $\boldsymbol{S}_{1,1}$ 的周期自相关函数

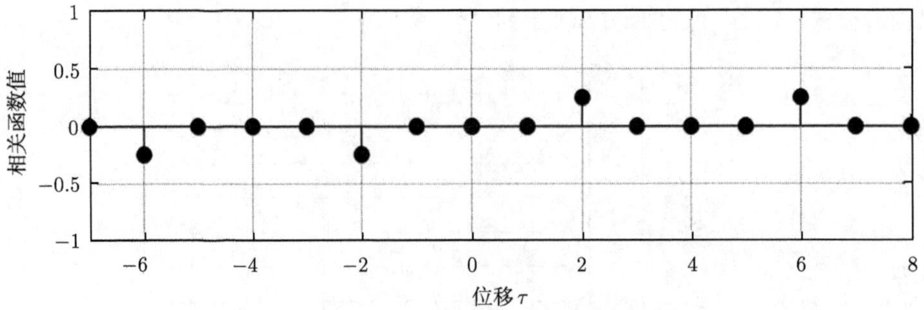

(b) $\boldsymbol{S}_{1,1}$ 和 $\boldsymbol{S}_{1,2}$ 的子集内周期互相关函数

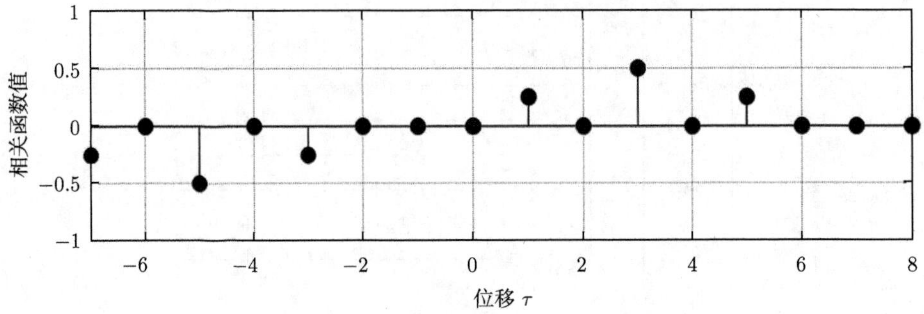

(c) $\boldsymbol{S}_{1,1}$ 和 $\boldsymbol{S}_{2,3}$ 的子集间周期互相关函数

图 5.2 POESO 序列的周期自/互相关函数分布

5.4.4 POESO 序列集合的多级子集特性

从 POESO 序列集合的构造和性能可以看出，该类序列的非零周期相关函数值低于 5.3 节中基于 DFT 矩阵序列构造的交替零值周期相关特性序列。然而，如果只是通过正交矩阵构造 POESO 序列，那么所能构造的序列数目依然很有限，因为整个 POESO 序列集合本身也是一个正交序列集合，其序列数目最大只能达到序列的长度。

为了获得更大的序列数目，本小节使用了移位的完美序列集合。将每一个完美序列与其所有循环移位序列组成一个集合，则根据完美序列理想周期自相关性能的特点，该移位集合是一个正交序列集合，并且序列的数目等于序列的长度。那么，对多个相同长度的完美序列进行循环移位，则可以得到多个具有相同维数的正交序列集合。这些正交序列集合之间的周期互相关性能完全由完美序列之间的周期互相关性能确定。

下面给出基于移位的完美序列集合构造多子集 POESO 序列的方法。

令 $\boldsymbol{A} = \{\boldsymbol{A}_i, 1 \leqslant i \leqslant P\}$ 为一个完美序列集合，该序列集合总共含有 P 个完美序列，每个完美序列长度为 N。若将每个完美序列与其所有的移位完美序列组成一个集合，则总共可以得到 P 个移位的完美序列集合 $\boldsymbol{B}=\{\boldsymbol{B}_i, 1\leqslant i\leqslant P\}$。将这 P 个移位的完美序列集合中的每一个都用作构造公式 (5.42) 中的正交序列集合，则可以得到一个具有多个序列子集的新的 POESO 序列集合 $\mathbb{S}=\left\{\boldsymbol{S}^{(i)}, 1\leqslant i\leqslant P\right\}$，该集合 $\mathbb{S}$ 中的第 i 个序列子集可表示为

$$\boldsymbol{S}^{(i)}=\begin{bmatrix} ((c_{1,1}\boldsymbol{B}_i)\odot(c_{1,2}\boldsymbol{B}_i))\,\Theta\,((c_{1,3}\boldsymbol{B}_i)\odot(c_{1,4}\boldsymbol{B}_i)) \\ ((c_{2,1}\boldsymbol{B}_i)\odot(c_{2,2}\boldsymbol{B}_i))\,\Theta\,((c_{2,3}\boldsymbol{B}_i)\odot(c_{2,4}\boldsymbol{B}_i)) \\ ((c_{3,1}\boldsymbol{B}_i)\odot(c_{3,2}\boldsymbol{B}_i))\,\Theta\,((c_{3,3}\boldsymbol{B}_i)\odot(c_{3,4}\boldsymbol{B}_i)) \\ ((c_{4,1}\boldsymbol{B}_i)\odot(c_{4,2}\boldsymbol{B}_i))\,\Theta\,((c_{4,3}\boldsymbol{B}_i)\odot(c_{4,4}\boldsymbol{B}_i)) \end{bmatrix} \tag{5.54}$$

此处将每个序列子集分成两个序列子集 $\boldsymbol{S}_1^{(i)}$ 和 $\boldsymbol{S}_2^{(i)}$，即式 (5.54) 中的上半个矩阵和下半个矩阵分别为第 1 个序列子集和第 2 个序列子集。进一步地，为了便于分析多子集 POESO 序列集合 $\mathbb{S}$ 的子集之间的周期相关性能，将每个序列子集又分成两个 2 级序列子集，第 i 个序列子集 $\boldsymbol{S}^{(i)}$ 中的第 m 个 2 级序列子集 $\boldsymbol{S}_m^{(i)}$ 的第 n 个 3 级序列子集 $\boldsymbol{S}_{m,n}^{(i)}$ 为

$$\boldsymbol{S}_{m,n}^{(i)}=((c_{u,1}\boldsymbol{B}_i)\odot(c_{u,2}\boldsymbol{B}_i))\,\Theta\,((c_{u,3}\boldsymbol{B}_i)\odot(c_{u,4}\boldsymbol{B}_i)) \tag{5.55}$$

其中，$u=2(m-1)+n$，$1\leqslant m,n\leqslant 2$。

可以看出，基于移位完美序列集合构造的多子集 POESO 序列集合 $\mathbb{S}$ 总共包含 P 个 1 级序列子集，每个 1 级序列子集分成两个 2 级序列子集，同时每个 2 级序列子集又分成两个 3 级序列子集，每个 3 级序列子集内包含 N 个 POESO 序列。因此，序列集合 $\mathbb{S}$ 总共包含 $4NP$ 个 POESO 序列，该序列数目是序列的长度 $4N$ 的 P 倍。

多子集 POESO 序列集合 $\mathbb{S}$ 的各个序列子集内部的周期相关性能满足定理 5.3，并且子集内部的 ZCZ 特性满足推论 5.2。对于各个序列子集之间的周期互相关性能，则可以描述如下。此处的完美序列使用最佳完美序列，即各个完美序列之间的周期互相关性能达到理论界限，归一化函数值等于 $\sqrt{N}/N$。

定理 5.4[18] 当使用最佳完美序列时，令 $1\leqslant i,j\leqslant P$，$1\leqslant m,m',n,n'\leqslant 2$，$i\neq j$，则有

(1) 任意一个 1 级序列子集的 3 级序列子集 $\boldsymbol{S}_{m,n}^{(i)}$ 与其他所有 1 级子集的 3 级序列子集 $\boldsymbol{S}_{m,n}^{(j)}$ 之间在零位移上的归一化周期互相关函数为一个固定值 $\sqrt{N}/N$；

(2) 任意一个 1 级序列子集的 3 级序列子集 $\boldsymbol{S}_{m,n}^{(i)}$ 与其他所有 1 级子集的 2 级序列子集 $\boldsymbol{S}_m^{(j)}$ 之间满足奇移正交；

(3) 任意一个 1 级序列子集的 2 级序列子集 $\boldsymbol{S}_m^{(i)}$ 与其他所有 1 级子集的 2 级序列子集 $\boldsymbol{S}_{m'}^{(j)}$ 之间满足偶移正交，其中 $m\neq m'$；

(4) 任意一个 1 级序列子集的 3 级序列子集 $\boldsymbol{S}_{m,n}^{(i)}$ 与其他所有 1 级子集的 3 级序列子集 $\boldsymbol{S}_{m,n'}^{(j)}$ 都有宽度为 2 的单边零相关区，其中 $n \neq n'$。那么，对于任意一个 3 级序列子集 $\boldsymbol{S}_{m,n}^{(i)}$，在集合 $\mathbb{S}$ 中总共可以找到 P 个 3 级序列子集，每一个 3 级序列子集与 $\boldsymbol{S}_{m,n}^{(i)}$ 都有宽度为 2 的单边零相关区；

该定理的证明类似于定理 5.3 的证明过程，此处省略。

从定理 5.4 可以看出，通过最佳完美序列将一个序列子集扩展成了多个序列子集，虽然序列数目大幅度增加，但是序列子集之间还是基本上保持了交替零值周期相关特性，即相关性能基本保持不变。

为了体现多级子集 POESO 序列集合 $\mathbb{S}$ 的性能，下面将给出一个构造例子。此处选用长度为 $N = 13$ 的 Zadoff-Chu 完美序列集合[19]，因为长度为素数，所以该集合总共可以包含 $P = 12$ 个完美序列，且这些完美序列之间具有最佳的周期互相关性能，函数值均为 $\sqrt{13}/13 \approx 0.2774$。

对于系数矩阵 $\boldsymbol{C}$，此处选择 5.4.1 小节中获得的 4 个可用系数矩阵中的一个，即 $\boldsymbol{C} = \begin{bmatrix} ++-+ \\ -+++ \\ +++- \\ +-++ \end{bmatrix}$。

那么，按照构造公式 (5.56)，可以构造一个拥有 12 个序列子集的 POESO 序列集合 $\mathbb{S} = \left\{\boldsymbol{S}^{(i)}, 1 \leqslant i \leqslant 12\right\}$。该集合 $\mathbb{S}$ 总共包含 $4NP = 624$ 个 POESO 序列，每个序列的长度为 $4N = 52$。下面分别给出该例中多级子集 POESO 序列集合 $\mathbb{S} = \left\{\boldsymbol{S}^{(i)}, 1 \leqslant i \leqslant 12\right\}$的周期自相关分布、子集内周期互相关分布和子集之间周期互相关分布这三种情况。

令 $\boldsymbol{S}_{m,n,k}^{(i)}$ 表示 3 级序列子集 $\boldsymbol{S}_{m,n}^{(i)}$ 中的第 k 个序列，其中 $1 \leqslant k \leqslant N$。那么，多级子集 POESO 序列集合 $\mathbb{S} = \left\{\boldsymbol{S}^{(i)}, 1 \leqslant i \leqslant 12\right\}$中序列 $\boldsymbol{S}_{1,1,1}^{(1)}$ 的周期自相关分布如图 5.3 所示。从该图中可以看出，周期自相关函数不仅满足奇移正交性质，而且其非零相关函数值也很小，其绝对值基本上都小于 0.2。

为了定量表示 POESO 序列的整体周期自相关情况，可以采用类似于交替零值非周期相关序列的衡量标准，即定义一个周期自相关的价值因子 μ 如下：

$$\mu = \frac{\phi_{\boldsymbol{a}}(0)^2}{\sum\limits_{\tau=1}^{L-1} \left|\phi_{\boldsymbol{a}}(\tau)\right|^2} \tag{5.56}$$

其中，$\boldsymbol{a}$ 表示一个长度为 L 的序列。可见，该价值因子就是零位移上的能量与一个周期内所有非零位移上能量之和的比值。

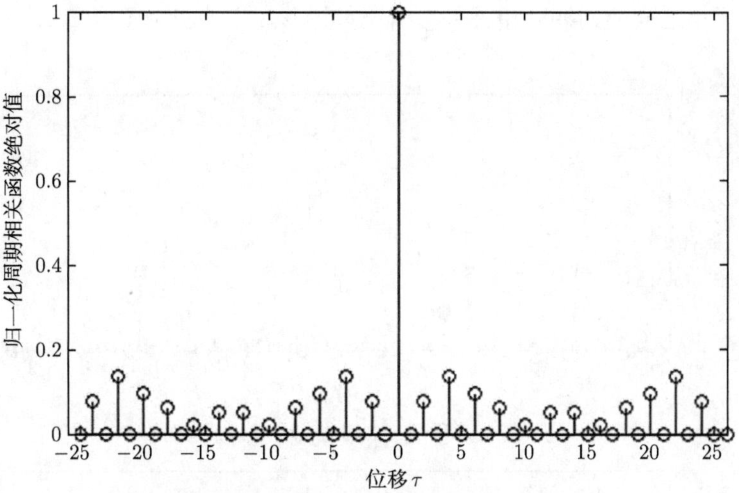

图 5.3 POESO 序列 $\boldsymbol{S}_{1,1,1}^{(1)}$ 的周期自相关分布

那么，对于 POESO 序列 $\boldsymbol{S}_{1,1,1}^{(1)}$，其价值因子为 $\mu = 6.1793$。同样地，按照式 (5.56)，图 5.2 中的周期自相关的价值因子仅为 0.5714。因此，虽然基于普通正交序列集合和移位完美序列集合都可以产生具有交替零值周期相关特性的 POESO 序列，但是本小节中基于移位完美序列集合所产生的 POESO 序列的整体周期自相关性能要好得多，即非零周期自相关函数值要低得多。

产生这一结果的原因是，POESO 序列的非零周期相关函数值主要由完美序列的非周期自相关函数确定 (关于这一点已经在定理 5.3 的证明过程中指出)，而完美序列不仅具有理想的周期自相关性能，同时还具有非常优异的非周期自相关性能。对于多级子集 POESO 序列集合 $\mathbb{S} = \left\{\boldsymbol{S}^{(i)}, 1 \leqslant i \leqslant 12\right\}$，其 1 级子集内的周期互相关性能如图 5.4 所示。

该图给出了 1 级子集内的两种周期互相关分布情况，即 3 级序列子集内周期 CCF 和 2 级序列子集间周期 CCF。其中，图 5.4-(a) 为 POESO 序列 $\boldsymbol{S}_{1,1,1}^{(1)}$ 和 $\boldsymbol{S}_{1,1,7}^{(1)}$ 的 3 级子集内周期 CCF，而图 5.4-(b) 为 POESO 序列 $\boldsymbol{S}_{1,1,1}^{(1)}$ 和 $\boldsymbol{S}_{2,1,5}^{(1)}$ 的 2 级子集间周期 CCF。

从这两个子图中可以看出，在 1 级序列子集内部，多级子集 POESO 序列的 3 级子集内周期 CCF 在零位移上以及所有奇数位移上均为零值，同时子集间周期 CCF 在所有偶数位移上均为零值。也就是说，3 级序列子集内的所有序列都是正交的，在同一个 3 级序列子集内的序列满足奇移正交，而在不同 2 级序列子集之间的序列满足偶移正交。

对于多级子集 POESO 序列集合 $\mathbb{S} = \left\{\boldsymbol{S}^{(i)}, 1 \leqslant i \leqslant 12\right\}$ 的 1 级子集之间的周期互相关性能，根据定理 5.4 可以分成三种情况，即定理 5.4 中的前三个性质，这

三种 1 级子集之间的周期互相关分布情况如图 5.5 中的三个子图所示。

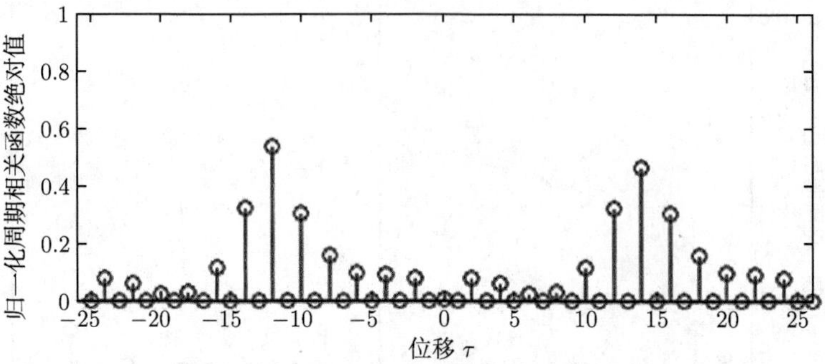

(a) $\boldsymbol{S}_{1,1,1}^{(1)}$ 和 $\boldsymbol{S}_{1,1,7}^{(1)}$ 之间的3级子集内的周期CCF

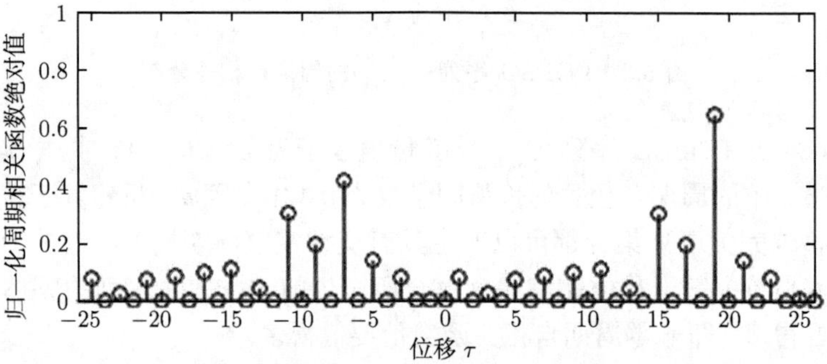

(b) $\boldsymbol{S}_{1,1,1}^{(1)}$ 和 $\boldsymbol{S}_{2,1,5}^{(1)}$ 之间的2级子集间的周期CCF

图 5.4　POESO 序列集合的 1 级子集内的两种周期 CCF 分布

图 5.5-(a) 为 $\boldsymbol{S}_{1,1,1}^{(1)}$ 和 $\boldsymbol{S}_{1,1,1}^{(2)}$ 之间的周期互相关分布，可以看出此时该互相关函数具有奇移正交特性，但是在零位移上却为非零值，并且该非零值就等于完美序列的周期互相关函数值，此处为 $\sqrt{N}/N=\sqrt{13}/13\approx 0.2774$。图 5.5-(b) 为 $\boldsymbol{S}_{1,1,1}^{(1)}$ 和 $\boldsymbol{S}_{1,2,7}^{(2)}$ 之间的周期互相关分布，可以看出此时不但具有奇移正交特性，而且在零位移上的相关值也等于零。图 5.5-(c) 为 $\boldsymbol{S}_{1,1,1}^{(1)}$ 和 $\boldsymbol{S}_{2,1,6}^{(2)}$ 之间的周期互相关分布，可以看出此时序列之间满足偶移正交。

通过比较图 5.4 和图 5.5 可以看出，1 级子集之间与 1 级子集内部的交替零值相关特性基本相同，只是 1 级子集间多了定理 5.4 中性质 (1) 这种情况，即某些情况下零位移上为非零值。既然该非零值与完美序列的长度成反比，完美序列的长度越长，则该非零值越小，那么在构造中可以选取较长的完美序列从而获得更好的相关性能。

本例中所构造的多级子集 POESO 序列集合 $\mathbb{S}=\left\{\boldsymbol{S}^{(i)},1\leqslant i\leqslant 12\right\}$ 总共包含 624 个序列，且每个序列长度为 52，因此本书不再将这些序列一一写出来，而是仅将

图 5.3~图 5.5 中所使用的多级子集 POESO 序列 $\boldsymbol{S}_{1,1,1}^{(1)}$、$\boldsymbol{S}_{1,1,7}^{(1)}$、$\boldsymbol{S}_{2,1,5}^{(1)}$、$\boldsymbol{S}_{1,1,1}^{(2)}$、$\boldsymbol{S}_{1,2,7}^{(2)}$ 和 $\boldsymbol{S}_{2,1,6}^{(2)}$ 等 6 个序列给出。

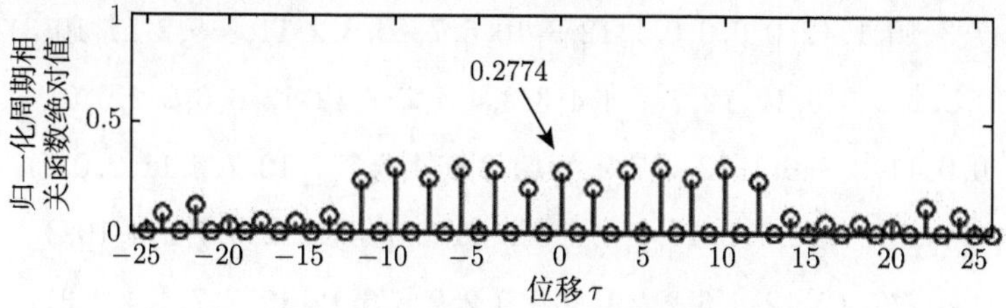

(a) $\boldsymbol{S}_{1,1,1}^{(1)}$ 和 $\boldsymbol{S}_{1,1,1}^{(2)}$ 的周期CCF

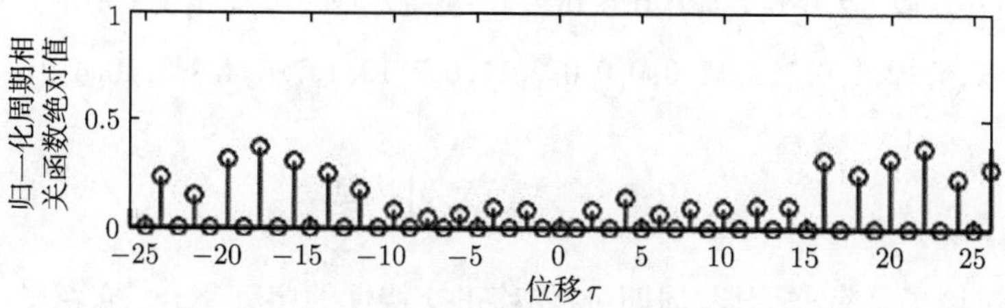

(b) $\boldsymbol{S}_{1,1,1}^{(1)}$ 和 $\boldsymbol{S}_{1,2,7}^{(2)}$ 的周期CCF

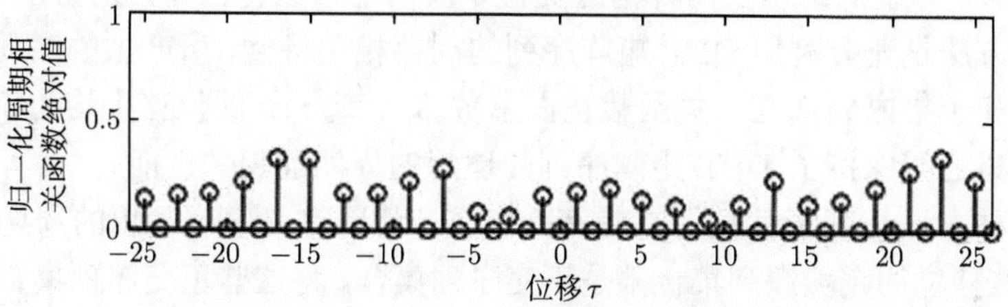

(c) $\boldsymbol{S}_{1,1,1}^{(1)}$ 和 $\boldsymbol{S}_{2,1,6}^{(2)}$ 的周期CCF

图 5.5 POESO 序列集合的 1 级子集间的三种周期 CCF 分布

因为这些序列都是多相序列，所以依然采用元素相位表示序列元素的方法。此处，多级子集 POESO 序列集合 $\mathbb{S}=\left\{\boldsymbol{S}^{(i)},1\leqslant i\leqslant 12\right\}$ 的元素总共有 13 个相位，因此序列 $\boldsymbol{S}_{m,n,k}^{(i)}$ 可以表示如下：

$$\boldsymbol{S}_{m,n,k}^{(i)}=\mathrm{e}^{\mathrm{j}\frac{2\pi}{13}\hat{\boldsymbol{S}}_{m,n,k}^{(i)}} \tag{5.57}$$

其中，$\hat{\boldsymbol{S}}_{m,n,k}^{(i)}$ 为 $0\sim 12$ 的整数相位值。

那么，在图 5.3~图 5.5 中的各个序列 $\boldsymbol{S}_{1,1,1}^{(1)}$、$\boldsymbol{S}_{1,1,7}^{(1)}$、$\boldsymbol{S}_{2,1,5}^{(1)}$、$\boldsymbol{S}_{1,1,1}^{(2)}$、$\boldsymbol{S}_{1,2,7}^{(2)}$ 和 $\boldsymbol{S}_{2,1,6}^{(2)}$ 所对应的相位序列可以分别表示如下：

$$\begin{aligned}\hat{\boldsymbol{S}}_{1,1,1}^{(1)}=&(0,0,1,1,3,3,6,6,10,10,2,2,8,8,2,2,10,10,6,6,3,3,1,1,0,0,0,\\&0,12,1,10,3,7,6,3,10,11,2,5,8,11,2,3,10,7,6,10,3,12,1,0,0)\end{aligned} \tag{5.58}$$

$$\hat{\boldsymbol{S}}_{1,1,7}^{(1)}=(2,2,10,10,6,6,3,3,1,1,0,0,0,0,1,1,3,3,6,6,10,10,2,2,8,8,11,$$

$$2,3,10,7,6,10,3,12,1,0,0,0,0,12,1,10,3,7,6,3,10,11,2,5,8) \tag{5.59}$$

$$\begin{aligned}\hat{\boldsymbol{S}}_{2,1,5}^{(1)} = &(6,6,3,3,1,1,0,0,0,0,1,1,3,3,6,6,10,10,2,2,8,8,2,2,10,10,6,\\ &7,3,10,1,12,0,0,0,0,1,12,3,10,6,7,10,3,2,11,8,5,2,11,10,3)\end{aligned} \tag{5.60}$$

$$\begin{aligned}\hat{\boldsymbol{S}}_{1,1,1}^{(2)} = &(0,0,2,2,6,6,12,12,7,7,4,4,3,3,4,4,7,7,12,12,6,6,2,2,0,0,\\ &0,0,11,2,7,6,1,12,6,7,9,4,10,3,9,4,6,7,1,12,7,6,11,2,0,0)\end{aligned} \tag{5.61}$$

$$\begin{aligned}\hat{\boldsymbol{S}}_{1,2,7}^{(2)} = &(9,4,6,7,1,12,7,6,11,2,0,0,0,0,11,2,7,6,1,12,6,7,9,4,10,3,\\ &4,4,7,7,12,12,6,6,2,2,0,0,0,0,2,2,6,6,12,12,7,7,4,4,3,3)\end{aligned} \tag{5.62}$$

$$\begin{aligned}\hat{\boldsymbol{S}}_{2,1,6}^{(2)} = &(7,7,12,12,6,6,2,2,0,0,0,0,2,2,6,6,12,12,7,7,4,4,3,3,4,4,\\ &7,6,12,1,6,7,2,11,0,0,0,0,2,11,6,7,12,1,7,6,4,9,3,10,4,9)\end{aligned} \tag{5.63}$$

5.5　本章小结

本章讨论了具有非周期/周期奇/偶移正交特性的序列集合，介绍了 N 移正交序列的概念，并重点给出了两种构造交替零值周期相关特性序列的方法。

一种方法是充分利用 DFT 矩阵序列的周期相关特性，所产生的序列的周期自相关函数和子集内周期互相关函数在占总数 3/4 或 1/2 的位移上均为零值，同时在序列子集之间保持了 DFT 矩阵序列的理想的周期互相关性能。

另一种方法是基于移位的完美序列集合，利用完美序列理想的周期自相关性能，则这些移位的完美序列集合都是正交序列集合。将这些正交序列集合乘上相应的系数，然后进行交织和级联操作，则可以产生多级子集的 POESO 序列集合。所构造的 POESO 序列集合可以包括 1～3 级序列子集，序列的周期自相关和 1 级子集内部的 2 级子集内周期互相关都具有奇移正交特性，而 1 级子集内部的 2 级子集间周期互相关都具有偶移正交特性，同时 1 级子集之间的周期相关性能非常接近 1 级子集内部的性能，仅在个别情况中零位移上为非零值，该非零值可以通过使用较长的完美序列从而将其控制在一个较低的范围内。

比较这两种构造方法，基于 DFT 矩阵序列的方法能够在保证子集内具有交替零值周期相关特性的前提下获得理想的子集间周期互相关性能，而基于移位完美序列集合的方法虽然不能产生理想的相关性能，但是却可以通过构造多级序列子集而获得大得多的序列数目。

参考文献

[1] Welch L R. Lower bounds on the maximum cross correlation of signals. IEEE Transactions on Information Theory, 1974, 20(3): 397-399.

[2] Turyn R. Ambiguity functions of complementary sequences. IEEE Transactions on Information Theory, 1963, 9(1): 46-47.

[3] Taki Y, Miyakawa H, Hatori M, et al. Even-shift orthogonal sequences. IEEE Transactions on Information Theory, 1969, IT-15(2): 295-300.

[4] Fan P Z, Darnell M. Sequence Design for Communicationa Applications. London: Research Studies Press LTD., 1996.

[5] Chen H H, Yeh Y C, Zhang X. Generalized pairwise complementary codes with set-wise uniform interference-free windows. IEEE Journal on Selected Areas in Communications, 2006, 24(1): 65-74.

[6] Feng L F, Fan P Z, Tang X H, et al. Generalized pairwise Z-complementary codes. IEEE Signal Processing Letters, 2008, 15: 377-380.

[7] Matsufuji S, Matsumoto T, Funakoshi K. Properties of even-shift orthogonal sequences//Proc. of the 3rd International Workshop on Signal Design and Its Applications in Communications, Chengdu, China, 2007: 181-184.

[8] Matsufuji S, Suehiro N. Functions of even-shift orthogonal sequences//Proc. ISCTA97, 1997: 168-171.

[9] Matsufuji S, Suehiro N. On binary block codes derived from even-shift orthogonal sequences. Technical Report of IEICE, 1996, SST: 96-52.

[10] Suehiro N, Hatori M. N-Shift cross-orthogonal sequences. IEEE Transactions on Information Theory, 1988, IT-34(1): 143-146.

[11] Golay M J E. A class of finite binary sequences with alternate auto-correlation values equal to zero. IEEE Transactions on Information Theory, 1972, IT-180(3): 449-450.

[12] Golay M J E. Sieves for low autocorrelation binary sequences. IEEE Transactions on Information Theory, 1977, IT-23(1): 43-51.

[13] Chen H H. The Next Generation CDMA Technologies. Hoboken: John Wiley & Sons. Ltd., 2007.

[14] Han C G, Hashimoto T, Suehiro N. Polyphase zero-correlation zone sequences based on complete complementary codes and DFT matrix//Proc. of the 3rd International Workshop on Signal Design and Its Applications in Communications, Chengdu, China, 2007: 172-175.

[15] Zhang Z Y, Zeng F X, Xuan G X, et al. Periodic odd-shift orthogonal sequences based on interleaved DFT matrix//Proc. of the 5th IEEE International Conference on Wireless Communications, Networks and Mobile Computing, Beijing, China, 2009: 24-26.

[16] Tang X H, Fan P Z, Matsufuji S. Lower bounds on correlation of spreading sequence set with low or zero correlation zone. Electronics Letters, 2000, 36(6): 551-552.

[17] Fan P Z, Suehiro N, Kuroyanagi N, et al. Class of binary sequences with zero correlation zone. Electronics Letters, 1999, 35(10): 777-779.

[18] Zhang Z Y, Zeng F X, Xuan G X. A general design of orthogonal sequences with alternate periodic correlation values equal to zero//Proc. 2009 International Conference on Wireless Communications and Signal Processing, Nanjing, China, 2009: 1-4.

[19] Chu D C. Polyphase codes with good periodic correlation properties. IEEE Transactions on Information Theory, 1972, IT-18: 531-533.

第 6 章 正交多子集非对称相关性序列设计

作为无线通信中的两个重要指标，传输速率和传输可靠性直接决定了通信系统的效率和质量。在系统资源一定的情况下，传输速率和传输可靠性之间通常会相互制约，一个指标性能的提升往往意味着另一个指标性能的下降。典型的如点对点通信的 DSSS 系统，其处理增益可以增加系统的抗窄带干扰能力，从而提升系统的传输可靠性。但是，作为相应的代价，其频谱效率也随之降低，处理增益越大则频谱效率越低[1]。因此，需要根据实际的应用场景和具体需求，在传输速率和传输可靠性之间获得最佳的折中处理。

本章研究了具有正交特性的多个序列子集的设计方法和性能，首先介绍了相互正交的 ZCZ 序列子集，然后引出正交序列集合的扩展思路，讨论了相互之间具有低值同相互相关 (In-Phase Cross-Correlation, IPCC) 特性的多个正交序列子集，并分别基于循环移位和抽取级联的操作方法提出了具有低值 IPCC 特性的正交多子集序列集合的设计方法，所生成的每个序列子集的内部具有正交性质，不同的序列子集之间可以获得较低的 IPCC 值。特别地，当抽取间隔为 2 的整数次幂时，可以进一步将序列子集之间的 IPCC 控制到固定的三个值，而且任意子集中的任意一个序列的 PAPR 都不超过 3dB。那么，对于给定的序列长度，序列数量将大幅度增加，从而在应用于多进制扩频 OFDM 等通信系统时能够获得更加灵活的传输速率与传输可靠性之间的优化调整。所设计的低值 IPCC 正交多子集序列集合包含多个正交的序列子集，子集中的任意序列都是单一序列类型，满足子集内部的相关性能优于子集之间的相关性能，因此该类低值 IPCC 正交多子集序列集合属于 B 类 II 型非对称相关性序列集合。

6.1 相互正交的 ZCZ 序列子集

ZCZ 序列虽然具有局部的理想自/互相关性能，满足在零相关区内互相关和异相自相关为零值，然而由于受到理论界的限制，对于给定的序列长度，当增加 ZCZ 宽度时，序列数量会减少。为了增加可用 ZCZ 序列的数量，Rathinakumar 等提出了构建正交 ZCZ 序列子集的思想[2−4]。虽然每个 ZCZ 序列子集中的序列数量有限，但是构造多个相互正交的 ZCZ 序列子集，可以成倍地增加序列的数量，只是各个序列子集之间不再具有 ZCZ 特性，而是仅仅满足正交。

6.1.1　基于互补序列级联迭代的正交 ZCZ 子集设计

相互正交的多个 ZCZ 序列子集的设计基于完备互补序列集合，通过级联迭代方式产生。

令 $\boldsymbol{\Delta}_1^{(0)}$ 表示一个完备互补序列集合，该集合的互补序列数量和每个互补序列中的子序列的数量都等于 M_0，每个子序列的长度为 L_0，则 $\boldsymbol{\Delta}_1^{(0)}$ 中 M_0 个互补序列以矩阵形式表示如下：

$$\boldsymbol{\Delta}_1^{(0)} = \begin{bmatrix} \boldsymbol{A}_{1,1}; & \boldsymbol{A}_{1,2}; & \cdots; & \boldsymbol{A}_{1,M_0} \\ \boldsymbol{A}_{2,1}; & \boldsymbol{A}_{2,2}; & \cdots; & \boldsymbol{A}_{2,M_0} \\ \vdots & \vdots & \ddots & \vdots \\ \boldsymbol{A}_{M_0,1}; & \boldsymbol{A}_{M_0,2}; & \cdots; & \boldsymbol{A}_{M_0,M_0} \end{bmatrix} \tag{6.1}$$

其中，$\boldsymbol{A}_{i,j}$ 表示第 i 个互补序列 $\boldsymbol{A}_i$ 的第 j 个子序列，$1 \leqslant i, j \leqslant M_0$。

令 $\boldsymbol{\Delta}_2^{(0)} = \boldsymbol{\Delta}_1^{(0)}$，则经过 n 次级联迭代操作，可以获得如下两个迭代结果[2]：

$$\boldsymbol{\Delta}_1^{(n)} = \begin{bmatrix} \boldsymbol{\Delta}_1^{(n-1)}\Theta\boldsymbol{\Delta}_1^{(n-1)} & \boldsymbol{\Delta}_1^{(n-1)}\Theta\left(-\boldsymbol{\Delta}_1^{(n-1)}\right) \\ \boldsymbol{\Delta}_1^{(n-1)}\Theta\left(-\boldsymbol{\Delta}_1^{(n-1)}\right) & \boldsymbol{\Delta}_1^{(n-1)}\Theta\boldsymbol{\Delta}_1^{(n-1)} \end{bmatrix} \tag{6.2}$$

$$\boldsymbol{\Delta}_2^{(n)} = \begin{bmatrix} \boldsymbol{\Delta}_2^{(n-1)}\Theta\boldsymbol{\Delta}_2^{(n-1)} & \left(-\boldsymbol{\Delta}_2^{(n-1)}\right)\Theta\boldsymbol{\Delta}_2^{(n-1)} \\ \boldsymbol{\Delta}_2^{(n-1)}\Theta\left(-\boldsymbol{\Delta}_2^{(n-1)}\right) & \left(-\boldsymbol{\Delta}_2^{(n-1)}\right)\Theta\left(-\boldsymbol{\Delta}_2^{(n-1)}\right) \end{bmatrix} \tag{6.3}$$

其中，$n \geqslant 1$，$-\boldsymbol{\Delta}$ 表示对 $\boldsymbol{\Delta}$ 中的所有元素取负操作。

那么，根据 Tseng 等[5] 提出的互补序列级联迭代操作性质可知，$\boldsymbol{\Delta}_1^{(n)}$ 和 $\boldsymbol{\Delta}_2^{(n)}$ 组成相互正交的互补序列集合，它们的任意一行序列之间都是相互正交的。

对于式 (6.2) 和 (6.3) 所示的两个序列集合，其相关性能满足如下定理。

定理 6.1[2]　设 M_n 表示 $\boldsymbol{\Delta}_1^{(n)}$ 和 $\boldsymbol{\Delta}_2^{(n)}$ 的行数，每一行为一个序列，$\boldsymbol{\Delta}_1^{(n)}$ 和 $\boldsymbol{\Delta}_2^{(n)}$ 分别由序列 $\left\{\boldsymbol{b}_1^k\right\}_{k=1}^{M_n}$ 和 $\left\{\boldsymbol{b}_2^k\right\}_{k=1}^{M_n}$ 组成，$\boldsymbol{b}_1^k$ 和 $\boldsymbol{b}_2^k$ 分别表示 $\boldsymbol{\Delta}_1^{(n)}$ 和 $\boldsymbol{\Delta}_2^{(n)}$ 的第 k 个序列，则 $\left\{\boldsymbol{b}_1^k\right\}_{k=1}^{M_n}$ 和 $\left\{\boldsymbol{b}_2^k\right\}_{k=1}^{M_n}$ 是两个不同的 ZCZ 序列集合，都可以表示为 $\mathrm{ZCZ}-\left(2^n M_0, 4^n L_0 M_0, 2^{n-1} L_0 + 1\right)$，并且 $\left\{\boldsymbol{b}_1^k\right\}_{k=1}^{M_n}$ 和 $\left\{\boldsymbol{b}_2^k\right\}_{k=1}^{M_n}$ 之间是相互正交的。

该定理明确指出式 (6.2) 和 (6.3) 中所生成的两个序列子集都是 ZCZ 序列子集，而且这两个 ZCZ 序列子集之间满足正交性质。

为了给大家一个更加直观的印象，此处给出一个简单的构造例子。令 $\boldsymbol{\Delta}_1^{(0)}$ 和 $\boldsymbol{\Delta}_2^{(0)}$ 为如下 4×4 的 Hadamard 矩阵，该矩阵可以被看作包含 4 个长度 $L_0 = 1$ 的

互补序列的序列集合，每个互补序列由 4 个子序列组成，

$$\boldsymbol{\Delta}_1^{(0)} = \boldsymbol{\Delta}_2^{(0)} = \begin{bmatrix} ++++ \\ +-+- \\ ++-- \\ +--+ \end{bmatrix} \tag{6.4}$$

那么，通过式 (6.2) 和 (6.3) 的迭代方法，经过一次迭代 ($n = 1$) 之后可得

$$\begin{aligned}
\boldsymbol{b}_1^1 &= (+++++++++-+-+-+-) \\
\boldsymbol{b}_1^2 &= (++--++--+--++--+) \\
\boldsymbol{b}_1^3 &= (++++----+-+--+-+) \\
\boldsymbol{b}_1^4 &= (++----+++--+-++-) \\
\boldsymbol{b}_1^5 &= (+-+-+-+-++++++++) \\
\boldsymbol{b}_1^6 &= (+--++--+++--++--) \\
\boldsymbol{b}_1^7 &= (+-+--+-+++++----) \\
\boldsymbol{b}_1^8 &= (+--+-++-++----++)
\end{aligned} \tag{6.5}$$

$$\begin{aligned}
\boldsymbol{b}_2^1 &= (++++++++-+-+-+-+) \\
\boldsymbol{b}_2^2 &= (++--++---++--++-) \\
\boldsymbol{b}_2^3 &= (++++-----+-++-+-) \\
\boldsymbol{b}_2^4 &= (++----++-++-+--+) \\
\boldsymbol{b}_2^5 &= (+-+-+-+---------) \\
\boldsymbol{b}_2^6 &= (+--++--+--++--++) \\
\boldsymbol{b}_2^7 &= (+-+--+-+----++++) \\
\boldsymbol{b}_2^8 &= (+--+-++---++++--)
\end{aligned} \tag{6.6}$$

可以验证，这两个序列集合都是 ZCZ 序列集合 ZCZ−$(8, 16, 2)$，而且它们之间是相互正交的，如图 6.1 所示。图中 4 个子图分别显示了两个子集的周期子相关性能、子集内的周期互相关性能和子集间的周期互相关性能。显然地，子集内具有宽度为 2 的 ZCCZ，而子集之间仅仅是正交的 (或者说 ZCCZ 等于 1)。

进一步地，如果第 2 次迭代 (即 $n = 2$)，则可以得到两个具有更长的序列长度的 ZCZ 子集 ZCZ− $(16, 64, 3)$。虽然随着迭代次数的增加，ZCZ 的宽度也随之增加，然而可以看到，第 1 次迭代之后的 ZCZ 序列子集 ZCZ− $(8, 16, 2)$ 能够达到 ZCZ 序列设计的理论界限，而第 2 次迭代之后的 ZCZ 序列子集 ZCZ− $(16, 64, 3)$ 已经不能达到理论界限。另外，如果把两个 ZCZ 序列子集看作一个完整的 ZCZ 序列集合，则经过第 1 次迭代之后得到 ZCZ 序列集合 ZCZ− $(16, 16, 1)$，该集合也能达到理论界限。然而，经过第 2 次迭代之后得到 ZCZ 序列集合 ZCZ− $(32, 64, 1)$，它并不能达到理论界限。

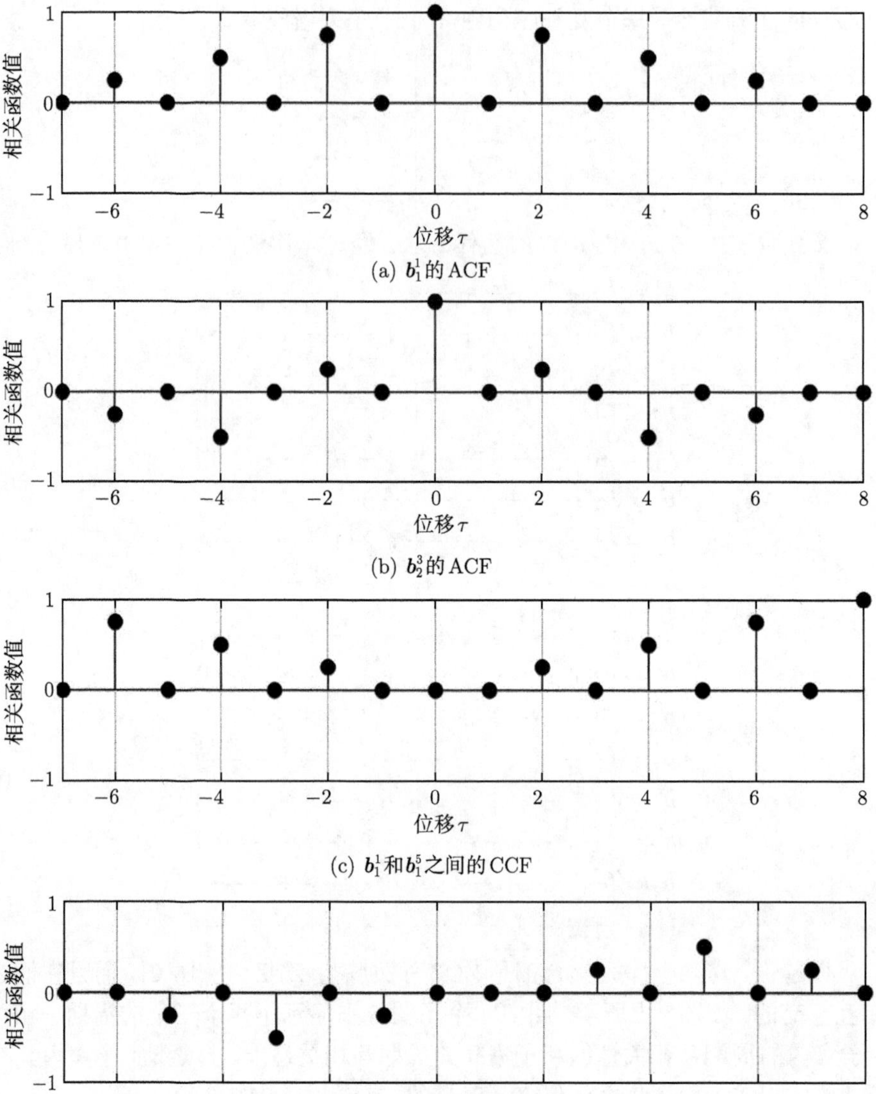

(a) $\boldsymbol{b}_1^1$的 ACF

(b) $\boldsymbol{b}_2^3$的 ACF

(c) $\boldsymbol{b}_1^1$和$\boldsymbol{b}_1^5$之间的 CCF

(d) $\boldsymbol{b}_1^1$和$\boldsymbol{b}_2^3$之间的 CCF

图 6.1 相互正交的 ZCZ 序列子集的周期相关函数分布

本例中的初始完备互补序列集合的子序列长度为 $L_0 = 1$，若换成 $L_0 = 2$ 和 $M_0 = 2$，即选择 $\boldsymbol{\Delta}_1^{(0)} = \boldsymbol{\Delta}_2^{(0)} = \begin{bmatrix} ++; & +- \\ +-; & ++ \end{bmatrix}$，则迭代一次之后可分别得到两个 ZCZ 序列子集如下：

$$
\begin{aligned}
\boldsymbol{b}_1^1 &= (++++\!+-+-++--+--+)\\
\boldsymbol{b}_1^2 &= (+-+-+++++--+++--)\\
\boldsymbol{b}_1^3 &= (++--+--++++++-+-)\\
\boldsymbol{b}_1^4 &= (+--+++--+-+-++++)
\end{aligned}
\tag{6.7}
$$

$$
\begin{aligned}
\boldsymbol{b}_2^1 &= (+++++-+---++-++-)\\
\boldsymbol{b}_2^2 &= (+-+-++++-++---++)\\
\boldsymbol{b}_2^3 &= (++--+--+-----+-+)\\
\boldsymbol{b}_2^4 &= (+--+++---+-+----)
\end{aligned}
\tag{6.8}
$$

可以验证，这是两个 ZCZ 序列子集 ZCZ $-(4,16,3)$，它们的合并集合为 ZCZ$-(8,16,1)$，都不能达到 ZCZ 序列设计的理论界限。根据文献 [2] 的设计方法，ZCZ 序列子集的个数仅为 2，该文作者在其后面的研究中进一步地从 2 个 ZCZ 序列子集扩展到多个 ZCZ 序列子集[3,4]，从而可以具有更加灵活的序列参数选择特性。

6.1.2 基于正交矩阵扩展的正交 ZCZ 子集设计

本小节将给出一种基于正交矩阵扩展的正交 ZCZ 子集设计方法，所设计的多个 ZCZ 序列子集具有相同的 ZCCZ 和 ZACZ 宽度，同时这些 ZCZ 序列子集之间是相互正交的。同传统的 Walsh-Hadamard 序列等正交序列相比较，所构造的正交 ZCZ 子集在相同的序列数量和序列长度的前提下，能够在序列子集内部具有大于 1 的 ZCZ 宽度。而且，与其他的正交 ZCZ 序列集合相比较，本小节所提出的构造方法不仅能达到序列设计的理论界限，而且在序列元素值的选取上具有更大的灵活性。

下面介绍基于正交矩阵扩展的正交 ZCZ 子集的设计方法。

设 $\boldsymbol{S}=\{\boldsymbol{s}_i=(s_{i,0},s_{i,1},\cdots,s_{i,L_0-1}),0\leqslant i\leqslant P-1\}$ 是一个已知的 ZCZ 序列集合，表示为 ZCZ$-(P,L_0,Z_0)$。那么，该 ZCZ 集合可以排列成一个 $P\times L_0$ 的矩阵如下：

$$
\boldsymbol{S}=\begin{bmatrix}\boldsymbol{s}_0\\ \boldsymbol{s}_1\\ \vdots\\ \boldsymbol{s}_{P-1}\end{bmatrix}=\begin{bmatrix}s_{0,0} & s_{0,1} & \cdots & s_{0,L_0-1}\\ s_{1,0} & s_{1,1} & \cdots & s_{1,L_0-1}\\ \vdots & \vdots & \ddots & \vdots\\ s_{P-1,0} & s_{P-1,1} & \cdots & s_{P-1,L_0-1}\end{bmatrix}
\tag{6.9}
$$

选择一个任意的 $P\times P$ 的正交矩阵 $\boldsymbol{E}$，

$$
\boldsymbol{E}=\begin{bmatrix}\boldsymbol{e}_0\\ \boldsymbol{e}_1\\ \vdots\\ \boldsymbol{e}_{P-1}\end{bmatrix}=\begin{bmatrix}e_{0,0} & e_{0,1} & \cdots & e_{0,P-1}\\ e_{1,0} & e_{1,1} & \cdots & e_{1,P-1}\\ \vdots & \vdots & \ddots & \vdots\\ e_{P-1,0} & e_{P-1,1} & \cdots & e_{P-1,P-1}\end{bmatrix}
\tag{6.10}
$$

其中，$\boldsymbol{E}$ 中的每一行是一个序列，并且 $\phi_{\boldsymbol{e}_i,\boldsymbol{e}_j}(0)=0$，$0\leqslant i,j\leqslant P-1$，$i\neq j$。

用 ZCZ$-(P,L_0,Z_0)$ 作为一个初始核心序列集合，$\boldsymbol{E}$ 作为一个系数矩阵，则一个新的序列集合 $\boldsymbol{C}=\left\{\boldsymbol{C}^{(rZ_0+t)}=\left\{\boldsymbol{c}_p^{(rZ_0+t)},0\leqslant p\leqslant P-1\right\},0\leqslant r\leqslant P-1,0\leqslant t\leqslant Z_0-1\right\}$ 可以被构造。这个被构造的序列集合 $\boldsymbol{C}$ 包含 PZ_0 个序列子集，每一个序列子集包含 P 个序列，其中第 (rZ_0+t) 个序列集合 $\boldsymbol{C}^{(rZ_0+t)}=\left\{\boldsymbol{c}_p^{(rZ_0+t)},0\leqslant p\leqslant P-1\right\}$ 能够被构造如下：

$$\boldsymbol{C}^{(rZ_0+t)}=\begin{bmatrix}\boldsymbol{c}_0^{(rZ_0+t)}\\ \boldsymbol{c}_1^{(rZ_0+t)}\\ \vdots\\ \boldsymbol{c}_{P-1}^{(rZ_0+t)}\end{bmatrix}$$

$$=\begin{bmatrix}(e_{0,0}\mathbb{T}^t(\boldsymbol{s}_r))\odot(e_{0,1}\mathbb{T}^t(\boldsymbol{s}_{(r+1)_P}))\odot(e_{0,2}\mathbb{T}^t(\boldsymbol{s}_{(r+2)_P}))\odot\cdots\odot(e_{0,P-1}\mathbb{T}^t(\boldsymbol{s}_{(r-1)_P}))\\ (e_{1,0}\mathbb{T}^t(\boldsymbol{s}_r))\odot(e_{1,1}\mathbb{T}^t(\boldsymbol{s}_{(r+1)_P}))\odot(e_{1,2}\mathbb{T}^t(\boldsymbol{s}_{(r+2)_P}))\odot\cdots\odot(e_{1,P-1}\mathbb{T}^t(\boldsymbol{s}_{(r-1)_P}))\\ \vdots\\ (e_{P-1,0}\mathbb{T}^t(\boldsymbol{s}_r))\odot(e_{P-1,1}\mathbb{T}^t(\boldsymbol{s}_{(r+1)_P}))\odot(e_{P-1,2}\mathbb{T}^t(\boldsymbol{s}_{(r+2)_P}))\odot\cdots\odot(e_{P-1,P-1}\mathbb{T}^t(\boldsymbol{s}_{(r-1)_P}))\end{bmatrix}\tag{6.11}$$

从上式可以看出，$\boldsymbol{C}$ 中的每一个序列都是通过交织核序列的移位序列与相应系数的乘积而得到的，其中序列 $\boldsymbol{y}_i=(y_{i,0},y_{i,1},\cdots,y_{i,L-1})$ 与系数 x 的乘积可以定义如下：

$$x\cdot\boldsymbol{y}_i=(x\cdot y_{i,0},x\cdot y_{i,1},\cdots,x\cdot y_{i,L-1})\tag{6.12}$$

通过上述构造过程可知，所获得的序列集合 $\boldsymbol{C}$ 因其具有多个序列子集，那么可以包含更多的可用序列。除了大的序列数量，该类序列集合也具有优良的周期相关性能，如下面的定理所示。

定理 6.2[6]　序列集合 $\boldsymbol{C}=\left\{\boldsymbol{C}^{(rZ_0+t)}=\left\{\boldsymbol{c}_p^{(rZ_0+t)},0\leqslant p\leqslant P-1\right\},0\leqslant r\leqslant P-1,0\leqslant t\leqslant Z_0-1\right\}$ 是一个正交 ZCZ 序列集合，其中，$\boldsymbol{C}$ 包含 PZ_0 个序列子集，每一个序列子集包含 P 个序列，每个序列的长度为 PL_0，单边 ZACZ 和 ZCCZ 的宽度都等于 PZ_0。

证明　按照构造方法，则所获得的序列集合 $\boldsymbol{C}$ 中的任意两个序列 $\boldsymbol{c}_{p_1}^{(r_1Z_0+t_1)}$ 和 $\boldsymbol{c}_{p_2}^{(r_2Z_0+t_2)}$ 之间的周期相关函数可以计算如下：

$$\phi_{\boldsymbol{c}_{p_1}^{(r_1Z_0+t_1)},\boldsymbol{c}_{p_2}^{(r_2Z_0+t_2)}}(\tau)$$

$$=\begin{cases}\displaystyle\sum_{n=0}^{P-(\tau)_P-1} e_{p_1,n}\cdot e^*_{p_2,(\tau)_P+n}\cdot\phi_{\mathbb{T}^{t_1}\left(\boldsymbol{s}_{(r_1+n)_P}\right),\mathbb{T}^{t_2}\left(\boldsymbol{s}_{(r_2+\tau+n)_P}\right)}\left(\left\lfloor\frac{\tau}{P}\right\rfloor\right)\\ \displaystyle\quad+\sum_{n=0}^{(\tau)_P-1} e_{p_1,P-n-1}\cdot e^*_{p_2,n}\\ \quad\cdot\phi_{\mathbb{T}^{t_1}\left(\boldsymbol{s}_{(r_1-n-1)_P}\right),\mathbb{T}^{t_2}\left(\boldsymbol{s}_{(r_2+\tau-n-1)_P}\right)}\left(\left\lfloor\frac{\tau}{P}\right\rfloor+1\right), & \tau\neq mP\\ \displaystyle\sum_{n=0}^{P-1} e_{p_1,n}\cdot e^*_{p_2,n}\cdot\phi_{\mathbb{T}^{t_1}\left(\boldsymbol{s}_{(r_1+n)_P}\right),\mathbb{T}^{t_2}\left(\boldsymbol{s}_{(r_2+n)_P}\right)}(m), & \tau=mP\end{cases}\tag{6.13}$$

对于式 (6.13)，下面将按照三种情况分别讨论，即周期自相关函数、序列子集内部的周期互相关函数和序列子集之间的周期互相关函数。

(1) 情况 1，$r_1=r_2$，$t_1=t_2$，并且 $p_1=p_2$，此时为周期自相关函数情况。式 (6.13) 可以计算如下：

$$\phi_{\boldsymbol{c}_{p_1}^{(r_1Z_0+t_1)},\boldsymbol{c}_{p_1}^{(r_1Z_0+t_1)}}(\tau)$$

$$=\begin{cases}\displaystyle\sum_{n=0}^{P-(\tau)_P-1} e_{p_1,n}\cdot e^*_{p_1,(\tau)_P+n}\cdot\phi_{\boldsymbol{s}_{(r_1+n)_P},\boldsymbol{s}_{(r_1+\tau+n)_P}}\left(\left\lfloor\frac{\tau}{P}\right\rfloor\right)\\ \displaystyle\quad+\sum_{n=0}^{(\tau)_P-1} e_{p_1,P-n-1}\cdot e^*_{p_1,n}\cdot\phi_{\boldsymbol{s}_{(r_1-n-1)_P},\boldsymbol{s}_{(r_1+\tau-n-1)_P}}\left(\left\lfloor\frac{\tau}{P}\right\rfloor+1\right), & \tau\neq mP\\ \displaystyle\sum_{n=0}^{P-1}\left|e_{p_1,n}\right|^2\cdot\phi_{\boldsymbol{s}_{(r_1+n)_P},\boldsymbol{s}_{(r_1+n)_P}}(m), & \tau=mP\end{cases}\tag{6.14}$$

此处，式 (6.14) 的计算中使用了周期相关函数的循环移位特性，也就是说 $\phi_{\mathbb{T}^t(\boldsymbol{s}_{r_1}),\mathbb{T}^t(\boldsymbol{s}_{r_2})}(\tau)=\phi_{\boldsymbol{s}_{r_1},\boldsymbol{s}_{r_2}}(\tau)$。从式 (6.14) 可以看出，序列集合 $\boldsymbol{C}$ 的周期自相关函数主要是由初始核心 ZCZ 序列集合 $\boldsymbol{S}$ 的 ACF 和 CCF 所确定的。因为 $\boldsymbol{S}$ 具有单边宽度为 Z_0 的零相关区，那么当 $0<|\tau|\leqslant P(Z_0-1)$ 时，可得 $\phi_{\boldsymbol{c}_{p_1}^{(r_1Z_0+t_1)},\boldsymbol{c}_{p_1}^{(r_1Z_0+t_1)}}(\tau)=0$。

(2) 情况 2，$r_1=r_2$，$t_1=t_2$，并且 $p_1\neq p_2$，此时为序列子集内部的周期自相关函数情况。相似于 ACF 的情况，式 (6.13) 可以计算如下：

$$\phi_{\boldsymbol{c}_{p_1}^{(r_1Z_0+t_1)},\boldsymbol{c}_{p_2}^{(r_1Z_0+t_1)}}(\tau)$$

$$
=\begin{cases}\displaystyle\sum_{n=0}^{P-(\tau)_P-1} e_{p_1,n}\cdot e^*_{p_2,(\tau)_P+n}\cdot\phi_{\boldsymbol{s}_{(r_1+n)_P},\boldsymbol{s}_{(r_1+\tau+n)_P}}\left(\left\lfloor\frac{\tau}{P}\right\rfloor\right)\\ \displaystyle\quad+\sum_{n=0}^{(\tau)_P-1} e_{p_1,P-n-1}\cdot e^*_{p_2,n}\cdot\phi_{\boldsymbol{s}_{(r_1-n-1)_P},\boldsymbol{s}_{(r_1+\tau-n-1)_P}}\left(\left\lfloor\frac{\tau}{P}\right\rfloor+1\right), & \tau\neq mP\\ \displaystyle\sum_{n=0}^{P-1} e_{p_1,n}\cdot e^*_{p_2,n}\cdot\phi_{\boldsymbol{s}_{(r_1+n)_P},\boldsymbol{s}_{(r_1+n)_P}}(m), & \tau=mP\end{cases}
\tag{6.15}
$$

对于式 (6.15)，在 $\tau\neq mP$ 时的计算与 ACF 的情况相同。当 $\tau=mP$ 时，利用初始核心 ZCZ 序列集合 $\boldsymbol{S}$ 的 ACF 性质以及正交矩阵 $\boldsymbol{E}$ 的正交性质，可得 $\displaystyle\sum_{n=0}^{P-1} e_{p_1,n}\cdot e^*_{p_2,n}\cdot\phi_{\boldsymbol{s}_{(r_1+n)_P},\boldsymbol{s}_{(r_1+n)_P}}(m)=0$，其中 $|m|\leqslant Z_0-1$。那么，进一步地，当 $|\tau|\leqslant P(Z_0-1)$ 并且 $p_1\neq p_2$ 时，可得 $\phi_{\boldsymbol{c}_{p_1}^{(r_1Z_0+t_1)},\boldsymbol{c}_{p_2}^{(r_1Z_0+t_1)}}(\tau)=0$。

(3) 情况 3，$r_1Z_0+t_1\neq r_2Z+t_2$，此时为序列子集之间的周期自相关函数情况。当 $\tau=0$ 时，式 (6.13) 可以计算如下：

$$
\phi_{\boldsymbol{c}_{p_1}^{(r_1Z_0+t_1)},\boldsymbol{c}_{p_2}^{(r_2Z_0+t_2)}}(0)=\sum_{n=0}^{P-1} e_{p_1,n}\cdot e^*_{p_2,n}\cdot\phi_{\mathbb{T}^{t_1}\left(\boldsymbol{s}_{(r_1+n)_P}\right),\mathbb{T}^{t_2}\left(\boldsymbol{s}_{(r_2+n)_P}\right)}(0)
\tag{6.16}
$$

因为 $r_1\neq r_2$ 并且 $t_1\neq t_2$，则当 $r_1Z_0+t_1\neq r_2Z+t_2$ 时，可以得到

$$
\phi_{\boldsymbol{c}_{p_1}^{(r_1Z_0+t_1)},\boldsymbol{c}_{p_2}^{(r_2Z_0+t_2)}}(0)=0
$$

根据上面讨论的三种情况，则定理 6.2 得证。 证毕。

定理 6.3[6] 所获得的正交 ZCZ 序列集合 $\boldsymbol{C}$ 的每个序列子集 $\boldsymbol{C}^{(rZ_0+t)}$ 都是一个 ZCZ 序列集合 ZCZ–$(P,PL_0,P(Z_0-1)+1)$，并且整个集合 $\boldsymbol{C}$ 是一个 ZCZ 序列集合 ZCZ–$(P^2Z_0,PL_0,1)$，当初始核心 ZCZ 序列集合 ZCZ–(P,L_0,Z_0) 达到理论界限时，则集合 $\boldsymbol{C}$ 也达到理论界限。

证明 既然初始核心 ZCZ 序列集合 ZCZ–(P,L_0,Z_0) 达到理论界限，则有 $PZ_0=L_0$，那么此时集合 $\boldsymbol{C}$ 作为一个 ZCZ 序列集合 ZCZ–$(P^2Z_0,PL_0,1)$，满足 $\eta=\dfrac{P^2Z}{PL_0}=1$，因此是理想的。 证毕。

下面给出一个简单的例子以展示所获得的正交 ZCZ 序列集合的性能。

选择文献 [7] 中的 ZCZ 序列集合 ZCZ–$(4,8,2)$ 作为构造中的初始集合，该集合以矩阵形式表示如下：

$$
\boldsymbol{S}=\begin{bmatrix}\boldsymbol{s}_0\\ \boldsymbol{s}_1\\ \boldsymbol{s}_2\\ \boldsymbol{s}_3\end{bmatrix}=\begin{bmatrix}--++++--+\\ ----+-+-\\ +--+--++\\ +-+-----\end{bmatrix}
\tag{6.17}
$$

可以看出，该 ZCZ 序列集合是一个长度为 8 的二元序列集合，总共包括 4 个序列。进一步地，选择 Hadamard 矩阵作为构造中的系数矩阵，如下所示：

$$\boldsymbol{E}=\begin{bmatrix}\boldsymbol{e}_0\\ \boldsymbol{e}_1\\ \boldsymbol{e}_2\\ \boldsymbol{e}_3\end{bmatrix}=\begin{bmatrix}++++\\ +-+-\\ ++--\\ +--+\end{bmatrix} \tag{6.18}$$

该矩阵是一个二元矩阵，若将每一行看作一个序列，则 4 行所代表的 4 个二元序列之间是相互正交的。

按照本小节所给出的构造算法，则可以获得一个正交 ZCZ 序列集合

$$\boldsymbol{C}=\{\boldsymbol{C}^{(rZ_0+t)}=\{\boldsymbol{c}_p^{(rZ_0+t)},0\leqslant p\leqslant 3\},0\leqslant r\leqslant 3,0\leqslant t\leqslant 1\}$$

如下所示：

$$\boldsymbol{C}=\begin{bmatrix}\boldsymbol{c}_0^{(0)}\\ \boldsymbol{c}_1^{(0)}\\ \boldsymbol{c}_2^{(0)}\\ \boldsymbol{c}_3^{(0)}\\ \boldsymbol{c}_0^{(1)}\\ \boldsymbol{c}_1^{(1)}\\ \boldsymbol{c}_2^{(1)}\\ \boldsymbol{c}_3^{(1)}\\ \boldsymbol{c}_0^{(2)}\\ \boldsymbol{c}_1^{(2)}\\ \boldsymbol{c}_2^{(2)}\\ \boldsymbol{c}_3^{(2)}\\ \boldsymbol{c}_0^{(3)}\\ \boldsymbol{c}_1^{(3)}\\ \boldsymbol{c}_2^{(3)}\\ \boldsymbol{c}_3^{(3)}\\ \boldsymbol{c}_0^{(4)}\\ \boldsymbol{c}_1^{(4)}\\ \boldsymbol{c}_2^{(4)}\\ \boldsymbol{c}_3^{(4)}\\ \boldsymbol{c}_0^{(5)}\\ \boldsymbol{c}_1^{(5)}\\ \boldsymbol{c}_2^{(5)}\\ \boldsymbol{c}_3^{(5)}\\ \boldsymbol{c}_0^{(6)}\\ \boldsymbol{c}_1^{(6)}\\ \boldsymbol{c}_2^{(6)}\\ \boldsymbol{c}_3^{(6)}\\ \boldsymbol{c}_0^{(7)}\\ \boldsymbol{c}_1^{(7)}\\ \boldsymbol{c}_2^{(7)}\\ \boldsymbol{c}_3^{(7)}\end{bmatrix}=\begin{bmatrix}--++----+--++-+-++-------++-+-+-\\ -++--+-+++--+++++--+-+-+--++++++\\ ------+++-+-+--+++++--++-+-++--+\\ -+-+-++-++++++--+-+--++-----++--\\ ----+--++-+-++-------++-+-+---++\\ -+-+++--+++++--+-+-+--++++++-++-\\ --+++-+-+--+++++--++-+-++--+----\\ -++-++++++--+-+--++-----++---+-+\\ -++-------++-+-++--+----++---+-+\\ --++-+-+-++-----++---+-++--+----\\ -+-+--++-----++-+-+---++++++-++-\\ -----++--+-+--++++++-++-+-+---++\\ ------++-+-++--+----++---+-+-++-\\ -+-+-++-----++---+-++--+------++\\ --++-----++-+-+---++++++-++--+-+\\ -++--+-+--++++++-++-+-+---++----\\ ++-------++-+-+---++----+--++-+-\\ +--+-+-+--++++++-++--+-+++--++++\\ ++++--++-+-++--+------+++-+-+--+\\ +-+--++-----++---+-+-++-++++++--\\ -----++-+-+---++----+--++-+-++--\\ -+-+--++++++-++--+-+++--+++++--+\\ --++-+-++--+------+++-+-+--+++++\\ -++-----++---+-+-++-++++++--+-+-\\ +--+----++---+-+-++-------++-+-+\\ ++---+-++--+------++-+-+-++-----\\ +-+---++++++-++--+-+--++-----++-\\ ++++-++-+-+---++-----++--+-+--++\\ ----++---+-+-++-------++-+-++--+\\ -+-++--+------++-+-+-++-----++--\\ --++++++-++--+-+--++-----++-+-+-\\ -++-+-+---++-----++--+-+--++++++\end{bmatrix} \tag{6.19}$$

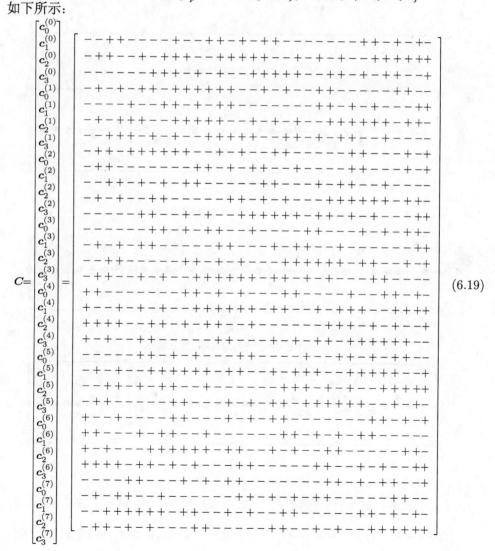

从式 (6.19) 可以看出，该正交 ZCZ 序列集合被分成 8 个序列子集，每个序列子集包含 4 个 ZCZ 序列，每个 ZCZ 序列的长度为 32。该例中的正交 ZCZ 序列集合的周期相关性能如图 6.2 所示，其中 4 个子图 (a)~(d) 依次分别显示了周期自相关函数、子集内周期互相关函数和两种子集间周期互相关函数的情况。从图 6.2 可以看出，子集内具有单边宽度为 5 的 ZCCZ，同时两种子集间的情况，即 $r_1 \neq r_2$ 和 $t_1 \neq t_2$，都满足正交性质。

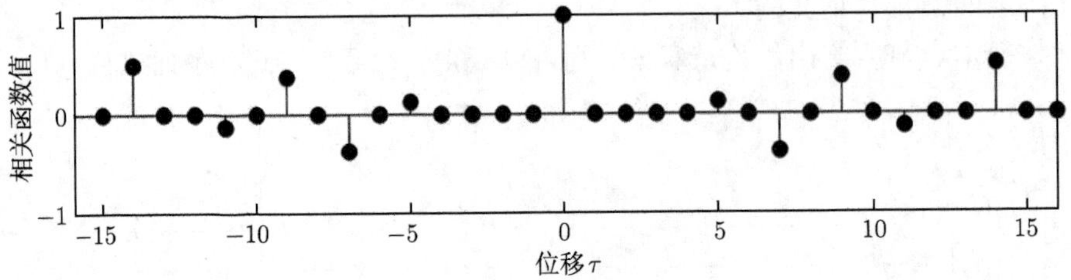

(a) $\boldsymbol{c}_0^{(0)}$ 的周期ACF分布

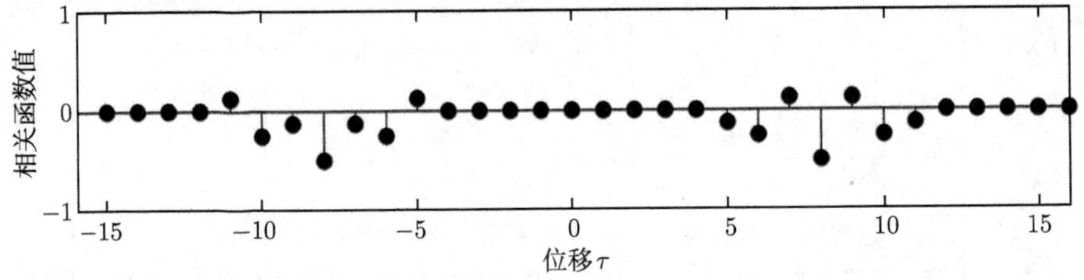

(b) $\boldsymbol{c}_0^{(0)}$ 和 $\boldsymbol{c}_1^{(0)}$ 之间的周期CCF分布

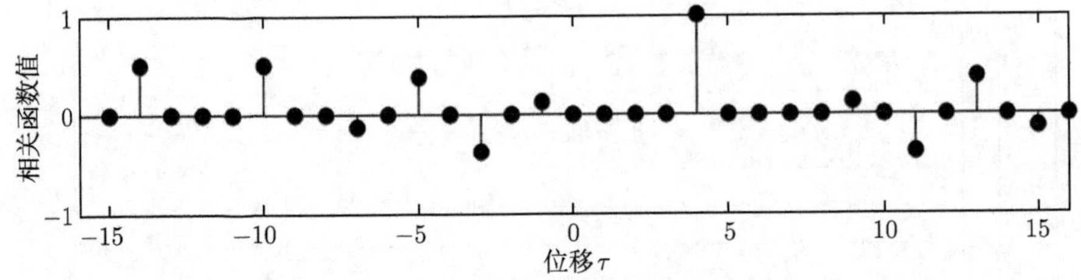

(c) $\boldsymbol{c}_0^{(0)}$ 和 $\boldsymbol{c}_0^{(1)}$ 之间的周期CCF分布

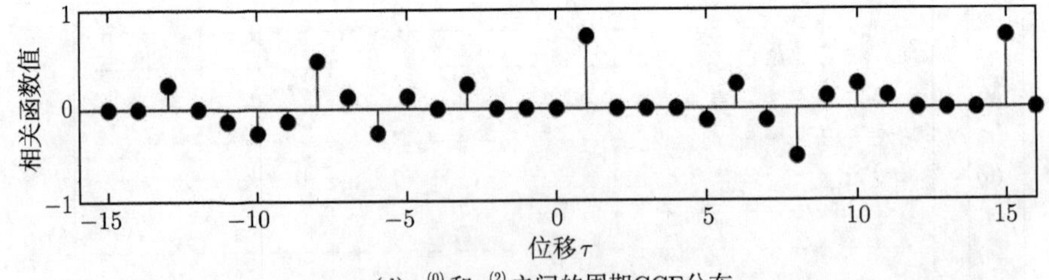

(d) $\boldsymbol{c}_0^{(0)}$ 和 $\boldsymbol{c}_0^{(2)}$ 之间的周期CCF分布

图 6.2　基于正交矩阵扩展的正交 ZCZ 序列集合的周期相关性能

另外，也可以看到，因为初始核心序列集合是理想的，那么该例中的正交 ZCZ

序列集合也已达到序列设计的理论界限。然而，基于正交矩阵扩展的正交 ZCZ 序列集合的各个序列子集并未达到理论界限，本例中的各个序列子集都是 ZCZ 序列集合 ZCZ$-(4,32,5)$。

虽然所构造的相互正交的 ZCZ 序列集合可以看作一个正交序列集合，但是它却与传统的正交序列集合不同，如表 6.1 所示。Hadamard 序列集合是一个传统的正交序列集合，它只包含一个序列子集合，也就是它自己。因此虽然 Hadamard 序列集合的性能参数 $\eta=1$，但是它的 ZCZ 宽度固定为 1，同时表中的其他相互正交的 ZCZ 序列集合则具有更大的 ZCZ 宽度。对于 ZCZ 宽度大于 1 的序列集合，考虑整个序列集合，则只有文献 [6]、文献 [8] 以及文献 [9] 中的构造 2 是理想的，即 $\eta=1$，其他的在文献 [2，10，11] 中的构造方法以及文献 [9] 中的构造 1 都不能达到理想性能。然而如果考虑单个子集的性能，则只有文献 [9] 中的构造 2 是理想的，而文献 [6] 和文献 [8] 中的正交 ZCZ 序列集合接近理想。但是，也应该看到，文献 [9] 中的构造 2 和文献 [8] 限定序列元素值只能为多相，而文献 [6] 则既可以是多相，也可以是二元的。

6.1.3 基于完美序列移位交织的正交 ZCZ 多相子集设计

本小节的相互正交 ZCZ 多相序列集合构造方法可以看作 6.1.2 小节的一个特例。依然采用传统的零相关区序列集合作为一个核心集合，利用循环移位的完美序列，可以将一个零相关区序列集合扩展成为包含多个相互正交的零相关区序列子集的新序列集合。众所周知，完美序列具有理想的周期自相关性能，因此其循环移位序列之间是相互正交的。类似于上一小节的结果，本小节所获得的序列集合也可以达到序列设计的理论界限，能够为大容量码分多址通信系统提供具有良好干扰抑制特性的序列，同时也能够作为正交频分复用等通信系统的整数倍频偏估计序列、同步训练序列和信道估计参考信号等。

下面给出具体的基于完美序列移位交织的正交 ZCZ 子集设计方法。

相互正交零相关区多相序列集合的构造方法包括：根据实际系统要求选择一个传统的零相关区序列集合作为构造的核心集合，然后选择一个长度等于核心集合序列数量的完美序列，接着将核心集合中的序列以及完美序列进行循环移位，再将移位后的完美序列元素与移位后的核心集合中的序列进行乘积运算，最后将乘积所得的各个序列进行交织操作，就可以将核心集合扩展成为一个包含多个相互正交的零相关区多相序列子集的新序列集合。

相互正交的零相关区多相序列子集的构造步骤如下：

(A) 基于零相关区长度和序列长度等参数，选择一个传统的零相关区序列集合 ZCZ$-(P,L_0,Z_0)$ 作为核心集合，即 $\boldsymbol{X}=\{\boldsymbol{x}_i=(x_{i,0},x_{i,1},\cdots,x_{i,L_0-1}),0\leqslant i\leqslant P-1\}$。

(B) 选择一个长度为 P 的完美序列 $\boldsymbol{y}=(y_0,y_1,\cdots,y_{P-1})$，其具有理想的周

表 6.1 不同 ZCZ 序列集合的性能比较

序列子集	序列子集的个数	子集内 ZCCZ 宽度	序列的元素类型	性能参数：单个子集	性能参数：整个序列集合
Hadamard 序列集合	1	1	二元	$\eta=1$	$\eta=1$
ZCZ$-\left(2^nM_0,4^nL_0M_0,2^{n-1}L_0+1\right)$，文献 [2]	2	$2^{n-1}L+1$	二元	$\eta=\frac{1}{2}+\frac{1}{2^nL}$	$\eta=\frac{1}{2^{n-1}L}$
ZCZ$-(n,mn,m-1)$，文献 [10]	$n-1$ 或 n	$m-1$	多相	$\eta=\frac{m-1}{m}$	$\eta=\frac{n-1}{n}$或 $\eta=\frac{n}{m},m>n$
ZCZ$-\left(\left\lfloor\frac{N}{T}\right\rfloor,TN,T\right)$，文献 [11]	T	T	多相	$\eta=\frac{1}{N}\left\lfloor\frac{N}{T}\right\rfloor$	$\eta=\frac{1}{N}\left\lfloor\frac{N}{T}\right\rfloor$
ZCZ$-(M,2^nN,2^{n-1}+1)$，文献 [9]	2	$2^{n-1}+1$	多相	$\eta=\frac{1}{2}+\frac{1}{2^n}$或 $\eta=\frac{1}{2}+\frac{N-(2^{n-1}+1)}{2^nN}$	$\eta=\frac{1}{2^{n-1}}$或 $\eta=\frac{N-1}{2^{n-1}N}$
ZCZ$-(N,TN,T)$，文献 [9]	T	T	多相	$\eta=1$	$\eta=1$
ZCZ$-(P,PL_0,PZ_0)$，文献 [8]	$P(Z_0+1)$	PZ_0	多相	$\eta=\frac{Z_0+1/P}{Z_0+1}$	$\eta=1$
ZCZ$-(P,PL_0,PZ_0)$，文献 [6]	$P(Z_0+1)$	PZ_0	二元或多相	$\eta=\frac{Z_0+1/P}{Z_0+1}$	$\eta=1$

期自相关函数，即满足 $\phi_y(\tau)=0$，$(\tau)_P\neq 0$，例如，Zadoff-Chu 序列和 Frank 序列等。

(C) 对核心集合 $\boldsymbol{X}=\{\boldsymbol{x}_i=(x_{i,0},x_{i,1},\cdots,x_{i,L_0-1}),0\leqslant i\leqslant P-1\}$ 中的各个序列进行循环左移 t 位，即 $\{\mathbb{T}^t(\boldsymbol{x}_i),0\leqslant i\leqslant P-1,0\leqslant t\leqslant Z_0-1\}$。同时，将完美序列 $\boldsymbol{y}=(y_0,y_1,\cdots,y_{P-1})$ 进行循环左移 t' 位，即 $\mathbb{T}^{t'}(\boldsymbol{y})=\left(y'_t,y_{(t'+1)_P},\cdots,y_{(t'-1)_P}\right)$，$0\leqslant t'\leqslant P-1$。

(D) 将循环移位后的完美序列的元素与移位后的核心集合中的对应序列进行乘积运算，然后依次将这些序列交织成一个长度为 PL_0 的新序列。依次类推，对于给定的移位值 t，当移位值 t' 遍历 $0,1,2,\cdots,P-1$ 时，可以得到总共 P 个长度为 PL_0 的新序列，这些序列组成一个序列子集；

(E) 令一个变量 r 满足 $0\leqslant r\leqslant P-1$，当 r 遍历 $0,1,2,\cdots,P-1$，并且 t 遍历 $0,1,2,\cdots,Z_0-1$ 时，则可以获得总共 PZ_0 个序列子集，这些序列子集构成了相互正交零相关区多相序列集合 $\boldsymbol{A}$，其中，第 (rZ_0+t) 个序列子集 $\boldsymbol{A}^{(rZ_0+t)}$ 中的第 t' 个序列 $\boldsymbol{a}_{t'}^{(rZ_0+t)}$ 可以构造为 $(y_{t'}\cdot\mathbb{T}^t(\boldsymbol{x}_r))\odot\left(y_{(t'+1)_P}\cdot\mathbb{T}^t(\boldsymbol{x}_{(r+1)_P})\right)\odot\cdots\odot\left(y_{(t'-1)_P}\cdot\mathbb{T}^t(\boldsymbol{x}_{(r-1)_P})\right)$。

根据上述生成步骤，相互正交的 ZCZ 多相序列子集的设计框图如图 6.3 所示。从该图中可以看出，生成该类序列子集的核心在于完美序列以及初始的 ZCZ 序列集合。

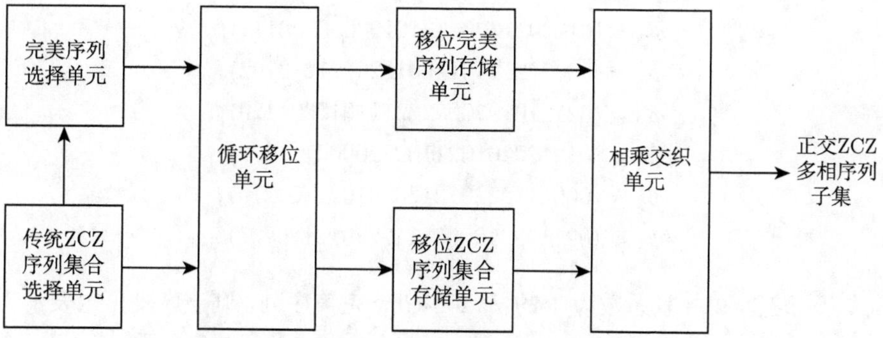

图 6.3 正交 ZCZ 多相序列子集的设计框图

对于所获得的正交 ZCZ 多相序列子集，其具有如下特征：

(1) 序列集合 $\boldsymbol{A}$ 总共包含 P^2Z_0 个序列。

(2) 每个序列的长度为 PL_0。

(3) 集合 $\boldsymbol{A}$ 中的 P^2Z_0 个序列被分成 PZ_0 个序列子集。

(4) 每个序列子集包含 P 个序列。

(5) 每个序列子集可以被看作一个 ZCZ-$(P,PL_0,P(Z_0-1)+1)$ 传统零相关区序列集合。

(6) 不同序列子集中的序列之间是相互正交的。

(7) 序列集合 $\boldsymbol{A}$ 可以看作一个 ZCZ$-(P^2Z_0, PL_0, 1)$ 传统零相关区序列集合。

(8) 序列集合 $\boldsymbol{A}$ 可以达到序列设计的理论界，只要核心集合 ZCZ$-(P, L_0, Z_0)$ 是理想的。

上述步骤 (A)~(E) 所产生的具有上述特征 (1)~(8) 的相互正交零相关区多相序列集合 $\boldsymbol{A}$ 包含多个相互正交的零相关区多相序列子集，能够为大容量码分多址通信系统提供具有良好干扰抑制特性的序列，同时也能够作为正交频分复用等通信系统的同步训练序列和信道估计参考信号等。

下面结合一个简单的例子进一步说明该设计方法。本例构造一个序列子集数目为 27 和序列长度为 243 的正交零相关区多相序列集合 $\boldsymbol{A}$。选择文献 [12] 中的三相零相关区序列集合 ZCZ$-(9,27,3)$ 作为初始核心序列集合，此处可知序列长度为 $L_0 = 27$，序列数目为 $P = 9$，单边零相关区长度为 $Z_0 = 3$。该核心集合 $\boldsymbol{X} = \{\boldsymbol{x}_i = (x_{i,0}, x_{i,1}, \cdots, x_{i,26}), 0 \leqslant i \leqslant 8\}$ 中的序列元素 $x_{i,l}$ 表示为 $\mathrm{e}^{\mathrm{j}2\pi\phi_{i,l}/3}$，$0 \leqslant l \leqslant 26$。则该三相序列 $\boldsymbol{x}_i$ 可由其相位 $\boldsymbol{\phi}_i$ 表示如下：

$$
\begin{aligned}
\boldsymbol{\phi}_0 &= (012012012021021021000000000)\\
\boldsymbol{\phi}_1 &= (000000000120120120210210210)\\
\boldsymbol{\phi}_2 &= (021021021000000000012012012)\\
\boldsymbol{\phi}_3 &= (012201120021210102000222111)\\
\boldsymbol{\phi}_4 &= (000222111012201120021210102)\\
\boldsymbol{\phi}_5 &= (021210102000222111012201120)\\
\boldsymbol{\phi}_6 &= (012120201021102210000111222)\\
\boldsymbol{\phi}_7 &= (000111222012120201021102210)\\
\boldsymbol{\phi}_8 &= (021102210000111222012120201)
\end{aligned}
\tag{6.20}
$$

选择长度为 9 并且系数为 1 的 Zadoff-Chu 完美序列，则该序列可以表示为

$$
\left(1, \mathrm{e}^{\mathrm{j}\frac{2}{9}\pi}, \mathrm{e}^{\mathrm{j}\frac{6}{9}\pi}, \mathrm{e}^{\mathrm{j}\frac{12}{9}\pi}, \mathrm{e}^{\mathrm{j}\frac{2}{9}\pi}, \mathrm{e}^{\mathrm{j}\frac{12}{9}\pi}, \mathrm{e}^{\mathrm{j}\frac{6}{9}\pi}, \mathrm{e}^{\mathrm{j}\frac{2}{9}\pi}, 1\right) \tag{6.21}
$$

按照本小节中的构造步骤，基于上述初始三相 ZCZ 集合和完美序列可以构造一个包含 27 个序列子集的新序列集合 $\boldsymbol{A} = \left\{\boldsymbol{a}_i^{(m)} = \left(a_{i,0}^{(m)}, a_{i,1}^{(m)}, \cdots, a_{i,242}^{(m)}\right),\ 0 \leqslant m \leqslant 26, 0 \leqslant i \leqslant 8\right\}$。所获得的序列集合 $\boldsymbol{A}$ 中序列数量和序列长度都等于 243，每个序列子集包含 9 个序列。

图 6.4 中的 3 个子图 (a)~(c) 依次给出了本例所构造的相互正交零相关区多相序列集合 $\boldsymbol{A}$ 的周期自相关、序列子集内周期互相关以及不同序列子集的序列之

间的周期互相关分布情况。从图中可以清楚地看出，周期零自相关区长度和序列子集内零互相关区长度都等于 19，即 $P(Z_0-1)+1=9\times2+1=19$。同时，不同序列子集合的序列之间是相互正交的。

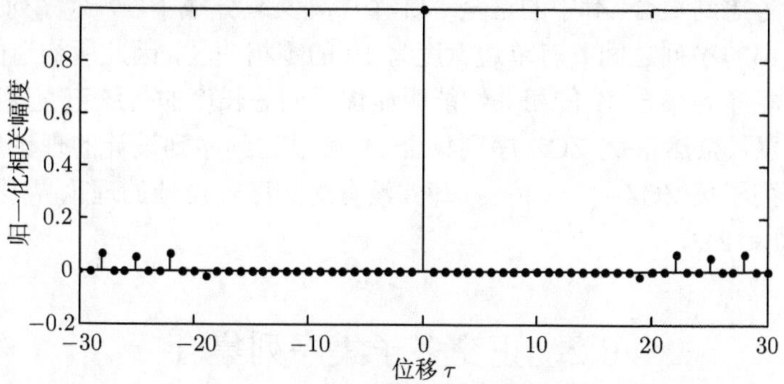

(a) 周期自相关分布

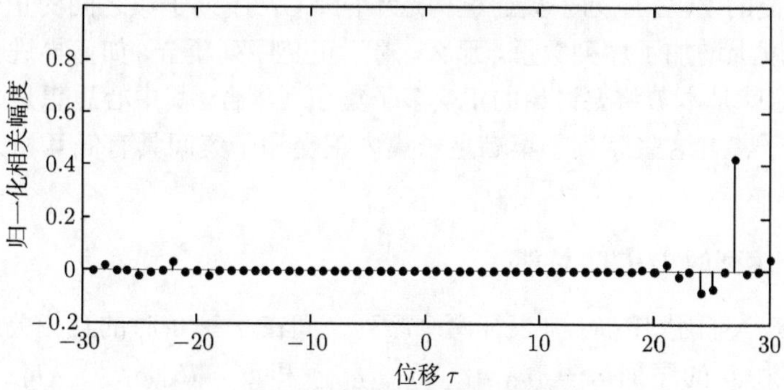

(b) 序列子集内周期互相关分布

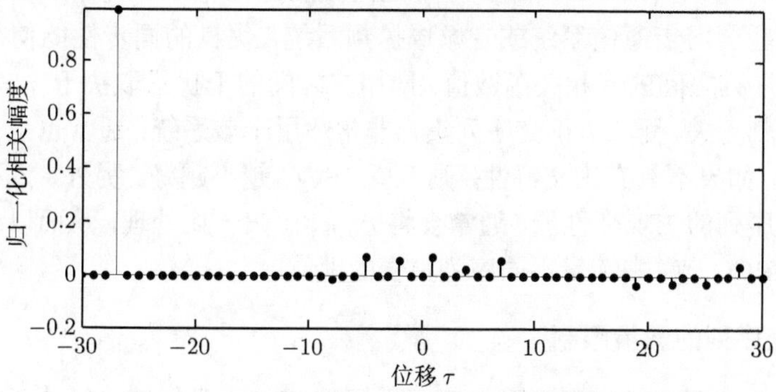

(c) 不同序列子集的序列之间的周期互相关分布

图 6.4 正交 ZCZ 多相序列子集的周期相关性能

那么，本例中所构造的相互正交零相关区多相序列集合 $\boldsymbol{A}$ 可以看作一个 ZCZ−(243, 243, 1)，其各个序列子集都可以被看作一个 ZCZ−(243, 9, 19)。因为此处的核心集合 ZCZ$-(9,27,3)$ 是一个理想的零相关区多相序列集合，那么根据本小节前面的构造方法可知，相互正交零相关区多相序列集合 $\boldsymbol{A}$ 也是一个理想的零相关区多相序列集合，即总共 243 个长度为 243 的序列之间是相互正交的。

进一步考虑到集合 $\boldsymbol{A}$ 中的这些 243 个序列又被分成了 27 个序列子集，而且序列子集内部的序列之间具有单边宽度为 19 的零相关区，因此所构造的相互正交零相关区多相序列集合 $\boldsymbol{A}$ 的相关性能明显优于同等长度的传统正交序列集合。另外，需要注意，虽然正交 ZCZ 序列集合 $\boldsymbol{A}$ 可以达到序列设计的理论界限，但是它的各个序列子集 ZCZ$-(243,9,19)$ 却并没有达到序列设计的理论界限，因为此处 $9\times 19=171<243$。

6.2　正交多子集序列集合

相互正交的 ZCZ 序列子集通过构造不同 ZCZ 序列子集之间的正交性质，从而在一定程度上增加了序列数量。那么，对于正交序列集合，如何再进一步地增加其数量呢？这就是本节将要讨论的正交多子集序列集合，其中心思想是同时构造多个正交序列子集，这些序列子集满足子集内正交和子集间具有低互相关函数值的特性。

6.2.1　单一序列的 IPCC 性能

通常地，人们用 IPCC 来表征两个序列之间在 $\tau=0$ 时的互相关函数值。对于两个长度为 L 的序列 $\boldsymbol{a}=(a_0,a_1,\cdots,a_{L-1})$ 和 $\boldsymbol{b}=(b_0,b_1,\cdots,b_{L-1})$，它们的 IPCC 定义为 $\phi_{\boldsymbol{a},\boldsymbol{b}}(0)$。那么，若 $\boldsymbol{a}$ 和 $\boldsymbol{b}$ 之间相互正交，则有 $\phi_{\boldsymbol{a},\boldsymbol{b}}(0)=0$。

对于某些全同步通信系统或者频域扩频系统，优良的同步性能使得系统只关心 $\tau=0$ 时序列之间的互相关函数值，即用户之间的干扰只取决于 $\tau=0$，而与其他的位移时刻无关。那么，正交序列集合非常适用于该系统，通常也是该类系统的首选。然而，如果不具有正交特性，则希望 IPCC 越小越好。另外，为了统一表征不同长度的序列的 IPCC 性能，通常会将 $\phi_{\boldsymbol{a},\boldsymbol{b}}(0)$ 归一化处理，从而以统一的标准 (即归一化 IPCC 值) 来衡量不同序列集合的性能。

6.2.2　正交序列的数量限制

虽然正交序列集合中任意两个序列之间的 IPCC 为零值，但是正交序列集合的序列数量受到理论界限的约束，即正交序列集合中相互两两正交的序列的数量不超过序列的长度。那么，为了进一步增加可用的序列数量，则需要在一定程度上牺牲序列之间的 IPCC 性能，而正交多子集序列集合正是该类思想的典型代表。通过设计多个正交的序列子集，每个子集的序列数量都等于序列的长度，然后保证这些序列子集之间具有较低的 IPCC 值，从而形成低值 IPCC 正交多子集序列集合。

例如，每个序列的长度为 L，每个正交序列子集的序列数量为 M，满足 $M = L$。整个序列集合中正交序列子集的个数为 N，不同正交序列子集之间的 IPCC 小于一个固定的归一化值 IPCC。那么，该类低值 IPCC 正交多子集序列集合的序列数量可以达到传统正交序列集合的 N 倍，从而可以保证应用该类序列的系统容纳更多的用户或者实现更高的传输速率。但是，也应该看到，作为序列数量增加的代价，虽然序列自己内部的序列之间依然相互正交，但是不同的序列子集之间则不再具有正交特性，而是成为低值 IPCC 特性。

6.2.3 ZCCPs 集合的单序列速率提升方案

对于第 3 章讨论的 ZCCPs 序列集合，虽然属于多子序列类型，但是也是正交序列集合。而且，若不考虑序列中间插入的零值，则序列的数量等于序列的长度。ZCCPs 序列集合可以在一定程度上获得传输速率和传输可靠性之间的平衡，另外若通过序列配对方案 (同时使用一个序列中的两个子序列) 和单序列方案 (仅使用两个子序列中的一个) 的选择，还可以对这种平衡进行细微的调节。然而，正交特性限制了可调节的范围，序列数量依然被制约到序列的长度。按照多进制扩频的原理，小的序列数量只能获得低的传输速率，为了在给定的序列长度下获得更多的序列，则需要进一步破除正交性质的约束，将 ZCCPs 序列集合的周期互相关性能由零值 IPCC 放宽到低值 IPCC。

一种有效的方法就是前面所介绍的低值 IPCC 正交多子集策略，设计多个具有正交性质的序列子集，而且这些正交子集之间的 IPCC 被控制到较低的数值。这些正交的序列子集可以单独使用，也可以按照通信系统对传输速率的具体要求，进行不同模式的组合应用。例如，对于序列长度 2^n，能够获得的相互正交的最大的序列数量就是 2^n，当采用 ZCCPs 单序列频域多进制扩频方案时，每个 OFDM 符号可以传送 n 个比特信息。如果同时设计两个正交子集，这两个子集之间具有低值 IPCC 特性，那么每个 OFDM 符号就可以传送 $n+1$ 个比特信息。以此类推，4 个正交子集对应 $n+2$ 个比特信息，8 个正交子集对应 $n+3$ 个比特信息，等等。

值得注意的是，除了对正交子集之间 IPCC 的控制，因为采用 OFDM 调制，所以还应该充分考虑每个序列子集的 PAPR 特性。对于给定的序列长度，虽然正交序列的数量是固定的，但是具有 3dB PAPR 的序列数量并没有限定。因此，理想的情况应该是，ZCCPs 序列集合单序列方案包含多个序列子集，每个序列子集都是正交的，不同的序列子集之间具有低值 IPCC，而且所有的序列都具有 3dB PAPR 性质，这也是本章研究的核心问题，本章讨论的低值 IPCC 正交多子集序列集合不仅适用于全同步通信系统，而且还特意针对多进制 OFDM 系统同时考虑了 IPCC 特性和 PAPR 特性，其目的不仅是增加序列的数量，也希望通过序列数量的增加，优化系统传输速率和传输可靠性的关系。

6.3 基于循环移位的低值 IPCC 正交多子集设计

本节提出了一种基于循环移位的低值 IPCC 正交多子集设计方法，分析了所生成的序列集合的子集间 IPCC 性能和 PAPR 性能，针对具体的序列集合制定了不同传输速率策略，从而实现对传输速率和传输可靠性之间的优化平衡。

6.3.1 低值 IPCC 正交多子集设计方法

循环移位操作是一种常见的序列设计方法，其显著特点是不改变序列集合的 IPCC 值。那么，如果原序列集合是一个正交集合，则其移位序列集合依然是一个正交集合，这正是本节所提出的设计方法的出发点。本节所提出的基于循环移位的低值 IPCC 正交多子集设计方法可以分为以下三个步骤[13]。

步骤 1　选择一个正交序列集合 $\boldsymbol{C}$。例如，选择第 3 章中基于级联操作所生成的 ZCCP 序列集合 $\left\{\left[\boldsymbol{C}_{m,0}^{(n)};\ \ \boldsymbol{C}_{m,1}^{(n)}\right], 0 \leqslant m \leqslant 2^{n+1}-1\right\}$。此处需注意，因为循环移位操作将改变 0 值的位置，所以选用的正交集合此时还未插入 0 值。为了确保直流空载，将在多个序列子集产生之后，再进行中间位置的统一插入 0 值操作。

步骤 2　对所选正交序列集合进行循环左移操作，从而将该正交集合扩展至 L 个正交子集，即 $\{\mathbb{T}^l(\boldsymbol{C}), 0 \leqslant l \leqslant L-1\}$，其中 $\mathbb{T}^l(\boldsymbol{C})$ 是对 $\boldsymbol{C}$ 中所有序列循环左移 l 位之后所得到的正交序列集合，L 表示序列 (对于单一序列类型) 或子序列 (对于多子序列类型) 的长度。

步骤 3　对所生成的 L 个正交子集进行优化组合，根据子集间 IPCC 值和 PAPR 性能制定多子集组合策略。

6.3.2 正交子集之间的 IPCC 性能

下面以 ZCCP 序列集合 $\left\{\left[\boldsymbol{C}_{m,0}^{(n)};\ \ \boldsymbol{C}_{m,1}^{(n)}\right], 0 \leqslant m \leqslant 2^{n+1}-1\right\}$ 为例讨论多个不同序列子集之间的 IPCC 性能，其中，$n=5$，0 级初始集合为 $\boldsymbol{C}^{(0)} = \begin{bmatrix} +; & + \\ +; & - \end{bmatrix}$，系数矩阵满足 $\boldsymbol{E} = \begin{bmatrix} ++-+ \\ +++- \end{bmatrix}$。

因为子序列长度为 32，所以总共包含 32 个循环移位正交子集。对于其中的任意 4 个子集 $\left\{\mathbb{T}^l\left(\left[\boldsymbol{C}_{m,0}^{(5)};\ \ \boldsymbol{C}_{m,1}^{(5)}\right]_{m=0}^{63}\right), l = l_0, l_1, l_2, l_3\right\}$，当 $l_1 - l_0 = l_3 - l_2 = \bar{l}$ 时，显然有序列子集 $\mathbb{T}^{l_0}\left(\left[\boldsymbol{C}_{m,0}^{(5)};\ \ \boldsymbol{C}_{m,1}^{(5)}\right]_{m=0}^{63}\right)$ 和序列子集 $\mathbb{T}^{l_1}\left(\left[\boldsymbol{C}_{m,0}^{(5)};\ \ \boldsymbol{C}_{m,1}^{(5)}\right]_{m=0}^{63}\right)$

之间的 IPCC 值与序列子集 $\mathbb{T}^{l_2}\left(\left[\boldsymbol{C}_{m,0}^{(5)};\ \boldsymbol{C}_{m,1}^{(5)}\right]_{m=0}^{63}\right)$ 和序列子集 $\mathbb{T}^{l_3}\left(\left[\boldsymbol{C}_{m,0}^{(5)};\ \boldsymbol{C}_{m,1}^{(5)}\right]_{m=0}^{63}\right)$ 之间的 IPCC 值相等，其中 $\bar{l}$ 表示相对位移。那么，只需按照 $\bar{l}\in\{1,2,\cdots,31\}$ 进行讨论，就可以包含所有位移情况下的子集间 IPCC 值，具体如表 6.2 所示。

表 6.2 基于循环移位的正交多子集之间的 IPCC 分布

$\bar{l}$	1	2	3	4	5	6	7	8
$\text{IPCC}_{\max}$	0.5	0.5	0.375	0.5	0.375	0.375	0.3125	0.5
$\bar{l}$	9	10	11	12	13	14	15	16
$\text{IPCC}_{\max}$	0.3125	0.375	0.375	0.5	0.375	0.5	0.5	1
$\bar{l}$	17	18	19	20	21	22	23	24
$\text{IPCC}_{\max}$	0.5	0.5	0.375	0.5	0.375	0.375	0.3125	0.5
$\bar{l}$	25	26	27	28	29	30	31	
$\text{IPCC}_{\max}$	0.3125	0.375	0.375	0.5	0.375	0.5	0.5	

从表 6.2 中可以看出，当 $\bar{l}=16$ 时，存在平移等价序列，即 $\text{IPCC}_{\max}=1$。为了避免这种情况，应该选择那些相对位移不等于 16 的序列集合。当 $\bar{l}\neq 16$ 时，存在三个不同的 $\text{IPCC}_{\max}$，即 0.3125、0.375 和 0.5。那么，在实际应用中，可以选择 $\left\{\mathbb{T}^{l}\left(\left[\boldsymbol{C}_{m,0}^{(5)};\quad \boldsymbol{C}_{m,1}^{(5)}\right]_{m=0}^{63}\right), 0\leqslant l\leqslant 15\right\}$这 16 个正交子集进行多进制扩频和解扩，此时序列数量由 64 增长到 1024。

另外，表 6.2 也显示 $\text{IPCC}_{\max}$ 的取值关于 $\bar{l}=16$ 呈对称分布。对于一个长度为 L 的序列，它的循环左移 l 位序列与循环右移 $L-l$ 位的序列相同。那么，表 6.2 中 $\text{IPCC}_{\max}$ 的对称分布表明，相对位移左移 l 位的序列子集之间的 $\text{IPCC}_{\max}$ 与相对位移右移 l 位的序列子集之间的 $\text{IPCC}_{\max}$ 相等。虽然表 6.2 给出了不同序列子集之间 IPCC 的最大值，但是其具体的分布情况并不清楚。图 6.5~图 6.7 分别给出了原集合 $\left[\boldsymbol{C}_{m,0}^{(5)};\quad \boldsymbol{C}_{m,1}^{(5)}\right]_{m=0}^{63}$ 与它在 $l=1$、3 和 7 这三种情况下的 IPCC 分布，其中 $\text{IPCC}_{\max}$ 分别为 0.5、0.375 和 0.3125。在图 6.5 中，序列索引值的范围是 1~128，其中前 64 个序列配对来自于 $\left[\boldsymbol{C}_{m,0}^{(5)};\quad \boldsymbol{C}_{m,1}^{(5)}\right]_{m=0}^{63}$，后 64 个序列来自于它的移位序列 $\mathbb{T}^{1}\left(\left[\boldsymbol{C}_{m,0}^{(5)};\quad \boldsymbol{C}_{m,1}^{(5)}\right]_{m=0}^{63}\right)$。从图中可以看出，每个子集内部的 IPCC 都等于 0，因此验证了它们的正交性质。然而，不同的序列配对子集之间的 IPCC 并不总是为 0，其中最大归一化 IPCC 值达到 0.5，这也可以被看作增加序列数量所付出的代价。

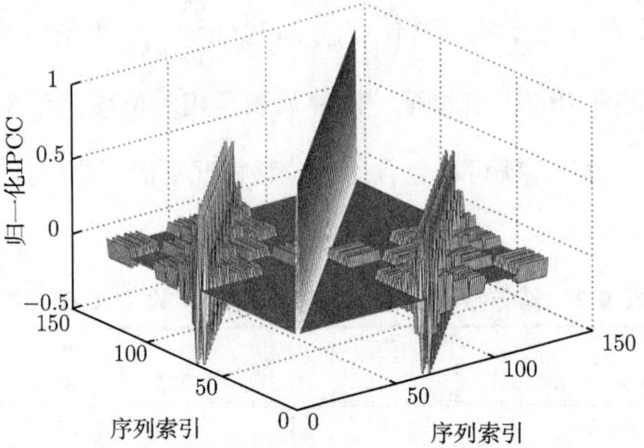

图 6.5　原序列集合与其左移 1 位序列集合之间的归一化 IPCC 分布，其中 $\mathrm{IPCC_{max}} = 0.5$

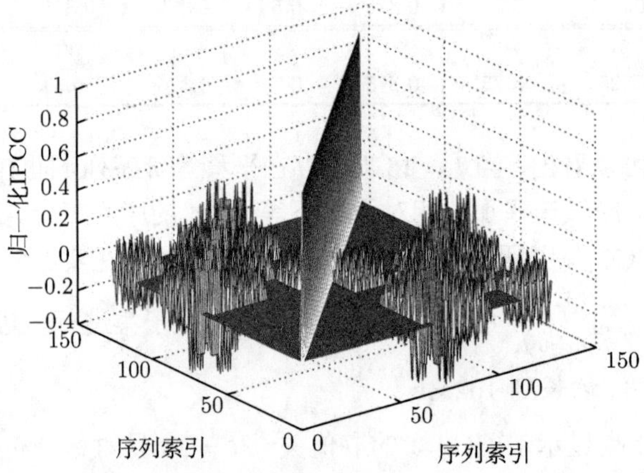

图 6.6　原序列集合与其左移 3 位序列集合之间的归一化 IPCC 分布，其中 $\mathrm{IPCC_{max}} = 0.375$

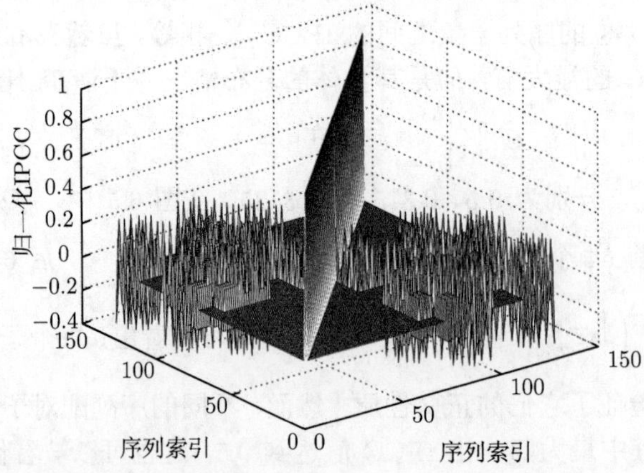

图 6.7　原序列集合与其左移 7 位序列集合之间的归一化 IPCC 分布，其中 $\mathrm{IPCC_{max}} = 0.3125$

对于另外两张图，类似于$\mathbb{T}^1\left(\left[\boldsymbol{C}_{m,0}^{(5)};\ \ \boldsymbol{C}_{m,1}^{(5)}\right]_{m=0}^{63}\right)$，两个子集 $\mathbb{T}^3\left(\left[\boldsymbol{C}_{m,0}^{(5)};\ \boldsymbol{C}_{m,1}^{(5)}\right]_{m=0}^{63}\right)$ 和 $\mathbb{T}^7\left(\left[\ \boldsymbol{C}_{m,0}^{(5)};\ \ \boldsymbol{C}_{m,1}^{(5)}\right]_{m=0}^{63}\right)$也都是正交的序列配对子集。然而，它们与原集合之间的 IPCC 分布并不相同，最大的归一化 IPCC 值分别下降到 0.375 和 0.3125。从而可知，序列子集的选择将直接决定 IPCC 情况。

6.3.3 序列集合的 PAPR 性能

对于原序列配对集合$\left[\boldsymbol{C}_{m,0}^{(5)};\ \ \boldsymbol{C}_{m,1}^{(5)}\right]_{m=0}^{63}$，由于其理想的非周期自相关性能，PAPR 值可以被控制到 3dB 范围内。然而，经过循环移位之后，其理想的非周期自相关性能可能遭到破坏，从而增加了 PAPR 值。表 6.3 显示了所有 32 个序列配对子集$\left\{\mathbb{T}^l\left(\left[\ \boldsymbol{C}_{m,0}^{(5)};\ \ \boldsymbol{C}_{m,1}^{(5)}\ \right]_{m=0}^{63}\right), 0\leqslant l\leqslant 31\right\}$的最大 PAPR 值。

表 6.3 基于循环移位的低 IPCC 正交多子集的 PAPR

l	0	1	2	3	4	5
$\text{PAPR}_{\max}$/dB	3	6.5321	6.1939	7.2199	5.4693	7.2199
l	6	7	8	9	10	11
$\text{PAPR}_{\max}$/dB	6.1939	6.5321	3	6.5321	6.1939	7.2199
l	12	13	14	15	16	17
$\text{PAPR}_{\max}$/dB	5.4693	7.2199	6.1939	6.5321	3	6.5321
l	18	19	20	21	22	23
$\text{PAPR}_{\max}$/dB	6.1939	7.2199	5.4693	7.2199	6.1939	6.5321
l	24	25	26	27	28	29
$\text{PAPR}_{\max}$/dB	3	6.5321	6.1939	7.2199	5.4693	7.2199
l	30	31				
$\text{PAPR}_{\max}$/dB	6.1939	6.5321				

从表 6.3 中可以看出，仅仅当 $l=0$、8、16 和 24 时，才能保证 $\text{PAPR}_{\max}=3\text{dB}$，其他情况都大于该值。这些情况包括：当 $l=4$、12、20 和 28 时，$\text{PAPR}_{\max}=5.4693\text{dB}$；当 $l=2$、6、10、14、18、22、26 和 30 时，$\text{PAPR}_{\max}=6.1939\text{dB}$；当 $l=1$、7、9、15、23、25 和 31 时，$\text{PAPR}_{\max}=6.5321\text{dB}$；当 $l=3$、5、11、13、19、21、27 和 29 时，$\text{PAPR}_{\max}=7.2199\text{dB}$。另外，从表 6.3 中可以看出，类似于 IPCC 最大值的对称性分布，PAPR 最大值也存在这种对称性，即 32 个 PAPR 最大值以 $l=16$ 为中心呈对称分布。

表 6.3 只是给出了每个移位序列配对子集的 IPCC 最大值，并没有显示子集内其他子序列的 PAPR 取值情况。那么，此处补充了图 6.8，该图给出了原序列配对集合以及 l 分别取 1~4 时所得到的正交序列配对子集的 PAPR 分布情况。

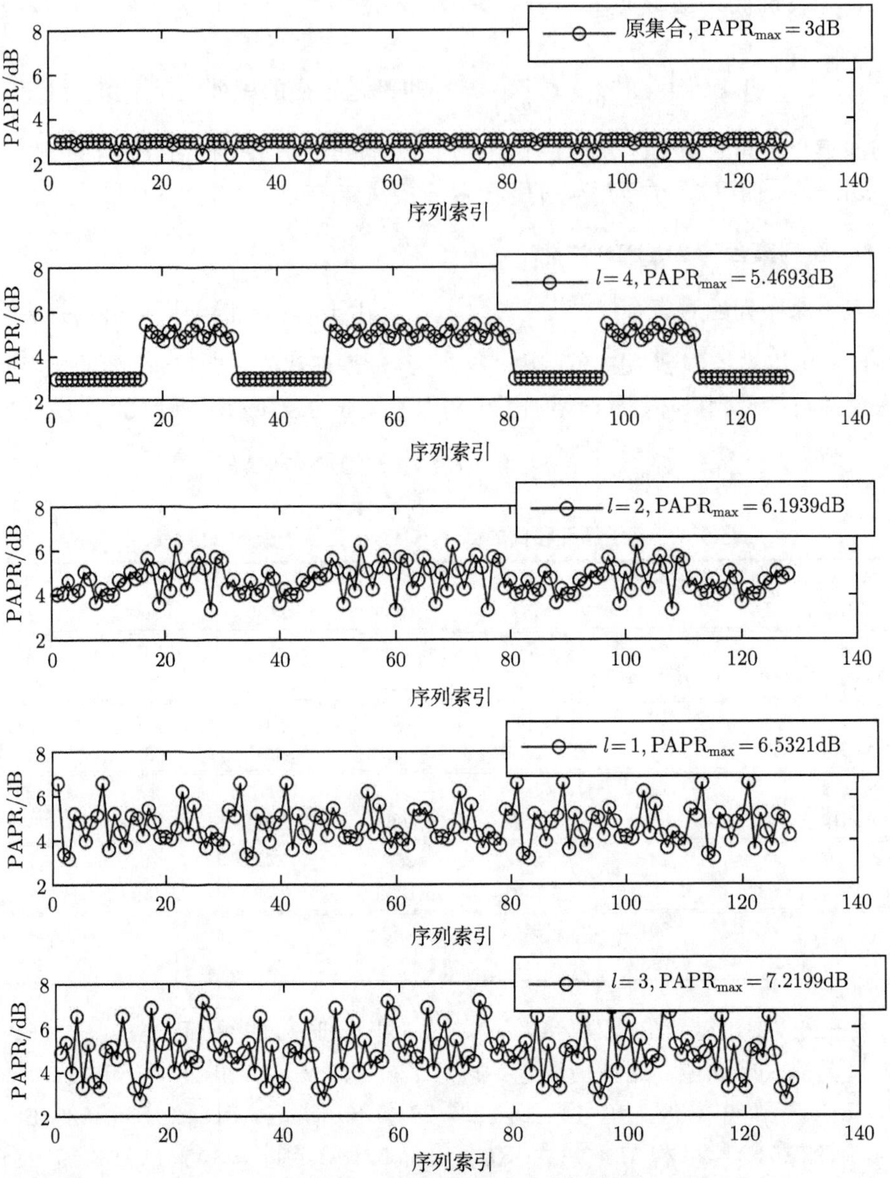

图 6.8　不同移位的序列配对子集的 PAPR 分布情况

在图 6.8 中，每个序列配对子集包括 64 个序列配对，因此每个子集总共包含 128 个子序列。总共 5 个子图，每个子图显示一个序列配对子集的全部 128 个子序列的 PAPR 值分布。从图中可以看出，大多数情况下 PAPR 值都超过了 3dB，这也表明循环移位操作虽然可以保持原序列配对集合的正交性，但是却破坏了其理想的非周期自相关性能，从而导致 PAPR 性能的下降。

6.3.4 多子集组合应用策略

根据前面的分析可知，不同的移位序列配对子集之间具有不同的 IPCC 和 PAPR 性能。那么，用户可以根据不同的传输速率需求制定不同的多子集应用策略。表 6.4 给出了多进制扩频 OFDM 系统中，子序列长度为 32 时，传输速率分别为每个 OFDM 符号传送 6、7、8、9 和 10 个信息比特的子集分配情况。对于多进制扩频 OFDM 系统中 ZCCPs 的序列配对方案，当子序列长度为 32 时，则在保证正交的情况下每个 OFDM 符号最多只能传送 6 个信息比特，此时的 PAPR 性能和 IPCC 性能都是最佳的。当传输速率上升到 10bits/symbol 时，其相关性能和 PAPR 性能最差，$\text{IPCC}_{\max}=0.5$，$\text{PAPR}_{\max}=7.2199\text{dB}$。

表 6.4 不同传输速率的移位正交多子集应用策略

传输速率 /(bits/symbol)	按照移位值 l 的多子集组合策略	$\text{IPCC}_{\max}$	$\text{PAPR}_{\max}$ /dB
6	$\{0\}$, $\{8\}$, $\{16\}$, $\{24\}$	0	3
7	$\{0,7\}$, $\{0,9\}$, $\{0,23\}$, $\{0,25\}$	0.3125	6.5321
	$\{0,3\}$, $\{0,5\}$, $\{0,11\}$, $\{0,13\}$, $\{0,19\}$, $\{0,21\}$, $\{0,27\}$, $\{0,29\}$	0.375	7.2199
	$\{0,6\}$, $\{0,10\}$, $\{0,22\}$, $\{0,26\}$, $\{0,30\}$	0.375	6.1939
	$\{0,1\}$, $\{0,15\}$, $\{0,17\}$, $\{0,31\}$	0.5	6.5321
	$\{0,2\}$, $\{0,14\}$, $\{0,18\}$	0.5	6.1939
	$\{0,4\}$, $\{0,12\}$, $\{0,20\}$, $\{0,28\}$	0.5	5.4693
	$\{0,8\}$, $\{0,24\}$	0.5	3
8	$\{0,1,2,3\}$	0.5	7.2199
	$\{0,3,6,9\}$	0.375	7.2199
	$\{0,4,8,12\}$	0.5	5.4693
9	$\{0,2,4,6,8,10,12,14\}$	0.5	6.1939
	$\{0,1,2,\cdots,7\}$	0.5	7.2199
10	$\{l',l'+1,\cdots,l'+15\}$, $l'=0,1,2,\cdots,16$	0.5	7.2199

另外，应该看到，即使是对于相同的传输速率，其 $\text{IPCC}_{\max}$ 和 $\text{PAPR}_{\max}$ 的取值也有所不同。例如，传输速率为 7bits/symbol 就存在多种组合策略。如果应用系统对 IPCC 的性能要求较高，则适合选用$\{0,7\}$、$\{0,9\}$、$\{0,23\}$和$\{0,25\}$等组合策略，此时可以满足 $\text{IPCC}_{\max}=0.3125$。如果应用系统对 PAPR 的性能要求较高，则适合选用$\{0,8\}$和$\{0,24\}$这两种组合策略，此时可以满足 $\text{PAPR}_{\max}=3\text{dB}$。

6.4 具有三值 IPCC 特性的正交多子集设计

对于 6.3 节中所设计的基于循环移位的低值 IPCC 正交多子集序列集合，虽然序列数量有了大幅度的增长，但是其 IPCC 性能和 PAPR 性能依然存在不足。

不同正交序列子集之间的 IPCC 的取值并没有确定关系，而且循环移位破坏了原有的理想非周期自相关性能，导致 PAPR 值超过 3dB。本节将提出一种具有三值 IPCC 特性的正交多子集序列集合设计方法，该方法基于抽取级联操作，所生成的多个正交子集之间的 IPCC 存在确定关系，而且任意一个序列子集中的任意一个序列的 PAPR 都被控制到 3dB 范围之内。

下面，首先定义抽取级联操作方法。

定义 6.1[14] 令 $\boldsymbol{a}_i=(a_i(l))_{l=0}^{L-1}$ 是一个长度为 $L=mk$ 的序列，其中 m 和 k 都是正整数，则该序列的间隔为 m 的抽取级联序列可以定义如下：

$$\begin{aligned}\boldsymbol{a}_i^{\langle m,k\rangle}&=\boldsymbol{a}_{i,0}\Theta\boldsymbol{a}_{i,1}\Theta\cdots\Theta\boldsymbol{a}_{i,m-1}\\&=\big(a_{i,0}(0),a_{i,0}(1),\cdots,a_{i,0}(k-1),a_{i,1}(0),a_{i,1}(1),\cdots,\\&\qquad a_{i,1}(k-1),\cdots,a_{i,m-1}(0),a_{i,m-1}(1),\cdots,a_{i,m-1}(0)\big)\end{aligned}\tag{6.22}$$

其中，$\boldsymbol{a}_{i,u}=(a_{i,u}(l))_{l=0}^{k-1}$ 表示 $\boldsymbol{a}_i$ 的第 u 个 m-间隔抽取序列，满足

$$\boldsymbol{a}_{i,u}=(a_i(u),a_i(m+u),a_i(2m+u),\cdots,a_i((k-1)m+u))\tag{6.23}$$

其中，$0\leqslant u\leqslant m-1$。特别地，$\boldsymbol{a}_i^{\langle 1,L\rangle}=\boldsymbol{a}_i^{\langle L,1\rangle}=\boldsymbol{a}_i$。

从式 (6.22) 可以看出，$\boldsymbol{a}_i$ 的 m-间隔抽取级联操作是将 $\boldsymbol{a}_i$ 的 k 个 m-间隔抽取序列进行级联，那么所得到的 m-间隔抽取级联序列的长度依然为 L。对于序列数量为 M 的集合 $\boldsymbol{A}=\{\boldsymbol{a}_i,0\leqslant i\leqslant M-1\}$，它的 m-间隔抽取级联序列集合可表示如下：

$$\boldsymbol{A}^{\langle m,k\rangle}=\left\{\boldsymbol{a}_i^{\langle m,k\rangle},0\leqslant i\leqslant M-1\right\}\tag{6.24}$$

可见，一个序列集合所对应的 m-间隔抽取级联序列集合就是将它的每一个序列进行 m-间隔抽取级联操作，序列长度和序列数量并未改变，变化的只是每个序列的结构。如果原序列集合是个正交集合，则抽取级联之后依然具有正交性质。

6.4.1 三值 IPCC 正交多子集设计方法

选择基于级联操作设计的 ZCCP 序列集合的 LSS 的前面一半子序列组成一个初始序列集合 $\boldsymbol{S}$，采用多进制扩频 OFDM 系统的单序列方案可知，$\boldsymbol{S}$ 是一个正交序列集合。类似于循环移位操作，抽取级联操作也将改变用于直流空载的 0 值的位置，所以选用的正交集合 $\boldsymbol{S}$ 此时应先去掉中间位置的 0 值。为了确保直流空载，将在多个序列子集产生之后，再进行中间位置的统一插入 0 值操作。

为了获得给定序列长度情况下序列数量的最大化，在 ZCCP 序列集合的设计中使用 0 级初始互补序列配对集合 $\boldsymbol{C}^{(0)}=\begin{bmatrix}C_{0,0}^{(0)}; & C_{0,1}^{(0)}\\ C_{1,0}^{(0)}; & C_{1,1}^{(0)}\end{bmatrix}=\begin{bmatrix}+;+\\+;-\end{bmatrix}$，并且系数

矩阵满足 $\boldsymbol{E}=\begin{bmatrix} ++-+ \\ +++- \end{bmatrix}$。

那么，集合 $\boldsymbol{S}$ 的序列长度和序列数量都等于 2^n。由 $\boldsymbol{S}$ 出发，通过抽取级联可以生成另外 $n-1$ 个序列长度和序列数量都等于 2^n 的正交序列子集。那么，总共 n 个序列子集的合并集合可以表示如下：

$$\bigcup_{m,k}\boldsymbol{S}^{\langle m,k\rangle}=\boldsymbol{S}\cup\boldsymbol{S}^{\langle 2,2^{n-1}\rangle}\cup\boldsymbol{S}^{\langle 2^2,2^{n-2}\rangle}\cup\cdots\cup\boldsymbol{S}^{\langle 2^{n-1},2\rangle} \tag{6.25}$$

其中，$mk=2^n$，并且 $m\in\left\{1,2,2^2,\cdots,2^{n-1}\right\}$。根据式 (6.22) 和 (6.23)，显然可以获得 $\boldsymbol{S}^{\langle 1,2^n\rangle}=\boldsymbol{S}^{\langle 2^n,1\rangle}=\boldsymbol{S}$。

6.4.2 正交子集之间的三值 IPCC 性能

从式 (6.22) 和 (6.23)，可以获得如下关系：

$$\left(\boldsymbol{S}^{\langle m_0,k_0\rangle}\right)^{\langle m_1,k_1\rangle}=\begin{cases}\boldsymbol{S}, & m_0m_1=k_0k_1=2^n\\ \boldsymbol{S}^{\langle \frac{m_0m_1}{2^n},k_0k_1\rangle}, & m_0m_1>2^n\\ \boldsymbol{S}^{\langle m_0m_1,\frac{k_0k_1}{2^n}\rangle}, & k_0k_1>2^n\end{cases} \tag{6.26}$$

其中，$m_0,m_1\in\left\{1,2,2^2,\cdots,2^{n-1}\right\}$，并且 $m_0k_0=m_1k_1=2^n$。

对于序列子集 $\boldsymbol{S}^{\langle m,k\rangle}=\left\{\boldsymbol{S}_i^{\langle m,k\rangle},i\in\{0,1,\cdots,2^n-1\}\right\}$，包含 2^n 个长度为 2^n 的序列，其中第 i 个序列可以表示为 $\boldsymbol{S}_i^{\langle m,k\rangle}=\left(S_i^{\langle m,k\rangle}(l)\right)_{l=0}^{2^n-1}$。

按照顺时针方向，将这些序列子集组成一个 n 子集圆环，如图 6.9 所示。根据式 (6.26) 可知，在该圆环上的任意两个相邻序列子集中的前者是后者的 2-间隔抽取级联序列集合。例如，$\boldsymbol{S}=\left(\boldsymbol{S}_i^{\langle 2^{n-1},2\rangle}\right)^{\langle 2,2^{n-1}\rangle}$。

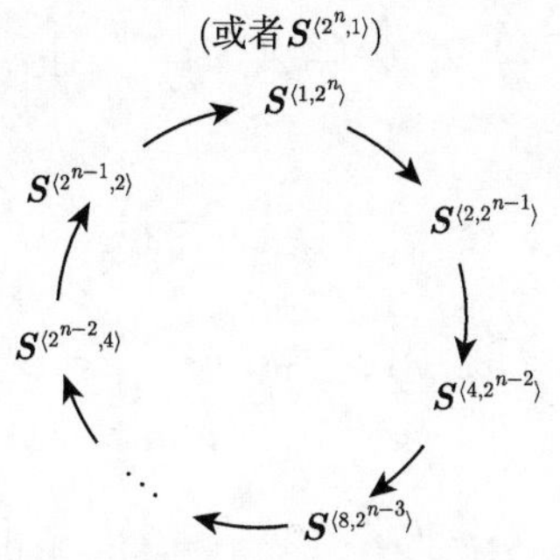

图 6.9 n 子集圆环

该 n 子集圆环中的任意两个序列子集之间具有三值 IPCC 特性，具体取值如下面定理所示。

定理 6.4[14]　n 子集圆环上的任意两个序列子集之间的 IPCC 满足如下关系：

$$\frac{1}{2^n}\psi_{\boldsymbol{S}_i^{\langle m_0,k_0\rangle},\boldsymbol{S}_j^{\langle m_1,k_1\rangle}}(0)=\begin{cases}0\text{ 或 }\pm\dfrac{1}{2}, & \text{任意两个相邻子集}\\[2mm] 0\text{ 或 }\pm\dfrac{1}{4}, & \text{任意两个不相邻子集}\end{cases}\tag{6.27}$$

其中，$i,j\in\{0,1,\cdots,2^n-1\}$，$m_0\neq m_1$，$n\geqslant 3$。

证明　根据设计方法可知，在序列子集 $\boldsymbol{S}^{\langle m,k\rangle}$ 中的 2^n 个序列里面，每两个相邻的序列之间具有相同的系数 1 或者 -1。那么，可以将 $\boldsymbol{S}^{\langle m,k\rangle}$ 分成 2^{n-1} 个序列组，每组 2 个序列。设 $\boldsymbol{G}_r^{\langle m,k\rangle}$ 是 $\boldsymbol{S}^{\langle m,k\rangle}$ 的第 r 个序列组，则有

$$\boldsymbol{S}^{\langle m,k\rangle}=\left\{\boldsymbol{G}_r^{\langle m,k\rangle},r\in\{0,1,\cdots,2^{n-1}-1\}\right\}\tag{6.28}$$

其中，$\boldsymbol{G}_r^{\langle m,k\rangle}$ 包含两个序列 $\boldsymbol{G}_{r,0}^{\langle m,k\rangle}$ 和 $\boldsymbol{G}_{r,1}^{\langle m,k\rangle}$，并且满足 $\boldsymbol{G}_{r,u}^{\langle m,k\rangle}=\boldsymbol{S}_{2r+u}^{\langle m,k\rangle}$，$u\in\{0,1\}$。

下面以序列组为基本单元进行讨论。对于相邻序列子集的情况，不失一般性地，令 $\left(\boldsymbol{S}^{\langle m_0,k_0\rangle}\right)^{\langle 2,2^{n-1}\rangle}=S^{\langle m_1,k_1\rangle}$。

那么，归一化的子集间 IPCC 可以计算如下：

$$\begin{aligned}&\frac{1}{2^n}\psi_{\boldsymbol{G}_{r,u}^{\langle m_0,k_0\rangle},\boldsymbol{G}_{s,v}^{\langle m_1,k_1\rangle}}(0)\\&=\begin{cases}\dfrac{C_{u,0}^{(0)}C_{v,0}^{(0)}-C_{u,1}^{(0)}C_{v,0}^{(0)}}{4}, & s=(2r)_{2^{n-1}}\text{ 且 }r\in\{0,1,\cdots,2^{n-1}-1\}\\[2mm] \dfrac{C_{u,0}^{(0)}C_{v,0}^{(0)}+C_{u,1}^{(0)}C_{v,0}^{(0)}}{4}, & s=(2r+1)_{2^{n-1}}\text{ 且 }r\in\{0,1,\cdots,2^{n-1}-1\}\\[2mm] \dfrac{-C_{u,1}^{(0)}C_{v,1}^{(0)}-C_{u,0}^{(0)}C_{v,1}^{(0)}}{4}, & s=\left(2r+2^{n-2}\right)_{2^{n-1}}\text{ 且 }r\in\{0,1,\cdots,2^{n-2}-1\}\\[2mm] \dfrac{C_{u,1}^{(0)}C_{v,1}^{(0)}-C_{u,0}^{(0)}C_{v,1}^{(0)}}{4}, & s=\left(2r+2^{n-2}+1\right)_{2^{n-1}}\text{ 且 }r\in\{0,1,\cdots,2^{n-2}-1\}\\[2mm] \dfrac{C_{u,1}^{(0)}C_{v,1}^{(0)}+C_{u,0}^{(0)}C_{v,1}^{(0)}}{4}, & s=\left(2r-2^{n-2}\right)_{2^{n-1}}\text{ 且 }r\in\{2^{n-2},\cdots,2^{n-1}-1\}\\[2mm] \dfrac{-C_{u,1}^{(0)}C_{v,1}^{(0)}+C_{u,0}^{(0)}C_{v,1}^{(0)}}{4}, & s=\left(2r-2^{n-2}+1\right)_{2^{n-1}}\text{ 且 }r\in\{2^{n-2},\cdots,2^{n-1}-1\}\\[2mm] 0, & \text{其他}\end{cases}\end{aligned}\tag{6.29}$$

其中，$u, v \in \{0,1\}$。

因为 $C_{i,j}^{(0)} \in \{\pm 1\}$，那么从式 (6.29) 可知 $\frac{1}{2^n}\psi_{\boldsymbol{G}_{r,u}^{\langle m_0,k_0\rangle},\boldsymbol{G}_{s,v}^{\langle m_1,k_1\rangle}}(0) \in \left\{0, \pm\frac{1}{2}\right\}$。对于非相邻序列子集之间的 IPCC 的证明过程与此类似，此处省略。 证毕。

定理 6.5[14] 对于所生成的 n 个序列子集$\left\{\boldsymbol{S}^{\langle m,k\rangle}, m \in \{1,2,2^2,\cdots,2^{n-1}\},\right.$ $\left.mk = 2^n\right\}$，任意一个都是正交的 3dB-PAPR 序列子集，$n \geqslant 3$。

证明 因为原集合 $\boldsymbol{S}$ 是 ZCCP 序列配对集合的 LSS 的前半序列组成，根据单序列方案，$\boldsymbol{S}$ 具有正交性质，且集合中的每一个序列的 PAPR 不超过 3dB，即 $\boldsymbol{S}$ 是一个正交的 3dB-PAPR 序列集合。对于其他的 $n-1$ 个序列子集，不失一般性地，首先讨论 $m=2$ 的情况。

当 $n=3$ 时，$\boldsymbol{C}^{(3)}$ 中的第一个 Golay 互补序列配对 $\left[\boldsymbol{C}_{0,0}^{(3)};\ \ \boldsymbol{C}_{0,1}^{(3)}\right]$ 满足

$$\begin{cases}\boldsymbol{C}_{0,0}^{(3)} = \left(C_{0,0}^{(0)}, C_{0,1}^{(0)}, -C_{0,0}^{(0)}, C_{0,1}^{(0)}, -C_{0,0}^{(0)}, -C_{0,1}^{(0)}, -C_{0,0}^{(0)}, C_{0,1}^{(0)}\right)\\ \boldsymbol{C}_{0,1}^{(3)} = \left(-C_{0,0}^{(0)}, -C_{0,1}^{(0)}, C_{0,0}^{(0)}, -C_{0,1}^{(0)}, -C_{0,0}^{(0)}, -C_{0,1}^{(0)}, -C_{0,0}^{(0)}, C_{0,1}^{(0)}\right)\end{cases} \tag{6.30}$$

经过 2-间隔抽取级联操作之后，可得

$$\begin{cases}\left(\boldsymbol{C}_{0,0}^{(3)}\right)^{\langle 2,4\rangle} = \left(C_{0,0}^{(0)}, -C_{0,0}^{(0)}, -C_{0,0}^{(0)}, -C_{0,0}^{(0)}, C_{0,1}^{(0)}, C_{0,1}^{(0)}, -C_{0,1}^{(0)}, C_{0,1}^{(0)}\right)\\ \left(\boldsymbol{C}_{0,1}^{(3)}\right)^{\langle 2,4\rangle} = \left(-C_{0,0}^{(0)}, C_{0,0}^{(0)}, -C_{0,0}^{(0)}, -C_{0,0}^{(0)}, -C_{0,1}^{(0)}, -C_{0,1}^{(0)}, -C_{0,1}^{(0)}, C_{0,1}^{(0)}\right)\end{cases} \tag{6.31}$$

对于式 (6.31)，$\left[\left(\boldsymbol{C}_{0,0}^{(3)}\right)^{\langle 2,4\rangle};\ \ \left(\boldsymbol{C}_{0,1}^{(3)}\right)^{\langle 2,4\rangle}\right]$可以看作由如下两个序列配对通过交织操作得到，

$$[\boldsymbol{A}_0;\boldsymbol{A}_1] = \left[C_{0,0}^{(0)}, -C_{0,0}^{(0)}, C_{0,1}^{(0)}, -C_{0,1}^{(0)}; -C_{0,0}^{(0)}, -C_{0,0}^{(0)}, -C_{0,1}^{(0)}, -C_{0,1}^{(0)}\right] \tag{6.32}$$

$$[\boldsymbol{B}_0;\boldsymbol{B}_1] = \left[-C_{0,0}^{(0)}, -C_{0,0}^{(0)}, C_{0,1}^{(0)}, C_{0,1}^{(0)}; C_{0,0}^{(0)}, -C_{0,0}^{(0)}, -C_{0,1}^{(0)}, C_{0,1}^{(0)}\right] \tag{6.33}$$

因为$\sum\limits_{i=0}^{1}\psi_{\boldsymbol{A}_i,\boldsymbol{A}_i}(\tau)+\sum\limits_{i=0}^{1}\psi_{\boldsymbol{B}_i,\boldsymbol{B}_i}(\tau)=0$，且 $\sum\limits_{i=0}^{1}\psi_{\boldsymbol{A}_i,\boldsymbol{B}_i}(\tau)+\sum\limits_{i=0}^{1}\psi_{\boldsymbol{B}_i,\boldsymbol{A}_i}(\tau+1)=0$，那么根据文献 [5] 的定理 6 可知，$\left[\left(\boldsymbol{C}_{0,0}^{(3)}\right)^{\langle 2,4\rangle};\ \ \left(\boldsymbol{C}_{0,1}^{(3)}\right)^{\langle 2,4\rangle}\right]$ 是一个 Golay 互补序列配对。

相似的结论对 $\boldsymbol{C}^{(3)}$ 中的其他 Golay 互补序列配对同样成立，因此 $\boldsymbol{S}^{\langle 2,4\rangle}$ 是一个 3dB-PAPR 序列子集。当 $n>3$ 时，$m=2^2,2^3,\cdots,2^{n-1}$ 情况下的证明过程与

$S^{\langle 2,4\rangle}$ 相似，此处省略。对于正交性质，因为原集合 S 具有正交性质，且抽取级联操作不改变序列集合的正交特性，因此所得到的各个序列子集依然是正交的。 证毕。

为了显示所设计的三值 IPCC 正交多子集序列集合的性能，表 6.5 给出了它与其他类型序列集合之间的比较，表中序列分别为 Walsh-Hadamard 序列集合[15]、循环移位正交互补 (Cyclic Shifted Orthogonal Complementary，Cyclic-OC) 序列集合[16]、Gold 序列集合[17]、正交 Golay 互补序列集合[18] 以及本节所提出的三值 IPCC 正交多子集序列集合。

从表 6.5 中可以看出，虽然这五类序列集合具有相同或相近的序列长度，但是序列数量差异很大。三值 IPCC 正交多子集序列集合中的序列数量几乎等于其他四类序列集合的 n 倍。对于相关性能，虽然 Gold 序列在任意位移上都具有三值 CCF，但是它并不具有正交性质，而其他几类序列集合都可以实现正交。

表 6.5 几类低值 / 零值 IPCC 序列集合的性能比较

序列集合	序列长度	序列数量	归一化 IPCC	$PAPR_{max}$/dB
Walsh-Hadamard 序列集合[15]	2^n	2^n	0	$3n$
Cyclic-OC 序列集合[16]	2^n	2^n	0	$3 < PAPR_{max} < 3n$
Gold 序列集合[17]	$2^n - 1$	$2^n + 1$	n 位奇数时，$\{-1/L, -\left(2^{(n+1)/2}+1\right)/L, \left(2^{(n+1)/2}-1\right)/L\}$	$3 < PAPR_{max} < 3n$
正交 Golay 互补序列集合[18]	$2^n L_0$	2^n	0	3
三值 IPCC 正交多子集序列集合[14]	2^n	$n2^n$	0，子集内；$\{0, \pm 1/2\}$ 或 $\{0, \pm 1/4\}$，子集之间	3

对于三值 IPCC 正交多子集序列集合，序列子集之间的 IPCC 可以被控制到三个较低的数值。对于 PAPR 性能，很显然地，正交 Golay 互补序列集合和三值 IPCC 正交多子集序列集合具有最好的性能，满足最大 PAPR 不超过 3dB，最坏的情况来自于 Walsh-Hadamard 序列集合，当序列长度为 2^n 时，PAPR 高达 $3n$dB。

6.4.3 多进制扩频 OFDM 系统中三值 IPCC 集合的应用

本节对所设计的三值 IPCC 正交多子集序列集合在两类短波信道[19] ITU-R F. 1487 LM 和 ITU-R F. 1487 MQ 上的 BER 性能进行了仿真，如图 6.10 所示。仿真中，原序列集合 S 的迭代次数 $n=5$，序列长度为 32，总共包含 5 个序列子集，每个子集包含 32 个 3dB-PAPR 序列。其中，序列子集的选用包含 4 种情况，即 1 个序列子集 $S^{\langle 1,32\rangle}$、2 个不相邻的序列子集 $S^{\langle 1,32\rangle} \cup S^{\langle 4,8\rangle}$、2 个相邻的序列子集

$\boldsymbol{S}^{\langle 1,32\rangle} \cup \boldsymbol{S}^{\langle 2,16\rangle}$ 和 4 个序列子集 $\boldsymbol{S}^{\langle 1,32\rangle} \cup \boldsymbol{S}^{\langle 2,16\rangle} \cup \boldsymbol{S}^{\langle 4,8\rangle} \cup \boldsymbol{S}^{\langle 8,4\rangle}$。

从图 6.10 中可以看出，随着所用序列子集数量的增加，系统的传输速率也随之增加。当使用 1 个序列子集时，数据速率为 5bits/symbol，当同时使用 4 个序列子集时，数据速率增加至 7bits/symbol。但是，也应该注意到随着速率的增加，BER 性能也有所下降。

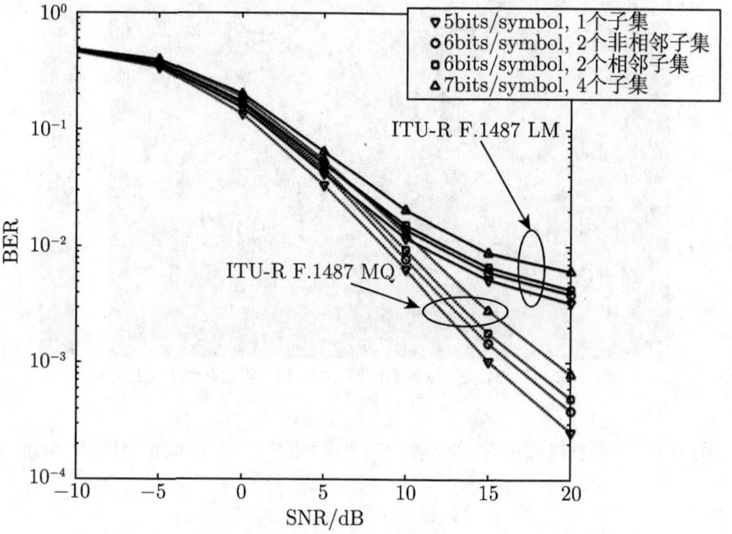

图 6.10 应用不同数量的序列子集时的 BER 性能比较

另外，即使是相同的传输速率，例如 6bits/symbol，其 BER 性能也存在差异。很显然，无论是哪一种短波信道模型，2 个不相邻序列子集的 BER 都要优于 2 个相邻序列子集的 BER，这是由于序列子集之间的 IPCC 值有所不同。

对于两种不同的序列子集之间 IPCC，图 6.11 和图 6.12 分别给出了 2 个相邻序列子集 $\boldsymbol{S}^{\langle 1,32\rangle}$ 和 $\boldsymbol{S}^{\langle 2,16\rangle}$ 之间的 IPCC 分布以及 2 个不相邻序列子集 $\boldsymbol{S}^{\langle 1,32\rangle}$ 和 $\boldsymbol{S}^{\langle 4,8\rangle}$ 之间的 IPCC 分布。图中的横、纵坐标都是序列索引值，即序列的编号。其中，编号 $1 \sim 32$ 对应于序列子集 $\boldsymbol{S}^{\langle 1,32\rangle}$ 中的 32 个序列，而后面编号 $33 \sim 64$ 则表示 $\boldsymbol{S}^{\langle 2,16\rangle}$ 中的 32 个序列。那么，图中主对角线上的值刚好就是序列自身的在零位移上的归一化能量。如果将该图等分成左上角、左下角、右上角和右下角四个部分，则左下角和右下角分别代表 $\boldsymbol{S}^{\langle 1,32\rangle}$ 和 $\boldsymbol{S}^{\langle 2,16\rangle}$ 的子集内的 IPCC 分布，此处显然为零值。同时，左上角和右上角都是 $\boldsymbol{S}^{\langle 1,32\rangle}$ 和 $\boldsymbol{S}^{\langle 2,16\rangle}$ 的子集间 IPCC 分布，两者关于主对角线对称。该图清晰地显示了三值 IPCC 特性，即 $\{0, \pm 1/2\}$ 和 $\{0, \pm 1/4\}$。比较两图可知，相邻序列子集之间具有更大的 IPCC 值，最大值为 0.5，因此在应用中将会出现更大的序列子集之间的干扰，从而导致实际应用中系统 BER 性能的下降。

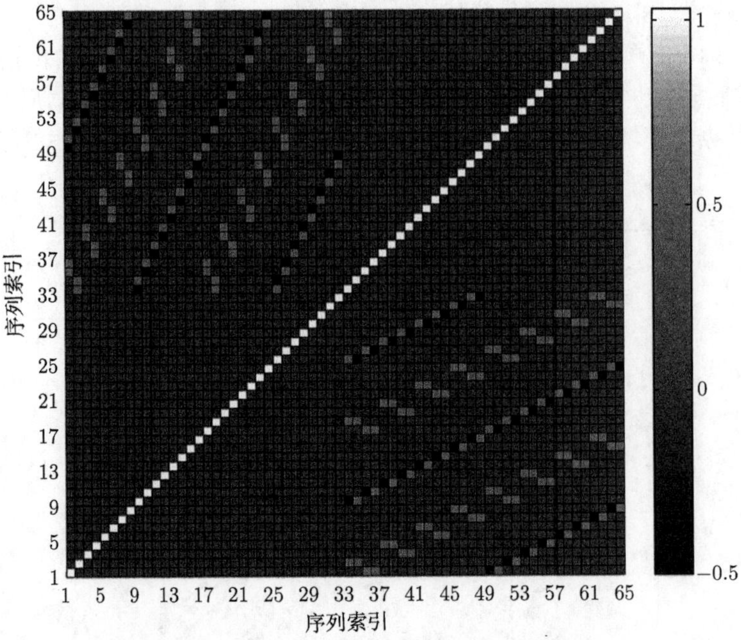

图 6.11　两个相邻的序列子集 $\boldsymbol{S}^{\langle 1,32\rangle}$ 和 $\boldsymbol{S}^{\langle 2,16\rangle}$ 之间的 IPCC 分布

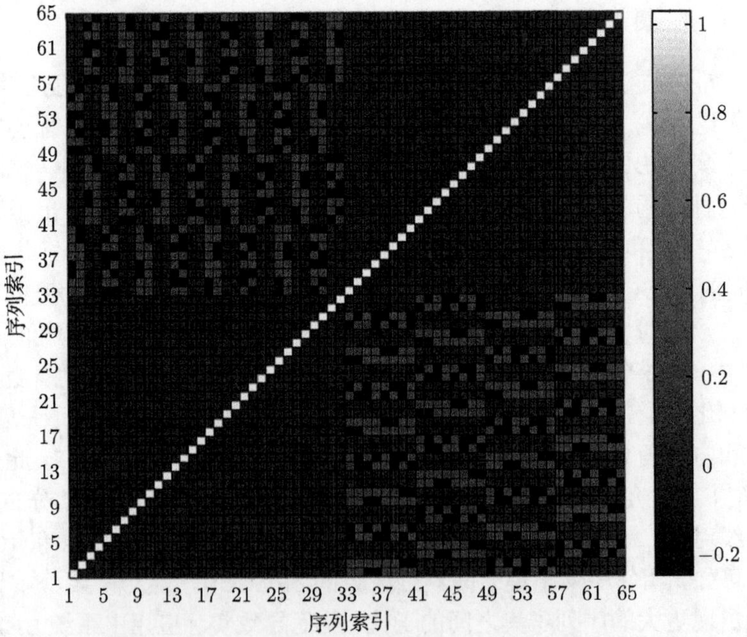

图 6.12　两个不相邻的序列子集 $\boldsymbol{S}^{\langle 1,32\rangle}$ 和 $\boldsymbol{S}^{\langle 4,8\rangle}$ 之间的 IPCC 分布

6.5 基于任意间隔抽取级联的低值 IPCC 正交多子集设计

前面提出的两种低值正交多子集序列集合的设计方法中，三值 IPCC 正交多子集序列集合具有优异的 IPCC 性能和 PAPR 性能，对于给定的序列长度 2^n，序列数量可达到 $n2^n$，而对于基于循环移位的低值 IPCC 正交多子集设计方法，为了避免平移后出现相同序列子集，则所能获得的正交序列子集的数量被限制到子序列长度的一半，即 2^{2n-1}。

那么，为了进一步增加序列数量以提升传输速率，本节将采用任意间隔抽取级联的方法，不再限定抽取间隔必须为 2 的整数次幂，从而获得更多的正交序列子集，序列数量可以达到 $2^{2n}-2^n$。但是，需要指出的是，类似于基于循环移位的低值 IPCC 正交多子集设计，本节基于任意间隔抽取级联方法生成的低值 IPCC 正交多子集虽然可以获得更大的序列数量，然而其相关性能和 PAPR 性能却有所下降，不再具有三值 IPCC 特性，需要根据具体的系统要求，选择合适的正交序列子集。

6.5.1 大数量低值 IPCC 正交多子集设计方法

该设计依然采用抽取级联方法，只是抽取的间隔被放宽到小于 2^n 的任意正整数，而不仅仅是 2 的整数次幂[20]，即抽取间隔 m 的取值从 $m\in\left\{1,2,2^2,2^3,\cdots,2^{n-1}\right\}$ 进一步拓展到 $m\in\{1,2,3,4,\cdots,2^n-1\}$。那么，更多的抽取间隔必然产生更多的序列子集，从而可以获得更大的序列数量。

当 $m\tilde{k}=2^n$ 时，若 $m\notin\left\{1,2,2^2,2^3,\cdots,2^{n-1}\right\}$，则 $\tilde{k}$ 并不是一个整数。令 $\left\lfloor\tilde{k}\right\rfloor$ 表示小于 $\tilde{k}$ 的最大整数，那么对长度为 2^n 的原序列进行 m-间隔的抽取级联操作，则所得到的 m-间隔抽取级联序列的长度可能是 $\left\lfloor\tilde{k}\right\rfloor$ 或者 $\left\lfloor\tilde{k}\right\rfloor+1$。

依然选择 ZCCPs 序列集合的 LSS 的前面一半子序列组成一个初始序列集合 $\boldsymbol{S}$，该集合的序列长度和序列数量都等于 2^n。那么，基于任意间隔的抽取级联操作，可以获得 2^n-1 个正交序列子集如下：

$$\left\{\boldsymbol{S}^{\langle m,\tilde{k}\rangle},m\in\{1,2,3,4,\cdots,2^n-1\}\right\}\tag{6.34}$$

其中，每一个序列子集都包含 2^n 个序列，第 m 个序列子集可以表示为 $\boldsymbol{S}^{\langle m,\tilde{k}\rangle}=\left\{\boldsymbol{S}_i^{\langle m,\tilde{k}\rangle}=\left(S_i^{\langle m,\tilde{k}\rangle}(l)\right)_{l=0}^{2^n-1},i\in\{0,1,2,\cdots,2^n-1\}\right\}$。

当 $\tilde{k}$ 不是整数时，则各个抽取序列的长度不再相等。那么，抽取级联序列 $\boldsymbol{S}_i^{\langle m,\tilde{k}\rangle}$ 的 m 个 m-间隔抽取序列可表示如下：

$$\begin{aligned}
\boldsymbol{S}_{i,0}^{\langle m,\tilde{k}\rangle} &= \left(S_i(0), S_i(m), \cdots, S_i\left(m\left(\left\lfloor\tilde{k}\right\rfloor - 1\right)\right), S_i\left(m\left\lfloor\tilde{k}\right\rfloor\right)\right)\\
\boldsymbol{S}_{i,1}^{\langle m,\tilde{k}\rangle} &= \left(S_i(1), S_i(m+1), \cdots, S_i\left(m\left(\left\lfloor\tilde{k}\right\rfloor - 1\right)+1\right), S_i\left(m\left\lfloor\tilde{k}\right\rfloor+1\right)\right)\\
&\vdots \qquad\qquad\qquad\qquad \vdots\\
\boldsymbol{S}_{i,m\left(\tilde{k}-\left\lfloor\tilde{k}\right\rfloor\right)-1}^{\langle m,\tilde{k}\rangle} &= \left(S_i\left(m\left(\tilde{k}-\left\lfloor\tilde{k}\right\rfloor\right)-1\right), S_i\left(m\left(\tilde{k}-\left\lfloor\tilde{k}\right\rfloor+1\right)-1\right), \cdots,\right.\\
&\qquad \left. S_i\left(m\left(\tilde{k}-1\right)-1\right), S_i\left(m\tilde{k}-1\right)\right)\\
\boldsymbol{S}_{i,m\left(\tilde{k}-\left\lfloor\tilde{k}\right\rfloor\right)}^{\langle m,\tilde{k}\rangle} &= \left(S_i\left(m\left(\tilde{k}-\left\lfloor\tilde{k}\right\rfloor\right)\right), S_i\left(m\left(\tilde{k}-\left\lfloor\tilde{k}\right\rfloor+1\right)\right), \cdots, S_i\left(m\left(\tilde{k}-1\right)\right)\right)\\
&\vdots \qquad\qquad\qquad\qquad \vdots\\
\boldsymbol{S}_{i,m-1}^{\langle m,\tilde{k}\rangle} &= \left(S_i(m-1), S_i(2m-1), \cdots, S_i\left(m\left\lfloor\tilde{k}\right\rfloor-1\right)\right)
\end{aligned} \tag{6.35}$$

其中，$\boldsymbol{S}_i = \left(S_i\left(l\right)\right)_{l=0}^{2^n-1}$ 表示初始序列集合 $\boldsymbol{S}$ 中的第 i 个序列。

从式 (6.35) 可以看出，前面 $m\left(\tilde{k}-\left\lfloor\tilde{k}\right\rfloor\right)$ 个 m-间隔抽取序列的序列长度为 $\left\lfloor\tilde{k}\right\rfloor+1$，而后面的 $m\left(\left\lfloor\tilde{k}\right\rfloor+1-\tilde{k}\right)$ 个 m-间隔抽取序列的序列长度为 $\left\lfloor\tilde{k}\right\rfloor$。那么，抽取级联序列 $\boldsymbol{S}_i^{\langle m,\tilde{k}\rangle}$ 的总的序列长度 L 可以计算如下：

$$L = m\left(\tilde{k}-\left\lfloor\tilde{k}\right\rfloor\right)\left(\left\lfloor\tilde{k}\right\rfloor+1\right) + m\left(\left\lfloor\tilde{k}\right\rfloor+1-\tilde{k}\right)\left\lfloor\tilde{k}\right\rfloor = m\tilde{k} \tag{6.36}$$

根据上述设计方法可知，6.4 节所提出的三值 IPCC 正交多子集序列集合可以看作此处所设计的基于任意间隔抽取级联的正交多子集序列集合的一个特例。三值 IPCC 正交多子集序列集合中序列子集的数量为 n，而此处基于任意间隔抽取级联的正交多子集序列集合中序列子集的数量为 2^n-1，考虑到每个序列子集中的序列数量为 2^n，因此总的序列数量可以从 $n2^n$ 增至 $2^{2n}-2^n$。

6.5.2　序列集合的性能分析

下面结合一个具体的设计例子来讨论基于任意间隔抽取级联的正交多子集序列集合的 IPCC 性能。

依然使用长度为 32 的正交 Golay 互补序列集合作为初始序列集合 $\boldsymbol{S}$。根据设计方法，则总共可以生成 31 个序列子集，即 $\left\{\boldsymbol{S}^{\langle m,\tilde{k}\rangle}, m\in\{1,2,3,4,\cdots,31\}\right\}$，其中 $\boldsymbol{S}^{\langle 1,32\rangle} = \boldsymbol{S}$。

当 $m\in\{1,2,4,8,16\}$ 时，所生成的 5 个序列子集具有三值 IPCC 特性，即相邻子集之间为 $\{0,\pm1/2\}$，不相邻子集之间为 $\{0,\pm1/4\}$，这就是 6.4 节中所设计的序列子集。对于 m 的非 2 的整数次幂的取值，其 IPCC 值将有所增加。通过计算所有 31 个序列子集之间的归一化 IPCC 的最大值可以发现，任意两个序列子集之间的归一化 IPCC 最大值都是 0.125 的倍数，例如，0、±0.25、±0.375、±0.5、±0.625、±0.75 和 ±0.875。

为了便于观察所有 31 个序列子集之间的归一化 IPCC 绝对值最大值的情况，此处给出了表 6.6。考虑到所有的归一化 IPCC 绝对值最大值都是 0.125 的倍数，所以此处使用倍数来进行表征，即表 6.6 中所列出的是 $\frac{|\text{IPCC}|_{\max}}{0.125}$，而不是 $|\text{IPCC}|_{\max}$。例如，表中两个序列子集 $\boldsymbol{S}^{\langle 3,32/3\rangle}$ 和 $\boldsymbol{S}^{\langle 11,32/11\rangle}$ 之间的实际 $|\text{IPCC}|_{\max}$ 应该是 $2\times 0.125=0.25$，$\boldsymbol{S}^{\langle 5,32/5\rangle}$ 和 $\boldsymbol{S}^{\langle 10,32/10\rangle}$ 之间的实际 $|\text{IPCC}|_{\max}$ 应该是 $7\times 0.125=0.875$，等等。

表 6.6 全部 31 个正交序列子集之间的 $\frac{|\text{IPCC}|_{\max}}{0.125}$ 分布

m	m																														
	1	2	3	4	5	6	7	8	9	10	11	12	13	14	15	16	17	18	19	20	21	22	23	24	25	26	27	28	29	30	31
1	**8**	4	3	2	5	4	4	2	5	4	3	4	4	6	4	4	5	6	6	5	6	7	5	6	5	6	5	5	4	5	4
2	4	**8**	4	4	4	5	5	2	5	5	4	5	4	5	4	2	3	4	5	3	5	5	5	6	5	5	5	5	5	3	4
3	3	4	**8**	3	4	6	4	4	5	4	2	4	5	5	3	4	3	3	4	4	5	4	4	4	5	5	4	4	4	3	3
4	2	4	3	**8**	4	5	4	4	3	5	4	5	4	5	5	2	4	4	4	4	4	5	5	3	4	5	5	5	4	3	3
5	5	4	4	4	**8**	4	5	4	4	7	4	4	4	4	5	4	4	5	5	4	5	5	4	5	5	5	5	4	5	5	4
6	4	5	6	5	4	**8**	5	4	4	4	4	5	5	4	5	5	4	4	5	6	5	5	5	5	4	4	5	5	5	4	5
7	4	5	4	4	5	5	**8**	4	4	4	5	4	5	6	5	4	4	5	4	4	4	4	5	5	5	4	5	5	5	5	5
8	2	2	4	4	4	4	4	**8**	4	4	4	4	5	4	4	4	4	3	3	3	4	4	4	3	4	5	4	3	4	3	3
9	5	5	5	3	4	4	4	4	**8**	5	4	5	4	4	4	4	4	5	5	5	5	4	5	4	4	5	4	6	4	5	4
10	4	5	4	5	7	4	4	4	5	**8**	4	4	5	4	4	4	4	4	4	5	5	5	4	4	5	5	5	4	5	5	5
11	3	4	2	4	4	4	5	4	4	4	**8**	4	4	5	4	4	3	4	4	5	4	4	4	4	4	5	4	4	4	4	3
12	4	5	4	5	4	5	4	4	5	4	4	**8**	4	4	5	5	4	5	4	4	4	5	5	5	4	4	6	4	5	5	5
13	4	4	5	4	4	5	5	5	4	5	4	4	**8**	4	4	4	4	5	5	5	4	5	4	4	4	5	4	5	4	4	4
14	6	5	5	5	4	4	6	4	4	4	5	4	4	**8**	5	4	5	5	5	4	5	6	5	6	5	4	5	7	6	5	6
15	4	4	3	5	5	5	5	4	4	4	4	5	4	5	**8**	4	5	5	4	5	4	5	5	5	4	5	6	5	3	6	6
16	4	2	4	2	4	5	4	4	4	4	4	5	4	4	4	**8**	4	4	5	4	5	4	5	4	5	4	6	3	4	3	5
17	5	3	3	4	4	4	4	4	4	4	3	4	4	5	5	4	**8**	4	4	5	4	5	4	5	4	5	4	6	3	4	3
18	6	4	3	4	5	4	5	3	5	4	4	5	5	5	5	4	4	**8**	4	4	4	5	5	4	5	5	5	6	4	4	5
19	6	5	4	4	5	5	4	3	5	4	4	4	5	5	4	5	4	4	**8**	4	4	5	5	5	5	5	5	5	5	6	5
20	5	3	4	4	4	6	4	3	5	5	5	4	5	4	5	4	5	4	4	**8**	4	4	4	5	5	4	5	6	5	4	6
21	6	5	5	4	5	5	4	4	5	5	4	4	4	5	4	5	4	4	4	4	**8**	4	4	5	5	6	4	5	6	5	5
22	7	5	4	5	5	5	4	4	4	5	4	5	5	6	5	4	5	5	5	4	4	**8**	4	5	6	6	6	6	4	6	5
23	5	5	4	5	4	5	5	4	5	4	4	5	4	5	5	5	4	5	5	4	4	4	**8**	4	4	5	7	5	5	5	6
24	6	6	4	3	5	5	5	3	4	4	4	5	4	6	5	4	5	4	5	5	5	5	4	**8**	4	5	5	6	4	5	5
25	5	5	5	4	5	4	5	4	4	5	4	4	4	5	4	5	4	5	5	5	5	6	4	4	**8**	4	5	4	6	5	5
26	6	5	5	5	5	4	4	5	5	5	5	4	5	4	5	4	5	5	5	4	6	6	5	5	4	**8**	4	5	4	6	5
27	5	5	4	5	5	5	5	4	4	5	4	6	4	5	6	6	4	5	5	5	4	6	7	5	5	4	**8**	4	5	4	5
28	5	5	4	5	4	5	5	3	6	4	4	4	5	7	5	3	6	6	5	6	5	6	5	6	4	5	4	**8**	4	5	4
29	4	5	4	4	5	5	5	4	4	5	4	5	4	6	3	4	3	4	5	5	6	4	5	4	6	4	5	4	**8**	4	5
30	5	3	3	3	5	4	5	3	5	5	4	5	4	5	6	3	4	4	6	4	5	6	5	5	5	6	4	5	4	**8**	5
31	4	4	3	3	4	5	5	3	4	5	3	5	4	6	6	5	3	5	5	6	5	5	6	5	5	5	5	4	5	5	**8**

注意到该表中主对角线上的数值为 8，即自相关的情况，此处加粗显示。同时，$|\text{IPCC}|_{\max}$ 的分布关于主对角线呈对称分布。

如果仅仅考虑 IPCC 性能，而暂时忽略 PAPR 性能，则从表 6.6 中可以看出，基于任意间隔抽取级联操作所获得正交子集不仅数量很多，而且某些序列子集进行组合之后所获得的 IPCC 性能也很好。

例如，对于 4 个序列子集 $\left\{\boldsymbol{S}^{\langle m,\tilde{k}\rangle}, m\in\{3,11,17,31\}\right\}$，它们两两之间 IPCC 绝对值的最大值为 $3\times 0.125=0.375$，该值小于 6.4 节中所给出的 4 个序列长度为 32 的三值 IPCC 正交序列子集的情况 (IPCC 绝对值最大值为 0.5)。另外，还应该注意到，对于序列长度等于 32，三值 IPCC 正交序列子集只有 5 个，它们之间的最大 IPCC 绝对值为 0.5，而对于本例中的基于任意间隔抽取级联操作所获得的正交子集，当选择 8 个序列子集 $\left\{\boldsymbol{S}^{\langle m,\tilde{k}\rangle}, m\in\{2,3,4,5,8,11,17,31\}\right\}$ 时，其最大 IPCC 绝对值也只是 $4\times 0.125=0.5$。

表 6.6 显示了任意两个序列子集之间的 IPCC 绝对值最大值，为了便于观察两个序列子集之间的具体的 IPCC 情况，进一步地给出了图 6.13～图 6.15，这三张图显示了 IPCC 绝对值最大值分别为 0.75、0.375 和 0.5 时的情况。

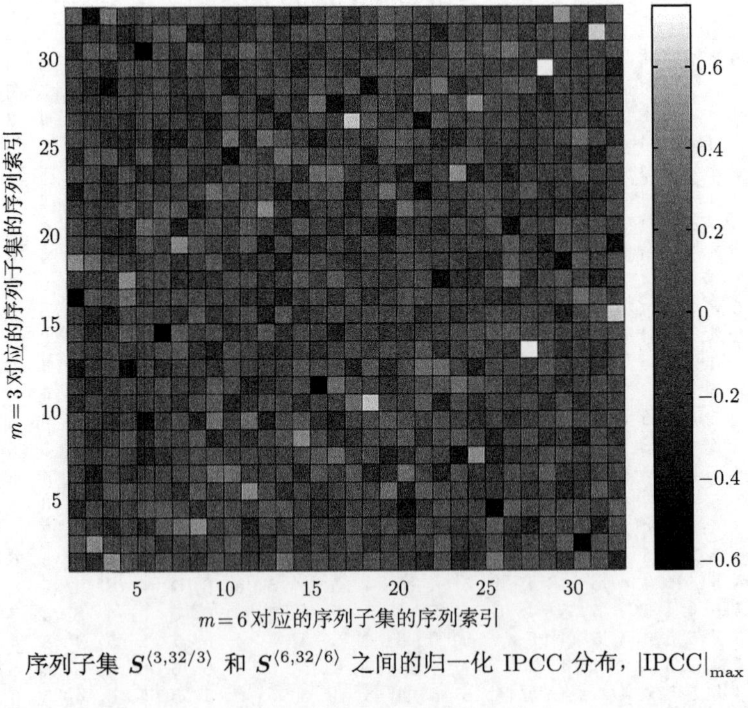

图 6.13 序列子集 $\boldsymbol{S}^{\langle 3,32/3\rangle}$ 和 $\boldsymbol{S}^{\langle 6,32/6\rangle}$ 之间的归一化 IPCC 分布，$|\text{IPCC}|_{\max}=0.75$

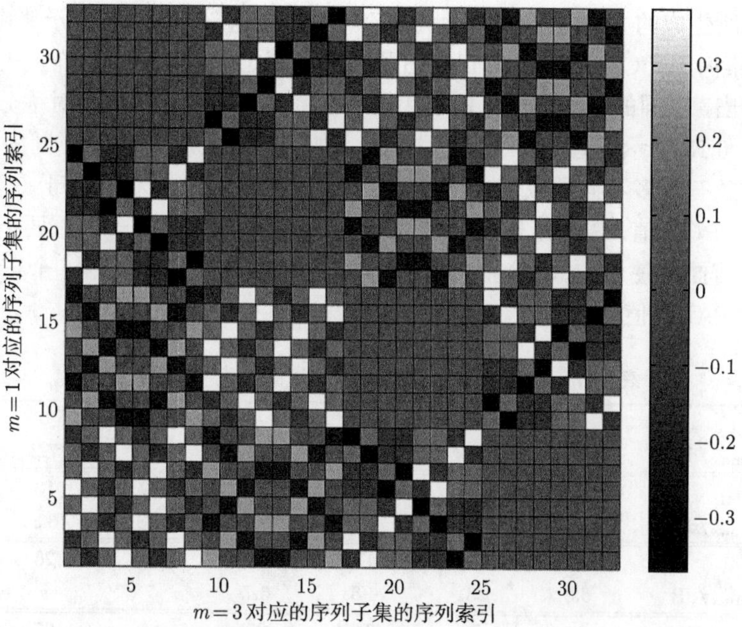

图 6.14 序列子集 $S^{\langle 1,32\rangle}$ 和 $S^{\langle 3,32/3\rangle}$ 之间的归一化 IPCC 分布，$|\text{IPCC}|_{\max}=0.375$

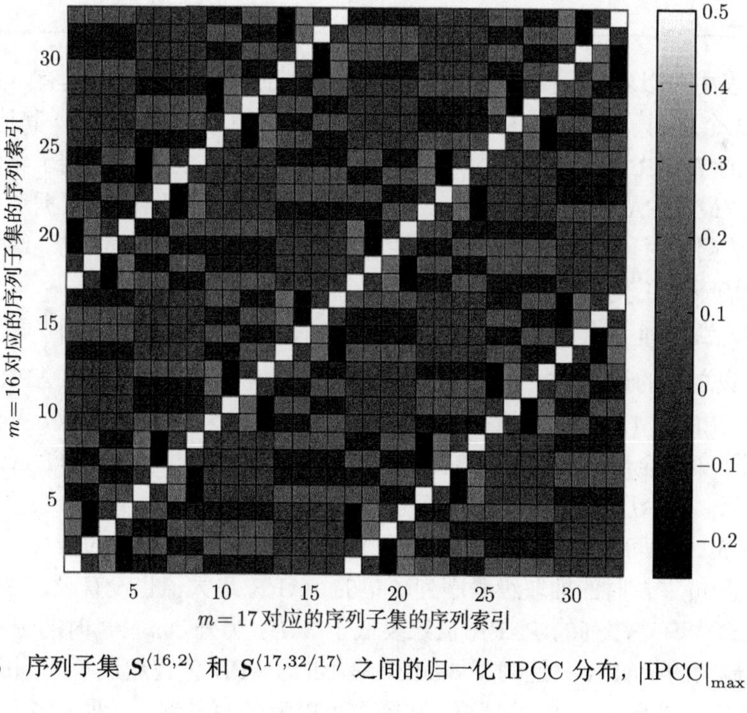

图 6.15 序列子集 $S^{\langle 16,2\rangle}$ 和 $S^{\langle 17,32/17\rangle}$ 之间的归一化 IPCC 分布，$|\text{IPCC}|_{\max}=0.5$

因为所生成的 31 个序列子集都是正交子集，所以图中没有显示子集内的 IPCC 情况 (子集内 IPCC 都等于 0)，仅画出了两个子集之间的 IPCC 分布。从这三张图中可以看出，不同的序列子集之间的 IPCC 分布并不相同，有些呈对称分布，如图 6.14 和图 6.15 所示，也有些没有对称规律，如图 6.13 所示。虽然不同序列子集之间的 IPCC 有很多不同的取值，但是其中有超过 1/4 的 IPCC 都等于 0 值。

除了 IPCC 值，PAPR 也是序列应用于 OFDM 系统时的一个重要指标。此处依然考虑前面所使用的 31 个正交序列子集，表 6.7 给出了全部 31 个正交序列子集的最大 PAPR 值。

表 6.7　全部 31 个正交序列子集的最大 PAPR 值

m	1	2	3	4	5	6	7
$\mathrm{PAPR}_{\max}$/dB	3	3	6.5	3	7.6	7.2	7.4
m	8	9	10	11	12	13	14
$\mathrm{PAPR}_{\max}$/dB	3	7.3	7.9	7.3	7.3	6.8	9
m	15	16	17	18	19	20	21
$\mathrm{PAPR}_{\max}$/dB	6.5	3	6.5	6.7	7	9	8
m	22	23	24	25	26	27	28
$\mathrm{PAPR}_{\max}$/dB	7.6	7.1	5.8	6.6	7.1	6.9	6.4
m	29	30	31				
$\mathrm{PAPR}_{\max}$/dB	7.4	7.3	6.5				

从该表中可以看出，仅仅 $m \in \{1,2,4,8,16\}$ 的 5 个序列子集具有 3dB PAPR 特性，这 5 个序列子集就是 6.4 节所设计的三值 IPCC 正交序列子集。其他的 26 个序列子集的 PAPR 最大值都超过了 3dB。当 $m=14$ 和 20 时，序列子集的 PAPR 性能最差，最大 PAPR 值都达到了 9dB。那么，在实际应用中，应根据通信系统的具体要求，明确对 IPCC 和 PAPR 的性能指标，结合表 6.6 和表 6.7，综合选取适用于具体场景的正交序列子集。

例如，当选择 8 个序列子集 $\left\{\boldsymbol{S}^{\langle m,\tilde{k}\rangle}, m \in \{2,3,4,5,8,11,17,31\}\right\}$ 时，任意两个序列子集之间的最大 IPCC 绝对值为 0.5，而这 8 个序列子集的 $\mathrm{PAPR}_{\max}$ 只包含 3、6.5、7.3 和 7.6 这四种情况。表 6.7 仅给出了最大的 PAPR 值，并没有显示每个序列子集中全部序列的 PAPR 分布情况。图 6.16 提供了 $m \in \{1,8,20,24\}$ 这四种情况下，每个序列子集中全部序列的 PAPR 值。

从图 6.16 中可以看出，最好的 PAPR 性能来自于 $m=1$ 的情况，即原序列集合。虽然 $m=8$ 时的抽取级联序列子集的 PAPR 最大值也没有超过 3dB，但是原序列集合中有些序列的 PAPR 值还要低于 3dB。另外，$m=8$ 时的 PAPR 值略高一些，最大的 PAPR 只达到了 5.8dB，最小的 PAPR 值也超过了 3.5dB。最差的 PAPR 性能来自于 $m=20$ 的情况，从图中可以清楚地看到，有两个序列的 PAPR

值高达 9dB，而且其他序列的 PAPR 值也普遍高于 $m=8$ 的情况。

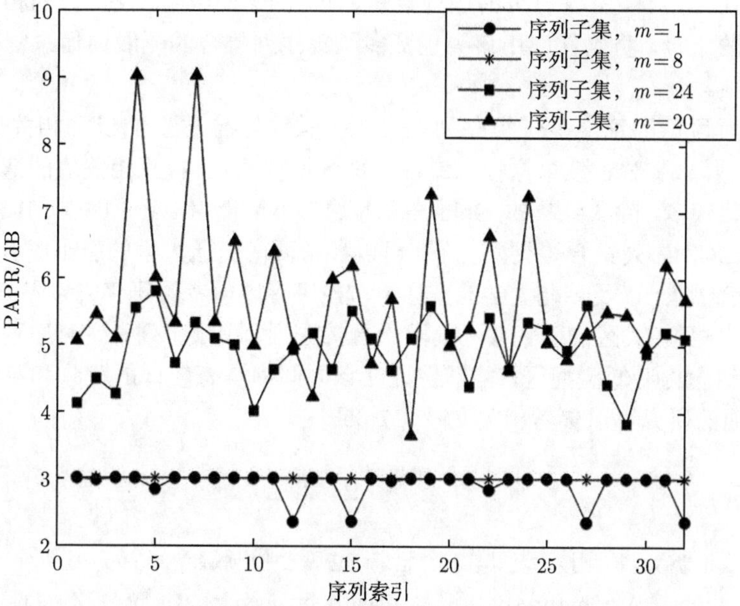

图 6.16 不同间隔抽取级联操作所生成的序列子集的 PAPR 分布

6.6 本章小结

本章致力于进一步提升通信系统传输速率的序列集合设计，旨在获得更加灵活的传输速率与传输可靠性之间的优化平衡。首先介绍了相互正交的 ZCZ 序列集合，分别基于互补序列级联迭代、完美序列移位交织和正交矩阵扩展等三种方法设计了三种正交 ZCZ 多子集，可以使得每个序列子集都是一个 ZACZ 和 ZCCZ 大于或等于 1 的 ZCZ 序列集合，而且这些序列子集之间是相互正交的。因此，同传统的 ZCZ 序列集合相比较，这类多个正交的 ZCZ 序列子集将具有更大的序列数量。

然而，由于受到正交序列理论界限的制约，上述所获得的正交 ZCZ 多子集的序列数量不大于序列长度。那么，为了进一步增加可用序列的数量，本章分别基于循环移位和抽取级联操作，生成了三类低值 IPCC 正交多子集序列集合。当序列长度为 2^n 时，所获得的这三类正交多子集序列集合，其序列数量分别可以达到 $n2^n$、2^{2n-1} 和 $2^{2n}-2^n$。这些正交多子集序列集合不仅具有庞大的序列数量，而且还具有较好的 IPCC 性能和 PAPR 性能。特别是对于抽取间隔为 2 的整数次幂的抽取级联正交多子集序列集合，其各个序列子集都是正交子集，全部 $n2^n$ 个序列的 PAPR 值都不超过 3dB，而且不同序列子集之间的 IPCC 只取三个固定的数值，即相邻序列子集之间的归一化 IPCC 取 $\{0, \pm1/2\}$、不相邻序列子集之间的归一化 IPCC 取 $\{0, \pm1/4\}$。那么，大的序列数量、低的 PAPR 值以及良好的相关性能等诸多因素的结合，将确保应用该类正交多子集序列集合的无线通信系统获得优异的通信性能。

本章所讨论的正交多子集序列集合重点关注零位移上的低互相关值，即低 IPCC 值。那么，对于任意位移上或者局部区域内的低自/互相关值的情况，相关的研究也比较多，除了经典的 Gold 序列集合、小集合 Kasami 序列、Bent 函数序列集合和 LCZ 序列集合等类型之外，可以参考西南交通大学的唐小虎教授、周正春博士、陈俊博士以及湖北大学的曾祥勇教授等国内学者的研究成果[21−26]。另外，上述的低自/互相关区的研究并不局限于直扩序列，跳频序列和跳时序列也可以采用类似的概念构造低碰撞区，能够保证在该区间内具有较低的跳频和跳时相关性能，这方面的研究可以参考相关文献 [27-35]。

参 考 文 献

[1] 何世彪, 谭晓衡. 扩频技术及其实现. 北京: 电子工业出版社, 2007.

[2] Rathinakumar A, Chaturvedi A K. Mutually orthogonal sets of ZCZ sequences. Electronics Letters, 2004, 40(18): 1133-1134.

[3] Rathinakumar A, Chaturvedi A K. A new framework for constructing mutually orthogonal complementary sets and ZCZ sequences. IEEE Transactions on Information Theory, 2006, 52(8): 3817-3826.

[4] Rathinakumar A, Chaturvedi A K. Complete mutually orthogonal golay complementary sets from Reed-Muller codes. IEEE Transactions on Information Theory, 2008, 54(3): 1339-1346.

[5] Tseng C C, Liu C L. Complementary sets of sequences. IEEE Transactions on Information Theory, 1972, 18(5): 644-652.

[6] Zhang Z Y, Zeng F X, Liu Y, et al. Design of ZCZ sequences with inter-group orthogonal properties for CDMA communication systems//Proc. of International Conference on Energy and Environmental Science, Singapore, 2011, 11: 240-248.

[7] Fan P Z, Suehiro N, Kuroyanagi N, et al. A class of binary sequences with zero correlation zone. Electronics Letters, 1999, 35(10): 777-779.

[8] 葛利嘉, 张振宇, 钱林杰, 等. 一种相互正交的零相关区多相序列集合构造方法: 201210473-849.1. 2013-03-27.

[9] Li Y B, Xu C Q, Liu K. Construction of mutually orthogonal zero correlation zone polyphase sequence sets. IEICE Transactions on Fundamentals of Electronics, Communications and Computer Sciences, 2011, E94-A(4): 1159-1164.

[10] 曾祥勇, 程池, 胡磊, 等. 一类相互正交的零相关区序列集的构造. 电子与信息学报, 2006,

28(12): 2347-2350.

[11] Zeng F X. New perfect polyphase sequences and mutually orthogonal ZCZ polyphase sequence sets. IEICE Transactions on Fundamentals of Electronics, Communications and Computer Sciences, 2009, E92-A(7): 1731-1736.

[12] Torii H, Nakamura M, Suehiro N. A new class of polyphase sequence sets with optimal zero-correlation zones. IEICE Transactions on Fundamentals of Electronics, Communications and Computer Sciences, 2005, E88-A(7): 1987-1994.

[13] Xuan G X, He S B, Xiao L L, et al. Construction of shift-based sequence sets for M-ary spread spectrum OFDM communications//Proc. of the 25th Wireless and Optical Communication Conference, Chengdu, China, 2016: 1-5.

[14] Zhang Z Y, Tian F C, Zeng F X, et al. Multiple orthogonal subsets with three-valued in-phase cross-correlation for HF communications. IEEE Communications Letters, 2016, 20(7): 1377-1380.

[15] Shi Q H, Zhang Q T. Deterministic spreading sequences for the reverse link of DSCDMA with noncoherent M-ary orthogonal modulation: impact and optimization. IEEE Transactions on Vehicular Technology, 2008, 57(1): 354-362.

[16] Park H, Lim J. Cyclic shifted orthogonal complementary codes for multicarrier CDMA systems. IEEE Communications Letters, 2006, 10(6): 1-3.

[17] Alsina R M, Salvador M, Hervas M, et al. Spread spectrum high performance techniques for a long haul high frequency link. IET Communications, 2015, 9(8): 1048-1053.

[18] Fan Z P, Darnell M. Sequence Design for Communication Applications. London: Research Studies Press LTD., 1996.

[19] ITU-R Rec F. 1487. Testing of HF modems with bandwidths of up to about 12 kHz using ionospheric channel simulators. (International Telecommunication Union, Radio communication Sector, Geneva, 2000)

[20] Zhang Z Y, Tian F C, Zeng F X, et al. Design of orthogonal subsets for M-ary spread spectrum communications with OFDM modulation//Proc. of the 9th International Congress on Image and Signal Processing & the 9th International Conference on BioMedical Engineering and Informatics, Datong, China, 2016: 1096-1100.

[21] 唐小虎. 低/零相关区理论与扩频通信系统序列设计. 西安: 西南交通大学出版社, 2006.

[22] 周正春. 低相关序列设计及其相关编码研究. 西南交通大学博士学位论文, 2010.

[23] 陈俊, 唐小虎, 陈运, 等. 新的具有大线性复杂度的 4 值低相关序列集. 通信学报, 2011, 32(1): 46-51.

[24] 陈俊, 陈运, 吴震. 一类大集合 p 元低相关序列集的线性复杂度研究. 电子科技大学学报, 2011, 40(3): 379-382.

[25] 田金兵, 曾祥勇, 胡磊. 一类低相关序列集的线性复杂度研究. 通信学报, 2008, 29(7): 75-80.

[26] 江文峰, 曾祥勇, 胡磊. 一类具有大线性复杂度的四值低相关序列集. 计算机学报, 2008, 31(1): 59-64.

[27] 张振宇，施志勇，朱燊权，等. 零/低相关区理论在 QS-THSS-UWB 序列构造中的应用. 南京邮电大学学报 (自然科学版), 2006, 26(2): 81-85.

[28] Chung J H, Yang K. New classes of optimal low-hit-zone frequency-hopping sequence sets by cartesian product. IEEE Transactions on Information Theory, 2013, 59(1): 726-732.

[29] Zhang Z Y, Huang J M, Shi Z Y, et al. Frequency hopping sequences with few-hit zone for quasi-synchronous FH-CDMA systems//Proc. of the 4th International Conference on Communications, Circuits and Systems, Guilin, China, 2006: 670-674.

[30] Niu X H, Peng D Y, Liu F. Lower bounds on the periodic partial correlations of frequency hopping sequences with partial low hit zone//Proc. of the 4th International Workshop on Signal Design and its Applications in Communications, 2009: 84-87.

[31] Zhang Z Y, Zeng F X, Ge L J, et al. A novel few-hit zone sequence design for QS-THSS-UWB system//Proc. of International Conference on Sensing, Computing and Automation, Chongqing, China, 2006: 314-318.

[32] Niu X H, Peng D Y, Zhou Z C. New classes of optimal frequency hopping sequences with low hit zone with new parameters//Proc. of the 5th International Workshop on Signal Design and Its Applications in Communications, 2011: 111-114.

[33] Zhang Z Y, Zeng F X, Ge L J. Family of time-hopping sequences with no-hit and few-hit zone for quasi-synchronous THSS-UWB systems//Proc. of IEEE International Conference on Ultra-Wideband, Zurich, Switzerland, 2005: 43-48.

[34] Ye W X, Fan P Z, Peng D Y, et al. Theoretical bound on no hit zone of frequency hopping sequences//Proc. of the 5th International Workshop on Signal Design and Its Applications in Communications, 2011: 115-117.

[35] Zhang Z Y, Zeng F X, Ge L J. Time-hopping sequences construction with few-hit zone for quasi-synchronous THSS-UWB systems//Proc. of the IEEE 61st Semiannual Vehicular Technology Conference, Stockholm, Sweden, 2005: 1998-2002.

第 7 章　序列在 OFDM 通信系统中的应用

序列设计理论在无线通信中的很多领域都有重要的应用，除了传统的扩频通信和 CDMA 之外，OFDM 通信系统也需要设计相应的序列以实现 PAPR 抑制、帧检测、时间同步、频偏估计、信道均衡和相位补偿等功能。

本章基于开发实现的 OFDM 视频传输系统，重点阐述序列在该系统中的应用情况，分析系统实现中对序列的具体要求，指明序列在系统实现和性能提升过程中的重要地位和作用，从而验证序列在工程实现中的应用效能。本章的研究充分展现了序列设计不仅具有理论研究意义，而且更具有重要的实际应用价值。

7.1　OFDM 视频传输系统简介

7.1.1　系统研制背景

OFDM 视频传输系统的开发依托于重庆市重点攻关项目“基于 MIMO-OFDM 和协作中继的新一代 336-344MHz 专用移动无线视频传输系统”，项目时间为 2012 年 6 月到 2014 年 6 月。立项背景在于行业新规的出台，即工信部无〔2008〕333 号文件对应急指挥、公共安全、抢险救灾等相关部门移动无线视频传输系统所提出的新要求，将 336-344MHz 频段规划为专用移动无线视频传输使用频率，明确规定信道带宽小于 2MHz。

面向应急通信的视频传输一直受到广泛关注[1−4]，本书作者所在项目组研制的视频传输系统也是面向应急突发事件，鉴于我国灾害种类多、发生频率高、分布广，因此公共安全应急通信具有极为重要的现实意义。所研制的视频传输系统致力于突发事件中应对工作的通信畅通，其应用场景如图 7.1 所示，系统中的车载中心站装配于远程传输车，而背负式终端用于单个人员。从该图可以看出，单个人员徒步进入灾情现场，利用背负式终端将视频资料传送回几公里之外的车载中心站，从而解决了灾区由地震、泥石流等因素导致的道路中断和车辆受阻而无法传送视频的问题。然后，远程传输车利用配备的卫星通信设备将视频资料传送到远端指挥控制中心，以确保第一手素材能够在第一时间获得可靠、高效的传输。

基于 OFDM 调制并结合 MIMO 技术，旨在研制具有自主知识产权的新一代 336-344MHz 专用移动无线视频传输系统，大力提升其在复杂地形环境和复杂电磁环境下的传输性能，满足应急指挥、公共安全、抢险救灾等场景对高性能无线视频传输系统的迫切需要。

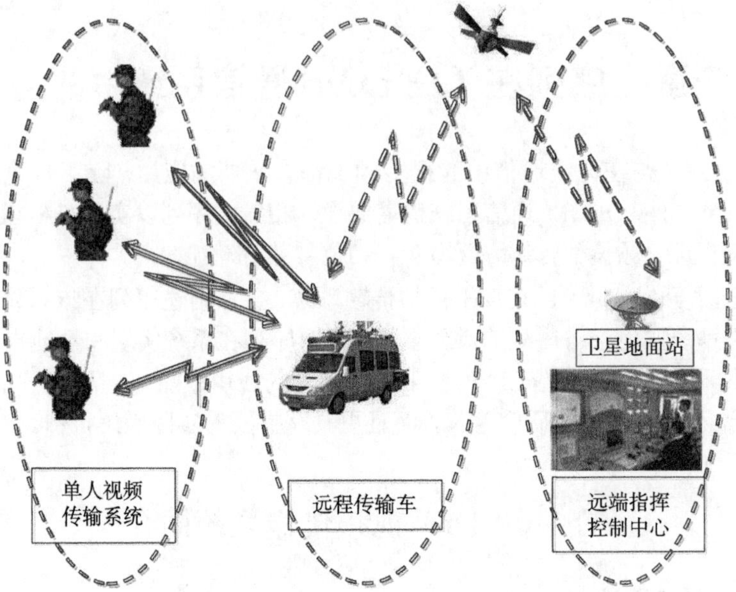

图 7.1 OFDM 视频传输系统的应用场景

7.1.2 系统组成和性能指标

本系统由车载中心站和背负式移动终端组成。其中，车载中心站 1 套，包括收发信机 1 台和笔记本电脑 1 台，可连接 “动中通” 卫星通信系统和互联网，配有 4 副全向鞭状接收天线；背负式移动终端 4 台，每台附件包括摄像头和送/受话器 1 套。

系统可实现如下功能：背负式移动终端向车载中心站传输视频和话音，车载中心站向背负移动终端传送话音；车载中心站接收机具有分集接收功能；组网方式采用轮询接收以实现点对多点传输。

系统的主要指标包括：工作频率为 336-344MHz；信道带宽不大于 2MHz；背负式移动终端发射功率小于 5W，车载中心站发射功率小于 20W；接收机灵敏度为 −85dBm。

7.1.3 基带单元方案

7.1.3.1 基带硬件平台

车载中心站基带单元硬件部分主要由 1 片 DSP、2 片 FPGA、2 片 CPLD、4 个 A/D 和 1 个 D/A 组成。FPGA 采用 Xilinx 公司的 Virtex 系列高性能 FPGA XC5VSX50T。DSP 采用 TI 公司的浮点型 DSP TMS320C6747，主频为 500MHz。

A/D 采用 AD 公司的 AD9246，采样频率最高可达 80Msps，编码位数为 14bit。D/A 采用 AD 公司的 16bit，160Msps 的 DAC AD9744。系统还有两片 CPLD 负责协调整个系统的工作和译码。

作为基带单元的核心芯片，两片 FPGA 完成了系统的主要控制和运算功能。按照系统需求，两片 FPGA 分别实现不同功能。第 1 片 FPGA 完成功能包括：实现与 4 路高速 A/D 和 1 路高速 D/A 的接口，对其进行时序控制和 4 路 A/D 数据接收对齐功能；实现键盘输入、显示等功能；实现与射频的连接控制功能；实现 4 路中频信号的下变频功能 (包含抽取、滤波等)；实现自动增益控制 (Automatic Gain Control, AGC) 数控功能；实现帧检测、载波/符号同步、IFFT/FFT 以及第 1 和第 2 片 FPGA 的数据接口。对于第 2 片 FPGA，其完成功能包括：信道估计、相位补偿、最大比合并 (Maximal Ratio Combining, MRC)、解扰、解交织、Viterbi 译码以及 FPGA 与 DSP 接口。

背负式移动终端基带单元硬件部分主要由 1 片 FPGA、1 片 PROM、1 个 A/D 和 1 个 D/A 组成。FPGA 采用 Xilinx 公司的 Virtex-4 系列的 XC4VLX25FF668。PROM 用于完成 FPGA 的电路配置，采用串行配置方式，芯片为 XCF08PVO48。A/D 采用 AD 公司的 AD6640AST，采样频率为 65Msps，编码位数为 12bit。D/A 采用 AD 公司的 14bit，210Msps 的 AD9744ARU。

7.1.3.2 基带单元功能模块

基带单元可以分为发射机基带和接收机基带两个部分，系统的主要功能在于背负式终端将视频信号回传至车载中心站，即下行链路部分，其方框图如图 7.2 所示。

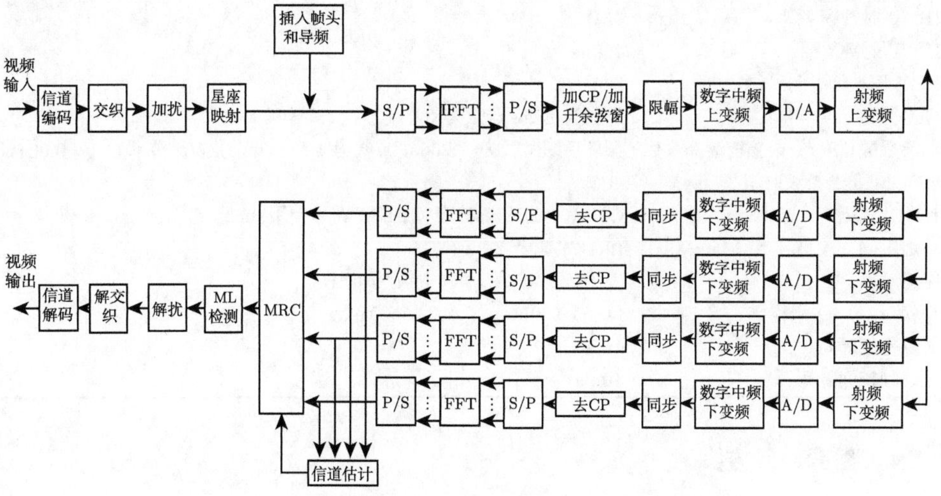

图 7.2 OFDM 视频传输系统的基带功能模块方框图

发射机基带按照功能，从视频单元接收到视频输入信号开始，可以分为信道编码模块、交织模块、加扰模块、映射模块、帧头和导频插入模块、IFFT 模块、加 CP 模块、加窗模块、PAPR 抑制模块、过采样模块、数字上变频模块和 D/A 转换模块。

接收机基带是发射机基带的逆过程，从射频单元接收到的模拟中频信号开始，可以分为 A/D 转换模块、数字下变频模块、欠采样模块、同步模块、去 CP 模块、FFT 模块、信道估计模块、最大比合并模块、最大似然 (Maximum Likelihood, ML) 检测模块、解扰模块、解交织模块和信道译码模块。

7.1.3.3　系统基带参数

根据本系统的组成、所要实现的功能和所要达到的主要技术指标，系统的具体基带参数设置如表 7.1 所示。

表 7.1　OFDM 视频传输系统的基带参数

参数名称	参数设置
系统带宽	8MHz
信道带宽	2MHz
天线配置	1×4 MIMO
中心频率	337MHz、339MHz、341MHz、343MHz
点对多点	1 个中心站对 4 个终端
子载波间隔	31.25kHz
数据子载波	48 个
导频子载波	4 个，子载波位置编号 (−21,−7,7,21)，基本参考信号为 {1,1,1,−1}
保护子载波	共 12 个，包括低频端 6 个，高频端 5 个，直流 1 个
IFFT/FFT 点数	128 点
IFFT 时钟频率	4MHz
IFFT 时钟周期	250ns
FFT 窗持续时间	32μs
CP 长度	时长为 8μs，点数为 32 点
循环后缀长度/升余弦窗滚降系数	循环后缀时长为 1.25μs，点数为 5 点，升余弦窗滚降系数 β=0.03125
OFDM 符号持续时间	40μs
调制方式	QPSK；BPSK(特定 OFDM 符号使用)
信道编码	(2,1,7) 删余卷积码
中频频率	发中频，30MHz；收中频，70MHz
D/A 和 A/D 采样率	D/A，160Msps；A/D，40Msps
时隙持续时间	1ms
无线帧持续时间	10ms

7.1.4　射频单元方案

下面分别针对移动终端和中心站两部分阐述射频单元方案设计。

7.1.4.1 移动终端射频方案

移动终端采用外差式架构，如图 7.3 所示。基带输出频率为 30MHz，带宽为 8MHz，已调信号 (调制方式可为 BPSK 和 QPSK) 送入变频单元。信号幅度为平均功率 0dBm。考虑 OFDM 信号峰均比 7 ~ 8dB，信号链每一级输出 1dB 压缩点 (OP1dB) 留有 10dB 以上余量。

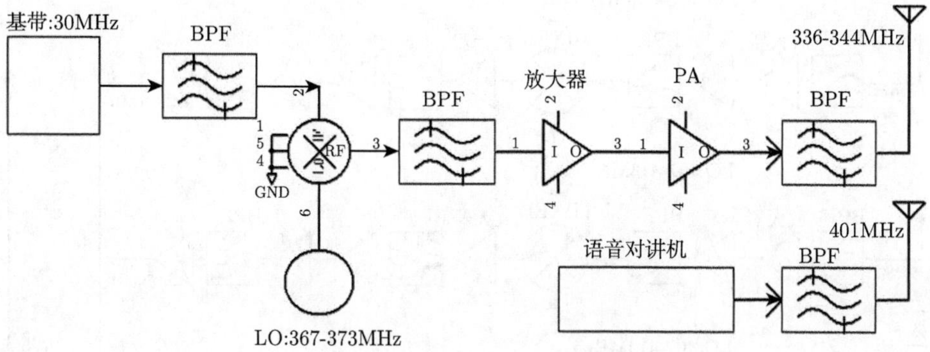

图 7.3 移动终端电路原理框图

变频单元内置高相噪锁相环 (Phase Locked Loop, PLL) 频率合成器，相噪满足：$-100\text{dBc}@\Delta f$ 为 10kHz，$-110\text{dBc}@\Delta f$ 为 100kHz，频率稳准度为 ±0.5ppm。变频单元将 30MHz 的中频信号上变频到 336 ~ 344MHz 范围中指定的工作频率，变频增益为 0±1dB。

变频后的信号送入功率放大器，功放增益为 38dB，功放输出通过螺旋滤波器抑制射频信号远端杂散以满足系统和相关行业标准对无线设备辐射指标要求。

7.1.4.2 中心站射频方案

中心站采用车载方式，由四路通道性能一致的接收单元构成，如图 7.4 所示。每路接收单元采用外差式架构，三级可变增益放大器 (Variable Gain Amplifier, VGA) 控制，其中射频 (Radio Frequency, RF) 部分为一级 VGA，中频部分为两级 VGA，每级 VGA 的动态范围大于 30dB。VGA 的控制信号是由基带处理单元产生，接收单元提供 RF 信号的均方根 (Root Mean Square, RMS) 检波输出送给基带，基带根据相应的算法来实时控制 VGA。

滤波器参数设定考虑以第一级螺旋滤波器为例进行分析，其余设定方法皆大同小异。从天线端口输入的有用 RF 信号进入滤波器，该滤波器完成对系统内 (话音对讲 401MHz) 和系统外 (其他通信系统) 干扰信号的抑制。其带外抑制度根据性能要求考虑，系统噪声系数 (Noise Factor, NF) 小于 2dB。根据估算等效到天线口的 VGA 起控信号电平为 −53dBm，401MHz 信号通过天线隔离耦合 30dB 后进入

接收端的信号为 +7dBm，故滤波器对 401MHz 信号的抑制度应大于 60dB，再根据体积、价格等因素权衡要求抑制度取大于 70dB。

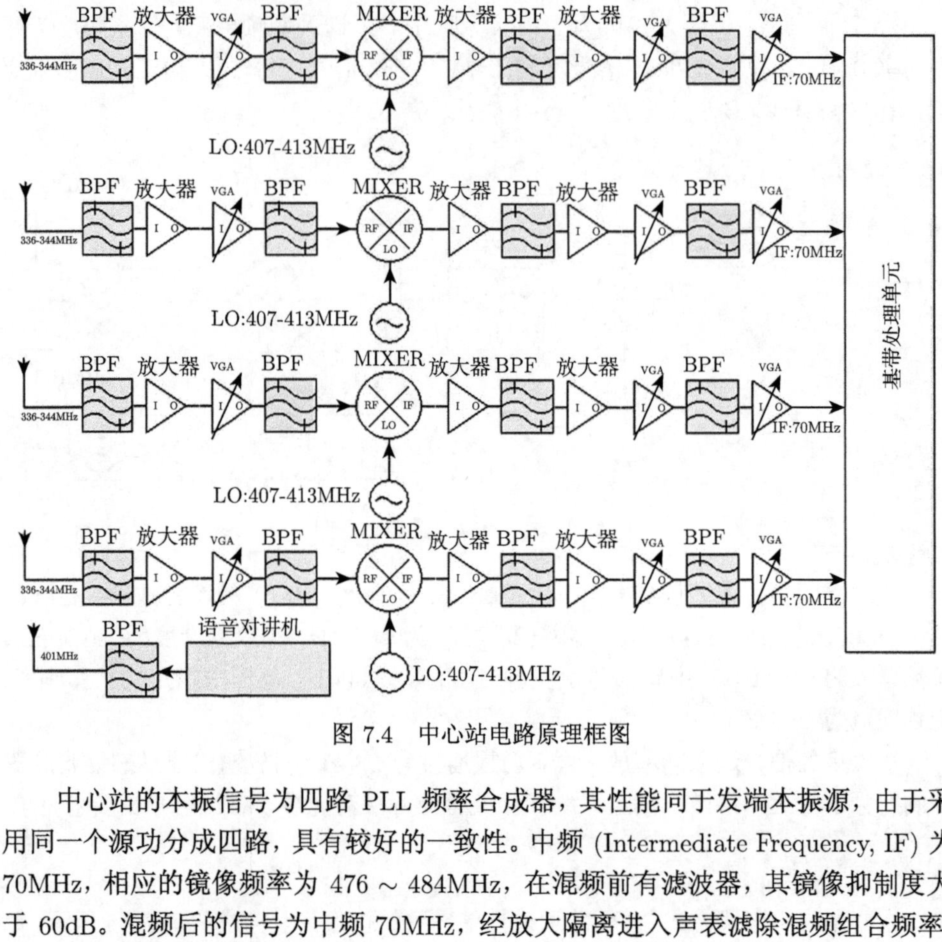

图 7.4　中心站电路原理框图

中心站的本振信号为四路 PLL 频率合成器，其性能同于发端本振源，由于采用同一个源功分成四路，具有较好的一致性。中频 (Intermediate Frequency, IF) 为 70MHz，相应的镜像频率为 476 ~ 484MHz，在混频前有滤波器，其镜像抑制度大于 60dB。混频后的信号为中频 70MHz，经放大隔离进入声表滤除混频组合频率，再经过一级固放和两级 VGA。

7.2　帧头结构中的各类序列设计

7.2.1　OFDM 视频传输系统的帧头结构

OFDM 视频传输系统的帧头由 8 个 OFDM 符号组成，如图 7.5 所示。

从前到后依次为：第 1 个 OFDM 符号用于模拟 AGC，通过结合自动增益控制自动/固定控制算法，获得后续波形的稳定放大；第 2、3 个 OFDM 符号为两个连续的 5 重复短训练序列，主要利用其重复特性完成系统的帧检测和小数倍频偏联合估计以及整数倍频偏估计；第 4、5 个 OFDM 符号为两重复长训练序列，这两个符号组合之后可以被看作一个长的 OFDM 符号，即 CP 长度为 64 点，数据符号部分长度为 192 点，主要用于符号定时细同步和频偏细估计；第 6、7 个 OFDM 符号为发端两天线的信道估计训练序列 (其中第 7 个 OFDM 符号为预留)，采用时分方式，方便系统升级成 2×4MIMO-OFDM 系统；第 8 个 OFDM 符号为帧信息符号，主要用于传送信道编码码率和调制方式等信息。

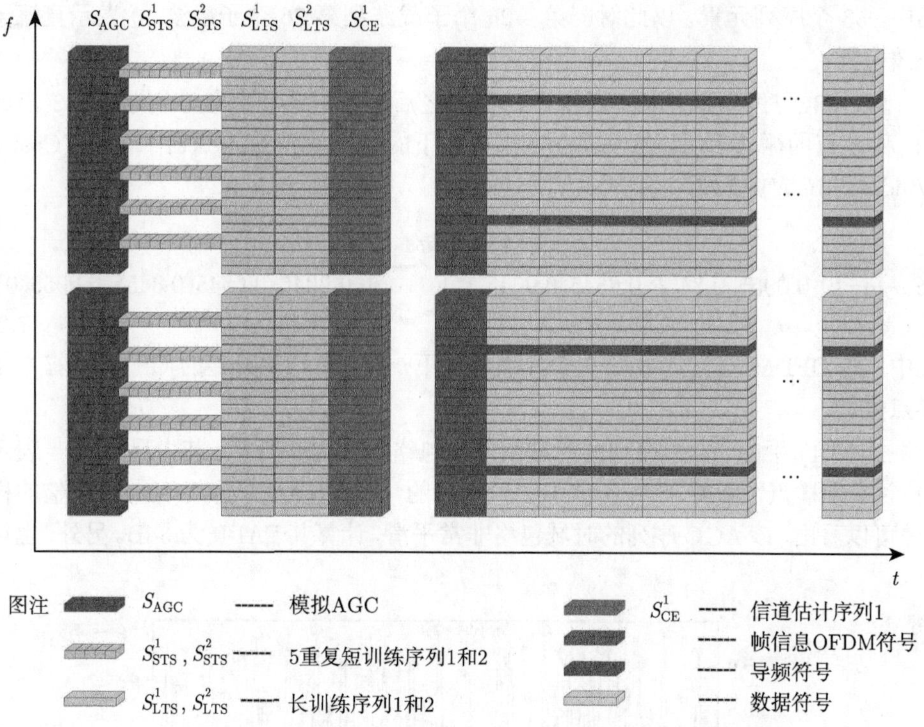

图 7.5 OFDM 视频传输系统的帧头设计 (扫描封底二维码可看彩图)

7.2.2 AGC 序列设计

对于帧头中的各个序列的设计，既要考虑其基本功能，也要控制其 PAPR。其中，第 1 个 OFDM 符号为模拟 AGC 符号，其主要功能在于保证信号具有相对平稳的时域信号幅度，即尽可能低的 PAPR 值。

根据系统参数，子载波数为 52，即直流两侧各有 26 个子载波，因此应该设计一个中间位置为零值、左右两侧各有 25 个元素的序列。此处采用二元序列，因为该序列只关心 PAPR 性能而并不需要相关性能，所以本系统采用长度为 26 的互补序列配对，确保其 PAPR 不超过 3dB，具体的序列结构如下：

$$
\boldsymbol{C}^{0}_{-26,26}=\{\begin{array}{cccccccccccccc}
1 & 1 & 1 & -1 & -1 & 1 & 1 & 1 & -1 & 1 & -1 & -1 & -1 & \\
-1 & -1 & 1 & -1 & 1 & 1 & -1 & -1 & 1 & -1 & -1 & -1 & -1 & \underline{0} \\
-1 & -1 & -1 & 1 & 1 & -1 & -1 & -1 & 1 & -1 & 1 & 1 & -1 & \\
1 & -1 & 1 & -1 & 1 & 1 & -1 & -1 & 1 & -1 & -1 & -1 & -1\}
\end{array} \tag{7.1}
$$

其中，53 个序列元素，以此对应第 -26 个子载波到第 26 个子载波，$\underline{0}$ 表示直流子载波位置。

该 AGC 序列经过 128 点 IFFT 变换之后，按照系统参数分别添加 32 点的 CP 和 5 点的循环后缀，然后在时域添加如下的 165 点的升余弦窗 (Raised Cosine Window, RCW) 序列：

$$
S_{\mathrm{RCW}}=\Big(0, 0.0955, 0.3455, 0.6545, 0.9045, \overbrace{1, 1, \cdots, 1}^{155}, 0.9045, 0.6545, 0.3455, 0.0955, 0\Big) \tag{7.2}
$$

其中，该 OFDM 符号的最后 5 个样点将与下一个 OFDM 符号的 CP 中的前 5 个样点叠加。

式 (7.1) 中的 AGC 序列的时域信号的包络如图 7.6 所示，其中星号 “$*$” 表示 32 个 CP 样点，圆圈 “○” 表示 IFFT 之后的 128 个样点，总共 160 个完整的样点。可以看出，该 AGC 序列的时域包络非常平滑，计算其 PAPR 为 3dB。另外，也可

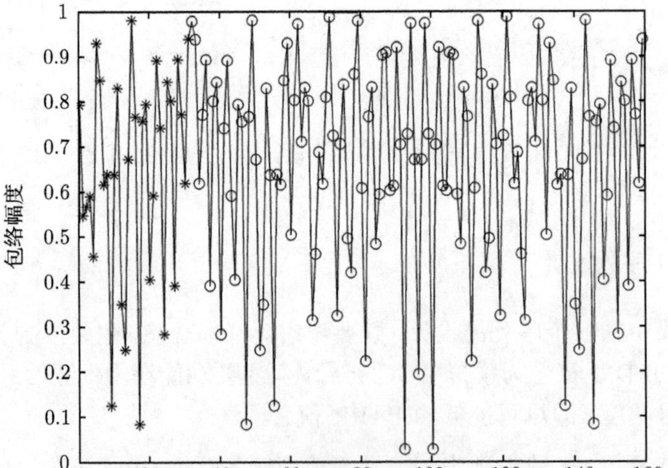

图 7.6　AGC 序列的时域信号包络，PAPR 为 3dB

以看出，CP 中的前面 5 个样点有所改变，它们并不像其他的 27 个 CP 样点一样从 OFDM 符号后面直接搬移而得到，这是该 AGC 序列 OFDM 符号添加升余弦窗之后与前一个数据帧中的最后一个 OFDM 符号的循环后缀叠加所致。

7.2.3 短训练序列设计

根据系统帧结构，AGC 序列之后为两个重复的短训练序列。同 AGC 序列相比较，短训练序列除了具有低的 PAPR，还需要具有特殊的结构以完成帧检测和小数倍载波频偏估计。本系统中采用了基于延迟自相关的帧检测算法，因此要求短训练符号在时域上具有重复特性。按照信号处理理论，为了在时域上重复，则需要在频域上进行插入零值操作。

在本系统中，IFFT 点数为 128，CP 长度为 32，因此如果每个 OFDM 符号能够实现 4 重复，即时域上的 128 个样点分成 4 份，则每份 32 个样点，且 4 个部分完全相同。进一步地考虑 CP 在内，则每个时域 OFDM 符号一共有 5 个重复，每个重复 32 个样点，共计 160 个样点。短训练序列的设计使用了互补序列配对，首先确定插零个数，因为 4 重复，所以需要在每两个连续的样点中间插入连续 3 个零。根据子载波个数，从中间直流位置开始左右两侧各产生 6 个非零元素，然后在包括直流在内的 9 个元素中间插入零值，从而生成如下的短训练序列频域结构：

$$\begin{aligned}\boldsymbol{C}^1_{-26,26} &= \boldsymbol{C}^2_{-26,26}\\ &= \sqrt{\frac{13}{3}}\times\{0\ \ 0\ \ 1\ \ 0\ \ 0\ \ 0\ \ \mathrm{j}\ \ 0\ \ 0\ \ 0\ \ 1\ \ 0\ \ 0\\ &\quad\ 0\ \ 1\ \ 0\ \ 0\ \ 0\ \ 1\ \ 0\ \ 0\ \ 0\ \ -1\ \ 0\ \ 0\ \ 0\ \ \underline{0}\\ &\quad\ 0\ \ 0\ \ 0\ \ -1\ \ 0\ \ 0\ \ 0\ \ -\mathrm{j}\ \ 0\ \ 0\ \ 0\ \ -1\ \ 0\\ &\quad\ 0\ \ 0\ \ 1\ \ 0\ \ 0\ \ 0\ \ 1\ \ 0\ \ 0\ \ 0\ \ -1\ \ 0\ \ 0\}\end{aligned} \tag{7.3}$$

其中，系数 $\sqrt{13/3}$ 是为了保证该符号功率归一化。由于互补序列配对具有优异的低 PAPR 性能，而在插零之后依然保持了该特性，所以短训练序列的 PAPR 为 3dB。

两个 5 重复短训练序列的时域包络如图 7.7 所示，该包络也很平滑。另外，从该图中可以明显看出信号包含有 5 个相同的部分，只是其中 CP 部分的前 5 个样点由于加窗之后与前一个 AGC 序列的循环后缀叠加，所以有所不同。

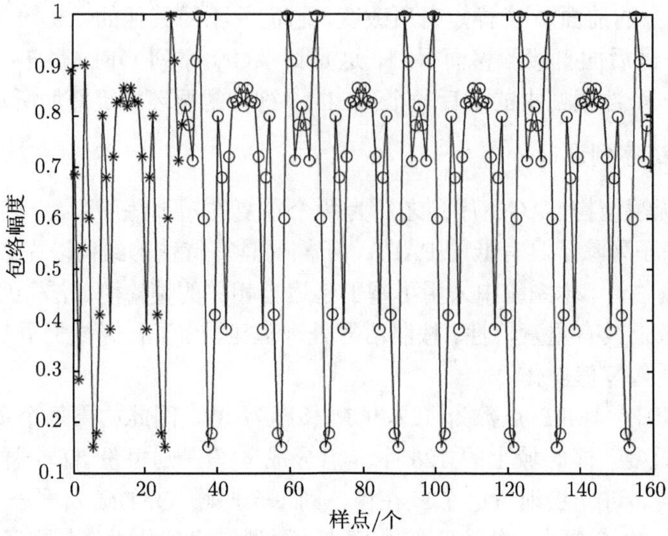

图 7.7　短训练序列的时域信号包络，PAPR 为 3dB

7.2.4　长训练序列设计

虽然短训练序列可以实现帧同步，但这只是粗略同步，为了实现系统细同步，则需要专门的序列，即长训练序列。本系统中设计的长训练序列参考了 IEEE802.11a 的结构，即两个 OFDM 符号连起来被看作一个更长的 OFDM 符号，因此仅需要设计后面位置的长训练序列，即可根据特定结构获得前面的一个长训练序列。令 $\boldsymbol{C}^3_{-26,26}$ 表示前一个长训练序列，通过计算机搜索方法，则可以获得该长训练序列的频域结构如下：

$$\begin{aligned}\boldsymbol{C}^3_{-26,26}=\{&-1\ \ -1\ \ 1\ \ -1\ \ -1\ \ 1\ \ 1\ \ -1\ \ -1\ \ -1\ \ 1\ \ -1\ \ 1\\ &-1\ \ -1\ \ -1\ \ 1\ \ 1\ \ 1\ \ 1\ \ -1\ \ 1\ \ -1\ \ -1\ \ -1\ \ -1\ \ \underline{0}\\ &-1\ \ -1\ \ -1\ \ -1\ \ 1\ \ -1\ \ 1\ \ 1\ \ 1\ \ 1\ \ -1\ \ -1\ \ -1\\ &1\ \ -1\ \ 1\ \ -1\ \ -1\ \ -1\ \ 1\ \ 1\ \ -1\ \ -1\ \ 1\ \ -1\ \ -1\}\end{aligned} \tag{7.4}$$

对于 $\boldsymbol{C}^3_{-26,26}$，通过 IFFT 变换获得时域信号 $\boldsymbol{T}^3=(T^3(1),T^3(2),\cdots,T^3(128))$，则通过特定重复结构，可以组合成第二个长训练序列 $\boldsymbol{C}^4_{-26,26}$ 的时域信号，并且这两个长训练序列的时域信号可以组合成为一个更大的两倍长的 OFDM 符号，其 CP 长度也扩展为两倍长。那么，可得连续两个长训练序列 $\boldsymbol{C}^3_{-26,26}$ 和 $\boldsymbol{C}^4_{-26,26}$ 的组合时域信号如下所示：

$$\begin{aligned}\{&T^3(97),T^3(98),\cdots,T^3(128),T^3(1),T^3(2),\cdots,T^3(128),T^3(1),T^3(2),\cdots,\\ &T^3(128),T^3(1),T^3(2),\cdots,T^3(32)\}\end{aligned} \tag{7.5}$$

可以看出，式中共有 320 个样点，这是两个标准 OFDM 符号的长度。前后两个长训练序列 OFDM 符号的 CP 分别是 $\left\{T^3(97), T^3(98), \cdots, T^3(128)\right\}$ 和 $\left\{T^3(1), T^3(2), \cdots, T^3(32)\right\}$，同时也可以将整个 320 个样点看作是一个更长的 OFDM 符号，则该 2 倍长的 OFDM 符号的 CP 为 $\left\{T^3(97), T^3(98), \cdots, T^3(128), T^3(1), T^3(2), \cdots, T^3(32)\right\}$，共有 64 个样点，这是标准 OFDM 符号 CP 长度的两倍。除了 2 倍长的 CP，该 2 倍长的 OFDM 符号的数据部分是一个两重复时域信号，即 $\left\{T^3(33), T^3(34), \cdots, T^3(128), T^3(1), T^3(2), \cdots, T^3(32)\right\}$ 的 2 次重复。

因为长训练序列主要是用来完成系统的精确同步，所以采用相关器 (互相关运算) 或匹配滤波器时需要耗费较多的系统资源。为了在进行符号定时细同步运算时减小计算复杂度，$C^3_{-26,26}$ 采用了对称排列，即直流两侧的元素具有对称性质，如式 (7.4) 所示。那么，根据信号处理理论中的圆周共轭对称性质可知[5,6]，当信号在频域为圆周共轭排列时，则经过 IFFT 之后的时域信号为实数。众所周知，即使采用特定的结构，一次复数乘法也至少需要三次实数乘法，因此直接输出实数信号可以大大减少系统细同步的运算量。

另外，虽然该长训练序列具有圆周共轭对称性，但是该性质在一定程度上限制了 OFDM 符号的 PAPR 性能。因此，通过计算机搜索所获得的长训练序列 $C^3_{-26,26}$ 的时域信号的 PAPR 稍有增加，达到了 4.4521dB，其时域包络如图 7.8 所示。

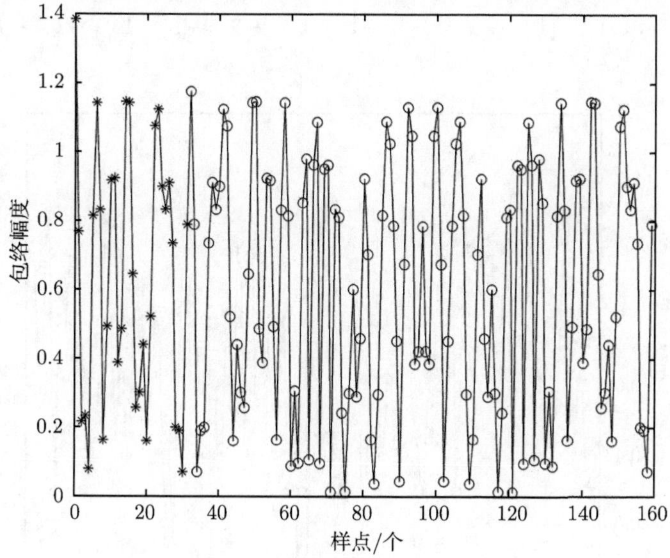

图 7.8 长训练序列的时域信号包络，PAPR 为 4.4521dB

7.2.5 信道估计序列设计

本系统在发送端虽然只采用一路通道，即背负式终端单天线，但是在帧结构设计时预留了两个信道估计序列，从而方便以后系统进一步扩展成为 2×4MIMO 结构。这两个信道估计序列采用时分结构，即前一个信道估计序列 OFDM 符号用于发送端第 1 条通道，而接下来的下一个信道估计序列 OFDM 符号用于第 2 条通道，两个序列在时间上物理分离，从而避免了相互之间的干扰。

两个信道估计序列将被用于信道估计中，为便于实现而采用最小二乘算法，因此序列元素不能为 0 值。通过计算机搜索，则可以获得两个序列分别如下所示。经过 IFFT 之后，这两个信道估计序列 OFDM 符号时域信号的 PAPR 依次为 3.8726dB 和 3.3532dB，其时域包络分别如图 7.9 和图 7.10 所示。

$$
\boldsymbol{C}^{5}_{-26,26}=\{\begin{array}{cccccccccccccc}
1 & -1 & 1 & -1 & 1 & 1 & 1 & 1 & 1 & 1 & 1 & -1 & -1 & \\
-1 & -1 & 1 & 1 & 1 & 1 & 1 & -1 & 1 & 1 & 1 & -1 & 1 & \underline{0} \\
1 & 1 & 1 & 1 & -1 & -1 & 1 & 1 & -1 & -1 & -1 & -1 & 1 & \\
-1 & -1 & -1 & 1 & -1 & 1 & -1 & 1 & 1 & -1 & 1 & 1 & -1
\end{array}\} \tag{7.6}
$$

$$
\boldsymbol{C}^{6}_{-26,26}=\{\begin{array}{cccccccccccccc}
-1 & -1 & -1 & -1 & -1 & 1 & 1 & -1 & -1 & -1 & 1 & -1 & -1 & \\
1 & -1 & -1 & 1 & -1 & 1 & 1 & 1 & -1 & -1 & -1 & 1 & 1 & \underline{0} \\
-1 & 1 & -1 & -1 & -1 & -1 & -1 & -1 & 1 & 1 & 1 & -1 & -1 & \\
1 & 1 & 1 & -1 & 1 & -1 & 1 & -1 & -1 & 1 & -1 & -1 & 1
\end{array}\} \tag{7.7}
$$

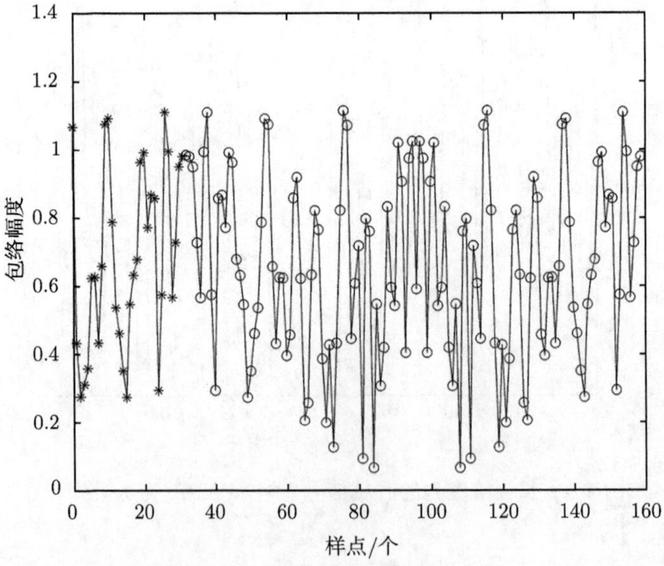

图 7.9　信道估计序列 1 的时域信号包络，PAPR 为 3.8726dB

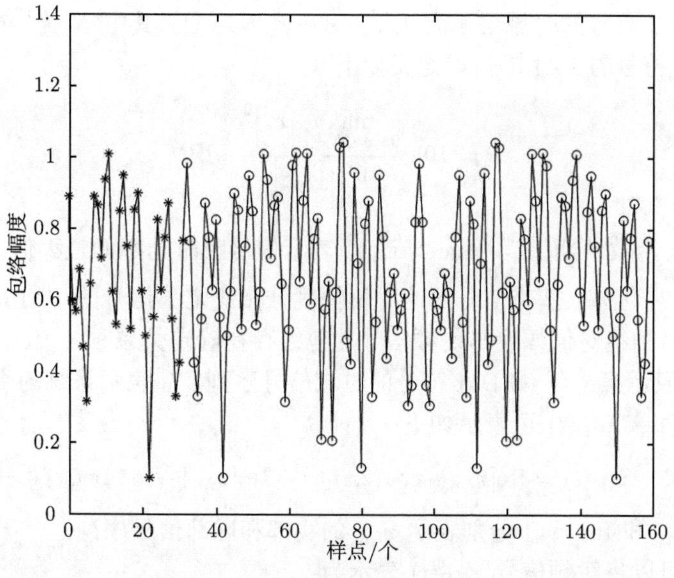

图 7.10 信道估计序列 2 的时域信号包络，PAPR 为 3.3532dB

观察图 7.6 ~ 图 7.10 可以发现，如果不考虑 CP，则所有的帧头序列的时域包络都是偶对称的。其原因在于，为了便于实现，本系统在帧头中都采用频域的实数序列。那么，对于数据部分则不再具有该对称性质，因为数据采用 QPSK 调制，属于复数数据。另外，所有上述数据都采用单位圆周上的二元或四相序列，因此便于功率归一化处理。

7.3 系统中序列相关的关键技术研究

设计并实现的 OFDM 视频传输系统涉及许多理论和技术内容，本节只讨论与序列设计相关的几项关键技术。

7.3.1 数据符号的 PAPR 抑制

7.3.1.1 基带信号幅度和射频信号包络

PAPR 的影响在于射频端的功放效率，即涉及射频信号的包络。虽然 PAPR 是影响射频电路的一个重要性能指标，但是 PAPR 的取值可以按照基带信号来计算。对于 OFDM 调制而言，PAPR 是按照基带时域信号的峰值功率和平均功率的比值计算得到的。

令 OFDM 符号的时域信号为 $\{x_n, 0 \leqslant n \leqslant N-1\}$，其中 N 为 IFFT 的点数，则该 OFDM 符号的 PAPR 可以定义如下[7]：

$$P = 10\lg \frac{\max\limits_{0 \leqslant n \leqslant N-1} |x_n|^2}{E\left[|x_n|^2\right]} \ (\mathrm{dB}) \tag{7.8}$$

其中，$E[\cdot]$ 表示数学期望，$\max\limits_{0 \leqslant n \leqslant N-1} |x_n|^2$ 表示信号瞬时功率的最大值。

从式 (7.8) 可知，基带信号的绝对值幅度分布决定了信号的 PAPR，所以可以推知基带信号的绝对值幅度与射频信号的包络存在确定关系[8]。

令 $x_{i,n}$ 表示第 i 个 OFDM 符号的时域信号序列，f_0 表示系统的中心频率，则对应的射频信号 $x_{\mathrm{RF}}(t)$ 可表示如下：

$$x_{\mathrm{RF}}(t) = \mathrm{Re}[x_{i,n}] \cdot \cos(2\pi f_0 t) - \mathrm{Im}[x_{i,n}] \cdot \sin(2\pi f_0 t) \tag{7.9}$$

其中，$\mathrm{Re}[x_{i,n}]$ 和 $\mathrm{Im}[x_{i,n}]$ 分别表示 $x_{i,n}$ 的实部和虚部信号序列。

进一步可以将射频信号 $x_{\mathrm{RF}}(t)$ 表示为

$$x_{\mathrm{RF}}(t) = V(t) \cdot \cos(2\pi f_0 t + \theta(t)) \tag{7.10}$$

其中，$V(t)$ 和 $\theta(t)$ 分别表示 $x_{\mathrm{RF}}(t)$ 的包络和相位，满足

$$\begin{cases} V(t) = \sqrt{\mathrm{Re}^2[x_{i,n}] + \mathrm{Im}^2[x_{i,n}]} \\ \theta(t) = \arctan \dfrac{\mathrm{Im}[x_{i,n}]}{\mathrm{Re}[x_{i,n}]} \end{cases} \tag{7.11}$$

从式 (7.11) 可以看出，射频信号 $x_{\mathrm{RF}}(t)$ 的包络就是基带信号序列 $x_{i,n}$ 的绝对值幅度，这也可以通过图 7.11 和图 7.12 看出。两图分别给出了同一个随机的 OFDM 符号 (持续时间为 40μs) 的基带幅度和中频包络，可以直观地看出两者的一致性。

对于图 7.11 中的基带信号的绝对值波形，前面的 8μs 部分为 CP，后面的 32μs 为实际信号部分。可以看出，对于随机的 QPSK 数据而言，其包络并不平滑，因此其 PAPR 较高，在系统联调测试中用功率计所测得的实际的 PAPR 通常可以超过 $7 \sim 8$dB。

图 7.12 中的信号显示为黑色，是因为此时的基带信号已经被调制到 30MHz 的发射中频频率，因此该信号波形实际上是正/余弦信号。同观测时间 40μs 相比较，中频频率要高得多，因此信号压缩到一起显示为一片黑色。虽然该图中被调制的中频信号不能清楚地被显示出来，但是其包络非常清晰，而包络也正是该中频信号所携带的重要的基带信息。比较图 7.11 可知，两者是相符的，从而进一步地验证了式 (7.11) 中的基带信号绝对值幅度与中频信号包络之间的一致性关系。

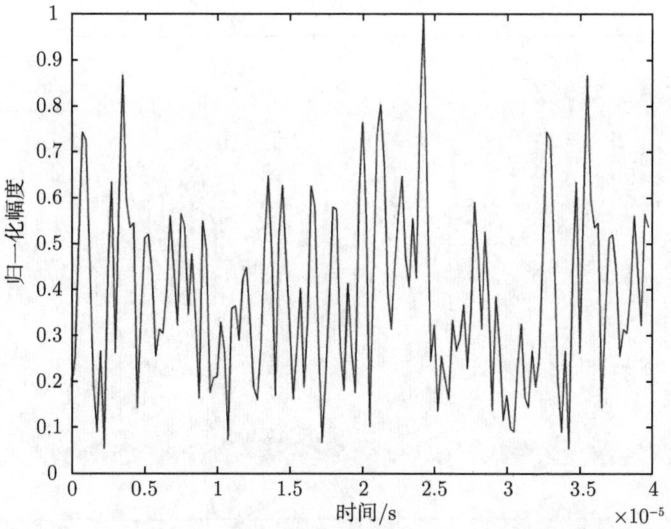

图 7.11 基带 OFDM 符号的绝对值幅度波形，持续时间为 40μs

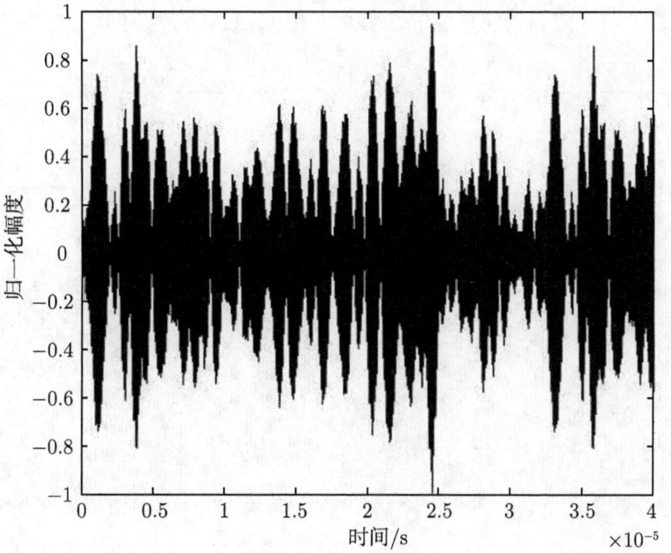

图 7.12 对应的中频 OFDM 符号包络，持续时间为 40μs，发中频为 30MHz

7.3.1.2 系统的高 PAPR 与限幅操作

对于本系统，存在较高的 PAPR 值，仿真结果如图 7.13 所示。为了抑制 OFDM 系统的高 PAPR，需要进行相应的处理。本系统采用限幅 (或者称为削峰) 操作，限幅操作之后的 PAPR 分布如图 7.14 所示。

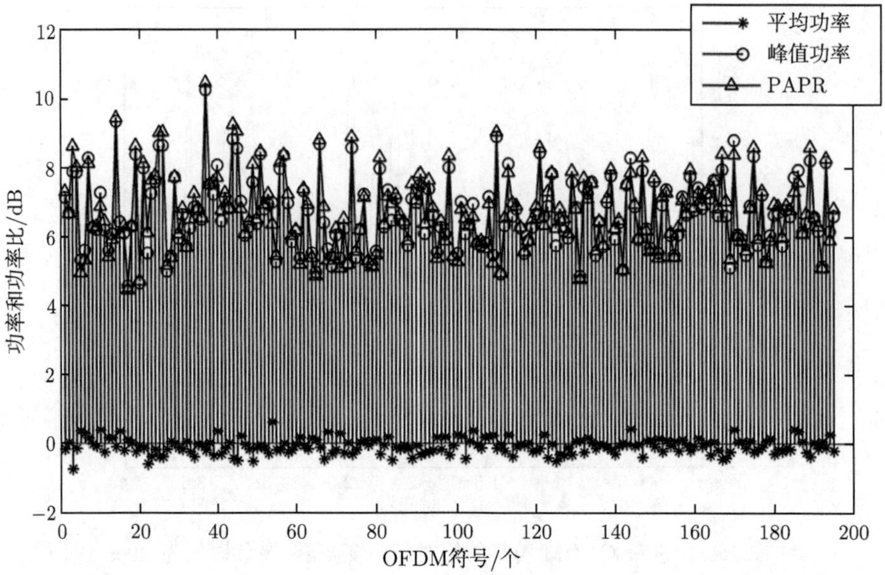

图 7.13　限幅之前系统中连续 195 个 OFDM 符号的 PAPR 分布

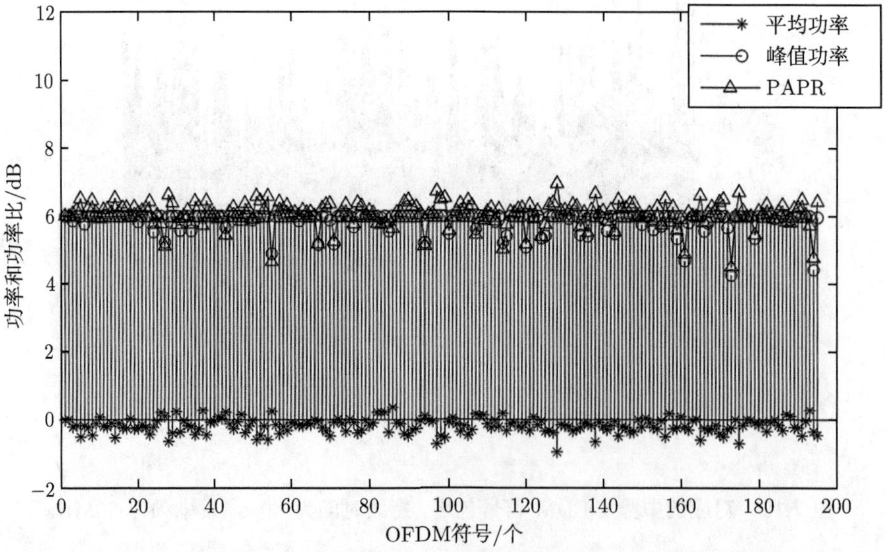

图 7.14　限幅之后系统中连续 195 个 OFDM 符号的 PAPR 分布，限幅门限为 6dB

从图 7.13 可以看出，未经过处理的数据符号的最大 PAPR 超过了 10dB，该图中分别画出了平均功率、峰值功率和 PAPR 值。其中，虽然在发射端对数据和帧头序列进行了功率归一化处理，但是可以看出平均功率并没有完全归一化，而是在

0dB 附近浮动，这是因为在组帧时 CP 在一定程度上改变了原始数据的平均功率。图 7.14 中进行限幅的峰值功率门限 T_{clip} 为 6dB，可以看出经过限幅之后的 PAPR 基本被控制在 7dB 范围之内。

限幅操作是抑制 OFDM 调制所产生的高 PAPR 的最常用的方法之一，该方法操作简单，通常不需要过多的系统额外开销。对于任意一个 OFDM 时域符号 $\{x_n, 0 \leqslant n \leqslant N-1\}$，令峰值幅度门限为 A_{clip}，则经过限幅操作之后可得信号 $\{y_n, 0 \leqslant n \leqslant N-1\}$ 如下[9]：

$$y_n = \begin{cases} x_n, & |x_n| \leqslant A_{\mathrm{clip}} \\ A_{\mathrm{clip}} \cdot \mathrm{e}^{\mathrm{j}\theta_n}, & |x_n| > A_{\mathrm{clip}} \end{cases} \tag{7.12}$$

其中，θ_n 为 x_n 的相角。峰值幅度门限 A_{clip} 由峰值功率门限 T_{clip} 确定，满足 $T_{\mathrm{clip}} = 20\lg(A_{\mathrm{clip}})$。

需要注意的是，限幅操作虽然可以降低 PAPR，但是却会引起带内衰落和带外辐射[10]。通常地，限幅操作所引起的带内衰落可以使用误差矢量幅度 (Error Vector Magnitude, EVM) 来表征[11]，可以计算如下：

$$\mathrm{EVM} = \sqrt{\frac{\dfrac{1}{M}\displaystyle\sum_{m=1}^{M}\left(\Delta I_m^2 + \Delta Q_m^2\right)}{A_{\max}^2}} \tag{7.13}$$

其中，M 表示测量时间内的 OFDM 符号个数，$A_{\max}$ 表示星座图中各个参考星座点幅度的最大值，ΔI_m 和 ΔQ_m 分别表示偏移星座点与参考星座点之间偏差矢量的同相分量和正交分量。可以看出，EVM 主要是用来表征限幅操作所导致的星座点发散程度，EVM 值越大，则限幅操作对原始信号的损伤也就越大。

图 7.15 和图 7.16 分别给出了本系统中 QPSK 调制的 OFDM 符号经过限幅操作之后所导致的带内衰落和带外辐射。在图 7.15 中，参考星座点用圆圈 “○” 来表示，而限幅之后的星座点用星号 “*” 表示。从图中可以清晰地看出，经过 T_{clip}=6dB的峰值功率限幅之后的 QPSK 星座点呈现发散现象。按照式 (7.13) 进行计算，则可得本系统中的 QPSK 调制 OFDM 符号经过 T_{clip}=6dB的峰值功率限幅之后，所得 EVM 为 0.03。

除了对星座点产生的发散效应，限幅操作也会影响到系统的功率谱密度 (Power Spectrum Density, PSD) 分布情况，如图 7.16 所示。图中 4 条曲线分别给出了不同限幅门限所产生的带外辐射，从下到上的峰值功率门限 T_{clip} 依次为 8dB、6dB、4dB 和 2dB。可以看出，随着限幅门限的降低，虽然 PAPR 随之降低，但是带外辐射大幅度增加，EVM 也相应地增大。

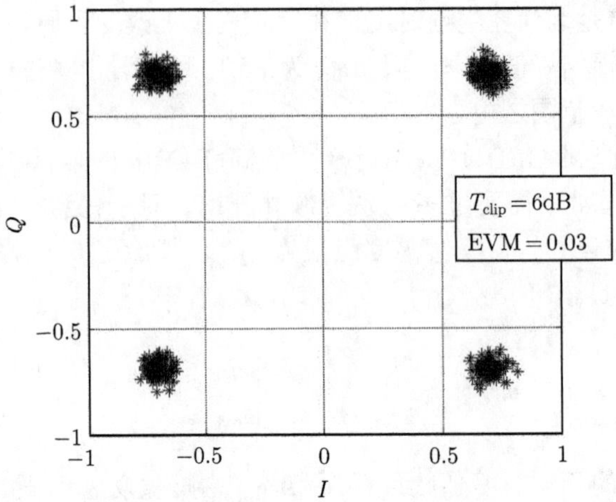

图 7.15　限幅操作所引起的 QPSK 星座图的发散

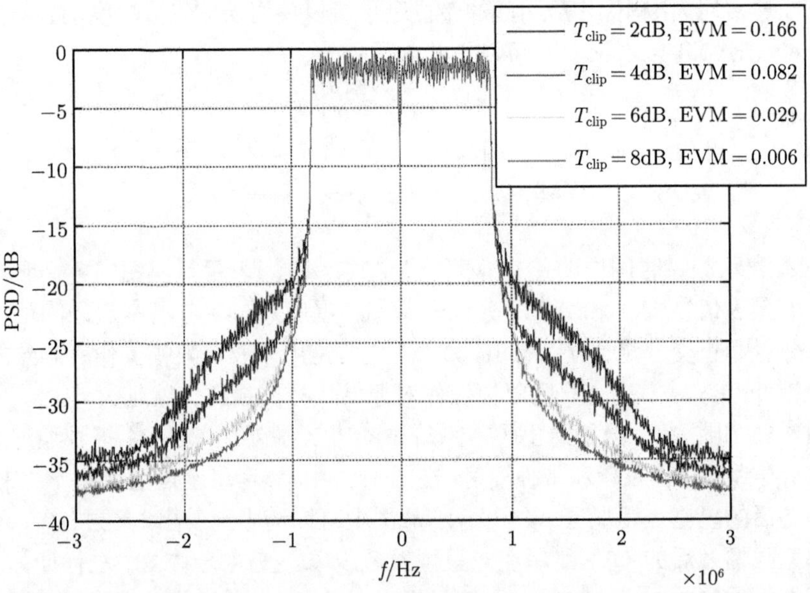

图 7.16　限幅操作所引起的带外辐射的增长 (扫描封底二维码可看彩图)

7.3.1.3　PAPR 抑制的实现

本系统 PAPR 抑制采取分段比较的方法，设定 4 个门限值，划分 5 个区间。输入数据为 I、Q 两路数据，首先计算两路数据平方和，然后与预设门限进行比较，根据不同的比较区间，对输入数据进行不同程度的削弱处理，如下所示：

$$\hat{x}_n=\begin{cases}\dfrac{1}{4}x_n, & |x_n|^2\geqslant(2A_{\text{clip}})^2\\ \dfrac{1}{2}x_n, & (1.6A_{\text{clip}})^2<|x_n|^2\leqslant(2A_{\text{clip}})^2\\ \dfrac{5}{8}x_n, & (1.3A_{\text{clip}})^2<|x_n|^2\leqslant(1.6A_{\text{clip}})^2\\ \dfrac{3}{4}x_n, & A_{\text{clip}}^2<|x_n|^2\leqslant(1.3A_{\text{clip}})^2\\ x_n, & \text{其他}\end{cases}\tag{7.14}$$

其中，$\hat{x}_n$ 表示经过削峰处理的复信号数据，x_n 表示接收的复信号数据，A_{clip} 表示设定的幅度门限值。

该方法是对式 (7.12) 所示限幅操作的细化处理，假设输入上变频模块的信号平均功率为 0dB，PAPR 小于 8dB，则瞬时功率 $A_{\text{clip}}^2<10^{0.8}$，可以设定瞬时功率门限 $A_{\text{clip}}^2=10^{0.8}$，其 FPGA 实现框图如图 7.17 所示。

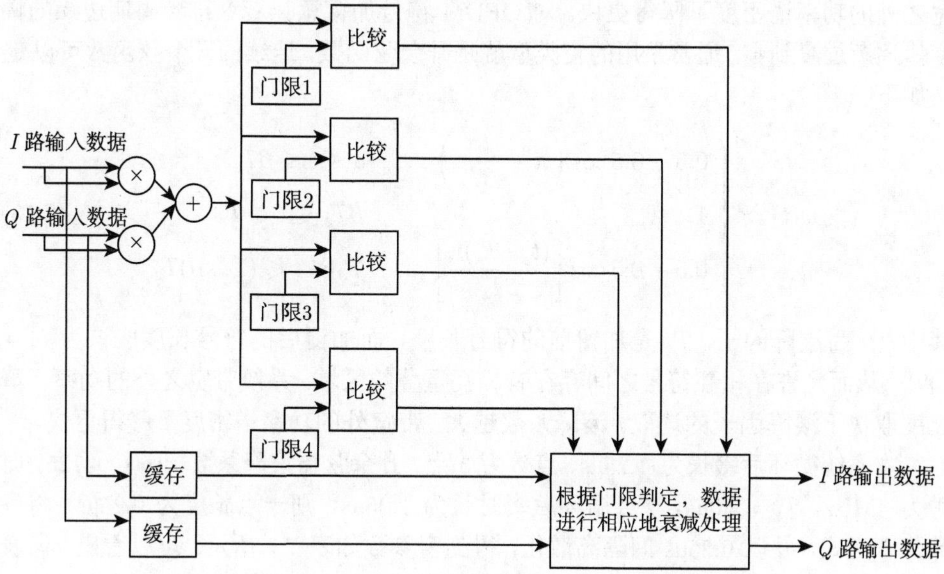

图 7.17 PAPR 抑制的 FPGA 实现框图

对于本系统，限幅操作在上采样之后、数字上变频之前完成，其功能模块流程如图 7.18 所示。QPSK 数据经过组帧之后进行 IFFT，输出的时域信号速率为 4Msps，该数字信号将进行 30MHz 的数字中频上变频，然后送入采样率为160Msps 的 D/A 转化器。那么，需要将 4Msps 的低速信号上采样成 160Msps 的高速信号，本系统采用级联积分梳状 (Cascaded Integrator Comb, CIC) 滤波器。上采样分两步进行，首先进行 5 倍的上采样，此时基带信号采样速率提升至 20Msps，在此基础上进行限幅操作，考虑到带外辐射的增加，因此前后添加了低通滤波器，本系统采用有限长单位冲激响应 (Finite Impulse Response, FIR) 滤波器。经过限幅、低通之后，再进行 8 倍的上采样，从而形成高速的低 PAPR 的基带数据流。

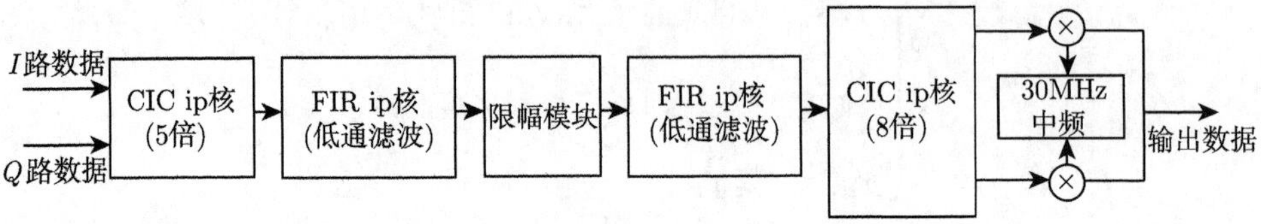

图 7.18 系统流程中的限幅模块位置

7.3.2 窗序列设计与数字上 / 下变频

7.3.2.1 时域加窗原理与实现

添加 CP 之后，对数据还要进行加窗操作。加窗操作可以使 OFDM 符号在带宽之外的功率谱密度下降得更快。对 OFDM 符号加窗意味着令符号周期边缘的幅度值逐渐过渡到零。通常采用的窗类型就是升余弦函数，连续的升余弦函数可以定义如下[12]：

$$w(t)=\begin{cases}0.5+0.5\cos\left(\pi+\dfrac{t\pi}{\beta T_s}\right), & 0\leqslant t\leqslant \beta T_s\\ 1, & \beta T_s\leqslant t\leqslant T_s\\ 0.5+0.5\cos\left[\dfrac{(t-T_s)\pi}{\beta T_s}\right], & T_s\leqslant t\leqslant (1+\beta)T_s\end{cases}\tag{7.15}$$

其中，β 为滚降因子，T_s 是加窗前的符号长度，而加窗后的符号长度应该为 $(1+\beta)T_s$，从而允许在相邻符号之间存在有相互重叠的区域。系统带宽之外的功率下降速度取决于滚降因子的选取。滚降系数越大，带宽外的功率谱密度下降得更快。

本系统循环后缀长为 1.25μs，点数为 5 点，升余弦窗滚降系数 $\beta=0.03125$，时钟为 4MHz。$T_s=40\mu s$，5 点循环后缀时长为 1.25μs，则一点长度为 0.25μs，将参数代入上式，并以 0.25μs 间隔离散化，得到窗参数如表 7.2 所示。可以看出，该表中所列加窗参数与式 (7.2) 中的窗序列一致，只是标注了具体的时间刻度。

本系统中一个 OFDM 符号数据点为 160 组 I、Q 数据，将上一个符号的第 33 点到 37 点 (即去除 CP 之后的实际数据信号的第 1 点到第 5 点) 存入缓存器，下一个符号的前 5 点与上一个符号缓存的数据乘以窗函数后相加，如图 7.19 所示。

添加升余弦窗序列之后，通过损失一定的 CP 有效长度，可以增加信号的带外衰减，如图 7.20 所示。其中，滚降系数 β=5/160=0.03125。

表 7.2 系统加窗参数设置

t/μs	$w(t)$
0	0
0.25	0.0954915028125
0.5	0.34549150281
0.75	0.654508497187
1	0.904508497
1.25~40	1
40.25	0.904508497
40. 5	0.654508497
40.75	0.34549150281
41	0.0954915028
41.25	0

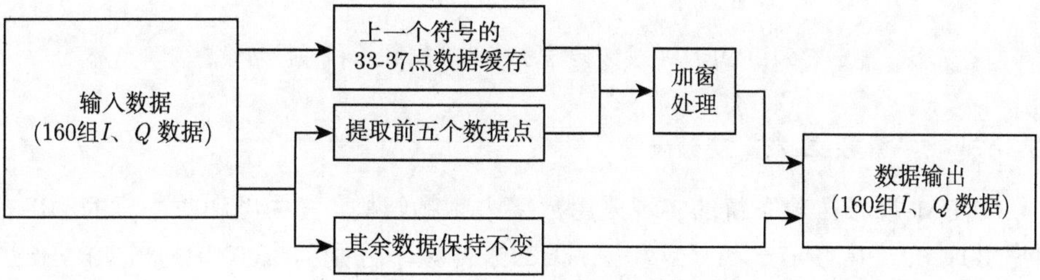

图 7.19 加升余弦窗实现流程图

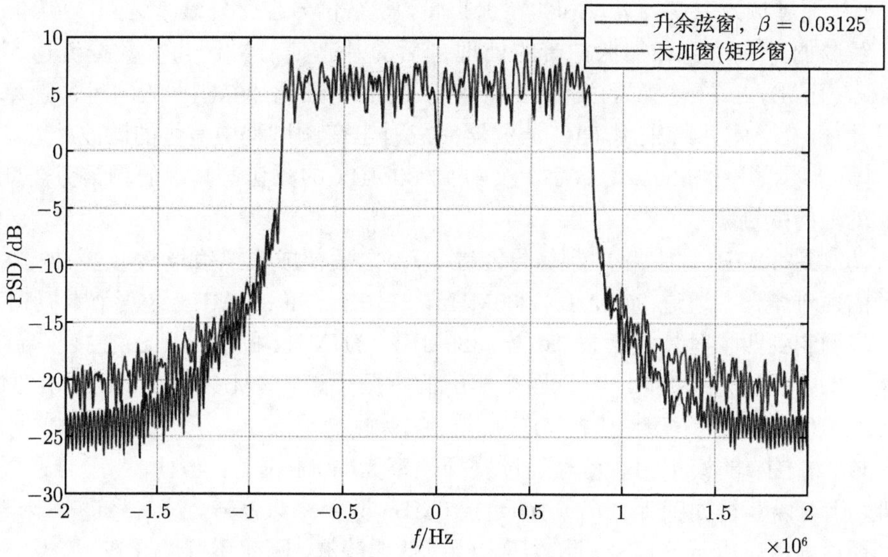

图 7.20 添加升余弦窗前后信号的 PSD 比较 (扫描封底二维码可看彩图)

另外，为了减小系统的带外辐射，OFDM 视频传输系统在信号频带两侧也设置了保护带，如图 7.21 所示。其中，每个 2MHz 信道的频率低端预留了 6 个保护子载波，带宽为 187.5kHz，频率高端预留了 5 个保护子载波，带宽为 156.25kHz，从而在很大程度上可以避免对邻近信道所产生的干扰。

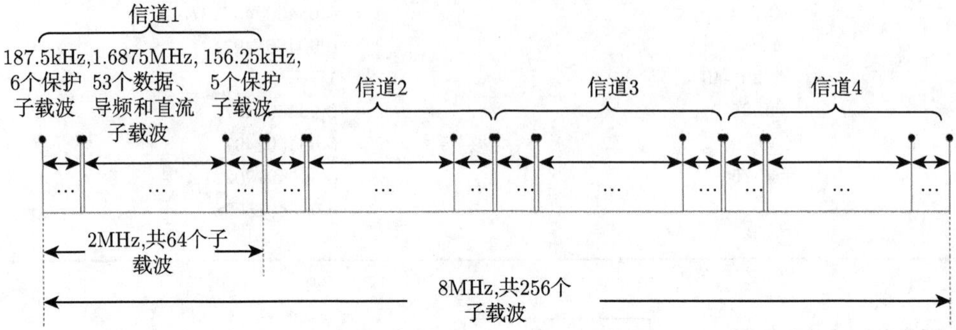

图 7.21　OFDM 视频传输系统的数据频带和保护带设置

7.3.2.2　数字中频上 / 下变频

OFDM 视频传输系统的实现采用数字中频频结构，发中频和收中频的频率分别为 30MHz 和 70MHz，D/A 和 A/D 的采样频率分别为 160MHz 和 40MHz。图 7.22 仿真了该系统从发基带到发中频、到收中频、再到收基带的系列过程中的频谱图。其中，图 7.22-(a) 是发射端基带信号频谱图。可以看出，在 2MHz 的带宽内，系统通过加升余弦窗处理和预留保护带，使得信号在带外衰减达到 30dB。

经过加升余弦窗和加保护带的处理之后的基带信号，因为其数据流速率为 4Msps，而 D/A 的速率为 160Msps，所以在上变频到 30MHz 的同时，速率需要提升 40 倍，本系统采用 CIC 滤波器完成对上变频过程中信号的滤波处理。图 7.22-(b) 显示了 160Msps 时数字上变频到 30MHz 的频谱，其中的频谱旁瓣就是 CIC 处理的痕迹。

调制到 30MHz 的数字中频信号经过 D/A 之后便成模拟信号，被送入如图 7.3 所示的射频电路，通过 367MHz、369MHz、371MHz 和 373MHz 这四个本振频率，进一步调制到四个射频频点 337MHz、339MHz、341MHz 和 343MHz。在接收端，采用图 7.4 中的超外差接收，基于四个相应的本振频点 407MHz、409MHz、411MHz 和 413MHz 将信号下变频到 70MHz 的固定中频。

该 70MHz 的模拟中频信号经过采样速率为 40Msps 的 A/D，基于带通采样定理，则可以获得如图 7.22-(c) 所示的 10MHz 数字中频信号。该信号进一步混频得到图 7.22-(d) 所示的信号，此时还未经过低通滤波，因此还可以看到 2 倍频的高频成分。那么，经过低通滤波器之后，可得接收端的基带信号，如图 7.23 所示。

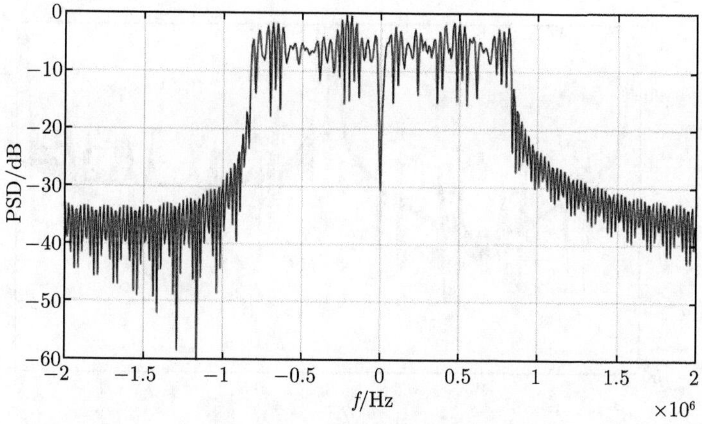

(a) OFDM视频传输系统发射端的基带频谱

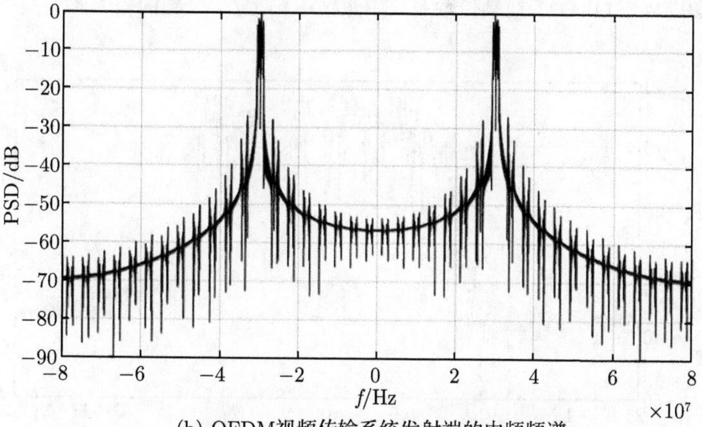

(b) OFDM视频传输系统发射端的中频频谱

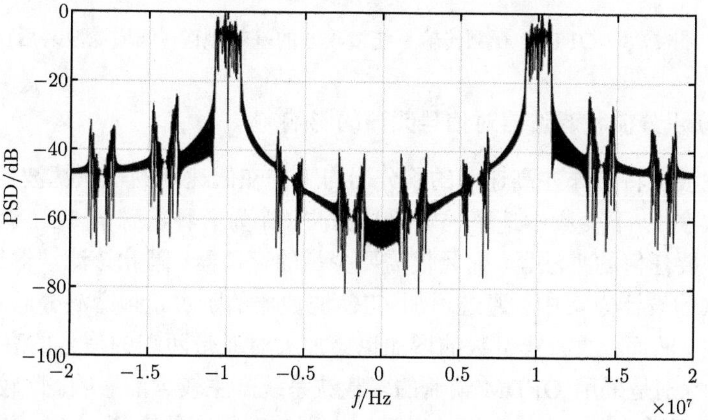

(c) OFDM视频传输系统接收端的中频频谱(经过A/D之后)

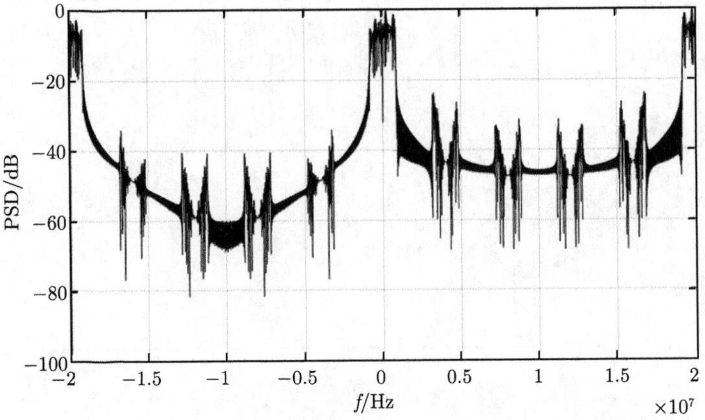

(d) OFDM视频传输系统接收端的基带频谱(低通滤波之前)

图 7.22　OFDM 视频传输系统中数字中频上/下变频的信号频谱变化

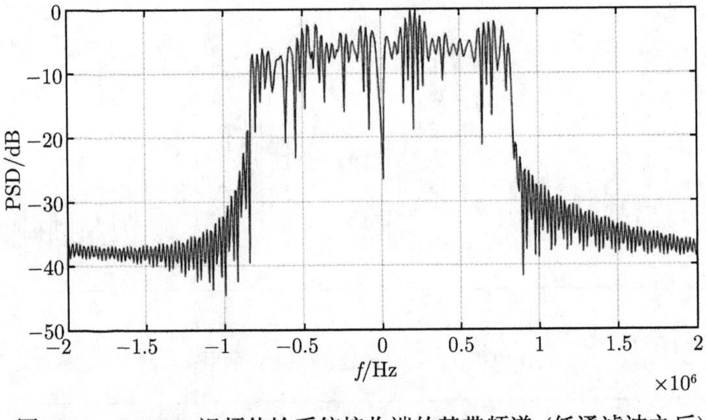

图 7.23　OFDM 视频传输系统接收端的基带频谱 (低通滤波之后)

7.3.3　级联积分梳状滤波器对信号频谱的影响

CIC 滤波器将工作在高速率的积分器与工作在低速率的梳状滤波器相互级联，从而实现数字上/下变频中速率的转化与滤波。作为一种特殊的 FIR 滤波器，CIC 滤波器不需要任何的乘法器，而且仅需要少量的存储器，因此该滤波器经常被用于低硬件成本的设计方案中。通过增加 CIC 滤波器的阶数，频谱混叠问题可以获得有效的解决。然而，滤波器阶数的增加也会加大对通带两端的信号的衰减，这将对通信系统，特别是采用 OFDM 调制的多载波系统产生较大的影响。比较图 7.22-(a) 和图 7.23 可以看出，接收信号在信道两端出现较大程度的衰落，这主要就是由 CIC 滤波器的带内衰减造成的。

下面简单分析 CIC 滤波器的系统函数和幅频响应。

令 $H_I(Z)$ 和 $H_C(Z)$ 分别表示 1 阶积分器和 1 阶梳状滤波器的系统函数，则 S 阶的 CIC 滤波器的系统函数可以表示如下[13]：

$$H_{\mathrm{CIC}}(z) = H_I^S(z) \cdot H_C^S(z) = \left(\sum_{k=0}^{RM-1} z^{-k} \right)^S \tag{7.16}$$

其中，R 表示采样率变换因子 (抽取因子或插值因子)，M 表示微分延迟 (通常为 1 或 2)。$H_I(Z) = 1/\left(1 - z^{-1}\right)$，工作在高的采样频率 f_s，并且 $H_C(Z) = 1 - z^{RM}$，工作在低的采样频率 f_s/R。

根据式 (7.16)，则 CIC 滤波器的幅频响应可以表示如下：

$$|H_{\mathrm{CIC}}(k)| = \left| \frac{\sin \dfrac{\pi k RM}{N}}{\sin \dfrac{\pi k}{N}} \right|^S \tag{7.17}$$

其中，N 为 IFFT/FFT 的点数，该值与 CIC 滤波器的高速率相关，$k = 0, 1, \cdots, N-1$。

根据式 (7.16) 和式 (7.17) 可知，CIC 滤波器具有线性相位，并且在其幅频响应曲线中有间隔的频谱凹槽，这也可以从图 7.24 中直观地看出。在该图中，采样频率满足 f_s=50kHz，插值因子满足 I=10，微分延迟满足 M= 1，滤波器阶数满足 $S = 5$。

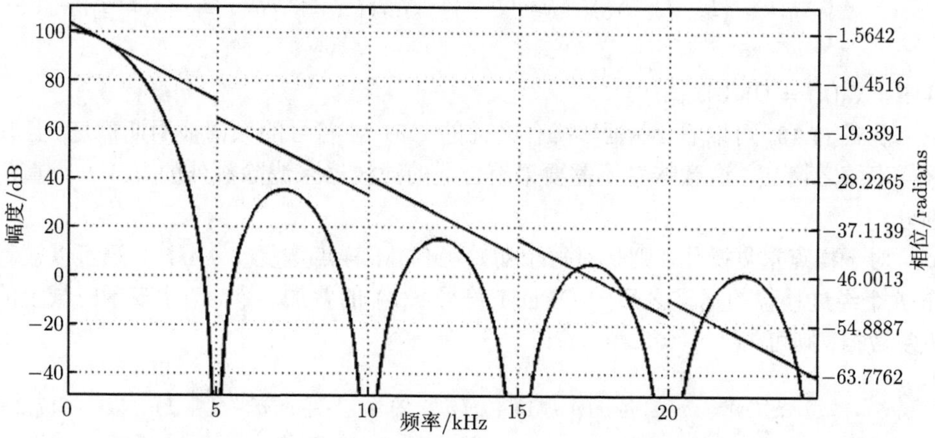

图 7.24 插值因子为 10 的 CIC 滤波器的幅频和相频响应

CIC 滤波器可以实现采样率的变化，辅助完成数字上/下变频。类似于 CIC 滤波器，插零操作和样点重复操作也可以实现上采样。对于插值因子为 I 的上采样，插零操作将在相邻的两个样点之间插入 $I-1$ 个零值，而样点重复操作则是在每个样点之后重复插入 $I-1$ 个改样点值。

令 $\{x_0(n),\ 0\leqslant n\leqslant N_0-1\}$ 为时域上的上采样之前的 OFDM 符号，那么当采用插零操作时，其相应的 I 倍上采样之后的 OFDM 符号 $\{x(n),\ 0\leqslant n\leqslant N-1\}$ 可表示如下：

$$x(n)=\begin{cases}x_0\left(\dfrac{n}{I}\right), & n=0,I,2I,\cdots,(N_0-1)\cdot I\\ 0, & \text{其他}\end{cases}\tag{7.18}$$

其中，$N=N_0\cdot I$。

利用 DFT 变换，则可以得到

$$\begin{aligned}X(k)&=\mathrm{DFT}\left[x(n)\right]\\ &=\sum_{n=0}^{N-1}x(n)\cdot\mathrm{e}^{-\mathrm{j}\frac{2\pi nk}{N}}=\sum_{m=0}^{N_0-1}x_0(m)\cdot\mathrm{e}^{-\mathrm{j}\frac{2\pi mk}{N_0}}\\ &=\begin{cases}X_0(k), & k=0,1,\cdots,N_0-1\\ X_0(k-N_0), & k=N_0,N_0+1,\cdots,2N_0-1\\ \quad\vdots & \quad\vdots\\ X_0(k-(I-1)\cdot N_0), & k=(I-1)\cdot N_0,(I-1)\cdot N_0+1,\cdots,I\cdot N_0-1\end{cases}\end{aligned}\tag{7.19}$$

其中，$X_0(k)=\mathrm{DFT}\left[x_0(n)\right]$。

从式 (7.19) 可以看出，插零操作之前的 OFDM 符号的频谱被周期重复，且其采样率随之增加，这意味着还需要采用合适的滤波器来滤除额外的 $I-1$ 个重复部分。

对于样点重复操作，则是对每个初始 OFDM 样点重复 $I-1$ 次，这可以被看作 I 个经过移位的插零之后的 OFDM 符号 $x(n)$ 的叠加。令 $x'(n)$ 表示时域上的重复数据，则可得

$$x'(n)=x(n)+x(n-1)+x(n-2)+\cdots+x(n-I+1)\tag{7.20}$$

其中，$x(n-n')$ 表示 $x(n)$ 的循环右移 n' 位之后的数据。

那么，$x'(n)$ 的相应的频域信号可以计算如下：

$$\begin{aligned}X'(k) &= \mathrm{DFT}\left[x'(n)\right] \\ &= X(k)\cdot\left(1+\mathrm{e}^{-\mathrm{j}\frac{2\pi k}{N}}+\mathrm{e}^{-\mathrm{j}\frac{2\pi k\cdot 2}{N}}+\cdots+\mathrm{e}^{-\mathrm{j}\frac{2\pi k\cdot(I-1)}{N}}\right) \\ &= X(k)\cdot\frac{1-\mathrm{e}^{-\mathrm{j}\frac{2\pi kI}{N}}}{1-\mathrm{e}^{-\mathrm{j}\frac{2\pi k}{N}}} \\ &= X(k)\cdot\mathrm{e}^{-\mathrm{j}\frac{\pi k\cdot(I-1)}{N}}\cdot\frac{\sin\dfrac{\pi kI}{N}}{\sin\dfrac{\pi k}{N}}\end{aligned} \tag{7.21}$$

比较式 (7.21) 和 (7.17) 可知，样点重复操作之后信号的频谱 $X'(k)$ 实质上是 $X(k)$ 与一个 $M=1$ 的 1 阶 CIC 滤波器的乘积。因此，样点重复操作可以在一定程度上增加对阻带部分的衰减。然而，这样的结果依然不能满足抑制频谱混叠的要求。为了进一步增加阻带衰减，则需要增加 CIC 滤波器的阶数。

根据式 (7.21)，对于 CIC 滤波器的幅频响应的第一个旁瓣，其相应的样点位置 $k=3N_0/2$。当 CIC 滤波器的阶数满足 S=1 时，则幅频响应的第一个旁瓣的阻带衰减 α_s(单位为 dB) 可以计算如下：

$$\alpha_s = 20\lg\left|\frac{H_{\mathrm{CIC}}(0)}{H_{\mathrm{CIC}}\left(\dfrac{3N_0}{2}\right)}\right| = 20\lg\left|I\cdot\sin\frac{3\pi}{2I}\right| \tag{7.22}$$

当 $I\geqslant 10$ 时，可近似获得 $\alpha_s\approx 13\mathrm{d}B$。对于 S 阶的 CIC 滤波器，则总的衰减为 $S\alpha_s$。可见，CIC 滤波器阶数的增加可以增加阻带衰减。然而，阶数的增加同时也会增加 CIC 滤波器的通带的损耗。令 α_p 表示通带损耗，则其可以计算如下：

$$\alpha_p = 20\lg\left|\frac{H_{\mathrm{CIC}}(0)}{H_{\mathrm{CIC}}\left(\dfrac{f_p\cdot N}{f_s}\right)}\right| = 20\lg\left|\frac{I\cdot\sin\dfrac{\pi\cdot f_p}{f_s}}{\sin\dfrac{\pi\cdot I\cdot f_p}{f_s}}\right| \tag{7.23}$$

其中，f_p 表示通带截止频率 (单位为 Hz)。

对于 CIC 滤波器，通带损耗是相当严重的。例如，当 f_p=0.85MHz、f_s=40MHz 并且 S=5 时，可得 $\alpha_p=3.243\mathrm{dB}$。那么，为了解决 CIC 滤波器的通带损耗问题，通常需要设计另一个 FIR 滤波器来对 CIC 进行补偿。另外，也可以将 CIC 滤波器看作整个 OFDM 收/发系统的系统函数的一部分，从而可以利用信道估计的方法补偿 CIC 滤波器所产生的通带损耗。

为了进一步直观地显示 CIC 的影响，此处给出了图 7.25。

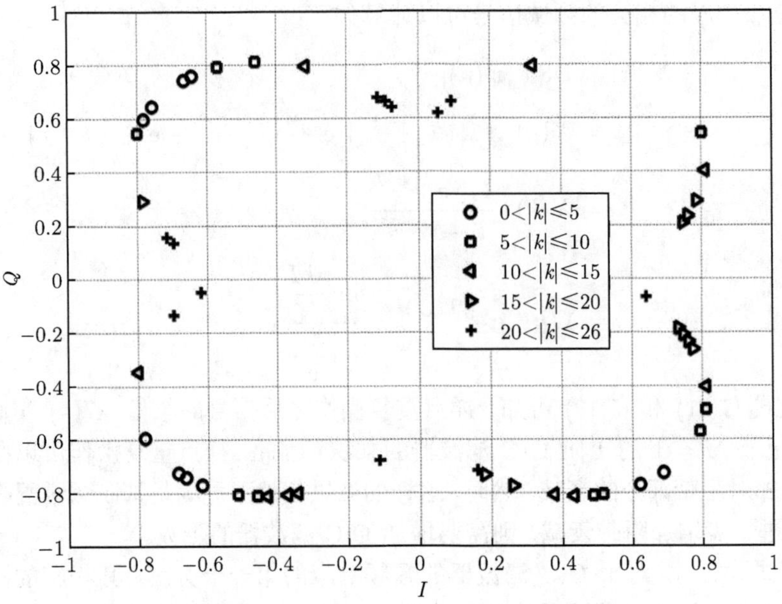

(a) CIC 滤波器带内衰减(引入采样时间偏移)导致信号幅度畸变，无多径和AWGN

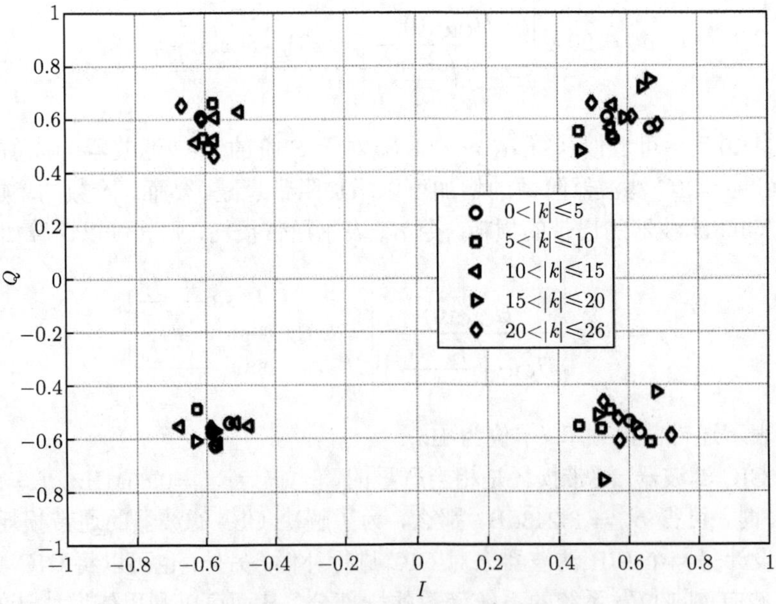

(b) 经过 LS 信道估计处理，IEEE VA测试信道模型，SNR = 10dB

图 7.25 CIC 滤波器带内衰减对星座图的影响及其处理

图 7.25-(a) 给出了 CIC 滤波器带内衰减所造成的信号幅度畸变，为便于观察对不同子载波的衰减差异，引入了采样时间偏移，从而导致不同子载波上数据的相位旋转[14]。其中，k 为子载波编号，k=0 对应中间的直流子载波，k=−26 和 k=26 分别对应信号最左端 (低频端) 的子载波和最右端 (高频端) 的子载波。

从图 7.25-(a) 可以看出，越是靠近两端的子载波，其幅度衰减越大。那么，虽然 CIC 滤波器不需要乘法器，可以节约资源，但是其通带内两端的衰减较大，需要进行相应的处理，通过进行信道估计，可以在一定程度上减轻这种影响，如图 7.25-(b) 所示。图中考虑了多径和 AWGN 的影响，多径信道选用 IEEE 802.16e 的移动测试信道 A(Vehicular Test Channel A, VA) 模型为例[15]，信噪比为 10dB。

7.3.4 基于训练序列的整数/小数倍频偏估计

7.3.4.1 载波频偏对 OFDM 系统性能的影响

令 $\varepsilon = \varepsilon_i + \varepsilon_f$ 表示 OFDM 系统的载波频率偏差 (Carrier Frequency Offset, CFO)，其单位是子载波间隔 Δf，即实际的 CFO 应该是 $\varepsilon\Delta f$(Hz)。其中，ε_i 和 ε_f 分别表示 Δf 的小数倍和整数倍偏差。

那么，对于 OFDM 调制，发射端的频域信号 $X_t(k)$ 受 CFO 影响之后，则在接收端所得信号 $X_r(k)$ 可以表示为

$$
\begin{aligned}
X_r(k) &= \sum_{n=0}^{N-1} x(n) \cdot \mathrm{e}^{-\mathrm{j}\frac{2\pi n(k+\varepsilon)}{N}} \\
&= \frac{1}{N}\sum_{n=0}^{N-1}\left(\sum_{k'=0}^{N-1} X_t(k')\mathrm{e}^{\mathrm{j}\frac{2\pi n k'}{N}}\right) \cdot \mathrm{e}^{-\mathrm{j}\frac{2\pi n(k+\varepsilon)}{N}} \\
&= \frac{1}{N}\sum_{k'=0}^{N-1} X_t(k') \cdot \left(\sum_{n=0}^{N-1} \mathrm{e}^{\mathrm{j}\frac{2\pi n(k'-k-\varepsilon)}{N}}\right) \\
&= \frac{1}{N}\sum_{k'=0}^{N-1} X_t(k') \cdot \frac{1-\mathrm{e}^{\mathrm{j}2\pi\left(k'-k-\varepsilon\right)}}{1-\mathrm{e}^{\mathrm{j}\frac{2\pi\left(k'-k-\varepsilon\right)}{N}}}
\end{aligned}
\tag{7.24}
$$

其中，N 表示 IFFT/FFT 的点数。

对于式 (7.24)，当 $\varepsilon = 0$ 时，则有

$$
\frac{1-\mathrm{e}^{\mathrm{j}2\pi\left(k'-k\right)}}{1-\mathrm{e}^{\mathrm{j}\frac{2\pi\left(k'-k\right)}{N}}} = \begin{cases} N, & k' = k \\ 0, & k' \neq k \end{cases}
\tag{7.25}
$$

那么，结合式 (7.24) 和式 (7.25) 可得，当系统无 CFO 时，$X_r(k) = X_t(k)$。当 $\varepsilon \neq 0$ 时，$X_r(k)$ 等于所有子载波上的接收调制数据 $X_t(k')$ 的加权之和，而加权系

数就是 $\frac{1}{N} \cdot \frac{1-\mathrm{e}^{\mathrm{j}2\pi(k'-k-\varepsilon)}}{1-\mathrm{e}^{\mathrm{j}\frac{2\pi(k'-k-\varepsilon)}{N}}}$。

可以看出，若系统存在 CFO，则不可避免地将产生载波间干扰 (Inter-Carrier Interference, ICI)。为了演示 CFO 所引起的 OFDM 数据的幅度衰落和相位旋转，图 7.26 给出了不同 CFO 值情况下的 OFDM 符号星座点分布。从图中可以看出，$0\Delta f$ 表示 CFO 为 0 值，即无偏差，作为参考星座点，用加号 "+" 表示。而对于 $0.05\Delta f$、$0.1\Delta f$ 和 $0.15\Delta f$ 等其他三个不同的 CFO 值，随着偏差的增加，OFDM 数据星座点的幅度衰落和相位旋转也随之增大。在该例中，所有的星座点都呈现逆时针旋转，CFO 越大，则相位旋转的也越大。当 CFO 达到 $0.15\Delta f$ 时，星座点甚至已经超过了各个象限的边界，因此必须对 CFO 进行有效的估计和补偿。注意到该图中为了演示不同的 CFO 对信号星座图的影响关系，仿真中并未加入 AWGN 和多径干扰。在实际应用场景中，噪声和干扰将进一步加大信号的幅度衰落和相位旋转的程度，因此 CFO 是 OFDM 系统需要重点解决的问题之一。

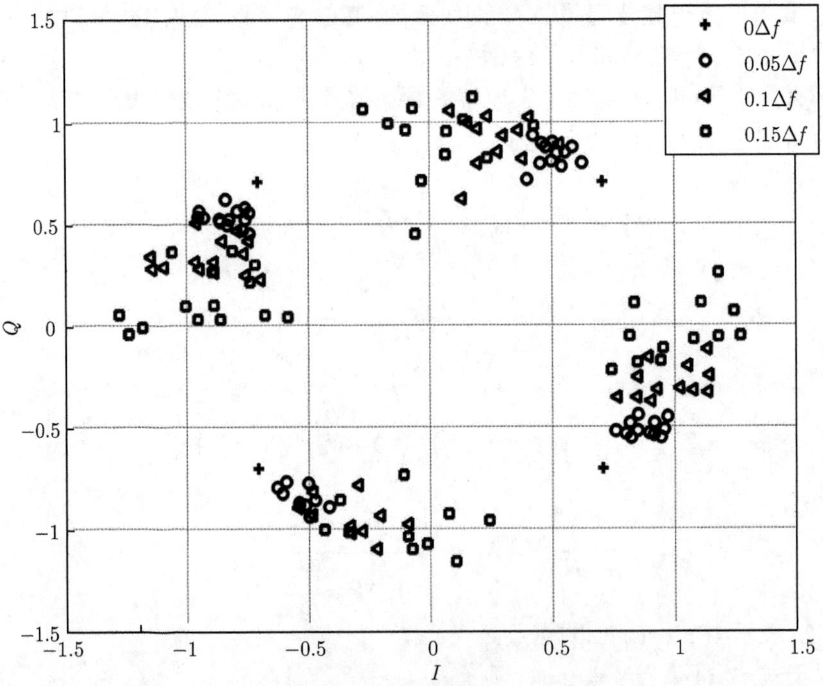

图 7.26　不同的 CFO 值所引起的 OFDM 符号数据的幅度衰落和相位旋转

7.3.4.2　基于互补序列的整数倍 CFO 估计

对于 CFO 估计和补偿，将基于系统帧头中的短训练序列和长训练序列来完成。根据式 (7.3) 中的 $C^1_{-26,26}$ 和 $C^2_{-26,26}$，短训练序列是由一个子序列长度为 6 的

Golay 互补配对通过插入连续 0 值和添加 CP 所构成的 10 重复短训练序列 (即两个短训练序列的组合)，该序列在频域上具有单边宽度为 $Z=8$ 的 ZCZ，如图 7.27 所示，因此可以估计并补偿 $[-8\Delta f, 8\Delta f]$ 之内整数倍 CFO。从图 7.27 也可以看出，虽然短训练序列是基于 Golay 互补配对构造的，但是直流以及每个元素之间的连续 3 个零值的插入等因素，导致了理想非周期自相关性能的破坏。但是，所构造的短训练序列依然保持了局部的理想非周期自相关性能，即存在单边宽度为 8 的零相关区。那么，该短训练序列不仅可以进行帧检测和小数倍 CFO 的联合估计，还可以进行整数倍的 CFO 估计。另外，也应看到，其最大旁瓣值为 3，旁瓣/主瓣比值为 1/4，因此即使是 CFO 超出了 $[-8\Delta f, 8\Delta f]$，依然可以获得一定准确程度的 CFO 估计。

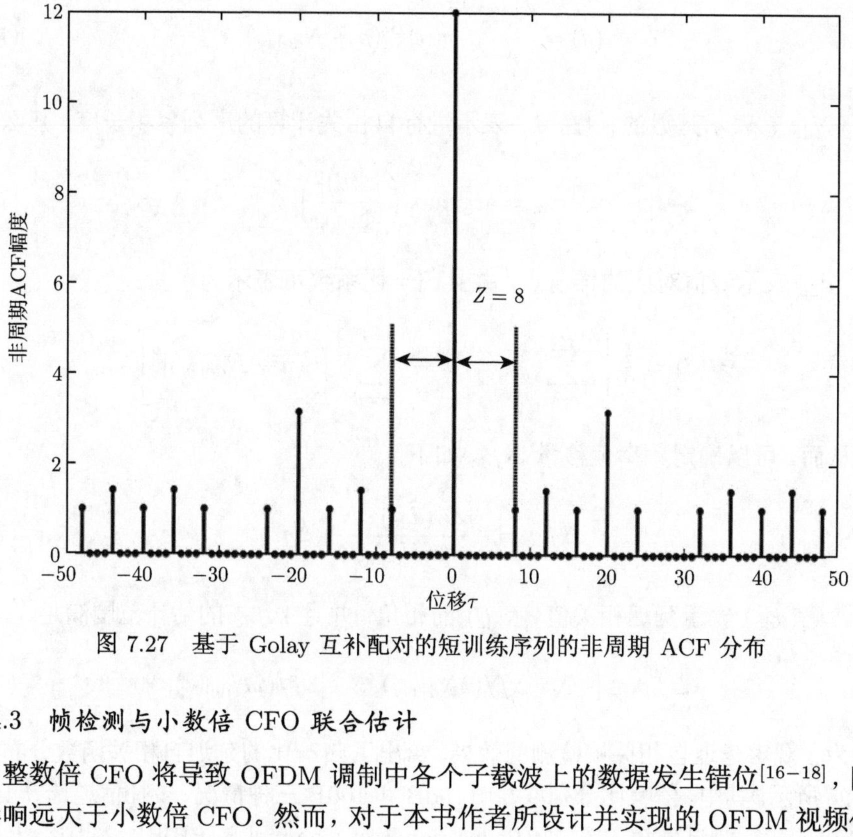

图 7.27 基于 Golay 互补配对的短训练序列的非周期 ACF 分布

7.3.4.3 帧检测与小数倍 CFO 联合估计

整数倍 CFO 将导致 OFDM 调制中各个子载波上的数据发生错位[16−18]，因此其影响远大于小数倍 CFO。然而，对于本书作者所设计并实现的 OFDM 视频传输系统，由于采用了高精度的晶振，并且实际应用场景中的车载速度不高，多普勒频移较小，那么 CFO 通常不会超过 $[-\Delta f, \Delta f]$。因此，小数倍的 CFO 的估计才是本系统的重点。

对于 OFDM 调制的小数倍 CFO 估计有许多经典的方法[19−24]，这些方法基本上都是基于重复序列的思想。不同于之前的估计方法，本章中所设计并实现的 OFDM 视频传输系统在训练序列的设计上引入了互补序列，从而可以实现整数倍/小数倍 CFO 基于同一个 OFDM 符号进行处理。那么，在进行小数倍 CFO 估计时，依然使用相同的短训练序列 $\boldsymbol{C}^1_{-26,26}$ 和 $\boldsymbol{C}^2_{-26,26}$。

利用 $\boldsymbol{C}^1_{-26,26}$ 和 $\boldsymbol{C}^2_{-26,26}$ 的 10 重复特性，采用基于延迟自相关运算的帧检测与小数倍 CFO 联合估计的方式。因为延迟自相关计算只需要一次复数乘法，节省系统资源，而且运算中会产生一个较长的峰值平台，那么即使符号定时精度不够，还是能够很好地检测到系统无线帧的帧头。对于延迟自相关运算，设 $r(n)$ 表示时域接收到的信号，那么在样值点 d 的延迟相关 $\gamma(d)$ 可以计算如下：

$$\gamma(d) = \sum_{n=d}^{d+L_c-1} r(n)r^*(n+N_{\text{delay}}) \tag{7.26}$$

其中，N_{delay} 表示延迟的长度，L_c 表示进行自相关计算的序列累积长度。那么，

$$\hat{d}_{\text{dc}} = \arg\max_{d}\left(\frac{|\gamma(d)|}{\Phi(d)}\right) \tag{7.27}$$

其中，$\hat{d}_{\text{dc}}$ 表示峰值对应的样值点，并且归一化系数可表示为

$$\Phi(d) = \frac{1}{2}\left[\sum_{n=d}^{d+L_c-1}\left|r(n)^2\right| + \sum_{n=d}^{d+L_c-1}\left|r\left(n+N_{\text{delay}}\right)\right|^2\right] \tag{7.28}$$

从而，可以确定频率偏移量 $\Delta\hat{f}_{\text{dc}}$ 如下：

$$\Delta\hat{f}_{\text{dc}} = -\frac{\angle\gamma(\hat{d}_{\text{dc}})\cdot N}{2\pi N_{\text{delay}}}\cdot\Delta f \tag{7.29}$$

其中，$\angle\gamma(\hat{d}_{\text{dc}})$ 表示延迟相关值 $\gamma(\hat{d}_{\text{dc}})$ 的相角，并且 $\Delta\hat{f}_{\text{dc}}$ 的估计范围满足

$$\Delta\hat{f}_{\text{dc}} \in \left[-N\cdot\Delta f/(2N_{\text{delay}}), N\cdot\Delta f/(2N_{\text{delay}})\right] \tag{7.30}$$

为了观察延迟自相关帧检测的效果，给出了归一化的延迟自相关函数分布，如图 7.28 所示。其中，信噪比分别取 0dB、5dB 和 10dB 三种情况，多径信道选择 IEEE 802.16e 的步行测试信道 B 模型 (Pedestrian Test Channel B, PB)[11]，图中给出了无多径和 AWGN 情况下峰值平台作为参考。对于各个参数，选取 $N_{\text{delay}}= 32$，L_c=224。因为 10 重复短训练序列长度为 320 点，所以理论上会出现一个 320−224−32=64 的峰值平台。

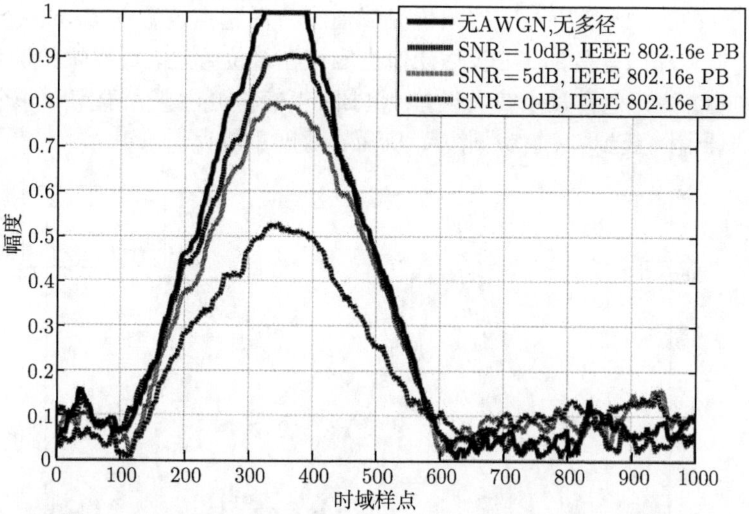

图 7.28 OFDM 视频传输系统帧检测时不同 SNR 下的峰值平台，N_{delay}=32，L_c= 224

可以看出，在 SNR=10dB 的条件下，延迟自相关运算产生的峰值平台很明显，当设定门限为 0.8 并要求一定的保持长度时，可以很明确地检测到该平台，从而检测到一个无线帧数据的到来。随着信噪比的下降，相关峰值开始趋于平滑。对于无多径/无 AWGN、SNR 为 10dB、5dB 和 0dB 这 4 种情况，延迟自相关峰值依次降低，大致为 1、0.9、0.8 和 0.5。但是，即使在 SNR 为 0dB 时，其峰值 0.5 依然远远高于旁瓣。另外，在 SNR 为 10dB 时，其峰值平台还比较明显，但是到 SNR 为 5dB 时，已经不再具有平台特性，仅能观测到峰值而已。那么，在进行实际检测时，判决门限应该设置的更低一些，以便累积到足够的连续样点值。

除了信噪比的影响，累积长度 L_c 对帧检测也有重要影响，如图 7.29 所示。在该图中，延迟样点数依然为 N_{delay}= 32，信噪比满足 SNR=0dB，即低信噪比情况。当 L_c 较大时，延迟自相关旁瓣较低，随着 L_c 的减小，旁瓣将显著增加，从而导致旁瓣与峰值平台的比值增大。

按照式 (7.29)，在获得帧检测的同时可以实现整数倍/小数倍 CFO 估计。仿真中设定发射端的 CFO 为 $0.5\Delta f$，在不同的信噪比下的 CFO 估计情况如图 7.30 所示。

通过右上角的放大图可以看出，不同信噪比下的估计结果有较大差异。对于图中的 5 种情况，即 SNR 依次取 −10dB、−5dB、0dB、5dB 和 10dB，随着信噪比的增加，CFO 估计值逐渐接近仿真中所预设的值 $0.5\Delta f$。另外，还应该需要注意，根据帧检测与小数倍频偏联合估计算法，只有在帧检测成功时其 CFO 估计值才有效，而其他未同步的位置上的 CFO 估计值并不正确，甚至相差很远。这也可以从图 7.30 中看出，既然所对应的帧检测峰值平台的起点位置在第 320 个样点 (从图 7.28 可知)，那么有效的 CFO 估计值也应该在该位置上。如果帧检测估计位置错误，则 CFO 估计也会发生较大误差。例如，当帧检测位置大于第 900 个样点时，则 CFO 估计值跳跃到 $-1.5\Delta f$ 附近，从而导致严重错误。

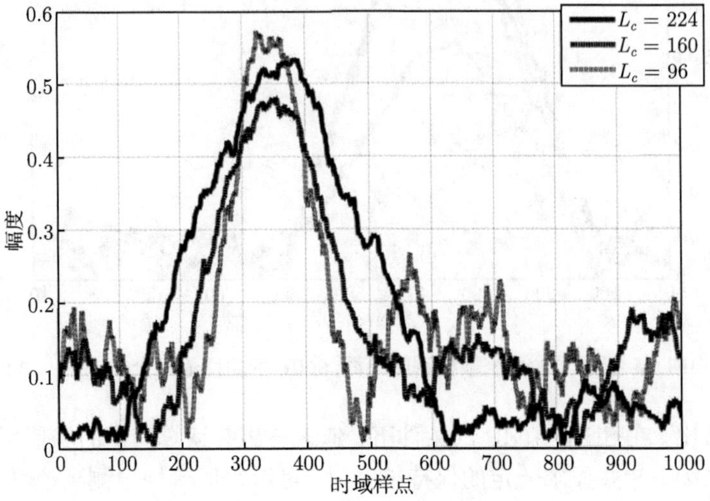

图 7.29　不同的延迟相关运算累积长度所产生的旁瓣，$N_{\text{delay}}=32$，SNR=0dB

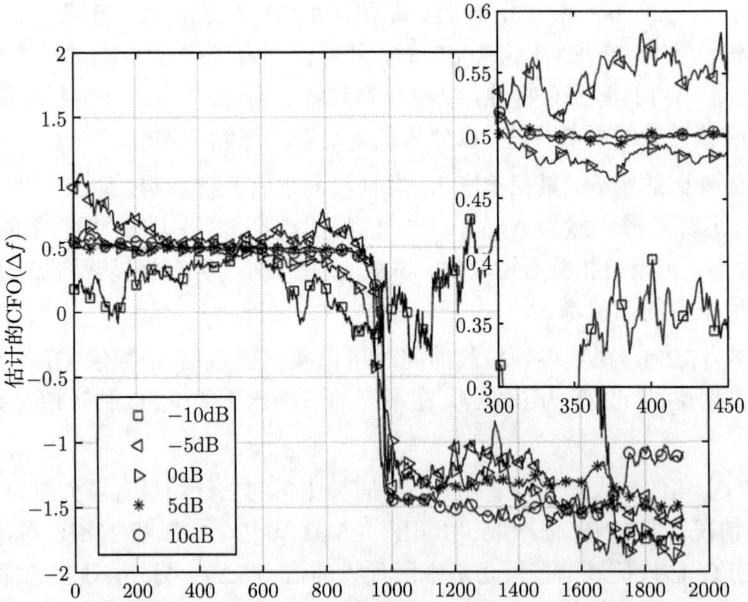

图 7.30　不同信噪比下的整数/小数倍 CFO 估计比较

为了计算其估计精度，使用均方误差 (Mean Square Error, MSE) 作为性能指标。系统中使用了两种估计方案，即固定门限和可变门限[25]，它们的性能与 S&C 算法[23] 和 M&M 算法[24] 的比较如图 7.31 所示。可以看出，通过预先测定信噪比，根据不同的信噪比选择不同的门限，则具有更好的 MSE 性能。

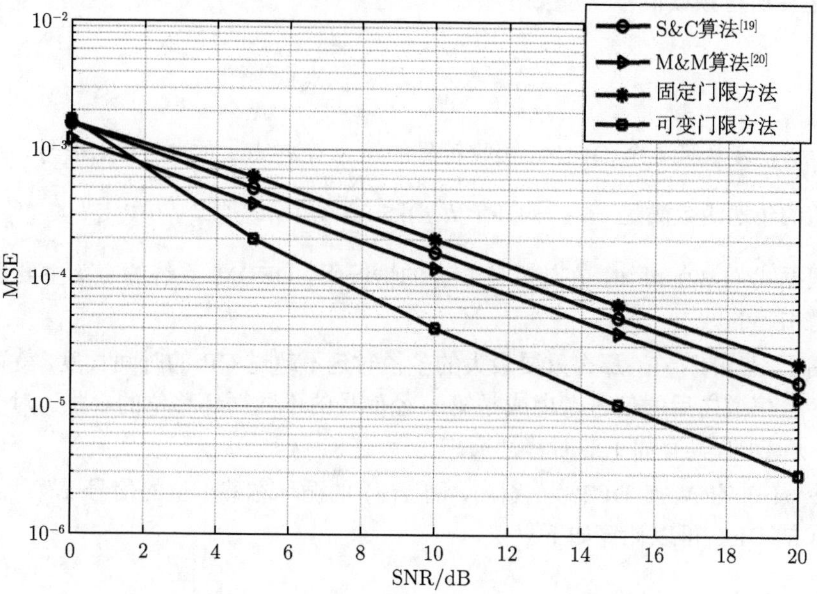

图 7.31　不同 CFO 估计方法下的 MSE 性能比较

7.3.5　基于信道序列的最小二乘信道估计

本小节将首先分析多径信道上 OFDM 信号的衰减情况，指出多径导致的信号星座点的幅度衰落和相位旋转，然后基于所设计的信道序列，给出了本系统所采用的最小二乘 (Least Square, LS) 信道估计方法，并仿真了 OFDM 视频传输系统在 IEEE 802.16e 的移动测试 A 信道和步行测试 B 信道两种信道模型下的误码率性能。

7.3.5.1　多径衰落对 OFDM 系统性能的影响

假设多径延迟在不同的采样点位置，那么多径信道的单位冲激响应可以表示如下：

$$h(n)=\sum_{l=0}^{L-1}h_l\delta(n-\tau_l) \tag{7.31}$$

其中，$\delta(n)$ 为单位冲激序列，L 表示多径的径数，h_l 和 τ_l 分别表示第 l 径的衰落幅度 (即信道模型抽头系数) 和延迟采样点个数。

考虑到 OFDM 系统中 CP 的插入，那么只要 CP 的长度大于多径信道的最大延迟时间，则 OFDM 时域信号 $x_{i,n}$ 与多径信道单位冲激响应 $h(n)$ 的线性卷积可以通过圆周卷积来计算，其中，$x_{i,n}$ 表示第 i 个 OFDM 符号的第 n 个样点，$0 \leqslant n \leqslant N-1$。从而可知，经过多径信道的时域接收信号 $y_{i,n}$ 在经过 N 点 FFT 之后所得频域信号 $Y_{i,k}$ 如下[26]：

$$Y_{i,k} = X_{i,k}H_{i,k} + N_{i,k} \tag{7.32}$$

其中，$N_{i,k}$ 表示第 i 个 OFDM 接收符号的第 k 个样点上的 AWGN 信号，并且多径信道的传递函数满足 $H_{i,k} = \mathrm{DFT}[h(n)] = \sum\limits_{n=0}^{N-1} h(n)\mathrm{e}^{-\mathrm{j}2\pi nk/N}$，$0 \leqslant k \leqslant N-1$。

根据式 (7.32) 可知，在信噪比较高的情况下，OFDM 系统的衰落主要是由多径信道引起的。

由于 CP 的存在，那么只要最大的多径时延不超过 CP 的时间长度，就可以将经过多径信道之后的信号考虑成是第 1 径信号的不同循环移位的叠加。对于循环移位，则 DFT 具有如下的时移性质。

令 $x(n)$ 的 N 点 DFT 为 $X(k)$，则 $x(n)$ 的循环右移 l 位的信号 $x((n-l))_N \cdot R_N(n)$ 的 DFT 可以计算如下[27]：

$$\mathrm{DFT}[x((n-l))_N R_N(n)] = \mathrm{e}^{-\mathrm{j}2\pi lk/N}X(k) \tag{7.33}$$

结合式 (7.33) 和 (7.32) 可知，当不考虑 AWGN 时，OFDM 频域接收信号 $Y_{i,k}$ 可以用多径衰落幅度 h_l 和多径时延 τ_l 表示如下：

$$Y_{i,k} = X_{i,k}\sum_{l=0}^{L-1} h_l \mathrm{e}^{-\mathrm{j}2\pi\tau_l k/N} \tag{7.34}$$

从式 (7.34) 可知，OFDM 接收符号的幅度和相位将受到多径衰落的严重影响。如果将 OFDM 频域接收信号 $Y_{i,k}$ 看作一个复平面内的矢量信号，其中复平面的坐标分别为同相分量 (In-Phase Part, I) 和正交分量 (Quadrature Part, Q)，那么可知 $Y_{i,k}$ 将成为 L 个矢量之和，此处每一个矢量对应一路传输路径，如图 7.32 所示。在图 7.32 中，假设了一个两径的信道且发射信号 $X_{i,k}=1$，其中 $\theta = -2\pi\tau_1 k/N$，接收信号 $Y_{i,k}$ 的星座点用圆圈 "○" 来表示。那么，可以看出，$Y_{i,k}$ 实质上是两个多径矢量之和。时间延迟导致了相位旋转，所以 $Y_{i,k}$ 在原始信号 $X_{i,k}$ 的基础上，不仅幅度变化，而且更严重的是相位也发生变化。

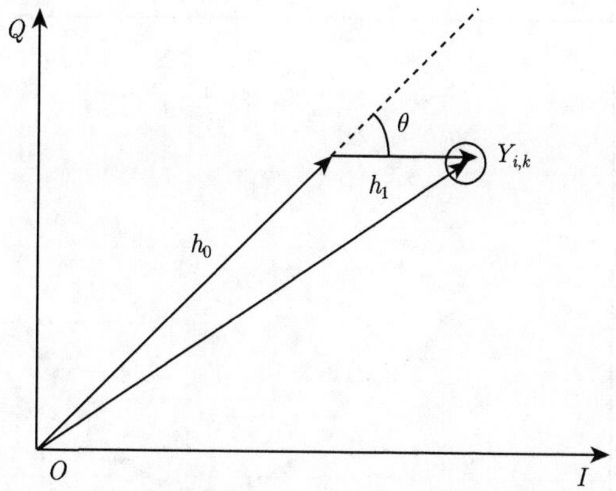

图 7.32 多径信道下 OFDM 信号星座点的矢量图

另外，应该注意到，在式 (7.34) 中，$Y_{i,k}$ 是子载波编号 k 的函数，因此不同的子载波上接收信号的相位旋转并不相同。那么，结合图 7.32 可知，经过多径信道衰落之后，不同子载波上的信号由于各自幅度和相位的影响不同，其对应的星座点的发散程度也不相同，从而产生了频率选择性衰落。

为了更加直观地展示多径信道的这种星座点发散现象，此处分别给出了 IEEE 802.16e VA 和 PB 多径信道模型下 OFDM 星座点发散情况，如图 7.33 和图 7.34 所示。

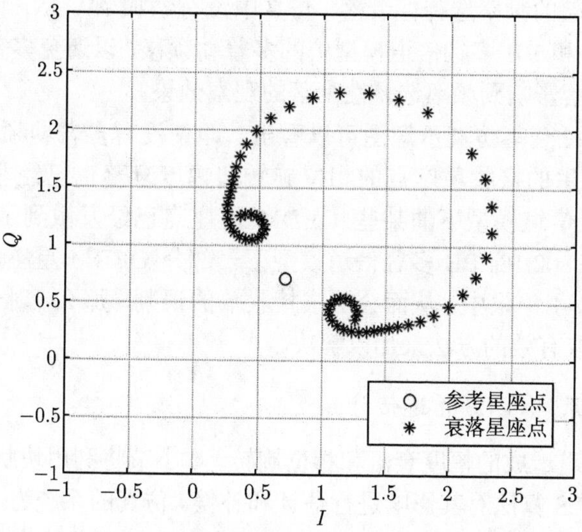

图 7.33 IEEE802.16e VA 多径信道模型下 OFDM 星座点发散示意图，无 AWGN

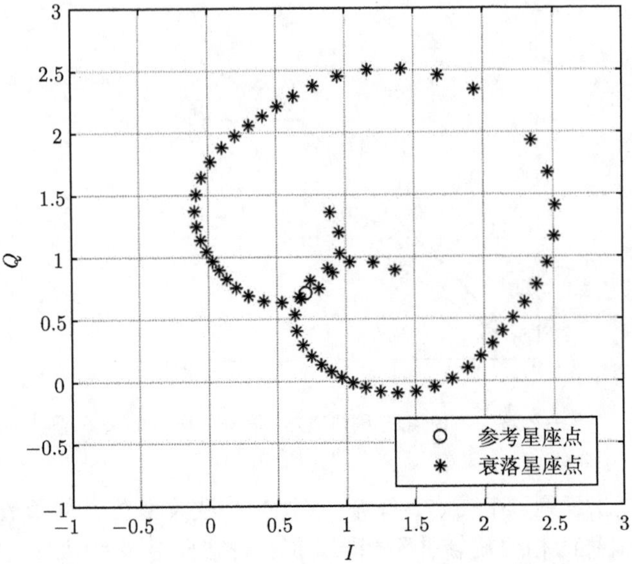

图 7.34 IEEE802.16e PB 多径信道模型下 OFDM 星座点发散示意图，无 AWGN

在图 7.33 和图 7.34 中，为了充分展示多径信道对 OFDM 符号的幅度衰落和相位旋转，仿真中每个发端 OFDM 符号发送的都是 QPSK 星座图中的第 1 象限的数据点，即 $(1+\mathrm{j})/\sqrt{2}$，其中 $\mathrm{j}=\sqrt{-1}$。从而可以更加清楚地看出每个 OFDM 符号的各个子载波上的数据点 $(1+\mathrm{j})/\sqrt{2}$ 在经过多径信道之后的不同变化。为了便于观察多径引起的频率选择性衰落，仿真中没有添加 AWGN，而且也没有引入 IEEE802.16e VA 和 PB 多径信道模型中的多普勒频移，以避免多普勒频移所引起的时间选择性衰落影响到频率选择性衰落的观察效果。

观察两幅多径衰落仿真示意图可以看出，即使没有多普勒频移和 AWGN 的影响，多径所产生的接收星座点的相位旋转和幅度衰落也已经非常严重。IEEE 802.16e VA 多径信道模型下的某些 OFDM 星座点已经发散到了第 1 象限的边缘位置，而 IEEE802.16e PB 多径信道模型下一部分 OFDM 星座点甚至已经发散到了相邻的第 2、4 象限中，从而会造成接收端的误判。那么，对于多径衰落的影响问题，必须采取有效的方法来加以解决。

7.3.5.2 OFDM 系统的 LS 信道估计

对于多径信道造成的幅度衰落和相位旋转，本小节将利用块状导频信号 (即信道估计序列) 和 LS 算法对其影响进行估计和补偿。仿真的系统为本章中的 OFDM 视频传输系统，气系统参数可参考 7.1 节。仿真的信道模型依然为 IEEE802.16e VA 和 PB 两种多径信道模型，其具体信道参数如表 7.3 所示。

表 7.3 仿真中使用的 IEEE802.16e VA 和 PB 两种多径信道模型的参数

多径	IEEE802.16e VA		IEEE802.16e PB	
	延时/ns	平均功率/dB	延时/ns	平均功率/dB
1	0	0	0	0
2	310	−1	200	−0.9
3	710	−9	800	−4.9
4	1090	−10	1200	−8
5	1730	−15	2300	−7.8
6	2510	−20	3700	−23.9

从表 7.3 可以看出，IEEE802.16e VA 和 PB 两种多径信道模型都采用 6 条路径。其中，IEEE802.16e PB 多径信道模型具有更长的多径延时和更高的平均功率，因此对 OFDM 信号的影响也更大。

通过采用 LS 信道估计，利用式 (7.6) 中的信道估计序列，则 OFDM 系统的星座点发散现象将获得很大的改善，如图 7.35 和图 7.36 所示。

比较图 7.33 和图 7.35 可以看出，在 SNR 为 15dB 的情况下，虽然 IEEE802.16e VA 多径信道将引起信号的严重发散，但是经过简单的 LS 信道估计之后，星座点已经有效地收敛到第 1 象限的参考星座点附近，从而可以保证系统正确的判决。类似的情况也发生在 IEEE802.16e PB 多径信道，从图 7.34 和图 7.36 能够直观地看到，发散到第 2、4 相邻象限的星座点重新收敛回第 1 象限，从而减小了系统的误码概率。

为了进一步显示多径信道对 OFDM 系统误码率的影响，此处仿真了 BER ~ SNR 曲线，如图 7.37 所示。

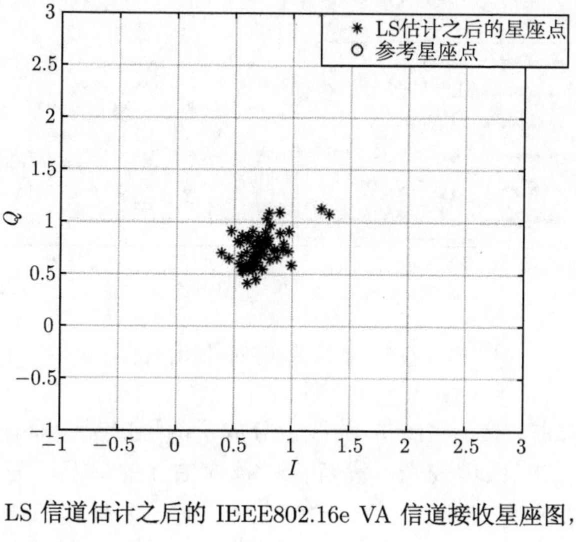

图 7.35 经过 LS 信道估计之后的 IEEE802.16e VA 信道接收星座图，SNR = 15dB

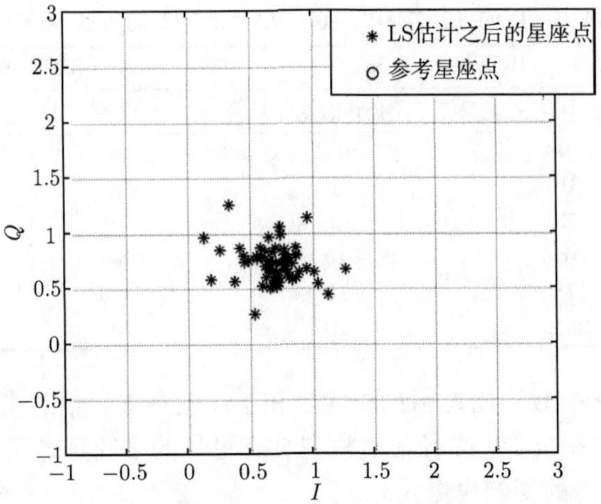

图 7.36　经过 LS 信道估计之后的 IEEE802.16e PB 信道接收星座图，SNR = 15dB

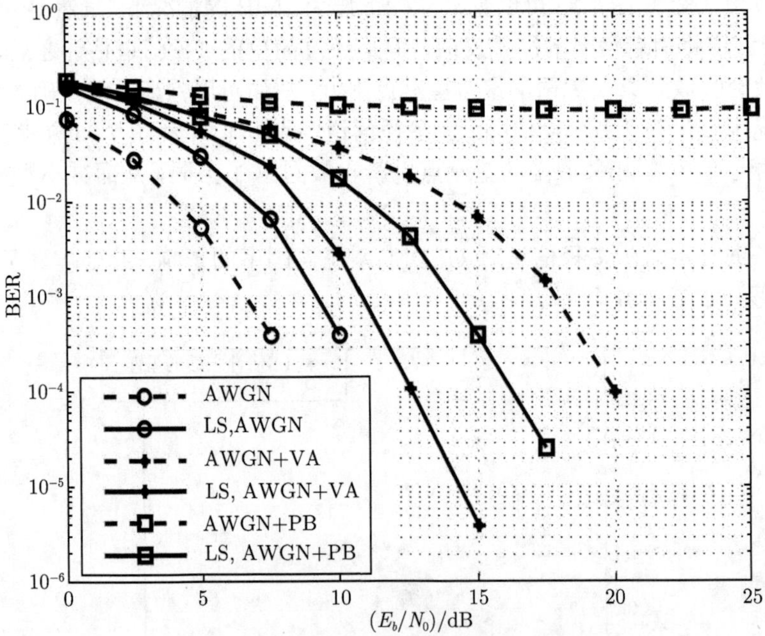

图 7.37　OFDM 系统在多径信道上的误码率

对于图 7.37 中的 6 条 BER 曲线，分成了两种情况，即有、无 LS 信道估计的情况。其中，三条虚线表示没有 LS 信道估计的情况，三条实线表示采用 LS 信道估计之后的情况。对于每一种情况，又进一步针对三种不同的信道，即

AWGN 信道、AWGN+IEEE802.16e VA 信道和 AWGN+IEEE802.16e PB 信道。显然地，AWGN 信道下的 OFDM 系统的误码率性能最佳，远远超出其他两种情况。采用LS信道估计之后，AWGN+IEEE802.16e VA信道和AWGN+IEEE802.16e PB 信道下的系统误码率得到显著提升。尤其是对于 AWGN+IEEE802.16e PB 信道，不采用信道估计时系统无法正常检测信号，无论 SNR 如何增加，其误码率曲线依然保持到 10^{-1}，而经过 LS 信道估计之后，当 SNR 超过 15dB 时，就可以保证误码率低于 10^{-3}。对于 AWGN+IEEE802.16e VA 信道，信道估计也大大地改善了 OFDM 系统的性能，对于 10^{-3} 的误码率，信噪比改善了 7dB 左右。然而，也应该注意到，虽然在多径信道下 LS 信道估计可以有效地改善 OFDM 系统的通信质量，但是如果只是 AWGN 信道，则经过 LS 信道估计之后的 BER 性能反而会有所下降。这是因为 LS 估计算法没有使用任何噪声的统计特性，因此在进行估计时将增加噪声的影响，从而导致 OFDM 系统的 BER 性能下降。

另外，需要说明，本系统为了降低系统成本、节省硬件资源，因此采用了简单易实现的 LS 估计算法。那么，也可以考虑其他具有更优估计效果的算法，如最小均方误差 (Minimum Mean Square Error, MMSE) 估计，从而可以进一步提升系统的估计性能，并且也可以避免 LS 算法对噪声的增加效应。

7.4　系统样机测试联调

7.4.1　外场测试结果

OFDM 视频传输系统的研制，从视频源到基带处理、再到射频电路，全部由项目组自行设计完成，其车载中心站和背负式终端样机如图 7.38 所示。

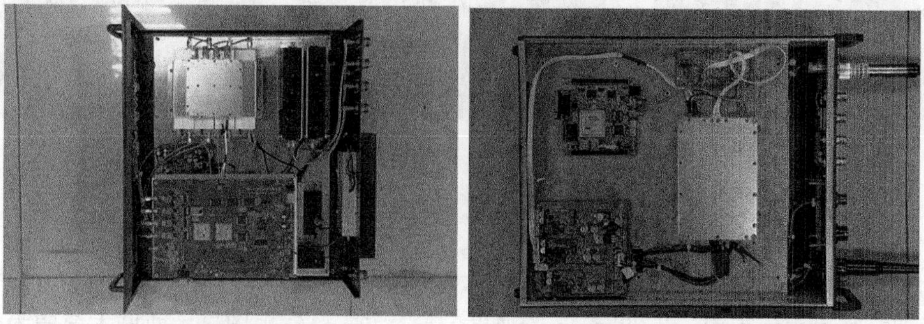

(a) 车载中心站俯视图　　　　(b) 背负式移动终端俯视图

图 7.38　OFDM 视频传输系统样机

该系统中心站可用于应急通信车，如图 7.39 所示。其中，图 7.39-(b) 中右下角显示屏下面的设备为中心站样机。

(a) 应急通信车实验平台　　(b) 车载中心站在车内的位置

图 7.39　OFDM 视频传输系统应用于应急通信车实验平台

考虑到该系统的频段范围，为确保视距通信，外场测试地点选在重庆市沙坪坝区大学城西城大道，外场天线设置和实测地图如图 7.40 所示。

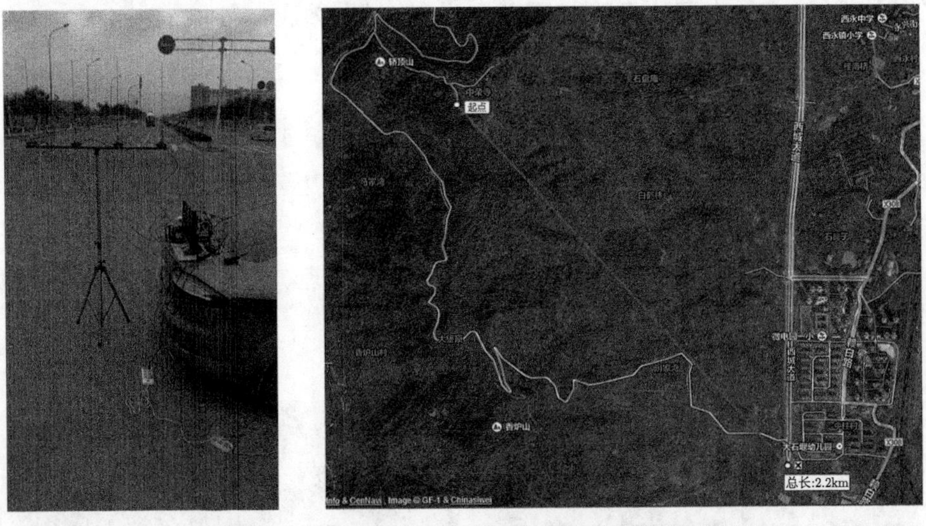

(a) 中心站4根天线配置　　(b) 外场测试中的视频传输实测距离

图 7.40　OFDM 视频传输系统外场实测

图 7.40-(a) 中正对着的道路为西城大道。接收端中心站采用固定方式，背负式移动终端放至于车内，以 30km/h 的速度匀速行进。虽然地图显示西城大道较为笔直，但是实际测试中发现该道路不平坦，有较大坡度，因此在测试中前行距离达到 800m 左右时，收发天线之间不再能够构成视距，视频信号逐渐模糊、中断。

那么，实测中注意到道路左侧有一条上山的道路，于是临时改变方案，将载有背负式移动终端的车辆开至山顶“中荣寺”位置，此时视频信号清晰流畅，话音可辨识度高，百度地图显示此时的传输距离为 2.2km，如图 7.40-(b) 所示。车辆继续前行时将绕到山后面，由于山体遮挡，不能再保证视距通信，因此，基于具体的场景条件，本次实测的最远距离为 2.2km。

7.4.2 三类传输模式的测试比较

7.4.2.1 DSSS 视频传输模式和 4 码扩频视频传输模式

除了 OFDM 视频传输模式，项目组基于同一开发平台还完成了 DSSS 和 4 码扩频这两种传输模式。其中，DSSS 采用长度为 7 的序列 (1 1 1 0 1 0 0)，为了保证能够传输视频流数据，带宽进一步被放宽到 8MHz(射频的滤波器均采用 8MHz 的宽开滤波，而不是 2MHz)。

4 码扩频采用 4 个长度为 31 的 Gold 序列，每个序列调制一个视频流信息比特，然后这 4 路基带信号直接叠加在一起，这 4 个序列分别如下[28]：

$$\begin{aligned}
\boldsymbol{C}_1 &= (1\,0\,0\,1\,0\,1\,1\,0\,0\,1\,1\,1\,1\,1\,0\,0\,0\,1\,1\,0\,1\,1\,1\,0\,1\,0\,1\,0\,0\,0\,0)\\
\boldsymbol{C}_2 &= (1\,1\,1\,0\,0\,1\,1\,0\,1\,1\,1\,1\,1\,0\,1\,0\,0\,0\,1\,0\,0\,1\,0\,1\,0\,1\,1\,00\,0\,0)\\
\boldsymbol{C}_3 &= (0\,1\,1\,1\,0\,0\,0\,0\,1\,0\,0\,0\,0\,1\,1\,0\,0\,1\,0\,0\,1\,0\,1\,1\,1\,1\,0\,0\,0\,0\,0)\\
\boldsymbol{C}_4 &= (0\,1\,0\,1\,1\,0\,1\,1\,0\,0\,0\,1\,0\,0\,0\,0\,0\,1\,0\,0\,1\,0\,0\,0\,1\,1\,00\,0\,1)
\end{aligned} \tag{7.35}$$

这 4 个序列调制了二元信息比特之后进行叠加，则其 PAPR 将增加，这是由于叠加的结果是基带信号由二元信号变为多元信号。例如，若调制两组 4 比特信息 $\{-1,-1,1,-1\}$ 和 $\{1,1,-1,-1\}$，则 4 个序列叠加之后的结果分别为

$$\begin{aligned}
&\sum_{\{-1,-1,1,-1\}}\\
&= (-2\quad 0\quad 2\quad 0\quad 0\quad -2\quad -4\quad 0\quad 0\quad -2\quad -2\quad -2\quad -4\quad 2\quad 2\\
&\qquad 2\quad 2\quad 2\quad -4\quad 2\quad 2\quad -4\quad 2\quad 2\quad 2\quad 0\quad -4\quad 2\quad 2\quad 2\quad 0)
\end{aligned} \tag{7.36}$$

$$\begin{aligned}
&\sum_{\{1,1,-1,-1\}}\\
&= (4\quad -2\quad 0\quad -2\quad -2\quad 4\quad 2\quad -2\quad -2\quad 4\quad 4\quad 4\quad 2\quad 0\quad 0\\
&\qquad 0\quad 0\quad 0\quad 2\quad 0\quad 0\quad 2\quad 0\quad 0\quad 0\quad -2\quad 2\quad 0\quad 0\quad 0\quad -2)
\end{aligned} \tag{7.37}$$

另外，这 4 个序列具有 $\{-1,7,-9\}$ 的三值 ACF 和 CCF 特性，如图 7.41 和图 7.42 所示。因此，存在一定干扰，多径情况下干扰将增加。

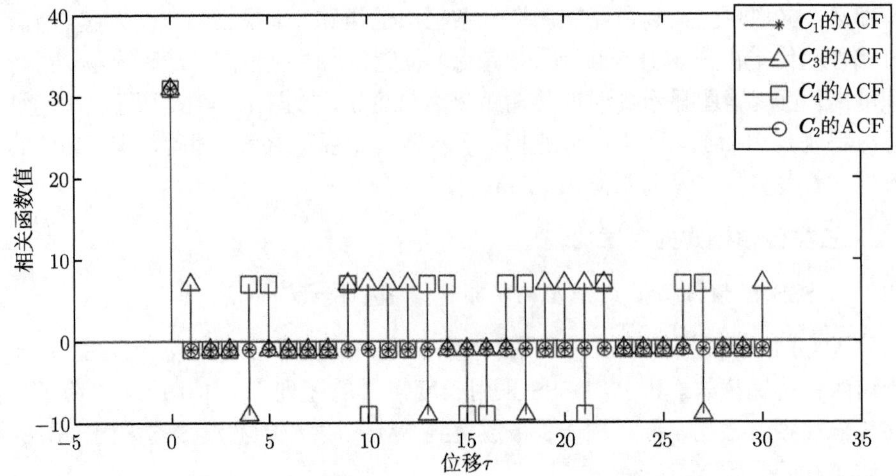

图 7.41　长度为 31 的 4 个 Gold 序列的 ACF 分布

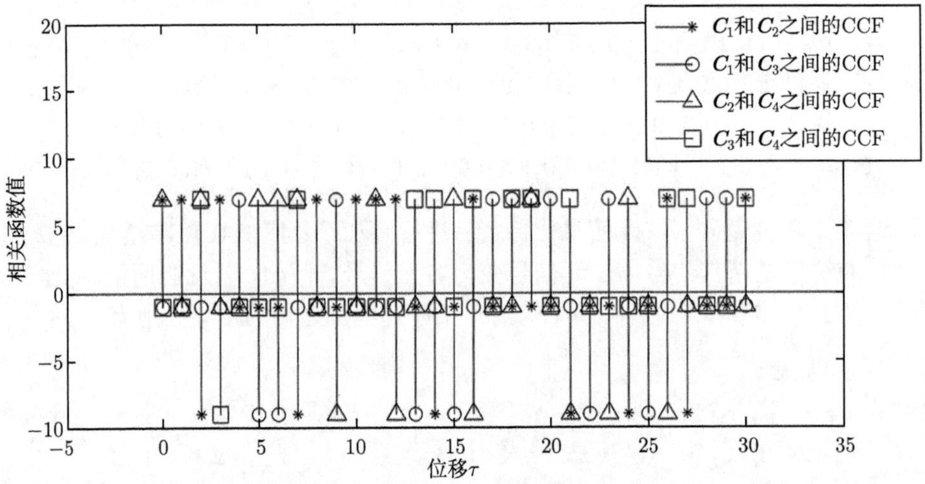

图 7.42　长度为 31 的 4 个 Gold 序列两两之间的 CCF 分布

7.4.2.2　三种视频传输模式的 PAPR 性能测量

对于 OFDM、DSSS 和 4 码扩频这三种视频传输模式，使用 Agilent N1911A P 系列功率计分别对其 PAPR 值进行了测量，结果如表 7.4 所示。

表 7.4　三种视频传输模式的 PAPR 测量结果

传输模式	DSSS	4 码扩频	OFDM
PAPR/dB	3.4	7.3 ~ 9.3	9.5

从该表中可以看出，DSSS 的 PAPR 最低，其次是 4 码扩频模式，最差的是 OFDM 模式。那么，4 码扩频模式虽然也是单载波通信，但是 4 个序列的叠加形成多元信号导致其 PAPR 的增加。这三种视频传输模式的 PAPR 性能也可以通过时域波形直观地观察，使用 Agilent InfiniiVision DSO-X 2024A 示波器，可以测得它们的波形分别如图 7.43 ～ 图 7.45 所示。

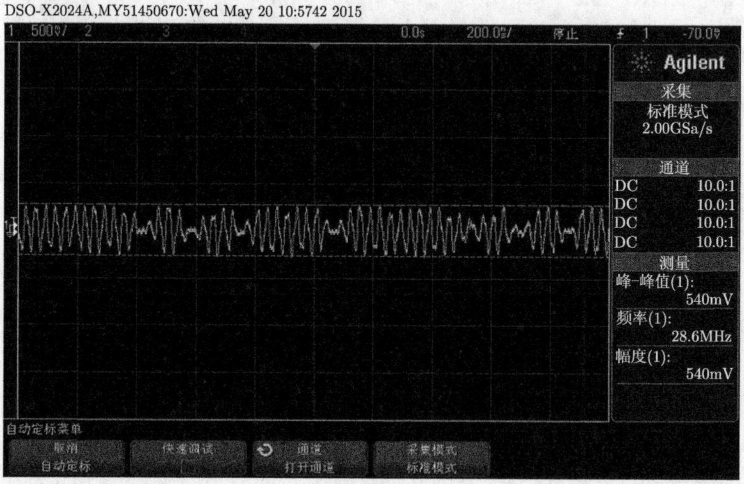

图 7.43　DSSS 视频传输模式的中频信号波形

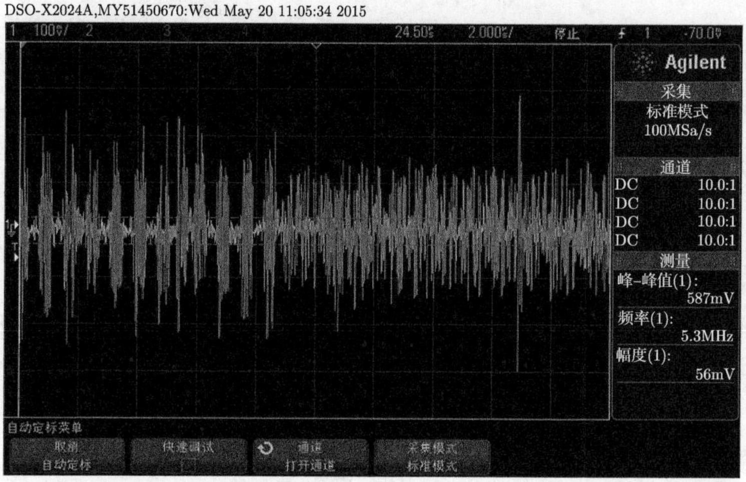

图 7.44　4 码扩频视频传输模式的中频信号波形

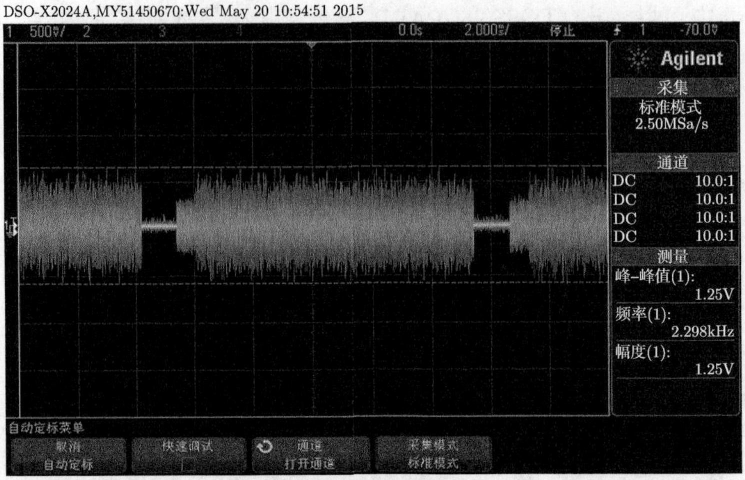

图 7.45 OFDM 视频传输模式的中频信号波形

从这三幅中频信号波形中可以明显地看出，DSSS 模式的波形最平滑，所以 PAPR 较低；4 码扩频模式的波形出现很多毛刺导致 PAPR 增加，而且传送的信息比特不同导致 PAPR 值的变化较大，实测时只能获得一个 PAPR 范围；OFDM 模式虽然帧头部分的 PAPR 控制得较好，但是数据部分的 PAPR 却明显增加，从而导致实测中达到了 9.5dB。

7.4.2.3 三种视频传输模式的抗窄带干扰性能测量

使用 Agilent N5182A MXG 矢量信号发生器产生一个单频正弦波作为窄带干扰信号，如图 7.46 所示。

测量在室内进行，图中的移动终端并未使用功放。三种视频传输模式使用相同的平台，使用功率计测出各个模式的功率。对于给定的信号源，以 1dBm 为步进值依次递增干扰信号的功率，直到接收端中心站不能正常显示视频信号为止，记录下此时的单频正弦波信号的功率值。测量结果如表 7.5 所示，显然地，DSSS 模式有最好的抗正弦窄带干扰性能，正常工作的临界信干比 (Signal-to-Interference Power Ratio, SIR) 为 -13dBm，其次是 4 码扩频模式，SIR 为 -2.5dBm $\sim$ -4.6dBm，最差的是 OFDM 模式，SIR 为 9.7dBm。那么，扩频技术的抗窄带干扰能力优于 OFDM 调制技术。

然而，也应该看到 OFDM 模式占有最窄的带宽，仅为 2MHz，而其他两种扩频模式则达到了 8MHz，因此 OFDM 的频谱效率最高。对于这三种视频传输模式的射频信号的频谱，使用 Rohde&Schwarz FSV 信号分析仪可测得相应的频谱图如图 7.47 $\sim$ 图 7.49 所示。

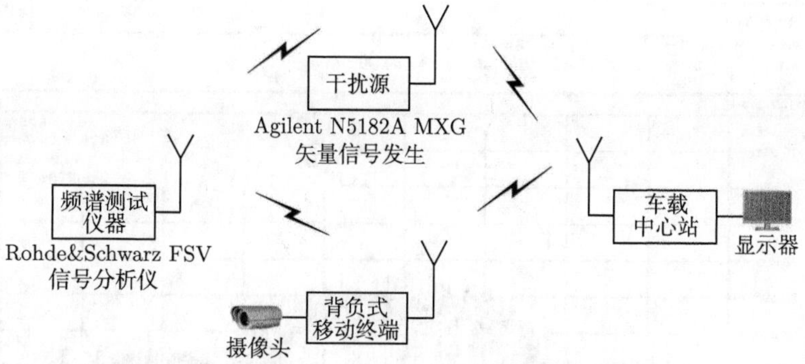

图 7.46 三种视频传输模式的抗窄带干扰性能测量场景

表 7.5 三种视频传输模式的抗正弦窄带干扰测量结果

传输模式	带宽/MHz	信号功率/dBm	正弦干扰信号功率/dBm
DSSS	9	−13	0
4 码扩频	8	−19.5 ∼ −21.6	−17
OFDM	2	−10.3	−20

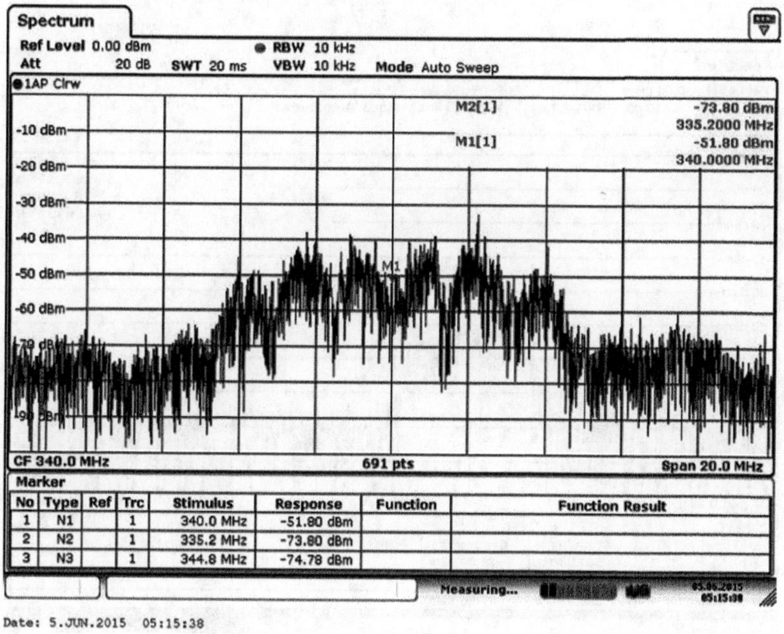

图 7.47 DSSS 模式的 340MHz 射频信号 PSD，带宽为 9MHz

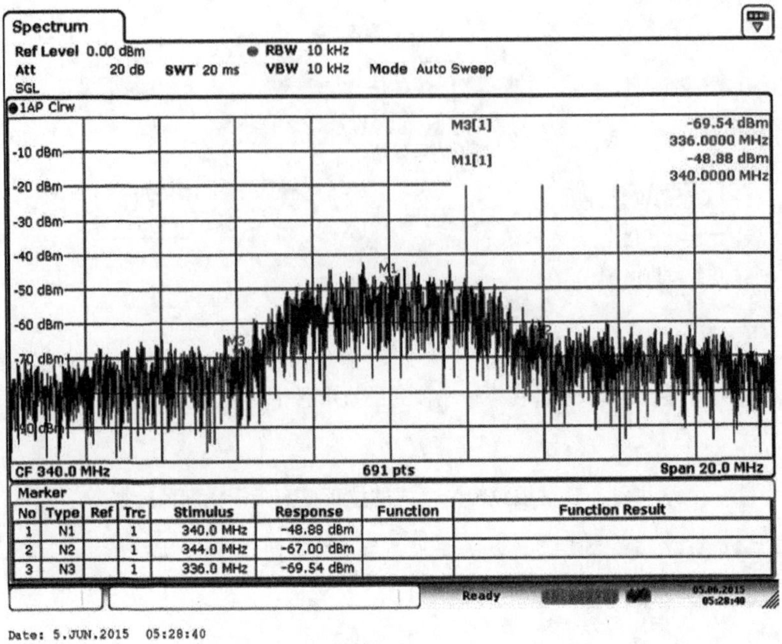

图 7.48　4 码扩频模式的 340MHz 射频信号 PSD，带宽为 8MHz

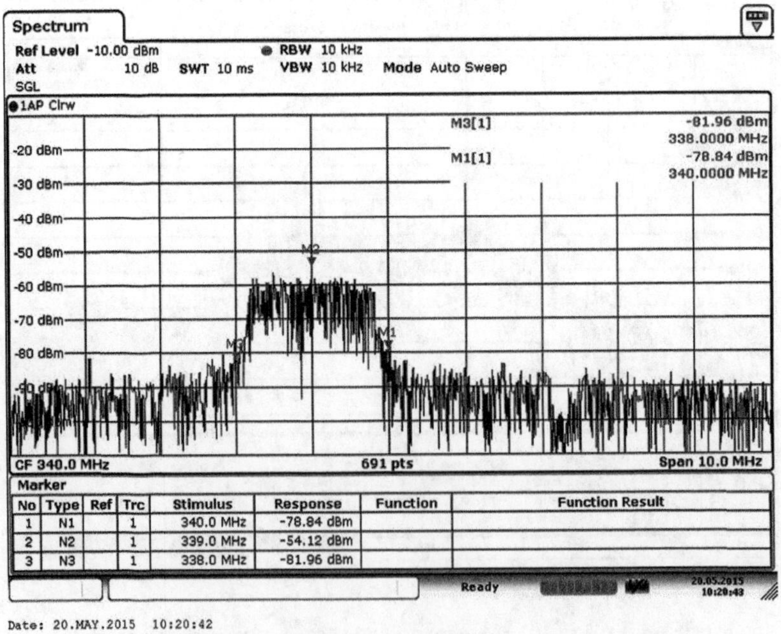

图 7.49　OFDM 模式的 339MHz 射频信号 PSD，带宽为 2MHz

比较三幅频谱图可以看出，两种扩频码模式都使用了 336MHz ~ 344MHz 的全部带宽，中心频率在 340MHz，而 OFDM 模式只使用了总共 4 个信道中的第 2 个信道，中心频率为 339MHz。

7.5 本章小结

虽然人们对序列的认识始于 20 世纪 40 年代的扩频通信，但是序列的应用却不限于此。在我们的现实生活中，很多领域都需要用到序列以完成特定的功能。例如，与人们密切相关的 GPS 系统、Wi-Fi 系统和 3G/4G 移动通信系统等。本章的重点在于展示序列在 OFDM 视频传输系统中的具体应用，包括系统帧头结构中各类功能序列的设计以及与这些序列相关的本系统样机实现的关键技术。本书作者作为该项目的主研人员 (排名 2)，全程参与了项目论证、方案制订、样机研制和外场测试等整个开发过程，并具体负责了项目申报、基带方案、帧头设计、算法研究、关键技术、系统仿真和项目验收等各项工作。那么，本章内容不仅是作者前期序列设计理论研究工作在具体系统中的应用，更是对所设计的各类序列性能的实际验证。

本章首先介绍了 OFDM 视频传输系统的立项背景，面向应急通信、抢险救灾等应用场景，基于 OFDM 和 MIMO 两项关键技术，致力于开发符合行业新规的系统样机。整个系统包含车载中心站和移动终端两个部分，由移动终端将所拍摄的灾情、险情现场的视频传输回装备有车载中心站的应急指挥车，然后利用车上的卫星设备传送到远端指挥控制中心。在所设计并实现的 OFDM 视频传输系统中，帧头结构中的 AGC 序列、短训练序列、长训练序列和信道估计序列等各种类型的序列起着重要的作用。对于这些序列的设计，根据不同的功能需求，有些需要低 PAPR，有些需要构造 ZCZ，有些需要互补特性，还有些需要进行插零操作或满足圆周共轭特性等。那么，本书作者基于序列设计和信号处理理论，针对系统样机的性能指标，设计生成了不同类型的功能序列，并将其应用于实现 OFDM 视频传输系统的各项关键技术之中。

峰值平均功率比是 OFDM 调制的核心问题之一，本章分析了多载波系统中 PAPR 的产生、计算和抑制。除了帧头结构中特别设计的各类序列之外，对于数据的高 PAPR，本系统采用了便于实现的限幅削峰技术。本章讨论了限幅操作所产生的星座图发散和频谱展宽现象，并详细介绍了本系统样机中 PAPR 抑制的具体实现方法。为了进一步抑制带外辐射，本系统采用了循环后缀和时域加窗技术，展示了 OFDM 符号成型前后的频谱变化，并根据系统参数仿真了发端基带信号数字上变频到 30MHz 中频、再到 336 ~ 344MHz 射频，收端下变频到 70MHz 模拟中频、然后 A/D 转换器 40Msps 采样率带通采样到 10MHz、最后数字下变频到收端基带信号的整个频率变化过程。为了减少数字上/下变频中滤波操作的资源耗费，本系统样机的具体实现中使用了不需要任何乘法运算的 CIC 滤波器，本章详细分析了该类滤波器所产生的通带衰减问题，指出了 CIC 补偿滤波器和信道估计补偿的方法，并仿真了补偿效果。作为 OFDM 调制的另一个重要问题，载波频偏所引起的载波间干扰对系统性能有重要影响。本章详细分析推导了 CFO 对接收数据的严重衰减，仿真了不同 CFO 值的情况下数据星座图发散现象，并基于帧头结构中特别设计的训练序列实现帧检测和小数倍 CFO 的最大似然联合估计补偿。虽然 OFDM 系统采用 CP 技术可以在一定程度上抑制多径效应引起的符号间干扰，但是依然存在较为严重的数据星座点发散现象。本章针对 IEEE 802.16e VA 和 PB 两种多径信道模型进行了仿真，展示了多径时延所引起的幅度衰落和相位旋转，并在系统样机实现中采用 LS 算法进行信道估计和补偿。

本章最后提供了系统样机的外场测试结果，并进一步扩展了视频传输模式，基于 OFDM 视频传输系统的开发平台，实现了另外两种基于扩频技术的视频传输系统，即 DSSS 视频传输系统和 4 码扩频视频传输系统。其中，DSSS 模式采用了长度为 7 的单个 m 序列，而 4 码扩频模式采用了 4 个 31 长的 Gold 序列。补充实现这两种扩频传输模式，旨在同 OFDM 模式相比较，实验结果显示这三种模式各有利弊，其中 DSSS 模式具有最低的 PAPR 和最佳的抗单频干扰能力，OFDM 模式具有最高的频谱效率，而 4 码扩频模式的性能介于两者之间。

目前，关于 OFDM 理论和技术的研究非常丰富，本章只是从序列应用的角度出发，基于项目组开发的 OFDM 视频传输系统样机进行论述。对于详细的 OFDM 技术原理的阐述，可以参考相关文献 [9, 12, 29 − 31]。对于 OFDM 的各项关键技术，除了前面已经讨论的内容，有关 PAPR 抑制方面的经典研究可以参考相关文献 [32 − 36]，有关时/频同步方面的研究可以参考相关专著 [37] 或经典文献 [38 − 41]，而有关信道估计方面的研究则可以参考经典文献 [42 − 44]。另外，文献 [45] 给出了基于 FPGA 的 OFDM 系统实现，虽然是针对 IEEE 802.11a 标准，但是其中介绍的各类算法及其实现方式具有很好的参考意义。

参 考 文 献

[1] Kondi L P, Srinivasan D, Pados D A, et al. Layered video transmission over wireless multirate DS-CDMA links. IEEE Transactions on Circuits and Systems for Video Technology, 2005, 15(12): 1629-1637.

[2] Chan Y S, Modestino J W, Qu Q, et al. An end-to-end embedded approach for multicast/broadcast of scalable video over multiuser CDMA wireless networks. IEEE Transactions on Multimedia, 2007, 9(3): 655-667.

[3] Srinivasan D, Kondi L P. Rate-distortion optimized video transmission over DS-CDMA

channels with auxiliary vector filter single-user multirate detection. IEEE Transactions on Wireless Communications, 2007, 6(10): 3558-3566.

[4] Odejide O O, Bentley E S, Kondi L P, et al. Effective resource management in visual sensor networks with MPSK. IEEE Signal Processing Letters, 2013, 20(8): 739-742.

[5] Zhang Z Y, Chen W, Liu Q, et al. NOFDM system based on circular conjugate symmetry properties of DFT//Proc. of the 4th IEEE International Conference on Wireless Communications, Networks and Mobile Computing, Dalian, China, 2008: 736-739.

[6] 程佩青. 数字信号处理教程. 4 版. 北京: 清华大学出版社, 2013.

[7] Davis J A, Jedwab L. Peak-to-mean power control in OFDM, golay complementary sequences, and reed-muller codes. IEEE Transactions on Information Theory, 1999, 45(7): 2397-2417.

[8] Zhang Z Y, Tian F C, Zeng F X, et al. PAPR Analyses for Broadband OFDM Transmitter with Digital IF Architecture//Proc. of the Joint Conference of 2015 7th International Conference on Communication Problem-solving and the 2015 High Speed Intelligent Communication Forum, Guilin, China, 2015: 286-289.

[9] 佟学俭, 罗涛. OFDM 移动通信技术原理与应用. 北京: 人民邮电出版社, 2003.

[10] Xuan G X, Yang X G, Zhao Y H, et al. Implementation of PAPR reduction in OFDM system based on clipping technique with EVM//Proc. of the 14th International Conference on Communication Technology, Chengdu, China, 2012: 93-98.

[11] IEEE Standard 802.16e-2005. IEEE Standard for Local and Metropolitan Area Networks Part 16: AirInterface for Fixed Broadband Wireless Access Systems, Feb. 2006.

[12] 汪裕民. OFDM 关键技术与应用. 北京: 机械工业出版社, 2006.

[13] Hogenauer E. An economical class of digital filters for decimation and interpolation. IEEE Transactions on Acoustics, Speech and Signal Processing, 1981, Assp-29: 155-162.

[14] Xuan G X, Han Y W, Ren M, et al. Efficient Digital IF Architecture for Wideband OFDM Systems Based on CIC Filter//Proc. of the 12th IEEE International Conference on Signal Processing, Hangzhou, China, 2014: 1622-1627.

[15] Daan P, Bart L, Ingrid M, et al. The history of WiMAX: a complete survey of the evolution in certification and standardization for IEEE 802.16 and WiMAX. IEEE Communications Surveys & Tutorials, 2011, 14(4): 1183-1211.

[16] Morelli M, Moretti M. Integer frequency offset recovery in OFDM transmissions over selective channels. IEEE Transactions on Wireless Communications, 2008, 7(12): 5220-5226.

[17] Li D P, Li Y Z, Zhang H L, et al. Integer frequency offset estimation for OFDM systems with residual timing offset over frequency selective fading channels. IEEE Transactions on Vehicular Technology, 2012, 61(6): 2848-2853.

[18] Wu C, Xie X, Li Y B. A novel integer carrier frequency offset estimation algorithm for OFDM system with training symbols//Proc. of International Conference on Computational Problem-Solving, 2011: 422-425.

[19] Gui L, Liu B, Ma W, et al. A novel method of frequency-offset estimation using time domain PN sequences in OFDM systems. IEEE Transactions on Broadcasting, 2008, 54(1): 140-145.

[20] Pelinkovic A, Djukanovic S, Djurovic I. A frequency domain method for the carrier frequency offset estimation in OFDM systems//Proc. of the 8th International Symposium on Image and Signal Processing and Analysis, Trieste, Italy, 2013: 326-330.

[21] Huang D, Letaief K B. Carrier frequency offset estimation for OFDM systems using subcarriers. IEEE Transactions on Communications, 2006, 54(5): 813-823.

[22] Li Y, Minn H, Al-Dhahir N, et al. Pilot designs for consistent frequency-offset estimation in OFDM systems. IEEE Transactions on Communications, 2007, 55(5): 864-877.

[23] Schmidl T M, Cox D C. Robust frequency and timing synchronization for OFDM. IEEE Transactions on Communications, 1997, 45(12): 1613-1621.

[24] Morelli M, Mengali U. An improved frequency offset estimator for OFDM applications. IEEE Communications Letters, 1999, 3(3): 75-77.

[25] 张振宇, 田逢春, 曾凡鑫, 等. 低信噪比下 OFDM 系统的多门限自适应检测与估计方法: CN104506477A. 2015-4-8.

[26] Zhang Z Y, Ge L J, Liu G, et al. Effects of Mult-Path channel upon constellation of OFDM systems//Proc. of the 22th Wireless and Optical Communications Conference, Chongqing, China, 2013: 156-159.

[27] Oppenheim A V, Schafer R W. Disrcete-Time Signal Processing. Englewood Cliffs, NJ: Prentice Hall, 1989.

[28] Zhang Z Y, Tian F C, Zeng F X, et al. Performance comparison of two spread-spectrum-based wireless video transmission schemes//Proc. of the 9th International Congress on Image and Signal Processing & the 9th International Conference on BioMedical Engineering and Informatics, Datong, China, 2016: 1216-1220.

[29] 王文博. 宽带无线通信 OFDM 技术. 2 版. 北京: 人民邮电出版社, 2007.

[30] 张海滨. 正交频分复用的基本原理与关键技术. 北京: 国防工业出版社, 2006.

[31] Lie-Liang Yang. 多载波通信. 张有光, 潘鹏, 孙玉权, 等, 译. 北京: 电子工业出版社, 2010.

[32] Li X D, Cimini L J. Effects of clipping and filtering on the performance of OFDM. IEEE Communications Letters, 1998, 2(5): 131-133.

[33] Cimini L J, Sollenberger N R. Peak-to-average power ratio reduction of an OFDM signal using partial transmit sequences. IEEE Communications Letters, 2000, 4(3): 86-88.

[34] Krongold B S, Jones D L. PAR reduction in OFDM via active constellation extension. IEEE Transactions on Broadcasting, 2003, 49(3): 258-268.

[35] Jiang T, Wu Y Y. An overview: Peak-to-average power ratio reduction techniques for OFDM signals. IEEE Transactions on Broadcasting, 2008, 54(2): 257-268.

[36] Ryota Y, Hideki O. Trellis-assisted constellation subset selection for PAPR reduction of OFDM signals. IEEE Transactions on Vehicular Technology, 2017, 66(3): 2183-2198.

[37] 艾渤, 王劲涛, 钟章队. 宽带无线通信 OFDM 系统同步技术. 北京: 人民邮电出版社, 2011.

[38] Moose P H. A technique for orthhogonal frequency division multiplexing frequnecy offset correction. IEEE Transactions on Communications, 1994, 42(10): 2908-2914.

[39] vandeBeek J J, Sandell M, Borjesson P O. ML estimation of time and frequency offset in OFDM systems. IEEE Transactions on Signal Processing, 1997, 45(7): 1800-1805.

[40] Minn H, Zeng M, Bhargava V K. On timing offset estimation for OFDM systems. IEEE Communications Letters, 2000, 4(7): 242-244.

[41] Minn H, Bhargava V K, Ben Letaief K. A robust timing and frequency synchronization for OFDM systems. IEEE Transactions on Wireless Communications, 2003, 2(4): 822-839.

[42] Edfors O, Sandell M, van de Beek J J. OFDM channel estimation by singular value decomposition. IEEE Transactions on Communications, 1998, 46(7): 931-939.

[43] Li Y. Pilot-symbol-aided channel estimation for OFDM in wireless systems. IEEE Transactions on Vehicular Technology, 2000, 49(4): 1207-1215.

[44] Coleri S, Ergen M, Puri A. Channel estimation techniques based on pilot arrangement in OFDM systems. IEEE Transactions on Broadcasting, 2002, 48(3): 223-229.

[45] 史治国, 洪少华, 陈抗生. 基于 XILINX FPGA 的 OFDM 通信系统基带设计. 杭州: 浙江大学出版社, 2009.

第 8 章　序列在多进制扩频系统中的应用

非对称相关性序列集合能够实现灵活的参数设置，可以获得相关性能和序列数量等因素之间的优化平衡，因此具有广泛的应用潜力。本章基于 ZCCPs 序列配对集合，给出一种互补多进制正交扩展 OFDM(Complementary M-ary Orthogonal Spreading OFDM, CMOS-OFDM) 的新结构。针对短波通信场景，设计并实现了采用 CMOS-OFDM 结构的短波调制解调器 (Modem)，可以有效提升短波信道上的传输可靠性和传输速率。通过介绍短波 CMOS-OFDM Modem 的理论、技术和开发实现，本章旨在进一步验证非对称相关性序列集合的实际应用，同时基于作者在 Modem 研制、调试过程中积累了第一手宝贵素材，通过发现新问题、引发新思考，反过来又针对实际需求指导理论研究不断地改进和完善，进一步拓展非对称相关性序列集合理论研究的深度和广度。

下面，首先介绍短波 CMOS-OFDM Modem 的研制背景，然后给出基于 ZCCPs 序列集合的 CMOS-OFDM 结构及其性能仿真，并利用该结构完成相应的系统方案设计，明确各类序列集合在不同的功能模块中的具体应用，最后阐述了短波 CMOS-OFDM Modem 的外场实测情况，并对测试结果进行了分析。

8.1　短波多进制扩频系统简介

8.1.1　短波 CMOS-OFDM Modem 研制背景

该 Modem 的研制主要涉及三个短波方向的科研项目，按时间顺序依次为国家自然科学基金面上项目“面向新一代宽带短波通信的 MIMO-OFDM 和时频二维联合扩展的理论与技术研究”(2013 年 1 月 ~ 2016 年 12 月)、国家自然科学基金面上项目“基于非对称多子集设计的高频段时频扩展中序列构造理论与方法研究”(2015 年 1 月 ~ 2018 年 12 月) 和中国博士后科学基金特别资助项目“面向东/南海域短波通信的多通道时频二维扩展理论研究”(2015 年 7 月 ~ 2016 年 10 月)。虽然上述项目仅限于理论研究，但是本书作者为验证所提出的相关理论和算法的实际可行性，研制开发了短波 CMOS-OFDM Modem。

研制背景主要面向我国东/南海域日趋紧张的领海争端问题，有效的海上通信保障成为确保国家海洋权益的迫切需求。例如，钓鱼岛距我国海岸线约 320 余千米，不在超短波电台的通信范围之内，军舰、海监船和渔船等海面舰艇只能依靠远距离通信手段，南海的各个主要岛礁也存在类似情况。短波传输作为一项重要的远距离通信手段，能够通过电离层反射和海面波传播实现军/民舰船数千千米范围内的通信畅通[1−6]，可以有效弥补卫星通信的不足以应对各种突发事件，因此在国民经济发展和国防现代化建设中的作用与地位日益提升。作为一种传统的通信方式，短波通信一直受到广泛的关注和研究，各国相应地出台各类短波标准和规程，典型的如北约的 STANAG 系列标准[7]、美国军标 MIL-STD-188-110 系列[8−10] 和 MIL-STD-188-141 系列[11−14] 等。同时，DSSS、OFDM、SC-FDE 和 MIMO 等各类先进技术也相继应用于短波通信[15−18]，以提升短波通信的传输速率和传输可靠性。对于某些特殊地区的特殊工作需求，如南北极的极地考察、地球物理探测等，同步轨道卫星已经无法覆盖，短波通信甚至成了唯一的通信手段，能够完成超过 12700km 的可靠数据传输[19,20]。

正是基于短波通信的这些特点，选择短波通信作为解决我国东/南海域的通信保障问题的一个重要手段。目前，我国短波民用/军用电台的保有量非常大，电台生产厂家、设备型号等复杂繁多，短波 Modem 作为短波电台的配套产品，成本低、体积小、使用灵活方便，而且可以大大增加基带信号处理能力，提升短波信道上的通信质量。因此，基于 ZCCPs 序列配对集合提出相应的 CMOS-OFDM 结构来研制开发短波 Modem，不仅有具体的应用需求，而且也具有实际可行性。

8.1.2 Modem 基本功能与接口设置

短波 CMOS-OFDM Modem 根据所配置电台的工作模式，通常采用半双工通信，发送端接收到来自话筒的语音信号或电脑终端的数据，完成 CMOS-OFDM 调制和低中频数字上变频，通过电台音频接口将信号送到模拟中频、射频模块，由短波信道发射出去。接收端完成相反的操作，射频信号经接收天线至射频、中频模块，到达 Modem 恢复出语音或数据信号。

可以看出，短波 CMOS-OFDM Modem 的功能在于对原短波电台的基带信号进行处理，增加其传输可靠性。因此，需要有电台接口、音频接口和数据接口，电台接口用于连接短波电台，包括信号输入、信号输出、电台地和电台半双工即按即通 (Push to Talk, PTT) 话筒按键控制信号等线路；音频接口用于连接音频板，用于传送经过压缩编码的话音信号；数据接口为串口，用于连接电脑终端传送数据。除了上述几个主要接口之外，还应该配有电源接口和控制接口。

8.1.3 系统参数设置

短波 CMOS-OFDM Modem 的系统参数如表 8.1 所示。短波单个信道的带宽通常为 3kHz，然而很多电台的音频接口带宽为 2.7kHz。经过 CMOS-OFDM 调制的数据信号为复数信号，为了将 I、Q 两路信号合并送入电台音频接口，此处选择低中频的数字上变频，其中低中频选为 1.65kHz。数据子载波个数为 32，便于使用 ZCCPs 配对序列集合。子载波间隔为 64Hz，因此算上中间的直流子载波，实际的信号带宽仅为 2.176kHz，这是为了避免音频接口低通滤波器对信号的衰减。

表 8.1　短波 CMOS-OFDM Modem 系统参数

参数名称	参数设置
音频接口带宽	2.7kHz
低中频频率	1.65kHz
子载波间隔	64Hz
子载波数	32 个
实用带宽	2.176kHz
IFFT/FFT 点数	128 点
IFFT 之后的样点速率	8.192kHz
FFT 窗持续时间	15.625 ms
CP 长度	3.90625ms，32 个样点
循环后缀长度	0.48828125ms，4 个样点
升余弦窗滚降系数	$\beta = 0.025$
OFDM 符号持续时间	19.53125ms
信道编码	(2,1,7) 卷积码，1/2、2/3、3/4 码率
调制方式	CMOS-OFDM 序列配对方案；CMOS-OFDM 单序列方案
信道模型	AWGN；ITU-R F.1487
导频结构	块状导频

在表 8.1 中的 OFDM 调制参数充分考虑了短波信道的特点，理论上可以对抗 4ms 的多径时延。调制方案考虑了两种，即 CMOS-OFDM 序列配对方案和单序列方案，主要是便于测试速率的变化。短波的天波信道模型考虑 ITU-R F.1487 中的各种标准类型[21]，但是实测中由于通信距离的限制，也考虑了地波传播。

8.1.4　帧头序列设计

帧头序列设计主要包含三类帧头序列，即 AGC 序列、短训练序列和长训练序列。在这三类序列的设计中，除了考虑各个序列的功能，还需要综合考虑其 PAPR 性能。

AGC 序列如下所示，该序列主要用于配合模拟电路的 AGC 处理，因此对其 PAPR 有一定要求，所设计序列满足 PAPR=3.1dB，

$$\begin{aligned}\boldsymbol{C}_{\mathrm{AGC}}=\{&-1\ \ -1\ \ 1\ \ -1\ \ 1\ \ 1\ \ 1\ \ -1\ 1\ 1\ -1\ 1\ 1\ 1\ 1\ -1\ \ \ \underline{0}\\ &1\ \ 1\ \ -1\ \ 1\ \ -1\ -1\ -1\ \ 1\ \ 1\ 1\ -1\ 1\ 1\ 1\ 1\ -1\}\end{aligned} \tag{8.1}$$

该 AGC 序列的时域波形很平坦，如图 8.1 所示，因此可以确保 PAPR 性能。图中，虚线前面的 32 个样点为 CP，后面 128 个样点为时域数据。

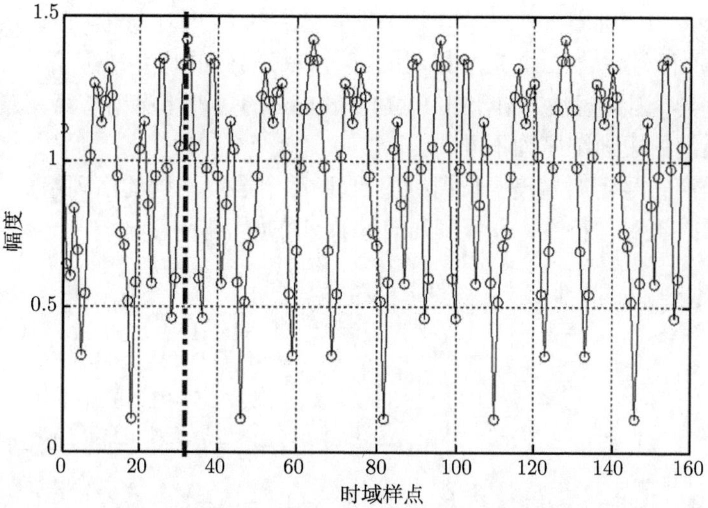

图 8.1　短波 CMOS-OFDM Modem 的 AGC 序列时域波形，PAPR=3.1dB

类似于第 7 章中的 OFDM 视频传输系统，短训练序列主要用于完成帧检测与 CFO 估计，PAPR 为 3dB，其元素的具体分布情况如下所示:

$$
\begin{aligned}
\boldsymbol{C}_{\mathrm{STS}}=\{&-1\quad 0\quad 0\quad 0\quad 1\quad 0\quad 0\quad 0\quad 1\quad 0\quad 0\quad 0\quad 1\quad 0\quad 0\quad 0\quad \underline{0}\\
&\ \ 0\quad 0\quad 0\quad -1\quad 0\quad 0\quad 0\quad -1\quad 0\quad 0\quad 0\quad 1\quad 0\quad 0\quad 0\quad -1\}
\end{aligned}
\tag{8.2}
$$

对于该序列，每个 OFDM 符号具有 5 重复特性，如图 8.2 所示。其中，星号

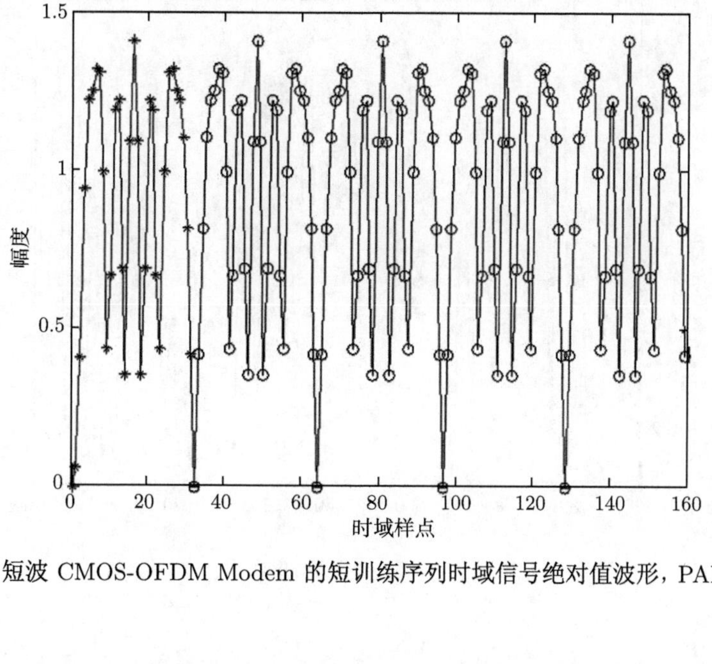

图 8.2　短波 CMOS-OFDM Modem 的短训练序列时域信号绝对值波形，PAPR=3dB

“∗” 部分表示 CP，圆圈 “○” 部分表示 IFFT 之后的 OFDM 符号。很显然，一个 160 点的 OFDM 符号包含 5 个完全相同的部分，每部分的长度都等于 32。由于子载波个数的差异，因此短波 CMOS-OFDM Modem 的短训练序列与第 7 章中 OFDM 视频传输系统的短训练序列不同。

为了提高符号定时精度，长训练序列由 4 个连续不同的序列组成，每个序列都具有圆周共轭对称特性。各个序列的元素分布如下所示：

$$\begin{aligned}\boldsymbol{C}_{\mathrm{LTS}}^{1}=\{&-1\ 1\ 1\ 1\ 1\ 1\ 1\ -1\ 1\ -1\ 1\ -1\ -1\ 1\ 1\ -1\ \underline{0}\\&-1\ 1\ 1\ -1\ -1\ 1\ -1\ 1\ -1\ 1\ 1\ 1\ 1\ 1\ 1\ -1\}\end{aligned} \tag{8.3}$$

$$\begin{aligned}\boldsymbol{C}_{\mathrm{LTS}}^{2}=\{&1\ -1\ -1\ -1\ -1\ 1\ 1\ 1\ -1\ 1\ 1\ 1\ -1\ 1\ 1\ 1\ \underline{0}\\&1\ 1\ 1\ -1\ 1\ 1\ 1\ -1\ 1\ 1\ 1\ -1\ -1\ -1\ -1\ 1\}\end{aligned} \tag{8.4}$$

$$\begin{aligned}\boldsymbol{C}_{\mathrm{LTS}}^{3}=\{&1\ 1\ -1\ -1\ 1\ 1\ -1\ 1\ -1\ -1\ -1\ -1\ -1\ -1\ -1\ 1\ \underline{0}\\&1\ -1\ -1\ -1\ -1\ -1\ -1\ -1\ 1\ -1\ 1\ 1\ -1\ -1\ 1\ 1\}\end{aligned} \tag{8.5}$$

$$\begin{aligned}\boldsymbol{C}_{\mathrm{LTS}}^{4}=\{&1\ -1\ 1\ -1\ -1\ 1\ 1\ -1\ -1\ -1\ 1\ 1\ 1\ 1\ 1\ 1\ \underline{0}\\&1\ 1\ 1\ 1\ 1\ 1\ -1\ -1\ -1\ 1\ 1\ -1\ -1\ 1\ -1\ 1\}\end{aligned} \tag{8.6}$$

因为需要考虑圆周共轭对称特性，所以这 4 个长训练序列的 PAPR 略有增加，依次为 4.335dB、4.4282dB、4.249dB 和 4.3954dB。其时域波形如图 8.3 所示，可以看出信号波形的平坦程度有所下降，从而导致 PAPR 值的增加。

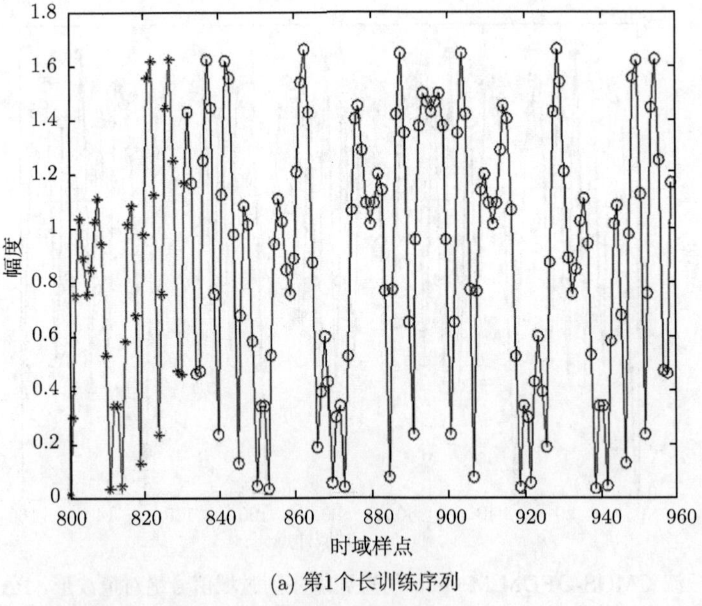

(a) 第1个长训练序列

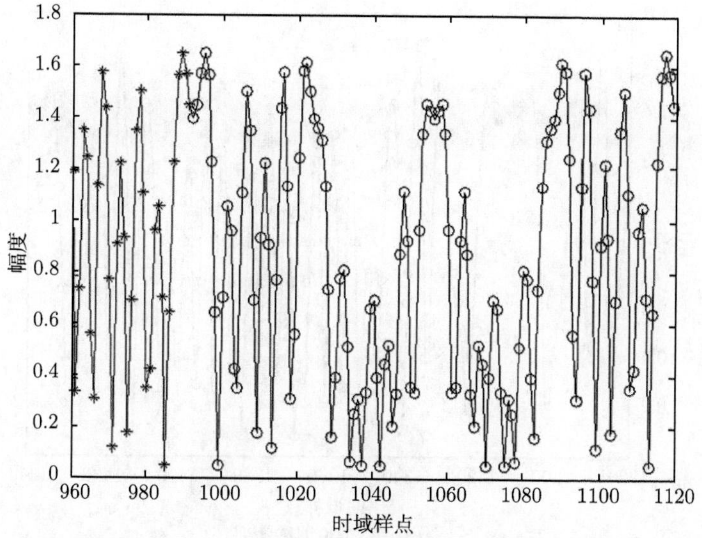

(b) 第2个长训练序列

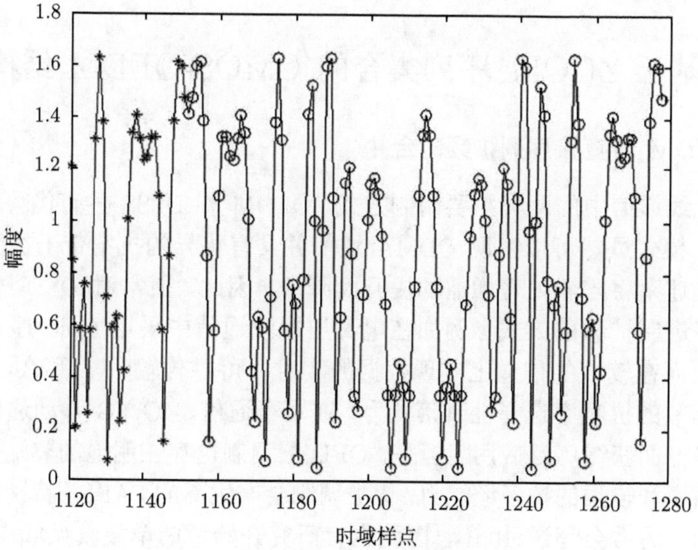

(c) 第3个长训练序列

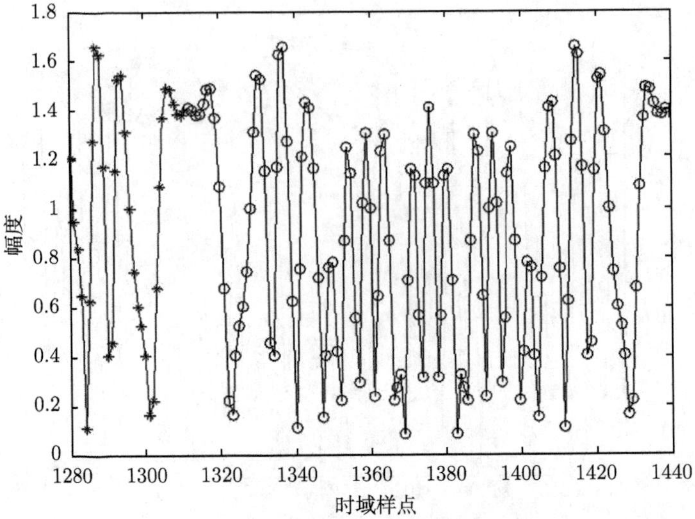

(d) 第4个长训练序列

图 8.3 四个不同的长训练序列的时域波形

8.2 基于 ZCCPs 序列集合的 CMOS-OFDM 结构设计

8.2.1 OFDM 与直接序列扩频的合并

作为无线通信中的两类主要调制方式，OFDM 和 DSSS 各有优势和不足。传统的 DSSS 模式虽然可以实现 CDMA 通信并具有优异的抗窄带干扰能力[22−26]，但是其传输速率将随着处理增益的提升而降低。因此，通常对 DSSS 模式进行改进，采用多进制扩频的方式，例如在电离层短波通信中采用 Gold 序列进行多进制扩频，从而在较窄的信道上实现数据的实时、可靠传输[27]。那么，OFDM 调制由于其高效的抗频率选择性衰落能力，在军事通信、4G/5G 移动通信和短波通信[28−30] 等方面获得广泛应用。但是，OFDM 调制也存在明显的弊端，尽管其具有高频谱效率和较强的抗多经能力，该类调制会产生高的 PAPR，特别是在子载波数量较多时，通常会超过 10dB，因此也有研究开始考虑单载波频域均衡 (Single-Carrier Frequency Domain Equalisation, SC-FDE) 方式[31−33]。然而，SC-FDE 模式的实现复杂度略有增加，而且其性能与 OFDM 相比也有一定程度的下降。

为了同时获得 OFDM 调制的高效率和 DSSS 的抗干扰性能，通常将两者合并，从而形成 DSSS-OFDM 模式。DSSS-OFDM 模式可以看作是 MC-CDMA 在单用户情况下的一种特例，无论是 DSSS-OFDM 模式还是 MC-CDMA 模式，序列在其中都起到至关重要的作用。除了 Walsh-Hadamard 序列集合在多进制扩频通信系统中的应用[34]，互补序列和近似互补序列集合广泛地应用于 MC-OFDM 系统[35−37]。众所周知，互补序列集合虽然具有理想的周期/非周期相关性能，但是其序列数量非常有限[38]。为了增加序列数量，Cyclic-OC 序列集合被提出[39]，其序列数量等于序列长度，误码率性能优于 Walsh-Hadamard 序列集合。然而，Cyclic-OC 序列集合忽略了 PAPR 的影响，虽然 Golay 互补配对的 PAPR 不超过 3dB[40]，但是 OFDM 调制中直流空载将破坏其理想的非周期自相关性能，从而导致 PAPR 的升高。因此，如何在 DSSS 和 OFDM 合并的过程中利用序列的有效设计控制 OFDM 调制所产生的高 PAPR，这成为一个值得深入研究的问题。CMOS-OFDM 结构就是一种 DSSS 和 OFDM 合并的新结构[41]，该结构不仅可以融合两者的各自的优势，而且可以将 PAPR 有效地控制到 3dB 范围内，从而充分发挥发射机功放的效率。

下面，首先介绍 OFDM 直流空载对序列的排列，然后给出 CMOS-OFDM 结构的设计原理，并重点阐述 CMOS-OFDM 结构中扩频与解扩的实现。

8.2.2 OFDM 直流空载中序列的排列

设 $\boldsymbol{S}=\{\boldsymbol{S}_i, i=0,1,\cdots,M-1\}$ 是一个包含 M 个长度为 L 的单一序列的集合，其中 $\boldsymbol{S}_i=(S_i(0),S_i(1),\cdots,S_i(L-1))$。为了实现多进制扩频，序列数量通常满足 $M=2^K$，即 K 个数据比特被映射到 M 个序列中的某一个。当 DSSS 与 OFDM 合并时，序列 $\boldsymbol{S}_i$ 的 L 个元素 (或成为码片) 分别被调制到 L 个正交子载波上。OFDM 的调制/解调采用 IFFT/FFT 来实现，在时域上的一个 DSSS-OFDM 符号经过 N 点 IFFT 时完成如下运算：

$$x(n)=\frac{1}{\sqrt{N}}\sum_{k=0}^{N-1}X(k)\,\mathrm{e}^{\frac{\mathrm{j}2\pi nk}{N}},\quad 0\leqslant n\leqslant N-1 \tag{8.7}$$

其中，N 是 2 的整数次幂，$(X(k))_{k=0}^{N-1}=(X(0),X(1),\cdots,X(N-1))$ 是一个补零序列，即对于偶数长度的序列 $\boldsymbol{S}_i=(S_i(l))_{l=0}^{L-1}$，满足

$$\begin{aligned}(X(k))_{k=0}^{N-1}=&\big(0,S_i(L/2),S_i(L/2+1),\cdots,S_i(L-1),\\&\mathbf{0}_{N-L-1},S_i(0),S_i(1),\cdots,S_i(L/2-1)\big)\end{aligned} \tag{8.8}$$

其中，$\mathbf{0}_{N-L-1}$ 表示一个长度为 $N-L-1$ 的全 0 矢量，$X(0)$ 被分配给直流子载波。

从式 (8.8) 可以看出，在进行 IFFT 的运算过程中，序列 $\boldsymbol{S}_i$ 的中间位置被插入一个 0 值用于直流子载波空载，这就是 OFDM 调制将破坏原有序列相关性能的原因所在。以前具有理想非周期自相关性能的序列，在中间位置插 0 值之后其相关性能很可能就不再理想了。因此，为了满足 OFDM 调制的直流空载要求，需要重新设计序列，使其在插 0 之后依然能够保持理想的非周期自相关性能。

8.2.3 CMOS-OFDM 结构的设计原理

本节设计了一种 CMOS-OFDM 结构，该结构的最大特点是直流子载波空载后依然可以将 PAPR 控制到 3dB 范围内，所设计的 CMOS-OFDM 结构基带原理方框图如图 8.4 所示。图中包含传统 OFDM 系统的基本模块，如 IFFT/FFT 模块、添加循环前缀/去除 CP 模块、添加循环后缀和升余弦窗模块、信道估计模块等。除此之外，还包含 CMOS 映射/解映射模块用于完成多进制扩频和解扩操作。信道为多径信道和 AWGN 信道，多径信道模型根据具体的应用场景而不同。

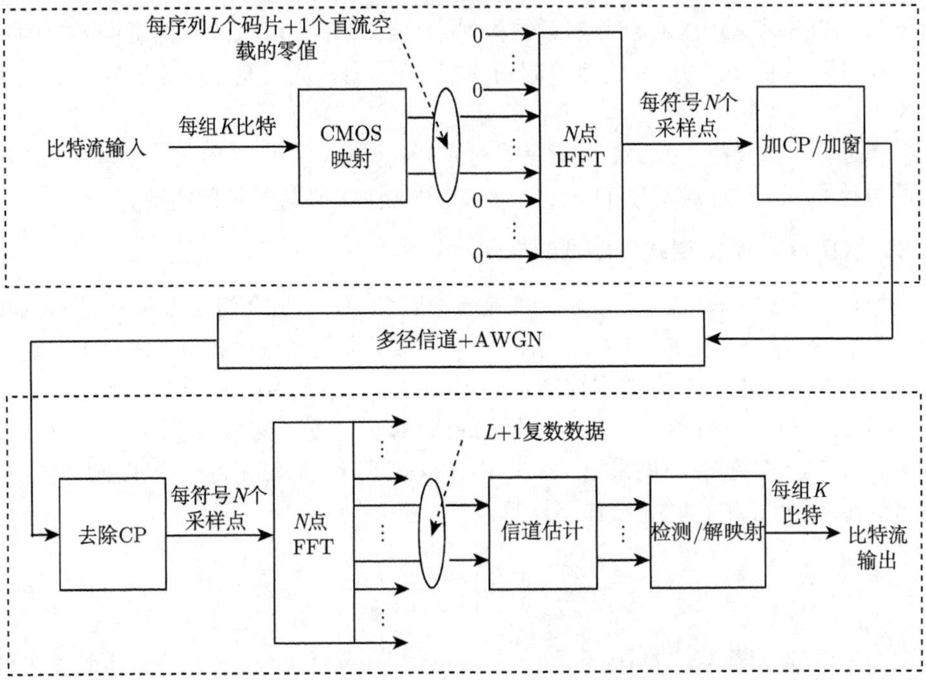

图 8.4 CMOS-OFDM 结构基带原理方框图

与文献 [27, 29, 30, 33] 中的 OFDM 或 DSSS 系统相比，所设计的 CMOS-OFDM 结构有两点关键的不同之处：

(1) 结构中不存在任何的 PAPR 抑制模块，因为 CMOS-OFDM 结构使用 ZCCP 序列集合，可以将 PAPR 有效地控制在 3dB 范围之内；

(2) CMOS-OFDM 结构将 K 个信息比特映射到连续的两个 OFDM 符号上，而传统的 DSSS-OFDM 结构则是直接映射到 1 个 OFDM 符号上。在后面的具体应用中，为了提高传输速率，在牺牲一定处理增益的前提下也考虑了将多个信息比特映射到单个 OFDM 符号的单序列方案。

对于第 2 点区别，可以从图 8.5 中看出。该图显示了一个 K 信息比特数据组被映射到一个序列配对 $[\boldsymbol{S}_{m,0}; \boldsymbol{S}_{m,1}]$，而该配对中的两个子序列被分别调制到连续的两个 OFDM 符号上，因此经过 IFFT 输出得到 $2N$ 个复数样点。

$$\boldsymbol{S} = \{[\boldsymbol{S}_{m,0}; \boldsymbol{S}_{m,1}]\}_{m=0}^{2^K-1}$$

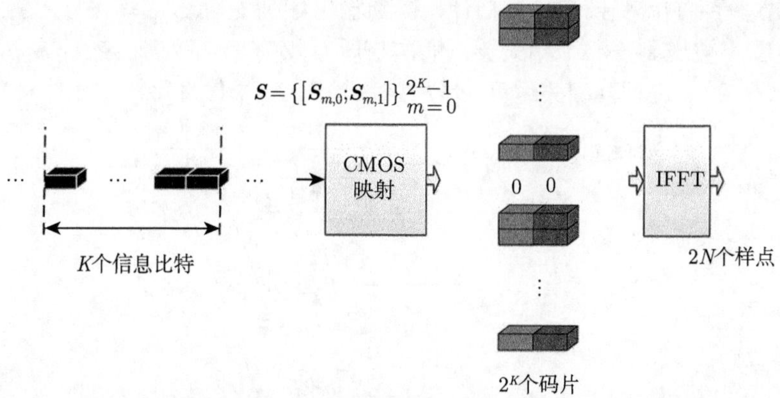

图 8.5　CMOS 映射中每 K 个信息比特与连续两个 OFDM 符号的对应关系

8.2.4　CMOS-OFDM 结构中扩频与解扩的实现

从图 8.4 可以看出，CMOS-OFDM 结构的关键环节在于 CMOS 映射/解映射。那么，下面将重点阐述在该结构中数据流的变换过程。为了方便理解并形成直观印象，提供了图 8.6。

$$\boldsymbol{b}_g = (b_g(0), b_g(1), \cdots, b_g(K-1))$$

$m = 2^{K-1} \cdot b_g(0) + 2^{K-2} \cdot b_g(1) + \cdots + 2 \cdot b_g(K-2) + b_g(K-1)$

$$\begin{cases} \boldsymbol{S}_{m,0} = \varGamma^{(-0-)}\{\boldsymbol{C}_{m,0}\} = (C_{m,0}(0), \cdots, C_{m,0}(2^{K-2}-1), 0, C_{m,0}(2^{K-2}), \cdots, C_{m,0}(2^{K-1}-1)) \\ \boldsymbol{S}_{m,1} = \varGamma^{(-0-)}\{\boldsymbol{C}_{m,1}\} = (C_{m,1}(0), \cdots, C_{m,1}(2^{K-2}-1), 0, C_{m,1}(2^{K-2}), \cdots, C_{m,1}(2^{K-1}-1)) \end{cases}$$

填补0值

$$\begin{cases} (X_{2g}(k))_{k=0}^{N-1} = (0, C_{m,0}(2^{K-2}), C_{m,0}(2^{K-2}+1), \cdots, C_{m,0}(2^{K-1}-1), \boldsymbol{0}_{N-2^{K-1}-1}, C_{m,0}(0), C_{m,0}(1), \cdots, C_{m,0}(2^{K-2}-1)) \\ (X_{2g+1}(k))_{k=0}^{N-1} = (0, C_{m,1}(2^{K-2}), C_{m,1}(2^{K-2}+1), \cdots, C_{m,1}(2^{K-1}-1), \boldsymbol{0}_{N-2^{K-1}-1}, C_{m,1}(0), C_{m,1}(1), \cdots, C_{m,1}(2^{K-2}-1)) \end{cases}$$

IFFT

$$\begin{cases} (x_{2g}(n))_{n=0}^{N-1} = (x_{2g}(0), x_{2g}(1), \cdots, x_{2g}(N-1)) \\ (x_{2g+1}(n))_{n=0}^{N-1} = (x_{2g+1}(0), x_{2g+1}(1), \cdots, x_{2g+1}(N-1)) \end{cases}$$

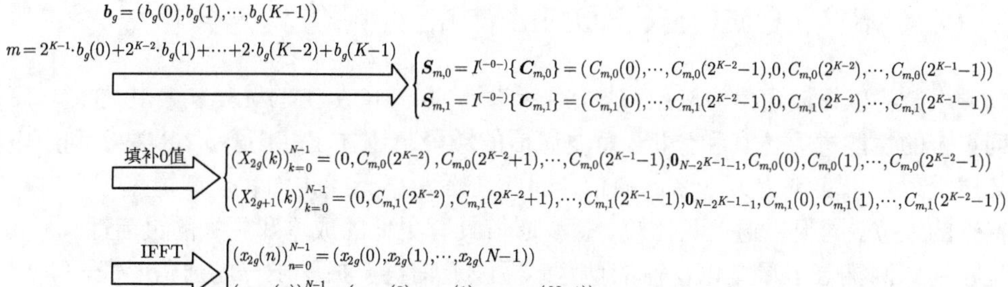

图 8.6　CMOS 映射中数据流的变换过程

对于输入的一组长度为 K 的信息比特数据 $\boldsymbol{b}_g = (b_g(0), b_g(1), \cdots, b_g(K-1))$，将被映射到第 m 个 ZCCP $\boldsymbol{S}_m = [\boldsymbol{S}_{m,0}; \boldsymbol{S}_{m,1}]$，其中 $m = 2^{K-1} \cdot b_g(0) + 2^{K-2} \cdot b_g(1) + \cdots + 2 \cdot b_g(K-2) + b_g(K-1)$，序列配对 $\boldsymbol{C}_m = [\boldsymbol{C}_{m,0}; \boldsymbol{C}_{m,1}]$ 为 ZCCP。

根据式 (8.8) 和图 8.5，$\boldsymbol{S}_m$ 的两个子序列需要分别补 $N - 2^{K-1} - 1$ 个零值，从而形成两个频域数据符号 $(X_{2g}(k))_{k=0}^{N-1}$ 和 $(X_{2g+1}(k))_{k=0}^{N-1}$。经过 IFFT 变化之后，产生两个连续的时域 OFDM 符号 $(x_{2g}(n))_{n=0}^{N-1}$ 和 $(x_{2g+1}(n))_{n=0}^{N-1}$，每个符号包含

N 个复值样点。

在接收端，反向操作将被进行。基带接收信号经过时/频同步之后去掉 CP，然后依次进行 FFT 变换和信道估计，得到输出序列配对 $\boldsymbol{S}'_m = \left[\boldsymbol{S}'_{m,0}; \boldsymbol{S}'_{m,1}\right]$。接下来，$\boldsymbol{S}'_m$ 将被送到 2^K 个相关器，依次与所有 ZCCP 序列 $\left\{\left[\boldsymbol{S}_{m,0}; \boldsymbol{S}_{m,1}\right], m = 0, 1, \cdots, 2^K - 1\right\}$ 进行互相关运算，最后判决输出 K 个信息比特，如图 8.7 所示。

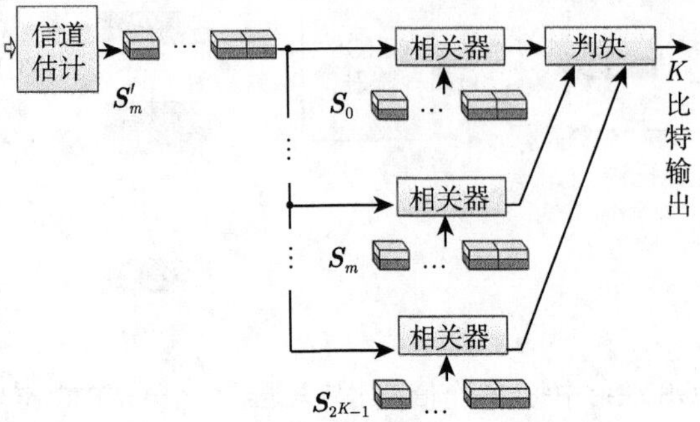

图 8.7　CMOS 解映射/判决原理方框图

从图 8.7 可以看出，与传统的 DSSS 相比较，CMOS-OFDM 结构因为采用多进制扩频，所以需要多个相关运算，硬件实现的复杂度有所增加，这也是该结构为获得良好的 BER 性能和 PAPR 抑制所付出的代价。

8.3　CMOS-OFDM 结构的性能仿真与分析

本节将以短波通信为应用背景，对所设计的 CMOS-OFDM 结构及其 ZCCP 序列集合的性能进行仿真和分析。短波通信的频段范围在 1.5MHz ~ 30MHz，利用电离层反射可以实现上万千米的通信，因此在远距离无线传输和全球覆盖方面占有特殊的地位。同卫星通信相比较，短波通信具有更低的成本和更大的灵活性，尤其是在地球两极等卫星难以覆盖的地区，短波通信甚至成了唯一的通信手段[42]。然而，由于短波通信所处的高频频段信道不够稳定，多普勒频移、多径时延、噪声和干扰等较为严重[43−45]，因此天波传播的短波信道并不可靠，需要采用相应的技术进行处理，而 DSSS 和 OFDM 正是短波通信中应用最广泛的调制技术。

8.3.1　仿真参数设置

本节中所用的基带仿真链路可参考图 8.4，主要的仿真参数如表 8.2 所示。短波信道的带宽为 3kHz，由于 OFDM 调制需要预留保护带子载波，所以实际占用的子载波只有 32 个数据子载波和一个直流子载波。对于子载波间隔 64Hz，那么实际的数据带宽仅为 $(32+1+1)\times 64=2.176\text{kHz}$。IFFT/FFT 的点数等于 64，其持续时间为 15.625ms，即 1/64Hz=15.625ms。

为了抑制多径干扰，此处选择一个长 CP，其持续时间是 IFFT/FFT 持续时间的 1/4，即 $15.625\text{ms}/4 = 3.90625\text{ms}$。那么，显然地，CP 的点数为 64/4=16 点，从而一个 CMOS-OFDM 符号的点数为 $64+16 = 80$，并且其持续时间为 $15.625\text{ms} + 3.90625\text{ms} = 19.53125\text{ms}$。除了 CP，一个 2 点的循环后缀 (其时间长度为 0.48828125ms) 将被用来完成加窗操作。结合 80 点的 CMOS-OFDM 符号和 2 点循环后缀，则升余弦窗的长度应为 82 点，具体为 $(0, 0.5, \mathbf{1}_{78}, 0.5, 0)$，其中 $\mathbf{1}_{78}$ 表示连续 78 个 1。

表 8.2 CMOS-OFDM 结构仿真主要参数

仿真参数	参数值
短波信道带宽	3kHz
数据子载波数量	32
子载波频率间隔	64Hz
IFFT(FFT) 点数/符号时间	64 点/15.625ms
CP 点数/时间	16 点/3.90625ms
循环后缀点数/时间	2 点/0.48828125ms
升余弦窗滚降系数	0.025

对于帧结构，假设系统已经实现理想的时间/频率同步，那么用于完成帧检测和同步的帧头在仿真中被省略。每 3 个 OFDM 符号被看作一个数据子帧，其中的第 1 个符号用于信道估计，后两个符号用于数据传输。信道估计采用 LS 估计算法，设计方法 1 所生成的长度为 33 的第一个子序列被用作导频序列。

仿真中噪声为 AWGN，信号噪声功率比变化范围为 −10dB 到 20dB，步进值为 5dB，即 SNR 选取 $\{-10, -5, 0, 5, 10, 15, 20\}$ (dB)。在仿真中，每循环一次处理 1000 个数据子帧，循环次数为 100，因此对于每一个 SNR 值，将有 2×10^5 个数据 OFDM 符号用于计算 BER。

仿真信道采用国际电信联盟 (International Telecommunications Union, ITU) 提供的标准短波信道模型 ITU-R F. 1487，选取了其中的中纬度平静 (Mid-Latitude Quiet, MQ) 信道、中纬度中等 (Mid-Latitude Moderate, MM) 信道、中纬度干扰 (Mid-Latitude Disturbed, MD) 信道和低纬度中等 (Low-Latitude Moderate, LM) 信道等四种情况，其详细的信道参数如表 8.3 所示。

表 8.3 ITU-R F. 1487 短波信道参数

信道模型	多径时延扩展/ms	多普勒扩展/Hz
MQ	0.5	0.1
MM	1	0.5
MD	2	1
LM	2	1.5

8.3.2 各类序列集合选择

在仿真中，6 类不同的序列集合被使用，分别为随机二元序列集合、文献 [34] 中使用的 Walsh-hadamard 序列集合、文献 [39] 中提出的 Cyclic-OC 序列集合以及 3.2 节和 3.3 节所给出的三种 ZCCPs 或 ZCOPs 序列集合。此处为了表示方便，将 3.2 节中基于级联和交织操作的 ZCCPs 的生成方法称之为设计方法 1 和设计方法 2，将 3.3 节中基于移位级联的 ZCOPs 生成方法称之为设计方法 3。

对于设计方法 1 和 2，采用 3.2.3 小节的设计举例中所给出的两个二元 ZCCPs 序列集合 $\boldsymbol{S}^{(5)}=\left\{\left[\boldsymbol{S}_{m,0}^{(5)};\boldsymbol{S}_{m,1}^{(5)}\right]\right\}_{m=0}^{63}$ 和 $\bar{\boldsymbol{S}}^{(5)}=\left\{\left[\bar{\boldsymbol{S}}_{m,0}^{(5)};\bar{\boldsymbol{S}}_{m,1}^{(5)}\right]\right\}_{m=0}^{63}$。每个序列集合都包含 64 个 ZCCPs，每个 ZCCP 中子序列的长度为 33(包含中间位置的 0 值)。

对于设计方法 3，采用 3.3.2 小节设计举例中所给出的零中心正交序列配对 $\boldsymbol{S}=\{[\boldsymbol{S}_{m,0};\boldsymbol{S}_{m,1}]\}_{m=0}^{63}$，该集合的序列配对数量也是 64，每个序列配对中子序列的长度也是 33。

对于 Cyclic-OC 序列集合，当被应用于 CMOS-OFDM 结构时，需要在每个子序列的中间位置插入 0 值。选用设计方法 2 所生成的 ZCCPs 序列集合中的前两个 ZCCPs 序列配对 $\left[\bar{\boldsymbol{S}}_{0,0}^{(5)};\bar{\boldsymbol{S}}_{0,1}^{(5)}\right]$ 和 $\left[\bar{\boldsymbol{S}}_{1,0}^{(5)};\bar{\boldsymbol{S}}_{1,1}^{(5)}\right]$ 作为初始序列配对，先省略掉中间位置的 0 值，按照文献 [39] 中生成方法通过循环移位产生其余的 62 个序列配对，然后再对这 62 个序列配对的每个子序列的中间位置插入 0 值，连同两个初始序列配对，从而形成子序列长度为 33 的总共 64 个序列配对。

对于 64×64 的 Walsh-Hadamard 序列矩阵，将每一个序列的前 32 个元素组成第 1 个子序列，后 32 个元素组成第 2 个子序列，然后对每一个子序列进行中间位置插 0 操作，从而形成子序列长度为 33 的 64 个序列配对。

对于随机二元序列集合，随即生成长度为 32 的 128 个二元序列，然后在每个序列的中间位置插入一个 0 值，最后将每对相邻的两个插 0 序列组成一个序列配对，那么也形成子序列长度为 33 的 64 个序列配对。

8.3.3 CMOS-OFDM 结构中 ZCCPs 序列的 PAPR 性能

ZCCPs 序列集合的一个显著优势是可以将 PAPR 控制到 3dB 范围之内，从而提高发射机功放的效率。根据 7.3.1 小节可知，虽然 PAPR 是影响射频电路的一个重要性能指标，但是 PAPR 的取值可以按照基带信号来计算。对于 OFDM 调制而言，PAPR 是按照基带时域信号的峰值功率和平均功率的比值计算得到。

为便于评估设计方法 1 ~ 3 所生成的 ZCCPs 和 ZCOPs 序列集合的 PAPR 性能，图 8.8 将这三个序列集合与其他类型的序列进行了比较。

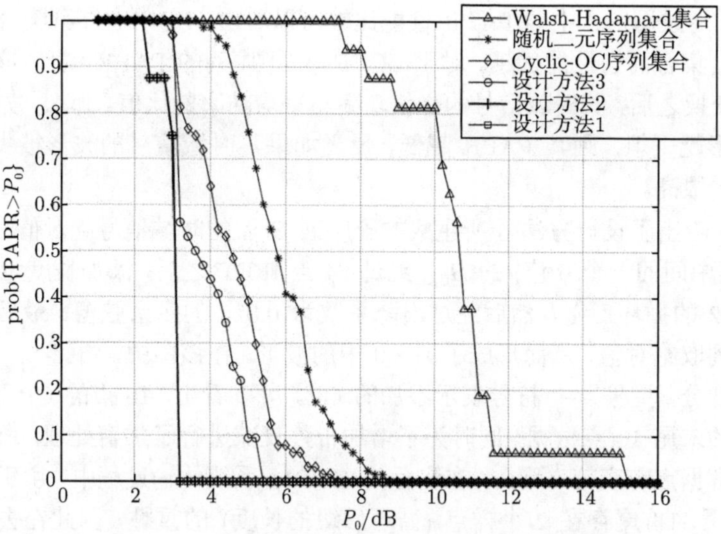

图 8.8 不同序列集合 PAPR 的 CCDF 分布比较

该图中画出了互补累积分布函数 (Complementary Cummulative Distribution Function, CCDF) 曲线，其横坐标 P_0 表示 PAPR 值 (单位 dB)，纵坐标为 PAPR 大于 P_0 的概率，即 $\text{prob}\{\text{PAPR} > P_0\}$。从图 8.8 中可以看出，设计方法 1 和设计方法 2 的 PAPR 性能最好，超过 3dB 的概率为 0。另外，它们的 CCDF 曲线完全重合，这是因为虽然两种设计方法所生成的 ZCCP 序列集合 $\boldsymbol{S}^{(5)}$ 和 $\bar{\boldsymbol{S}}^{(5)}$ 并不相同，但是对于所有 128 个子序列所构成的序列集合却是相同的，也就是说两种方法所生成 ZCCPs 序列集合是同一个子序列集合的不同组合。这也表明，对于给定的一个子序列集合，通过不同的组合可以形成不同的序列配对集合，而且这些序列配对集合都可以具有正交性和相邻两序列配对之间的理想非周期互相关性能。

设计方法 3 所生成 ZCOPs 序列配对集合的 PAPR 性能有所下降，其最大 PAPR 值 $P_{\max}$ 达到了 5.3dB。这是因为在该零中心正交序列集合 $\boldsymbol{S}$ 中仅存在 4 个 ZCCP 序列配对，而其他的序列配对并不具有理想的非周期自相关性能，因此 PAPR 值有所升高。但是，可以看出设计方法 3 的 PAPR 性能依然优于另外三类序列集合 (Cyclic-OC 序列集合、随机二元序列集合和 Walsh-Hadamard 序列集合)。其中，Cyclic-OC 序列集合的 PAPR 性能略次于设计方法 3，满足 $P_{\max}$=7.2dB。

最差的 PAPR 性能来自于 Walsh-Hadamard 序列集合，其最大 PAPR 值高达 $P_{\max}$=15dB，甚至还远远高于随机二元序列集合的 PAPR 值。而且，从图 8.8 中也可以看出，即使是 Walsh-Hadamard 序列集合的最小 PAPR 值也大于 7dB，这已经超过了设计方法 1、设计方法 2、设计方法 3 和 Cyclic-OC 序列集合的最大 PAPR 值。很显然，如此高的 PAPR 值并不适用于 OFDM 调制。

那么，通过图 8.8 中的 PAPR 性能比较可以看出，ZCCPs 序列集合相对于其他几类序列集合而言性能优越。对于 ZCCPs 中子序列的 PAPR，表示该子序列经过 IFFT 变换之后，其时域信号的峰值功率与平均功率的比值。那么，如果其时域信号的波形越平坦，则其 PAPR 越低，反之如果其时域信号的波形很尖锐，则其 PAPR 将会很高。

图 8.9 给出了设计方法 3 所生成的子序列 $\boldsymbol{S}_{0,0}$ 的时域信号绝对值波形。长度为 33(包括中间的一个 0 值) 的 $\boldsymbol{S}_{0,0}$ 经过 64 点 IFFT 之后，添加长度为 16 的 CP 和长度为 2 的循环后缀，然后经过滚降系数为 0.025 的生余弦窗，最后对所得到的复数序列取绝对值，从而形成了图 8.9 中的波形。在该图中，圆圈 “○” 符号表示原始信号部分，星号 “*” 符号表示添加的 CP。可以看出，16 点的 CP 取自 64 点原始信号的末尾 16 点数据，同时为了增加带外衰减进行了加窗处理，所以 CP 中的前两个数据点有衰落。那么，在实际的 OFDM 系统传输过程中，由于前后两个 OFDM 符号的首尾存在 2 个样点 (循环后缀的长度) 的重叠，因此在去掉 CP 之后，添加循环后缀和加升余弦窗操作都不会影响到原始数据部分 (图中 “○” 符号部分)，仅仅是缩短了 CP 的实际有效长度而已 (缩短了 2 个样点的持续时间)。

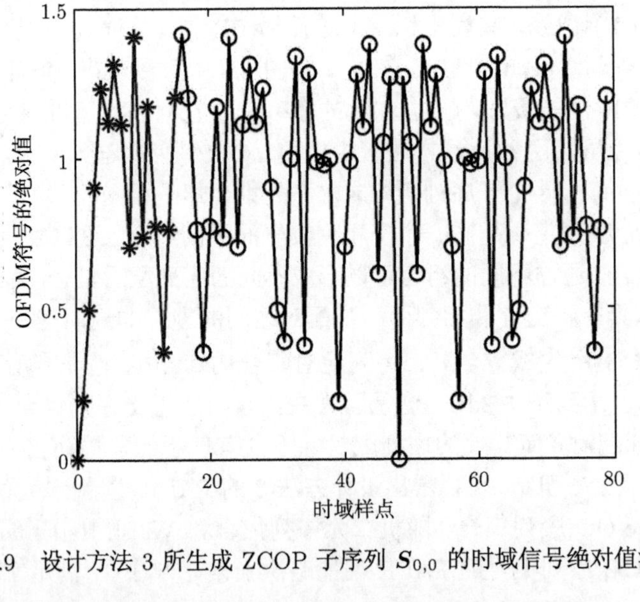

图 8.9 设计方法 3 所生成 ZCOP 子序列 $\boldsymbol{S}_{0,0}$ 的时域信号绝对值波形

8.3.4 ZCCPs 序列应用于 CMOS-OFDM 结构的 BER 性能

除了 PAPR 性能，按照设计方法 1 ~ 3 所生成的 ZCCPs 序列集合应用于 CMOS-OFDM 结构时也具有优异的 BER 性能。本节将分为序列配对方案和单序列方案这两类进行讨论，并同其他类型的序列集合进行比较。

8.3.4.1 序列配对方案

首先，对设计方法 1 所生成的 ZCCPs 序列集合 $\boldsymbol{S}^{(5)}$ 在不同短波信道模型进行了仿真，仿真结果如图 8.10 所示。当不考虑多径时延和多普勒频移时，AWGN 信道上的 BER 性能远远优于其他几种衰落信道情况，BER 性能相差大约 20dB。对于四类短波信道 MD、MQ、MM 和 LM(其信道参数可参考表 8.3)，因为 MQ 信道相比较于其他三种而言具有更小的多径时延和多普勒频移，所以 MQ 信道上的 BER 性能在几类衰落信道中最佳，当信噪比满足 SNR>15dB 时 BER 将低于 10^{-3}。最差的 BER 性能来自于 LM 信道，这是因为该信道的状况相对来说是最差的，具有更长的多径时延和更大的多普勒频移。

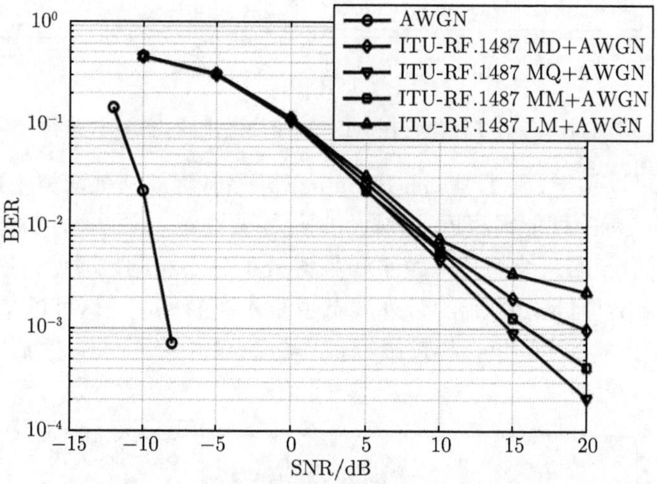

图 8.10 设计方法 1 所生成的 ZCCPs 序列集合 $\boldsymbol{S}^{(5)}$ 在 4 种短波信道上的 BER 性能

然后，对于给定的短波信道 MD 模型，仿真了设计方法 1 ~ 3 所生成的序列集合、Cyclic-OC 序列集合以及 Walsh-Hadamard 序列集合在该信道上的 BER 性能，仿真结果如图 8.11 所示。

在图 8.11 中，由于 Walsh-Hadamard 序列集合具有超高的 PAPR 值，所以必须对其进行相应的处理，此处采用直接限幅的方式降低其 PAPR。限幅是抑制 PAPR 的一种典型处理方法，通过控制峰值功率门限，可以获得所要求的 PAPR 值。但是也要看到，限幅操作将引入带内和带外噪声，从而导致信号衰减和频谱展宽，这也是降低 PAPR 所要付出的代价。通过限幅操作，PAPR 能够降低到特定的数值，但是这将引起 BER 性能的下降。从图 8.11 中可以看出，Walsh-Hadamard 序列集合的最大 PAPR 虽然被降低到 3dB，然而与其他的序列集合相比较，其 BER 性能下降了大约 5dB。

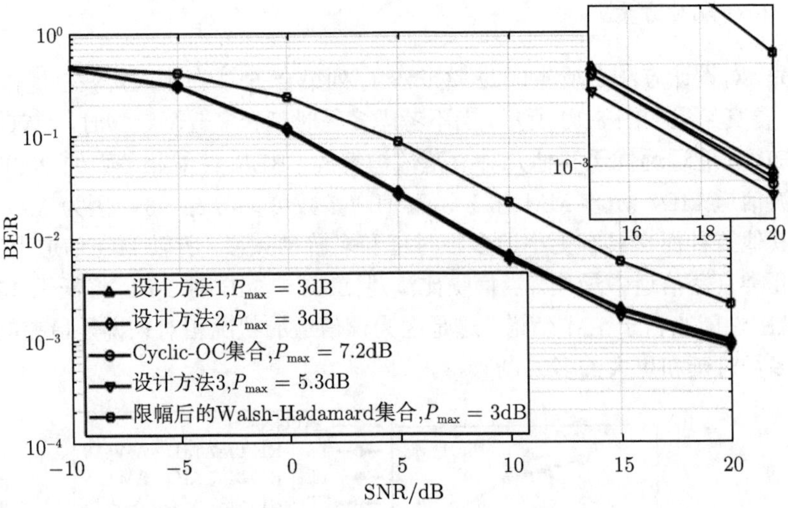

图 8.11　各类序列集合在 MD 短波信道上的 BER 性能比较

另外，也可以看出，除了 Walsh-Hadamard 序列集合，其他四类序列集合在 MD 短波信道上的 BER 性能很相近。但是，此处需要注意，这四类序列集合的 PAPR 并不相同，所引起的系统的功率效率和频谱效率也不相同。即使采用限幅方法将 PAPR 降至 3dB，但是所引起的带外展宽也是不可忽略的，这可以从图 8.12 中看出。该图给出了 5 类序列集合经过限幅操作将 PAPR 降至 3dB 之后，各自的功率谱密度曲线。

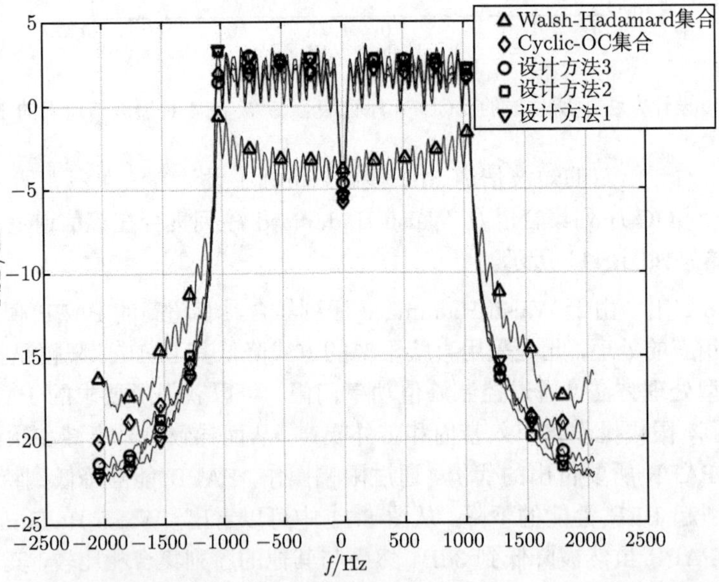

图 8.12　通过限幅操作将各类序列集合的 PAPR 降至之后的 PSD 性能比较

从图 8.12 中可以看出，对于设计方法 1 和 2 所生成的 ZCCPs 序列集合，由于其 PAPR 不超过 3dB，不受限幅操作影响，从而带外衰减最快，在 3kHz 带宽处衰减超过 20dB。其次，受限幅操作影响较小的情况分别是设计方法 3 所生成的序列集合以及 Cyclic-OC 序列集合，它们限幅之前的最大 PAPR 值分别为 $P_{\max}$=5.3dB 和 $P_{\max}$=7.2dB。最差的情况是 Walsh-Hadamard 序列集合，由于其最大 PAPR 值为 $P_{\max}$=15dB，所以限幅操作所引起的带外辐射也就越大，这将引起邻道干扰。

8.3.4.2 单序列方案

对于前面给出的序列配对方案，虽然有优异的功率效率和相关性能，但是由于其处理增益较大，所以在获得良好 BER 性能的同时也降低了系统的传输速率。为了增加数据速率，提出了另一种方案，即只使用单个子序列，而不再使用一对子序列。在具体应用中，通常选用 ZCCPs 序列集合中 LSS 或 RSS 的一半数量的序列。那么，单序列方案中所用序列数量减半，处理增益也减半，这也是提高数据速率所付出的代价。

若序列配对方案中每个序列配对占用两个 OFDM 符号并传送 K 个信息比特，则在单序列方案中将改为每个子序列占用一个 OFDM 符号并传送 $K-1$ 个信息比特。从而可以看出，在每两个 OFDM 符号中，单序列方案将比序列配对方案多传送 $2(K-1)-K=K-2$ 个信息比特。需要指出的是，虽然传输速率和处理增益发生变化，但是单序列方案的 PAPR 性能并不改变。同时也要注意，对于某些序列集合来说，正交性将发生变化。CMOS-OFDM 结构的单序列方案的 BER 性能如图 8.13 所示。

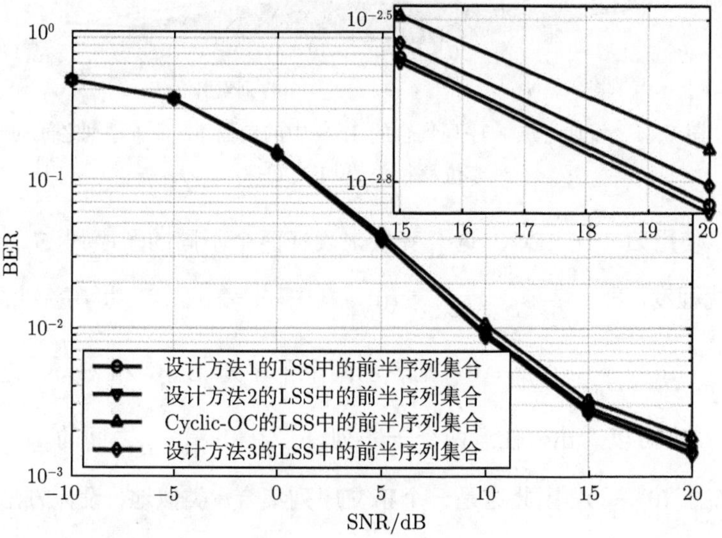

图 8.13 单序列方案中短波 MD 信道上各类序列集合的 BER 性能比较

从该图中可以看出，虽然这四类序列集合在单序列方案下的 BER 性能比较接近，但是依然存在一定的差异。通过右上角的放大小图可知，设计方法 1 和 2 在单序列方案中占有最佳的 BER 性能。其次是设计方法 3，与前两者有大约 1dB 的差异。最差的情况来自于 Cyclic-OC 序列集合，同前两者相比较而言，存在大约 1dB 的差异，这主要是因为单序列方案破坏了设计方法 3 和 Cyclic-OC 序列集合原有的正交性，从而导致检测性能的下降。

为了检验上述四类序列集合在单序列方案中的正交性质，图 8.14 ~ 图 8.16 分别画出了设计方法 1 所生成的序列集合、设计方法 3 所生成的序列集合和 Cyclic-OC 序列集合这三类序列集合各自的 LSS 中的前面 32 个子序列在零位移上的归一化相关值，即位移 $\tau=0$ 时的归一化相关函数值。如果该函数值等于 0，则说明两个子序列之间相互正交。如果该函数值不等于 0，则说明不具有正交性质，并且该函数值的绝对值越大，则其性能越差，干扰越严重。

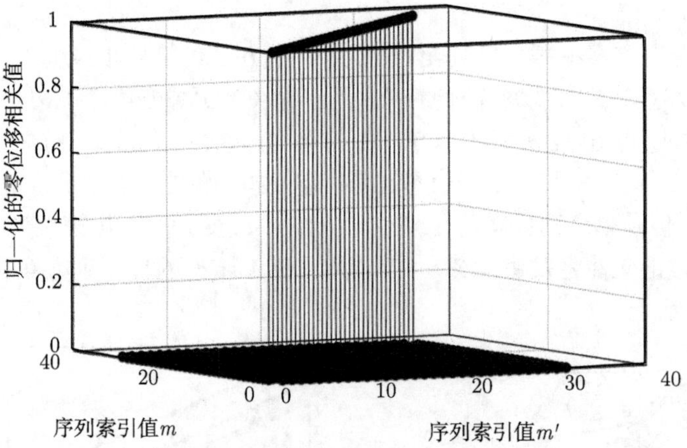

图 8.14 设计方法 1 序列集合的 LSS 中的前面 32 个子序列之间的零位移相关值，IPCC=0

此处，使用归一化 IPCC 这一变量来表征两个不同的子序列 $\boldsymbol{S}_{m,0}$ 和 $\boldsymbol{S}_{m',0}$ 之间的干扰程度，即 $\dfrac{1}{\sqrt{E}}\psi_{\boldsymbol{S}_{m,0},\boldsymbol{S}_{m',0}}(0)$，其中 $m \neq m'$，E 为子序列的能量。那么，若 $\dfrac{1}{\sqrt{E}}\psi_{\boldsymbol{S}_{m,0},\boldsymbol{S}_{m',0}}(0)=0$，则表示两个子序列 $\boldsymbol{S}_{m,0}$ 和 $\boldsymbol{S}_{m',0}$ 之间相互正交。从图 8.14 可以看出，任意两个子序列 $\boldsymbol{S}_{m,0}^{(5)}$ 和 $\boldsymbol{S}_{m',0}^{(5)}$ 之间的 IPCC 值满足 $\dfrac{1}{32}\psi_{\boldsymbol{S}_{m,0}^{(5)},\boldsymbol{S}_{m',0}^{(5)}}(0)=0$，因此这是一个正交序列集合。类似地，设计方法 2 也具有同样的正交性质。

设计方法 3 的 IPCC 则并不全部等于零，其 IPCC 绝对值的最大值达到 0.25，这可以从图 8.15 看出。因此，设计方法 3 在单序列方案中的 BER 性能次于设计方法 1 和 2。对于 Cyclic-OC 序列集合的 LSS 中的前面 32 个子序列，则具有更大的 IPCC 值，其 IPCC 绝对值的最大值达到 0.375，如图 8.16 所示，这也解释了为什么在这四类序列集合中它的 BER 性能最差。

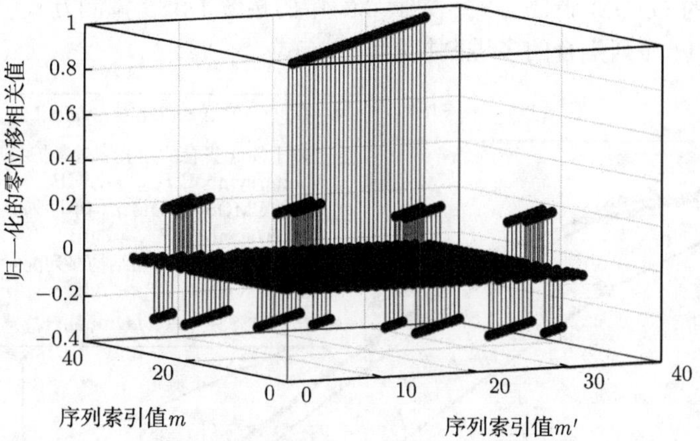

图 8.15　设计方法 3 序列集合的 LSS 中的前面 32 个子序列之间的零位移相关值，$|\mathrm{IPCC}|_{\max} = 0.25$

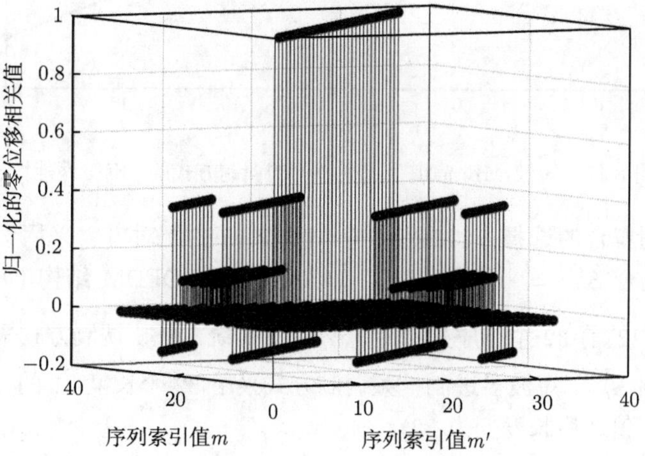

图 8.16　Cyclic-OC 序列集合的 LSS 中的前面 32 个子序列之间的零位移相关值，$|\mathrm{IPCC}|_{\max} = 0.375$

8.3.4.3　各类调制方式之间的性能比较

对于 CMOS-OFDM 结构，前面已经仿真了不同短波信道模型、不同序列集合以及不同应用方案等情况下的 BER 性能。下面对短波 MD 信道模型下各类不同的调制方式之间的 BER 性能进行仿真比较，结果如图 8.17 所示，其中的五类调制方式分别为 CMOS-OFDM 结构序列配对方案、CMOS-OFDM 结构单序列方案、文献 [33] 中的 OFDM 调制方式、文献 [30] 中的传统 DSSS 调制方式以及文献 [27] 中的基于 Gold 序列集合的多进制扩频调制方式。

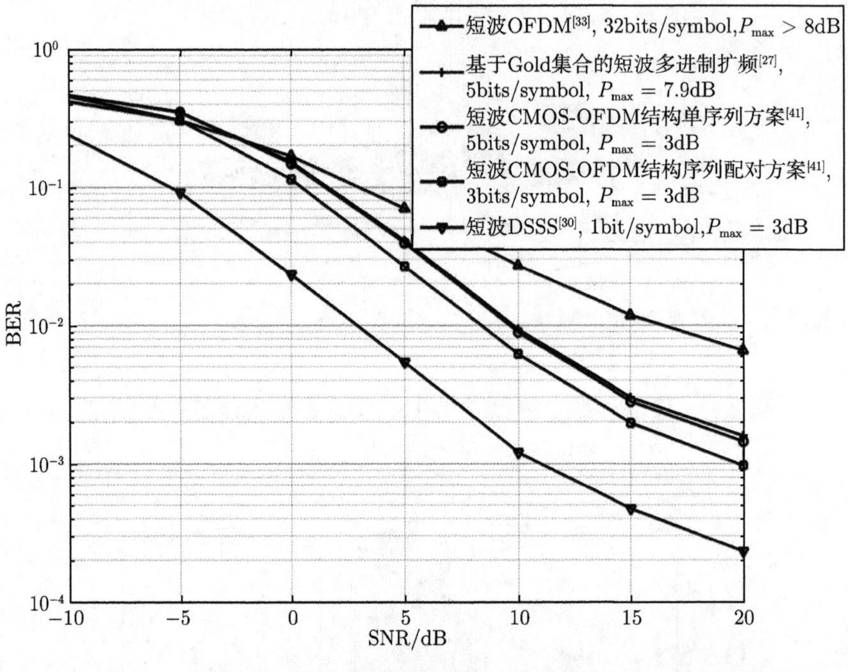

图 8.17　短波 MD 信道上五类不同的调制方式的 BER 性能比较

对于序列集合的选择，CMOS-OFDM 结构序列配对方案采用设计方法 1 的 ZCCP 序列集合 $\boldsymbol{S}^{(5)}=\left\{\left[\boldsymbol{S}_{m,0}^{(5)};\boldsymbol{S}_{m,1}^{(5)}\right]\right\}_{m=0}^{63}$，CMOS-OFDM 结构单序列方案采用 $\boldsymbol{S}^{(5)}$ 的 LSS 中的前 32 个子序列 $\left\{\boldsymbol{S}_{m,0}^{(5)}\right\}_{m=0}^{31}$，传统 DSSS 调制方式采用 $\boldsymbol{S}^{(5)}$ 中的第 1 个子序列 $\boldsymbol{S}_{0,0}^{(5)}$，短波多进制扩频调制方式采用 32 个长度 31 的 Gold 序列 (中间位置插入 0 值之后长度变为 32)。

从图 8.17 可以看出，虽然短波 DSSS 的传输速率在几类调制方式中是最低的，仅为每符号 1 个比特，但是它的 BER 性能最佳。基于 Gold 序列集合的短波多进制扩频调制方式与 CMOS-OFDM 结构单序列方案一样，具有 5bits/symbol 的传输速率，但是它的 BER 性能略逊于 CMOS-OFDM 结构单序列方案。这是因为 Gold

序列集合中的 32 个序列之间并不是两两正交的，而 CMOS-OFDM 结构单序列方案中的序列集合则具有正交特性。

另外，Gold 序列集合也具有更高的 PAPR，其最大值超过了 7.9dB，这将影响发射机功放效率的充分发挥，并进一步降低系统的 BER 性能。关于短波多进制扩频调制方式所使用的 32 个 Gold 序列的 PAPR 值，如表 8.4 所示。从该表中可以看出，即使是最小的 PAPR，也超过了 4.7dB。

表 8.4 仿真中短波多进制扩频调制方式所使用的 32 个 Gold 序列的 PAPR 值

序列编号	1	2	3	4	5	6	7	8
PAPR/dB	4.8	4.7	5.5	5.2	6.8	5.9	5.9	5.8
序列编号	9	10	11	12	13	14	15	16
PAPR/dB	6.2	5.8	7.0	5.2	6.5	5.9	4.7	4.9
序列编号	17	18	19	20	21	22	23	24
PAPR/dB	4.7	6.8	7.8	6.0	5.4	6.9	6.6	7.1
序列编号	25	26	27	28	29	30	31	32
PAPR/dB	6.2	6.4	6.2	5.6	5.9	5.7	7.9	6.0

在图 8.17 中，最差的 BER 性能来自于短波 OFDM 调制方式。虽然该类调制方式具有最高的传输速率 (即使是在 BPSK 调制下速率也可以达到 32bits/symbol)，但是其 BER 性能不如其他 4 类调制方式，与 CMOS-OFDM 结构序列配对方案相比较具有大约 10dB 的差异，与传统 DSSS 调制方式相比较具有大约 15dB 的差异。相对而言，本章中所设计的 CMOS-OFDM 结构下的两类方案不仅具有 3dB 的低 PAPR 特性，而且也可以实现传输速率与传输可靠性之间的优化平衡。其中，序列配对方案与单序列方案相比较，有大约 2dB 的 BER 性能改进，但是传输速率从 5bits/symbol 下降到 3bits/symbol。

8.4 短波 CMOS-OFDM Modem 外场测试

本章所提出的一种新的 OFDM 与 DSSS 的合并方案，即 CMOS-OFDM 结构，从 OFDM 调制中直流子载波空载的实际情况出发，因此被应用于短波 CMOS-OFDM Modem 的研制。从前面的仿真和分析结果可知，所设计的三种用于 CMOS-OFDM 结构的 ZCCPs 或 ZCOPs 序列集合，其中设计方法 1 和 2 可以保证直流空载时依然具有理想的非周期自相关性能，从而将 PAPR 控制到 3dB 范围之内。设计方法 3 所生成的 ZCOPs 序列配对集合的 PAPR 性能略有下降，其 PAPR 值仅次于前两者。这种低 PAPR 特性不仅可以确保发射机功放更高的效率，而且可以避免限幅操作所造成的 BER 性能损失和 PSD 带外展宽，这成为 CMOS-OFDM 结构及其 ZCCPs 序列集合的一个显著特色。短波信道上的 BER 仿真结果显示，基于 ZCCP 序列集合的 CMOS-OFDM 结构可以实现传输速率和传输可靠性之间的优化平衡。

下面介绍基于 CMOS-OFDM 结构和 ZCCPs 序列集合的短波 CMOS-OFDM Modem 的外场测试情况，并对相应的结果进行分析。

8.4.1　测试所用仪器设备

测试采用 XXX 型号的短波电台，通过测试，验证在短波电台不能正常通信时，连接短波 CMOS-OFDM Modem 之后是否仍能提供较好的语音通信。封装之前的短波 CMOS-OFDM Modem 及其连接短波电台的情况，如图 8.18 所示。

(a) 短波CMOS-OFDM Modem

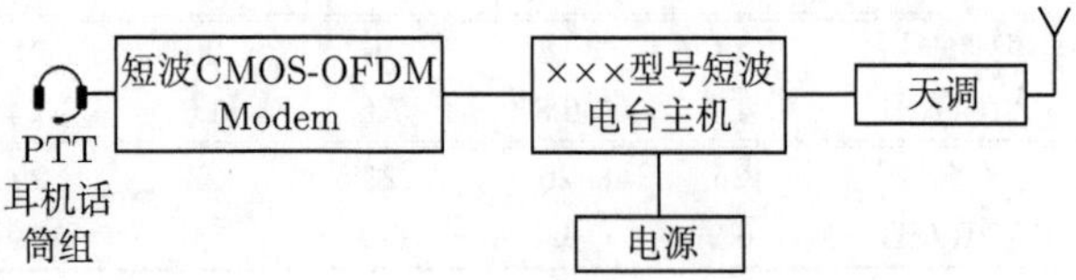

(b) Modem连接短波电台

图 8.18　短波 CMOS-OFDM Modem 在短波电台中的使用

测试过程中使用的仪器和设备如表 8.5 所示。其中，各类设备收发两端各需一套，因为短波 CMOS-OFDM Modem 和音频采集卡都需要 5V 电源，所以收发两端总共需要 4 个。在进行野外测试时，由于不具备交流供电条件，因此需要携带电池箱和逆变器备用。

表 8.5　测试中所用的仪器和设备

序号	名称	数量
1	××× 型号短波电台 (包含主机、天调、电源和耳机话筒组)	2(套)
2	宽带短波天线	2(套)
3	短波 CMOS-OFDM Modem	2(套)
4	音频采集卡	2(块)
5	5V 电源变压器	4(个)
6	电池箱	2(个)
7	逆变器	1(个)
8	对讲机	2(个)

8.4.2　测试场地选择

测试场址中的一端选为有交流电源供电，如图 8.19 所示。

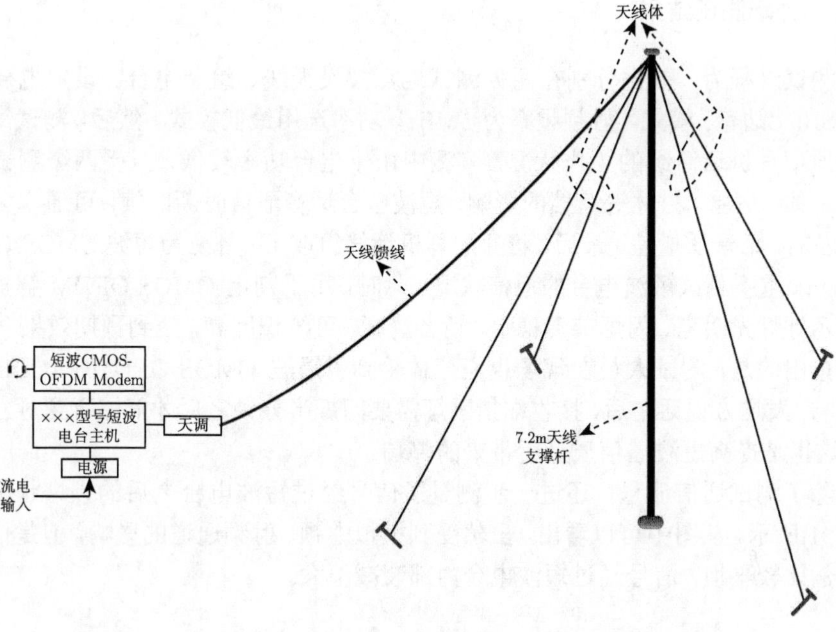

图 8.19 短波 CMOS-OFDM Modem 测试场址示意图

由于短波天线尺寸较大，通常对架设场地要求较高，为减小天线方向性的影响，测试中使用了 7.2m 架高的短波宽带全向天线。受测试场地选址的制约，测试中选择小功率、近距离的测试方式，发信机的功率小于 2W。综合评估天线场地、发射功率和山体遮挡等情况，测试中的另一端选在距离约 1.2km 的一处平坦地域，如图 8.20 所示。

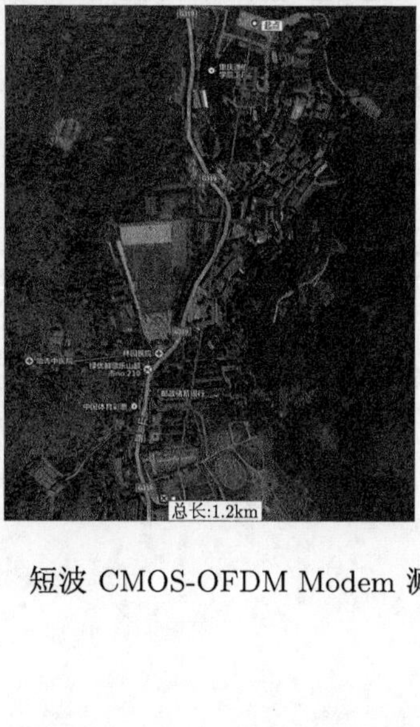

图 8.20 短波 CMOS-OFDM Modem 测试距离

8.4.3 外场测试结果

测试过程为，首先分别在两处测试地点架设天线、组装电台。设定电台参数为 USB(上边带) 模式，射频频率为 5MHz，功率选用最低模式。然后，测试短波电台及原配耳机话筒组的工作状况，实测中由于电台功率较低，且受两个测试场址之间山体、房屋、树林等遮挡的影响，短波电台话音通信时断时续，可通率大致在 20%左右，话音质量差。最后，将原配耳机话筒组取下，替换为短波 CMOS-OFDM Modem，重新测试短波电台的通信状况。此时，用于判定 CMOS-OFDM 解扩质量的指示灯灯光明亮、闪烁节奏稳定，话音清晰，可辨识度高，达到预期效果。但是，需要指出的是，测试人员在现场也充分体验到了短波 CMOS-OFDM Modem 的延时影响，发送方说话之后，接收端指示灯需要闪烁半分钟之后才能够听到对方的话音，这也是提高短波通信质量所带来的弊端。

除了测试通信质量，还进一步测量了信号经过短波电台之后的频谱状况，如图 8.21 所示。从图中可以看出，虽然受到模拟中频、射频通道的影响，但是信号频谱依然比较平坦，信号经过短波电台内部衰减不大。

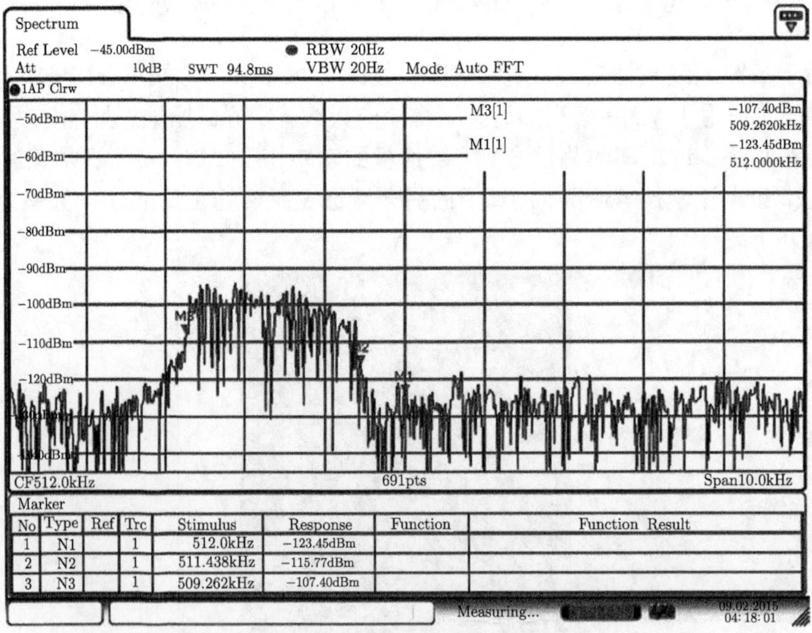

No	Type	Ref	Trc	Stimulus	Response	Function	Function Result
1	N1		1	512.0kHz	−123.45dBm		
2	N2		1	511.438kHz	−115.77dBm		
3	N3		1	509.262kHz	−107.40dBm		

(a) 512kHz的中频频谱

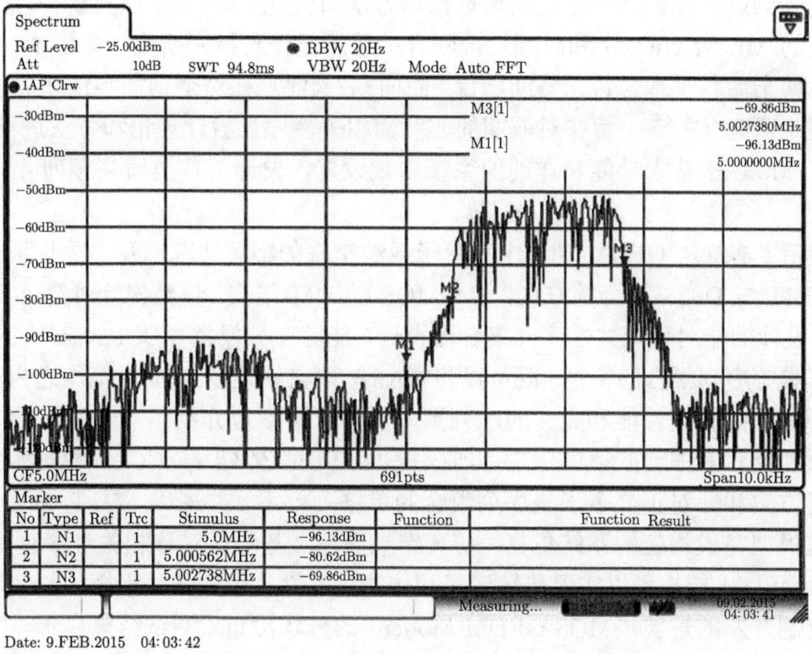

(b) 5MHz的射频频谱

图 8.21 CMOS-OFDM Modem 连接短波电台之后的中频和射频频谱

8.5 本章小结

除了第 7 章中在 OFDM 调制中的应用，本章给出的多进制扩频通信也是非对称相关性序列的主要应用点之一。对于多进制扩频技术，第 1 章中已经介绍了改进之后的 m 序列和 Walsh-Hadamard 序列分别在美军 JTIDS 和 3G 移动通信标准 CDMA2000 中的应用情况。但是，需要注意的是上述两者采用的都是正交序列，根据正交序列的理论界限可知，正交序列的数量不大于序列的长度，那么这将限制 JTIDS 系统的传输速率以及 CDMA2000 中的信道数量。本章的重点在于寻求适用于 OFDM 调制的非对称相关性序列结构并进一步扩展可用序列的数量，将第 3 章的 ZCCPs/ZCOPs 序列集合以及第 6 章的正交多子集序列集合应用于实际的通信系统，面向非对称相关性序列集合设计 CMOS-OFDM 调制结构，并研制开发出相应的短波 CMOS-OFDM Modem，从而验证非对称相关性序列的实际可行性和应用效能。

本章首先介绍了短波多进制扩频验证系统的基本情况，该系统样机的研制依托于本书作者主持和主研的两项国家自然科学基金面上项目“基于非对称多子集设计的高频段时频扩展中序列构造理论与方法研究”(主持) 和 “面向新一代宽带短波通信的 MIMO-OFDM 和时频二维联合扩展的理论与技术研究”(排名 2) 以及一项中国博士后科学基金特别资助项目 “面向东/南海域短波通信的多通道时频二维扩展理论研究”(主持)，旨在对前期的非对称相关性序列设计理论和方法进行验证，给出了 Modem 基本功能和详细的系统参数设置，设计了各类帧头序列并分析其性能。

然后，本章从 OFDM 调制中直流子载波空载的实际情况出发，提出了一种新的 OFDM 与 DSSS 的合并方案，即 CMOS-OFDM 结构。该结构针对第 3 章和第 6 章所设计的非对称相关性序列集合而设计，能够充分发挥 ZCCPs、ZCOPs 和正交多子集等序列集合的特性，既可以将 PAPR 严格地控制到 3dB 范围之内，又可以获得优异的相关性能和庞大的序列数量。本章详细地介绍了 CMOS-OFDM 结构的原理及其多进制扩频/解扩的实现，提供了针对 ZCCPs/ZCOPs 序列集合的序列配对方案和针对正交多子集序列集合的单序列方案，并采用 ITU-R F. 1487 短波信道模型完成相应的系统仿真。仿真结果显示，基于非对称相关性序列集合的 CMOS-OFDM 结构可以实现传输速率和传输可靠性之间的优化平衡。本章最后给出了研制开发的短波 CMOS-OFDM Modem 的外场测试，测试结果显示，可通率大幅度提升，通话质量也显著改善，充分验证了 ZCCPs/ZCOPs 序列集合和正交多子集序列集合设计理论的可行性和有效性。

本章的重点在于演示非对称相关性序列集合在多进制扩频通信中的实用性能，虽然研制开发短波 Modem，但是其应用却不限于此。关于序列在短波多进制扩频中的应用情况可以进一步参考西班牙 Ramon Llull 大学研究团队的相关成果[19,27,30,32,33,45]，该团队在过去的十几年中一直致力于西班牙本土与南极洲探测点之间的信息传输，利用短波通信手段实现了长达 12700km 的远距离传输。关于短波 MIMO 通信和天线极化分集的相关研究可参考英国 Leicester 大学的研究成果[46–54]，该团队长期从事短波 MIMO 的理论研究并在英国本土进行了大量的实际测试工作，积累了丰富的实践经验。另外，法国学者 P. M. Ndao 也利用极化分集实现短波 MIMO，从而有效克服了短波通信频段低、天线尺寸过大的缺点[20,31,55]。

参考文献

[1] 胡中豫. 现代短波通信. 北京: 国防工业出版社, 2003.

[2] Pengelley R. Smaller smatter HF radios provide antidote to digitisation debits. Rupert Pengellary, JANE's IDR. July, 2007.

[3] Hoult N S, Whiffer T R, Tooby M H, et a1. 16kbps modem for the HF NVIS channel//Proc. of the Eighth IEE HF Radio Systems and Techniques, 2000: 317-321.

[4] Zou Z H. Implementation of short wave wideband data transmission by means of OFDM//Proc. of Asia-Pacific Conference on Environmental Electromagnets, 2003: 51-55.

[5] Raos I, Del Cacho A, Zazo S, et al. Performance of an OFDM-CDMA HF modem//Proc. of the 9th International Conference on HF Radio Systems and Techniques, 2003: 37-41.

[6] Lv C M, Zhao M J, Zhong J. An improved detection algorithm based on frequency-domain PN-sequence for OFDM in wideband HF communication//Proc. of the 12th IEEE International Conference on Communication Technology, 2010: 873-876.

[7] STANAG 5066. The Standard for Data Applications over HF Radio. Feb., 2008.

[8] MIL-STD-188-110A. Interoperability and Performance Standard for Data Modems, 1991.

[9] MIL-STD-188-110B. Interoperability and Performance Standard for Data Modems, 2000.

[10] MIL-STD-188-110C. Interoperability and Performance Standard for Data Modems, 2011.

[11] MIL-STD-188-141A. Interoperability and Performance Standards for Medium and High Frequency Radio Equipment, Sept., 1988.

[12] MIL-STD-188-141B. Interoperability and Performance Standards for Medium and High Frequency Radio Systems. Mar., 1999.

[13] Notice of Change of MIL-STD-188-141B. Interoperability and Performance Standards for Medium and High Frequency Radio Equipments. Aug., 2001.

[14] MIL-STD-188-141C. Interoperability and Performance Standards for Medium and High Frequency Radio Systems. July, 2011.

[15] Dong Y K, Zhang D L, Ge L D. Algorithm of multi-signals separation for shortwave broadband receiver//Proc. of International Conference on, 2011: 1-5.

[16] Cheng W, Yang R J, Fan Q X, et al. An adaptive modulation method based on bit preassign for HF OFDM systems//Proc. of the 3rd IEEE International Conference on Computer Science and Information Technology, 2010, 2: 606-610.

[17] Yang L, Zhou L, Yu M, et al. Adaptive bit loading algorithm of shortwave broadband OFDM system//Proc. of the 2nd International Conference on Mechanic Automation and Control Engineering, 2011: 49-52.

[18] Fan H L, Sun J F, Yang P, et al. A robust timing and frequency synchronization algorithm for HF MIMO OFDM systems//Proc. of Global Mobile Congress, 2010: 1-4.

[19] Deumal M, Vilella C, Socoro J C, et al. A DS-SS signaling based system proposal for low SNR HF digital communications//Proc. of International Conference on Ionospheric Radio Systems and Techniques, 2006: 128-132.

[20] Ndao P M, Erhel Y, Lemur D, et al. Design of a high-frequency (3-30MHz) multiple-input multiple-output system resorting to polarisation diversity. IET Microwaves, Antennas & Propagation, 2011, 5: 1310 -1318.

[21] ITU-R Rec F. 1487. Testing of HF modems with bandwidths of up to about 12 kHz using ionospheric channel simulators. (International Telecommunication Union, Radio communication Sector, Geneva, 2000)

[22] Emmanuele A, Zanier F, Boccolini G, et al. Spread-spectrum continuous-phase-modulated signals for satellite navigation. IEEE Transactions on Aerospace and Electronic Systems, 2012, 48(4): 3234-3249.

[23] Zhang X H, Xi X L, Li M C, et al. Comparison of impulse radar and spread-spectrum radar in through-wall imaging. IEEE Transactions on Microware Theory and Technigues, 2016, 64(3): 699-706.

[24] Arthaber H, Faseth T, Galler F. Spread-spectrum based ranging of passive UHF EPC RFID tags. IEEE Communications Lettters, 2015, 19(10): 1734-1737.

[25] Popper C, Strasser M, Capkun S. Anti-jamming broadcast communication using uncoordinated spread spectrum techniques. IEEE Journal on Selected Areas in Communications, 2010, 28(5): 703-715.

[26] Xu Z G, Ao C H, Huang B X. Channel capacity analysis of the multiple orthogonal sequence spread spectrum watermarking in audio signals. IEEE Signal Processing Letters, 2016, 23(1): 20-24.

[27] Alsina R M, Salvador M, Hervas M, et al. Spread spectrum high performance techniques for a long haul high frequency link. IET Communications, 2015, 9(8): 1048-1053.

[28] Xu S Z, Yang H Z, Wang H. An application of DAPSK in HF communications. IEEE Communications Letters, 2005, 9(7): 613-615.

[29] Zhang Z Y, Zeng F X, Ge L J, et al. Design and implementation of novel HF OFDM communication systems//Proc. of International Conference on Communication Technology, 2012: 1088-1092.

[30] Bergada P, Alsina R M, Pijoan J L, et al. Digital transmission techniques for a long haul HF link: DS-SS vs OFDM. Radio Science, 2014, 49(7): 518-530.

[31] Ndao P M, Erhel Y, Lemur D, et al. Test of HF (3-30 MHz) MIMO communication system based on polarisation diversity. Electronics Letters, 2012, 48(1): 50-51.

[32] Hervas M, Pijoan J L, Alsina R M, et al. Single-carrier frequency domain equalization proposal for very long haul HF radio links. Electronics Letters, 2014, 50(1): 1252-1254.

[33] Hervas M, Alsina R M, Pijoan J L, et al. Advanced modulation schemes for an Antarctic long haul HF link. Telecommunication Systems, 2015.

[34] Shi Q H, Zhang Q T. Deterministic spreading sequences for the reverse link of DSCDMA with noncoherent M-ary orthogonal modulation: impact and optimization. IEEE Transactions on Vehicular Technology, 2008, 57(1): 354-362.

[35] Zhang Z Y, Zeng F X, Xuan G X. A class of complementary sequences with multiwidth zero cross-correlation zone. IEICE Transactions on Fundamentals of Electronics, Communications and Computer Sciences, 2010, E93-A(8): 1508-1517.

[36] Liu Z L, Guan Y L, Chen H H. Fractional-delay-resilient receiver design for interference-free MC-CDMA communications based on complete complementary codes. IEEE Transactions on Wireless Communications, 2015, 14(3): 1226-1236.

[37] Han S, Venkatesan R, Chen H H, et al. A complete complementary coded MIMO system and its performance in multipath channels. IEEE Wireless Communications Letters, 2014, 3(2): 181-184.

[38] Tseng C C, Liu C L. Complementary sets of sequences. IEEE Transactions on Information Theory, 1972, 18(5): 644-652.

[39] Park H, Lim J. Cyclic shifted orthogonal complementary codes for multicarrier CDMA systems. IEEE Communications Letters, 2006, 10(6): 1-3.

[40] Davis J A, Jedwab L. Peak-to-mean power control in OFDM, Golay complementary sequences, and Reed-Muller codes. IEEE Transactions on Information Theory, 1999, 45(7): 2397-2417.

[41] Zhang Z Y, Tian F C, Zeng F X, et al. Complementary M-ary orthogonal spreading OFDM architecture for HF communication link. IET Communications, 2017, 11(2): 292-301.

[42] Heravi B M, Kariyawasam S R, Vongas G, et al. Switchable-rate quasi-cyclic low-density parity-check codes for internet protocol over high-frequency systems. IET Communications, 2011, 5(4): 505-511.

[43] Uysal M, Heidarpour M R. Cooperative communication techniques for future-generation HF radios. IEEE Communications Magazine, 2012, 50(10): 56-63.

[44] Li Q, Teh K C, Li K H. Low-complexity channel estimation and turbo equalisation for high frequency channels. IET Communications, 2013, 7(10): 980-987.

[45] Hervas M, Alsina-Pages R, Orga F, et al. Narrowband and wideband channel sounding of an Antarctica to Spain ionospheric radio link. Remote Sensing, 2015, 7(9): 11712-11730.

[46] Abbasi N M, Warrington E M, Gunashekar S D, et al. HF-MIMO capacity improvements using compact antenna arrays//Proc. of 2011 Loughborough Antennas & Propagation Conference, 2011: 1-4.

[47] Feeney S M, Salous S, Warrington E M, et al. HF MIMO measurements using spatial and compact antenna arrays//Proc. of 2011 URSI General Assembly and Scientific Symposium, 2011: 1-4.

[48] Gunashekar S D, Warrington E M, Feeney S M, et al. MIMO communications within the HF band using compact antenna arrays. Radio Science, 2010, 45, RS6013.

[49] Gunashekar S D, Warrington E M, Salous S, et al. An Experimental Investigation into the Feasibility of MIMO Techniques within the HF Band//Proc. of the 2nd European Conference on Antennas and Propagation, 2007: 1-5.

[50] Zaalov N Y, Warrington E M, Stocker A J. Effect of geomagnetic activity on the channel scattering functions of HF signals propagating in the region of the midlatitude trough and the auroral zone. Radio Science, 2007, 42(4): 1-11.

[51] Gunashekar S D, Warrington E M, Salous S, et al. Investigations into the feasibility of multiple input multiple output techniques within the HF band: Preliminary results. Radio Science, 2009, 44, RSOA19.

[52] Stocker A J, Warrington E M, Siddle D R. Observations of Doppler and delay spreads on HF signals received over polar cap and trough paths at various stages of the solar cycle. Radio Science, 2013, 48(5): 638-645.

[53] Stocker A J, Warrington E M. The effect of solar activity on the Doppler and multipath spread of HF signals received over paths oriented along the midlatitude trough. Radio Science, 2011, 46(1): 1-11.

[54] Warrington E M, Zaalov N Y, Naylor J S, et al. HF propagation modeling within the polar ionosphere. Radio Science, 2012, 47(4): 1-7.

[55] Ndao P M, Erhel Y M, Lemur D, et al. First experiments of a HF MIMO system with polarization diversity//Proc. of the 12th International Conference on Ionospheric Radio Systems and Techniques, 2012: 1-5.

附录 A　缩　略　语

ACF	自相关函数 (Auto-Correlation Function)
AGC	自动增益控制 (Automatic Gain Control)
AWGN	加性高斯白噪声 (Additive White Gaussian Noise)
BER	误码率 (Bit Error Rate)
CC	完备互补 (Complete Complementary)
CCDF	互补累积分布函数 (Complementary Cummulative Distribution Function)
CCF	互相关函数 (Cross-Correlation Function)
CDMA	码分多址 (Code Division Multiple Access)
CFO	载波频偏 (Carrier Frequency Offset)
CIC	级联积分梳状 (Cascaded Integrator Comb)
CMOS-OFDM	互补多进制正交扩展 OFDM(Complementary M-ary Orthogonal Spreading OFDM)
CP	循环前缀 (Cyclic Prefix)
Cyclic-OC	循环移位正交互补 (Cyclic Shifted Orthogonal Complementary)
DFT	离散傅里叶变换 (Discrete Fourier Transformation)
DSSS	直接序列扩频 (Direct Sequence Spread Spectrum)
EO	扩展正交 (Extended Orthogonal)
EVM	误差矢量幅度 (Error Vector Magnitude)
FDD	频分双工 (Frequency Division Dual)
FH	跳频 (Frequency Hopping)
FHSS	跳频扩频 (Frequency Hopping Spread Spectrum)
FIR	有限长单位冲激响应 (Finite Impulse Response)
GCD	最大公约数 (Greatest Common Divisor)
GO	广义正交 (Generalized Orthogonal)
GPC	广义配对互补 (Generalized Pairwise Complementary)
GPS	全球定位系统 (Global Positioning System)
GPZ	广义配对 Z 互补 (Generalized Pairwise Z-Complementary)

I^1SO	1 级序列子集之间正交 (Inter-1st Order Subset Orthogonal)
I^2SC	2 级序列子集之间互补 (Inter-2nd Order Subset Complementary)
IaSC	子集内互补 (Intra-Subset Complementary)
ICI	载波间干扰 (Inter-Carrier Interference)
IF	中频 (Intermediate Frequency)
IFFT	快速傅里叶反变换 (Inverse Fast Fourier Transform)
IFW	无干扰窗 (Interference-Free Windows)
IGC	组间互补 (Inter-Group Complementary)
IPCC	同相互相关 (In-Phase Cross-Correlation)
ISO	子集间正交 (Inter-Subset Orthogonal)
ISZ	子集间零相关区 (Inter-Subset ZCZ)
ITU	国际电信联盟 (International Telecommunications Union)
JTIDS	联合战术信息分配系统 (Joint Tactical Information Distribution System)
LCZ	低相关区 (Low Correlation Zone)
LM 信道	低纬度中等 (Low-Latitude Moderate) 信道
LS	最小二乘 (Least Square)
LSS	左半序列集合 (Left-Half Sequence Set)
LTE	长期演进 (Long Term Evolution)
MAI	多址干扰 (Multiple Access Interference)
MBSFN	多播广播单频网 (Multicast Broadcast Single Frequency Network)
MC	多载波 (Multi-Carrier)
MD 信道	中纬度干扰 (Mid-Latitude Disturbed) 信道
MIMO	多输入多输出 (Multiple Input Multiple Output)
ML	最大似然 (Maximum Likelihood)
MMSE	最小均方误差 (Minimum Mean Square Error)
MM 信道	中纬度中等 (Mid-Latitude Moderate) 信道
Modem	调制解调器
MPI	多径干扰 (Multiple Path Interference)
MQ 信道	中纬度平静 (Mid-Latitude Quiet) 信道
MRC	最大比合并 (Maximal Ratio Combining)

MS	多子序列 (Multiple Subsequences)
MSE	均方误差 (Mean Square Error)
MSK	最小频移键控 (Minimum Shift Keying)
MSS	多进制扩频 (M-ary Spread Spectrum)
MW-ZCCZ	多宽度 ZCCZ(Multiple-Width ZCCZ)
NF	噪声系数 (Noise Factor)
OCC-CDMA	正交互补码码分多址 (Orthogonal Complementary Code CDMA)
OFDM	正交频分复用 (Orthogonal Frequency Division Multiplexing)
OFDMA	正交频分多址 (Orthogonal Frequency Division Multiple Access)
OVSF	正交可变扩频因子 (Orthogonal Variable Spreading Factor)
PAPR	峰值平均功率比 (Peak to Average Power Ratio)
PAZCZ	周期和非周期零相关区 (Periodic and Aperiodic Zero Correlation Zone)
PB 模型	步行测试信道 B(Pedestrian Test Channel B) 模型
PC	完美互补 (Perfect Complementary)
PCS	周期互补序列 (Periodic Complmentary Sequence)
PIGC	周期 IGC(Periodic IGC)
PLL	锁相环 (Phase Locked Loop)
PN	伪噪声 (Pseudo-Noise)
POESO	周期奇/偶移正交 (Periodic Odd/Even Shift Orthogonal)
PR	伪随机 (Pseudo-Random)
PS	完美序列 (Perfect Sequence)
PSD	功率谱密度 (Power Spectrum Density)
PTT	即按即通 (Push to Talk)
RCW	升余弦窗 (Raised Cosine Window)
RF	射频 (Radio Frequency)
RMS	均方根 (Root Mean Square)
RM 编码	里德-缪勒 (Reed-Muller) 编码
RSS	右半序列集合 (Right-Half Sequence Set)
SC-FDE	单载波频域均衡 (Single-Carrier Frequency Domain Equalisation)

SC-FDMA	单载波频分多址 (Single-Carrier Frequency Division Multiple Access)
Semi-Perfect	半完美 (Semi-Perfect)
SIR	信干比 (Signal-to-Interference Power Ratio)
SNR	信号噪声功率比 (Signal to Noise Ratio)
SS	单一序列 (Single Sequence)
TDD	时分双工 (Time Division Duplexing)
TH	跳时 (Time Hopping)
THSS	跳时扩频 (Time Hopping Spread Spectrum)
T-ZCZ	三零相关区 (Three ZCZ)
UE Specific	用户专用 (User Equipment Specific)
VA 模型	移动测试信道 A(Vehicular Test Channel A) 模型
VGA	可变增益放大器 (Variable Gain Amplifier)
ZACZ	零自相关区 (Zero Auto-Correlation Zone)
ZCCPs	零中心互补配对 (Zero-Center Complementary Pairs)
ZCCZ	零互相关区 (Zero Cross-Correlation Zone)
ZCD	零相关区 (Zero Correlation Duration)
ZCOPs	零中心正交配对 (Zero-Center Orthogonal Pairs)
ZCW	零相关窗 (Zero Correlation Window)
ZCZ	零相关区 (Zero Correlation Zone)
Z 互补	零相关区互补 (Z-Complmentary)

附录B 符 号 表

粗体符号	序列、集合、向量或矩阵
$\psi_{\boldsymbol{a}_i,\boldsymbol{a}_j}(\tau)$	两个序列 $\boldsymbol{a}_i$ 和 $\boldsymbol{a}_j$ 之间的非周期互相关函数
$\psi_{\boldsymbol{a}_i}(\tau)$	序列 $\boldsymbol{a}_i$ 的非周期自相关函数
$\phi_{\boldsymbol{a}_i,\boldsymbol{a}_j}(\tau)$	两个序列 $\boldsymbol{a}_i$ 和 $\boldsymbol{a}_j$ 之间的周期互相关函数
$\phi_{\boldsymbol{a}_i}(\tau)$	序列 $\boldsymbol{a}_i$ 的周期自相关函数
$(x)_y$	表示 x 按照模 y 运算
$\lfloor x \rfloor$	小于 x 的最大整数
$\mathrm{ZCZ}-(K,L,Z)$	序列数量为 K、序列长度为 L、单边零相关区宽度为 Z 的 ZCZ 序列集合
$(M,Z)-\mathrm{CS}_N^L$	序列数量为 M、ZCZ 宽度为 Z、子序列数量为 N、子序列长度为 L 的 Z 互补序列集合
$(G,M,Z)-\mathrm{IGC}_N^L$	子集数量为 G、子集内序列数量为 M、子集内 ZCZ 宽度为 Z、子序列数量为 N、子序列长度为 L 的 IGC 序列集合
$\otimes$	Kronecker 积
$\odot$	交织操作
Θ	级联操作
$\Psi_{\boldsymbol{a}_i,\boldsymbol{a}_j}(\tau)$	互补序列 $\boldsymbol{a}_i=\{\boldsymbol{a}_{i,k},0\leqslant k\leqslant N-1\}$ 和 $\boldsymbol{a}_j=\{\boldsymbol{a}_{j,k},0\leqslant k\leqslant N-1\}$ 之间的对应子序列非周期互相关函数之和，即可以表示为$\Psi_{\boldsymbol{a}_i,\boldsymbol{a}_j}(\tau)=\sum\limits_{k=0}^{N-1}\psi_{\boldsymbol{a}_{i,k},\boldsymbol{a}_{j,k}}(\tau)$
$\Psi_{\boldsymbol{a}_i}(\tau)$	互补序列 $\boldsymbol{a}_i=\{\boldsymbol{a}_{i,k},0\leqslant k\leqslant N-1\}$ 的子序列非周期自相关函数之和，即可以表示为 $\Psi_{\boldsymbol{a}_i}(\tau)=\sum\limits_{k=0}^{N-1}\psi_{\boldsymbol{a}_{i,k}}(\tau)$
$\Phi_{\boldsymbol{a}_i,\boldsymbol{a}_j}(\tau)$	互补序列 $\boldsymbol{a}_i=\{\boldsymbol{a}_{i,k},0\leqslant k\leqslant N-1\}$ 和 $\boldsymbol{a}_j=\{\boldsymbol{a}_{j,k},0\leqslant k\leqslant N-1\}$之间的对应子序列的周期互相关函数之和，即可以表示为 $\Phi_{\boldsymbol{a}_i,\boldsymbol{a}_j}(\tau)=\sum\limits_{k=0}^{N-1}\phi_{\boldsymbol{a}_{i,k},\boldsymbol{a}_{j,k}}(\tau)$
$\Psi_{\boldsymbol{a}_i}(\tau)$	互补序列 $\boldsymbol{a}_i=\{\boldsymbol{a}_{i,k},0\leqslant k\leqslant N-1\}$ 的子序列的周期

	自相关函数之和，即可以表示为 $\Psi_{\boldsymbol{a}_i}(\tau)=\sum_{k=0}^{N-1}\psi_{\boldsymbol{a}_{i,k}}(\tau)$
$T^k(\boldsymbol{a}_i)$	序列 $\boldsymbol{a}_i$ 的循环左移 k 位序列
$(M)-\mathrm{PCS}_N^L$	序列数量为 M、子序列数量为 N、子序列长度为 L 的周期互补序列集合
$(G,M,Z)-\mathrm{PIGC}_N^L$	子集数量为 G、子集内序列数量为 M、子集内 ZCZ 宽度为 Z、子序列数量为 N、子序列长度为 L 的周期 IGC 序列集合
$I^{(-0-)}\{\boldsymbol{a}\}$	偶数长度的序列 $\boldsymbol{a}$ 中间位置插 0 值操作
$(G,M)-\mathrm{IaSC}_N^L$	子集数量为 G、子集内序列数量为 M、子序列数量为 N、子序列长度为 L 的子集内互补序列集合
$\boldsymbol{A}\cup\boldsymbol{B}$	集合 $\boldsymbol{A}$ 与集合 $\boldsymbol{B}$ 的并集
$(G,M,\mathbb{Z})-\mathrm{MW\text{-}ZCCZ}_N^L$	子集数量为 G、子集内序列数量为 M、子序列数量为 N、多宽度 ZCZ 集合为 $\mathbb{Z}=\{Z_a;Z_c,Z_1,Z_2,\cdots,Z_w\}$、子序列长度为 L 的 MW-ZCCZ 序列集合
$(M,Z)-\mathrm{T\text{-}ZCZ}_N^L$	序列数量为 M、ZCZ 宽度为 Z、子序列数量为 N、子序列长度为 L 的三零相关区序列集合
$(M,\{G_1;G_2\},Z)-\mathrm{I^1SO\text{-}I^2SC}_N^L$	序列数量为 M、1 级序列子集数量为 G_1 、每个 1 级序列子集内 2 级序列子集的数量为 G_2、2 级序列子集内 ZCZ 宽度为 Z、子序列数量为 N、子序列长度为 L 的 1 级子集间正交/2 级子集间互补的序列集合
$\boldsymbol{a}^{\langle m,k\rangle}$	对长度为 mk 的序列 $\boldsymbol{a}$ 进行抽取间隔为 m 的抽取级联操作
$\underline{0}$	OFDM 调制中直流子载波的空载位置
$\boldsymbol{0}_L$	长度为 L 的全 0 矢量

编　后　记

《博士后文库》（以下简称《文库》）是汇集自然科学领域博士后研究人员优秀学术成果的系列丛书。《文库》致力于打造专属于博士后学术创新的旗舰品牌，营造博士后百花齐放的学术氛围，提升博士后优秀成果的学术和社会影响力。

《文库》出版资助工作开展以来，得到了全国博士后管委会办公室、中国博士后科学基金会、中国科学院、科学出版社等有关单位领导的大力支持，众多热心博士后事业的专家学者给予积极的建议，工作人员做了大量艰苦细致的工作。在此，我们一并表示感谢！

《博士后文库》编委会